普通高等教育“十一五”国家级规划教材

大学基础物理学

（第三版）

主　编　金仲辉　柴丽娜
副主编　李　萍　武秀荣
参　编　康念铅　申兵辉　杨　威

科学出版社
北　京

内 容 简 介

本书是普通高等教育“十一五”国家级规划教材，是作者结合多年教学研究的成果和目前学时压缩、学生学习特点等现状编写而成. 本书包括力学、热学、电磁学、光学和近代物理的最核心内容. 作者言简意赅、提炼精华的编写风格既保证了物理学的完整性，又满足在有限的时间内把物理学的核心内容传授给学生的要求，同时又不失物理学的思想和方法.

本书适合普通高等学校非物理专业的学生学习大学物理课程使用，也可作为相关人员参考使用.

图书在版编目(CIP)数据

大学基础物理学/金仲辉，柴丽娜主编 .—3 版 .—北京：科学出版社，2010
普通高等教育“十一五”国家级规划教材
ISBN 978-7-03-028691-8

Ⅰ. ①大… Ⅱ. ①金… ②柴… Ⅲ. ①物理学-高等学校-教材 Ⅳ. ①O4

中国版本图书馆 CIP 数据核字(2010)第 161556 号

责任编辑：胡云志 唐保军 / 责任校对：刘小梅
责任印制：白 洋 / 封面设计：耕者设计工作室

科学出版社 出版
北京东黄城根北街 16 号
邮政编码：100717
http://www.sciencep.com
北京市安泰印刷厂 印刷
科学出版社发行 各地新华书店经销
*
2000 年 3 月第 一 版 开本：720×1000 1/16
2006 年 1 月第 二 版 印张：25 1/4
2010 年 8 月第 三 版 字数：610 000
2017 年 8 月第二十一次印刷

定价：39.00 元

第三版前言

本书自 2000 年第一版出版后，已经过 14 次印刷. 这次修订更多考虑了在某些物理概念、物理规律的阐明上更为严谨、物理图像更为清晰，其中不少的内容为编者的教学内容研究的成果. 同时，为了使本书有更多的读者群，删除了一些属于非教学大纲要求的内容，如原子核和粒子、广义相对论和物理技术在农业中的应用等章节，还有在一些物理公式的数学推导上采用更简捷而又不失严密性的方法. 这次修订中还删除了一些又难又繁的习题，同时在书后的附录中给出了习题解答，供读者参考使用.

参与《大学基础物理学》(第三版)修订工作的有中国农业大学金仲辉教授、申兵辉副教授、王家慧副教授、王卫副教授、韩萍副教授，江西农业大学李萍教授、杨威讲师，山西农业大学武秀荣教授、康念铅和北京农学院的柴丽娜教授.

编　者

2010 年 6 月

第一版前言

本书编者参加了国家教育委员会面向 21 世纪农林牧院校物理教学和课程体系改革课题，取得了一定的成果，在此基础上，结合长期讲授大学基础物理课程的经验撰写了本书. 对大学基础物理教材中传统的五大部分内容（力学、热学、电磁学、光学和近代物理学），编者从框架上作了一些变动. 例如，将原热学中有关热力学第一定律的内容作为能量守恒定律的应用移到力学部分，以便在讲授力学时，突出动量、角动量和能量三个守恒定律在物理学中的地位. 又如，将原光学中的“振动与波”也移到力学部分，原因之一是“振动与波”这一章主要是讲机械振动和机械波，原因之二是在学习“电磁学”中的电磁波时，已经有了振动与波的基础. 本书删除了原教材中积分形式的欧姆定律、直流电路、基尔霍夫定律、温差电、光度学和色度学以及核物理等内容，以适应农业院校物理课教学时数远低于工科院校的情况. 考虑到物理教学现代化以及提高学生科学素质和能力的重要性，本书适当地增加了近代物理学的内容，除在不同章节中有选择地简要介绍若干当代物理前沿的内容以开阔视野、启迪思维、加深对基础内容的理解外，还适当介绍了一些物理学原理和技术在生物学及农学中的应用，借以说明物理学是一切自然科学（包括生物学和农学）的基础；同时体现农业院校基础物理教材的特色.

农业院校的物理教学长期受学时数少（一般院校为 70 学时左右，其中包括实验课教学）的困扰，原因之一是我们的一些同志不够了解生物学、农学和物理学的密切关系，从而未认识到物理学课程在提高学生素质和能力方面所能起的特殊作用. 我们的上述努力是期望为扭转当前农业院校物理教学的滑坡略尽绵薄之力. 当然，物理学原理和技术在生物学和农学中的应用是一个广泛的课题，本书只是稍稍涉及.

此外，本书每章后都附有一定数量的思考题和习题，以供读者复习使用，书后还附有物理基本常数表和有关的文献目录.

本书请从事物理教学 40 年，并对基础物理教学研究有很深造诣的北京大学物理系陈秉乾教授审稿. 他指出了原书稿中的一些疏失，并提出了一些中肯的意见和建议，使本书生色不少. 本书的第 3 章、第 4 章、第 6 章和第 7 章由中国农业大学申兵辉副教授执笔，第 12 章和第 13 章由中国农业大学王家慧副教授执笔，第 15～17 章的部分章节由湛江海洋大学梁德余副教授执笔，绪论和其余章节均由中国农业大学金仲辉教授执笔.全书由金仲辉教授和梁德余副教授定稿.限于水平,书难免有不妥之处,请读者不吝指正.

本书可供高等农林牧院校中农科各专业及水产、林业、畜牧、兽医等专业使用.

编　者

1999年10月

目　　录

第五篇 近代物理基础

第一篇　力　　学

宇宙最突出的特征之一是运动，而在物质的各种各样、千变万化的运动中，最简单的一类是物体间或物体各部分间相对位置的变动，例如，天体的运动、机器的运转、大气和河水的流动等．这类运动形态称为机械运动．力学的研究对象就是机械运动及其规律．

通常把力学分为运动学、动力学和静力学三部分．运动学研究物体在运动过程中位置和时间的关系；动力学研究物体的运动与物体间相互作用的内在联系；静力学研究物体在相互作用下的平衡问题，也可以把它看作是动力学的一部分．

本篇讨论的力学属于经典力学，它有一定的适用范围，那就是讨论的客体都是由大量原子构成的宏观物体，且其速度比真空中的光速（约 3×10^8 m/s）要小很多．量子力学理论可以证明，对那些能量比较大且处于比较缓慢变化力场中的微观粒子，仍然可运用经典力学描述它们的运动；在低温下，超导体（宏观物体）的一些物理性质呈现在量子化的特征．还有，经典力学所涉及的时间尺度为 $10^{-3}\sim10^{15}$ s，这对应着从声振动的周期到太阳绕银河系中心转动的周期．

本篇共 4 章，均为力学的基础知识．力学是物理学的起点，它也是物理学的基础．掌握力学对学好物理学其他部分是至关重要的．例如动量、角动量和能量的三个守恒定律不仅对宏观客体是成立的，同样对微观客体也是正确的．

第1章　运动和力

1.1　质点运动学

1.1.1　质点　参考系　坐标系

在物理学中，为了突出研究对象的主要性质，而不考虑一些次要的因素，经常引入一些理想化的模型来代替实际的物体，“质点”就是一个理想化的模型. 任何物体都有一定的大小和形状. 若物体在运动过程或与其他物体相互作用过程中，它的形状和大小在研究的现象中所起的作用可忽略不计. 这样一来，物体的形状和大小与研究的问题无关，可以把它们当作一个具有质量的几何点(质点)来处理. 例如，人们常将弹簧振子的物体、单摆的摆球、绕日公转的地球等看作为质点. 但是，同一个地球，在研究它的自转问题时，就不能把它当作质点来处理了.

当我们研究某一物体的运动时，必须具体指明，运动是相对于哪一个物体或哪一个物体群的. 这种选用具体研究物体运动的依据的物体或物体群，称为参考系. 例如，研究地球相对于太阳的运动，则太阳就是参考系. 若研究月球相对于地球的运动，则地球就是参考系. 研究某一物体的运动，究竟选用哪一个物体或哪一个物体群为参考系，要看问题的性质和计算的方便.

选定了参考系后，要把物体在各个时刻相对于参考系的位置定量地表示出来，还需要在参考系上选择适当的坐标系(是笛卡儿创立的). 常用的三维坐标系有直角坐标系(x,y,z)、球面坐标系(r,θ,φ)和圆柱面坐标系(r,φ,z). 若运动被约束在一个曲面上，则坐标系被简化为二维. 例如，在研究行星相对于太阳的运动时，可选用二维极坐标(r,φ)；若质点限定在一个球面上，便取坐标(θ,φ)来表示质点位置.

1.1.2　时间和空间的计量

在一定的参考系和坐标系中观察和描述运动，需用时间和空间两个物理量.

时间表征物质运动的持续性，凡已知其运动规律的物理过程，都可以用来作时间的计量，通常采用能够重复的周期现象来计量时间. 自然界中存在着许多重复的周期现象就可作为时间的计量标准. 例如，太阳的升落表示天；四季的循环称作年；月亮的盈亏是农历的月等. 在国际单位制(SI)中，时间的单位为秒. 原来，国际上统一用1900年回归年的1/31 556 925. 974 7为1秒(1 s). 回归年是指地球连续两次通过春分点所需的时间. 当前则认为最精密的时间标准为原子标准. 1967年10月在第13届国际度量衡会议上，规定1秒(1 s)的时间为位于海平面上的^{133}Cs原子的基态的两个超细能级在零磁场中跃迁辐射的周期 T 的 9 192 631 770 倍.

空间反映物质运动的广延性.空间中两点的距离为长度,任何长度的计量都是通过某一长度基准比较而进行的. 18 世纪末,法国规定通过巴黎的子午线从北极到赤道距离的千万分之一为 1 米(1 m). 1889 年第一届国际计量大会通过,将保存在法国的国际计量局中铂铱合金棒在 0.00 ℃时两刻线间的距离定义为 1 米(1 m).由于长度的实物基准很难保证不随时间改变和意外的灾害,1960 年第 11 届国际计量大会曾决定用 ^{86}Kr 的橙黄色波长多少倍来定义"米".如今"米"的新定义是 1983 年 10 月第 17 届国际计量大会通过的,"米"是光在真空中 1/299 792 458 s 的时间间隔内运行路程的长度.

物理学研究的对象从微观到宏观,跨越了巨大的数量级范围,单一的单位(如秒、米)用起来就很不方便了,通常的做法是采用一些词头来代表一个单位的十进倍数或十进分数,如千(kilo)代表倍数 10^3,厘(centi)代表分数 10^{-2}等.国际单位制所用的词冠如表 1-1 所示.

表 1-1 国际单位制词头

因数	英文名称	符号	中文名称	因数	英文名称	符号	中文名称
10^{-1}	deci	d	分	10	deca	da	十
10^{-2}	centi	c	厘	10^2	hecto	h	百
10^{-3}	milli	m	毫	10^3	kilo	k	千
10^{-6}	micro	μ	微	10^6	mega	M	兆
10^{-9}	nano	n	纳[诺]	10^9	giga	G	吉[咖]
10^{-12}	pico	p	皮[可]	10^{12}	tera	T	太[拉]
10^{-15}	femto	f	飞[母托]	10^{15}	peta	P	拍[它]
10^{-18}	atto	a	阿[托]	10^{18}	exa	E	艾[可萨]
10^{-21}	zepto	z	仄[普托]	10^{21}	zetta	Z	泽[它]
10^{-24}	yocto	y	幺[科托]	10^{24}	yotta	Y	尧[它]

1.1.3 位置矢量 位移

质点的位置也可以用矢量来表示,如图 1-1 所示,设质点在时刻 t 的位置为 A,如果从坐标原点 O 向 A 点作一有向线段 OA,并记作矢量 $\boldsymbol{r}$,则 $\boldsymbol{r}$ 的方向表明了 A 点相对于坐标轴的方位,$\boldsymbol{r}$ 的长度表明 A 点到 O 点的距离.方位和距离都知道了,A 点的位置也就确定了.因此称 $\boldsymbol{r}$ 为位置矢量,简称位矢,也叫矢径.

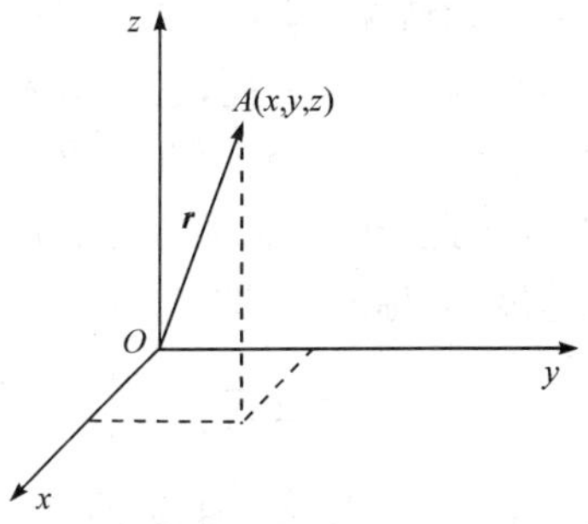

图 1-1 位置矢量

质点在一段时间内位置的改变，称为质点在这段时间内的位移. 由于质点的位置用位矢表示，所以位移就是位矢的增量. 如图 1-2 所示，设质点在时刻 t 和 $t+\Delta t$ 分别在 A 点和 B 点，它们的位矢分别为 $\boldsymbol{r}_A$ 和 $\boldsymbol{r}_B$，则在 Δt 时间间隔内质点的位移为

$$\Delta\boldsymbol{r}=\boldsymbol{r}_B-\boldsymbol{r}_A \tag{1-1}$$

位移是个矢量，它除了表明 A、B 两点之间的距离外，还表明它们之间的方位.

一般情况下，有限位移的数值并不代表质点运动的路程，只有当 $\Delta t\to 0$ 时，位移的数值才与质点运动路程相同.

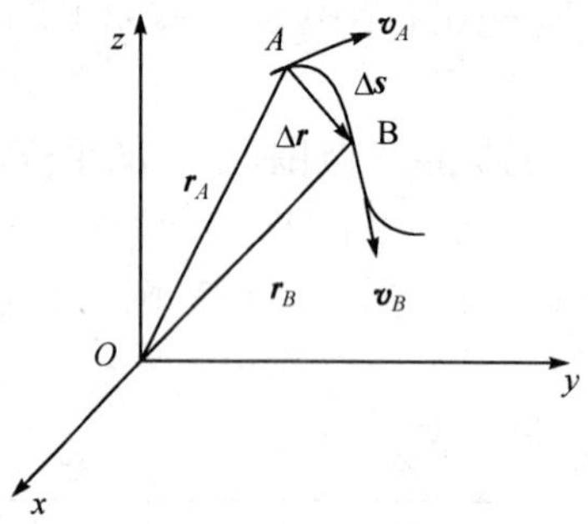

图 1-2 位移矢量

若采用直角坐标系，图 1-1 中质点在时刻 t 运动至 A 点的位置矢量可写为

$$\boldsymbol{r}_A(t)=x_A(t)\boldsymbol{i}+y_A(t)\boldsymbol{j}+z_A(t)\boldsymbol{k} \tag{1-2}$$

式中 $\boldsymbol{i}$、$\boldsymbol{j}$、$\boldsymbol{k}$ 分别表示沿 x、y、z 轴正方向的单位矢量. 式(1-2)称为质点的运动方程，而 $x(t)$、$y(t)$ 和 $z(t)$ 为运动方程的分量式，若从中消去参量 t 便可得到质点运动的轨迹方程.

同理，图 1-2 中的位移可表示为

$$\Delta\boldsymbol{r}=\boldsymbol{r}_B-\boldsymbol{r}_A=(x_B-x_A)\boldsymbol{i}+(y_B-y_A)\boldsymbol{j}+(z_B-z_A)\boldsymbol{k} \tag{1-3}$$

1.1.4 速度 加速度

为了描述质点的运动状态，就需要引入速度的概念. 定义质点位移 $\Delta\boldsymbol{r}$ 和发生这段位移所经历的时间 Δt 的比值为质点在这段时间内的平均速度，即

$$\bar{\boldsymbol{v}}=\frac{\Delta\boldsymbol{r}}{\Delta t} \tag{1-4}$$

平均速度只是描述质点在 Δt 时间内位置的平均变化率，而不能反映质点在某一瞬时的运动情况. 为了描述质点在任一时刻运动的快慢和方向，还需引入瞬时速度的概念. 当 Δt 趋于零时，取式(1-4)的极限，此极限称为质点在 t 时刻的瞬时速度，简称速度，即

$$\boldsymbol{v}=\lim_{\Delta t\to 0}\frac{\Delta\boldsymbol{r}}{\Delta t}=\frac{\mathrm{d}\boldsymbol{r}}{\mathrm{d}t} \tag{1-5}$$

速度 $\boldsymbol{v}$ 也是矢量，速度的方向是当 $\Delta t\to 0$时，$\dfrac{\Delta\boldsymbol{r}}{\Delta t}$的极限的方向，如图 1-3 中

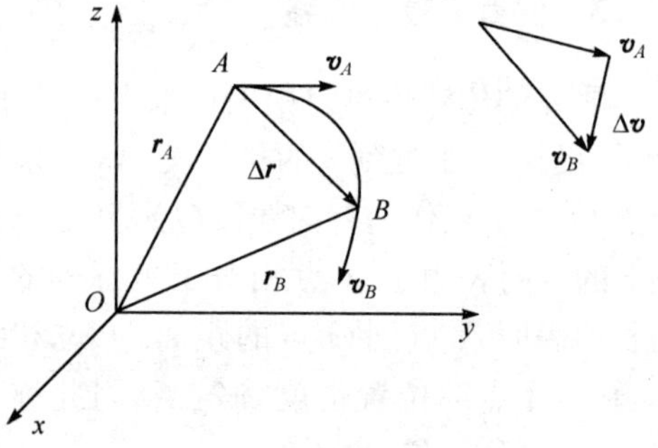

图 1-3 速度和加速度

质点经过 A 点时的 $\frac{\Delta \boldsymbol{r}}{\Delta t}$ 的极限方向也就是曲线在 A 点的切线方向. 速度的大小称为速率 v，由于 Δt 趋于零时，$|\Delta \boldsymbol{r}|$ 与质点在 Δt 时间内沿轨迹所经过的路程 Δs 趋于一致(图 1-3)，于是有

$$v = |\boldsymbol{v}| = \lim_{\Delta t \to 0} \frac{|\Delta \boldsymbol{r}|}{\Delta t} = \lim_{\Delta t \to 0} \frac{\Delta s}{\Delta t} = \frac{\mathrm{d}s}{\mathrm{d}t} \tag{1-6}$$

式(1-6)说明速率等于质点所经过路程对时间的变化率.

若采用直角坐标系，由式(1-5)，速度 $\boldsymbol{v}$ 可表示为

$$\boldsymbol{v} = \frac{\mathrm{d}x}{\mathrm{d}t}\boldsymbol{i} + \frac{\mathrm{d}y}{\mathrm{d}t}\boldsymbol{j} + \frac{\mathrm{d}z}{\mathrm{d}t}\boldsymbol{k} = v_x \boldsymbol{i} + v_y \boldsymbol{j} + v_z \boldsymbol{k} \tag{1-7}$$

式中 $v_x = \frac{\mathrm{d}x}{\mathrm{d}t}, v_y = \frac{\mathrm{d}y}{\mathrm{d}t}, v_z = \frac{\mathrm{d}z}{\mathrm{d}t}$. 式(1-7)等号右边的三项分别表示沿三个坐标轴方向的分速度，它表明质点的速度是各分速度的矢量和. 由于式(1-7)中各分速度相互垂直，于是有

$$v = \sqrt{v_x^2 + v_y^2 + v_z^2} \tag{1-8}$$

根据速度的定义，若质点的运动方程，即式(1-2)已知，就可通过微分运算求出它的速度.

不同物体的运动速度值可以相差很大. 大陆板块的移动速度为 $10^{-9}\,\mathrm{m \cdot s^{-1}}$，飞人跑速度 $10\,\mathrm{m \cdot s^{-1}}$，空气中声速 $340\,\mathrm{m \cdot s^{-1}}$，空气分子热运动速度 $460\,\mathrm{m \cdot s^{-1}}$，现代歼击机速度 $900\,\mathrm{m \cdot s^{-1}}$，人造卫星速度 $7.9\,\mathrm{km \cdot s^{-1}}$，地球公转速度 $30\,\mathrm{km \cdot s^{-1}}$，太阳绕银河系中心速度 $300\,\mathrm{km \cdot s^{-1}}$，距我们很遥远的类行星的退行速度可达 $2.8 \times 10^8\,\mathrm{m \cdot s^{-1}}$，北京正负电子对撞机中的电子速度 $0.99999998 \times 10^8\,\mathrm{m \cdot s^{-1}}$，光在真空中传播速度 $3.0 \times 10^8\,\mathrm{m \cdot s^{-1}}$.

在一般情况下，质点的速度随时间变化，图 1-3 示出了在 Δt 时间间隔的质点速度的改变量 $\Delta \boldsymbol{v}$. 可类似于速度一样来定义质点在某一瞬时的加速度 $\boldsymbol{a}$，即速度随时间的变化率定义为加速度

$$\boldsymbol{a} = \lim_{\Delta t \to 0} \frac{\Delta \boldsymbol{v}}{\Delta t} = \frac{\mathrm{d}\boldsymbol{v}}{\mathrm{d}t} \tag{1-9}$$

加速度是描述速度变化的物理量，它是一个矢量，它的方向为 $\frac{\Delta \boldsymbol{v}}{\Delta t}$ 的极限方向. 如果速度的大小和方向都保持不变，则加速度为零. 反之，不论速度大小或方向有变化，加速度就不为零. 由式(1-5)，可得

$$\boldsymbol{a} = \frac{\mathrm{d}^2 \boldsymbol{r}}{\mathrm{d}t^2} \tag{1-10}$$

若采用直角坐标系，加速度 $\boldsymbol{a}$ 可表示为

$$\boldsymbol{a}=\frac{\mathrm{d}v_x}{\mathrm{d}t}\boldsymbol{i}+\frac{\mathrm{d}v_y}{\mathrm{d}t}\boldsymbol{j}+\frac{\mathrm{d}v_z}{\mathrm{d}t}\boldsymbol{k}=a_x\boldsymbol{i}+a_y\boldsymbol{j}+a_z\boldsymbol{k} \tag{1-11}$$

式中 $a_x=\frac{\mathrm{d}v_x}{\mathrm{d}t}=\frac{\mathrm{d}^2x}{\mathrm{d}t^2}$，$a_y=\frac{\mathrm{d}v_y}{\mathrm{d}t}=\frac{\mathrm{d}^2y}{\mathrm{d}t^2}$，$a_z=\frac{\mathrm{d}v_z}{\mathrm{d}t}=\frac{\mathrm{d}^2z}{\mathrm{d}t^2}$为加速度 $\boldsymbol{a}$ 沿三个坐标轴的分量. 这些分量和加速度的大小关系为

$$a=\sqrt{a_x^2+a_y^2+a_z^2} \tag{1-12}$$

1.1.5　几种典型的质点运动

1. 直线运动

当质点沿直线运动时，如果将质点运动的轨道取作 x 轴(图 1 - 4)，则质点的

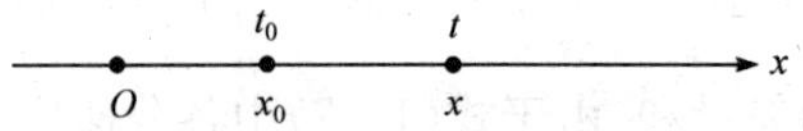

图 1 - 4　直线运动

运动方程为 $x=x(t)$，速度 $v=\frac{\mathrm{d}x}{\mathrm{d}t}$，加速度 $a=\frac{\mathrm{d}^2x}{\mathrm{d}t^2}$.

直线运动中，如果质点的速度保持不变，则加速度为零，即 $v=$常量，$a=0$. 由于 $v=\frac{\mathrm{d}x}{\mathrm{d}t}$，于是有

$$\mathrm{d}x=v\mathrm{d}t$$

对上式两边积分，即可求出质点坐标随时间变化的关系. 设 $t=0$ 时，质点的坐标为 x_0，则任一时刻 t 质点的坐标为

$$\int_{x_0}^{x}\mathrm{d}x=\int_0^t v\mathrm{d}t$$

由于 v 为常量，所以由上式可得

$$x=x_0+vt \tag{1-13}$$

式(1 - 13)就是质点做匀速直线运动的运动方程.

在变速直线运动中，最简单的是匀变速直线运动. 在这种运动中，质点的加速度保持不变，即 $a=\frac{\mathrm{d}v}{\mathrm{d}t}=$常量. 同样，可求出

$$\int_{v_0}^{v}\mathrm{d}v=\int_0^t a\mathrm{d}t=a\int_0^t\mathrm{d}t=at$$

于是有

$$v=v_0+at \tag{1-14}$$

式中 v_0 是质点在 $t=0$ 时刻的速度，式(1 - 14)是质点做匀变速直线运动时速度随时间变化的关系式. 又根据 $v=\frac{\mathrm{d}x}{\mathrm{d}t}$，$\mathrm{d}x=v\mathrm{d}t$，将式(1 - 14)代入此式，并设 $t=0$ 时，$x=0$，则有

$$\int_0^x \mathrm{d}x = \int_0^t v\mathrm{d}t = \int_0^t (v_0 + at)\mathrm{d}t$$

即

$$x = v_0 t + \frac{1}{2}at^2 \tag{1-15}$$

式(1-15)就是匀变速直线运动的运动方程.

从式(1-14)和式(1-15)中消去参数 t,就可得到速度随坐标变化的关系

$$v^2 - v_0^2 = 2ax \tag{1-16}$$

在地面附近,如果忽略空气的阻力,物体的自由下落、竖直上抛和竖直下抛运动都是匀变速直线运动,它的加速度就是重力加速度,即 $a=g$.

2. 抛体运动

设在地面附近,一物体以初速$\boldsymbol{v}_0$沿与水平面上 Ox 轴的正方向成α 角被抛出,物体在空中的运动称为抛体运动. 如果忽略空气的影响,物体的运动轨迹被限制在通过抛出点的竖直方向和投射速度方向所确定的平面内,所以是二维运动. 如图 1-5 所示,以抛出点为坐标原点 O,沿水平方向和竖直方向取平面直角坐标系 xOy. 物体沿 x 方向和 y 方向的两个分运动的速度方程和运动方程分别为

$$\begin{aligned} v_x &= v_0 \cos\alpha \\ v_y &= v_0 \sin\alpha - gt \end{aligned} \tag{1-17}$$

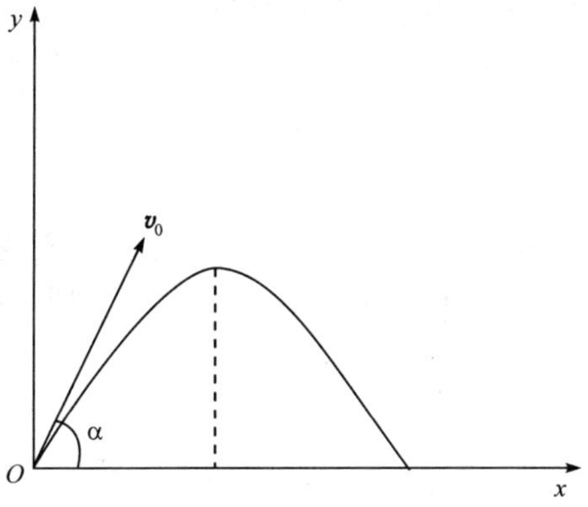

图 1-5 抛体运动

和

$$\begin{aligned} x &= v_0 \cos\alpha t \\ y &= v_0 \sin\alpha t - \frac{1}{2}gt^2 \end{aligned} \tag{1-18}$$

消去式(1-18)中的参数 t,可得

$$y = x\tan\alpha - \frac{g}{2v_0^2\cos^2\alpha}x^2 \tag{1-19}$$

式(1-19)就是抛出物体的轨迹方程,它表明在忽略空气影响下,抛体在空中所经历的路径为一抛物线. 若将物体落地点与原点 O 间的距离 X 称为射程,那么将$y=0$ 代入式(1-19)可得

$$X = \frac{v_0^2 \sin 2\alpha}{g} \tag{1-20}$$

若将抛体运动至最高点称为物体的射高 Y，则对式(1－19)求导，由 $\frac{\mathrm{d}y}{\mathrm{d}x}=0$，可得 $x=\frac{\sin\alpha\cos\alpha v_0^2}{g}$，将此 x 值再代入式(1－19)，可得

$$Y=\frac{v_0^2\sin^2\alpha}{2g} \tag{1-21}$$

利用式(1－18)和式(1－20)可求得物体由原点至落地点所需的时间 T

$$T=\frac{2v_0\sin\alpha}{g} \tag{1-22}$$

需要指出的是，上述的抛体运动的公式是在忽略空气影响条件下求得的，只有在初速较小情况下，它们才比较符合实际.

3. 圆周运动

1) 圆周运动的角速度

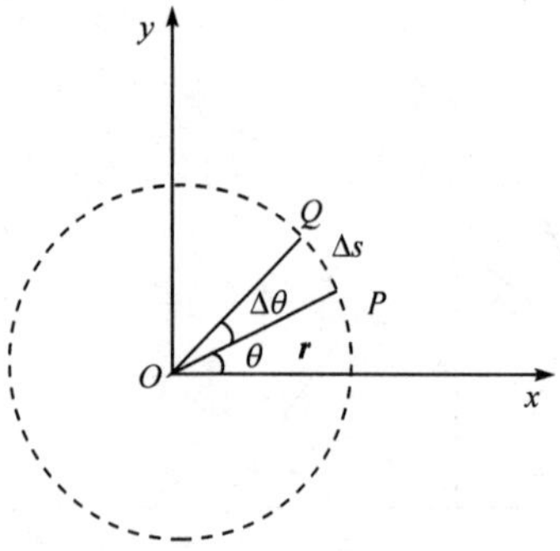

图 1－6 圆周运动

如图 1－6 所示，一质点在 xOy 平面上做半径为 r 的圆周运动，某时刻它位于 P 点，它在极坐标中的位置为 (r,θ). 当质点做圆周运动时，径矢 $\boldsymbol{r}$ 与 x 轴之间的夹角 θ 随时间而改变，即 θ 是时间的函数 $\theta(t)$.

定义 $\theta(t)$ 随时间的变化率为角速度 ω，即

$$\omega=\frac{\mathrm{d}\theta}{\mathrm{d}t} \tag{1-23}$$

如图 1－6 所示，如果质点在 Δt 时间内由 P 点运动至 Q 点，所经过的圆弧 $\Delta s=r\Delta\theta$，当 $\Delta t\to 0$ 时，有

$$\frac{\mathrm{d}s}{\mathrm{d}t}=r\frac{\mathrm{d}\theta}{\mathrm{d}t} \quad 或 \quad v=r\omega \tag{1-24}$$

式(1－24)是质点做圆周运动时速率和角速度之间的瞬时关系式. 它说明质点的速率等于圆周半径与其角速度的乘积.

2) 圆周运动的加速度 角加速度

质点做圆周运动时，如果其速率不随时间改变，则这种运动称为匀速率圆周运动；否则就称为变速率圆周运动. 但是，不论其速率是否随时间改变，由于其速度方向总在不断改变，所以质点总是有加速度的.

如图 1－7 所示，质点在圆周上 P 点的速度为 $\boldsymbol{v}$，它的方向与 P 点处圆的切线方向相同. 为了表示 $\boldsymbol{v}$ 的方向，在 P 点的切线方向上取一单位矢量 $\boldsymbol{e}_t$，$\boldsymbol{e}_t$ 称为切向

单位矢量，于是 P 点的速度$\boldsymbol{v}$ 可写为

$$\boldsymbol{v} = v\boldsymbol{e}_{\mathrm{t}} \tag{1-25}$$

式中 v 为速度$\boldsymbol{v}$ 的数值，$\boldsymbol{e}_{\mathrm{t}}$ 则代表速度的方向. 在一般情况下，质点做圆周运动时，它的速度大小和方向均随时间变化，即质点做变速率圆周运动. 由式(1-25)可求得质点做变速率圆周运动时的加速度

$$\boldsymbol{a} = \frac{\mathrm{d}\boldsymbol{v}}{\mathrm{d}t} = \frac{\mathrm{d}v}{\mathrm{d}t}\boldsymbol{e}_{\mathrm{t}} + v\frac{\mathrm{d}\boldsymbol{e}_{\mathrm{t}}}{\mathrm{d}t} \tag{1-26}$$

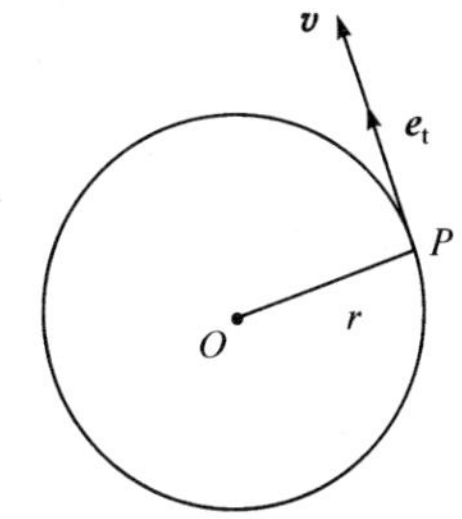

图 1-7 切向单位矢量

从式(1-26)可看出，加速度 $\boldsymbol{a}$ 有两个分量，式中第一项$\frac{\mathrm{d}v}{\mathrm{d}t}\boldsymbol{e}_{\mathrm{t}}$ 是由速度大小变化引起的，其方向为 $\boldsymbol{e}_{\mathrm{t}}$ 方向(即$\boldsymbol{v}$ 的方向). 因此，该项称为切向加速度，用 $\boldsymbol{a}_{\mathrm{t}}$ 表示，有

$$\boldsymbol{a}_{\mathrm{t}} = \frac{\mathrm{d}v}{\mathrm{d}t}\boldsymbol{e}_{\mathrm{t}}, \qquad |\boldsymbol{a}_{\mathrm{t}}| = \frac{\mathrm{d}v}{\mathrm{d}t} \tag{1-27}$$

另外，由式(1-24)，可得

$$\frac{\mathrm{d}v}{\mathrm{d}t} = r\frac{\mathrm{d}\omega}{\mathrm{d}t}$$

式中 $\mathrm{d}\omega/\mathrm{d}t$ 称为角加速度，用符号 β 表示，有

$$\beta = \frac{\mathrm{d}\omega}{\mathrm{d}t} = \frac{\mathrm{d}^2\theta}{\mathrm{d}t^2} \tag{1-28}$$

于是式(1-27)可写成

$$\boldsymbol{a}_{\mathrm{t}} = r\beta\boldsymbol{e}_{\mathrm{t}} \tag{1-29}$$

式(1-29)就是质点做变速率圆周运动时，切向加速度与角加速度之间的关系.

式(1-26)中的第二项 $\mathrm{d}\boldsymbol{e}_{\mathrm{t}}/\mathrm{d}t$ 表示切向单位矢量随时间的变化，如图 1-8 所示，质点在 t 时刻位于圆周上 P 点，其速度为$\boldsymbol{v}_1$，切向单位矢量为 $\boldsymbol{e}_{\mathrm{t1}}$；在 $t+\Delta t$ 时刻位于 Q 点，速度为$\boldsymbol{v}_2$，切向单位矢量为 $\boldsymbol{e}_{\mathrm{t2}}$. 在 Δt 时间间隔内，径矢转过的角度为 $\Delta\theta$，速度增量为 $\Delta\boldsymbol{v}$，切向单位矢量的增量为 $\Delta\boldsymbol{e}_{\mathrm{t}} = \boldsymbol{e}_{\mathrm{t2}} - \boldsymbol{e}_{\mathrm{t1}}$. 由于 $|\boldsymbol{e}_{\mathrm{t2}}| = |\boldsymbol{e}_{\mathrm{t1}}| = 1$，由图 1-8(b)可求得 $|\Delta\boldsymbol{e}_{\mathrm{t}}| = |\Delta\boldsymbol{e}_{\mathrm{t1}}|\Delta\theta = \Delta\theta$. 当 $\Delta t \to 0$ 时，有 $\Delta\theta \to 0$，这时 $\Delta\boldsymbol{e}_{\mathrm{t}}$ 的方向趋向于与 $\boldsymbol{e}_{\mathrm{t1}}$ 垂直，即 $\boldsymbol{e}_{\mathrm{t1}} \perp \boldsymbol{v}_1$，并且趋向指向圆心 O. 若沿径矢而指向圆心的方向上取单位矢量为 $\boldsymbol{e}_{\mathrm{n}}$(称法向单位矢量)，那么在 $\Delta t \to 0$ 时，$\Delta\boldsymbol{e}_{\mathrm{t}}/\Delta t$ 的极限值为

$$\lim_{\Delta t \to 0}\frac{\Delta\boldsymbol{e}_{\mathrm{t}}}{\Delta t} = \frac{\mathrm{d}\boldsymbol{e}_{\mathrm{t}}}{\mathrm{d}t} = \frac{\mathrm{d}\theta}{\mathrm{d}t}\boldsymbol{e}_{\mathrm{n}}$$

于是，式(1-26)中的第二项可以写成

$$v\frac{\mathrm{d}\boldsymbol{e}_{\mathrm{t}}}{\mathrm{d}t} = v\frac{\mathrm{d}\theta}{\mathrm{d}t}\boldsymbol{e}_{\mathrm{n}}$$

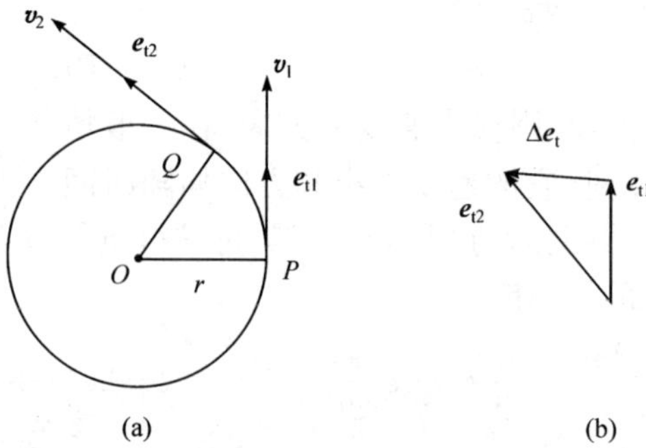

图 1-8　切向单位矢量随时间变化

由于这个加速度的方向是垂直于切向的，故称为法向加速度 $\boldsymbol{a}_{\mathrm{n}}$，有

$$\boldsymbol{a}_{\mathrm{n}}=v\frac{\mathrm{d}\theta}{\mathrm{d}t}\boldsymbol{e}_{\mathrm{n}}$$

将$\dfrac{\mathrm{d}\theta}{\mathrm{d}t}=\omega$ 和 $v=r\omega$ 代入上式，有

$$\boldsymbol{a}_{\mathrm{n}}=r\omega^2\boldsymbol{e}_{\mathrm{n}}=\frac{v^2}{r}\boldsymbol{e}_{\mathrm{n}},\quad |\boldsymbol{a}_{\mathrm{n}}|=\frac{v^2}{r} \tag{1-30}$$

由式(1-27)和式(1-30)，质点做变速率圆周运动时的加速度可写成

$$\boldsymbol{a}=\boldsymbol{a}_{\mathrm{t}}+\boldsymbol{a}_{\mathrm{n}}=\frac{\mathrm{d}v}{\mathrm{d}t}\boldsymbol{e}_{\mathrm{t}}+\frac{v^2}{r}\boldsymbol{e}_{\mathrm{n}}$$

或

$$\boldsymbol{a}=r\beta\,\boldsymbol{e}_{\mathrm{t}}+\frac{v^2}{r}\boldsymbol{e}_{\mathrm{n}} \tag{1-31}$$

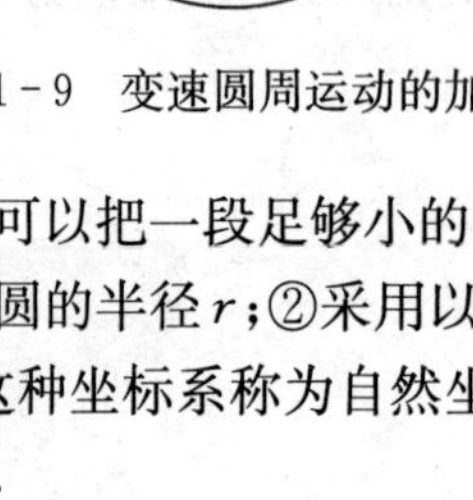

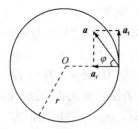

图 1-9　变速圆周运动的加速度

质点做变速圆周运动时，由于速度的方向和大小都发生变化，所以加速度的方向不再指向圆心(图 1-9)，其值和方向为

$$a=\sqrt{a_{\mathrm{n}}^2+a_{\mathrm{t}}^2},\qquad \varphi=\arctan\frac{a_{\mathrm{t}}}{a_{\mathrm{n}}} \tag{1-32}$$

还需要指出两点：①上述结果虽然从变速圆周运动得出的，但也适用于一般的曲线运动，因为我们可以把一段足够小的曲线看成是某个圆周的一段圆弧，用它的曲率半径 ρ 来代替圆的半径 r；②采用以质点位置为坐标原点，以 $\boldsymbol{e}_{\mathrm{t}}$ 和 $\boldsymbol{e}_{\mathrm{n}}$ 为垂直轴的二维坐标系，这种坐标系称为自然坐标系. 在讨论圆周运动和曲线运动时，经常采用自然坐标系.

1.1.6 相对运动

前面已提及,描述一个物体的运动必须选择一个参考系,若选择不同的参考系,就会得出物体不同的运动轨迹和速度. 例如,某人站在做匀速直线运动的车上,竖直向上抛出一块石子,车上的人看到石子竖直上升并竖直下落,但是静止在地面上的人却看到石子做抛物线运动,这说明石子运动情况依赖于参考系. 现在来讨论,两个参考系间有相对运动(平动)时,同一质点相对于两个参考系的速度间的关系.

设参考系 S' 相对于参考系 S 以速度 $\boldsymbol{v}_0$ 运动,某时刻 t 质点 P 相对于参考系 S 和 S' 的位矢分别为 $\boldsymbol{r}$ 和 $\boldsymbol{r}'$,S' 中 O' 点相对于 S 中 O 的位矢为 $\boldsymbol{r}_0$(图 1-10). 由矢量关系

$$\boldsymbol{r}=\boldsymbol{r}_0+\boldsymbol{r}' \tag{1-33}$$

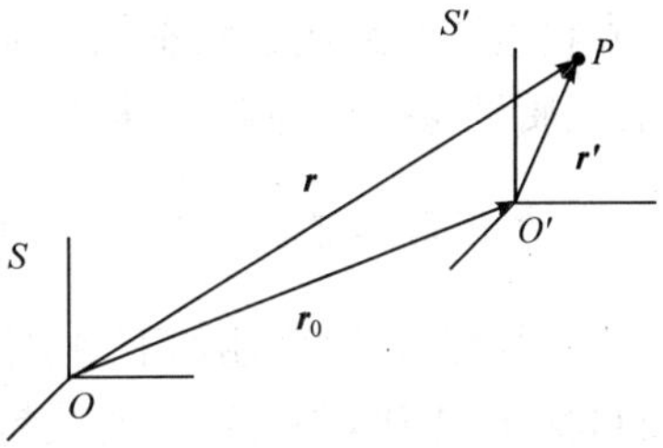

图 1-10 相对运动

有

$$\frac{\mathrm{d}\boldsymbol{r}}{\mathrm{d}t}=\frac{\mathrm{d}\boldsymbol{r}_0}{\mathrm{d}t}+\frac{\mathrm{d}\boldsymbol{r}'}{\mathrm{d}t}$$

或

$$\boldsymbol{v}=\boldsymbol{v}_0+\boldsymbol{v}' \tag{1-34}$$

式(1-34)说明,在 S 参考系观察到质点 P 的速度 $\boldsymbol{v}$ 和在 S' 参考系观察的速度 $\boldsymbol{v}'$ 是不同的. 在 S' 系中观察到质点 P 的速度 $\boldsymbol{v}'$ 等于在 S 系中观察到的速度 $\boldsymbol{v}$ 减去 S' 系相对于 S 系的速度 $\boldsymbol{v}_0$.

1.2 牛顿运动定律

1.2.1 牛顿第一定律

牛顿在 1687 年出版的《自然哲学的数学原理》一书中写道:"每个物体继续保持其静止或沿一直线做匀速运动的状态,除非有力加于其上迫使它改变这种状态."这正是牛顿第一定律. 它正确地说明了力和运动的关系,运动并不需要力去维持,只有当物体的运动状态(速度)发生变化,即产生加速度时,才需要力的作用. 还有牛顿第一定律实质上提出了惯性的概念. 物体所以能保持静止或匀速直线运动,是在不受力的条件下,由物体本身的特性来决定的. 物体所固有的、保持原来运动状态不变的特性称为惯性. 物体不受力时所做的匀速直线运动也称为惯性运动. 牛顿第一定律有时也称为惯性定律.

1.2.2 牛顿第二定律

1. 质量的概念

如果将大小一定的力作用于不同的物体，可发现不同的物体所获得的加速度一般是不同的. 这就说明，在外力作用下物体所获得的加速度不仅与外力有关，而且还取决于物体本身的特性. 这种特性就是物体的惯性. 在大小一定力的作用下，一物体获得的加速度大，就表明这物体的运动状态容易改变，或物体维持原来运动状态的能力小，即惯性小；另一物体获得加速度小，就表明它的运动状态不容易改变，或它维持原来运动状态能力大，即惯性大. 为了定量地描述物体惯性的大小，我们引入质量这一物理量，用符号 m 表示. 质量 m 是物体惯性的量度.

2. 牛顿第二定律

牛顿第二定律表述如下：物体在受到外力作用时，它所获得的加速度大小与外力的大小成正比，并与物体的质量成反比，加速度的方向与外力的方向相同，即

$$\boldsymbol{a} \propto \frac{\boldsymbol{F}}{m}$$

写成等式，有

$$\boldsymbol{F} = km\boldsymbol{a}$$

式中比例系数 k 取决于力、质量和加速度的单位. 如果选用适当的单位，可令 $k=1$，于是上式简化为

$$\boldsymbol{F} = m\boldsymbol{a} = m\frac{\mathrm{d}\boldsymbol{v}}{\mathrm{d}t} \tag{1-35}$$

式(1-35)为牛顿第二定律的数学表示式，它是质点动力学的基本方程.

式(1-35)中的力 $\boldsymbol{F}$ 是一个矢量，它和速度、加速度一样，它的合成、分解遵守矢量代数运算法则. 在 SI 制中，力的单位是牛顿(N)，1N 力使质量 1 kg 的物体产生 1 $\mathrm{m/s^2}$ 的加速度.

1.2.3 牛顿第三定律

牛顿第三定律表述如下：两物体 1、2 相互作用时，作用力和反作用力大小相等、方向相反，并在一直线上. 用公式表示，有

$$\boldsymbol{F}_{12} = -\boldsymbol{F}_{21} \tag{1-36}$$

一般说来，牛顿第三定律的表述只对接触物体间相互作用和万有引力才成立. 而且作用力和反作用力一定属于同一性质的力，如果作用力是万有引力或弹力或摩擦力，反作用力也相应的是万有引力或弹力或摩擦力. 对于相隔一定距离的两个物体之间的电磁作用，由于相互作用通过场以有限速度传播，要考虑推迟效应，对

于这类情况，研究表明包括电磁场动量在内的动量守恒定律则是更普遍的规律，它适用于从低速到高速，从宏观到微观的各种相互作用，也包括了牛顿第三定律. 不过在本书中只分析接触物体之间相互作用力和万有引力.

1.2.4 几种常见的力

自然界物质间相互作用的表现形式多种多样，但根据现代物理学可以将它们归结为四种基本相互作用，即强相互作用、电磁相互作用、弱相互作用和引力相互作用，其中强相互作用和弱相互作用的作用距离很短（$\leqslant 10^{-15}$ m），称为短程力，它们的作用只有在原子核内才显示出来，而电磁和引力相互作用的距离大，称为长程力. 重力和支配天体运动的力属于引力相互作用，而我们日常生活中遇到的绳索中的张力、二物体间的摩擦力、地面的支撑力和空气阻力等都属于电磁相互作用，它们是原子或分子间电磁相互作用的宏观表现. 力学中研究两个相互接触的宏观物体相互作用时，我们并不考察它们分子间的相互作用，而只考虑它们相互作用的宏观效果. 以下介绍力学中常见的几种力.

1. 万有引力 重力

自然界中的任何两物体间都存在着相互吸引力，称为万有引力. 例如，太阳与行星间的引力、地球与月球间的引力和地球与地面附近的物体间的引力等. 牛顿(I. Newton)在总结前人工作，特别是开普勒(J. Kepler)工作的基础上，通过深入研究，提出了万有引力定律.

万有引力定律的表述如下：任何的两质点间都存在相互作用的引力，力的方向是沿两质点的连线方向，力的大小与两质点的质量乘积成正比，与两质点间距离的平方成反比，即

$$F \propto \frac{m_1 m_2}{r^2} \qquad \text{或} \qquad F = G\frac{m_1 m_2}{r^2} \tag{1-37}$$

式中 m_1、m_2 是两质点的质量，r 是两质点间距离，G 是万有引力常量，其值为$G=6.67\times10^{-11}\ \mathrm{N\cdot m^2\cdot kg^{-2}}$. 它是物理学中四个最重要的普适常量之一，而且是其中最难精确测量的一个. 其他三个普适常量是电子电量 e、光速 c 和普朗克常量 h.

需要指出的是，式(1-37)成立的条件是质点. 如果要求两物体间的引力，则必须把每个物体分成许多质元，把质元看成是质点，然后计算所有这些质元间的相互作用力. 计算表明，对于两个密度均匀的球体，或者球的密度按壳层均匀分布，它们间的引力可直接用式(1-37)计算，式中 r 表示两球心间的距离. 这就是说，两球体之间的引力与把球的质量集中于球心的质点间的引力是完全一样的.

通常的物体间万有引力是很小的，由式(1-37)可以粗略估算出两个质量为 70 kg 的人，相距 1 m 时的万有引力大小为 3.2×10^{-7} N，约为 1 粒米重量的 1%，

所以我们平常不会注意到它的存在.

通常把地球对其表面附近物体的引力称为重力 $\boldsymbol{P}$,其方向通常是指向地心的.物体因受重力作用而具有的加速度称为重力加速度 $\boldsymbol{g}$. 根据牛顿第二定律,有

$$\boldsymbol{P} = m\boldsymbol{g} \tag{1-38}$$

物体所受重力就是地球施予的万有引力,如以 M_E 代表地球的质量,r 为地球中心与物体之间距离,由式(1-37)可得

$$g = \frac{GM_E}{r^2} \tag{1-39}$$

对于地球表面附近的物体,它的高度变化与地球半径 R(约为 6370 km)相比很小,即 $r-R \ll R$,故式(1-39)可近似表示为

$$g = \frac{GM_E}{R^2}$$

将 $G=6.67\times10^{-11}\,\mathrm{N\cdot m^2\cdot kg^{-2}}$,$M_E=5.98\times10^{24}$ kg 和 $R=6.37\times10^6$ m 代入上式得 $g=9.82\ \mathrm{m\cdot s^{-2}}$. 一般计算时,可取 $g=9.80\ \mathrm{m\cdot s^{-2}}$. 上述 g 值是在地球内质量均匀分布假设下作出的近似,实际上地表下各处的物质分布很不相同,于是地表各处的 g 值也不同,这就成为勘探地下矿物的依据之一.

万有引力的提出,否定了亚里士多德关于天体运动和地面上物体运动本质不同的两类运动的基本概念,而将它们统一起来. 使物理学研究从此摆脱了神学的干扰. 于是就形成了以牛顿三大运动定律和万有引力定律为基础的经典力学体系.

牛顿提出万有引力定律时,并没有阐明引力的本质以及是如何传递的,至今这仍然是一个未解的问题.

2. 弹性力

发生形变的物体,由于要恢复原状,和它接触的物体之间会产生相互作用力,这种力称为弹性力. 弹性力是普遍存在的,伸长或压缩的弹簧作用于物体上的力,绳子作用在系于其末端的重物上的力和桌子作用在桌上重物的力都是弹性力.

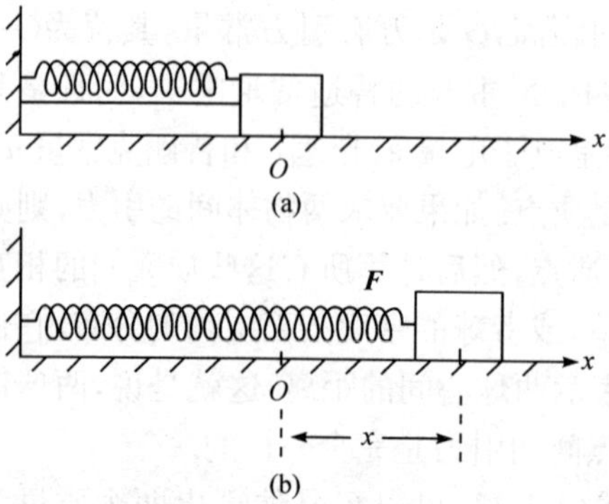

图 1-11 弹性力

1) 弹簧的弹性力

如图 1-11 所示,设弹簧的左端固定,右端与物体相连. 弹簧为原长时,物体位于坐标原点 O,此时由于弹簧没有形变,弹性力为零. 若移动物体,使弹簧

伸长或压缩了长度 x，则实验表明，在弹簧形变不很大时，弹性力 f 与弹簧伸长(或压缩)量 x 成正比，而弹性力 f 方向和弹簧形变量 x 的方向相反，即

$$f=-kx \tag{1-40}$$

式(1-40)称为胡克定律，式中 k 称弹簧的劲度系数，它的单位为 $\mathrm{N\cdot m^{-1}}$.

2) 绳中的张力

用绳子拉重物时，绳子会伸长，除了产生弹性力施于重物外，在其内部也产生弹性力. 如果把绳子看成由许多部分组成的，那么绳子上任何相邻的两部分之间都要互施拉力.

如图 1-12 所示，设想在绳上某点 C 处，将绳分割为两段. 在 C 点这两段绳之间有相互作用力 T 和 T'，这一对作用力和反作用力称为张力. 如果忽略绳子的质量，则不论绳是静止的或是在运动着的，有 $T=T'$.

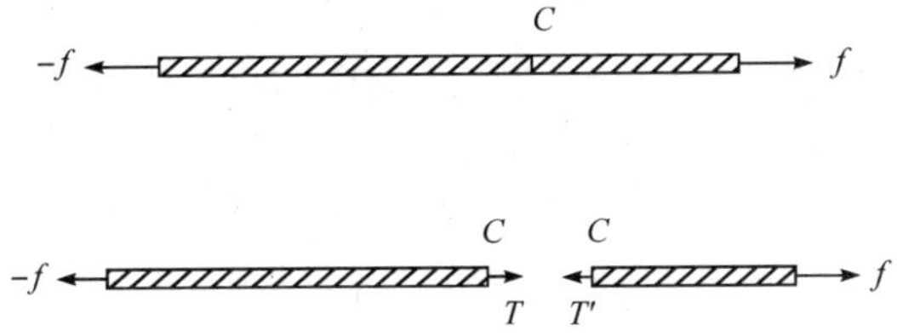

图 1-12　绳中的张力

3) 正压力

正压力是弹性力的另一种常见的形式，是两个较硬的物体通过相互挤压的作用力和反作用力. 在这种情况下，两个物体的形变虽然小到难于观察到，但仍产生很大的弹性力. 例如，在图 1-13 中，一个重物 A 压在桌面 B 上，因有重力的作用而使它们互相挤压. 桌面对重物有作用力 N'，重物对桌面有反作用力 N. N 和 N' 是一对作用力和反作用力. 由于 N 垂直于两物体的接触面，所以称为正压力，而将 N' 称支持力.

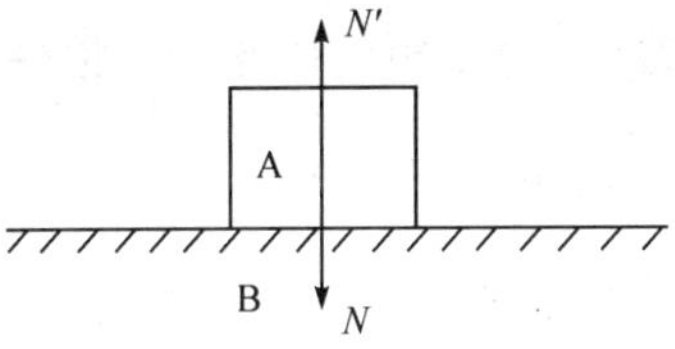

图 1-13　正压力和支持力

4) 摩擦力

摩擦力在日常生活和生产中普遍存在的. 摩擦力是当相互接触的物体做相对运动，或有相对运动的趋势时产生的，摩擦力的方向永远沿着接触面的切线方向，并且阻碍相对运动的发生.

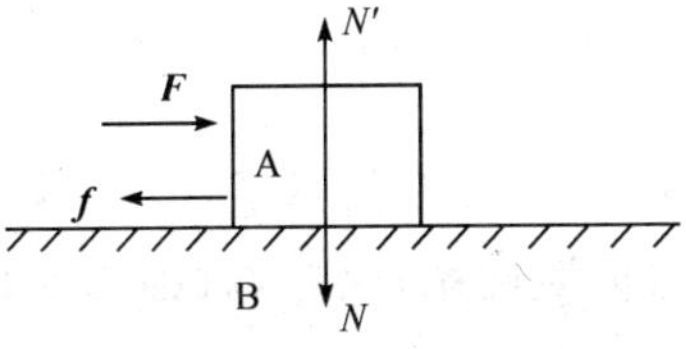

图 1-14　摩擦力

相互接触的物体在外力作用有相对运动的趋势但尚未滑动时，产生静摩擦力. 图 1-14 中的两物体 A 和 B 相互接触，物体 A 受到一外力

F 的作用. 当 F 较小时，由经验可知，A 并不动. 这是因为它还受到 B 施于它的静摩擦力 f，且有 $\boldsymbol{f}=-\boldsymbol{F}$. 当 F 逐渐增大时，f 也随着增大. 当 F 达到某一数值时，A 开始移动，可见 f 增到这一数值后不能再增加，这一数值的静摩擦力称为最大静摩擦力 f_{max}. 因此，f 的大小要看 F 的大小而定，可取零到 f_{max} 之间的任意数值. 实验证明，f_{max} 与正压力 N 成正比，即

$$f_{max}=\mu_0 N \tag{1-41}$$

式中 μ_0 称为静摩擦因数，它与两接触物体的材料性质和接触面情况(如粗糙程度、干湿程度等)有关，一般说来，它与接触面积的大小无关.

当两物体间有相对滑动时，此时物体所受的摩擦力称为滑动摩擦力. 在相对速度较小时，滑动摩擦力要小于静摩擦力. 实验证明，滑动摩擦力 f 也与正压力成正比，即

$$f=\mu N \tag{1-42}$$

式中 μ 称为滑动摩擦因数. μ 不仅与两接触物体的材料性质、接触面情况有关，且与两接触物体的相对速度有关，在相对速度不太大时，为计算简单起见，可认为 μ 略小于 μ_0，或 $\mu\approx\mu_0$. 通常两物体间的 μ_0 值小于 1，但也有大于 1 的情况，如铜与铜之间的 $\mu_0=1.6$. 在许多情况下，减少摩擦具有很重要的意义，它能节约大量的能源. 减少摩擦的主要方法是尽用滚动，如在机器中采用滚珠轴承，另外变干摩擦为湿摩擦，如施加润滑油. 若要进一步减少摩擦可采用气垫悬浮和磁悬浮的先进技术.

1.2.5　力学相对性原理　惯性力

1. 惯性参考系

我们前面讲过，研究物体的运动，先要选定参考系. 在运动学中可以任意选择参考系，主要看研究问题的方便而定. 但在动力学问题中，应用牛顿运动定律时，参考系却不能任意选择. 为了说明这个问题，我们举一个例子加以说明.

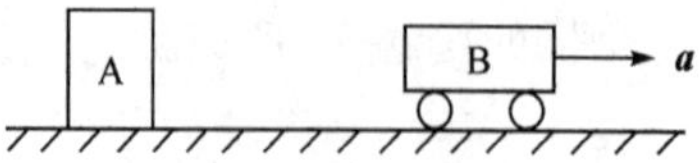

图 1-15　惯性力

如图 1-15 所示，设物体 A 静止于地面，汽车 B 在地面上做加速运动，其加速度为 $\boldsymbol{a}$，现在来研究物体 A 的运动情况. 如果以地面为参考系，物体 A 是静止的，这显然符合牛顿运动定律，因为物体 A 不受外力作用，所以保持静止状态. 但如果以汽车 B 为参考系，则物体 A 具有向左的加速度 $-\boldsymbol{a}$，A 不受外力作用而具有加速度，这显然是违背牛顿运动定律的. 这说明选择汽车 B 为参考系，牛顿运动定律不再成立.

上述的例子清楚地说明牛顿运动定律不是对任何参考系都是适用的. 我们把适用牛顿运动定律的参考系称为惯性参考系，简称惯性系；反之，就称为非惯性系.

一个参考系是否为惯性系要根据观察和实验来判断. 根据天文观测，可以认为太阳相对于银河系中心的速度约为 $3\times10^{5}\ \mathrm{m\cdot s^{-1}}$，如果认为太阳是在绕着银河系中心的圆形轨道上运动，而银河系中心距太阳约为 10^{20} m，那么太阳绕银河系中心转动的加速度 $a=v^2/R\approx3\times10^{-10}\ \mathrm{m\cdot s^{-2}}$. 这个值是很小的，所以太阳是一个很好的惯性系. 在分析地面上物体的运动时，如果地球的自转效应在分析的问题中可忽略不计，则可认为地球是一个足够精确的惯性系.

2. 力学相对性原理

设有两个参考系 S 和 S'，它们对应的坐标轴都相互平行，且 x 轴与 x'轴重合(图 1 - 16)，其中 S 系是惯性系，S'系沿 x 轴正向相对于 S 系做匀速直线运动，速度为$\boldsymbol{v}_0$. 若有一质点 P 相对于 S 系的速度为相对于 S' 系速度为$\boldsymbol{v}'$，则根据式(1 - 34)，它们之间的关系为

$$\boldsymbol{v}=\boldsymbol{v}_0+\boldsymbol{v}'$$

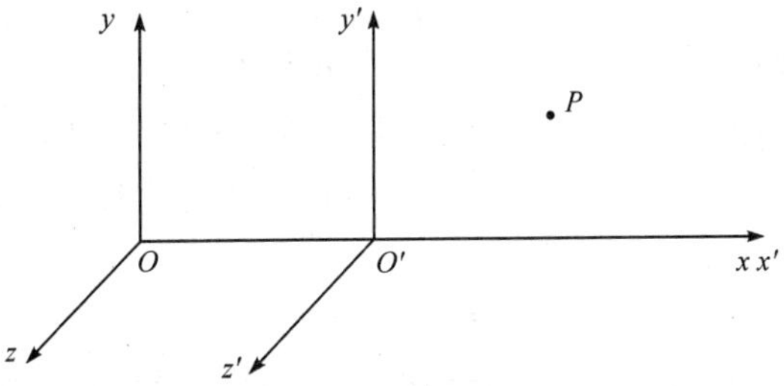

图 1 - 16　力学相对性原理

将上式对时间 t 求导数，并考虑到$\boldsymbol{v}_0$为常量，故有

$$\frac{\mathrm{d}\boldsymbol{v}}{\mathrm{d}t}=\frac{\mathrm{d}\boldsymbol{v}'}{\mathrm{d}t}$$

即

$$\boldsymbol{a}=\boldsymbol{a}' \tag{1-43}$$

式(1 - 43)说明，质点在两个参考系中的加速度是相同的. 由于质点的质量 m 在两参考系中是一个不变的量，所以在两个参考系中，牛顿第二定律有相同的数学表达式，即 $F=ma$.

上述讨论说明，相对于惯性系做匀速直线运动的一切参考系都是惯性系. 当由一惯性系变换到另一惯性系时，牛顿运动方程的形式不变. 也就是说，对于一切惯性系，牛顿力学的规律都具有相同的形式. 这就是力学相对性原理或称为伽利略相对性原理.

我们在 1.1 节以经典时空观(不同参考系里的时间、空间长度和质量是保持不变的)为基础导出的质点对不同参考系的位矢变换式(1 - 33)、速度变换式(1 - 34)

以及本节导出的加速度变换式(1－43)统称为伽利略变换式. 需要指出的是，当质点的速度接近光速时，伽利略变换式不再适用. 爱因斯坦将力学相对性原理推广为相对性原理，即物理规律在一切惯性系里都是等价的，它是狭义相对论的两个基本原理之一. 在狭义相对论里，时间和空间是相对的，它们和物体的运动状态有关，此时将以洛伦兹变换替代伽利略变换.

3. 惯性力

相对任一惯性系有加速度的参考系称为非惯性系. 非惯性系可分为两大类，一类是相对于惯性系平动的非惯性系，另一类是相对于惯性系转动的非惯性系. 若在非惯性系中讨论质点动力学问题而又要采用牛顿第二定律的形式，我们必须引入一个虚设的力，这个力称为惯性力.

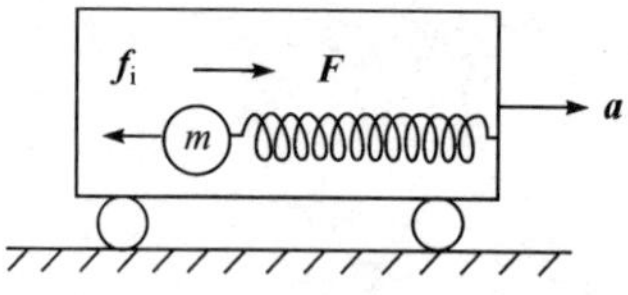

图 1－17　车厢是非惯性系

图 1－17 中的车厢相对于地面做直线加速运动，加速度为 $\boldsymbol{a}$，所以车厢为非惯性系. 若以车厢为参考系，车厢内小球 m 虽受到弹簧的水平拉力 $\boldsymbol{F}$ 的作用，但小球相对于车厢却是静止的，不符合牛顿第二定律. 为了保持牛顿第二定律的形式不变，我们假想小球受到一惯性力 $\boldsymbol{f}_i$，方向与 $\boldsymbol{a}$ 的方向相反，大小等于 ma，即

$$\boldsymbol{f}_i = -m\boldsymbol{a} \tag{1-44}$$

一个相对于惯性系固定的、轴做转动的盘也是一个非惯性系. 图 1－18 中的盘绕定轴匀速转动，盘上的细线的两端分别连着固定轴和质点 m. 若以盘作为参考系，小球受到细线的拉力 T 的作用，却静止不动，不符合牛顿第二定律. 为了在惯性系中仍使用牛顿第二定律的形式，设想小球受到一个与力 $\boldsymbol{T}$ 相平衡的惯性力 $\boldsymbol{f}_c$，它的大小为

$$f_c = m\frac{v^2}{R} = m\omega^2 R \tag{1-45}$$

对于盘来说，$\boldsymbol{f}_c$ 属于一种离心方向的惯性力，所以可称它为惯性离心力，简称离心力.

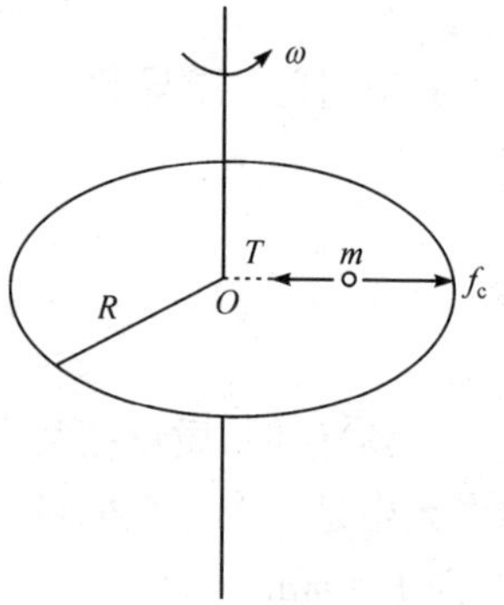

图 1－18　绕定轴转动的盘是非惯性系

有人认为不宜把惯性力简单地说成是虚构的，对惯性力不是物体之间的相互作用这一说法也应谨慎看待. 惯性力虽不是某个具体物体的作用，却是整个宇宙恒星系统的总作用. 广义相对论已对此作出定性的尚未定量的证明.

利用离心力的概念，可制成快速分离悬浮液中不同微粒的机械——离心机. 近代超速离心机的转速可达 1000 r · s^{-1}，若以 R=10 cm 计算，则向心加速度约为重力加速度的 40 万倍，即 4×10^5 g，这样的高速离心机可分离线度小于几个微米的病毒和蛋白质分子.

习　题

1-1　一质点在平面上运动，其位矢为 $\boldsymbol{r}=a\cos\omega t\boldsymbol{i}+b\sin\omega t\boldsymbol{j}$，其中 a、b、ω 为常量. 求：

(1) 该质点的速度和加速度；

(2) 该质点的轨迹.

1-2　一质点平面运动的加速度为 $a_x=-A\cos t$，$a_y=-B\sin t$，$A\neq0$，$B\neq0$，初始条件($t=0$ 时)有 $v_{0x}=0$，$v_{0y}=B$，$x_0=A$，$y_0=0$. 求质点的运动轨迹.

1-3　设质点的运动方程为 $x=x(t)$，$y=y(t)$. 在计算质点的速度和加速度时，有人先求出 $r=\sqrt{x^2+y^2}$，然后根据 $v=\dfrac{\mathrm{d}r}{\mathrm{d}t}$ 和 $a=\dfrac{\mathrm{d}^2r}{\mathrm{d}t^2}$ 求得结果；又有人先计算速度和加速度的分量，再合成而求得结果，即 $v=\sqrt{\left(\dfrac{\mathrm{d}x}{\mathrm{d}t}\right)^2+\left(\dfrac{\mathrm{d}y}{\mathrm{d}t}\right)^2}$ 和 $a=\sqrt{\left(\dfrac{\mathrm{d}^2x}{\mathrm{d}t^2}\right)^2+\left(\dfrac{\mathrm{d}^2y}{\mathrm{d}t^2}\right)^2}$. 你认为哪一种方法正确？为什么？

1-4　一个人站在山坡上，山坡与水平面成 α 角，他扔出一个初始速度为 v_0 的小石子，与水平面成 θ 角，如习题 1-4 图所示.

(1) 如空气阻力可不计，试证小石子落在斜坡上距离为

$$S=\frac{2v_0^2\sin(\theta+\alpha)\cos\theta}{g\cos^2\alpha}$$

(2) 由此证明，对于给定的 v_0 和 α 值，当 $\theta=\dfrac{\pi}{4}-\dfrac{\alpha}{2}$ 时，S 有最大值

$$S_{\max}=\frac{v_0^2(1+\sin\alpha)}{g\cos^2\alpha}$$

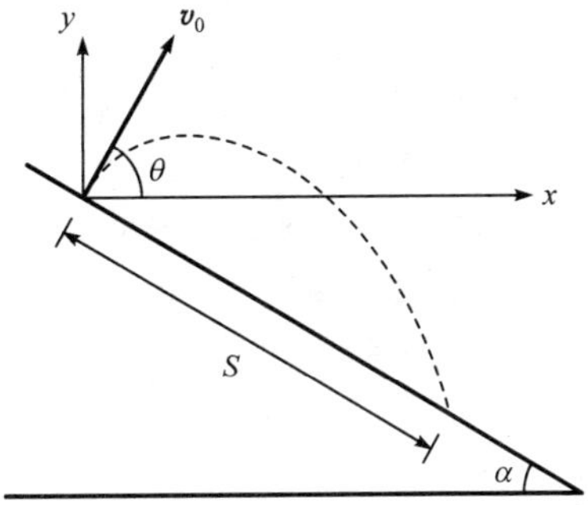

习题 1-4 图

1-5　一质点沿半径为 0.10 m 的圆周运动，其角位置 θ(以弧度表示)可用 $\theta=2+4t^3$ 表示，式中 t 以秒计. 问：

(1) 在 $t=2$ s 时，它的法向加速度和切向加速度各是多少？

(2) 当切向加速度的大小恰是总加速度大小的一半时，θ 的值是多少？

(3) 在哪一时刻，切向加速度和法向加速度恰有相等的值？

1-6　北京天安门所处纬度为 39.9°. 求它随地球自转的速度和加速度. 设地球半径为 6 378 km.

1-7　一张致密光盘(CD)音轨区域的内半径为 $R_1=2.2$ cm，外半径为 $R_2=5.6$ cm(习题 1-7 图)，径向音轨密度 $N=650\ \mathrm{mm^{-1}}$，在 CD 唱机内，光盘每转一圈，激光头沿径向向外移

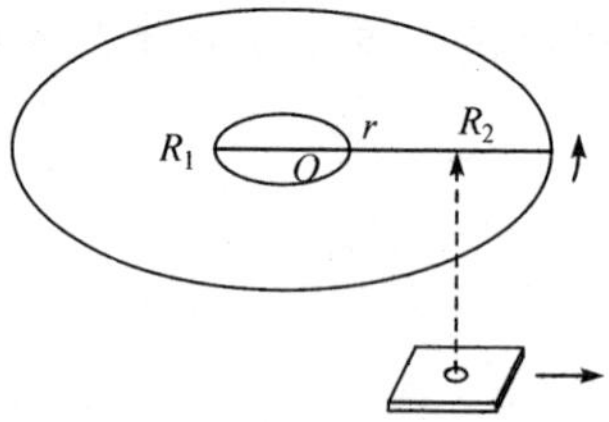

习题 1-7 图

动一条音轨，激光束相对光盘是以 $v=1.3\ \text{m}\cdot\text{s}^{-1}$ 的恒定线速度运动的. 问：

(1) 这张光盘的全部放音时间是多少？

(2) 激光束到达离盘心 $r=5.0$ cm 处时，光盘转动的角速度和角加速度各是多少？

1-8 飞机 A 以 $v_1=1\ 000\ \text{km}\cdot\text{h}^{-1}$ 的速率(相对地面)向南飞行，同时另一架飞机 B 以 $v_2=800\ \text{km}\cdot\text{h}^{-1}$ 的速率(相对地面)向东偏南 30°方向飞行. 求 A 机相对于 B 机的速度和 B 机相对于 A 机的速度.

1-9 如习题 1-7 图所示，木块 A 的质量是 1.0 kg，木块 B 的质量是 2.0 kg，A 与 B 之间的摩擦因数是 0.20，B 与桌面之间的摩擦因数为 0.30. 若木块开始滑动后，它们的加速度大小均为 $0.15\ \text{m}\cdot\text{s}^{-2}$. 试问作用在木块 B 上的拉力有多大？设滑轮和绳的质量均忽略不计，绳与滑轮之间的摩擦也不考虑.

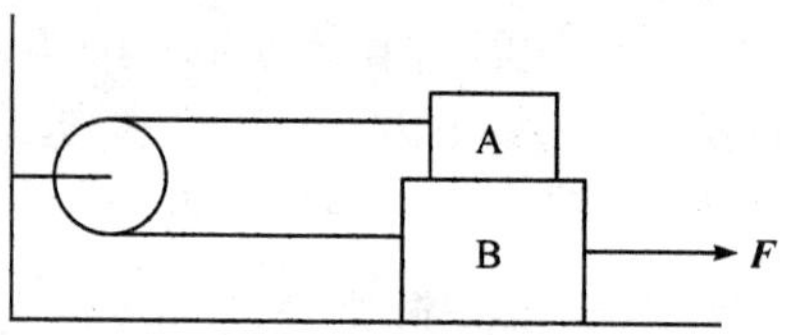

习题 1-9 图

1-10 两根弹簧的劲度系数分别为 k_1 和 k_2，试求它们串联起来或并联起来后的劲度系数 k.

1-11 光滑的水平桌面上放置一固定的圆环带，半径为 R，一物体贴着环带内侧运动，物体与环带间的滑动摩擦系数为 μ_k. 设物体在某一时刻经 A 点时速率为 v_0，求此后 t 时刻物体的速率以及从 A 点开始经过的路程.

1-12 一颗人造地球卫星被发射到地球赤道平面内的圆形轨道上，当轨道半径 R_s 适当时，卫星具有和地球自转完全一样的角速度，因此从地面看来它将固定不动，即所谓同步卫星. 求 R_s 的值，设地球半径为 6.40×10^3 km.

第 2 章　动量守恒　角动量守恒

在经典力学范围内的任何力学问题，原则上可应用牛顿运动定律来解决. 但是，对于那些受力情况比较复杂或涉及多质点运动的问题，就会遇到求解的困难. 为了解决这个困难，我们可以利用由牛顿运动定律导出的一些定理或推论，来研究这些力学问题，使问题大为简化. 本章和第 3 章、第 4 章讨论的动量、角动量和能量等物理量所遵循的定理就是这样的定理. 值得指出的是，动量、角动量和能量的概念及其它们的守恒定律不仅适用于机械运动，而且也适用于物理学中其他形式的运动. 更重要的是，在其他形式的运动(粒子相互作用、电磁相互作用等)中，动量和能量是描述物质运动及其相互作用的基本物理量. 总之，掌握本章和下两章的内容对学好力学和物理学其他分支都是很重要的.

2.1　动量定理　动量守恒定律

2.1.1　动量　冲量和质点动量定理

具有相同体积的铁块和木块，从同一高度自由落下，如果忽略空气阻力，它们的落地速度是完全相同的，这表明它们有相同的运动状态，但它们对地面的冲击力是不相同的. 所以，在描述这类物理问题时，需要引入动量的概念.

质点的动量 $\boldsymbol{p}$ 定义为质点的质量 m 和速度 $\boldsymbol{v}$ 的乘积，即

$$\boldsymbol{p}=m\boldsymbol{v} \tag{2-1}$$

由上述定义可以看出，动量是矢量，它的方向与质点的速度方向相同. 在国际单位制中，动量的单位为千克・米・秒$^{-1}$($\mathrm{kg\cdot m\cdot s^{-1}}$).

牛顿最初表述第二定律时，是用下式的形式提出的

$$\boldsymbol{F}=\frac{\mathrm{d}\boldsymbol{p}}{\mathrm{d}t} \tag{2-2}$$

即作用在质点上的合力等于质点动量的时间变化率. 在经典力学中，质点的质量不依赖于质点的运动速度，式(2-2)与式(1-35)是一致的.

任何力总是在一段时间内作用的，为了描述力在这一段时间间隔中的累积作用，我们引入冲量的概念. 在足够小的时间间隔 Δt 内，力的元冲量 $\Delta\boldsymbol{J}$ 定义为力 $\boldsymbol{F}$ 和 Δt 的乘积，即

$$\Delta\boldsymbol{J}=\boldsymbol{F}\Delta t \tag{2-3}$$

一般情况下，在 t_0 至 t 一段较长的时间内，力 $\boldsymbol{F}$ 随时间而变化，那么我们定义

力 $\boldsymbol{F}$ 在 $t_0 \sim t$ 时间间隔内的冲量 $\boldsymbol{J}$ 为

$$\boldsymbol{J} = \int_{t_0}^{t} \boldsymbol{F} \mathrm{d}t \tag{2-4}$$

在国际单位制中,冲量的单位为牛·秒(N·s)或千克·米·秒$^{-1}$(kg·m·s^{-1}).由式(2-2)得

$$\mathrm{d}\boldsymbol{p} = \boldsymbol{F} \mathrm{d}t \tag{2-5}$$

式(2-5)表明在 $\mathrm{d}t$ 时间内,质点动量的改变量 $\mathrm{d}\boldsymbol{p}$ 等于外力 $\boldsymbol{F}$ 的元冲量,这就是质点动量定理的微分形式,它反映在微小时间间隔内质点动量改变的规律.对于 t_0 至 t 一段时间间隔内,质点动量的改变量可通过对式(2-5)的两侧积分得到,即

$$\boldsymbol{p} - \boldsymbol{p}_0 = \int_{t_0}^{t} \boldsymbol{F} \mathrm{d}t$$

或

$$m\boldsymbol{v} - m\boldsymbol{v}_0 = \int_{t_0}^{t} \boldsymbol{F} \mathrm{d}t \tag{2-6}$$

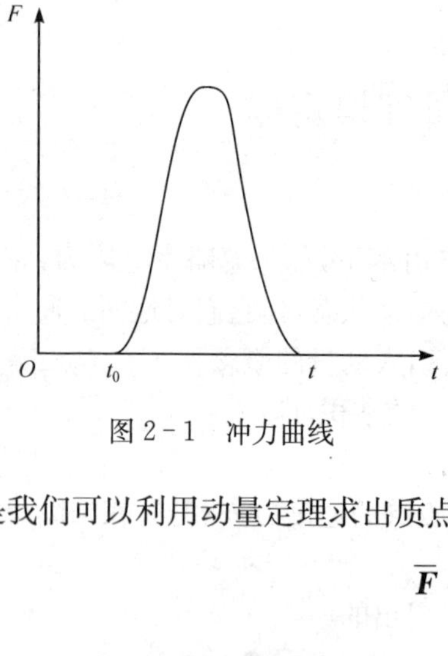

图 2-1　冲力曲线

式(2-6)表明,在一段时间内,质点动量的改变量等于这段时间内作用于质点力的冲量,这就是质点动量定理的积分形式.

动量定理对于解决碰撞、爆炸一类问题很有利.在这些问题中,力的共同点是作用时间短(千分之几秒至百分之几秒)、变化大且可以达到很大值,难于直接测量.这类力称为冲力,图 2-1 的曲线形象地表示了冲力特征.由于冲力的这些特征,难于直接用牛顿第二定律求解,但是冲力对时间的积分是一个有限量,于是我们可以利用动量定理求出质点受的平均冲力,平均冲力的定义如下:

$$\overline{\boldsymbol{F}} = \frac{1}{t - t_0} \int_{t_0}^{t} \boldsymbol{F} \mathrm{d}t$$

2.1.2　质点系的动量定理

以上我们研究的对象是一个质点,当研究的对象是两个或更多的相互作用的物体所组成时,这样的研究对象称为质点系或物体系.质点系以外的其他物体称为外界,外界物体对质点系内质点的作用力称为外力,质点系内质点间的相互作用力称为内力.以下我们先分析由两个质点所组

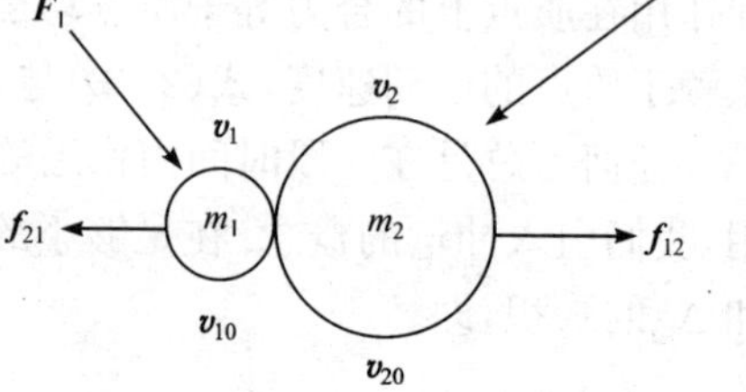

图 2-2　两个质点组成的体系

成的质点系的相互作用过程.

图 2-2 表示质量为 m_1 和 m_2 的两个质点，在起始时刻 t_0 的速度分别为$\boldsymbol{v}_{10}$和$\boldsymbol{v}_{20}$，在时刻 t，两质点的速度为$\boldsymbol{v}_1$ 和$\boldsymbol{v}_2$. 在相互作用过程中，质点 m_1 受外力 $\boldsymbol{F}_1$ 和 m_2 的作用力 $\boldsymbol{f}_{21}$，质点 m_2 受外力 $\boldsymbol{F}_2$ 和 m_1 的作用力 $\boldsymbol{f}_{12}$. 现对两质点分别应用质点动量定理式(2-6)，有

$$m_1\boldsymbol{v}_1 - m_1\boldsymbol{v}_{10} = \int_{t_0}^{t}(\boldsymbol{f}_{21} + \boldsymbol{F}_1)\mathrm{d}t$$

$$m_2\boldsymbol{v}_2 - m_2\boldsymbol{v}_{20} = \int_{t_0}^{t}(\boldsymbol{f}_{12} + \boldsymbol{F}_2)\mathrm{d}t$$

再根据牛顿第三定律有

$$\boldsymbol{f}_{12} + \boldsymbol{f}_{21} = 0$$

将以上三式相加，得

$$(m_1\boldsymbol{v}_1 + m_2\boldsymbol{v}_2) - (m_1\boldsymbol{v}_{10} + m_2\boldsymbol{v}_{20}) = \int_{t_0}^{t}(\boldsymbol{F}_1 + \boldsymbol{F}_2)\mathrm{d}t \tag{2-7}$$

式(2-7)就是两个质点组成的质点系的动量定理. 这个结果很容易推广到由任意多个质点组成的质点系. 设质点系由 N 个质点组成，由于内力成对出现，内力冲量的矢量和必为零，于是根据式(2-6)分别列出 N 个质点的动量定理，相加后可得

$$(m_1\boldsymbol{v}_1 + m_2\boldsymbol{v}_2 + \cdots + m_N\boldsymbol{v}_N) - (m_1\boldsymbol{v}_{10} + m_2\boldsymbol{v}_{20} + \cdots + m_N\boldsymbol{v}_{N0})$$
$$= \int_{t_0}^{t}(\boldsymbol{F}_1 + \boldsymbol{F}_2 + \cdots + \boldsymbol{F}_N)\mathrm{d}t$$

或写成

$$\sum m_i\boldsymbol{v}_i - \sum m_i\boldsymbol{v}_{i0} = \int_{t_0}^{t}\sum \boldsymbol{F}_i\mathrm{d}t \tag{2-8}$$

式中 $\sum \boldsymbol{F}_i$ 是把作用在各质点上的外力平移相加，称为作用在质点系上的合外力. $\sum m_i\boldsymbol{v}_i$ 和 $\sum m_i\boldsymbol{v}_{i0}$ 分别为质点系末态和初态的总动量，求总动量时也是把各质点在同一时刻的动量矢量平移相加. 式(2-8)表明，在一段作用时间内，质点系动量的改变量等于这段时间内合外力的冲量，这就是质点系动量定理.

由以上讨论的过程中可清楚地看出，内力可以改变每个质点的动量，但不会改变质点系总动量. 由于外力与内力的区分完全取决于所选取的研究对象，因此在具体分析问题时，必须首先明确研究对象. 另外，质点系动量定理是由牛顿第二、第三定律导出的规律，只适用于惯性系.

在分析具体问题时，我们常将式(2-8)写成分量的形式，在直角坐标系中有

$$\begin{cases}\sum m_i v_{ix} - \sum m_i v_{i0x} = \int_{t_0}^{t} \sum F_{ix}\,\mathrm{d}t \\ \sum m_i v_{iy} - \sum m_i v_{i0y} = \int_{t_0}^{t} \sum F_{iy}\,\mathrm{d}t \\ \sum m_i v_{iz} - \sum m_i v_{i0z} = \int_{t_0}^{t} \sum F_{iz}\,\mathrm{d}t\end{cases} \tag{2-9}$$

式(2-9)说明沿某一方向的动量改变量等于沿该方向合外力的冲量.

2.1.3　动量守恒定律

由式(2-8)可看出，在一段作用时间内，如果合外力 $\sum \boldsymbol{F}_i$ 为零，则质点系动量 $\sum m_i\boldsymbol{v}_i$ 保持不变，即

$$\sum m_i\boldsymbol{v}_i = 恒量 \tag{2-10}$$

这就是质点系动量守恒定律.

要指出的是，在有些问题中，质点系所受的合外力并不为零，但是沿某一方向合外力的分量为零，由式(2-9)可看出，沿该方向质点系动量的分量守恒. 例如，设沿 x 方向的合外力分量为零，即 $\sum F_{ix}=0$，则由式(2-9)的第一个分量方程可得

$$\sum m_i\boldsymbol{v}_{ix} = 恒量 \tag{2-11}$$

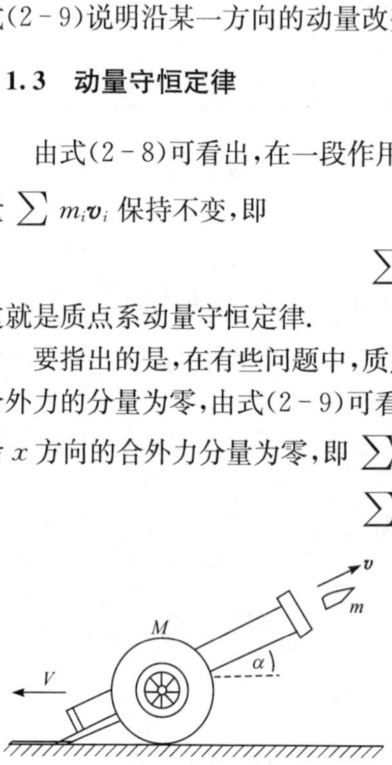

图 2-3　水平方向动量守恒

例题 1　如图 2-3 所示，设炮车以仰角 α 发射一炮弹，炮车和炮弹的质量分别为 M 和 m，炮弹的出口速度为 v. 求炮车的反冲速度 V. 设炮车与地面的摩擦可忽略.

解　以炮车和炮弹为物体系. 在炮弹发射过程中，炮车受地面的附加冲力，系统总动量不守恒. 但是，沿水平方向，如果略去地面对炮车的摩擦力，则动量分量守恒，故有

$$mv\cos\alpha + MV = 0$$

$$V = -\frac{m}{M}v\cos\alpha$$

式中负号表示炮车反冲速度的方向向后.

例题 2　一个原来静止的原子核，放射性蜕变时放出一个动量为 $p_1=9.22\times10^{-21}\ \mathrm{kg\cdot m\cdot s^{-1}}$ 的电子，同时还在垂直于此电子运动的方向上放出一个动量为 $p_2=5.33\times10^{-21}\ \mathrm{kg\cdot m\cdot s^{-1}}$ 的中微子. 求蜕变后原子核的动量和大小.

解　原子核蜕变过程应满足动量守恒定律. 以 $\boldsymbol{p}_3$ 表示蜕变后原子核的动量，应有

$$\boldsymbol{p}_1+\boldsymbol{p}_2+\boldsymbol{p}_3=0$$

由图 2-4 可知，$\boldsymbol{p}_3$ 的大小为

$$p_3=\sqrt{p_1^2+p_2^2}=\sqrt{9.22^2+5.33^2}\times10^{-21}$$
$$=1.07\times10^{-20}(\mathrm{kg\cdot m\cdot s^{-1}})$$

$\boldsymbol{p}_3$ 的方向应在 $\boldsymbol{p}_1$ 和 $\boldsymbol{p}_2$ 所在的平面内，且与 $\boldsymbol{p}_1$ 的夹角为

$$\alpha=90°+\arctan\frac{p_1}{p_2}=90°+\arctan\frac{9.22}{5.33}$$
$$=149°58'$$

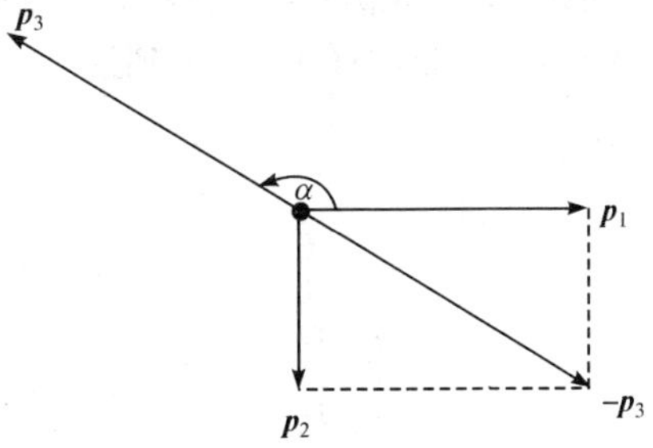

图 2-4　粒子衰变前后动量守恒

2.1.4　火箭水平推进速度

2.1.3 节的例题 1 我们讨论了炮弹的射击问题，现在来研究喷气火箭在连续反冲运动中的速度问题. 喷气火箭的基本原理还是动量守恒定理. 图 2-5 示意绘出了火箭的推进原理. 火箭在飞行时火箭内部的氧化剂和燃料在极短时间内发生爆炸性的燃烧. 产生大量高温、高压的气体从尾部喷出，喷出的气体具有很大的动量. 根据动量守恒定理，火箭就获得数值相等. 方向相反的动量，因而发生连续反冲现象. 随着气体的不断喷出，火箭的质量越来越小，它的速度越来越大. 当燃料烧尽时，火箭就以获得的速度继续飞行. 以下我们来推导火箭的水平推进速度.

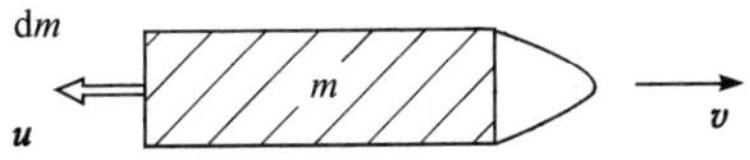

图 2-5　火箭推进原理

将火箭和燃烧气体视为一个系统. 当某一瞬时，火箭的质量为 m，速度为 v，在 $\mathrm{d}t$ 时间内，喷出的气体质量为 $\mathrm{d}m'$，气体相对于火箭的速度为 u，火箭本身的速度增加了 $\mathrm{d}v$. 若选取地面作为惯性系，根据动量守恒定理，有

$$mv=(m-\mathrm{d}m')(v+\mathrm{d}v)+(v-u)\mathrm{d}m'$$

将上式展开，略去二级无穷小量 $\mathrm{d}m\mathrm{d}v$，并注意到 $\mathrm{d}m=-\mathrm{d}m'$，得

$$\mathrm{d}v=-u\frac{\mathrm{d}m}{m}\tag{2-12}$$

若火箭开始飞行时的质量为 m_0、速度为 v_0，燃料烧尽时火箭的质量为 m、速度为 v，且喷气速度 u 始终保持不变，则积分式(2-12)，有

$$v=v_0-\int_{m_0}^{m}u\frac{\mathrm{d}m}{m}=v_0+u\ln\frac{m_0}{m}\tag{2-13}$$

从式(2-13)可看出，提高 m_0/m 的比值可增加火箭的速度，但在实际工作中，提高 m_0/m 的比值，技术上是有很大困难的. 所以，为了获得很大的速度，一般用多级火箭. 多级火箭是由构造类似、大小不同的火箭连接而成的. 在飞行过程中，当第一级火箭的燃料烧尽时，火箭已有一定的速度，这时第一级火箭空壳自动脱落，而第二

级火箭的发动机就开始工作，第二级火箭燃料烧尽时，也自动脱落，同时第三级火箭就开始工作. 这样下去，直到最后一级的燃料用完时，火箭就获得了很大的飞行速度.

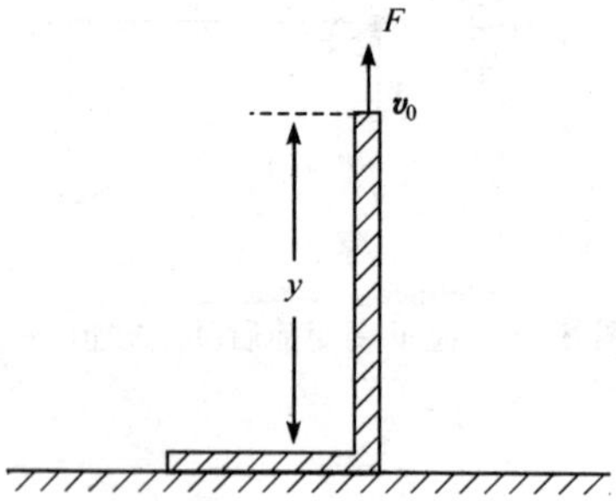

图 2-6 提升柔绳

例题 3 如图 2-6 所示，地面上有一段柔软的绳子，绳的质量线密度为 λ，用手提绳的一端，以匀速 v_0 将其上提. 当绳的一端被提离地面高度为 y 时，求手的提升力.

解 这是一个变质量系统的问题，被提升绳子高度 y 的动量改变率为

$$\frac{\mathrm{d}(mv)}{\mathrm{d}t}=\frac{\mathrm{d}}{\mathrm{d}t}(\lambda y v_0)=\lambda v_0\frac{\mathrm{d}y}{\mathrm{d}t}=\lambda v_0^2$$

垂直线段 y 受两个外力，即提升力和重力 λyg，由动量定理，可得

$$\lambda v_0^2=F-\lambda yg$$

于是提升力为

$$F=\lambda yg+\lambda v_0^2$$

显见，提升力 F 比重力多了一项 λv_0^2，它正是添加物的反冲力，作用于垂直线段底部，方向朝下. 外力 F 向上克服重力和反冲力使柔性绳子匀速上升.

2.2 角动量定理 角动量守恒

2.2.1 质点角动量

一个定轴转动的均匀飞轮的动量和静止时的动量是相等的，都为零. 这说明只用动量不能准确地描述转动物体的运动状况. 还如地球绕太阳转动，太阳绕银河系的中心转动，而地球和太阳又都在不停地自转；在微观世界里，原子内的电子绕核转动，而近代物理又告诉我们，电子、质子和中子等粒子也都可能具有类似自转那样的特性(称为自旋). 上述这些物理问题均需要引入角动量的概念.

设一质点的动量为 $\boldsymbol{p}=m\boldsymbol{v}$，它相对于任一固定点 O(如坐标原点)的位置矢量 $\boldsymbol{r}$(图 2-7)，则定义质点相对于 O 点的角动量

$$\boldsymbol{L}=\boldsymbol{r}\times\boldsymbol{p}=\boldsymbol{r}\times m\boldsymbol{v} \quad (2-14)$$

根据矢量积的定义，如果 $\boldsymbol{r}$ 和 $\boldsymbol{p}$ 两矢量之间较小夹角为 θ，则角动量的数值为

$$L=rp\sin\theta=mrv\sin\theta \quad (2-15)$$

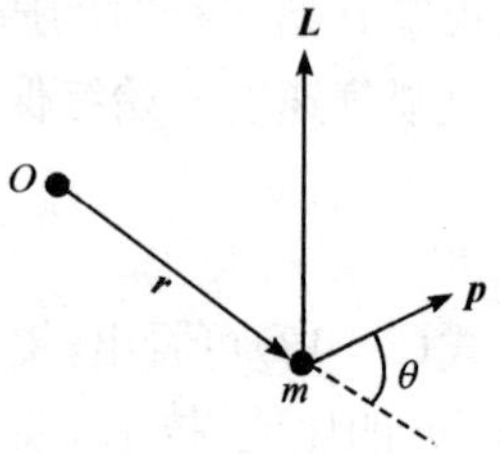

图 2-7 质点角动量 L 的定义

$\boldsymbol{L}$ 的方向垂直于 $\boldsymbol{r}$ 和 $\boldsymbol{p}$ 所构成的平面，其指向可由右手

法则确定，即将右手四指指向 $\boldsymbol{r}$ 的正向且以较小的角度转向 $\boldsymbol{p}$ 的正向，则大拇指所指就是 $\boldsymbol{L}$ 的方向(图 2-7). 式(2-14)中两个矢量($\boldsymbol{r}$ 和 $\boldsymbol{p}$)相乘后得到另一矢量($\boldsymbol{L}$)，称为矢量的叉乘. 任何两矢量叉乘后所成的新矢量方向均可由上述的右手法则得之.

在国际单位制中，角动量的单位是千克・米^2・秒$^{-1}$($kg \cdot m^2 \cdot s^{-1}$).

由以上的定义可看出，质点的角动量不仅取决于它的动量还取决于它相对于固定点的径矢，因而质点相对于不同的点，它的角动量是不相同的.

2.2.2　力矩

中学物理课本上已介绍过力矩的概念，但那里讨论的只是作用于转动物体上的力对转动轴的力矩，是力矩的一种特殊形式. 以下我们给出力矩的一般定义.

设力 $\boldsymbol{F}$ 作用于图 2-8 所示的质点 m 上，这个质点相对于某一固定点(坐标原点)的位置矢量为 $\boldsymbol{r}$，则定义力 $\boldsymbol{F}$ 相对于 O 点的力矩为

$$\boldsymbol{M}=\boldsymbol{r}\times\boldsymbol{F} \tag{2-16}$$

力矩的大小 $M=rF\sin\phi$，力矩的方向由 $\boldsymbol{r}\times\boldsymbol{F}$ 矢积的方向确定.

力对 O 点的力矩 $\boldsymbol{M}$ 在通过 O 点的任一轴线，如 z 轴的分量，称为力矩对轴线 z 的力矩，用 M_z 表示. 这就是中学物理课本上的力矩的定义.

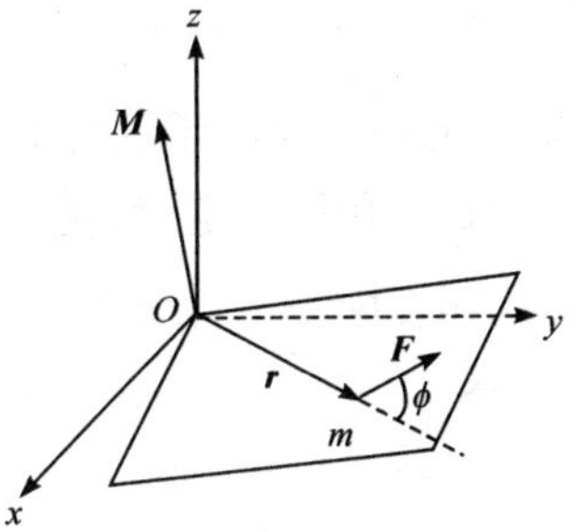

图 2-8　力矩 M 的定义

在国际单位制中，力矩的单位是牛・米(N・m).

2.2.3　质点角动量定理

2.1 节说明引起动量改变的原因是外力，以下将说明引起角动量改变的原因是外力矩. 将角动量 $\boldsymbol{L}=\boldsymbol{r}\times\boldsymbol{p}$ 对时间求导，可得

$$\frac{d\boldsymbol{L}}{dt}=\frac{d}{dt}(\boldsymbol{r}\times\boldsymbol{p})=\frac{d\boldsymbol{r}}{dt}\times\boldsymbol{p}+\boldsymbol{r}\times\frac{d\boldsymbol{p}}{dt}$$

因为$\frac{d\boldsymbol{r}}{dt}=\boldsymbol{v}$，$\boldsymbol{v}$ 与 $\boldsymbol{p}$ 同方向，于是$\frac{d\boldsymbol{r}}{dt}\times\boldsymbol{p}=0$，因而上式变为

$$\frac{d\boldsymbol{L}}{dt}=\boldsymbol{r}\times\frac{d\boldsymbol{p}}{dt}=\boldsymbol{r}\times\boldsymbol{F}$$

上式右方即为合外力 $\boldsymbol{F}$ 的力矩 $\boldsymbol{M}$，于是有

$$\boldsymbol{M}=\frac{d\boldsymbol{L}}{dt} \tag{2-17}$$

式(2-17)说明作用在质点上的合外力矩等于质点角动量对时间的变化率. 这就是

质点的角动量定理.

2.2.4 质点系角动量定理

在质点角动量定理的基础上,我们可以进一步讨论质点系的角动量定理.设质点系由 N 个质点组成,对选定的某确定参考点 O,第 i 个质点的角动量定理表达式为

$$\boldsymbol{M}_{i内}+\boldsymbol{M}_{i外}=\frac{\mathrm{d}\boldsymbol{L}_i}{\mathrm{d}t}$$

式中 $\boldsymbol{L}_i$ 表示质点 i 的角动量,$\boldsymbol{M}_{i内}$ 和 $\boldsymbol{M}_{i外}$ 为质点 i 所受的内力矩和外力矩.对所有质点的角动量定理表达式相加可得

$$\sum \boldsymbol{M}_{i内}+\sum \boldsymbol{M}_{i外}=\sum \frac{\mathrm{d}\boldsymbol{L}_i}{\mathrm{d}t}$$

令

$$\boldsymbol{L}=\sum \boldsymbol{L}_i \tag{2-18}$$

$\boldsymbol{L}$ 表示质点系内各质点对于参考点 O 的角动量矢量和,称为质点系对 O 点的角动量.根据牛顿第三定律,质点系的内力总是成对出现,每对内力的大小相等、方向相反,作用在同一条直线上,于是有 $\sum \boldsymbol{M}_{i内}=0$.

令

$$\boldsymbol{M}=\sum \boldsymbol{M}_{i外} \tag{2-19}$$

这样,由上述的四个式子可得

$$\boldsymbol{M}=\frac{\mathrm{d}\boldsymbol{L}}{\mathrm{d}t} \tag{2-20}$$

式(2-20)说明质点系对参考点 O 的角动量随时间的变化率等于各质点所受外力对该点力矩的矢量和,这就是质点系对参考点 O 的角动量定理.显见,它和质点角动量定理有相同形式的表达式.

式(2-20)在直角坐标系中沿三个坐标轴的投影式为

$$\begin{cases} M_x=\sum M_{ix}=\dfrac{\mathrm{d}L_x}{\mathrm{d}t} \\ M_y=\sum M_{iy}=\dfrac{\mathrm{d}L_y}{\mathrm{d}t} \\ M_z=\sum M_{iz}=\dfrac{\mathrm{d}L_z}{\mathrm{d}t} \end{cases} \tag{2-21}$$

如果仅考虑上式中某一分量,如 z 分量,则表现为对轴的特征,即质点系对于 z 轴的角动量对时间的变化率等于质点系所受一切外力对轴力矩的代数和,称为质点系对 z 轴的角动量定理.

2.2.5　刚体绕固定轴的转动

在许多问题研究中，我们必须考虑物体的大小和形状，因为物体在运动过程中其上各部分受力和运动情况各不相同. 但在某些问题中，物体在受力和运动时，它们的形状和大小的变化可忽略不计，于是为了便于研究可将此物体看成"刚体". 刚体就是在任何情况下，形状和大小都不发生变化的一种理想物体. 我们研究刚体运动的基本方法是把刚体看成是内部各质元间的距离始终保持不变的质点系.

现在来讨论刚体绕固定轴转动情况下角动量定理的表达式. 设第 i 个质元的质量为 m_i，与轴线的垂直距离为 r_i，则当转动角速度为 ω 时，该质元对定轴的角动量为

$$L_i=m_ir_iv_i=m_ir_i^2\omega$$

于是，组成刚体的所有各个质元对定轴的总角动量为

$$L=\sum L_i=(\sum m_ir_i^2)\omega$$

令

$$I=\sum m_ir_i^2 \tag{2-22}$$

称为刚体对定轴的转动惯量. 因此，有

$$L=I\omega \tag{2-23}$$

在转动过程中各个 r_i 都保持不变，故 I 为常量，将上式代入式(2-20)，有

$$M=I\frac{\mathrm{d}\omega}{\mathrm{d}t} \tag{2-24}$$

即刚体绕定轴转动时，作用在刚体上的一切外力对定轴的力矩的代数和等于刚体绕定轴的转动惯量与刚体绕定轴转动的角加速度的乘积. 式(2-24)称为刚体绕固定轴转动的转动定律. 由式(2-24)可看出，当外力矩一定时，转动惯量 I 越小，刚体所获得的角加速度越大；转动惯量越大，刚体所获得的角加速度越小. 这就说明了转动惯量这个量的物理意义：刚体的转动惯量是它的转动惯性大小的量度. 值得指出的是，I 的大小不仅取决于刚体的总质量，而且取决于刚体中质量的分布情况以及轴线所在位置.

利用式(2-17)或式(2-24)，我们很容易解释小孩喜欢玩的陀螺的进动. 当陀螺以很高的转速绕自己的对称轴转动时，如果它的转轴呈倾斜状态，则要受到重力矩的作用(在图 2-9 中，力矩的方向是垂直于纸面向里的)，因而产生回转效应，即陀螺并不倒下，而是其自转轴沿图中虚线所示的路径绕竖直轴 Oz 进动. 陀螺的进动对我们往后理解磁介质抗磁性成因和核磁共振原理

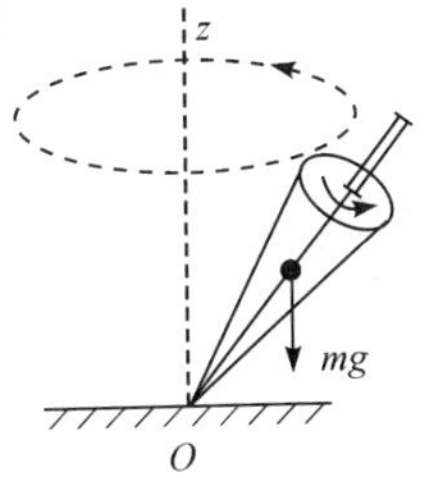

图 2-9　陀螺的进动

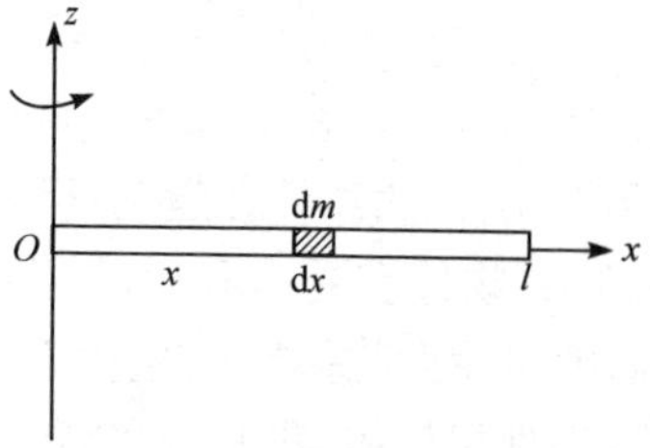

图 2-10　棒的转动惯量

是有益的.

例题 4　如图 2-10 所示,一质量为 m 长为 l 的匀质细棒,求通过棒的一端并垂直于棒的轴的转动惯量.

解　设细棒的质量线密度为 $\eta=m/l$,则 $dm=\eta dx=\frac{m}{l}dx$. 由转动惯量的定义式(2-22),有

$$I=\int_0^l x^2 dm=\int_0^l x^2 \frac{m}{l}dx$$
$$=\frac{m}{l}\int_0^l x^2 dx=\frac{1}{3}ml^2$$

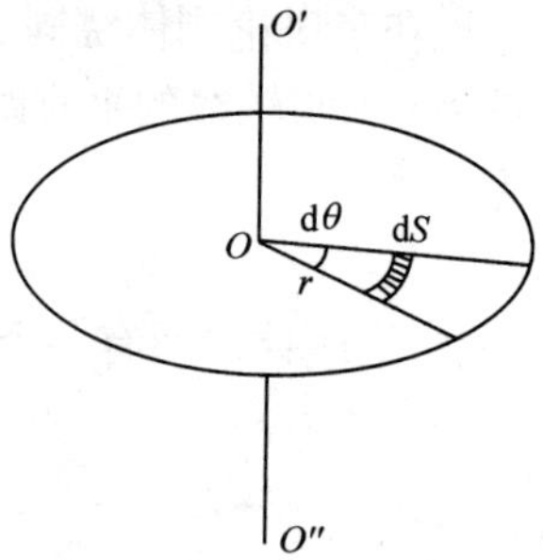

图 2-11　通过圆盘中心轴的转动惯量

例题 5　如图 2-11 所示,一质量为 m 半径为 R 的匀质圆盘. 求通过盘心并与盘面垂直的轴的转动惯量.

解　设圆盘的质量面密度为 $\sigma=m/\pi R^2$,于是 $dm=\sigma dS=\frac{m}{\pi R^2}rdrd\theta$,由式(2-22),有

$$I=\int r^2 dm=\int_0^{2\pi}d\theta\int_0^R \frac{m}{\pi R^2}r^3 dr=\frac{1}{2}mR^2$$

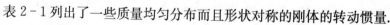

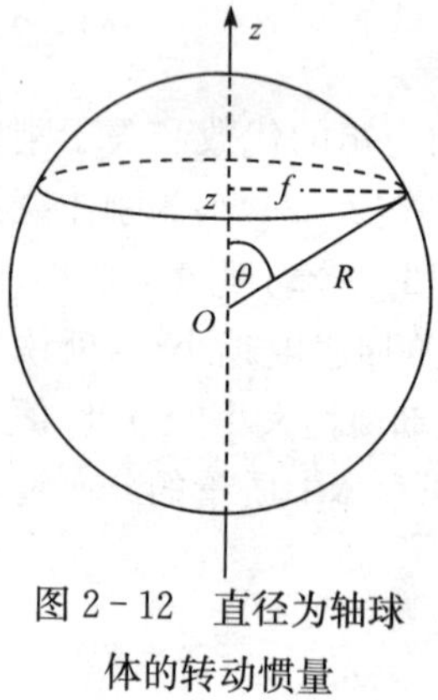

图 2-12　直径为轴球体的转动惯量

例题 6　如图 2-12 所示,一质量为 m 半径为 R 的均质圆球,求通过任一直径为轴的转动惯量.

解　沿图中垂直于 z 轴把圆球分成许多薄圆盘,在 z 处厚度为 dz 的一片薄圆盘对 z 轴的转动惯量为

$$dI=\frac{1}{2}r^2 dm=\frac{1}{2}r^2\rho\pi r^2 dz$$

式中质量体密度 $\rho=m/\left(\frac{4\pi}{3}R^3\right)$, $r^2=R^2-z^2$. 总转动惯量为

$$I=\int dI=\frac{\pi\rho}{2}\int_{-R}^{R}(R^2-z^2)dz=\frac{2}{5}mR^2$$

表 2-1 列出了一些质量均匀分布而且形状对称的刚体的转动惯量.

表 2-1 某些形状对称刚体的转动惯量

刚体	轴的位置	转动惯量
细棒（质量 m，长 l）	通过中心与棒垂直	$\frac{1}{12}ml^2$
	通过一端与棒垂直	$\frac{1}{3}ml^2$
薄壁中空圆筒（质量 m，半径 R）	通过中心轴	mR^2
中实圆柱体（质量 m，半径 R）	通过中心轴	$\frac{1}{2}mR^2$
中空圆柱体（质量 m，外半径 R，内半径 r）	通过中心轴	$\frac{1}{2}m(R^2+r^2)$
球体（质量 m，半径 R）	通过直径	$\frac{2}{5}mR^2$

2.2.6 角动量守恒定律

由式(2-17)可知，若作用于质点的合力对参考点的力矩始终为零，则质点对该点的角动量保持不变，称为质点对参考点的角动量守恒定律，即

当 $\boldsymbol{M}=0$ 时，

$$\boldsymbol{L}=\text{常量} \tag{2-25}$$

由式(2-20)可知，当外力对参考点的力矩的矢量和始终为零，则质点系对该点的角动量保持不变，称为质点系对该点的角动量守恒定律，即

当 $\boldsymbol{M}=\sum \boldsymbol{M}_{i外}=0$ 时，

$$\boldsymbol{L}=\text{常量} \tag{2-26}$$

由式(2-24)可知，当 $M=0$ 时，有

$$I\omega=\text{常量} \tag{2-27}$$

这就是绕固定轴转动刚体的角动量守恒定律.

如果转动系统是由两部分组成，原来静止，总角动量为零. 假如依靠内部的相互作用使一部分转动，则根据角动量守恒，另一部分做反向的转动，两者的角动量大小相等，总和仍为零. 如图 2-13 所示，人站在可自由转动的凳子上，原来静止，当人转动手中所持的轮子时，则人必然同时发生反向的转动，而总角动量为零. 还如花样滑冰运动员和芭蕾舞演员通过伸缩他们的四肢(转动惯量由大变小)来调节他们在冰场上和舞台上旋转的角速度由小变大.

图 2-13 角动量守恒

角动量是一个基本的概念，近代物理学的研究结果表明，

微观粒子一般也具有角动量，而且角动量守恒定律是并列于动量守恒定律的基本规律. 在宏观现象中，物体的角动量可以取连续的数值，但在微观世界，粒子的角动量（轨道角动量和自旋角动量）只能取一些确定的数值. 外部的作用只能使这些角动量的值从某一数值跃变到另一些数值，而不能连续变化，这种现象称为角动量的量子化.

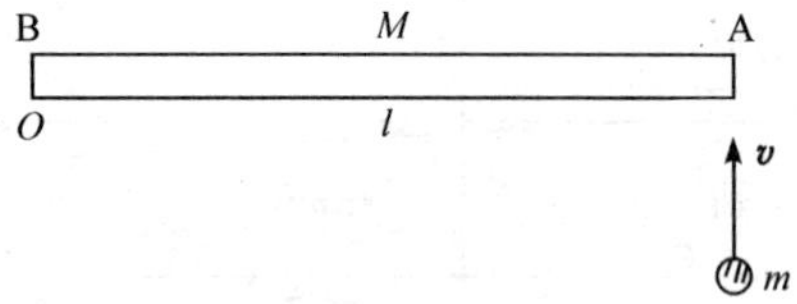

图 2-14　子弹和棒角动量守恒

例题 7　AB 是放在光滑水平面上的匀质细杆，其长度为 l，质量为 M，B 端固定于竖直轴 O 上，使它可绕轴自由转动（图 2-14）. 一质量为 m 的子弹在水平面内沿与杆相垂直的方向，以速率 v 射入 A 端，子弹击穿 A 端后速率减为 $v/2$，其运动方向不变. 求细杆的角速度.

解　将子弹和棒看作一个系统，由于系统不受外力矩，所以系统的角动量守恒，子弹在穿过棒后速率减半，它的角动量损失 1/2，为棒所得，于是有

$$\frac{1}{2}mvl = I\omega$$

$$\omega = \frac{1}{2}\frac{mvl}{I} = \frac{1}{2}\frac{mvl}{\frac{1}{3}Ml^2} = \frac{3}{2}\frac{mv}{Ml}$$

例题 8　证明绕太阳运动的一个行星，在相同的时间内扫过相同的面积.

解　行星绕太阳沿椭圆轨道运动，设在很短的时间间隔 Δt 行星扫过的面积为 ΔA，ΔA 近似为图 2-15 中画有斜线的三角形面积，即

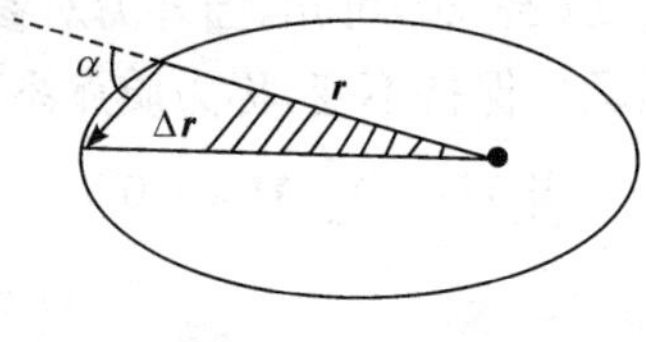

图 2-15　行星在相同时间内扫过相同的面积

$$\Delta A = \frac{1}{2}|\boldsymbol{r}||\Delta\boldsymbol{r}|\sin\alpha$$

或

$$\Delta A = \frac{1}{2}|\boldsymbol{r}\times\Delta\boldsymbol{r}|$$

故面积速度为

$$\frac{\mathrm{d}A}{\mathrm{d}t} = \lim_{\Delta t\to 0}\frac{\Delta A}{\Delta t} = \lim_{\Delta t\to 0}\frac{1}{2}\frac{|\boldsymbol{r}\times\Delta\boldsymbol{r}|}{\Delta t} = \frac{1}{2}\left|\boldsymbol{r}\times\frac{\mathrm{d}\boldsymbol{r}}{\mathrm{d}t}\right|$$

$$= \frac{1}{2}|\boldsymbol{r}\times\boldsymbol{v}| = \left|\frac{\boldsymbol{L}}{2m}\right|$$

由于行星受到太阳的引力是有心力，不产生力矩，所以根据角动量守恒定律，

行星相对于太阳的角动量 $L=$恒量,于是$\frac{\mathrm{d}A}{\mathrm{d}t}$也是恒量,即在相同的时间内扫过相同的面积,这就是开普勒第二定律.

习　题

2-1　某一原来静止的放射性原子核由于衰变辐射出一个电子和一个中微子,电子与中微子的运动方向互相垂直,电子的动量 1.2×10^{-22} kg·m·s^{-1},而中微子的动量等于 6.4×10^{-23} kg·m·s^{-1}. 试求原子核剩余部分反冲动量的方向和大小.

2-2　一个质量为 $m=50$ g 的质点,以速率 $v=20$ m·s^{-1}做匀速圆周运动.

(1) 经过 1/4 周期它的动量变化多大? 在这段时间内它受到的冲量多大?

(2) 经过 1 周期它的动量变化多大? 受到的冲量多大?

2-3　一个质量为 $m=0.14$ kg 的垒球,沿水平方向以 $v_1=50$ m·s^{-1}的速率投出,经棒打击后沿仰角 45°的方向,以速率 $v_2=80$ m·s^{-1}飞回.

(1) 求棒作用于球的冲量的大小和方向;

(2) 若棒与球接触的时间为 $\Delta t=0.02$ s,求棒对球的平均作用力.

2-4　一质量为 M 的物体被静止悬挂,一质量为 m 的子弹($M\gg m$)沿水平方向以速度$\boldsymbol{v}$射中该物体并嵌于其中(习题 2-4 图). 求子弹射入物体后物体的速度.

2-5　如习题 2-5 图所示,一质量为 m 的 α 粒子,以速率 v 平行于 x 轴运动,并与质量为 M 的静止的氧原子核相碰. 实验测出碰撞后 α 粒子的运动方向与 x 轴的夹角为 $\theta=72°$,氧核的运动方向与 x 轴的夹角为 $\phi=41°$. 求碰撞后与碰撞前 α 粒子的速率之比.

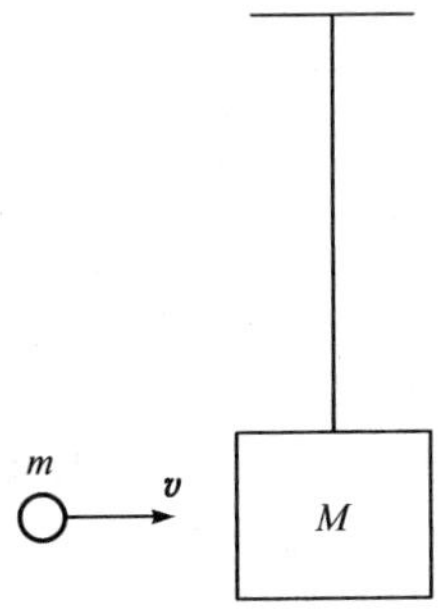

习题 2-4 图

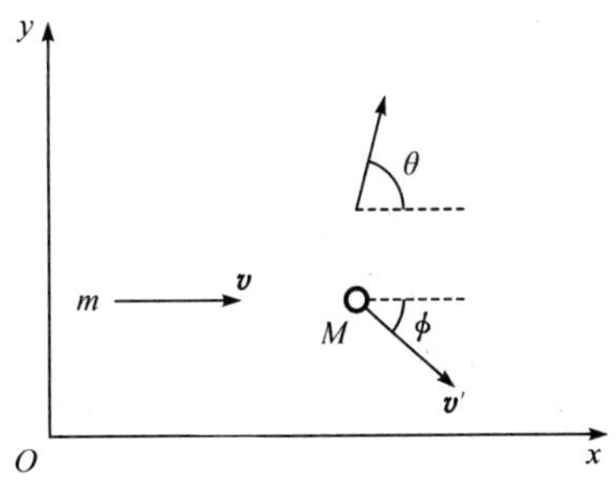

习题 2-5 图

2-6　两质量分别是 $m_1=20$ g,$m_2=50$ g 的小物体在光滑水平面(x-y 平面)上运动,它们的速度分别为 $\boldsymbol{u}_1=10\boldsymbol{i}$ m·s^{-1},$\boldsymbol{u}_2=(3.0\boldsymbol{i}+5.0\boldsymbol{j})$ m·s^{-1},二者相碰后合为一体,求两物体碰撞后的速度.

2-7　如习题 2-7 图所示,一个有 1/4 圆弧滑槽(半径 R)的物体质量 m_1,停在光滑的水平面上,另一质量为 m_2 的小物体从静止开始沿圆面从顶端由静止下滑. 求当小物体滑到底时,大物体在水平面上移动的距离.

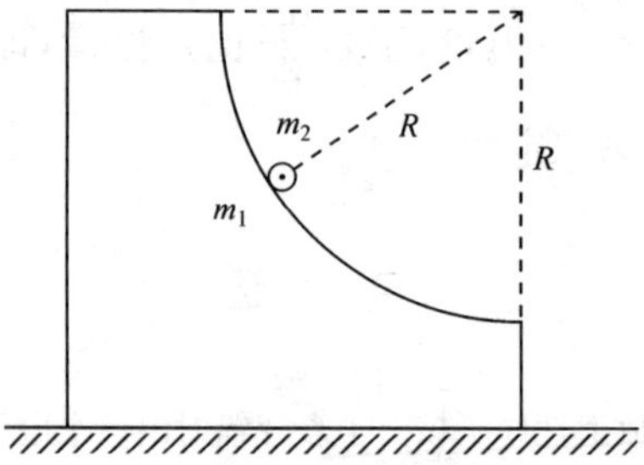

习题 2-7 图

2-8　已知月球的质量为 7.35×10^{22} kg，地球的质量为 6.98×10^{24} kg，月球绕地球运行的轨道可视为圆，其周期为 27.3 d. 求月球对地心的面积速度与角动量.

2-9　一个可以在无摩擦的轴上自由转动的圆盘静止不动，它的半径为 R，绕轴转动的转动惯量为 I. 现一质量为 m 的小孩沿圆盘的一条切向路径以初速 v_0 跑去，然后跳上圆盘，并与圆盘一起转动. 试问圆盘连同小孩的角速度为多大?

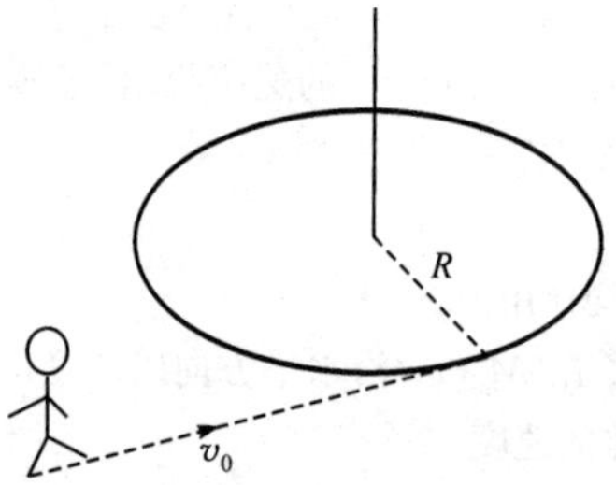

习题 2-9 图

2-10　哈雷彗星绕太阳运动的轨道是一个椭圆. 它离太阳中心的最近距离为 $r_1=8.75\times10^{10}$ m，在该处的速率 $v_1=5.46\times10^{4}\ \mathrm{m\cdot s^{-1}}$，已知它在离太阳中心最远处的速率为 $v_2=9.02\times10^{2}\ \mathrm{m\cdot s^{-1}}$.

(1) 求哈雷彗星离太阳中心的最远距离 r_2；

(2) 估算哈雷彗星的周期(提示：先利用 r_1、r_2 算出椭圆面积).

2-11　我国 1998 年 12 月发射的通信卫星在到达同步轨道之前，先要在一个大的椭圆形"转移轨道"上运行若干圈. 此转移轨道的近地点高度为 205.5 km，远地点高度为 35 875.7 km. 卫星越过近地点的速率为 $10.2\ \mathrm{km\cdot s^{-1}}$.

(1) 求卫星越过远地点时的速率；

(2) 求卫星在此轨道上运行的周期(提示：注意用椭圆的面积公式).

2-12　根据玻尔假设，氢原子内电子绕核运动的角动量只可能是 $h/2\pi$ 的整数倍，其中 h 是普朗克常量，它的大小为 $6.63\times10^{-34}\ \mathrm{kg\cdot m^2\cdot s^{-1}}$. 已知电子圆形轨道的最小半径为 $r=0.529\times10^{-10}$ m，求在此轨道上电子运动的频率 ν.

2-13　一个半圆薄板质量为 m，半径为 R. 当它绕着它的直径边转动时，它的转动惯量多大?

2-14　太阳的热核燃料耗尽时，它将急速塌缩成半径等于地球半径的一颗白矮星. 如果不计质量散失，那时太阳的转动周期将变为多少? 太阳和白矮星按均匀球体计算. 目前太阳的自转周期按 26 d 计. 已知太阳半径为 6.96×10^{8} m，地球半径为 6.4×10^{6} m.

第3章　能量守恒

能量的概念是自然科学中最基本的概念之一.能量的形式很多,如机械能、热能、化学能、电磁能、原子核能等,各种能量可以通过不同的方式相互转化,但在相互转化过程(不论是宏观过程还是微观过程)中能量的总和始终是保持不变的,这就是能量守恒定律.本章着重讨论与机械运动有关的动能、势能和功的概念以及机械能守恒定律.

3.1　功

机械运动的转化是通过做功的方式来实现的.设想一质点 m 在力 $\boldsymbol{F}$ 作用下发生了一个很小的位移 $\mathrm{d}\boldsymbol{l}$(图 3-1),定义力 $\boldsymbol{F}$ 在这段位移上对质点做的元功为

$$\mathrm{d}A = \boldsymbol{F} \cdot \mathrm{d}\boldsymbol{l} = F\cos\alpha\mathrm{d}l \qquad (3-1)$$

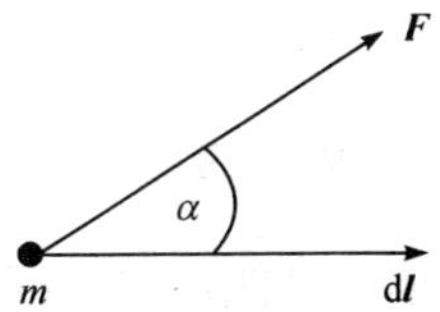

图 3-1　元位移下的功

即功等于作用于质点上的力与质点位移的标量积(凡两矢量相乘得一标量,称为两矢量的点乘),也就是力沿质点位移方向的分量与位移的乘积.功是一个标量,没有方向性,但它有正负.功为正值表明力 $\boldsymbol{F}$ 对质点做功;功为负值表明质点反抗力 $\boldsymbol{F}$ 做功.

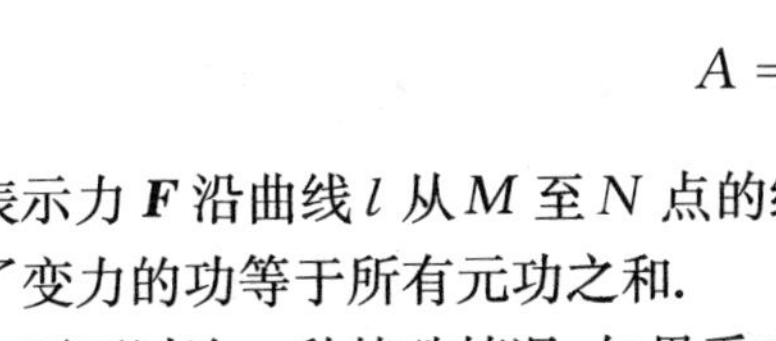

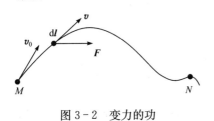

图 3-2　变力的功

一般情况下,质点沿曲线运动,且作用于质点上的力的大小和方向随点的位置变化而变化,即力是质点位置的函数 $\boldsymbol{F}(l)$.于是当质点在力 $\boldsymbol{F}$ 作用下沿曲线 l 由点 M 移动至点 N 时(图 3-2),力做的功为

$$A = \int_{M\,(l)}^{N} \boldsymbol{F} \cdot \mathrm{d}\boldsymbol{l} \qquad (3-2)$$

它表示力 $\boldsymbol{F}$ 沿曲线 l 从 M 至 N 点的线积分,它是一般情况下力做功的表示式,说明了变力的功等于所有元功之和.

下面讨论一种特殊情况.如果受变力作用的质点沿直线运动(运动方向取为 x 轴方向),力所做的功可写为

$$A = \int_{x_0}^{x} F_x \mathrm{d}x \qquad (3-3)$$

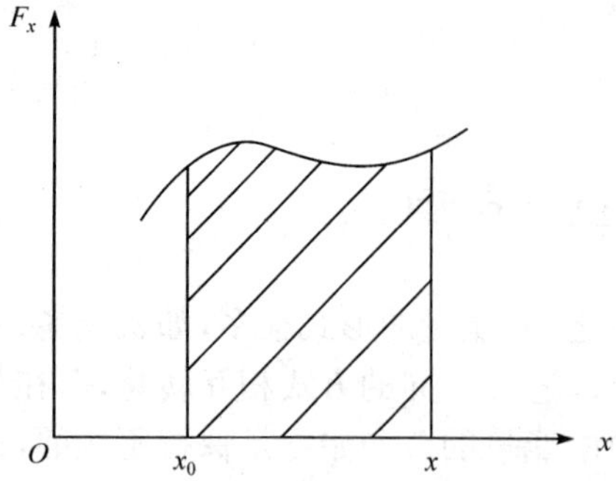

图 3-3 功的图示

式(3-3)是力沿直线做功表示式,图 3-3 所示的曲线表示 F_x 随 x 变化的函数关系. 根据定积分的几何意义,该曲线与 x 轴所夹的面积,在数值上等于力所做的功. 在 SI 制中,功的单位为焦耳(J),1 J=1 N·m.

从第 2 章和本节讨论可知,力、冲量和功从不同的角度描述了外界作用. 力描述某一瞬时的外界作用,与该时刻物体速度的变化率即加速度相联系;冲量描述力作用的时间积累效应,与物体动量的变化量相联系;功描述力作用的空间积累效应,与物体能量变化相联系. 下面将讨论外力对物体做了功,使物体的能量(动能和势能)发生变化所遵循的规律.

3.2 动能 动能定理

3.2.1 质点的动能及其动能定理

质点动能定理可以由牛顿第二定律导出,如图 3-2 所示,质量为 m 的质点在力 $\boldsymbol{F}$ 作用下沿曲线由 M 点移至 N 点,质点在 M 点的速度为 $\boldsymbol{v}_0$,在 N 点的速度为 $\boldsymbol{v}$. 在这过程中,质点经历元位移 $\mathrm{d}\boldsymbol{l}$,力 $\boldsymbol{F}$ 对质点做的元功为

$$\mathrm{d}A=\boldsymbol{F}\cdot\mathrm{d}\boldsymbol{l}=m\boldsymbol{a}\cdot\mathrm{d}\boldsymbol{l}=m\frac{\mathrm{d}\boldsymbol{v}}{\mathrm{d}t}\cdot\mathrm{d}\boldsymbol{l}=m\frac{\mathrm{d}\boldsymbol{l}}{\mathrm{d}t}\cdot\mathrm{d}\boldsymbol{v}$$

上式中的 $\frac{\mathrm{d}\boldsymbol{l}}{\mathrm{d}t}=\boldsymbol{v}$,于是有

$$\mathrm{d}A=m\boldsymbol{v}\cdot\mathrm{d}\boldsymbol{v}=\mathrm{d}\left(\frac{1}{2}m\boldsymbol{v}\cdot\boldsymbol{v}\right)=\mathrm{d}\left(\frac{1}{2}mv^2\right) \tag{3-4}$$

可以从式(3-4)看到,这里出现了一个新的物理量 $\frac{1}{2}mv^2$,这个量是由质点以速率表征的运动状态所决定的. 定义这个量为质点的动能,以 E_k 表示,即令

$$E_\mathrm{k}=\frac{1}{2}mv^2 \tag{3-5}$$

动能是标量,与功有相同的单位,即焦耳(J).

将式(3-4)积分,有

$$A=\int_M^N\mathrm{d}A=\frac{1}{2}mv^2-\frac{1}{2}mv_0^2=E_\mathrm{k}-E_{\mathrm{k}0} \tag{3-6}$$

式(3－6)表明,作用在质点上的合外力所做的功等于质点动能的改变量.这就是质点动能定理.既然动能的变化是用功来量度的,所以动能和功具有相同的单位.从式(3－6)可看出,一个质点在某参考系中的动能数值上等于合外力将它从静止加速到速率 v 所做的功.

要指出的是,式(3－6)可推广到质点系,对于质点系中每个质点均可根据式(3－6)列出一方程,然后将它们相加,就得到适用于质点系的动能定理,定理的形式与式(3－6)类似,不过这时的 E_{k} 和 E_{k0} 分别表示质点系终态和初态的总动能,A 表示外力做功 $A_{外}$ 与一切内力做功 $A_{内}$ 之和,即

$$A_{外}+A_{内}=E_{\mathrm{k}}-E_{\mathrm{k0}} \tag{3-7}$$

由于动能定理是根据牛顿第二定律导出的,所以动能定理和牛顿第二定律一样,也只能在惯性系中应用.

3.2.2 刚体的动能及其动能定理

力对质点做功可以使质点的动能发生变化.现在来说明力矩对绕固定轴转动的刚体做功,也可以使刚体的转动动能发生变化.在说明这个问题之前,先讨论刚体绕固定轴转动的转动动能.

将刚体看成质点组.当刚体以角速度 ω 绕固定轴转动时,刚体中任一质元的动能为

$$\Delta E_{\mathrm{k}i}=\frac{1}{2}\Delta m_i v_i^2=\frac{1}{2}\Delta m_i r_i^2\omega^2$$

刚体转动动能等于各质元动能之和,即有

$$E_{\mathrm{k}}=\sum\Delta E_{\mathrm{k}i}=\sum\left(\frac{1}{2}\Delta m_i r_i^2\omega^2\right)=\frac{1}{2}\left(\sum\Delta m_i r_i^2\right)\omega^2$$

式中 $\sum\Delta m_i r_i^2$ 为刚体绕固定轴的转动惯量 I,故有

$$E_{\mathrm{k}}=\frac{1}{2}I\omega^2 \tag{3-8}$$

式(3－8)表明,刚体绕固定轴转动的转动动能等于刚体的转动惯量与角速率平方的乘积的一半,这与质点的动能 $E_{\mathrm{k}}=\frac{1}{2}mv^2$,在形式上是非常相似的.

式(2－25)说明了绕固定轴转动的刚体受到外力矩 M,将导致刚体角速度 ω 的变化.在式(2－25)等号两边乘以 ω,有

$$M\omega=I\omega\frac{\mathrm{d}\omega}{\mathrm{d}t},\quad M\omega\mathrm{d}t=I\omega\mathrm{d}\omega,\quad M\frac{\mathrm{d}\varphi}{\mathrm{d}t}\mathrm{d}t=I\omega\mathrm{d}\omega$$

或

$$M\mathrm{d}\varphi=\mathrm{d}\left(\frac{1}{2}I\omega^2\right) \tag{3-9}$$

式中 $Md\varphi$ 就是刚体在外力矩 $\boldsymbol{M}$ 的作用下,刚体绕固定轴转过角位移 $d\varphi$,外力矩对刚体所做的元功. 对式(3-9)积分,就得到在一段时间内,外力矩对刚体做的总功,有

$$A=\int M\mathrm{d}\varphi=\frac{1}{2}I\omega^2-\frac{1}{2}I\omega_0^2 \tag{3-10}$$

式(3-10)表明,外力矩对绕固定轴转动的刚体所做的功等于刚体转动动能的增量,这就是刚体的动能定理. 它与质点的动能定理 $A=\frac{1}{2}mv^2-\frac{1}{2}mv_0^2$ 的形式是非常类似的.

3.3 势　　能

3.3.1 保守力和耗散力

在给出保守力定义之前,先来讨论万有引力的功. 图 3-4 有质量为 M 的静止质点,在它的引力场中一质量为 m 的质点由初始位置 a 沿任意路径移到终态位置 b. 质点 m 所受的引力为

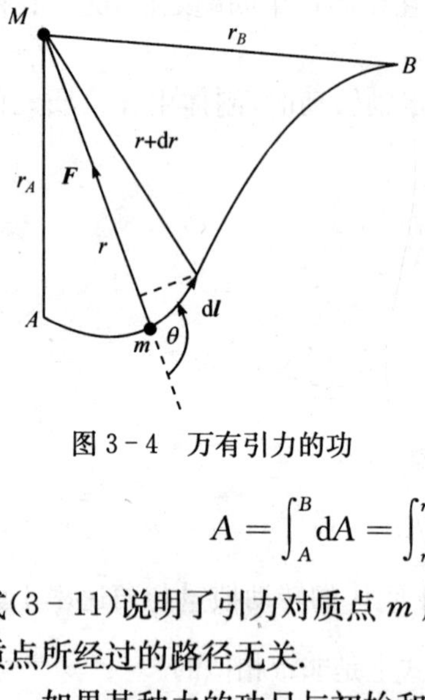

图 3-4　万有引力的功

$$F=G\frac{Mm}{r^2}$$

式中 G 为万有引力常量. 质点在某位置 $\boldsymbol{r}$ 附近作了很小位移 $\mathrm{d}\boldsymbol{l}$,引力所做的元功为

$$\mathrm{d}A=\boldsymbol{F}\cdot\mathrm{d}\boldsymbol{l}=F\cos\theta\mathrm{d}l=-G\frac{m_1m_2}{r^2}\mathrm{d}r$$

当质点 m 由 A 点移到 B 点时,引力做的总功为

$$A=\int_A^B\mathrm{d}A=\int_{r_A}^{r_B}-G\frac{mM}{r^2}\mathrm{d}r=GMm\left(\frac{1}{r_B}-\frac{1}{r_A}\right) \tag{3-11}$$

式(3-11)说明了引力对质点 m 所做的功只与质点的初始和终点的位置有关,与质点所经过的路径无关.

如果某种力的功只与初始和终点位置有关,而与路径无关,则这种力就称为保守力. 万有引力、重力、弹性力、库仑力等都是保守力.

保守力的另一种定义是:若力 $\boldsymbol{F}$ 沿任意闭合路径所做的功等于零,即

$$\oint_{(l)}\boldsymbol{F}\cdot\mathrm{d}\boldsymbol{l}=0 \tag{3-12}$$

这种力就是保守力. 读者可自行证明式(3-12).

并非所有的力都是保守力. 摩擦力的方向恒与物体的运动方向相反,所以它做

的功不仅与物体的初始和终点的位置有关，而且与物体的路径有关，所以摩擦力沿任意闭合路径所做的功恒不等于零. 具有摩擦力这种性质的力都是非保守力，也称耗散力. 非弹性体碰撞时的冲力、磁力等都是耗散力.

3.3.2 势能

势能是在保守力概念的基础上提出的. 由于保守力 $\boldsymbol{F}$ 对物体做的功与路径无关，因而可引进物理量 E_p，它只取决于各物体间的相对位置，称为物体系的势能. 设 E_{p0}、E_p 分别表示物体在初始位置 A 和终点位置 B 的势能，A 表示物体由 A 移至 B 过程中保守力做的功，则势能的改变量为

$$A = \int_A^B \boldsymbol{F} \cdot \mathrm{d}\boldsymbol{l} = E_{p0} - E_p = -(E_p - E_{p0}) \tag{3-13}$$

式(3－13)说明，保守力的功等于势能增量的负值. 如果保守力做正功($A>0$)，则物体的势能减少($E_{p0}>E_p$)；反之，如果保守力做负功($A<0$)，则物体的势能增加($E_p>E_{p0}$).

需要指出的是，由于保守力是物体系内物体之间的相互作用力，而且势能又由物体的相对位置决定，所以势能是物体系所具有的，而不应把它看作属于某一个物体的. 还有保守力的功取决于物体势能的改变，所以在实际问题中涉及的总是两个状态的势能差，而不是某一状态的绝对值. 因此，可以任意取一个参考点的势能为零作为势能量度的标准，空间任意一点的势能是指该点与势能零点间的势能之差. 在式(3－13)中，如果选定 B 点的势能为零，即 $E_p=0$，则 A 点的势能为

$$E_{p0} = \int_A^B \boldsymbol{F} \cdot \mathrm{d}\boldsymbol{l} \tag{3-14}$$

由式(3－11)可知，质量为 M 和 m 两个物体构成的物体系，若规定它们相距无穷远时的引力势能为零，则它们相距 r 时，它们的引力势能为

$$E_p = A = \int_r^\infty \left(-G\frac{Mm}{r^2}\right)\mathrm{d}r = -G\frac{Mm}{r} \tag{3-15}$$

对于弹性力 $F=-kx$，并选择弹簧平衡位置的势能为零和重力 $F=mg$，并选择地面处的势能为零，利用式(3－14)，可分别求出

$$\begin{cases} \text{弹性势能} \quad E_p = \dfrac{1}{2}kx^2 \\ \text{重力势能} \quad E_p = mgh \end{cases} \tag{3-16}$$

3.3.3 势能曲线

势能是物体间相对位置的函数，以势能为纵轴、相对位置为横轴所绘出的曲线称为势能曲线. 图 3－5 中绘出几种简单情况的势能曲线，即引力势能、重力势能和弹性势能的势能曲线. 两个分子间的相互作用势能曲线(图 3－6(a))比上述三种

势能曲线稍为复杂些. 利用势能曲线很容易判断物体在各位置上所受的保守力的大小和方向. 由前面的讨论知道,保守力做的功等于势能的减少量. 现设物体在保守力 $\boldsymbol{F}$ 的作用下有很小的位移 $\mathrm{d}\boldsymbol{l}$,则物体的势能有了很小的减小量,即有

$$\boldsymbol{F}\cdot\mathrm{d}\boldsymbol{l}=-\mathrm{d}E_{\mathrm{p}}$$

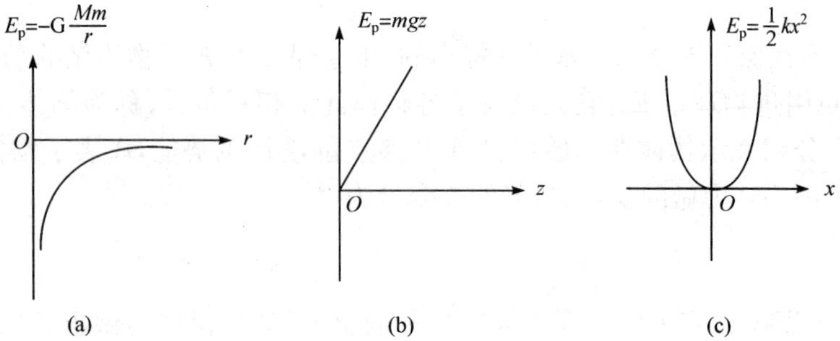

图 3-5　势能曲线

在空间直角坐标系中的分量表示式为

$$F_x\mathrm{d}x+F_y\mathrm{d}y+F_z\mathrm{d}z=-\mathrm{d}E_{\mathrm{p}}$$

于是保守力的三个分量为

$$\begin{cases}F_x=-\dfrac{\partial E_{\mathrm{p}}}{\partial x}\\[2mm]F_y=-\dfrac{\partial E_{\mathrm{p}}}{\partial y}\\[2mm]F_z=-\dfrac{\partial E_{\mathrm{p}}}{\partial z}\end{cases}\tag{3-17}$$

如果已知势能的函数形式,由式(3-17)不难求出物体在各位置的保守力大小和方向. 图 3-6(b)是两个分子间的相互作用力随分子间距的变化曲线,图中 $f(r)>0$ 表示斥力,$f(r)<0$ 表示引力,两分子相距 r_0 时,势能最小,$f(r_0)=0$.

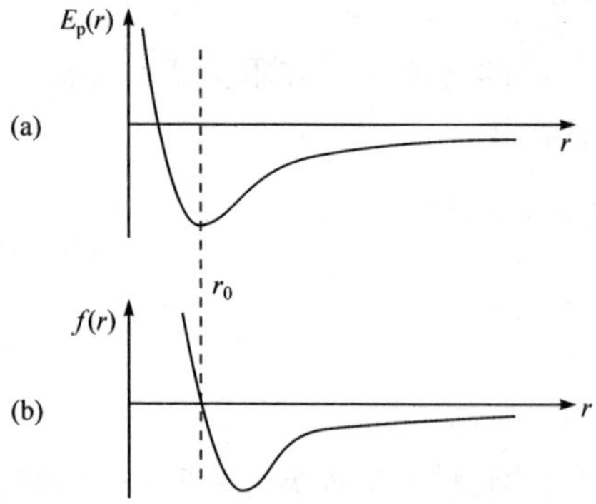

图 3-6　分子间的相互作用势能与力

图 3-7 绘出了总能量为 E 的质点受一维保守力作用下的势能曲线. 势能曲线每个局部范围里的最低点(如图中的 A 和 B)都是稳定的平衡点,而势能曲线每个局部范围里的最高点(如图中的 C、D 等点)都是不稳定平衡点. 图中 E 线上面的部分称为势垒,下面的部分为势阱. 根据经典物理理论,由于质点总能量为 E,质点只能

在图中 E 线以下的势阱中运动，而不能在 E 线以上的势垒区域运动，质点不能越过势垒而进入另一势阱中运动，当它到达势垒的边缘将被反射回去. 但是量子力学理论和实验告诉我们，在微观粒子组成的系统中，在总能量较小的情况下，粒子有一定的概率可以穿过势垒，这一现象称为隧道效应，这是经典力学无法解释的. 隧道效应有许多实际的应用，如可测量极微弱磁场的超导量子干涉仪(SQUID)和扫描隧道显微镜(STM). 后者使人类第一次实时地观测到单个原子在物质表面上的排列状态以及与表面电子行为有关的性质，它在表面科学、材料科学和生命科学等领域有着重大意义和广阔的应用前景. 图 3－8 绘出了 STM 的示意图. 图中的金属针尖是经过特殊加工的，当针尖和被研究的样品表面之间施加一个电压，且它们之间形成一个很薄的绝缘层，电子可以通过隧道效应从针尖穿透到样品表面而产生隧道电流，它的大小随两者间距离很敏感的变化. 如果使针尖平行于样品表面移动，从电流大小变化就能够反映样品表面的起伏情况，由此可研究样品的物理性质. STM 是由宾尼希(G. Binnig)和罗雷尔(H. Rohrer)于 1981 年发明的. 为此他们荣获 1986 年度的诺贝尔物理学奖.

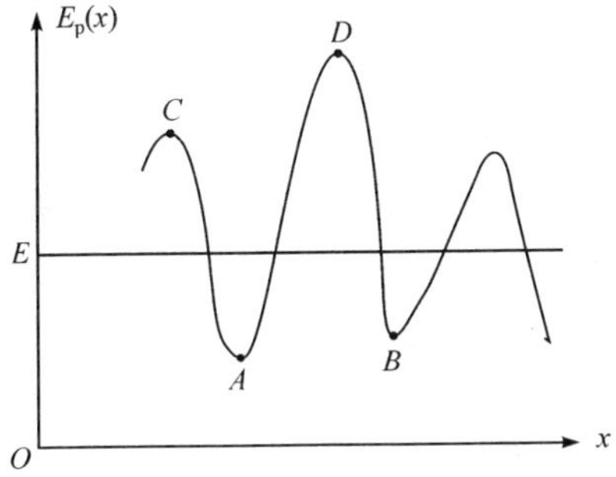

图 3－7　势能曲线

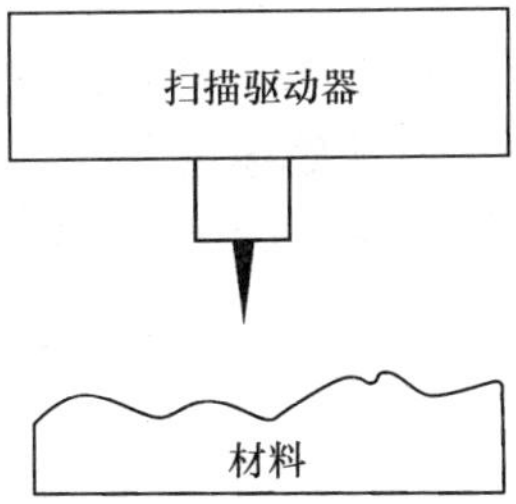

图 3－8　STM 示意图

3.4　机械能守恒定律

定义物体系的动能和势能之和为物体系的机械能. 以下由质点系动能定理推导出动能原理和机械能守恒定律.

由式(3－7)的质点系动能定理

$$A_{外}+A_{内}=E_k-E_{k0}$$

式中 $A_{内}=A_{保}+A_{耗}$，即在一般情况下，质点系内力所做的功为保守力做功 $A_{保}$ 和耗散力做功 $A_{耗}$ 之和. 于是上式可写为

$$E_k-E_{k0}=A_{外}+A_{保}+A_{耗}$$

根据式(3－13)，将上式写为

$$E_k-E_{k0}=A_{外}-(E_p-E_{p0})+A_{耗}$$

或

$$(E_k + E_p) - (E_{k0} + E_{p0}) = A_{外} + A_{耗} \tag{3-18}$$

式(3-18)表明质点系机械能的增量等于外力的功和耗散内力的功之和. 若 $A_{外}+A_{耗}=0$,则有

$$E_k + E_p = 恒量 \tag{3-19}$$

式(3-19)说明,若外力和耗散内力都不做功,则在一质点系内,动能和势能可以互相传递和转换,但它们的总和却保持恒定,这就是机械能守恒定律. 能量是物理学中一个很重要的物理量,它具有许多种形式,如机械能、热能、电磁能、辐射能、核能、化学能、生物能等. 能量这一概念的重大价值,在于各种能量在转换时的守恒性.

机械能守恒定律是普遍的能量守恒定律在机械运动中的特殊形式.

3.5 三种宇宙速度

3.5.1 第一宇宙速度——人造地球卫星

在地球表面将人造卫星发送到空中,当卫星有足够大的速度,就可以在地球引力作用下作有心运动,形成稳定的轨道,周而复始环绕地球运动.

现将地球和人造卫星看作一个系统. 设地球质量为 M_E、半径为 R_E,质量为 m 的人造卫星以初始速度 v_1 被竖直向上发射,在距地面高度为 h 时以速度 v 绕地球作匀速圆周运动. 如果忽略大气的阻力,系统的机械能守恒,于是有

$$\frac{1}{2}mv_1^2 - \frac{GM_Em}{R_E} = \frac{1}{2}mv^2 - \frac{GM_Em}{R_E+h} \tag{3-20}$$

对于地表附近的人造地球卫星,满足条件 $R_E \gg h$,由式(3-20)得

$$v_1 \approx v \tag{3-21}$$

由式(3-21)可以看出,在地面上发射人造地球卫星所需的最小速度,即宇宙第一宇宙速度和卫星围绕地球的最小速度是近似相等的.

由牛顿第二定律和万有引力定律,有

$$G\frac{M_Em}{(R_E+h)^2} = m\frac{v^2}{R_E+h}$$

可求得

$$v = \sqrt{\frac{GM_E}{R_E+h}}$$

考虑到 $R_E \gg h$ 和地表附近的重力加速度 $g = GM_E/R_E^2$,于是有

$$v_1 \approx v = \sqrt{gR_E} \tag{3-22}$$

将地球半径 $R_E = 6.37\times10^6$ m 和 $g = 9.80\ \text{m}\cdot\text{s}^{-1}$ 代入式(3-22)可得

$$v_1 \approx 7.9\ \text{km}\cdot\text{s}^{-1}$$

3.5.2 第二宇宙速度——人造太阳行星

如果在地面将发射物体的速度再加大，以致脱离地球的引力而围绕太阳运动或飞向太阳系的其他行星上去. 这个脱离地球引力的最小速度称为第二宇宙速度 v_2. 进行星际航行的探测器或飞船都必须达到这个速度. 以下我们依然应用机械能守恒定律求出第二宇宙速度 v_2. 由于发射的物体已脱离地球引力范围，故认为它距地球已无限远，它的势能为零，即 $E_{p\infty}=0$，同时为了求它脱离地球引力的最小速度，所以可认为它的动能也为零，即 $E_{k\infty}=0$，于是被发射的物体在距地球无限远处的总机械能 $E=E_{p\infty}+E_{k\infty}=0$. 将地球和被发射的物体视作为一个系统，由机械能守恒定律，有

$$E=\frac{1}{2}mv_2^2-\frac{GM_Em}{R_E}=E_{k\infty}+E_{p\infty}=0 \tag{3-23}$$

由式(3-23)可求得第二宇宙速度为

$$v_2=\sqrt{\frac{2GM_E}{R_E}}=\sqrt{2gR_E}=\sqrt{2}v_1=11.2\ \mathrm{km\cdot s^{-1}} \tag{3-24}$$

3.5.3 第三宇宙速度

如果将物体的发射速度进一步加大，它将最终可以脱离太阳的引力而成为银河系中的一个人造卫星. 它的最小发射速度称为第三宇宙速度 v_3.

直接借用式(3-24)，得到以太阳为参考系的第三宇宙速度

$$v_3=\sqrt{\frac{2GM_S}{R_S}} \tag{3-25}$$

式中 M_S 为太阳质量，R_S 为日地平均距离，将 $G=6.67\times10^{-11}\ \mathrm{m^3\cdot kg^{-1}\cdot s^{-2}}$，$M_S=1.99\times10^{30}\ \mathrm{kg}$，$R_S=1.50\times10^{11}\ \mathrm{m}$ 代入式(3-25)可得

$$v_3\approx42.2\ \mathrm{km\cdot s^{-1}} \tag{3-26}$$

v_3 是以太阳作为参考系，发射物体脱离太阳系的速度，其中应包含地球绕太阳的公转速度 $\bar{v}\approx29.8\ \mathrm{km\cdot s^{-1}}$. 两者相减，有

$$v_3'=v_3-\bar{v}\approx12.4\ \mathrm{km\cdot s^{-1}} \tag{3-27}$$

这个速度 v_3' 是以地球作为参考系，发射物体冲出地球引力范围时应有的速度. 再追溯到地面的发射速度 v_3，由满足机械能守恒定律，有

$$\frac{1}{2}mv_3^2-G\frac{M_Em}{R_E}=\frac{1}{2}mv_3'^2+0 \tag{3-28}$$

由式(3-24)可得 $G\dfrac{M_Em}{R_E}=\dfrac{1}{2}mv_2^2$，将此式代入式(3-28)，有

$$v_3^2=v_2^2+v_3'^2$$

于是最后得出第三宇宙速度公式

$$v_3 = \sqrt{v_2^2 + v'^2_3} \approx \sqrt{(11.2)^2 + (12.4)^2} = 16.7\ (\text{km} \cdot \text{s}^{-1}) \qquad (3-29)$$

3.5.4 黑洞 施瓦氏半径

所谓黑洞指的是宇宙中存在超致密星体，它的质量很大而体积不大，有很强的引力作用，以致任何物质包括电磁波和光波，均无法逃逸它的吸引. 那么，从理论上来看，一个质量为 M 的星体，它的占据半径 R 为多大时可以成为一个黑洞呢？当年拉普拉斯从牛顿力学出发，计算出黑洞的半径. 他认为质量为 m 的光微粒从星球表面射出的动能为 $E_k = \frac{1}{2}mc^2$（c 为光速），势能为 $E_p = \frac{GMm}{R}$. 当光子的动能小于势能时，光微粒不可能逃离星球，由此可以计算出形成黑洞的半径，即施瓦氏半径

$$R_0 = \frac{2GM}{c^2} \qquad (3-30)$$

若利用重力加速度 $g = \frac{GM_E}{R_E^2} = 9.8\ \text{m} \cdot \text{s}^{-1}$，那么质量为 M_E 的地球成为黑洞，它的施瓦氏半径为

$$R_0 = \frac{2GM_E}{c^2} = \frac{2gR_E^2}{c^2} = \frac{2 \times 9.8 \times (6.37 \times 10^6)^2}{(3 \times 10^8)^2} = 8.8\ (\text{mm})$$

实际上在黑洞附近经典理论已不再适用，但上述用牛顿力学估算出的结果式(3-30)却与严格用广义相对论所得到的结论是相同的. 从广义相对论看来，拉普拉斯在推导半径时犯了两个错误，第一是把光子的动能 mc^2 写成了 $\frac{1}{2}mc^2$，第二是把广义相对论的时空弯曲当作了万有引力，但两个错误的作用相互抵消，最后得到了正确的结果.

习 题

3-1 在光滑的水平桌面上有两个小物体，质量分别为 m_1 和 m_2，速率分别为 v_1 和 v_2，运动方向相互垂直，碰撞后一起运动. 求碰撞过程中损失的动能.

3-2 质量为 m 的质点在外力作用下在 xy 平面内运动，运动方程为 $\boldsymbol{r} = \boldsymbol{i}a\cos\omega t + \boldsymbol{j}b\sin\omega t$. 求该外力在 $t=0$ 到 $t=0.5\pi/\omega$ 内所做的功.

3-3 质量为 2 kg 的物体，在力 $\boldsymbol{F} = 2t\boldsymbol{i} + 4t^2\boldsymbol{j}$ 的作用下由静止开始运动. 试求 5 s 后力所做的功.

3-4 在某力场中粒子的势能由 $E_p = 2x + 3y^2 + 3z^3$ 给出(SI 制). 在粒子由坐标为(1,1,1)的点运动到坐标为(2,2,2)的点时，场力做多少功？

3 - 5　已知某双原子分子的原子间相互作用的势能函数为 $E_p=\frac{A}{x^{12}}-\frac{B}{x^6}$，其中 A 和 B 为常量，x 为原子间的距离. 试求原子间作用力的函数式及原子间相互作用力为零时的距离.

3 - 6　一转动惯量为 I 的飞轮以 900 $r\cdot min^{-1}$ 的角速度在轴上旋转，轴的转动惯量可以忽略不计. 另一静止的飞轮的转动惯量为前者的二倍，它们突然被耦合到同一个轴上. 求：

(1) 耦合后整个系统的角速度是多大?

(2) 耦合前后系统的动能的相对改变量.

3 - 7　冲击摆是一种时期用来测量子弹速度的装置，如习题 3 - 7 所示. 一质量为 m 的子弹入射到垂直悬吊的静止沙箱内. 沙箱质量为 M，入射后，子弹与沙箱共同摆到 h 的高度. 求子弹的水平速度.

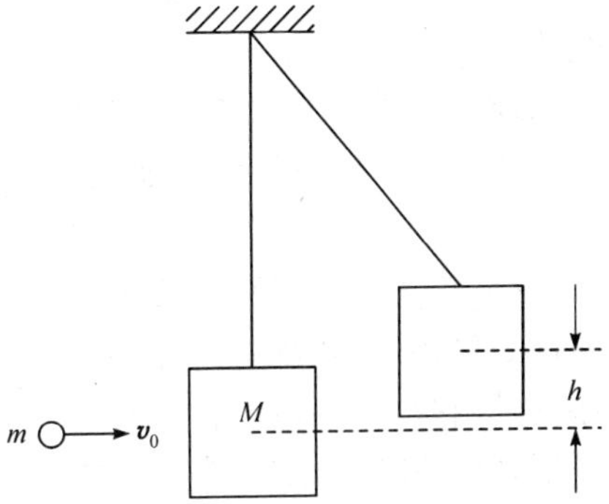

习题 3 - 7 图

3 - 8　求物体从地面出发的逃逸速度，即逃脱地球引力所需要的从地面出发的最小速度. 地球半径取 $R=6.4\times10^6$ m.

3 - 9　一个星体的逃逸速度为光速时，亦即由于引力的作用光子也不能从该星体表面逃离时，该星体就成了一个“黑洞”. 理论证明，对于这种情况，逃逸速度公式($v_e=\sqrt{2GM/R}$)仍然正确. 试计算太阳要是成为黑洞，它的半径应是多大(目前半径为 $R=7\times10^8$ m)? 质量密度是多大? 设太阳质量为 1.99×10^{30} kg.

3 - 10　水星绕太阳运行轨道的近日点到太阳的距离为 $r_1=4.59\times10^7$ km，远日点对太阳的距离为 $r_2=6.98\times10^7$ km. 求水星越过近日点和远日点时速率 v_1 和 v_2. 设太阳质量为 1.99×10^{30} kg.

第4章 流体力学

物体在运动过程中,它的各部分可以有相对运动的这种特性称为流动性,具有流动性的物体就称为流体.液体和气体都具有流动性,无固定的形状,因而它们都是流体.

流体力学是研究流体平衡和运动规律的科学.它研究流体流动的基本规律,如研究流体流过某种通道时的速度分布、压强分布、能量损失及其同固体间的相互作用等.本章研究的方法和刚体力学相同,依然从牛顿运动定律和相应的力学规律出发,讨论流体元(或称微团)的运动,从而得到流体平衡和运动的规律.这些规律可以看成是牛顿运动定律在流体力学中的特殊形式.这里指的流体微团是微观大、宏观小的,即它的内部包含有大量的分子,但相对于整个流体却很小,在本质上依然属于宏观的范畴.由于所取的流体微团包含有大量分子,使各物理量的统计平均值有意义.于是只研究描述流体运动的某些宏观属性(例如,密度、速度、压强、黏滞系数等),而不去研究分子的瞬时状态.总之把流体视为由无数连续分布的流体微团组成的连续介质.

流体力学是许多科学技术部门的理论基础,它在水利工程学、空气动力学、动力气象学、气体和液体输运、人体内血液循环和植物中液汁输送等,均有非常广泛的应用.

4.1 流体静力学

4.1.1 静止流体内一点的压强

物体内各部门之间存在着相互作用,为了描述这种相互作用,引入应力这个物理量.在物体内部通过任一点作一截面 ΔS,截面两边物体以力 Δf 相互作用,当 ΔS 趋近于零时,取 Δf 与 ΔS 比值的极限,定义为物体在该点通过截面 ΔS 的应力,用 T 表示,即

$$T=\lim_{\Delta S\to 0}\frac{\Delta f}{\Delta S}$$

在一般情况下,力 Δf 可与截面 ΔS 成任意的角度,而且在同一点对于不同的截面,Δf 的大小和方向都可以不同.由此可见,当谈及应力时,不仅必须指出物体内点的位置,还必须指出所取截面 ΔS 的方位和相互作用力 Δf 的方向.

在静止流体这一特殊情况下,应力的描述比较简单,它仅需用一个量来表示,

这是因为静止流体内的应力有如下两个特点：

(1) 静止流体由于不能忍受切向力，所以其内任一点通过任一截面的应力的方向和所取的截面垂直，即 Δf 垂直于 ΔS 面. 由此特点可知，静止流体对容器的静压力恒垂直于器壁，如图 4－1 所示.

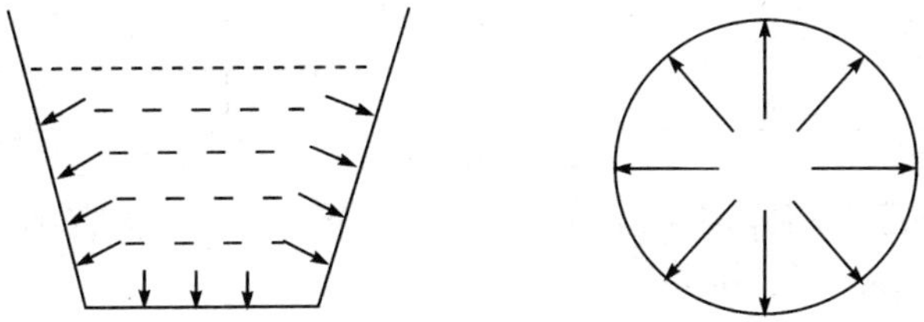

图 4－1　流体静压力垂直于容器器壁

(2) 静止流体内同一点通过不同方位的截面的应力总是相等的，即 Δf 的大小与所取 ΔS 的方位无关.

上述两个特点说明，在说到静止流体的应力时，只要指出所研究的点的位置，而不需要指明截面 ΔS 方位和力的方向. 所以，只要用应力的大小去描述静止流体内部的相互作用就够了，静止流体内部的应力大小称为压强，用 p 表示，即

$$p = \lim_{\Delta S \to 0} \frac{\Delta f}{\Delta S} \tag{4-1}$$

式中 ΔS 是通过流体内一点任意方位的面元，Δf 是截面两边流体的相互作用的大小.

值得指出的是，上述静止流体内部应力的两个特点是相关的，由第一个特点可以推导出第二个特点. 现推导如下：

在静止流体中，围绕某一点隔离出一个微小的三棱直角柱体，柱体横截面沿 x 轴边长为 Δx，沿 y 轴边长为 Δy，斜边长为 Δn，另一边沿 z 轴，长为 Δz(图 4－2). 现在来分析在 xOy 平面内柱体受力情况，根据静止流体的第一个特点，柱体外其他流体通过侧面 $\Delta x\Delta z$、$\Delta y\Delta z$、$\Delta n\Delta z$ 作用在柱体内流体上的力垂直于各个侧面，并指向柱内流体，如图 4－3 所示. 图中 p_x、p_y、p_n 分别表示通过三个侧面的压强，于是通过三个侧面作用在流体上的力分别为 $p_x\Delta y\Delta z$、$p_y\Delta x\Delta z$、$p_n\Delta n\Delta z$、Δmg 为小柱体所受的重力，$\Delta m = \frac{1}{2}\rho\Delta x\Delta y\Delta z$，式中 ρ 为流体密度. 柱体所受的重力 $\frac{1}{2}\rho\Delta x\Delta y\Delta zg$ 是一个三级小量，比起上述三个侧面上的力(二级小量)可忽略不计. 根据牛顿第二定律，有

$$\begin{cases} p_x\Delta y\Delta z - p_n\Delta n\Delta z\cos\alpha = \Delta m a_x \\ p_y\Delta x\Delta z - p_n\Delta n\Delta z\sin\alpha = \Delta m a_y \end{cases} \tag{4-2}$$

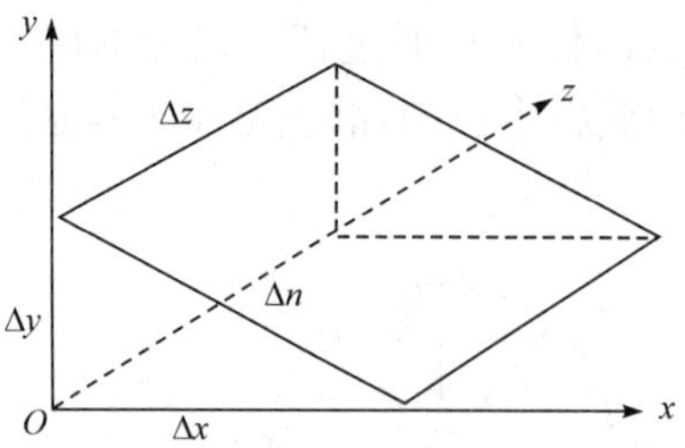

图 4-2　在静止流体内隔离出一个三棱直角柱体

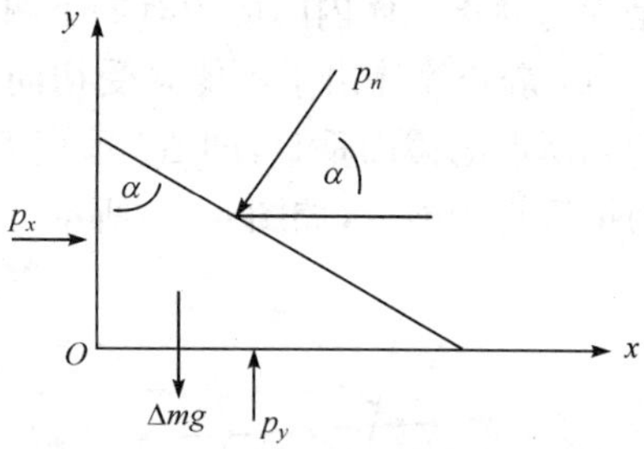

图 4-3　三棱直角柱体受力分析

在静止流体下，$\alpha_x=\alpha_y=0$，并由图中几何关系得 $\Delta n\cos\alpha=\Delta y$，$\Delta n\sin\alpha=\Delta x$. 于是，有

$$p_x=p_y=p_n$$

若使隔离出来的小柱体的截面位于 $y-z$ 平面，用同样的方法可以证明

$$p_y=p_z=p_n$$

因此，有

$$p_x=p_y=p_z=p_n \tag{4-3}$$

式(4-3)表明，通过流体内某一点无论截面取什么方位，应力相等，这正是静止流体的第二个特点.

还可指出的是，即使流体作加速运动(式(4-2)中的 α_x、α_y 不为零)，只要有第一个特点，就可以导出第二个特点. 这是因为 Δm 是一个三级小量，Δm 与加速度 α_x 或 α_y 的乘积依然是一个三级小量，而小柱体所受压力总是一个二级小量，所以作用在小柱体上合力仍等于零，式(4-3)仍应成立. 在 4.2 节讨论伯努利方程时，要用到这一点.

在国际单位制中，压强单位为“帕斯卡”(简称帕)，符号为“Pa”. 1 Pa=1 N · m^{-2}. 在 cm · g · s 制单位中，压强的单位为 dyn · cm^{-2}. 1 Pa=10 dyn · cm^{-2}. 暂时与国际单位制并用的压强单位还有“巴”(bar)，规定 1 bar=10^5 Pa. 也有用标准大气压作为压强单位，规定 1 标准大气压(1 atm)=760 mmHg=1.013 250 bar.

4.1.2　静止流体内两点的压强差

上述讨论说明了静止流体内某一点各截面上的压强相等，而静止流体内两点间压强的关系，可根据静止流体内应力的两个特点推导出来.

1. 等高点的压强相等

在静止流体内取等高的两点 A 和 B，以 AB 为轴线作一微小的圆柱体，其截面

积为 ΔS，如图 4-4 所示. 现在我们来分析小圆柱体的受力情况. 由于小柱体是静止的，所以根据牛顿运动定律，它在任何一方向所受合外力都等于零. 显然，沿 AB 方向有

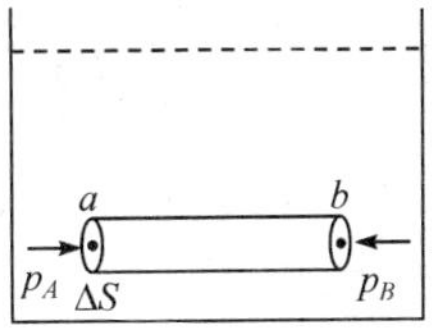

图 4-4　静止流体内等高点压强相等

$$p_A\Delta S-p_B\Delta S=0$$

由此得

$$p_A=p_B$$

2. 高度差 h 的两点的压强相差 ρgh

在静止流体内取同一铅垂线上的两点 B 和 C，以 BC 为轴线作一微小的圆柱体，其截面积为 ΔS，如图 4-5 所示. 由于小柱体是静止的，它在任一方向上所受合外力为零. 在沿 AB 方向有

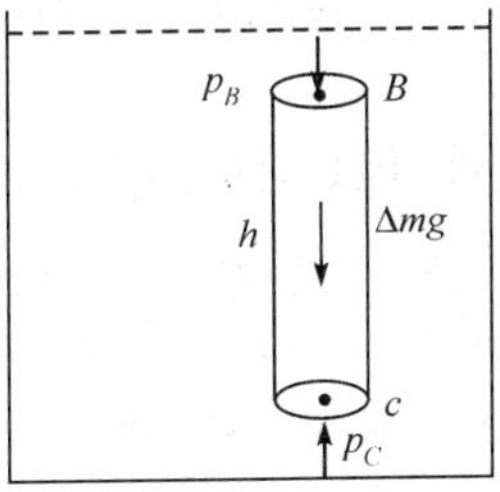

图 4-5　静止流体内高度差 h 的两点的压强相差 ρgh

$$p_B\Delta S+\Delta mg-p_C\Delta S=0$$

而 $\Delta m=\rho h\Delta S$，将 Δm 代入上式，有

$$p_C-p_B=\rho gh \tag{4-4}$$

由前面等高点的压强相等的结果，即使 B、C 两点不在同一铅垂线上，仍有式(4-4)的结果.

由上述讨论可知，根据静止流体表面处的压强和流体的密度，即可求出静止流体内部任一点压强. 若流体表面处压强为 p_0，则流体内深度 h 处的压强为

$$p=p_0+\rho gh$$

上式表明，流体内任一点的静压强由两部分组成：一部分是流体表面上的压强 p_0，另一部分是深度为 h 的流体柱产生的压强 ρgh. 如果流体表面上的压强 p_0 有任何变化，都会引起液体内各处的压强的同样变化. 这种压强在流体中传递的现象就是帕斯卡原理. 水压机、液压传动装置的设计都是建立在帕斯卡原理基础上的.

例题 1　一个游泳池水深为 $H=4$ m，一侧面长度为 $L=50$ m，求该侧面受到水的总压力为多少？

解　如图 4-6 所示，以水平面为 y 坐标的原点，y 轴铅直向下，考虑在水深 y 处厚度为 $\mathrm{d}y$ 的一层水平液块，在该处的压强为 $p=p_0+\rho gy$，其中 p_0 为大气压强. 水平液块对游泳池侧面的垂直压力为

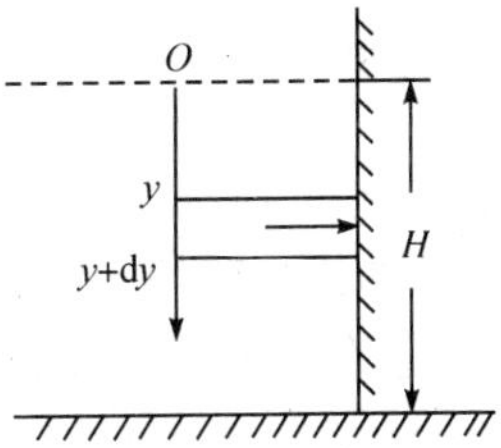

图 4-6　水池壁压力

$$\mathrm{d}f=p\mathrm{d}S=(p_0+\rho gy)L\mathrm{d}y$$

式中 L 为一侧面长度，该侧面受到水的总压力为

$$f=\int_0^H(p_0+\rho g y)L\mathrm{d}y=p_0HL+\frac{1}{2}\rho gH^2L$$

把 $p_0=1.013\times10^5\ \mathrm{Pa}$，$\rho=10^3\ \mathrm{kg\cdot m^{-3}}$，$g=10\ \mathrm{m\cdot s^{-2}}$，$L=50\ \mathrm{m}$，$H=4\ \mathrm{m}$ 这些数值代入上式，得

$$f=2.426\times10^7\ \mathrm{N}$$

4.2 理想流体的定常流动

4.2.1 理想流体

如像在质点力学中引入质点、刚体力学中引入刚体这样一些理想模型一样，在流体力学中引入理想流体的概念. 所谓理想流体就是绝对不可压缩的、完全没有黏滞性的流体.

实际流体的运动是很复杂的，它既可压缩，也有黏滞性. 但是，液体的压缩性一般是很小的，如水在 10℃时，增加 1000 个大气压强，体积改变不足 5%. 因此，一般情况下，液体的压缩性是一个次要因素，可以忽略不计. 虽说气体有较明显的压缩性，但它的流动性极好，在很小压强差下，就可使气体迅速流动起来，使各处密度趋于均匀；又若流动气体中各处的密度不随时间发生明显的变化，气体的可压缩性就可以不必考虑. 总之，认为流体绝对不可压缩就是假设了流体中各处的密度不随时间变化和不必去考虑由于流体压缩而引起的热力学过程，这就使问题的分析大为简化.

实际流体或多或少有黏滞性. 所谓黏滞性，就是当流体流动时，层与层之间有阻碍相对运动的切向力，这种切向力称内摩擦力. 在静止的流体中，黏滞性是不表现出来的. 水和酒精等液体的内摩擦力很小，气体的内摩擦力更要小得多. 这些黏滞性小的流体，由于它们的流动性很好，在小范围内流动时，常常可以忽略黏滞性的影响. 由于流体在运动过程中没有相互作用的切向力，即没有内摩擦力，因此根据上节中所述，理想流体在流动时，它内部的应力仍有静止流体内部的应力的两个特点. 对于那些黏滞性不能忽略的流体的运动规律将在下节讨论.

4.2.2 定常流动

一般情况下，流体流经空间各点的速度可以不同并随时间发生变化. 现在讨论的一种流动比较简单，它称为定常流动，即流体流经空间各点的速度不随时间变化，也就是流体速度仅仅是空间坐标的函数 $v=v(x,y,z)$，与时间无关. 例如，管道中水的运动，在一段不太长的时间内，可认为是一种定常流动情况.

为了形象地描述流体的运动情况，我们在流体中作出许多曲线，使曲线上每一点的切线方向和位于该点的流体微团的速度方向一致. 这种曲线称为流线(图 4-7).

如果流体做定常流动，流线的形状就不随时间变化．流体微团在图 4-7 中同一流线上的 A、B 两点虽有不同的速度，却不随时间变化．由于流线上每点的切线方向和流体微团的速度方向一致，所以流线实际上是流体微团的运动轨迹．图 4-8 画出了流体流过圆柱体、薄板和流线型物体时形成的流线，这些流线的特点是无旋的，即在任一点处流体微团没有绕该点的净角速度．本节讨论的流体运动是无旋的流动．

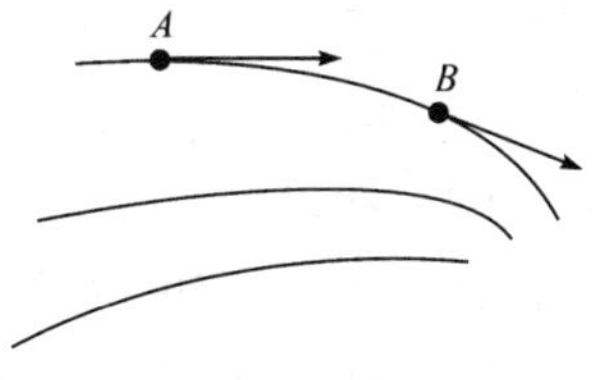

图 4-7　流线

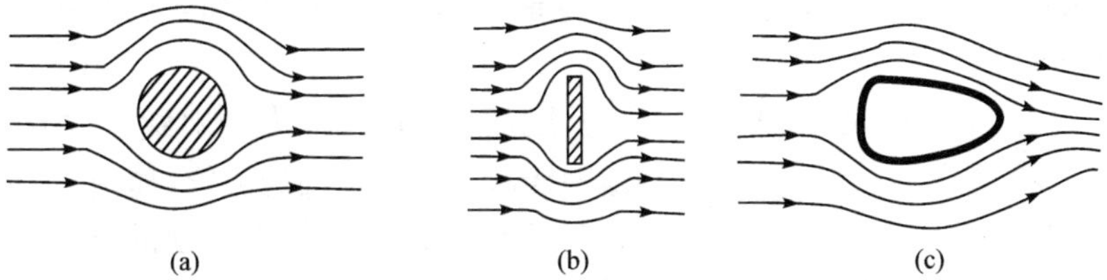

图 4-8　流体流过(a)圆柱体，(b)薄板，(c)流线型物体时的流线

流线不会相交，假设两流线相交于一点，则在交点处的流体微团便同时有两种运动方向，这就违背了流线的定义．

由流线围成的管子称为流管．由于两流线不能相交，所以流管内的流体不能流出管外，管外的流体不能流入管内．在研究流体运动时，常将流体划分成许多细流管，分析细流管中流体的运动规律，从而掌握流体整体的运动规律．

总之，本节对流体力学的讨论仅限于理想流体定常的、无旋的流动．显然，这些假设使问题的分析和数学处理都大大简化了．

4.2.3　连续性方程

在图 4-9 中，画出了流体中一条很细的流管，垂直于流管的两截面 ΔS_1 和 ΔS_2 上流体的流速各为 v_1 和 v_2（由于流管取的很细，垂直于流管同一截面上流体微团的速度是相同的）．在单位时间内流过截面 ΔS_1 的流体的体积为 $v_1\Delta S_1$，流过截面 ΔS_2 的流体的体积为 $v_2\Delta S_2$．对于作定常流动的不可压缩流体来说，在单位时间内流过两截面的流体的体积应是相等的，即有

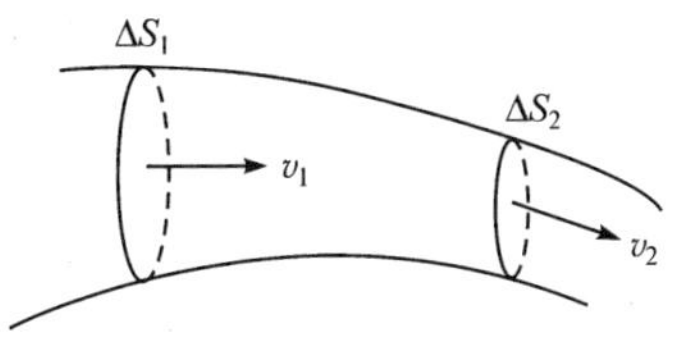

图 4-9　连续性方程 $v\Delta S$=恒量

$$v_1\Delta S_1 = v_2\Delta S_2 \tag{4-5}$$

由于上述两截面是任意选取的，所以式(4-5)对流管内任意两个和流管垂直的截面都是正确的，于是一般可以写成

$$v\Delta S = \text{恒量} \tag{4-6}$$

式(4 - 6)表明,不可压缩的流体作定常流动时,同一流管中流体的流速和流管横截面的乘积是一恒量,式(4 - 6)称为流体的连续性方程. 在式(4 - 5)的两边乘以流体的密度,即可得知,在单位时间内通过截面 ΔS_1 流入的流体质量是等于通过截面 ΔS_2 流出的流体质量. 因此,流体连续性方程实质上就是质量守恒定律在不可压缩流体作定常流动的特殊情况下的具体表现形式.

4.2.4 伯努利方程

伯努利方程是流体动力学的基本规律之一,它可以根据质点力学中的功能原理推导出来.

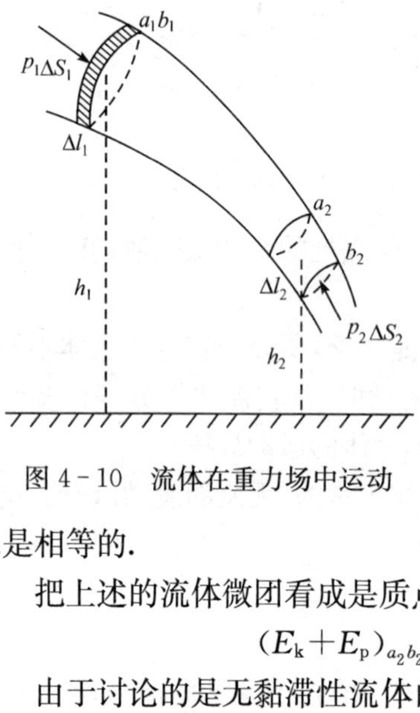

图 4 - 10 流体在重力场中运动

设理想流体在重力场中做定常流动,在流体中任意选取一很细的流管,如图 4 - 10 所示. 现在考虑位于流管中 a_1b_1 处的微团经过一段时间后流动到 a_2b_2 处. 设在 a_1b_1 处流体的压强为 p_1,流体微团的截面积为 ΔS_1,长度为 Δl_1,流速为 v_1,距参考平面的高度为 h_1;在 a_2b_2 处流体的压强为 p_2,流体微团截面积为 ΔS_2,长度为 Δl_2,流速为 v_2,距参考平面的高度为 h_2. 因为流体不可压缩,各处的密度都为 ρ. 此外,在 4.1.1 节中已证明,不论流体是静止或流动,流体内同一点通过不同方位的压强总是相等的.

把上述的流体微团看成是质点系,遵从质点系机械能定理式(3 - 18),即

$$(E_k + E_p)_{a_2b_2} - (E_k + E_p)_{a_1b_1} = A_{外} + A_{耗}$$

由于讨论的是无黏滞性流体的流动,故上式中的 $A_{耗} = 0$,流体微团总的机械能的改变应等于外力所做的功 $A_{外}$,即

$$(E_k + E_p)_{a_2b_2} - (E_k + E_p)_{a_1b_1} = A_{外} \tag{4-7}$$

流体微团在位置 a_2b_2 处的机械能为

$$(E_k + E_p)_{a_2b_2} = \frac{1}{2}\Delta m v_2^2 + \Delta m g h_2 = \frac{1}{2}\rho\Delta l_2 \Delta S_2 v_2^2 + \rho\Delta l_2 \Delta S_2 g h_2 \tag{4-8}$$

流体微团在位置 a_1b_1 处的机械能为

$$(E_k + E_p)_{a_1b_1} = \frac{1}{2}\Delta m v_1^2 + \Delta m g h_1 = \frac{1}{2}\rho\Delta l_1 \Delta S_1 v_1^2 + \rho\Delta l_1 \Delta S_1 g h_1 \tag{4-9}$$

由于将流体微团和地球作为一个体系来考虑的,所以流体微团所受的重力作为体系的内力,因此流体微团所受的外力只有四周流体的对它的作用力. 其中流管

外面的流体对流体微团的作用力和流体微团的运动方向垂直而不做功，只有流体微团前后的、流管内的流体的作用力才对流体微团做功. 流体微团后面的流体对它做的功是正功，前面的流体对它做的功是负功. 外力所做的功就等于这两部分功的代数和. 由于考虑的是定常流动，空间各点压强不变，流体微团从位置 a_1b_1 处流动到位置 a_2b_2 处过程中，在 b_1 到 a_2 这一段路程中，上述两个力做的功数值相等，符号相反，正好抵消. 于是，只需要考虑 a_1 到 b_1 这一段路程后面的流体对流体微团的推力做的正功和 a_2 到 b_2 这一段路程上前面的流体对流体微团的阻力做的负功，即

$$A_{外}=p_1\Delta S_1\Delta l_1-p_2\Delta S_2\Delta l_2$$

将式(4－8)和式(4－9)代入式(4－7)，有

$$\begin{aligned}&\frac{1}{2}\rho v_2^2\Delta l_2\Delta S_2+\rho gh_2\Delta l_2\Delta S_2-\frac{1}{2}\rho v_1^2\Delta l_1\Delta S_1-\rho gh_1\Delta l_1\Delta S_1\\&=p_1\Delta S_1\Delta l_1-p_2\Delta S_2\Delta l_2\end{aligned}\tag{4-10}$$

因为是不可压缩的流体，所以

$$\Delta l_1\Delta S_1=\Delta l_2\Delta S_2=\Delta V$$

将上式代入式(4－10)，并在等式两边除以 ΔV，有

$$\frac{1}{2}\rho v_1^2+\rho gh_1+p_1=\frac{1}{2}\rho v_2^2+\rho gh_2+p_2$$

由于流管中 1、2 位置是任意选取的，所以对于同一流管内任一位置都有

$$\frac{1}{2}\rho v^2+\rho gh+p=恒量\tag{4-11}$$

式(4－11)就是伯努利方程，它是理想流体做定常流动时的动力学规律. 它指出在同一细流管内任一点的单位体积流体的动能、势能和压强之和是一个恒量. 式(4－11)中的第三项又称为单位体积的压强能，于是在同一细流管内，三项机械能之和保持不变. 还有式(4－11)中的恒量是对一定的细流管来确定的，即不同的流管，恒量的数值可能是不同的. 所以伯努利方程只能在同一流管中应用.

对于水平流管，即流体流动时高度保持不变，有 $\frac{1}{2}\rho v^2+p=$恒量. 说明流体元沿水平流线流动时流速增大，它的压强必定减小，反过来也一样. 这个结论可以解释日常所见的现象. 例如，两条船不能在水中并排快速行驶，人不能靠近快速行进的火车等.

4.2.5　伯努利方程应用

1. 小孔流速

图 4－11 中的一个大容器内盛有液体，容器壁下部开有一个小孔，小孔的线度比

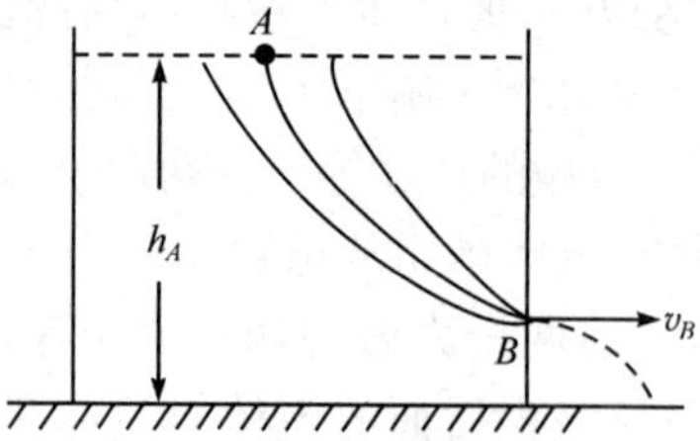

图 4-11 小孔流速

容器的线度小很多. 液体可看作理想流体. 现在来讨论,在重力场中液体从小孔流出的速度.

在液体内取一个 A 至 B 细流管,A 在液体的自由表面,B 取在流出的液体流线呈平行处. 由伯努利方程,有

$$p_A+\frac{1}{2}\rho v_A^2+\rho g h_A=p_B+\frac{1}{2}\rho v_B^2+\rho g h_B$$

A 点压强为大气压 p_0,B 处的压强也为大气压,这是因为将 B 点选取在流线平行处,该处压强与流管外大气压相同,即 $p_A=p_B=p_0$. 又由于容器的自由表面积比小孔面积大很多,根据连续性原理可知,$v_B \gg v_A$,可认为 $v_A \approx 0$,在这些条件下,上式成为

$$\frac{1}{2}\rho v_B=\rho g(h_A-h_B)=\rho g h$$

$$v_B=\sqrt{2gh} \tag{4-12}$$

式中 h 为液面与小孔之间的高度差. 式(4-12)结果说明,从小孔流出的液体的速度等于液体微团由液面自由下落到小孔处获得的速度.

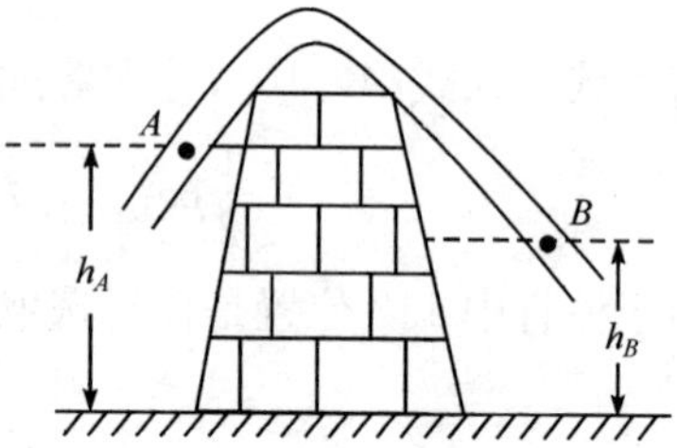

图 4-12 虹吸现象

图 4-12 是引出液体的虹吸管,它使液体由管道从较高液位的一端经过高出液面的管段自动流向较低液位的另一端. 经过和小孔流速类似的分析,可知从虹吸管管口流出的液体速度为

$$v_B=\sqrt{2g(h_A-h_B)}$$

2. 皮托管

原始的皮托管是一根两端开口弯成直角的玻璃管,它用于测量流体的速度. 它的测量原理如下:玻璃管的一端面向流动的液体,另一端垂直向上,管内液面升到高出液面 h,流体中的 A 端取在玻璃管管口处,且距离水面 H(图 4-13). 取 A 点上游的 B 点和 A 点位于同一水平流线上. 应用伯努利方程于 A、B 两点,有

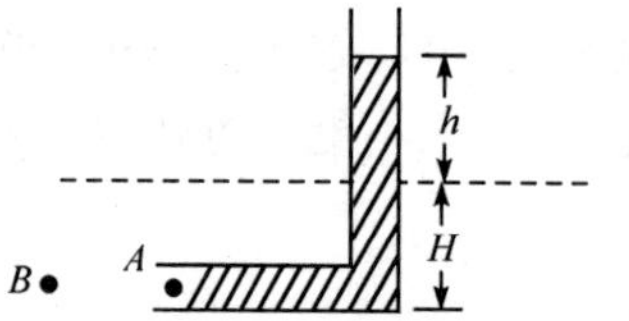

图 4-13 皮托管

$$p_A+\frac{1}{2}\rho v_A^2+\rho g h_A=p_B+\frac{1}{2}\rho v_B^2+\rho g h_B$$

将条件 $h_A=h_B$,$v_A=0$,$p_A=p_0+\rho g(h+H)$,$p_B=$

$p_0+\rho gH$代入上式，得

$$v_B=\sqrt{2gh} \tag{4-13}$$

皮托在 1773 年第一次利用这种简单的玻璃管测量了法国塞纳河的流速.

3. 文特里管

文特里管用于管道中流体的流量测量，它由一根粗细不均匀的管组成(图 4-14). 在测量时把它水平地连接在管道上，从它上面的压强读数就可求出流体的流量.

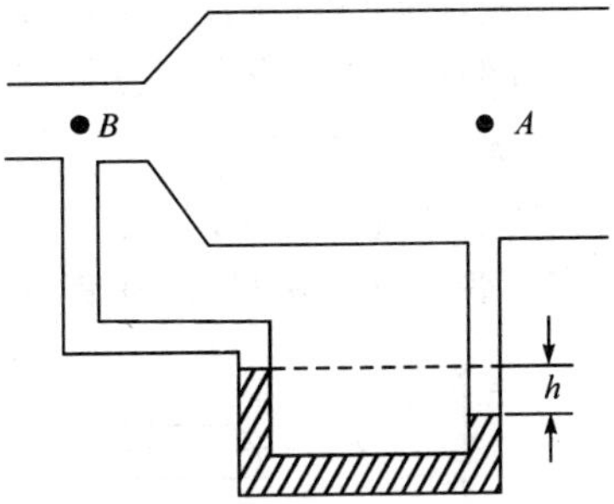

图 4-14　文特里管

图中 A、B 两点位于同一水平流线上，对它们应用伯努利方程，有

$$p_A+\frac{1}{2}\rho v_A^2=p_B+\frac{1}{2}\rho v_B^2$$

根据连续性方程，有

$$v_AS_A=v_BS_B$$

由以上二式，得

$$v_B=\sqrt{\frac{2(p_A-p_B)}{\rho\left[1-\left(\frac{S_B}{S_A}\right)^2\right]}}$$

而由 U 型管压强差的水银面高度差 h，可得压强差为

$$p_A-p_B=(\rho_m-\rho)gh$$

其中 ρ_m 为水银的密度. 于是流量为

$$Q=v_BS_B=\sqrt{\frac{2(p_A-p_B)}{\rho\left[1-\left(\frac{S_B}{S_A}\right)^2\right]}}S_B=\sqrt{\frac{2ghS_A^2S_B^2}{S_A^2-S_B^2}\left(\frac{\rho_m-\rho}{\rho}\right)} \tag{4-14}$$

4.3　黏滞流体的运动

4.2 节讨论的流体动力学规律，没有考虑流体的黏滞性，但实际的流体在流动过程中是存在着黏滞性影响的. 例如，用管道长距离输送一些流体(水、石油、蒸汽等)，必须考虑由于流体黏滞性引起的能量耗损，于是要提供给流体足够的能量来克服流体在流动过程中产生的黏滞阻力，使流体达到一定的流动速度. 还有物体在流体中运动所受到的阻力大小，也是和流体的黏滞性有关的. 总之，无论是流体本身的运动还是物体在流体中的运动，我们往往要考虑流体的黏滞性. 有黏滞性的流体，称为黏滞流体. 本节主要讨论作层流的流体运动规律.

4.3.1　层流的黏滞定律

黏滞性流体层流的特点是流体内各层以不同的速度流动，由于层与层之间存在着相对运动，层间会产生切向力. 流速快的一层给流速慢的一层拉力，流速慢的一层给流速快的一层阻力，这一对力称为黏滞力或内摩擦力（图 4－15），流体的这种性质称为黏滞性.

当流体流经固体表面时，靠近固体表面的一层流体附着在固体表面上不动，又流层之间存在着黏滞力，层层牵制，使各层的流速不同. 例如，通常河水的流动就是上述情况，近岸边的河水几乎不流动，而越近河心的流层（流层与水平面垂直，与岸平行）的水流速度越大. 还如，圆形管道内作层流时流体速度的分布也有类似的特点，靠近管轴处流速最大. 在管壁处流速最小，如图 4－16 所示.

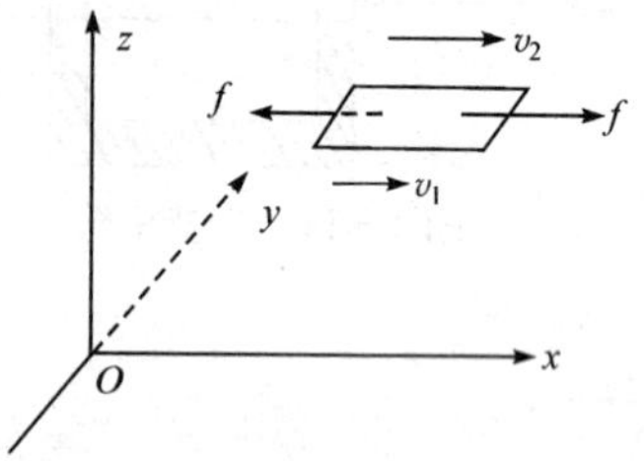

图 4－15　黏滞性流体做层流运动时，层与层之间有切向力

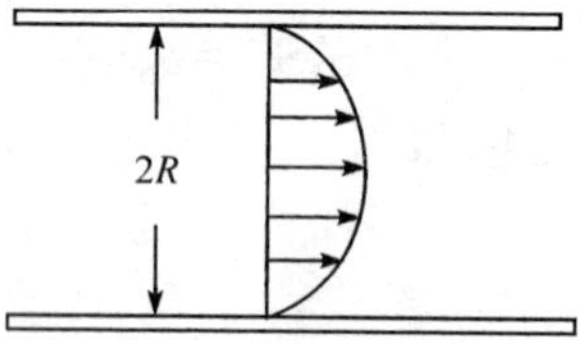

图 4－16　圆形管道内黏滞性流体做层流时，管内流速分布

实验告诉我们，当流体做层流时，流体内部相邻近的两个流层之间的黏滞力 f 的大小正比于两层间接触面积 ΔS，也正比于两层流速的差异程度，我们可引入速度梯度来描述两层流速的差异程度. 如图 4－15 所示，若在 z 方向相距 Δz 的两个流层的流速分别为 v_1 和 v_2，则 z 处的速度梯度为

$$\frac{\mathrm{d}v}{\mathrm{d}z}=\lim_{\Delta z\to 0}\frac{v_2-v_1}{\Delta z}$$

实验证明有以下经验规律：

$$f=\eta\frac{\mathrm{d}v}{\mathrm{d}z}\Delta S \tag{4-15}$$

式(4－15)称为牛顿黏滞定律，其中比例系数 η 称为黏滞系数. 在国际单位制中，η 的单位为牛顿·秒·米$^{-2}$，即帕·秒，符号为“Pa·s”. η 取决于流体本身的性质，也与温度有密切的关系. 对液体来说，η 随温度升高而减小；而对气体恰正好相反，η 随温度升高而增大. 上述情况可由表 4－1 的数据看出.

表 4-1 一些典型物质的黏滞系数值

温度/℃	蓖麻油/(Pa·s)	水/(Pa·s)	空气(Pa·s)	正常血液*/(Pa·s)	血浆*/(Pa·s)
0	5.3	1.792×10^{-3}	1.71×10^{-5}		
20	0.986	1.005×10^{-3}	1.81×10^{-5}	3.015×10^{-3}	1.810×10^{-3}
37	—	0.6947×10^{-3}	1.87×10^{-5}	2.084×10^{-3}	1.257×10^{-3}
40	0.231	0.656×10^{-3}	1.90×10^{-5}		
60	0.080	0.469×10^{-3}	2.00×10^{-5}		
80	0.030	0.357×10^{-3}	2.09×10^{-5}		
100	0.017	0.284×10^{-3}	2.18×10^{-5}		

* 当温度在 0～37℃时，血液和血浆的相对黏滞系数($\eta/\eta_{水}$)几乎保持不变.

测定黏滞系数在许多方面有重大的实际意义.如在输送流体(水、石油和天然气等)的管道设计中、轴承中润滑油的选择等必须考虑黏滞系数的大小，而且由于黏滞系数与分子结构有关，生物学和医学上常用来测定蛋白质的相对分子质量，还有人体中的不少病变(如心肌梗塞、急性炎症等)中血液黏滞性变化很大，因此测定血液的黏滞性可为病因诊断提供有价值的信息.

值得指出的是，也有些作层流的流体，层间的黏滞力并不与速度梯度成正比，即不遵守关系式(4-15).凡遵守关系式(4-15)的流体称牛顿流体，不遵守这一关系式的称非牛顿流体.如水和血浆都是牛顿液体，血液因含有血细胞，严格说来不是牛顿液体，它的黏滞系数 η 不是常量，但在正常生理条件下其值变化不大.

4.3.2 泊肃叶公式

在推导理想流体伯努利方程(4-11)时，忽略了黏滞力的作用.根据这个方程，对于一个粗细均匀的水平的管道中的流体作定常的层流时，管道中等高点的压强应是相等的，但实际的流体都有黏滞作用，流体要维持流动，必须克服黏滞力做功，对于水平管道来说，管道内必须有一定的压强差才能推动黏滞流体作定常流动.图 4-17 说明了实际的黏滞液体在水平管道中作层流时，沿着液流方向，液体的压强确是逐渐降低的.

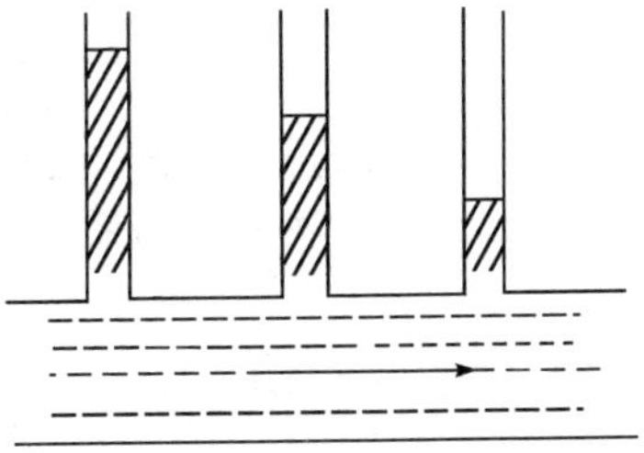

图 4-17 沿着液流方向，水平管道中的压强是逐渐降低的

在许多实际问题中，我们常常关心流体在管道中的流量(单位时间流过流体的体积).泊肃叶在 1840 年研究动物毛细管中血液流动时得到了黏滞流体在水平圆形管道中做层流运动时的流量关系式，即泊肃叶公式.

$$Q=\frac{\Delta p\pi R^4}{8\eta l} \tag{4-16}$$

式(4-16)表明，流量 Q 与管道半径的四次方 R^4 成正比，与黏滞系数 η 成反比，与单位长度的压强差 $\Delta p/l$ 成正比. 泊肃叶公式是研究水平圆管内的流体做层流流动的一个重要方程，由于它考虑了黏滞性的影响，所以比理想流体的伯努利方程前进了一步. 例如，对于水平圆管来说，由伯努利方程，圆管内不同截面上的流速相等，各截面上的压强也相等；而按泊肃叶公式，若无压强差，即 $\Delta p=0$，则流量 $Q=0$，即需要压强差维持流体在水平管内的定常流动. 由于实际流体是有黏滞性的，所以泊肃叶公式比伯努利方程更为正确.

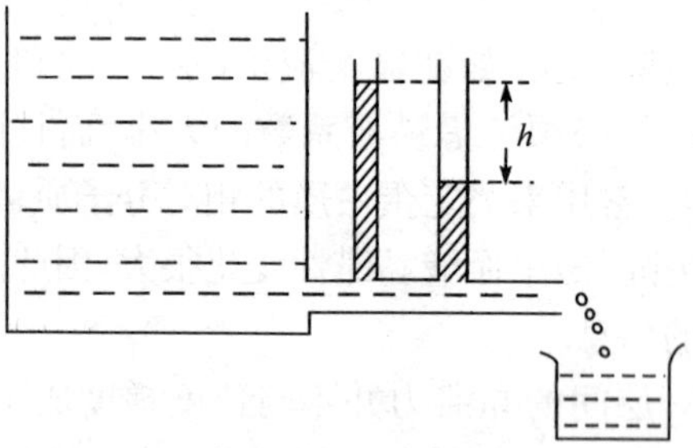

图 4-18　黏滞计

泊肃叶公式是研究流体黏滞性的重要公式. 在管内的流体做缓慢的流动往往属于层流，这时候泊肃叶公式与实验符合得很好. 可以利用泊肃叶公式来测定流体的黏滞系数. 图 4-18 表示一个黏滞计. 让液体从接在容器壁上的水平细管中流出，由竖直细管的液面高度差可以算出压强差 $\Delta p=\rho gh$，连同测出的水平细管的 R 和 l，代入到式(4-16)，即可算出液体的黏滞系数 η.

泊肃叶公式(4-16)成立条件之一是水平圆形管道，但在许多实际问题中，例如远距离输送石油、天然气的管道不可能完全是水平放置的，管道两端可能有一个高度差 Δh，这时泊肃叶公式有如下的形式

$$Q=\frac{\pi R^4}{8\eta l}(\Delta p+\rho g\Delta h)$$

例题 2　人的某根血管的内半径是 4×10^{-3} m，流过这血管的血液流量是 $1\times10^{-6}\ \mathrm{m^3\cdot s^{-1}}$，血液的黏滞系数是 3.0×10^{-3} Pa·s. 求：

(1) 血液的平均流速；

(2) 长 0.1 m 的一段血管中的压强降落；

(3) 在这段血管中维持血液这个流动所需要的功率.

解　(1) 平均流速为

$$\bar{v}=\frac{Q}{S}=\frac{Q}{\pi R^2}=\frac{10^{-6}}{3.14(4\times10^{-3})^2}=2.0\times10^{-2}(\mathrm{m\cdot s^{-1}})$$

(2) 由式(4-16)可求得压强差

$$\Delta p=\frac{Q8\eta l}{\pi R^2}=\frac{10^{-6}\times8\times3\times10^{-3}\times0.1}{3.14(4\times10^{-3})^4}=2.99(\mathrm{Pa})$$

(3) 所需的功率等于作用在这段血液的净力 $F=\Delta pS=\Delta p\pi R^2$ 乘以它的平均流速 $\overline{v}$. 于是功率 N 为

$$N=F\overline{v}=\Delta p\pi R^2\overline{v}=\Delta pQ=2.99\times10^{-6}\,\mathrm{W}$$

由本例题可看出，黏滞系数越大，压强差就越大，功率也就越大. 有些疾病可使血液的黏滞系数增加至正常值的几倍以上，会使心脏要做更多的功才能维持正常的循环；在输液的时候要注意保持正常的黏滞性是很重要的，给病人大量输入生理盐水将会降低血液的黏滞性，因此常常加入葡萄糖来保持正常的黏滞系数.

4.3.3　层流和湍流

黏滞流体在流动过程中，根据它的黏滞性、流速大小等存在着层流和湍流两种流动状态. 英国物理学家雷诺在 1883 年发表的著作中，通过实验演示了这两种流动状态，他的实验装置如图 4－19 所示.

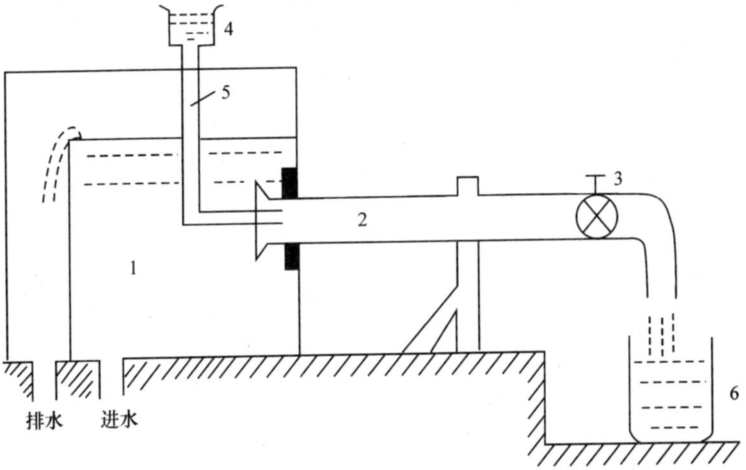

图 4－19　演示层流和湍流的雷诺实验装置

1. 水箱　2. 玻璃管　3. 阀门　4. 颜色水瓶　5. 细管　6. 量筒

当管 2 中的水流速度较低时，如拧开颜色水瓶下的阀门，便可看到明晰的细小的着色流束，且不与周围的水流相混，如图 4－20(a)所示. 如果将细管 5 的出口移至管 2 入口的其他位置，看到的仍然是一条明晰的细小的着色流束. 由此可以判断，管 2 内整个流线是相互平行的，这种流动状态称为层流. 当管 2 内的流速逐渐增大时，开始阶段着色流束仍呈清晰的细线，流动状态仍没有发生变化. 当流速增大到一定数值时，着色流束开始振荡，处于不稳定状态，如图 4－20(b)所示. 如果流速再稍增加，振荡的流束便突然破裂，着色流束在入口一定距离后完全消失，而与周围的流体相混，颜色扩散至整个玻璃管内，如图 4－20(c)，这时流体微团做复

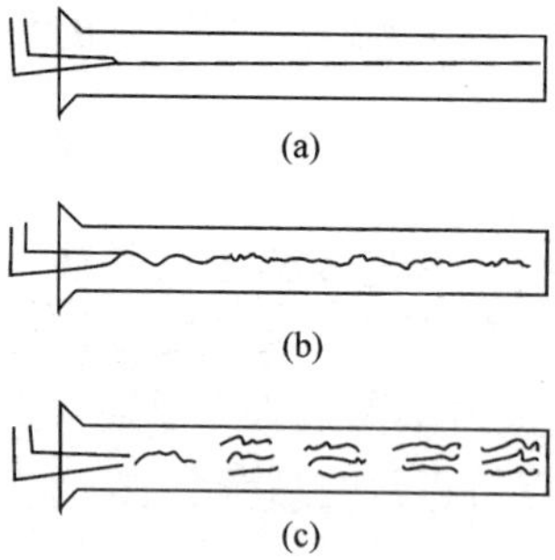

图 4-20　雷诺实验的层流、湍流及过渡状态

杂的无规则的运动，这种流动状态称为湍流.

雷诺根据大量的实验发现，由层流过渡到湍流，不仅与流速 v 有关，而且还与流体密度 ρ、黏滞系数 η 和物体的某一特征长度 l（如管道直径 d、机翼宽度、处于流体中的球体半径等）有关. 他综合以上各方面的因素，引入一个无量纲的量 $Re=\dfrac{\rho vl}{\eta}$，对于圆形管道引入

$$Re=\frac{\rho vd}{\eta} \tag{4-17}$$

来判别流体做何种流动，这个量 Re 称雷诺数. 研究表明，不论是何种流体，从层流向湍流的过渡以一定的雷诺数为标志，称为临界雷诺数，用 Re_c 表示. $Re<Re_c$ 时为层流，当 $Re>Re_c$ 时则变为湍流. Re_c 的值与管壁的性质（光滑程度）以及管道的几何形状（如是否安装阀门）有关. 如在光滑的金属圆管中，$Re_c=2000$，如通过光滑的同心环状缝隙，则 $Re_c=1100$，在滑阀口，则 $Re_c=260$.

人们通过对鲨鱼皮的试验发现，皮上的天然条纹能有效减少水的阻力，这是由于天然条纹疏导了鲨鱼皮在水中运动时由于摩擦产生的微湍流的缘故. 基于这一研究成果，科学家给飞机（或泳衣）蒙上一层人工合成的物质，其上有很多间隔一定距离的沟. 以减少阻力，从而节省大量燃料.

例题 3　水在内径 $d=100$ mm 的金属管中流动，流速 $v=0.5\ \mathrm{m\cdot s^{-1}}$，水的密度 $\rho=1\times10^3\ \mathrm{kg\cdot m^{-3}}$，黏滞系数 $\eta=1.0\times10^{-3}\ \mathrm{Pa\cdot s}$. 试问水在管中呈何种流动状态？若管中的流体是油，流速不变，但其密度 ρ 为 $0.80\times10^3\ \mathrm{kg\cdot m^{-3}}$，黏滞系数 η 为 $2.5\times10^{-2}\ \mathrm{Pa\cdot s}$. 试问油在管中又呈何种流动状态？

解　水的雷诺数为

$$Re=\frac{\rho vd}{\eta}=\frac{1\times10^3\times0.5\times0.1}{1.0\times10^{-3}}=5\times10^4>2000$$

所以水在管中呈湍流状态.

油的雷诺数为

$$Re=\frac{\rho vd}{\eta}=\frac{0.8\times10^3\times0.5\times0.1}{2.5\times10^{-2}}=1600<2000$$

油在管中呈层流状态.

由本例题可以看出，在相同条件下，黏滞性小的流体比黏滞性大的流体更容易产生湍流. 由同样的原因，由于空气的黏滞系数比水小得更多（表 4-1），所以它的流动更容易处在湍流状态. 当微风吹过，树叶悉索飘动；点燃的香烟，升起打旋的烟，就是很好的例证.

4.4 黏滞流体中运动物体受到的阻力

物体在黏滞流体中运动时会受到两种形式的阻力. 一种是物体运动速度较小时产生的,它由于物体表面附着一层流体,这层流体与其邻层流体有一定的速度梯度而产生了内摩擦力,使物体运动受阻,这种阻力称为黏滞阻力. 另一种是物体运动速度较大时产生的,物体在流体中运动时,内摩擦力的作用造成运动状态的变化(如形成涡旋),使物体前后压力有所不同而引起的阻力,这种阻力称为压差阻力. 本节主要讨论前者,即黏滞阻力,而且所讨论的物体形状很特殊,是球形物体.

1851 年斯托克斯证明,球形物体在黏滞流体中运动时,当雷诺数 $Re<1$ 时,球体所受的阻力主要是黏滞阻力,它的大小为

$$F = 6\pi\eta r v \tag{4-18}$$

式中 η 是流体的黏滞系数,r 是球体半径,v 是球体相对于流体的速度. 式(4-18)称为斯托克斯公式.

斯托克斯公式可用来测定黏滞系数或小液滴半径等. 例如,让一个半径为 r、密度为 ρ 的小球在黏滞系数为 η、密度为 ρ_0 的流体中下落. 小球在下落过程中受到重力 $\frac{4}{3}\pi r^2\rho g$、浮力 $\frac{4}{3}\pi r^3\rho_0 g$ 和黏滞阻力 $6\pi\eta r v$. 由于黏滞阻力和速度成正比,最后三个力相互平衡,使小球匀速下落,此时,有

$$\frac{4}{3}\pi r^3\rho g = \frac{4}{3}\pi r^3\rho_0 g + 6\pi\eta r v$$

由上式,得

$$\eta = \frac{2(\rho-\rho_0)}{9v} g r^2 \tag{4-19}$$

因而若测定了 ρ、ρ_0、r 和 v,就可计算出流体的黏滞系数. 若已知 η,也可用此法测定球体(如小液滴)的半径 r. 若已知 ρ、ρ_0、r 和 η,也可计算出 v[5]. 例如可以据此粗略地测量血液中红细胞的沉降速度(ESR),它是检查患者健康状况的一个很重要的指标,也可用来研究红细胞的变形与聚积. 不过严格说来,红细胞并不是刚性球体,其宏观尺度也不够大,沉降过程中可能受到其他颗粒的影响,所以要精确地测定 ESR,需对式(4-19)作必要的修正. 一种最简单的方法是用红细胞的有效半径 r_{eff} 取代式(4-19)中的 r,r_{eff} 作为一个经验值由实验确定.

20 世纪初,密立根(R. A. Millikan)用油滴实验证明离子所带电荷为电子电荷的整数倍,即证明电荷的量子性时,也运用了斯托克斯公式.

习　　题

4-1　如果忽略大气温度随高度的变化，求证海拔高度为 H 处的大气压为

$$p=p_0 e^{-\frac{\mu g H}{RT}}$$

其中 p_0 表示海平面的大气压强，μ 为空气的平均摩尔质量，T 为大气温度，R 为普适气体常量.

4-2　盛有水的圆筒容器，以匀角速度 ω 绕中心轴旋转，当容器中的水和容器同步旋转时，求水面上沿半径方向的压强分布.

4-3　有一水坝长 1 km，水深 5 m，水坝与水平方向夹角 60°，求水对坝身的总压力.

4-4　在水平桌面上放着一个高度为 H 的灌满了水的圆筒形容器. 若略去水的黏滞性，试确定应当在容器壁上多大的高度 h 上钻一小孔，使得从小孔里流出的水落到桌上的地点离容器最远.

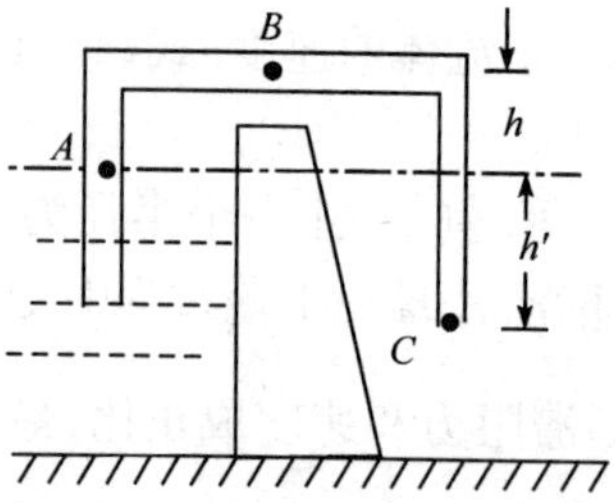

习题 4-5 图

4-5　习题 4-5 图中的虹吸管粗细均匀，略去水的黏滞性. 求虹吸管中水流速度及 A、B、C 三点的压强.

4-6　一开口容器截面积为 S_1，底部开一截面积为 S_2 的孔. 当容器内装的液体高度为 h 时，液体从孔中喷出的速度为多大？设液体为理想流体且做定常流动.

4-7　若将题 4-6 中的容器内盛两种液体：上层的密度为 ρ_1、厚度为 h_1，下层的密度为 ρ_2、厚度为 h_2，求液体由孔喷出时的速度.

4-8　匀速直线运动的火箭，发动机燃烧室内高温气体的压强为 p，密度为 ρ，求气体顺截面积为 S_0 的狭窄喷嘴喷出时对火箭的反作用力，设喷出前后，气流可视作理想流体的定常流动.

4-9　一圆桶中的水高为 $H=0.70$ m，底面积 $S_1=0.06\ \mathrm{m}^2$，桶的底部有一面积 $S_2=1.0\times10^{-4}\ \mathrm{m}^2$ 的小孔. 问桶中的水全部流尽需多长时间？

4-10　一粒半径为 0.08 mm 的雨滴在空气中下降，假设它的运动符合斯托克斯定律. 求雨滴的末速度以及在此速度下的雷诺数. 空气的密度 $\rho=1.25\ \mathrm{kg\cdot m^{-3}}$，黏滞系数 $\eta=1.81\times10^{-5}\ \mathrm{Pa\cdot s}$.

4-11　设自来水管的内径为 $d=2.54$ cm，临界雷诺数为 $Re_c=2\ 000$，水在一个大气压下、20℃时的黏滞系数为 $\eta=1.0\times10^{-3}\ \mathrm{Pa\cdot s}$，水的密度为 $\rho=1.0\times10^{3}\ \mathrm{kg\cdot m^{-3}}$. 试问自来水管内平均流速等于多少时，流动将从层流转变为湍流？

第二篇　热　　学

热学是研究热现象的理论. 当温度发生变化时,物质的许多性质也将发生变化. 例如,物质的体积、压强、弹性等许多属性都随温度变化. 又如,一般物质都能以固、液、气三种形态存在,当温度发生变化时,物质的形态也可以发生变化(如水的凝固、汽化、蒸发等). 凡是与温度有关的物理性质的变化,统称为热现象.

热学的研究对象是大量微观粒子(分子或原子)组成的系统. 系统状态的描述方法有两种:一种是对系统状态从整体上加以描述,这叫做宏观描述,通常由一些可用仪器测量的量来表征系统状态的属性,这些量叫做宏观量;另一种方法是微观描述,即通过对组成系统的每一个微观粒子的状态进行描述,最终确定整个系统的状态. 描述微观粒子状态的物理量叫做微观量. 对于一个系统,我们既可以采用宏观描述,也可以采用微观描述,两种描述方法之间有着内在的联系. 由于宏观系统所发生的各种现象都是组成它的大量微观粒子运动的集体表现,所以宏观量是一些微观量的统计平均值.

对于热现象的研究方法可分为热力学方法及统计物理学方法两种. 热力学方法从宏观的角度来研究物质的热学性质以及宏观过程进行的方向和限度等,它以几个基本定律为基础. 统计物理学方法从物质的微观结构出发,根据每个粒子所遵循的力学规律,运用统计学方法,求出大量粒子的一些微观量的统计平均值,揭示物质宏观热现象及有关规律的本质,并确立宏观量与微观量的联系.

第5章　气体动理论

气体动理论是统计物理学的一个组成部分，它根据物质是由大量不停地作无规运动的分子或原子组成这一事实，假设气体系统中的粒子的能量和动量在它们相互碰撞时保持守恒，运用统计方法得到粒子的平均行为．本章我们将气体动理论运用于理想气体，研究理想气体平衡态的性质，揭示宏观量的微观本质．

5.1　平衡态　状态方程

5.1.1　系统及其分类

热力学是研究物质热运动的宏观理论，以大量粒子(如分子、原子、电子)组成的宏观系统作为自己的研究对象．这大量粒子的集合被称作热力学系统或简称系统．在研究一个热力学系统的运动规律时，我们不仅要注意系统内部影响运动的各种因素，而且要注意外部环境对系统的作用．对于每一个系统而言，周围的环境均可称为系统的外界．世界上的事物无穷无尽，在每一具体问题中我们不可能把所有事物作为自己的研究对象，将客观存在分成系统和外界是为了集中研究我们最关心的一部分客体(系统)的运动．同时，对于外界来说，我们只关心那些对系统的运动产生重要影响的因素，而不考虑与系统无关或关系不大的外界的各种复杂的现象，从而使问题得以简化．

对于一个热力学系统，我们可以用一些宏观量来描述，也可以用一些微观量来描述．宏观量是指可由实验观测的、能够反映系统整体性质的量；微观量是指描述构成系统的分子或原子行为的一些物理量，如粒子的速率、能量、质量、角动量等等．由于宏观量和微观量是对同一系统同一物理现象的两种不同描述方法所采用的物理量，因此，它们必然存在着内在的联系，找出这种内在联系，用微观量去表示宏观量，揭示宏观量的微观本质，就是气体动理论的主要任务．

为了研究问题方便，我们根据系统与外界的相互关系，将系统分成三类：孤立系、闭系和开系．

不受外界影响的系统叫孤立系．严格说来，任何系统都要受到外界影响，自然界并不存在真正的孤立系．然而在一段时间内，当系统所受的外界作用的影响很小时，就可以近似把它看作孤立系．

当系统被封闭容器与外界隔离开来时，它与外界便没有物质交换．然而，由于容器壁可以发生形变或传递热量，从而使系统与外界之间产生能量交换(做功或传热),这种系统叫做闭系.

与外界既有能量交换又有物质交换的系统,叫做开系.

5.1.2　平衡态

对于普遍的热力学系统来说,平衡态是指系统的这样一种状态:在没有外界影响的条件下,系统的宏观性质不随时间变化的状态. 这里所说的没有外界影响,是指系统与外界不通过做功或传热交换能量. 由于实际上并不存在完全不受外界影响并且宏观性质绝对保持不变的系统,所以平衡态只是一个理想化的概念,它是在一定条件下对实际情况的抽象和概括. 处于平衡态的系统,一切描述其宏观性质的参量在空间均匀分布,且没有粒子的宏观定向相对运动及能量传递,但是从微观上讲,组成系统的微观粒子仍在做不停地无规运动,因此热力学平衡态是一种热动平衡.

只有处于平衡态的热力学系统的各种宏观量才具有确定的值. 我们把一组能够完备地描述系统平衡态的宏观量称为状态参量. 常用的状态参量有以下几类:几何参量(如体积),力学参量(如气体的压强、密度等),电磁参量(如电场强度、磁场强度等),化学参量(如物质的量). 但所有这些参量都不能用来描述热平衡,为了描述热平衡,必须引入温度的概念.

如图 5－1 所示,三个系统 A,B,C 共同组成一个孤立系,A 和 B 间用绝热隔板隔开,而 A,C 及 B,C 之间可以进行热交换. 经过足够长的时间后,A 和 C 以及 B 和 C 分别达到热平衡,实验发现这时 A 和 B 也处于热平衡. 这就意味着,分别与第三个系统达到热平衡的两个系统也处于热平衡,这个规律叫做热力学第零定律. 热力学第零定律表明,处于热力学平衡态的所有热力学系统都具有某一共同的宏观性质,我们定义这个表征系统热平衡的宏观性质为温度. 温度相等是热平衡的充分必要条件,因此将温度作为描述热力学系统的一个宏观量. 值得指出的是,热力学第零定律是 1930 年由福勒(R. H. Fowler)发现的,比热力学第一定律和热力学第二定律晚了 80 余年. 虽然这么晚才建立热力学第零定律,但实际上之前人们已经开始应用它了. 因为它是后面几个定律的基础,在逻辑上应该排在最前面,所以叫做热力学第零定律.

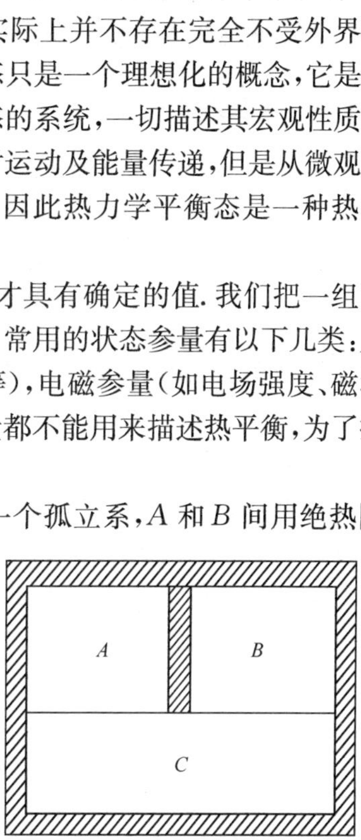

图 5－1　热力学第零定律

温度的数值表示方法或数值标度系统叫做温标. 常见的摄氏温标,规定标准大气压下冰水混合物的平衡温度(冰点)为 0℃,水沸腾的温度(沸点)为 100℃,在两个数值之间均匀标度. 目前,仍然有一些国家采用华氏温标,它和摄氏温标的关系由下式确定：

$$t_F = 32 + \frac{9}{5}t$$

其中 t_F 是华氏温标，t 是摄氏温标. 物理学中采用热力学温标，在 SI 制中单位是 K，用 T 表示. 摄氏温标与热力学温标的换算关系是

$$t = T - 273.15$$

利用测温物质的物理性质随温度的变化，结合温标就可以制成温度计.

5.1.3 状态方程

对于由大量粒子组成的气体系统，可以用三个状态参量来描述平衡态的宏观性质，这三个参量分别是气体的压强 p、温度 T 和体积 V. 在温度为 T 的平衡态下，状态参量间满足一定的函数关系，可以表示为

$$f(p, V, T) = 0$$

这个函数关系叫做气体的状态方程，其具体形式一般说来与气体的性质有关，通常需要由实验来确定. 根据气体的状态方程，对一定质量的气体来说，p, V, T 这三个状态参量中只有两个是独立的. 因此，任意给定两个参量的数值，就确定了气体的一个平衡态. 气体的平衡态常用 p-V 图（以 p 为纵轴，以 V 为横轴）上的一个点来表示.

对一定量的气体，测定它在热平衡态下的状态参量 p，V 和 T. 实验表明，当密度足够低时，①若温度保持不变，则其压强与体积成反比（玻意耳定律）；②若压强保持不变，则其体积与温度成正比（查理定律）. 这两个实验结果可以概括成下面的关系式：

$$\frac{pV}{T} = \text{常量}$$

这个常量可以从气体在标准状态下的 p_0, V_0, T_0 值来确定，即

$$\frac{pV}{T} = \frac{p_0 V_0}{T_0}$$

因为 1 mol 气体在标准状态下（$p_0 = 1.013 \times 10$ Pa，$T_0 = 273.15$ K）所占据的体积，称为摩尔体积，总是 $V_{mol} = 22.4 \times 10^{-3}$ m^3，所以 $V_0 = nV_{mol}$，代入上式可得恒量

$$\frac{pV}{T} = n\frac{p_0 V \text{ mol}}{T_0}$$

用 R 表示上式中的恒量 $\frac{p_0 V \text{ mol}}{T_0}$，它是一个普遍适用于任何气体的恒量，称为摩尔

气体常量，在 SI 制中，$R=8.31\ \mathrm{J\cdot mol^{-1}\cdot K^{-1}}$. 于是，有

$$pV=nRT \tag{5-1}$$

满足上式的气体称为理想气体，式(5-1)叫做理想气体的状态方程. 用 M 表示理想气体的质量，μ 表示摩尔质量，则式(5-1)也可以表示为

$$pV=\frac{M}{\mu}RT \tag{5-2}$$

从微观上讲，理想气体是由大量近独立粒子组成的，每个粒子的尺度与粒子间的距离相比可以忽略不计，这些粒子间除了碰撞的瞬间不存在相互作用，并且碰撞都是弹性的，碰撞过程中不会损失粒子的总动能. 由此可以看出，理想气体只是实际气体理想化了的模型，实验发现，常温常压下，大多数实际气体可以用这个模型来描述，温度越高，压强越低，实际气体越接近于理想气体.

5.2 气体的微观模型

5.2.1 分子热运动的描述

通过测量可知，除了一些有机物质的大分子外，一般分子线度的数量级都是 10^{-10} m. 例如水分子线度约为 4×10^{-10} m，氢分子的线度约为 2.3×10^{-10} m. 根据阿伏伽德罗常量，很容易算出分子的质量. 例如，水的摩尔质量是 $1.8\times10^{-2}\ \mathrm{kg\cdot mol^{-1}}$，1mol 水中含有约 6.0×10^{23} 个分子，所以水分子的质量是

$$m=\frac{1.8\times10^{-2}\ \mathrm{kg\cdot mol^{-1}}}{6.0\times10^{23}\ \mathrm{mol^{-1}}}=3.0\times10^{-26}\ \mathrm{kg}$$

对于液态的水，利用分子质量及水的密度，可以计算出水分子的平均间距与分子线度具有相同的数量级. 下面我们简单估算气体分子的平均间距. 由状态方程(5-1)，可算出 1 mol 理想气体在标准状态下($T_0=273.15$ K，$p_0=1.013\times10^5$ Pa)占据的体积为 $0.0224\ \mathrm{m^3}$，除以阿伏伽德罗常量，可得每个分子占据的体积为 $3.73\times10^{-26}\ \mathrm{m^3}$，由此可估算出分子间的平均距离约为

$$d=\sqrt[3]{3.73\times10^{-26}\ \mathrm{m^3}}=3.34\times10^{-9}\ \mathrm{m}$$

这个距离是分子本身的线度的 10 倍左右，也就是说，气体分子自身的体积只有分子所占据的空间体积的千分之一. 所以，常温下液体分子可以看成紧密排列的，而气体可看作是彼此间距很大的分子的集合.

分子太小，很难直接看到它们的运动情况. 但是，通过一些间接实验观测可以了解它们的运动特点. 1827 年英国植物学家布朗用显微镜观察悬浮在水中的花粉，发现花粉颗粒都在不停地做无规则运动. 每个颗粒都在不停地跳跃，方向不断改变，毫无规则. 这种运动后来叫做布朗运动. 不只是花粉，对于液体中各种不同的悬浮微粒，都可以观察到布朗运动. 取一滴稀释了的墨汁放在显微镜下观察，可以

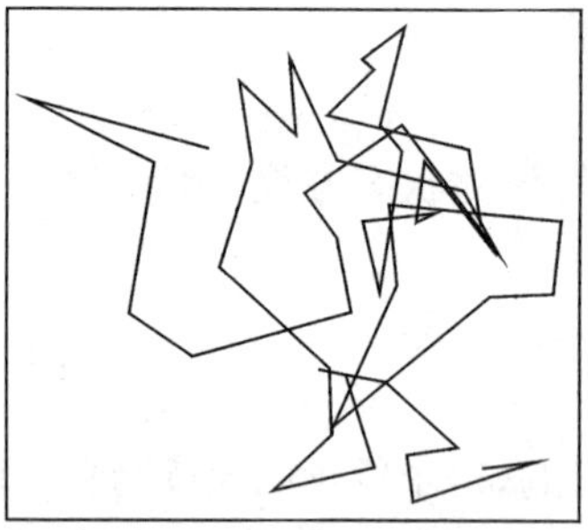

图 5-2 布朗运动

看到小碳粒在做无规则的布朗运动. 图 5-2 是作布朗运动的颗粒每隔一定时间后位置变化的情景,可以看出小颗粒的运动也是极不规则的.

布朗运动是怎样产生的呢? 起初. 人们认为是由外界影响如震动、液体的对流等引起的. 但实验表明,在尽量排除外界影响的情况下,布朗运动仍然存在. 只要微粒足够小,在任何液体中都可以观察到布朗运动. 布朗运动绝不会停止,可以连续观察许多天甚至几个月,也看不到这种运动会停下来. 可见布朗运动的原因不在外界,而在液体内部.

在显微镜下看起来是连成一片的液体,实际上是由许许多多做不规则运动的分子组成的. 悬浮在液体中的微粒不断地受到液体分子的撞击. 当微粒足够小时,它受到的来自各个方向的液体分子的撞击作用是不平衡的. 在某一瞬间,微粒在某个方向受到的撞击作用强,致使微粒发生运动. 在下一瞬间,微粒在另一方向受到的撞击作用强,致使微粒又在别的方向发生运动. 这样,就引起了微粒的无规则的布朗运动.

悬浮在液体中的颗粒越小,在某一瞬间跟它相撞的分子数越少,撞击作用的不平衡性就表现得越明显,因而布朗运动越明显. 悬浮在液体中的颗粒越大,在某一瞬间跟它相撞的分子数越多,撞击作用的不平衡性就表现得越不明显,以至于可以认为撞击作用相互平衡,因而布朗运动越不明显以至观察不到.

可见,液体分子永不停息的无规则运动是产生布朗运动的原因. 作布朗运动的微粒是由成千上万个分子组成的,微粒的布朗运动并不是分子的运动. 但是微粒的布朗运动的无规则性,却反映了液体内部分子运动的无规则性.

实验表明,布朗运动随着温度的升高而越加激烈. 在扩散现象中,温度越高,扩散进行得越快. 这表示分子的无规则运动跟温度有关系,温度越高,分子的无规则运动越激烈. 正因为分子的无规则运动跟温度有关系,所以通常把分子的这种运动叫做热运动.

分子的无规热运动使分子变得无序并分散开来,然而经验告诉我们,固体和液体并没有因为分子的热运动而随意改变其体积,这说明分子之间存在着引力. 固体和液体都很难压缩又说明分子间除了引力外还有排斥力.

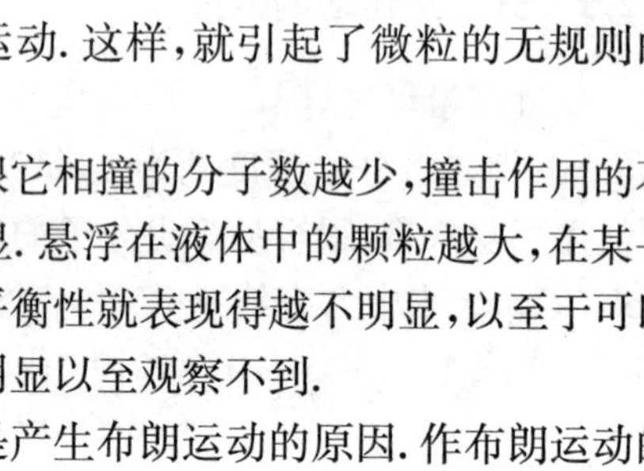

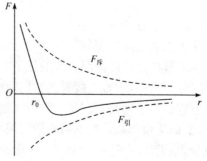

图 5-3 分子力

分子间的引力和斥力统称为分子力,分子力与分子间的距离有着密切的关系. 图 5-3

显示了分子力随分子间距 r 的变化曲线. r_0 为分子间的平衡距离. 两个分子的距离 $r=r_0$ 时,无相互作用力;$r<r_0$ 时表现为斥力,且随 r 的减小而急剧增大;$r>r_0$ 时表现为引力,随着 r 的增大引力逐渐减弱. 一般说来,当 $r>10^{-9}$ m 时分子力就可忽略不计了.

固体中分子不能自由运动,液体中的分子一般也不能自由运动,表明分子间的作用力较强,这是因为分子间的距离相对较小的缘故. 气体分子间的距离很大,而分子间的作用范围又很小,从而使气体分子间的作用力除分子与分子、分子与器壁相互碰撞的瞬间外,是极其微小的. 如果不考虑重力的作用,可以认为气体分子在两次碰撞之间的运动是惯性支配下的自由运动.

理论计算表明,常温下气体分子热运动的平均速率是非常大的,约为每秒几百米的数量级. 以此推算,气体的扩散速率应该是很大的,然而事实并非如此,这是什么原因呢? 原来气体分子在无规热运动中彼此要碰撞,就单个分子而言,它是沿着迂回折线运动的. 一个分子的运动路径通常是很复杂的,碰撞具有随机性,这给我们定量研究单个分子的行为带来了一定困难.

5.2.2　理想气体的微观模型

理想气体的微观模型可以概括为:

(1) 理想气体包含大量的全同的分子,任意一个分子与容器或其他分子相碰撞时,其运动的速率和方向可以突然改变,但由于分子数目很大,这种碰撞不改变分子的速度分布.

(2) 每个分子由一个或多个原子构成(视气体种类而定)且可以看成一个粒子或质点,分子本身的体积很小,可以忽略不计. 气体极易被压缩,气体的体积是分子所能到达的空间的体积,并非分子本身的体积.

(3) 分子不停地作无规运动,每个分子的运动遵从牛顿运动定律.

(4) 除碰撞的瞬间外,假设分子间无相互作用力. 由于分子间的平均距离远大于分子本身的大小,也超出了分子力的作用范围,因此这个假设是合理的.

(5) 分子之间、分子与器壁的碰撞是完全弹性的,碰撞本身占据的时间与两次碰撞之间的平均时间间隔相比非常短,可以忽略不计.

5.3　理想气体的压强公式

气体施于器壁的压强,源于大量气体分子和器壁碰撞的结果. 就某一个分子而言,它与器壁的碰撞是断续的,而且它每次碰在什么地方、给器壁多大的冲量都是随机的. 但是,对于大量的分子来说,在很短的时间内都有许多分子与器壁相撞,所以在宏观上就表现为恒定持续的压力. 这和雨点打在雨伞上的情形很相似. 一个个雨点落在雨伞上是断续的，大量密集的雨点落到雨伞上就使我们感觉到一个均匀的持续向下的压力.

设任意形状的容器中盛有由大量分子组成的理想气体，每个分子的质量为 m. 分子具有各种可能的速度，为了讨论的方便，我们将分子按速度分成若干组，认为每组内的分子具有大小相等、方向一致的速度，各组的速度用 $\boldsymbol{v}_1,\boldsymbol{v}_2,\cdots,\boldsymbol{v}_i,\cdots$ 来表示. 假设在单位体积内各组的分子数分别为 $n_{V1},n_{V2},\cdots,n_{Vi},\cdots$. 记单位体积的总分子数为 n_V，则

$$n_V=\sum_i n_{Vi} \tag{5-3}$$

当一个分子以速度 $\boldsymbol{v}_i$ 撞击器壁时，如图 5-4 所示，取与器壁垂直的方向为 x 轴的方向，分子动量的改变量是其动量的 x 分量的 2 倍，

$$\Delta p_{ix}=2m\boldsymbol{v}_i\cos\theta=2m\boldsymbol{v}_{ix} \tag{5-4}$$

m 表示分子的质量. 碰撞完成后，它将这部分动量传递给器壁. 气体施于器壁的压强等于单位时间向单位面积的器壁传递的总动量. 因此，我们首先计算速度为 $\boldsymbol{v}_i$ 的分子单位时间与单位面积的器壁的碰撞次数 ΔN_i. 对于给定的 $\boldsymbol{v}_i$，如果 $\boldsymbol{v}_i x<0$，则 $\Delta N_i=0$，所以仅考虑 $\boldsymbol{v}_{ix}>0$ 的情况. 在图 5-5 中所示的器壁上取一个面积为 ΔS 的面元，速度为 $\boldsymbol{v}_i$ 的分子在一个很短的时间间隔 Δt 内与该面元相撞的次数，等于底为 ΔS、斜高为 $\boldsymbol{v}_i\Delta t$ 且平行于 $\boldsymbol{v}_i$ 的柱体内所包含的以该速度运动的分子数. 这个斜柱体的体积是 $\Delta S\cdot\boldsymbol{v}_i\cos\theta\Delta t$. 因为单位体积中具有速度 $\boldsymbol{v}_i$ 的分子数目是 n_{Vi}，因此

$$\Delta N_i=n_{Vi}\cdot\frac{\Delta S\cdot\boldsymbol{v}_i\cos\theta\Delta t}{\Delta S\Delta t}=n_{Vi}\boldsymbol{v}_{ix} \tag{5-5}$$

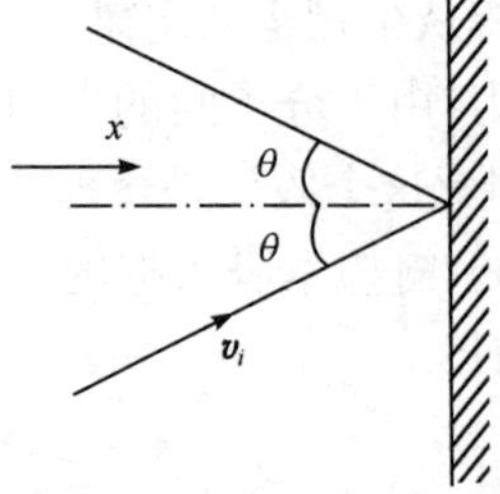

图 5-4　速度为 $\boldsymbol{v}_i$ 的分子以入射角 θ 与器壁碰撞

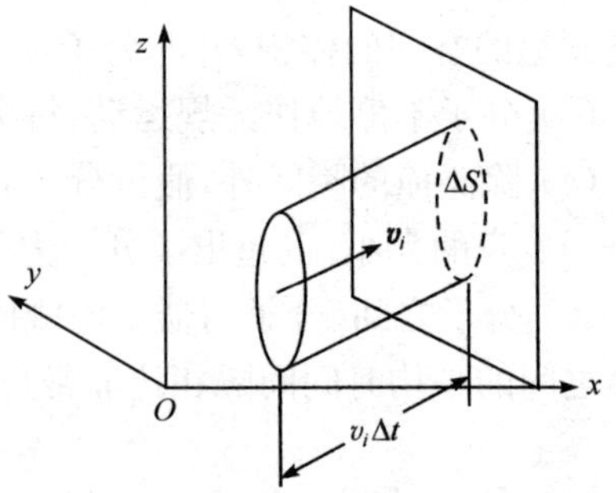

图 5-5　在 Δt 时间与 ΔS 碰撞的速度为 $\boldsymbol{v}_i$ 的分子数

合并式(5-4)和式(5-5)，可得速度为 $\boldsymbol{v}_i$ 的分子单位时间向单位面积的器壁传递的动量为

$$\Delta N_i\Delta p_{ix}=2mn_{Vi}v_{ix}^2$$

分子施于器壁的压强就是所有分子单位时间向单位面积的器壁传递的总动量. 上式对所有 $v_{ix}>0$ 求和，就是气体分子施于器壁的压强，即

$$p=\sum_{i(v_{ix}>0)}2mn_{Vi}v_{ix}^2$$

由于容器中的分子没有整体的定向运动，所以任意时刻分子向各个方向运动的机会相等，平均说来，$v_{ix}>0$ 和 $v_{ix}<0$ 的分子数都占分子总数的一半. 为了使上式中的求和不受 $v_{ix}>0$ 这一条件的限制，可将上式改写为

$$p=\sum_i mn_{Vi}v_{ix}^2=m\sum_i n_{Vi}v_{ix}^2$$

如果以$\overline{v_x^2}$表示所有分子 v_{ix}^2 的平均值，即令

$$\overline{v_x^2}=\frac{n_{V1}v_{1x}^2+n_{V2}v_{2x}^2+\cdots}{n_{V1}+n_{V2}+\cdots}=\frac{\sum_i n_{Vi}v_{ix}^2}{n_V}$$

则有

$$p=n_V m\overline{v_x^2} \tag{5-6}$$

由于在平衡态下，如果气体分子没有整体的定向运动，则分子向各个方向运动的机会相等，因此，对于大量分子而言，三个速度分量平方的平均值一定相等，即

$$\overline{v_x^2}=\overline{v_y^2}=\overline{v_z^2} \tag{5-7}$$

考虑到

$$\overline{v^2}=\overline{v_x^2}+\overline{v_y^2}+\overline{v_z^2}$$

因此有

$$\overline{v_x^2}=\frac{1}{3}\overline{v^2} \tag{5-8}$$

将式(5-8)代入式(5-6)有

$$p=\frac{1}{3}n_V m\overline{v^2}$$

为了看清上式的物理意义，将其改写为

$$p=\frac{2}{3}n_V\left(\frac{1}{2}m\overline{v^2}\right) \tag{5-9}$$

上式表明，宏观量压强取决于分子的平均平动动能以及单位体积的分子数. 单位体积的分子数越多，分子单位时间内与单位面积器壁碰撞的次数越多，p 越大；分子的平均平动动能越大，说明平均说来分子的无规运动加剧，这不仅使单位时间内分子与单位面积的器壁碰撞的次数增多，而且它还使每次碰撞分子向单位面积的器壁传递的动量增大，从而使压强增大.

必须指出，气体的压强公式是一个统计规律，而不是力学规律. 在推导过程中我们不只是用到了力学原理，还用到了统计的概念和统计的方法(平均的概念和求平均的方法). 由前面的讨论可知，压强表示单位时间向单位面积的器壁传递的动

量.由于分子与器壁的碰撞是不连续的，各个分子向器壁传递的动量大小不定，所以压强 p 是一个统计平均量.另外，气体中单位体积的分子数也是涨落不定的，因此 n_V 也是一个统计平均量.综上所述，式(5-9)是描述三个统计平均量——压强、分子数密度、分子的平均平动动能之间相互联系的一个统计规律，而不是一个力学规律.

5.4　理想气体的温度公式

利用5.3节中气体的压强公式及理想气体状态方程，可以导出理想气体的温度与分子平均平动动能的关系，从而阐明温度的微观实质.

设 N 为分子总数，N_A 为阿伏伽德罗常量，则 $N=nN_A$.理想气体状态方程可以写成下面的形式：

$$p=\frac{nRT}{V}=\frac{N}{V}\frac{R}{N_A}T=n_VkT \tag{5-10}$$

式中，n_V 为单位体积的分子数，$k=\dfrac{R}{N_A}=1.38\times10^{-23}\ \mathrm{J\cdot K^{-1}}$，称为玻尔兹曼常量.将上式与式(5-9)联立，从中消去 p，可得

$$\frac{1}{2}m\overline{v^2}=\frac{3}{2}kT \tag{5-11}$$

式(5-11)说明，在温度为 T 的平衡态下，理想气体的平均平动动能只与温度有关，并与热力学温度成正比.它揭示了宏观量 T 和微观量的平均值 $\frac{1}{2}m\overline{v^2}$ 之间的关系，温度是大量分子热运动的集体表现，它标志着物体内部分子无规运动的剧烈程度，温度越高就表明平均说来物体内部分子热运动越剧烈.

应当指出，式(5-11)只具有统计意义.对于单个分子，说它的温度是没有意义的.同时，式(5-11)是使分子动理论适合于理想气体状态方程所必须满足的关系，也可以认为它是分子动理论对温度的定义.

例题1　计算温度为300 K，压强为100 kPa时，氧气的密度及氧分子的平均平动动能.

解　密度就是单位体积的质量，等于分子数密度与单个分子的质量的乘积，即

$$\rho=mn_V \tag{1}$$

由式(5-10)，得

$$n_V=\frac{p}{kT} \tag{2}$$

将式(2)代入式(1),有

$$\rho=\frac{pm}{kT}=\frac{p\mu}{RT}=\frac{100\times10^3\ \mathrm{Pa}\times32\times10^{-3}\ \mathrm{kg\cdot mol^{-1}}}{8.31\ \mathrm{J\cdot mol^{-1}\cdot K^{-1}}\times300\ \mathrm{K}}=1.28\ \mathrm{kg\cdot m^{-3}}$$

每个氧分子的平均平动动能为

$$\frac{1}{2}m\overline{v^2}=\frac{3}{2}kT=\frac{3}{2}\times1.38\times10^{-23}\ \mathrm{J\cdot K^{-1}}\times300\ \mathrm{K}=6.21\times10^{-21}\ \mathrm{J}$$

既然温度体现了微观粒子的平均平动动能,因此可以通过降低温度的方法使粒子的运动速率减小.同样,也可以通过减小微观粒子运动速率的方法实现降温的目的.常温下气体分子的速率是非常大的,很难观察和测量.在科学研究中,常常需要对原子或分子进行仔细的观察和测量,这只有在极低的温度下才可能实现.然而用通常的办法冷却分子或原子,会使这些粒子凝结成液体或固体,这时原子间有强烈的相互作用,其结构和基本性能都将发生显著变化.用激光冷却与捕陷原子的技术可以使原子或分子的运动速率降至极小甚至接近于零,又使它们保持相对独立,很少相互作用,这对许多领域的科学研究都具有深远的意义.朱棣文(S. Chu,美籍华人)、达诺基(C. C. Tannoudji)和菲利浦斯(W. D. Phillips)由于在发展原子的激光冷却与捕陷方法上的杰出贡献而共同获得瑞典皇家科学院颁发的 1997 年度诺贝尔物理奖①.他们的工作为深入理解原子在低温下的量子效应开辟了道路.有可能利用他们的成果设计出用于空间导航和定位的更精密的原子钟.

5.5　麦克斯韦速率分布律

从前面的讨论可知,气体的压强和温度都与分子速率的方均值$\overline{v^2}$有密切的关系.那么怎样才能求出分子速率的方均值呢?诚然,如果知道每个分子的速率就可以很容易地求出这个平均值.但是,气体分子时时刻刻在做无规热运动,再加上分子间的碰撞,分子的速度都在不断地改变.因此,若在某一时刻去考察某一特定分子,则它的速度具有怎样的大小和方向是完全随机的.不过在一定条件下,分子的速率分布遵从一定的统计规律.本节我们不去考察个别分子的速度,而是研究在平衡态下分子在各速率区间的分布规律.

5.5.1　统计规律　分布函数

大量随机事件整体所遵从的规律,叫做统计规律.

---

① 王义遒.激光捕陷与冷却原子的方法.物理,1998,27(3):131

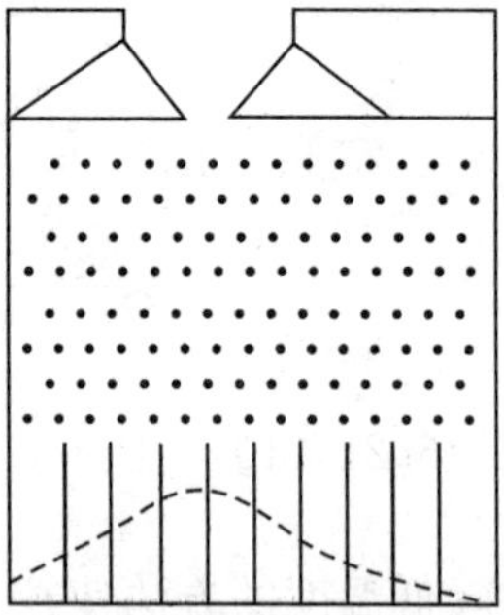

图 5－6　伽尔顿板

下面结合一个演示实验来说明统计规律的概念.如图 5－6 所示,在竖直木板上部规则地钉上许多铁钉,下部用竖直的隔板隔成许多等宽的狭槽.从板顶漏斗形的入口处可以投入小球.板前覆盖玻璃,以使小球留在狭槽内,这种装置叫做伽耳顿板.

如果从入口处投入一个小球,则小球下落过程中与许多铁钉碰撞,最终落入某个狭槽内.至于小球到底落入哪个狭槽,预先无法确定,小球落入哪个狭槽的可能性都存在.重复几次实验可以发现,小球每次落入的狭槽是不完全相同的.这表明,在一次实验中小球最后落入哪个狭槽是随机的.如果同时投入大量的小球,最后落入各个狭槽的小球数目是不相等的.靠近入口的狭槽内小球较多,而远离入口的狭槽内小球少些.重复此实验,每次用笔将小球按狭槽的分布画在玻璃上.结果显示,当小球较少时,每次所得曲线彼此有显著差别;当投入大量小球时,每次所得曲线彼此较好地重合.

实验结果表明,虽然一个小球落入哪个狭槽完全是随机的,少量小球按狭槽的分布也存在明显的随机性,但大量小球按狭槽的分布则是确定的.根据前述统计规律的定义,可以说,大量小球按狭槽的分布遵从一定的统计规律.统计规律是普遍存在的.尽管有些现象从个别来看是随机的、无规则的,但从其整体来看却呈现出一种必然性和规律性.

为了更好地描述小球按狭槽的分布,我们可以将前述实验结果用统计直方图来表示,如图 5－7 所示.图中横坐标 x 表示狭槽的水平位置,纵坐标 h 表示狭槽内小球的高度.设第 i 个狭槽内小球的高度为 h_i,狭槽宽度为 Δx,显见槽内小球的数目 ΔN_i 与小球占据的面积 $h_i\Delta x$ 成正比:

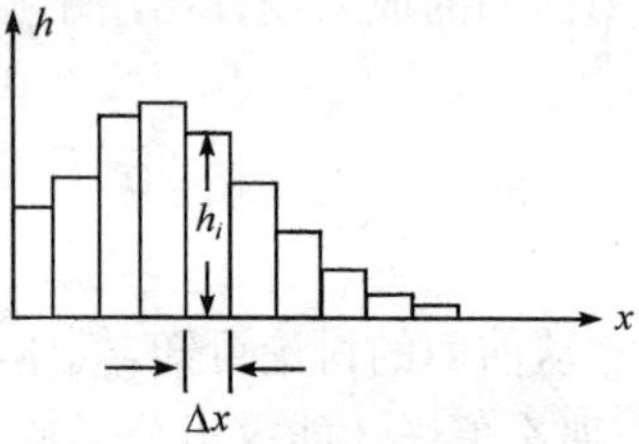

图 5－7　小球按狭槽的分布的统计直方图

$$\Delta N_i = C h_i \Delta x$$

设 N 为小球总数,则有

$$N = \sum_i N_i = C\sum_i h_i \Delta x$$

于是每个小球落入第 i 个狭槽的概率为

$$\Delta P_i = \frac{\Delta N_i}{N} = \frac{h_i \Delta x}{\sum_i h_i \Delta x}$$

我们用同一个位置来表示某个狭槽内所有小球的位置,但实际上,小球最终的位置 x 是连续取值的,因此这种方法受到狭槽宽度的限制.为了对小球沿 x 的分布作更精确的描述,我们可以将狭槽的数目增多、间距变小.在 $\Delta x \to 0$ 的极限下,直方图的轮廓将变成图 5－6 中虚线显示的那样一条连续的分布曲线，上式中的增量用微分取代，求和用积分取代：

$$\mathrm{d}P(x)=\frac{\mathrm{d}N}{N}=\frac{h(x)\mathrm{d}x}{\int h(x)\mathrm{d}x}$$

令

$$f(x)=\frac{h(x)}{\int h(x)\mathrm{d}x}$$

则有

$$\mathrm{d}P=f(x)\mathrm{d}x$$

及

$$f(x)=\frac{\mathrm{d}P}{\mathrm{d}x}=\frac{1}{N}\frac{\mathrm{d}N(x)}{\mathrm{d}x} \tag{5-12}$$

函数 $f(x)$ 称为小球沿 x 的分布函数，它表示小球落入坐标 x 附近单位区间的概率，也叫做概率密度.

根据式(5－12)，落入 $x\sim x+\mathrm{d}x$ 区间的小球数为

$$\mathrm{d}N(x)=Nf(x)\mathrm{d}x$$

遍及所有的 x 对上式两边积分，左边的积分即为小球总数 N，所以有

$$N=\int\mathrm{d}N(x)=N\int f(x)\mathrm{d}x$$

由上式可得

$$\int f(x)\mathrm{d}x=1 \tag{5-13}$$

此式称为分布函数(或概率密度)的归一化条件，它表示所有可能发生的事件的概率之和为 1.

5.5.2　麦克斯韦速率分布律

英国物理学家麦克斯韦研究了处于平衡态的、由大量分子组成的气体系统，分子按速率分布的统计规律. 1859 年，他从理论上导出，在平衡态下，当气体分子间的相互作用可以忽略时，分布在任一速率区间 $v\sim v+\mathrm{d}v$ 的概率为

$$\frac{\mathrm{d}N}{N}=4\pi\left(\frac{m}{2\pi kT}\right)^{3/2}\mathrm{e}^{-mv^2/2kT}v^2\mathrm{d}v$$

从而速率分布函数为

$$f(v)=4\pi\left(\frac{m}{2\pi kT}\right)^{3/2}\mathrm{e}^{-mv^2/2kT}v^2 \tag{5-14}$$

式中 T 表示热力学温度，m 为分子的质量，k 为玻耳兹曼常量. 容易验证，麦克斯韦

速率分布函数满足归一化条件：

$$\int_0^\infty f(v)\mathrm{d}v = 1 \tag{5-15}$$

上式的几何意义是分布函数曲线下的面积恒为 1.

典型的麦克斯韦速率分布曲线如图 5-8 所示. 图中显示，分子速率可以取从 0 到∞之间的一切数值，速率很大和很小的分子所占的比率都很小，分子处于中间某个速率附近的概率最大. 与 $f(v)$ 极大值对应的速率称为最概然速率，通常用 v_p 表示. 相对于最概然速率，曲线两侧呈不对称分布.

式(5-14)表明，对于给定的气体(即 m 一定)，分布曲线的形状随温度而变；在相同温度下，分布曲线的形状因气体的不同(即 m 不同)而变化. 图 5-9 是同种理想气体在不同温度下麦克斯韦速率分布曲线，从图中可以看出，温度较高时，最概然速率增大，曲线变得更加平缓，表示有较多分子分布于较大速率范围. 当然，曲线下的面积都是 1.

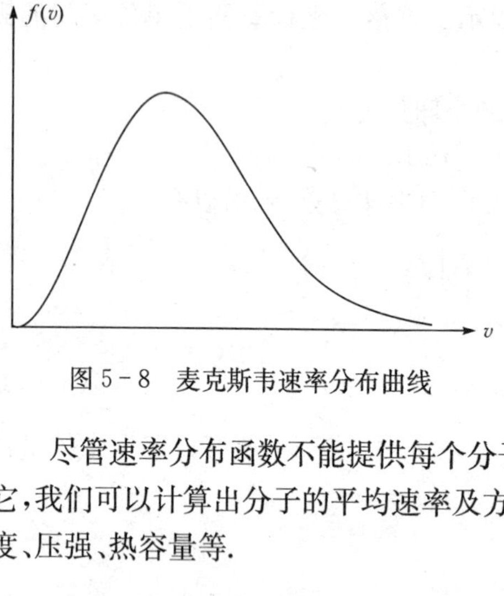

图 5-8　麦克斯韦速率分布曲线

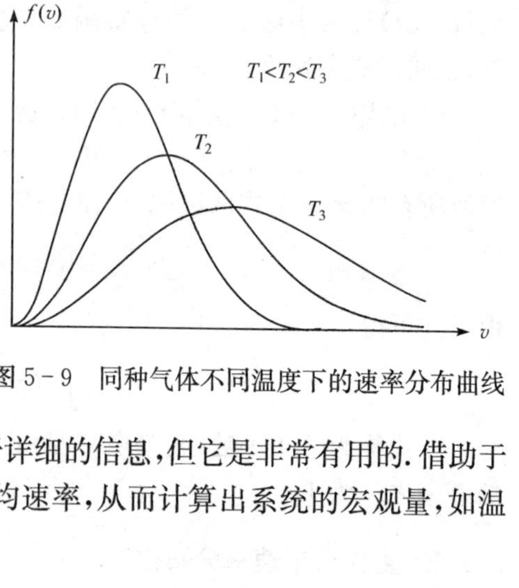

图 5-9　同种气体不同温度下的速率分布曲线

尽管速率分布函数不能提供每个分子详细的信息，但它是非常有用的. 借助于它，我们可以计算出分子的平均速率及方均速率，从而计算出系统的宏观量，如温度、压强、热容量等.

5.5.3　理想气体的特征速率

下面我们根据麦克斯韦速率分布律来计算处于热平衡的理想气体的几个有代表性的分子速率：平均速率 $\bar{v}$，方均根速率 $\sqrt{\overline{v^2}}$ 和最概然速率 v_p.

首先计算大量理想气体分子的平均速率 $\bar{v}$. 设气体的总分子数为 N，根据分布函数的定义，速率分布于区间 $v \sim v+\mathrm{d}v$ 中的分子数为

$$\mathrm{d}N = Nf(v)\mathrm{d}v$$

由于 $\mathrm{d}v$ 为无穷小量，所以认为这 $\mathrm{d}N$ 个分子的速率均为 v. 因此，这 $\mathrm{d}N$ 分子的速率的总和是 $vNf(v)\mathrm{d}v$. 将此结果对所有可能的速率积分就得到全部分子的速率

之和，再除以总分子数 N，即求出分子的平均速率，即

$$\bar{v}=\frac{\int_0^\infty vNf(v)\mathrm{d}v}{N}$$

或

$$\bar{v}=\int_0^\infty vf(v)\mathrm{d}v \tag{5-16}$$

将式(5-14)代入上式，计算可得

$$\bar{v}=\sqrt{\frac{8kT}{\pi m}}=\sqrt{\frac{8RT}{\pi\mu}}\approx 1.60\sqrt{\frac{RT}{\mu}} \tag{5-17}$$

式中，R 是摩尔气体常量，μ 是气体的摩尔质量，k 是玻尔兹曼常量，m 是每个分子的质量，T 是平衡态的热力学温度.

大量气体分子速率平方的平均值的开平方，称为分子的方均根速率，记为 $\sqrt{\overline{v^2}}$. 参照计算平均速率的过程可得计算 $\sqrt{\overline{v^2}}$ 的公式为

$$\sqrt{\overline{v^2}}=\left(\int_0^\infty v^2 f(v)\mathrm{d}v\right)^{1/2}$$

将式(5-14)代入上式，计算得

$$\sqrt{\overline{v^2}}=\sqrt{\frac{3kT}{m}}=\sqrt{\frac{3RT}{\mu}}\approx 1.73\sqrt{\frac{RT}{\mu}} \tag{5-18}$$

最后，计算理想气体的最概然速率. 根据最概然速率的定义，最概然速率就是满足方程

$$\frac{\mathrm{d}f(v)}{\mathrm{d}v}=0$$

且 $v\neq 0, v\neq\infty$ 的速率值. 将分布函数式(5-14)代入上式，可得

$$v_\mathrm{p}=\sqrt{\frac{2kT}{m}}=\sqrt{\frac{2RT}{\mu}}\approx 1.41\sqrt{\frac{RT}{\mu}} \tag{5-19}$$

比较上述三种特征速率可以看出，它们都与 $\sqrt{T}$ 成正比，与 $\sqrt{m}$ 或 $\sqrt{\mu}$ 成反比. 对同种理想气体分子在相同的温度下比较它们数值的大小可以发现最概然速率最小，平均速率次之，而方均根速率最大.

例题 2　用麦克斯韦速率分布函数分别计算速率小于平均速率、最概然速率及方均根速率的分子数所占的百分比.

解　速率位于区间 $(0, v_0)$ 分子数占总分子数的比例为

$$P(v_0)=\int_0^{v_0} f(v)\mathrm{d}v=\int_0^{v_0} 4\pi\left(\frac{m}{2\pi kT}\right)^{3/2}\mathrm{e}^{-mv^2/2kT}v^2\mathrm{d}v$$

令 $u=\sqrt{\frac{m}{2kT}}v, u_0=\sqrt{\frac{m}{2kT}}v_0$，则 $\mathrm{d}v=\sqrt{\frac{2kT}{m}}\mathrm{d}u$，代入上式可化为

$$P(u_0)=\frac{4}{\sqrt{\pi}}\int_0^{u_0}u^2\mathrm{e}^{-u^2}\mathrm{d}u$$

用分部积分法，将上式中的积分化为

$$\int_0^{u_0}u^2\mathrm{e}^{-u^2}\mathrm{d}u=\frac{1}{2}\int_0^{u_0}\mathrm{e}^{-u^2}\mathrm{d}u-\frac{1}{2}u_0\mathrm{e}^{-u_0^2}=\frac{\sqrt{\pi}}{4}\mathrm{erf}(u_0)-\frac{1}{2}u_0\mathrm{e}^{-u_0^2}$$

式中用到了误差函数的定义式

$$\mathrm{erf}(x)=\frac{2}{\sqrt{\pi}}\int_0^x\mathrm{e}^{-t^2}\mathrm{d}t$$

因此，对应于 $u\in(0,u_0)$ 的概率为

$$P(u_0)=\mathrm{erf}(u_0)-\frac{2}{\sqrt{\pi}}u_0\mathrm{e}^{-u_0^2}$$

设 $\bar{u}=\sqrt{\frac{m}{2kT}}\bar{v}=\frac{2}{\sqrt{\pi}}$，$u_{\mathrm{p}}=\sqrt{\frac{m}{2kT}}v_{\mathrm{p}}=1$，$\sqrt{\overline{u^2}}=\sqrt{\frac{m}{2kT}}\sqrt{\overline{v^2}}=\sqrt{\frac{3}{2}}$，代入上式，可得

$$P(\bar{u})=\mathrm{erf}\left(\frac{2}{\sqrt{\pi}}\right)-\frac{4}{\pi}\mathrm{e}^{-4/\pi}\approx 53.3\%$$

$$P(u_{\mathrm{p}})=\mathrm{erf}(1)-\frac{2}{\mathrm{e}\sqrt{\pi}}\approx 42.8\%$$

$$P(\sqrt{\overline{u^2}})=\mathrm{erf}\left(\sqrt{\frac{3}{2}}\right)-\sqrt{\frac{6}{\pi}}\mathrm{e}^{-3/2}\approx 60.8\%$$

即速率小于平均速率、最概然速率和方均根速率的分子数占总分子数的百分比分别为 53.3%，42.8%和 60.8%. 本题结果表明，这些比例与平衡态的温度无关.

5.5.4　麦克斯韦速率分布律的实验验证

我国物理学家葛正权曾在 1934 年测定了铋(Bi)蒸气分子的速率分布. 但由于铋蒸气中同时含有单原子、双原子和少量三原子铋，而这三种组分的含量不能确定，对实验结果的解释需要对三种组分的含量作定量的假设. 经过适当的假设，实验结果与麦克斯韦速率分布律符合得很好.

密勒和库士于 1956 年用钍蒸气所做的实验成功地验证了麦克斯韦速率分布律. 图 5－10 是实验原理的示意图，钍原子束从钍蒸气源 O 射出，经 S_1，S_2 两个狭缝确保原子束有准确的方向性. R 为用铝合金制成的圆柱体，半径为 r，柱长为 l，可以绕其中心轴转动. 在它上面均匀地刻制了一些螺旋形细槽，图中只画了其中一条. 细槽入口狭缝与出口狭缝之间有一定的夹角 ϕ. D 为探测器，用来探测原子射线的强度，它上面的开口狭缝与 S_1，S_2 两个狭缝平行. 整个装置都放在抽成真空的

容器内.

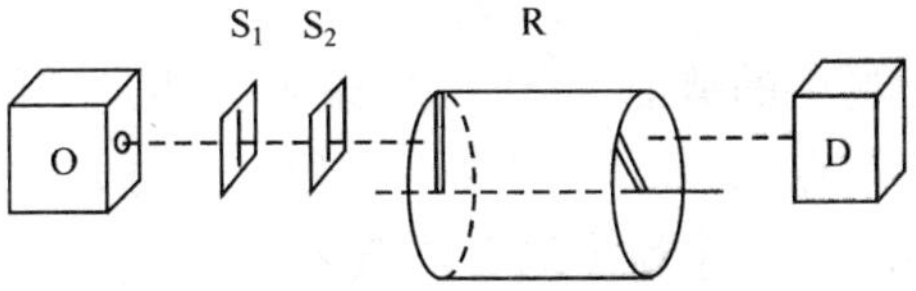

图 5-10　测定速率分布的实验装置

当圆柱体 R 以匀角速度 ω 转动时,同时进入入口狭缝的原子由于速度不同,在圆柱内飞行的时间也不同,只有当原子在圆柱内的飞行时间恰好与圆柱转过角度 ϕ 的时间相等时,才能从出口狭缝射出.用公式表示,就是

$$\frac{l}{v}=\frac{\phi}{\omega}$$

或

$$v=\frac{\omega}{\phi}l$$

因此,圆柱体 R 实际上是一个由角速度 ω 设定的滤速器,改变角速度可以使不同速率的原子通过.实验中,使圆柱体以不同的角速度转动,从而让不同速率的原子进入探测器,并测定射线强度,这样就可以确定原子按速率分布的情况.

实验所用的钍蒸气源工作在 870 K,将实验结果与 870 K 时钍原子的麦克斯韦速率分布曲线相比较,发现它们相当精确地吻合.

5.6　玻尔兹曼分布律

麦克斯韦速率分布函数是讨论理想气体在平衡态下没有外力场作用下分子按速率的分布情况.这时气体分子数密度及压强和温度都是处处均匀一致的.如果气体处于外力场中,考虑到外力场对分子的作用,分子在空间各处将具有不同的势能,气体分子数密度和压强也将不再是均匀分布的了.1877 年,玻尔兹曼发现了在外力场中气体分子按能量的分布规律,并由它重新导出了麦克斯韦速率分布函数.

5.6.1　玻尔兹曼分布律

麦克斯韦速率分布函数的指数项是分子的平动动能

$$\varepsilon_k=\frac{1}{2}mv^2$$

与同具能量量纲的 kT 的比值.我们可以将麦克斯韦速率分布函数理解为在温度为 T 的平衡态下,分子按平动动能的分布.玻尔兹曼把麦克斯韦速率分布律推广到分子在保守力场(如重力场、静电场等)运动的情形.在这种情形下,分子的总能

量应包括其动能和势能，即

$$\varepsilon=\varepsilon_k+\varepsilon_p \tag{5-20}$$

这里，ε_p 是分子在外力场中的势能. 由于一般说来势能是空间坐标的函数，所以要确定一个粒子(可看成质点)的能量，需要六个独立坐标：三个空间坐标 x,y,z，以及三个速度分量 v_x,v_y,v_z. 一个粒子的总能量表示为

$$\varepsilon=\frac{1}{2}m(v_x^2+v_y^2+v_z^2)+\varepsilon_p(x,y,z) \tag{5-21}$$

玻尔兹曼指出，如果用 N 表示处在平衡态下的粒子总数，$\mathrm{d}N$ 表示粒子的速度位于区间($v_x\sim v_x+\mathrm{d}v_x,v_y\sim v_y+\mathrm{d}v_y,v_z\sim v_z+\mathrm{d}v_z$)，同时其坐标位于区间($x\sim x+\mathrm{d}x,y\sim y+\mathrm{d}y,z\sim z+\mathrm{d}z$)的粒子数，则在此区间发现粒子的概率为

$$\frac{\mathrm{d}N}{N}=C\mathrm{e}^{-\varepsilon/kT}\mathrm{d}x\mathrm{d}y\mathrm{d}z\mathrm{d}v_x\mathrm{d}v_y\mathrm{d}v_z \tag{5-22}$$

式中 C 是与速度和坐标无关的常量. 式(5-22)所描述的统计规律叫做玻尔兹曼能量分布定律，简称玻尔兹曼分布律. 它给出了粒子按能量的分布规律，适用于平衡态下气体、液体和固体中的分子或原子处在外界保守力场(如重力场、静电场等)中的情形.

由于坐标和速度是相互独立的变量，因此如果用 $f_B(v_x,v_y,v_z)\mathrm{d}v_x\mathrm{d}v_y\mathrm{d}v_z$ 表示粒子速度位于区间 $v_x\sim v_x+\mathrm{d}v_x,v_y\sim v_y+\mathrm{d}v_y,v_z\sim v_z+\mathrm{d}v_z$ 的概率，则

$$f_B(v_x,v_y,v_z)=C'\mathrm{e}^{-\varepsilon_k/kT}=C'\mathrm{e}^{-m(v_x^2+v_y^2+v_z^2)/2kT} \tag{5-23}$$

其中 C' 为归一化常量. 式(5-23)就是玻尔兹曼速度分布函数，它是粒子按每个速度分量分布的规律. 与麦克斯韦速率分布相比，它向我们提供了更加丰富的内容. 那么式(5-22)可以写作

$$\frac{\mathrm{d}N}{N}=\frac{C}{C'}f_B(v_x,v_y,v_z)\mathrm{d}v_x\mathrm{d}v_y\mathrm{d}v_z\mathrm{e}^{-\varepsilon_p/kT}\mathrm{d}x\mathrm{d}y\mathrm{d}z \tag{5-24}$$

考虑到粒子速度的每一个分量必然处于($-\infty,+\infty$)区间内，因此有

$$\int_{-\infty}^{\infty}\mathrm{d}v_x\int_{-\infty}^{\infty}\mathrm{d}v_y\int_{-\infty}^{\infty}f_B(v_x,v_y,v_z)\mathrm{d}v_z=1 \tag{5-25}$$

由此可计算出 C'，

$$C'=\left(\frac{m}{2\pi kT}\right)^{3/2}$$

于是玻尔兹曼速度分布函数式(5-23)就可写成

$$f_B(v_x,v_y,v_z)=\left(\frac{m}{2\pi kT}\right)^{3/2}\mathrm{e}^{-m(v_x^2+v_y^2+v_z^2)/2kT} \tag{5-26}$$

取式(5-24)对所有速度分量从$-\infty$到∞积分，并利用式(5-25)，可得

$$\frac{\mathrm{d}N'}{N}=\frac{C}{C'}\mathrm{e}^{-\varepsilon_p/kT}\mathrm{d}x\mathrm{d}y\mathrm{d}z \tag{5-27}$$

这里 dN' 表示分布在坐标区间($x\sim x+dx, y\sim y+dy, z\sim z+dz$)内具有各种速度的粒子总数. 设 n_V 为位于坐标(x,y,z)附近单位体积的粒子数,则由式(5-27),有

$$n_V=\frac{dN'}{dxdydz}=\frac{NC}{C'}e^{-\varepsilon_p/kT}$$

记 n_0 为势能 $\varepsilon_p=0$ 处单位体积的粒子总数,上式取 $\varepsilon_p=0$ 可得

$$n_0=\frac{NC}{C'}$$

于是可将式(5-27)改写为

$$n_V=n_0e^{-\varepsilon_p/kT} \tag{5-28}$$

此式表明,在一定温度下,粒子数密度随粒子势能的增大按指数规律减小,在势场中的粒子优先占据势能较低的状态. 指数因子 $e^{-\varepsilon_p/kT}=n_V/n_0$ 反映了粒子具有势能 ε_p 的概率.

例题 3　计算热力学温度为 T 时,处于平衡态下由大量分子组成的理想气体系统中分子(质量为 m)每个速度分量的方均值$\overline{v_x^2},\overline{v_y^2},\overline{v_z^2}$.

解　$\overline{v_x^2}=\int_{-\infty}^{\infty}v_x^2dv_x\int_{-\infty}^{\infty}dv_y\int_{-\infty}^{\infty}f_B(v_x,v_y,v_z)dv_z$,将式(5-26)代入其中,有

$$\overline{v_x^2}=\left(\frac{m}{2\pi kT}\right)^{3/2}\int_{-\infty}^{\infty}v_x^2e^{-mv_x^2/2kT}dv_x\int_{-\infty}^{\infty}e^{-mv_y^2/2kT}dv_y\int_{-\infty}^{\infty}e^{-mv_z^2/2kT}dv_z$$

由积分公式

$$\int_{-\infty}^{\infty}x^{2n}e^{-ax^2}dx=\frac{1\cdot3\cdot5\cdots(2n-1)}{2^na^n}\sqrt{\frac{\pi}{a}}\qquad(a>0)$$

$$\int_{-\infty}^{\infty}e^{-ax^2}dx=\sqrt{\frac{\pi}{a}}\qquad(a>0)$$

可计算出

$$\overline{v_x^2}=\frac{kT}{m}$$

同理,

$$\overline{v_y^2}=\frac{kT}{m},\quad \overline{v_z^2}=\frac{kT}{m}$$

由本题的结果可得

$$\frac{1}{2}m\overline{v_x^2}=\frac{1}{2}m\overline{v_y^2}=\frac{1}{2}m\overline{v_z^2}=\frac{1}{2}kT$$

再由

$$\overline{v^2}=\overline{v_x^2}+\overline{v_y^2}+\overline{v_z^2}$$

可以推得

$$\overline{v_x^2}=\overline{v_y^2}=\overline{v_z^2}=\frac{1}{3}\overline{v^2}$$

及

$$\frac{1}{2}m\overline{v^2}=\frac{3}{2}kT$$

这就是式(5－11).

5.6.2 重力场中粒子按高度的分布

重力场中,气体分子受到两种互相对立的作用,无规热运动使分子均匀分布于它们所能到达的空间,而重力则会使分子聚集到地球表面上.这两种作用达到平衡时,气体分子在空间作非均匀分布,分子数密度随高度的增加而减小.下面根据玻尔兹曼分布律来研究气体分子在重力场中按高度分布的规律.

地球周围大气层的厚度比起地球半径来说是很小的,可以认为重力加速度为常量.如果取海平面的重力势能为零,则海拔高度为 z 处的一个空气分子的重力势能为 mgz,其中 m 是空气分子平均质量,g 是重力加速度.假设大气层各处的温度处处相同,则空气分子的平均平动动能不随高度变化.设 $n_V(z)$和 n_0 分别表示高度为 z 和 0 处的空气分子的数密度,则根据式(5－28),有

$$n_V(z)=n_0\mathrm{e}^{-mgz/kT} \tag{5-29}$$

上式表明,在重力场中气体分子数密度 n_V 随高度 z 的增加按指数而减小.分子质量 m 越大,重力的作用越明显,n_V 的减小就越迅速,气体的温度越高,分子的无规则热运动越剧烈,n_V 的减小就越缓慢.

应用式(5－29)很容易确定大气压强随高度的变化关系.将空气视为理想气体,在温度不变的条件下,压强与分子数密度成正比,即

$$p=n_VkT$$

所以高度为 z 处的大气压强可以写作:

$$p(z)=p_0\mathrm{e}^{-mgz/kT} \tag{5-30}$$

其中 p_0 为海平面处的大气压.

例题 4 测得地面的气压为 1.00×10^5 Pa,到山顶测得气压为 0.80×10^5 Pa,假设大气温度均匀,且为 290 K.已知空气的平均摩尔质量为 $28.9\times10^{-3}\ \mathrm{kg\cdot mol^{-1}}$,求山的高度.

解 应用大气压随高度变化的关系式(5－30),有

$$z=\frac{kT}{mg}\ln\frac{p_0}{p(z)}$$

利用$\dfrac{k}{m}=\dfrac{R}{\mu}$,得

$$z=\frac{RT}{\mu g}\ln\frac{p_0}{p(z)}$$

将已知数据代入上式，有

$$z=\frac{8.31\ \mathrm{J\cdot mol^{-1}\cdot K^{-1}}\times 290\ \mathrm{K}}{28.9\times 10^{-3}\ \mathrm{kg\cdot mol^{-1}}\times 9.80\ \mathrm{m\cdot s^{-2}}}\ln\frac{1.00\times 10^5\ \mathrm{Pa}}{0.80\times 10^5\ \mathrm{Pa}}$$

$$=1.90\times 10^3\ \mathrm{m}$$

即山高为 1.90×10^3 m.

实际上，大气中不同高度的温度是不同的，因而上面关于压强与高度的关系只是一个粗略的近似. 大气压强随高度的变化关系经常用来测量高度，在医学、气象、航空、登山及科学考察等方面有重大的意义.

5.7　能量均分定理

前面我们研究分子的无规热运动时，把分子看成是一个个的质点，把分子的运动看成只有纯粹的平动. 用这个模型处理气体的热容量时，对单原子分子气体的预言是成功的，然而对双原子分子或多原子分子的预言却与实验结果不符. 1857 年，克劳修斯首先建议对已有的分子动理论模型进行修改.

要研究热容量，就要考虑分子吸收和储存能量的一切可能方式，也就是说，分子是否可以储存平动动能以外形式的能量. 事实上，气体分子具有一定的内部结构，将它们看成质点过于简化了些. 分子运动不仅有平动，还有转动和同一分子内原子间的振动. 为了说明分子无规运动的能量所遵从的统计规律，并在这个基础上计算理想气体的内能，必须首先引入自由度的概念.

5.7.1　自由度

确定一个物体的位置所需要的独立坐标数，叫做这个物体的自由度.

如果一个质点在空间自由运动，则需要 3 个独立坐标(例如在空间直角坐标系中为 x, y, z)来确定其位置，因此一个质点有 3 个自由度. 如果一个质点被限制在空间曲面上运动，则由两个独立坐标就可确定它的位置，这时它有两个自由度. 当一个质点被限制在空间曲线上运动时，它就只有 1 个自由度.

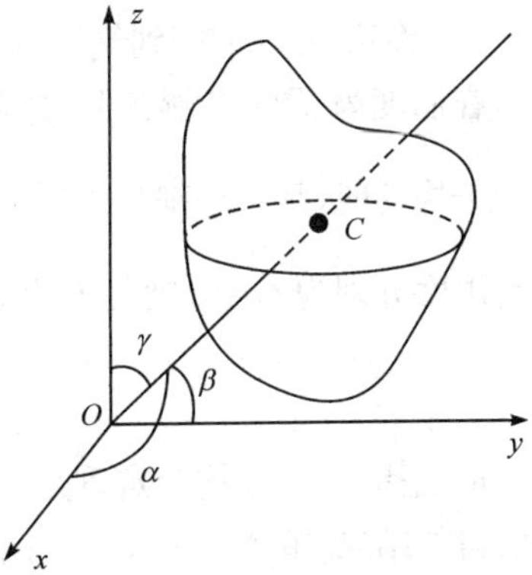

图 5 - 11　任意刚体的自由度

刚体除了平动外还有转动，如图 5 - 11 所示，首先要用 3 个独立坐标(x_C, y_C, z_C)确定刚体质心 C 的位置. 其次用 3 个方向角 α, β, γ 确定通过质心的转动轴的方向,即用3个方向余弦 $\cos\alpha,\cos\beta,\cos\gamma$ 表示转动轴的单位矢量.但是考虑到 $\cos^2\alpha+\cos^2\beta+\cos^2\gamma=1$,即3个方向角中只有两个是独立的,只需两个独立坐标可以确定刚体的转轴方向.因为刚体还可以绕转轴转动,所以还需要一个角坐标确定刚体绕转轴的转动角度.因此总的说来,一个任意刚体具有6个自由度:3个平动自由度和3个转动自由度.当然受到某种限制的刚体,其自由度可以少于6,如做定轴转动的刚体只有一个转动自由度.

现在来讨论分子的自由度.按气体分子的结构,可将它们分成单原子的、双原子的、三原子的或多原子的.

由于组成分子的原子的质心几乎与原子核重合,而原子核的体积非常小,所以单原子分子可看作自由运动的质点,有3个自由度.双原子分子有3个平动自由度、2个转动自由度(沿连线的转动可忽略,因此只需确定其连线方向即可)、1个振动自由度(确定原子间距),共6个自由度.多原子分子结构最为复杂,原子间的相互制约程度因分子的不同表现出较大的差异,但可以肯定,多原子分子最多有 $3n$ 个自由度(n 为原子个数),其中3个是平动的,3个是转动的,其余 $3n-6$ 个是振动的.如果多原子分子可看成刚体,则它仅有6个自由度.

5.7.2 能量均分定理

由理想气体的温度公式(5-11)及本章例题5.3可知

$$\frac{1}{2}m\overline{v_x^2}=\frac{1}{2}m\overline{v_y^2}=\frac{1}{2}m\overline{v_z^2}=\frac{1}{2}kT$$

这说明,气体分子沿 x,y,z 三个方向运动的平均平动动能完全相等,可以认为分子的平均平动动能 $\frac{3}{2}kT$ 均匀分配在每一个平动自由度上.因为分子有3个平动自由度,所以相应于每一个平动自由度的动能是 $\frac{1}{2}kT$.

这个结论可以推广到气体分子的转动和振动.

在温度为 T 的平衡态下,物质(气体、液体、固体)分子的每一个自由度都具有相同的平均动能,其大小都是 $\frac{1}{2}kT$,这个结论叫做能量均分定理.如果记平动、转动、振动自由度分别为 t,r,s,则分子的平均总动能即为

$$\bar{\varepsilon}_k=\frac{1}{2}(t+r+s)kT$$

应当指出,能量均分定理是分子无规运动动能的统计规律,是对大量分子统计平均所得的结果.单个分子在任一瞬时的动能可能与能量均分定理所确定的平均值有很大差别.

原子的微振动可看作是简谐振动，简谐振动在一个周期内的平均动能和平均势能是相等的. 所以对于每一个振动自由度，分子除了具有$\frac{1}{2}kT$的平均动能外，还具有$\frac{1}{2}kT$的平均势能. 因此，分子的平均总能量为

$$\bar{\varepsilon}=\frac{1}{2}(t+r+2s)kT \tag{5-31}$$

5.7.3　理想气体的内能

由于分子间存在着一定的相互作用力，所以气体分子间也具有一定的势能. 气体分子本身的能量以及分子与分子之间的势能构成气体内部的总能量，称为气体的内能. 内能包括三部分能量：分子的总动能、分子内部振动势能的总和以及分子间的势能. 对于理想气体而言，不计分子与分子之间的相互作用力，所以分子间的相互作用势能也就忽略不计，理想气体的内能只是分子各种运动能量的总和.

根据式(5-31)可以导出理想气体的内能表达式. 设理想气体的量为 n，单位为 mol，则理想气体的内能等于每个分子的平均能量与分子数的乘积：

$$E=\frac{1}{2}(t+r+2s)kTnN_{\mathrm{A}}$$

或

$$E=\frac{1}{2}(t+r+2s)nRT \tag{5-32}$$

式中 N_{A} 为阿伏伽德罗常量. 式(5-32)表明，一定量的理想气体的内能完全取决于分子的自由度和平衡态的温度 T，与气体的体积、压强等参量无关.

1 mol 气体，当体积不变时，温度每升高 1 K 所需吸收的热量称为气体的定体摩尔热容，用 C_V 表示，其定义式为

$$C_V=\frac{1}{n}\left(\frac{\partial Q}{\partial T}\right)_V$$

体积不变时，外界不对它做功，理想气体吸收的热量全部用来增加它的内能，因此

$$C_V=\frac{\mathrm{d}E}{n\mathrm{d}T}=\frac{1}{2}(t+r+2s)R \tag{5-33}$$

利用 C_V 的表达式，式(5-32)可以写作

$$E=nC_VT \tag{5-34}$$

单原子分子只有 3 个平动自由度，根据式(5-33)，单原子分子的定体摩尔热容为$\frac{3}{2}R$，与实验值符合得很好. 双原子分子有 3 个平动自由度，2 个转动自由度，1 个

振动自由度，所以双原子分子的定体摩尔热容应为$\frac{7}{2}R$. 表 5－1 列出了几种双原子分子在不同温度下的定体摩尔热容的实验值，从表中可以看出，理论值仅在高温下与实验值接近，而常温下却有较大的出入，这是因为常温下双原子分子的振动能量非常小，可以忽略不计，可以认为常温下双原子分子的振动自由度被“冻结”了，不是有效的自由度. 若只考虑平动与转动，则常温下双原子分子的定体摩尔热容为 $C_V=\frac{5}{2}R$，与实验值符合得较好.

表 5－1 几种双原子分子在不同温度下的 C_V/R 的实验值

温度/℃	H_2	O_2	N_2	CO
0	2.440	2.519	2.500	2.501
200	2.515	2.704	2.543	2.564
400	2.534	2.938	2.676	2.723
600	2.582	3.111	2.837	2.895
800	2.663	3.232	2.979	3.036
1 000	2.761	3.317	3.092	3.144
1 200	2.865	3.386	3.179	3.224
1 400	2.967	3.448	3.246	3.285

5.8 气体分子的平均碰撞频率与平均自由程

气体中的大量分子都在做永不停息的热运动，在运动过程中，分子之间常常发生碰撞，单个分子的碰撞带有很大的随机性，它何时何地与其他分子发生碰撞是完全不可预测的. 本节研究大量分子组成的系统中分子间碰撞的统计规律.

5.8.1 分子的平均碰撞频率

一个分子单位时间内与其他分子碰撞的平均次数，称为分子的平均碰撞频率，用 $\overline{Z}$ 表示.

为了计算 $\overline{Z}$，假定分子都是直径为 d 的弹性小球，分子间的碰撞为完全弹性的. 为了简化计算过程，又假定只有一个分子 A 以平均速率 $\overline{v}$ 运动，而其他分子静止不动.

前面讲过，略去重力等其他因素的影响，在两次碰撞中间，一个分子可看作是仅受惯性支配的自由运动，这样，运动着的这个分子与其他分子每碰撞一次，它的速度方向就可能改变一次，所以运动分子的球心的轨迹是一条折线，如图 5－12 所示. 设想以分子 A 球心的运动轨迹为轴线，以 d 为半径，作一个曲折的圆柱体. 从图中可以看出，凡是球心到圆柱体轴线的距离小于 d 的分子，其球心都将落入圆柱体内，并与 A 相碰撞. 分子 A 在时间 Δt 内经过的路程为 $\bar{v}\Delta t$，与长为 $\bar{v}\Delta t$ 的轴线相应的圆柱体的体积为 $\pi d^2\bar{v}\Delta t$. 设单位体积的分子数为 n_V，由于球心落入圆柱体内的分子，在 A 的运动过程中终将和 A 发生碰撞，故分子 A 在 Δt 时间内与其他分子的碰撞次数就等于落入上述圆柱体内的分子数，即 $n_V\pi d^2\bar{v}\Delta t$. 这个数值除以 Δt 就是单位时间内分子 A 与其他分子的平均碰撞次数：

$$\overline{Z}=\frac{n_V\pi d^2\bar{v}\Delta t}{\Delta t}=n_V\pi d^2\bar{v}$$

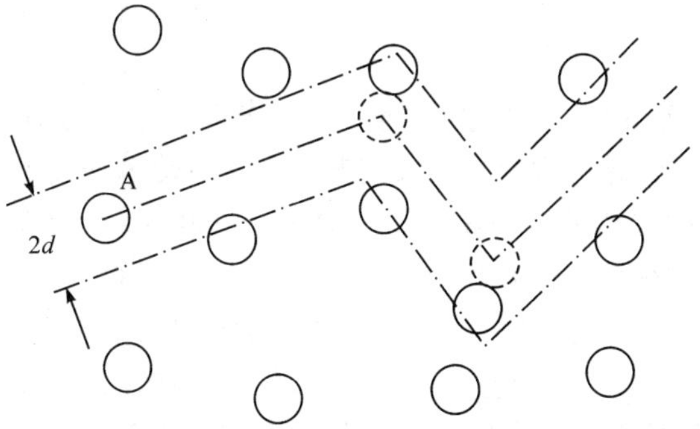

图 5－12　计算平均碰撞频率

这个结果是假定只有一个分子运动其余分子都静止得出来的. 实际上，所有分子都在运动着，而且各个分子的运动速率不尽相同，因此式中的平均速率 $\bar{v}$ 应修正为平均相对速率 $\bar{v}_r$. 根据麦克斯韦速率分布规律可以证明，气体分子的平均相对速率 $\bar{v}_r$ 与平均速率 $\bar{v}$ 之间的关系为 $\bar{v}_r=\sqrt{2}\bar{v}$，所以

$$\overline{Z}=\sqrt{2}n_V\pi d^2\bar{v} \tag{5-35}$$

上式表明，分子的平均碰撞频率 $\overline{Z}$，与分子数密度 n_V、分子的平均速率 $\bar{v}$ 成正比，也与分子直径 d 的平方成正比.

5.8.2　分子的平均自由程

分子在连续两次碰撞之间自由运动的平均路程，称为分子的平均自由程，用 $\bar{\lambda}$ 表示. 显然，$\bar{\lambda}$ 是一个分子在时间 Δt 内所经过的总距离 $\bar{v}\Delta t$ 除以这个时间内发生的碰撞次数，即

$$\bar{\lambda}=\frac{\bar{v}\Delta t}{\sqrt{2}\pi d^2 n_V\bar{v}\Delta t}=\frac{1}{\sqrt{2}\pi n_V d^2} \tag{5-36}$$

结果显示，分子的平均自由程 $\bar{\lambda}$ 只与单位体积的分子数 n_V 及分子直径 d 有关. 平均

自由程与平均碰撞频率间的关系为

$$\bar{\lambda}=\frac{\bar{v}}{\bar{Z}} \tag{5-37}$$

当气体处于平衡态，温度为 T 时，有

$$\bar{\lambda}=\frac{kT}{\sqrt{2}\pi d^2 p} \tag{5-38}$$

由此可知，当温度一定时，$\bar{\lambda}$ 与压强成反比，压强愈小分子的平均自由程愈大，分子自由运动的时间愈长.

在标准状态下，各种气体分子的平均自由程为 $10^{-8}\sim10^{-7}$ m，平均碰撞频率的数量级为 $5\times10^9\ \mathrm{s^{-1}}$左右. 常温常压下，一个分子每秒平均要碰撞几亿次，所以平均自由程是非常短的.

应当指出，在前面的讨论中把气体分子看成直径为 d 的小球，并且把分子间碰撞看成是完全弹性的，这些都是对真实情况的简化假设. 分子是由原子核及电子等构成的，具有复杂的内部结构，并不是一个球体. 分子间的碰撞，实质上是在分子力作用下的散射过程，当两个分子质心相距非常近时，强大的核间斥力会使分子产生散射. 两个分子质心靠近的最小距离的平均值就是前面的简化模型中的 d，所以 d 常叫做分子的有效直径. 实验表明，随着温度的升高，分子的有效直径略有减小，这是因为分子的平均速率随温度升高而增大，它们之间更容易彼此穿插.

例题 5 求 H_2 分子在标准状态下的平均碰撞频率与平均自由程. 已知 H_2 分子的有效直径为 2×10^{-10} m.

解 分子的平均速率为

$$\bar{v}=\sqrt{\frac{8RT}{\pi\mu}}=\sqrt{\frac{8\times8.31\ \mathrm{J\cdot mol^{-1}\cdot K^{-1}}\times273\ \mathrm{K}}{3.14\times2\times10^{-3}\ \mathrm{kg\cdot mol^{-1}}}}=1.70\times10^3\ \mathrm{m\cdot s^{-1}}$$

由式(5-38)得

$$\bar{\lambda}=\frac{kT}{\sqrt{2}\pi d^2 p}=\frac{1.38\times10^{-23}\ \mathrm{J\cdot K^{-1}}\times273\ \mathrm{K}}{1.414\times3.14\times(2\times10^{-10}\ \mathrm{m})^2\times1.013\times10^5\ \mathrm{Pa}}=2.09\times10^{-7}\ \mathrm{m}$$

根据式(5-37)可算出平均碰撞频率为

$$\bar{Z}=\frac{\bar{v}}{\bar{\lambda}}=\frac{1.70\times10^3\ \mathrm{m\cdot s^{-1}}}{2.09\times10^{-7}\ \mathrm{m}}=8.13\times10^9\ \mathrm{s^{-1}}$$

5.9 气体内的输运过程

前面讨论的都是气体在平衡态下的性质. 本节讨论系统处在近平衡态下由非平衡态向平衡态的过渡过程，这个过程不是靠外力的作用，而是基于系统内部的相互作用自发地进行的，叫做输运过程. 对于气体，如果系统内部各部分的物理性质(例如密

度、流速、温度、压强等)是不均匀的,分子将通过不断地相互碰撞,不断地交换能量和动量,最后使气体内各部分的物理性质趋向均匀,这就是气体内的输运过程.

5.9.1 黏性

描述黏性流体较简单的一个宏观规律是牛顿黏性定律. 为了规范地表述输运过程的宏观规律,把牛顿黏性定律表示成流密度的形式. 所谓流密度,是指某物理量单位时间穿过与其传递方向垂直的单位面积的量值. 如图 5-13 所示,黏性流体内层流的方向与 xy 平面平行,速度梯度沿 z 轴方向,面元 ΔS 受到的内摩擦力大小等于单位时间通过该面元输运的动量

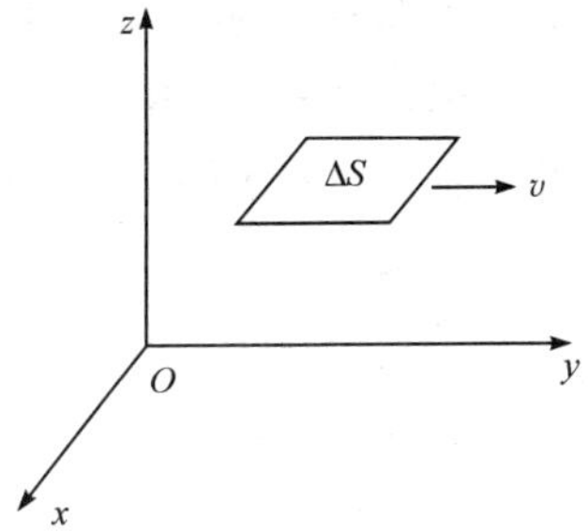

图 5-13　牛顿黏性定律

$$f=\eta\Delta S\frac{\mathrm{d}v}{\mathrm{d}z}$$

动量流密度等于上式除以面积 ΔS,

$$J_p=-\eta\frac{\mathrm{d}v}{\mathrm{d}z} \tag{5-39}$$

式中 η 为黏度,其中负号表示动量沿速度减小的方向,即与速度梯度相反的方向输运.

动量是如何传递的呢? 气体分子动理论可以给出很好的解释. 流动中的气体分子,一方面存在着的定向运动,另一方面还存在无规则的热运动. 因此,不断地有分子穿越相邻两层的交界面而进入另一侧,也就是说,ΔS 两侧的气体通过 ΔS 交换分子. 但是,速度较大的一侧的分子带有较大的定向动量,而速度较小的一侧的分子带有较小的定向动量,分子间通过碰撞交换动量的结果,宏观上形成了动量从速度较大的一侧气体向速度较小一侧气体的输运. 由气体动理论可以导出

$$\eta=\frac{1}{3}\rho\bar{v}\bar{\lambda} \tag{5-40}$$

式中 $\rho=mn_V$ 为气体的密度. 由于 $\bar{\lambda}$ 与 T 成正比,$\bar{v}$ 与 $\sqrt{T}$ 成正比,因此 η 也与温度有关,它随温度的升高而增大,气体黏度与温度的关系表现出与液体不同的性质.

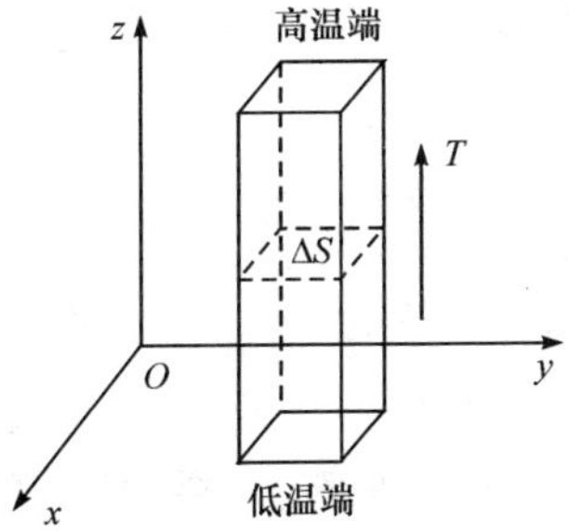

图 5-14　热传导

5.9.2 热传导

将一个盛有气体的容器一端与高温热源接触,另一端与低温热源接触,经过足够长的时间后,会在容器中形成一个稳定的温度分布. 温度梯度由低温端指向高温端(设为 z 轴方向),如图 5-14 所示. 热量不断

地从高温端传向低温端. 实验表明，在容器某处(坐标为 z)，单位时间通过容器单位截面积的热量，即热流密度 J_Q 与该处的温度梯度成正比，可写作：

$$J_Q=-\chi\frac{\mathrm{d}T}{\mathrm{d}z} \tag{5-41}$$

其中 χ 称为热导率，在国际单位制中的单位是 $\mathrm{W\cdot m^{-1}\cdot K^{-1}}$. 负号表示热量沿温度下降的方向传递. 此式叫做傅里叶热传导定律.

从微观上看，气体的热传导和分子的热运动也有着直接的联系. 在图 5-14 中垂直于 z 轴作一假想的平面，平面下部气体温度较低，分子平均动能较小；平面上部气体温度较高，分子平均动能较大. 那么，由于气体分子间的相互碰撞，互相交换，结果，形成宏观上有热能从上部向下部输运. 这就是热传导过程. 气体动理论给出的导热率 χ 与分子运动的微观量的统计平均值有如下关系

$$\chi=\frac{1}{3}\frac{\rho}{\mu}\bar{v}\bar{\lambda}C_V \tag{5-42}$$

5.9.3 扩散

如果流体内部的密度不均匀，密度大的部分的流体将向密度小的部分转移，这个过程称为扩散. 扩散是质量的输运过程，扩散过程常常伴有宏观运动. 例如，气体在温度均匀的情况下，密度的不均匀分布将导致压强的不均匀分布从而产生气流，这个过程主要不是扩散. 在此我们只研究温度和压强处处均匀的情况下发生的纯扩散过程. 如果参与扩散的流体的分子质量不同，即使是纯扩散，情况也较复杂，这种扩散称为互扩散. 为简单起见，我们只讨论扩散流体的分子质量相同或近似相同(如 N_2 和 CO，CO_2 和 NO_2)的情况，称为自扩散.

设流体沿 z 轴的密度 ρ 不同，坐标为 z 处的密度梯度方向指向 z 轴正方向，大小为 $\frac{\mathrm{d}\rho}{\mathrm{d}z}$，则单位时间内通过与 z 轴垂直的单位面积的质量，即质量流密度 J_m 为

$$J_m=-D\frac{\mathrm{d}\rho}{\mathrm{d}z} \tag{5-43}$$

负号表示质量沿密度下降的方向，即逆密度梯度的方向输运，比例系数 D 称为扩散系数，在国际单位制中的单位是 $\mathrm{m^2\cdot s^{-1}}$. 此式叫做菲克扩散定律.

由气体分子动理论，可以导出

$$D=\frac{1}{3}\bar{v}\bar{\lambda} \tag{5-44}$$

将式(5-17)和式(5-38)代入上式可知，D 与 $T^{3/2}$ 成正比，与压强 p 成反比. 这说明温度越高，压强越低时，气体扩散过程越快. 这个结论可由分子动理论解释：温度越高分子平均速率越大，压强越低分子平均自由程越大，碰撞机会越少，这两个因素都导

致扩散系数增大.

5.10　范德瓦耳斯方程

迄今为止,我们仅涉及理想气体的情形,或者说我们总是假定气体的原子或分子没有相互作用(碰撞除外). 在一般的温度和压强下,可以把实际气体近似地当做理想气体,这是因为气体分子之间的相互作用力非常弱,可以忽略不计. 在高压或低温条件下,或者气体密度增大到一定程度后,实际气体的行为就和理想气体有着显著的差别. 这些对理想气体行为的偏离在工程及精确的科学研究中绝不能忽略,因此有必要对理想气体状态方程作必要的修正,应用于实际气体.

根据分子力模型,当两个分子距离小到一定程度时,分子间的斥力会迅速变大,这意味着分子本身占有一定的体积,气体是不能无限度地被压缩的. 范德瓦耳斯(J. D. van der Waals)提出了一个经过修正的气体状态方程,建立这个方程的出发点是①分子本身占有一定的体积;②分子力的作用范围大于分子本身的大小,当密度很大时,必须计入分子力的影响.

理想气体状态方程中的体积 V 是每个分子能够自由活动的空间体积. 考虑到分子本身有一定体积后,每个分子能够自由活动的体积将略小于 V,如果用 b 表示 1 mol分子本身的体积,则状态方程应写为

$$p(V-nb)=nRT$$

式中的 b 可由实验确定. 上式说明,分子间的斥力使压强增大.

分子间的引力阻碍气体膨胀的趋势,它趋向于把气体内的压强减小到低于理想气体的水平. 但是当分子间的距离过大时,引力将会消失,这提示我们必须同时考虑分子间引力对压强的修正. 设对压强的修正量为 Δp,则状态方程应为

$$p=\frac{nRT}{V-nb}-\Delta p \tag{5-45}$$

对于处在气体内部的一个分子,周围分子相对于它是中心对称分布的,因此对它的作用力相互抵消. 但对于靠近器壁的分子就不同了,器壁一侧的分子数少于另一侧的分子,这种对称性被破坏,其结果是使这个分子受到一个垂直于器壁指向气体内部的拉力. 根据气体动理论,气体施于器壁的压强是单位时间向单位面积的器壁传递的动量. 当分子接近器壁时,因为受到向内的拉力而被减速,从而使分子在与器壁碰撞过程中向器壁传递的动量减小,这个减小量与分子受到向内的拉力成正比,而拉力又与单位体积的分子数 n_V 成正比. 另一方面,单位时间内与单位面积器壁碰撞的分子数也与 n_V 成正比,所以,$\Delta p\propto n_V^2$. 考虑到 n_V 与物质的量成正比,与体积成反比,因此习惯上将 Δp 写作:

$$\Delta p=\frac{an^2}{V^2}$$

式中比例系数 a 取决于气体的性质，由实验确定. 将上式代入式(5-45)得

$$\left(p+\frac{an^2}{V^2}\right)(V-nb)=nRT \tag{5-46}$$

这一方程是 1873 年范德瓦耳斯引入的，称为范德瓦耳斯方程，它是实际气体状态方程中最简单、最具代表性的一个. 其中常量 a 和 b 称为范德瓦耳斯常量，要通过特定气体的实验数据来确定，表 5-2 示出了几种气体的范德瓦耳斯常量.

表 5-2 几种气体的范德瓦耳斯常量

气 体	$a/(\mathrm{Pa\cdot m^6\cdot mol^{-2}})$	$b/(10^{-5}\ \mathrm{m^3\cdot mol^{-1}})$
H_2	0.024 4	2.7
He	0.003 4	2.4
N_2	0.139	3.9
O_2	0.136	3.2
H_2O	0.546	3.0
CO_2	0.359	4.3

习 题

5-1 目前真空设备的真空度可以达到 1.0×10^{-10} Pa. 求在此压强下，温度为 300 K 时 1 $\mathrm{m^3}$ 的体积中有多少个气体分子？

5-2 2.0×10^{-3} kg 的 H_2 气装在 0.02 $\mathrm{m^3}$ 的容器内，当容器内的压强为 4.0×10^4 Pa 时，H_2 气分子的平均平动动能为多大？

5-3 一容器内储有氧气，其压强 1.0×10^5 Pa，温度 $T=300$ K，求：

(1) 单位体积的分子数；

(2) 氧气的密度；

(3) 氧分子的质量；

(4) 分子间的平均距离；

(5) 分子的平均平动动能；

(6) 若容器为边长为 0.30 m 的立方体，当一个分子下降的高度等于容器的边长时，将重力势能的改变与其平均平动动能相比较.

5-4 求温度为 127 ℃的氢分子和氧分子的平均速率、方均根速率和最概然速率.

5-5 某气体处于平衡态. 试问速率跟最概然速率相差不超过 1%的分子占气体分子的百分之几？

5-6 在温度 T 下，氮(N_2)分子的方均根速率比平均速率大 50 $\mathrm{m\cdot s^{-1}}$，试求温度 T.

5-7 根据麦克斯韦分布律求速率倒数的平均值$\overline{\left(\frac{1}{v}\right)}$，并与平均值的倒数$\frac{1}{\bar{v}}$比较.

5-8　试根据麦克斯韦速率分布证明,速率和平均能量的涨落分别为:

$$\overline{(v-\bar{v})^2}=\frac{kT}{m}\left(3-\frac{8}{\pi}\right)$$

$$\overline{(\varepsilon-\bar{\varepsilon})^2}=\frac{3}{2}(kT)^2$$

5-9　试根据麦克斯韦速率分布律证明:分子平动动能在 $\varepsilon\sim\varepsilon+\mathrm{d}\varepsilon$ 的概率为

$$f(\varepsilon)\mathrm{d}\varepsilon=\frac{2}{\sqrt{\pi}}(kT)^{-3/2}\mathrm{e}^{-\varepsilon/kT}\sqrt{\varepsilon}\mathrm{d}\varepsilon$$

其中 $\varepsilon=\frac{1}{2}mv^2$. 根据上式求分子平动动能的最概然值.

5-10　导体中自由电子的运动可看作类似于气体分子的运动(称“电子气”),设导体中共有 N 个自由电子,其中电子的最大速率为 v_F(称“费米速率”). 已知电子的速率分布函数为

$$f(v)=\begin{cases}Av^2, & v_F>v>0, \quad A\text{ 为常量}\\ 0, & v>v_F\end{cases}$$

(1) 画出速率分布函数曲线;

(2) 用 v_F 定出常量 A;

(3) 求电子的 v_p, $\bar{v}$ 和 $\sqrt{\overline{v^2}}$.

5-11　在 298 K 下观察到直径为 10×10^{-6} m 的烟尘微粒的方均根速率为 $4.5\times10^{-3}\ \mathrm{m\cdot s^{-1}}$,试估算微粒的密度.

5-12　在容积为 $1.0\times10^{-2}\ \mathrm{m^3}$ 的容器中,装有 0.01 kg 理想气体,若气体分子的方均根速率为 $200\ \mathrm{m\cdot s^{-1}}$,问气体的压强是多大?

5-13　玻璃瓶内装有温度 $T=293$ K 的 1 mol 单原子理想气体,为使其分子的平均速率增加 1%,试问需传给气体多少热量 Q?

5-14　在 $T=300$ K 时,1 mol N_2 气处于平衡状态. 试问下列量等于多少?

(1) 全部分子的速度的 x 分量之和;

(2) 全部分子的速度之和;

(3) 全部分子的速度的平方和;

(4) 全部分子的速度的模之和.

5-15　上升到什么高度时,大气压强降为地面的 75%(设空气温度为 273 K,空气的平均摩尔质量是 $28.97\times10^{-3}\ \mathrm{kg\cdot mol^{-1}}$)?

5-16　今测得温度为 288 K,压强为 $p=1.03\times10^5$ Pa 时氩分子和氖分子的平均自由程分别为 $\bar{\lambda}_A=6.3\times10^{-8}$ m, $\bar{\lambda}_{Ne}=13.2\times10^{-8}$ m,问:

(1) 氩分子和氖分子有效直径之比是多少?

(2) 温度为 293 K,压强为 2.03×10^4 Pa 时 $\bar{\lambda}_A$ 是多少?

5-17　温度为 273 K,压强为 1.0×10^5 Pa 下,空气的密度是 $1.293\ \mathrm{kg\cdot m^{-3}}$, $\bar{v}=460\ \mathrm{m\cdot s^{-1}}$, $\bar{\lambda}=6.4\times10^{-8}$ m. 试计算空气的黏度.

5-18　每天通过皮肤表面扩散的水分约为 $3.0\times10^{-4}\ \mathrm{m^3}$. 如果人的皮肤的总面积为 $1.60\ \mathrm{m^2}$,厚为 20 μm,试计算扩散系数.

第 6 章　热力学基础

热力学是研究热现象及热运动的宏观规律的一门学科，其研究对象仍然是由大量分子和原子构成的宏观系统，但热力学采用的方法与气体动理论很不相同. 热力学的理论基础是热力学第一定律与第二定律. 热力学第一定律其实就是包含热现象在内的能量守恒定律，热力学第二定律则指出了自然界自发过程进行的方向和条件. 本章介绍这两条基本定律的内容及其应用，并在热力学第二定律的基础上引入了熵的概念.

6.1　热力学第一定律

6.1.1　热力学过程

热力学的主要任务是研究系统的宏观性质如何变化，为了方便地描述系统的这种变化，有必要引入热力学过程的概念. 如果系统从一个平衡态到达另一个平衡态，我们就说系统经历了一个热力学过程. 在所有热力学过程中，准静态过程(也叫做平衡过程)有着重要的地位，它可以使许多热力学规律有准确的数学表达式. 如果过程进行得足够慢，使得系统连续经过的每一个中间态都可近似地看作是平衡态，这样的过程叫做准静态过程. 既然每个中间态都是平衡态，因此每个中间态都可以用态参量来描述. 一个准静态过程不仅能用一个方程(过程方程)来表示其发展进程，同时也可以在态参量的坐标系(比如 p-V 图)中用一条连续曲线直观地描述. 严格说来，实际的热力学过程都不是准静态过程. 准静态过程是一种理想化的过程，它必须进行得无限缓慢才行，否则中间态将来不及达到平衡态，系统内部的态参量(如温度、压强等)不均匀分布，无法用局部的状态参量来描述整体的状态.

6.1.2　热量　功

给物体加热，其温度会升高，把两个不同温度的物体放到一起，则最终两个物体的温度将趋于相同. 这些现象都是热量传递的结果. 热量的本质是什么？汤姆逊(B. Thompson)在 1798 年指出，热不是传递的物质，而是传递的能量. 后来焦耳(J. Joule)用实验证明，当一定量的机械能转变为热时，总是产生等量的热，从而确立了作为能量的两种形式的热与机械功的等效性. 大量的实验表明，不仅热与机械能是等效的，而且一切形式的能量都是等效的. 因此，热量的概念可以表述为：热量是在一个系统与外界之间由于存在温差而传递的能量. 热量通常用 Q 表示，在 SI

制中它的单位与能量相同，为 J. 热量的另一个常见单位是卡路里（calorie），记作 cal（卡），被广泛使用在营养计量和健身手册上. 1 cal=4.18 J，1 大卡=1 000 卡.

热量传递有热传导、对流传热和辐射传热三种基本方式. 热传导依靠物质的分子、原子或电子的移动或振动来传递热量，流体中的热传导与分子动量传递类似. 对流传热依靠流体微团的宏观运动来传递热量，所以它只能在流体中存在，并伴有动量传递. 辐射传热是通过电磁波传递热量，不需要物质作媒介.

在实际过程中，往往是几种传热方式同时存在. 如高温炉膛内热量向管壁的传递，主要依靠热辐射，但对流和热传导也起一定作用；又如间壁式换热器中，热流体先依靠对流和热传导将热量传至热侧壁面，随即依靠热传导传至冷侧壁面，最后依靠对流和热传导将热量传给冷流体.

不同的物质，在吸收热量相同的情况下，其温度的改变量是不同的. 我们把一个物体温度每升高 1 K 所需吸收的热量叫做该物体的热容. 材料相同的两个物体，由于质量不等因而热容也不同，即使是同一个物体，在环境因素（如所处的温度或压强）变化时，其热容也会变化. 为了更精确地描述物质吸热后温度的变化，我们把物体单位质量的热容称为该物体的比热，用 c 表示. 其定义式为

$$c=\frac{\mathrm{d}Q}{m\mathrm{d}T} \tag{6-1}$$

需要指出，比热常常与温度和压强等有关，不同温度下物质的比热也不同，同一温度不同压强下的比热也有微小的差异.

根据比热的定义式，质量为 m 的物体温度从 T_1 升高到 T_2 所需吸收的热量，由下述积分给出

$$Q = m\int_{T_1}^{T_2} c\,\mathrm{d}T \tag{6-2}$$

只有在温度间隔较小，在此温度间隔内比热变化很小可以近似看作常量时，方可用 $Q=mc(T_2-T_1)$ 计算.

固体和液体的比热随压强和体积的变化不是十分明显. 因此，计算固体和液体吸收或放出的热量时常用比热. 然而对于气体，质量一定时，压强和体积可以在很大范围内变化，比热的值也会出现大幅度的变化. 所以，常用定体摩尔热容或定压摩尔热容来表示气体的吸热. 上一章介绍了定体摩尔热容的概念，在此我们介绍定压摩尔热容的概念. 1mol 物质在压强不变的条件下温度每升高 1 K 所需吸收的热量，称为该物质的定压摩尔热容，记作 C_p，定义式为

$$C_p=\frac{1}{n}\left(\frac{\partial Q}{\partial T}\right)_p \tag{6-3}$$

式中 n 是物质的量，单位为 mol. 应当指出，摩尔热容不仅适用于气体，也适用于固体和液体.

根据上述定义，在压强不变时，气体温度由 T_1 升高到 T_2 吸收的热量为

$$Q = n\int_{T_1}^{T_2} C_p \mathrm{d}T \tag{6-4}$$

理论上，理想气体的定压摩尔热容是一个常量，实际上，气体的定压摩尔热容在很大的温度范围内都是不变的，因此可用 $Q=nC_p(T_2-T_1)$ 计算气体的吸热.

功和热量是能量的两种不同的表现形式，但热量是由温度差异引起的能量传递，而功则是不需要温差而形成的能量传递方式. 在热力学中，当系统为气体时，功与体积的变化紧密联系，在此我们介绍功的另一种形式——体积功.

气体没有固定的体积，外界对气体做功可以改变它的体积. 在图 6-1 中，气缸中气体的体积随活塞位置的变化而改变，设活塞的面积为 S，活塞与气缸壁之间无摩擦力，且活塞以无限缓慢的速度移动，则此过程可看作准静态过程. 当活塞移动 $\mathrm{d}l$ 的距离时，外界对气体做的功为

$$\mathrm{d}A = -pS\,\mathrm{d}l = -p\mathrm{d}V$$

其中 p 是活塞在任意位置时气体的压强. 在 p-V 图中，$p\mathrm{d}V$ 相当于图 6-2 中的阴影部分的面积. 当气体的体积由 V_1 增至 V_2 时外界通过活塞对气体做的功为

$$A = -\int_{V_1}^{V_2} p\,\mathrm{d}V \tag{6-5}$$

这相当于图 6-2 中曲线下面积的负值.

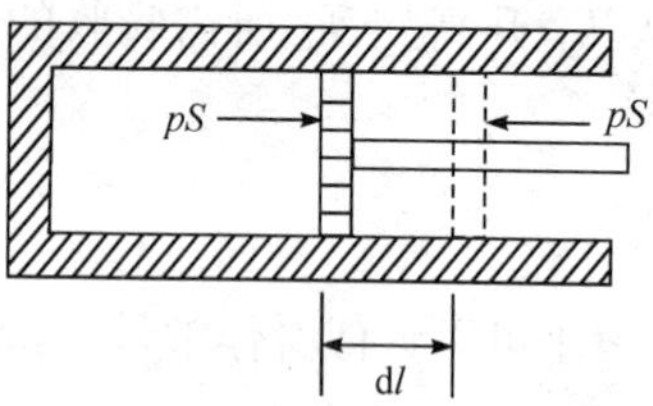

图 6-1　活塞对气体做功

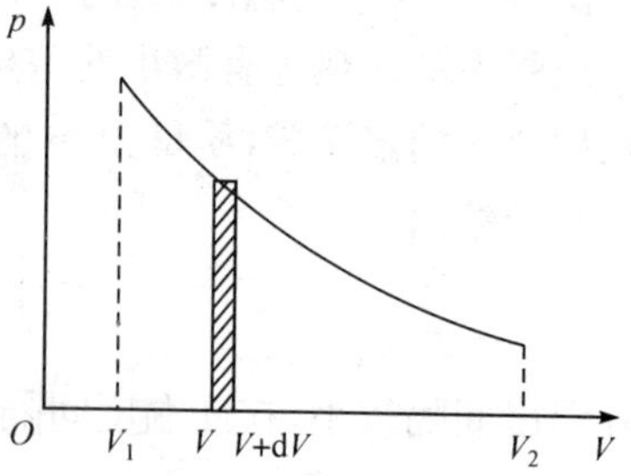

图 6-2　体积功

6.1.3　热力学第一定律

热力学的研究对象是大量微观粒子组成的系统，在热力学中通常不考虑系统整体的机械运动，而是研究系统内部分子热运动的宏观规律. 从能量的角度讲，对系统做功和传递热量是等效的，如果不计系统整体的运动，则系统获取的功和热量等形式的能量将全部转化为它的内能. 内能只是系统状态参量的函数(称为态函数)，只与状态有关，所以热力学中将只取决于状态的能量称为内能. 可以证明，这个定义与气体动理论中内能的定义是等价的.

机械运动中的机械能守恒定律和更为广泛的能量守恒定律很早就建立起来

了，当人们认识到热量的能量本质以后，热力学第一定律就应运而生了. 热力学第一定律就是涉及宏观热现象时的能量守恒定律. 1850 年，德国物理学家克劳修斯首次将热力学第一定律以明确的数学形式表述出来. 考虑一无限小过程，内能的增量与外界对系统做的功与系统从外界吸取的热量之间满足关系

$$\mathrm{d}E=\mathrm{d}A+\mathrm{d}Q \tag{6-6}$$

由于内能是态函数，与过程无关，所以上式中的 $\mathrm{d}E$ 是 E 的全微分. 然而，功和热量都不是系统的态函数，是与具体过程有关的量，功和热量的无穷小量都不是全微分，在这里 $\mathrm{d}A$ 和 $\mathrm{d}Q$ 只表示很小的量而已. 对于有限过程，热力学第一定律可以表示为

$$\Delta E=A+Q \tag{6-7}$$

历史上有不少人希望设计一种机器，这种机器不消耗任何能量，却可以源源不断地对外做功. 这种机器被称为永动机. 历史上，人们提出了很多种永动机的制作方案，但无一例外地以失败告终. 人们把这种不消耗能量的机器叫做第一类永动机. 热力学第一定律使人们认识到，任何一部机器，只能使能量从一种形式转化为另一种形式，而不能无中生有的制造能量，因此第一类永动机是不可能出来的.

热力学第一定律把自然界各种运动形式联系起来，以近乎系统的形式描绘出一幅自然界联系的清晰图像. 在理论上，这个定律的发现对自然科学的发展和建立提供了坚实的基础. 在实践上，它对于永动机之不可能实现，给予了科学上的最后判决，使人们走出幻想的境界，从而致力于研究各种能量形式相互转化的具体条件，以求最有效地利用自然界提供的各种各样的能源. 热力学第一定律的建立，为自然科学领域增添了崭新的内容，同时也大大推动了哲学理论的前进. 现在，随着自然科学的不断发展，能量守恒和转化定律经受了一次又一次的考验，并且在新的科学事实面前不断得到新的充实与发展. 特别是相对论中质能关系式的总结，使人们对这一定律的认识又大大地深化了一步，即在能量和质量之间也能发生转换.

6.2　热力学第一定律对理想气体的应用

本节我们用热力学第一定律研究理想气体的一些特殊的准静态过程. 在下面的讨论中假定功的形式只限于体积功，在这种情况下，热力学第一定律的表达式为

$$\mathrm{d}E=\mathrm{d}Q-p\,\mathrm{d}V \tag{6-8}$$

6.2.1　等体过程

等体过程是指气体的体积始终保持不变的过程，准静态等体过程可用 p-V 图

中平行于 p 轴的一条线段表示(图 6-3). 在等体过程中,外界不对气体做功,根据热力学第一定律,气体从外界吸收的热量全部用来增大它的内能,即

$$\Delta E = Q = nC_V\Delta T \tag{6-9}$$

式中 $\Delta T = T_2 - T_1$ 表示等体过程中气体初末态的温度的改变量.

若已知初末态的压强及体积,由理想气体状态方程,

$$\Delta T = \frac{V}{nR}(p_2 - p_1)$$

所以,等体过程中气体吸热与压强增量的关系为

$$Q = \Delta E = \frac{V}{R}C_V(p_2 - p_1)$$

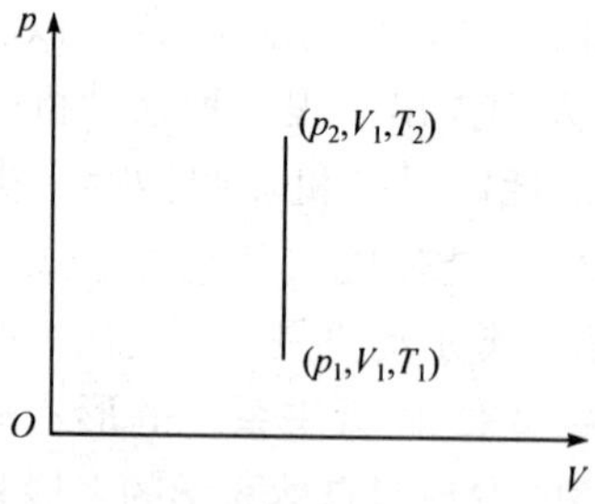

图 6-3 等体过程

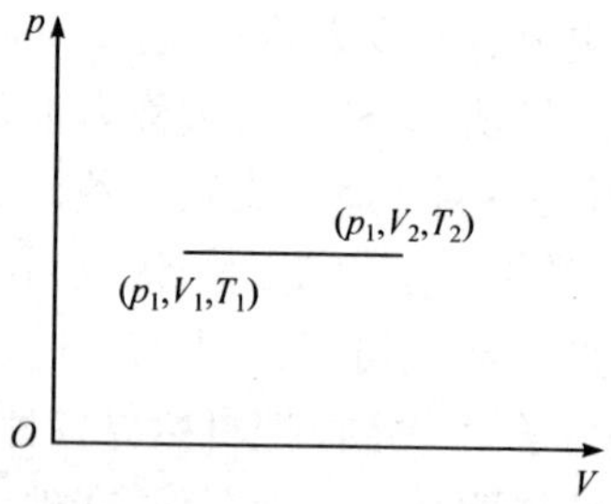

图 6-4 等压过程

6.2.2 等压过程

在等压过程中,气体的压强保持不变,可用 p-V 图中平行于 V 轴的线段表示(图 6-4). 理想气体在等压过程中由温度 T_1 变化到温度 T_2 时吸收的热量可以表示为

$$Q = nC_p(T_2 - T_1) \tag{6-10}$$

外界对气体做的功为

$$A = -\int_{V_1}^{V_2} p\,\mathrm{d}V = -p(V_2 - V_1) = -p\Delta V$$

内能是一个态函数,对理想气体,它只与温度有关,与过程无关,因此热力学第一定律可以表示为

$$nC_V\Delta T = nC_p\Delta T - p\Delta V$$

根据理想气体的状态方程,考虑到压强 p 是常量,有

$$p\Delta V = nR\Delta T$$

上面二式联立,可得

$$C_p = C_V + R \tag{6-11}$$

这一关系式叫做迈耶公式. 从此式可以看出,理想气体定压摩尔热容等于定体摩尔

热容与摩尔气体常量 R 之和. 从热力学第一定律的观点，这一结论是很容易理解的. 理想气体的内能只与温度有关，只要温度的改变量相同，不论是什么过程，其内能的改变都是相同的. 等压膨胀过程中，一方面温度升高，内能随之增加，另一方面体积膨胀而对外做功，根据热力学第一定律，气体吸收的热量必须等于两者的和. 式(6－11)指出了 1mol 理想气体温度升高 1 K 时，等压过程比等体过程要多吸收 8.31 J 的热量，用来对外界做功.

一般将两者的比值

$$\gamma=\frac{C_p}{C_V} \tag{6-12}$$

称为气体的热容比. 常温下，理想气体的 C_V，C_p 和 γ 都是常量，理论上，单原子理想气体的 $C_V=\frac{3}{2}R$，$\gamma=\frac{5}{3}$；刚性双原子分子理想气体的 $C_V=\frac{5}{2}R$，$\gamma=\frac{7}{5}$.

由式(6－8)，将理想气体在等压过程中的吸热表示为

$$Q=\Delta E+p\Delta V=\Delta(E+pV)$$

令

$$H=E+pV \tag{6-13}$$

上式定义的 H 也是一个态函数，叫做焓. 等压过程中，系统吸取的热量可以表示为系统状态函数焓的增量，即

$$Q=\Delta H \tag{6-14}$$

6.2.3　等温过程

等温过程中，温度不变，根据理想气体的状态方程，压强与体积的乘积是一个常量，

$$pV=nRT=\text{常量}$$

在 p-V 图中，等温过程对应于双曲线的一支，称为等温线，参看图 6－5. 由于理想气体的内能只与温度有关，所以在等温过程中气体的内能也不发生变化. 根据热力学第一定律，气体从外界吸收的热量全部用来对外做功，反之，外界对气体做的功也会全部以热量的形式释放出去. 即

$$Q=-A$$

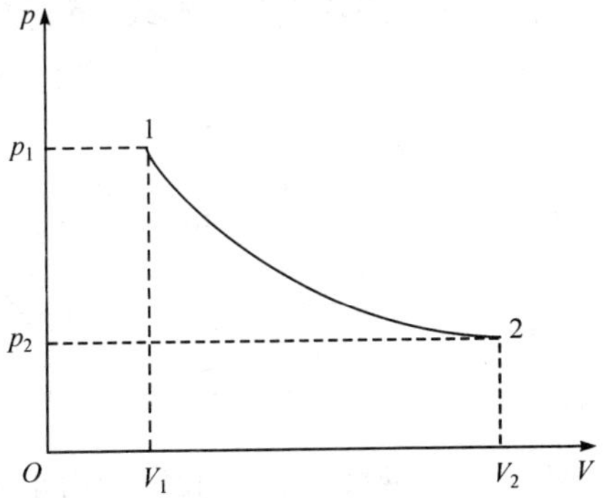

图 6－5　等温过程

在图 6－5 中理想气体经等温过程由状态 1 到达状态 2 时，外界对气体做的功为

$$A=-\int_{V_1}^{V_2}p\mathrm{d}V=-nRT\int_{V_1}^{V_2}\frac{\mathrm{d}V}{V}=-nRT\ln\frac{V_2}{V_1} \tag{6-15}$$

或

$$A=nRT\ln\frac{p_2}{p_1} \tag{6-16}$$

6.2.4　绝热过程

绝热过程的特点是与外界无热量交换，即 $Q=0$，热力学第一定律可表示为

$$nC_V\mathrm{d}T+p\mathrm{d}V=0 \tag{6-17}$$

外界所做的功全部用来增加系统的内能，增高了系统的温度；理想气体作绝热膨胀时，完全依靠减少系统内能对外做功，从而温度亦会降低. 因此，绝热过程中气体的状态参量都会改变. 下面我们推导绝热过程所遵从的过程方程.

将理想气体的状态方程 $pV=nRT$ 两边全微分，得

$$p\mathrm{d}V+V\mathrm{d}p=nR\mathrm{d}T \tag{6-18}$$

从式(6-17)和式(6-18)中消去 $\mathrm{d}T$，得

$$(C_V+R)p\mathrm{d}V+C_VV\mathrm{d}p=0$$

上式两边同除 C_VpV，并利用 $\gamma=\dfrac{C_V+R}{C_V}$ 得

$$\frac{\mathrm{d}p}{p}+\gamma\frac{\mathrm{d}V}{V}=0$$

积分得

$$\ln p+\gamma\ln V=\text{常量}$$

或

$$pV^{\gamma}=\text{常量} \tag{6-19}$$

式(6-19)称为泊松公式，给出了绝热过程中气体的状态参量满足的方程.

为了比较绝热线与等温线，将它们同时画在 p-V 图中，如图 6-6 所示. 图中实线为绝热线，虚线为等温线，显然绝热线更陡些. 这是因为交点处绝热线的斜率为

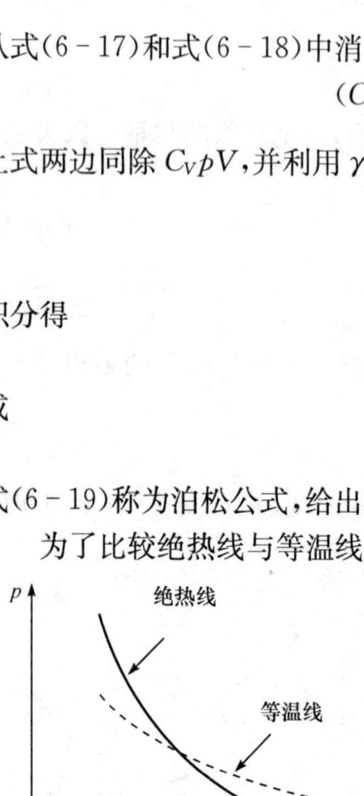

图 6-6　绝热线与等温线比较

$$\left(\frac{\mathrm{d}p}{\mathrm{d}V}\right)_a=-\gamma\frac{p}{V}$$

而等温线的斜率为

$$\left(\frac{\mathrm{d}p}{\mathrm{d}V}\right)_T=-\frac{p}{V}$$

由于 $\gamma>1$，所以

$$\left|\left(\frac{\mathrm{d}p}{\mathrm{d}V}\right)_{\mathrm{a}}\right| > \left|\left(\frac{\mathrm{d}p}{\mathrm{d}V}\right)_{T}\right|$$

绝热线比等温线更陡.这一点可以解释如下:如果等温过程和绝热过程都膨胀相同的体积,在等温过程中压强的降低仅由气体密度的减小而引起,而在绝热过程中,压强的降低,除气体密度减小外,温度的降低也是一个因素.所以绝热过程压强的降低比等温过程要多.

根据式(6-19),结合理想气体的状态方程,不难得到用其他参量表示的绝热过程方程

$$TV^{\gamma-1}=\text{常量} \tag{6-20}$$

以及

$$\frac{p^{\gamma-1}}{T^{\gamma}}=\text{常量} \tag{6-21}$$

设理想气体由状态(p_1, V_1, T_1)经绝热过程到达状态(p_2, V_2, T_2),根据热力学第一定律可以计算出外界对系统所做的功:

$$A=\Delta E=nC_V(T_2-T_1) \tag{6-22}$$

再由理想气体的状态方程,将 T 用$\frac{pV}{nR}$取代,得

$$A=\frac{C_V}{R}(p_2V_2-p_1V_1)$$

利用式(6-11)和式(6-12),上式可表示成如下形式:

$$A=\frac{1}{\gamma-1}(p_2V_2-p_1V_1) \tag{6-23}$$

为了方便读者查阅,将理想气体各种典型的准静态过程的重要公式列于表 6-1 中.

表 6-1　理想气体在各种过程中的重要公式

	等体	等压	等温	绝热
ΔE	$nC_V\Delta T$	$nC_V\Delta T$	0	$nC_V\Delta T$
A	0	$-p\Delta V$	$-nRT\ln\frac{V_2}{V_1}$	$\frac{p_2V_2-p_1V_1}{\gamma-1}$
Q	$nC_V\Delta T$	$nC_p\Delta T$	$nRT\ln\frac{V_2}{V_1}$	0
过程方程	V=常量	p=常量	pV=常量	pV^{γ}=常量

例题 1　1 mol 氮气,温度为 300 K,压强为 2.4×10^5 Pa,经准静态绝热过程膨胀至原来体积的 2 倍,求末态的体积、温度和在这个过程中气体对外做的功(已知

$C_V=5R/2$).

解 记初始状态为(p_1,V_1,T_1),末态为(p_2,V_2,T_2),则有 $p_1=2.4\times10^5$ Pa,$T_1=300$ K,根据理想气体的状态方程可得

$$V_1=\frac{nRT_1}{p_1}=\frac{1\ \text{mol}\times8.31\ \text{J}\cdot\text{mol}^{-1}\cdot\text{K}^{-1}\times300\ \text{K}}{2.4\times10^5\ \text{Pa}}=1.04\times10^{-2}\ \text{m}^3$$

于是,末态的体积为 $V_2=2V_1=2.08\times10^{-2}\ \text{m}^3$.

根据式(6-20)得末态温度

$$T_2=\left(\frac{V_1}{V_2}\right)^{1.4-1}T_1=227\ \text{K}$$

根据式(6-22)可计算出外界对气体做的功

$$A=1\ \text{mol}\times\frac{5}{2}\times8.31\ \text{J}\cdot\text{mol}^{-1}\cdot\text{K}^{-1}\times(227\ \text{K}-300\ \text{K})=-1.52\times10^3\ \text{J}$$

所以该过程气体对外做功 1.52×10^3 J.

6.3 循环过程 卡诺循环

6.3.1 循环过程

18 世纪,蒸汽机在工业上的广泛应用,促进了工业的迅速发展. 对蒸汽机的研究和改进加速了热机理论的发展. 让我们先来分析一下蒸汽机的工作过程. 如图 6-7所示,水泵 B 将水池 A 中的水抽入锅炉 C 中,锅炉将水加热至高温水蒸气(水从高温热源吸热),并负责将其送入汽缸 D 内,水蒸气在 D 内膨胀,推动汽缸对外做功. 最后蒸汽进入冷凝器 E 中凝结成水(向低温热源放热). 水泵 F 再把冷凝器中的水抽入水池 A,使循环持续进行. 经过这一系列过程,工作物质回到原来的状态. 其他热机的具体工作过程虽然各不相同,但能量转化的情况与上面所述类似,其共同点是工作物质从高温热源吸取热量,一部分用来对外做功,另一部分以热量的形式释放给低温热源.

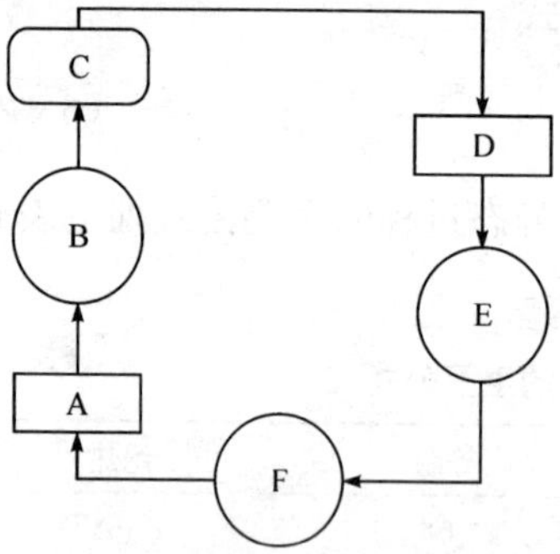

图 6-7 蒸汽机工作流程示意图

为了从能量转化的角度分析热机的原理,我们引入循环过程及其效率的概念. 如果系统由某个状态出发,经过任意一系列的过程后又回到初态,则称这样的过程为循环过程. 内能是状态的函数,经过一次循环后没有变化,这是循环过程的重要特征. 准静态循环过程可用 p-V 图上的一条闭合曲线表示,如图 6-8 所示. 一次循环过程系统对外做的功为

$$A' = \oint p \, \mathrm{d}V$$

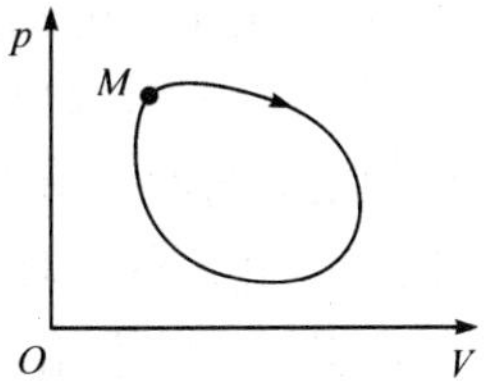

图 6－8　循环过程

它就是闭合曲线包围的面积.

图 6－8 中显示的是正循环. 正循环的结果是系统对外界做正功. 能够把热转化为功的机器叫做热机. 一般而言,在正循环中,工作物质将从某些高温热源吸收热量,部分用以对外界做功,部分放到低温热源中去. 设工作物质在一次循环中从高温热源吸热 Q_1,向低温热源放热 $|Q_2| = -Q_2$,对外界做功

$$A' = -A = Q_1 - |-Q_2| = Q_1 + Q_2$$

把工作物质对外做的功与它吸收的热量的百分比定义为热机效率或循环效率,用 η 表示

$$\eta = \frac{A'}{Q_1} = 1 + \frac{Q_2}{Q_1} \tag{6-24}$$

当工作物质在一次循环中吸收的热量相同时,对外做功越多则效率越高.

如果图 6－8 的循环沿逆时针方向进行,则外界对系统做正功,工作物质从低温热源(冷库)吸热,并向高温热源放热,循环的功能是制冷. 系统以这种方式工作时就是制冷机,循环的方式称为逆循环. 对于制冷机,我们关心的是在一个循环中,外界对工作物质做功的结果可以从冷库中吸取多少热量. 因此,常把一个循环中工作物质从冷库中吸取的热量 Q_2 与外界所做的功 $A = |Q_1 + Q_2| = -(Q_1 + Q_2)$ 的比值称为循环的制冷系数,用 ε 表示,即

$$\varepsilon = \frac{Q_2}{A} = \frac{Q_2}{|Q_1 + Q_2|} = -\frac{Q_2}{Q_1 + Q_2} \tag{6-25}$$

注意此时 $Q_2 > 0$ 表示从低温热源吸取的热量,$|Q_1|$($Q_1 < 0$)表示向高温热源放出的热量(且由热力学第一定律知 $|Q_1| = Q_2 + A > Q_2$). 制冷系数越大,则当外力消耗相同的功时,从冷库中取出的热量越多,制冷效果越好.

6.3.2　卡诺循环

1765 年,瓦特对蒸汽机做了重大改进,使冷凝器与汽缸分离,发明曲轴和齿轮传动以及离心调速器等,大大提高了蒸汽机的效率. 瓦特的这些发明,仍使用在现代蒸汽机中,为纪念瓦特的贡献,功率的单位名称以其姓氏命名. 但是,直到 19 世纪初,蒸汽机的效率仍然十分低下,当时只有 3%～5%,这意味着 95%以上的热量没有得到利用. 制约热机效率的因素主要有两个:一是热机工作时要放出一部分热量给低温热源,二是由于摩擦、漏气和散热引起的能量损耗. 为了提高热机的效率,人们做了大量的工作,但直到 1840 年,热机的效率也仅提高到 8%. 为了从理论上寻求提高热机效率的途径,法国军事工程师萨迪·卡诺(N. L. S. Carnot)于 1824

年出版了《关于火的动力的思考》一书，他分析了蒸汽机的基本结构和工作过程，撇开一切次要因素，提出了一种理想热机循环，并证明了这种循环的效率最高. 假设工作物质只与两个恒温热源交换热量，没有散热、漏气等因素存在，这种热机称为卡诺热机，相应的循环叫卡诺循环.

理想气体的卡诺循环如下：①系统在温度 T_1 下等温地从状态(p_1, V_1)膨胀到状态(p_2, V_2)；②系统从状态(p_2, V_2)绝热膨胀到状态(p_3, V_3)；③系统在温度 T_2 下从(p_3, V_3)等温压缩到状态(p_4, V_4)；④系统从状态(p_4, V_4)绝热压缩到它原来的状态(p_1, V_1). 所有过程都认为是准静态的可逆过程，如图 6－9 所示. 图 6－10 为卡诺热机的工作示意图. 整个循环中，只有过程 1 和过程 3 分别与两个热源接触并交换热量.

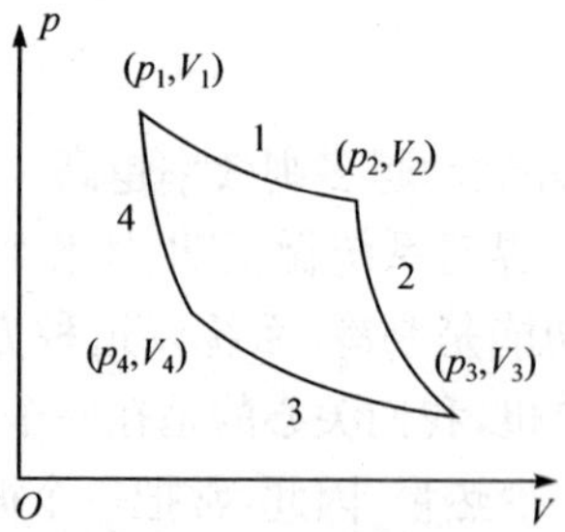

图 6－9　卡诺循环

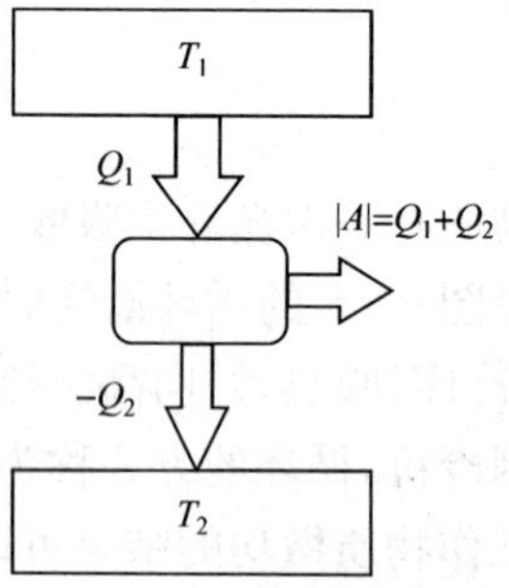

图 6－10　卡诺热机示意图

系统在过程 1 和过程 3 从两个热源吸取的热量分别为 Q_1，Q_2（Q_2 为负值表示系统向低温热源放热），根据热力学第一定律，可以计算出，对于理想气体的卡诺循环

$$Q_1 = nRT_1 \ln \frac{V_2}{V_1} \tag{6-26}$$

$$Q_2 = -nRT_2 \ln \frac{V_3}{V_4} \tag{6-27}$$

对于绝热过程 2 和 4，有

$$\frac{T_1}{T_2} = \left(\frac{V_3}{V_2}\right)^{\gamma-1}, \quad \frac{T_1}{T_2} = \left(\frac{V_4}{V_1}\right)^{\gamma-1}$$

由此得

$$\frac{V_2}{V_1} = \frac{V_3}{V_4} \tag{6-28}$$

联立式(6－26)，(6－27)和式(6－28)，可得

$$\frac{Q_1}{T_1} + \frac{Q_2}{T_2} = 0 \tag{6-29}$$

将上式代入式(6 - 24)，得

$$\eta=1-\frac{T_2}{T_1} \tag{6-30}$$

式(6 - 30)表明，理想气体的卡诺循环的效率只由高、低两个热源的温度决定.

若卡诺循环逆向进行，则为卡诺制冷机. 图 6 - 11 为卡诺制冷机的原理示意图. 与计算卡诺循环效率类似地，不难算出制冷系数为

$$\varepsilon=\frac{T_2}{T_1-T_2} \tag{6-31}$$

一般情况下，高温热源的温度 T_1 就是环境温度，从上式可以分析出，制冷温度 T_2 越低，制冷系数越小.

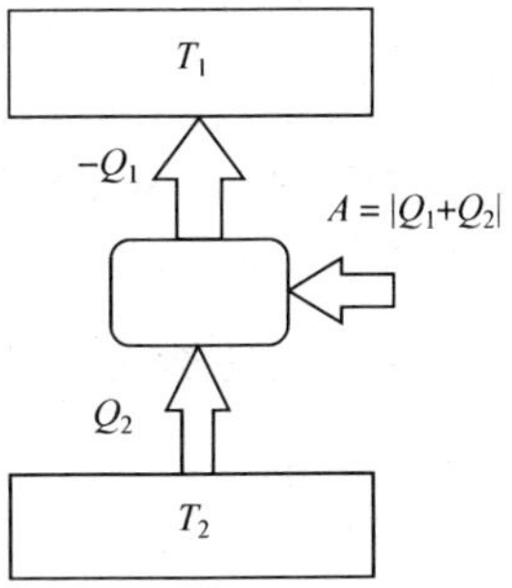

图 6 - 11　卡诺制冷机示意图

卡诺循环是一个理想的可逆循环，这个循环的意义可用卡诺定理来说明. 卡诺定理表述如下：

(1) 在相同的高温热源和相同的低温热源之间工作的一切可逆热机，其效率都相等，与工作物质无关.

(2) 在相同的高温热源和相同的低温热源之间工作的一切不可逆热机，其效率不可能高于可逆机的效率.

卡诺定理指出了工作在相同的高温热源和低温热源之间的热机效率的极限值，对应于可逆循环的效率，并指明了提高热机效率的途径. 因为卡诺循环的效率 $\eta=1-\frac{T_2}{T_1}$ 是工作在温度为 T_1 和 T_2 的两个热源间所有热机的极限效率，因此，要提高热机的效率，首先必须增大高、低温热源之间的温差. 实际上，一般热机总是以周围环境作为低温热源，所以只有提高高温热源的温度是可行的. 除此之外，还要尽可能减小热机循环的不可逆性，也就是减少摩擦、漏气等耗散因素.

卡诺提出卡诺循环和卡诺定理的时候，热力学的基本定律尚未建立. 当时，卡诺运用错误的热质学说证明了卡诺定理，这可能是由于卡诺有丰富的科学知识和热机方面的实践经验，得出了正确的结论. 为了使大家相信这一结论，就使用当时时尚的热质说去论证它. 这种从错误学说出发而得出正确结论的事情，在物理学史上也曾多次发生过. 要给出卡诺定理正确的证明，需要用到热力学第二定律.

6.4　热力学第二定律

6.4.1　可逆过程与不可逆过程

热力学第一定律揭示了各种形式的能量在相互转化过程中守恒的规律. 但是满足能量守恒的宏观过程是否一定能够发生呢？为了回答这个问题，让我们先来

分析几个实例.

高速运动的子弹射入木块后由于摩擦最终静止下来,同时发热,这是一个动能转化为热能的过程. 但是相反的过程,即子弹和木块自动冷却,将这部分热能重新转化为子弹的动能使其高速运动起来,尽管不违反能量守恒,却不可能发生.

两个温度不同的物体相互接触后,热量会自动从高温物体传向低温物体,直到两个物体的温度相同,达到热平衡. 而相反的过程,即这部分热量由低温物体自动传向高温物体,使两个物体的温度复原的过程,尽管也不违反能量守恒,但同样不可能发生.

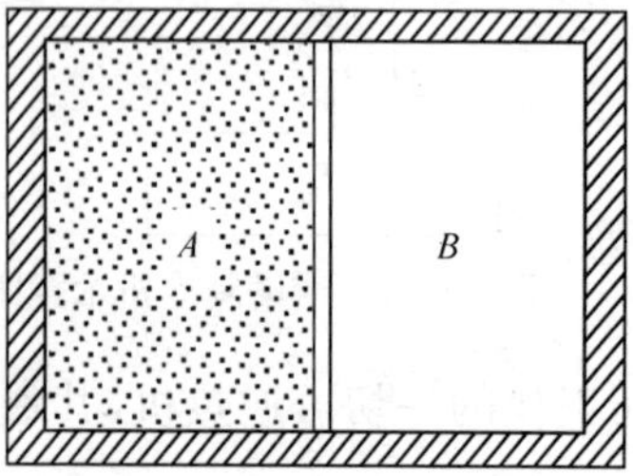

图 6-12　气体的自由膨胀

再如,用隔板将一绝热的密闭容器分成 A 和 B 两部分,A 中盛有一定量的气体,B 为真空,如图 6-12 所示. 抽去隔板的瞬间,气体都聚集在容器的 A 部,这是一种非平衡态. 然后,气体将迅速地膨胀而充满整个容器,最后到达气体均匀分布的平衡态. 由于气体的膨胀过程不受任何阻力,所以称为自由膨胀. 相反的过程,即充满整个容器的气体重新退回到容器的 A 部而不产生其他影响的过程是不可能发生的.

以上三例表明,功热转换、热传导及扩散的过程具有方向性. 大量的事实表明,与热现象有关的自发发生的任何宏观过程都具有一定的方向性. 需要指出的是,与自发过程相反的过程在人为干预下是可能发生的,例如制冷机可以将热量从低温物体传向高温物体,但是需要外界做功.

为了描述宏观过程的方向性,在热力学中引入可逆过程和不可逆过程的概念. 一个过程使系统由一个状态到达另一个状态,如果存在另一个逆向进行的过程使系统和外界完全复原,即不仅系统回到原来的状态而且同时消除了对外界的一切影响,则称原过程为可逆过程. 如果不存在使系统和外界都复原的逆向进行的过程,则称原过程为不可逆过程. 需要指出的是,不可逆过程,并不是说该过程不能逆向进行,而是说逆向进行时不能消除原过程对外界产生的全部影响. 可逆过程逆向进行时,每一步都是原过程相应步骤的重复,同时消除原过程每一步在外界留下的痕迹,这只有在准静态和无摩擦的条件下才可能. 由此看来,可逆过程只是一种理想的极限,实际中并没有真正的可逆过程.

用不可逆过程的概念可以把上面分析的三种过程的方向性更明确地表述为:功热转换过程是不可逆的;热量从高温物体自动传向低温物体的过程是不可逆的;气体的自由膨胀过程是不可逆的.

因为自然界中一切与热现象有关的宏观过程都涉及热功转换或热传导,特别是由非平衡态向平衡态转变,所以说,一切与热现象有关的宏观过程都是不可逆的.

6.4.2　热力学第二定律

从一种过程的不可逆性可以证明另外一些过程的不可逆性，这表明自然界中各种不可逆过程都是相互关联的. 反映自然界中宏观过程进行方向的规律叫做热力学第二定律.

由于各种不可逆宏观过程之间的关联性，可以选择任何一种不可逆过程来表述热力学第二定律. 下面介绍历史上最著名的两种表述.

开尔文表述：不可能从单一热源吸热使之完全转化成有用功而不产生其他影响.

克劳修斯表述：不可能把热量从低温物体传向高温物体而不引起其他的变化.

以上两种表述分别选择了功热转换的不可逆性与热传导的不可逆性，它们是完全等价的.

下面我们利用卡诺循环来证明热力学第二定律两种表述的等价性，用反证法.

如果克劳修斯的表述不成立，则开尔文的表述也不成立. 先假定热量 Q 可以自动地从低温热源 T_2 传向高温热源 T_1. 然后使一卡诺热机工作于两个恒温源之间，并使它在一个循环中从高温热源吸取的热量 $Q_1=Q$，向低温热源放热 $Q'=-Q_2$，并对外做功 $A'=-A$，如图 6-13(a)所示. 这样，总的结果是高温热源无任何变化，只是从低温热源吸热 $(Q-Q_2')$ 使之完全变成了有用功 A' 而无其他影响.

这与开尔文的表述相矛盾.

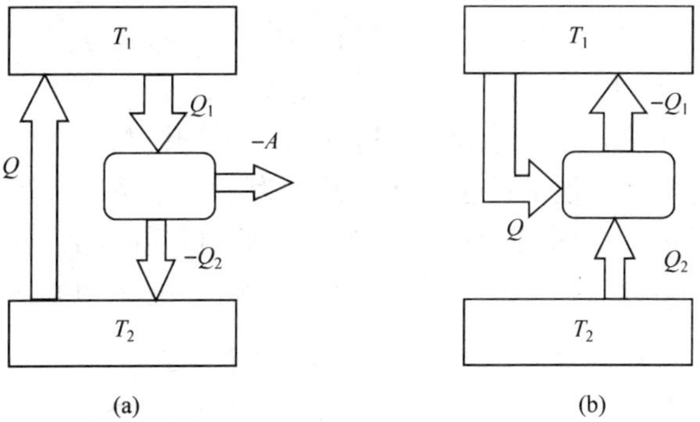

图 6-13　热力学第二定律两种表述等价性的证明

也可证明，如果开尔文表述不成立，则克劳修斯表述也不成立. 如图 6-13(b)所示，假定从高温热源 T_1 吸热 Q，并使之完全变为有用功 $(A'=Q)$ 而不产生其他影响，我们就可以用这部分功驱动工作于高温热源 T_1 和低温热源 T_2 之间的卡诺制冷机，它从低温热源吸取热量 Q_2，向高温热源放出热量 $Q_1'=Q+Q_2=-Q_1$. 整个过程中，唯一的变化是热量 Q_2 从低温热源传给了高温热源，再无其他影响. 也就是说,热量自动从低温热源传向了高温热源.这和克劳修斯表述是矛盾的.

热力学第一定律否定了第一类永动机的存在.于是,很多人设想制造出在没有温度差的情况下,从自然界中的海水(假设海水为同一温度)或空气中不断吸取热量而使之连续地转变为机械能的机器,这种机器称为第二类永动机.虽然第二类永动机并没有违反热力学第一定律,但它违反了热力学第二定律,同样是不能实现的.

6.4.3　克劳修斯不等式

前面我们讨论了自然界中一切与热现象有关的自发过程都是不可逆的,而且都是等效的,因此这些过程存在着某种内在的联系,有一个共同的本质的东西在起作用,为了定量地描述这一本质的特征,1865 年,克劳修斯在前人工作的基础上,提出了著名的克劳修斯不等式,为建立态函数熵的概念奠定了基础.

如果热机循环中的工作物质只与两个热源交换热量,则根据卡诺定理及式(6-24),有

$$1-\frac{T_2}{T_1}\geqslant 1+\frac{Q_2}{Q_1}$$

式中仅对可逆过程取等号.上式可化为

$$\frac{Q_1}{T_1}+\frac{Q_2}{T_2}\leqslant 0 \tag{6-32}$$

下面,将上面的结论推广到工作物质与多个热源交换热量的情形.先考虑三个热源的情况.如图 6-14(a)所示,系统经历循环 $abcdefa$,其中过程 ab,cd 和 ef 是温度分别为 T_1,T_2 和 T_3 的等温过程,系统只在这三个等温过程中与热源交换热量,吸收的热量分别为 Q_1,Q_2 和 Q_3,其他过程为绝热过程.若构成循环的每个过程都是可逆的,则循环过程是可逆循环;否则,为不可逆循环.将绝热过程 bc 和等温过程 dc 延长至 g 和 h,并假设过程 ch 和 cg 都是可逆的,从而过程 hc 将完全消除过程 ch 的一切影响,过程 gc 将完全消除过程 cg 的一切影响,则原循环过程

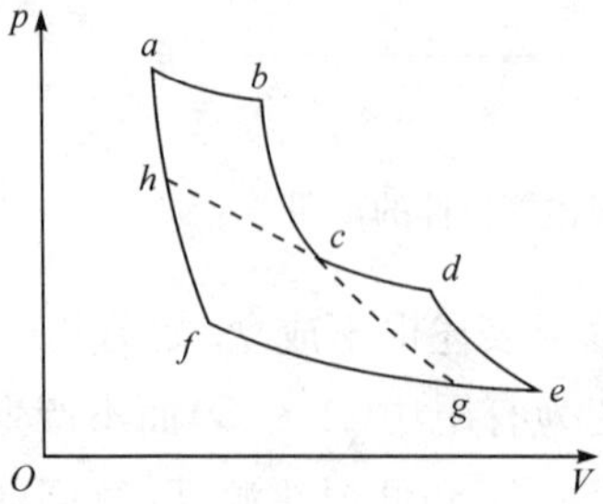

(a) 三个恒温热源

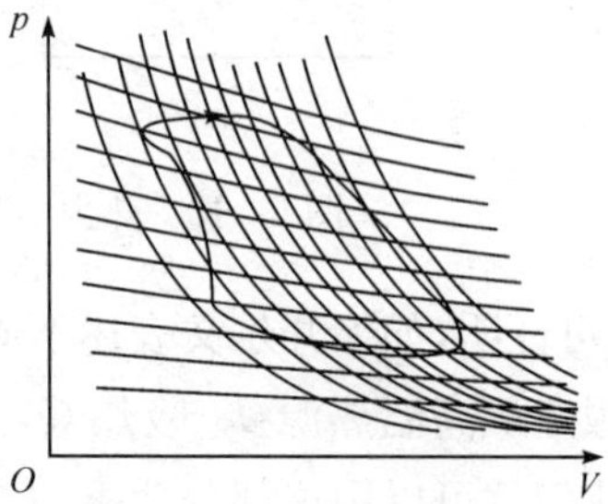

(b) 无限多恒温热源

图 6-14　证明克劳修斯不等式

$abcdefa$可以看成是三个循环过程 $abcha$,$cdegc$ 和 $hcgfh$ 叠加而成. 将式(6-32)应用于后面三个循环,有

$$\frac{Q_1}{T_1}+\frac{Q_{ch}}{T_2}\leqslant 0,\quad \frac{Q_2}{T_2}+\frac{Q_{eg}}{T_3}\leqslant 0,\quad \frac{Q_{hc}}{T_2}+\frac{Q_{gf}}{T_3}\leqslant 0$$

上面三式相加,并考虑到 $Q_{ch}+Q_{hc}=0$,$Q_{eg}+Q_{gf}=Q_3$,得

$$\sum_{i=1}^{3}\frac{Q_i}{T_i}\leqslant 0$$

类似地,若某一循环,工作物质与 n 个恒温热源交换热量,有

$$\sum_{i=1}^{n}\frac{Q_i}{T_i}\leqslant 0 \tag{6-33}$$

一般说来,我们可用一系列微小的卡诺循环来逼近任意循环,见图 6-14(b). 假设循环曲线内部的微小过程都是可逆的,则相邻的两个微小卡诺循环总有一段是共同的,但进行的方向相反从而效果完全抵消. 如果使微小的卡诺循环无限小,从而其数目 $n\to\infty$,则这些微小的循环过程的叠加就无限逼近于原来的任意循环过程. 任意循环过程都可看成是工作物质与无限多个连续的恒温热源交换热量后重新回到初始状态的过程,在 $n\to\infty$的极限条件下,式(6-33)应该写成积分形式:

$$\oint\frac{\mathrm{d}Q}{T}\leqslant 0 \tag{6-34}$$

式中等号仅对可逆循环成立,小于号对不可逆循环成立. 式(6-34)称为克劳修斯不等式,可认为它是热力学第二定律的一种数学表述.

6.5 熵

判别一个实际过程的方向性时,尽管可以利用克劳修斯不等式,但它牵涉到系统的具体过程,这带来了应用上的困难. 为了解决这一问题,我们根据克劳修斯不等式引入态函数熵.

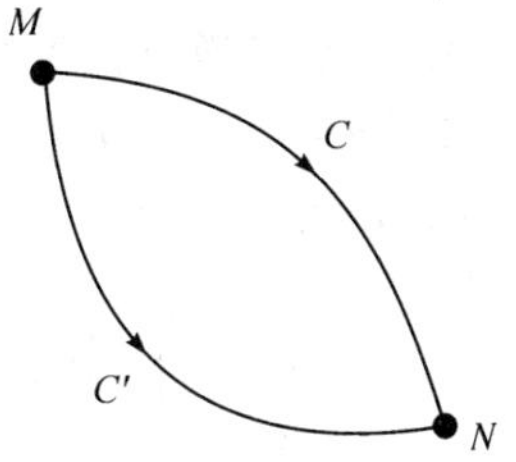

图 6-15　初末态相同的两个过程

设系统从初态 M 经任意两个可逆过程 C,C'到达终态 N,如图 6-15 所示. 只要让两个可逆过程之一逆向进行(在此不妨令 C'逆向进行)就可构成一个可逆循环. 根据式(6-34),有

$$\oint\frac{\mathrm{d}Q}{T}=\int_M^N\frac{\mathrm{d}Q_C}{T}+\int_N^M\frac{\mathrm{d}Q_{C'}}{T}=0$$

因此，

$$\int_M^N \frac{dQ_C}{T} = -\int_N^M \frac{dQ_{C'}}{T} = \int_M^N \frac{dQ_{C'}}{T}$$

上式表明，由初态 M 经两个不同的可逆过程 C，C' 到终态 N 的积分 $\int_M^N \frac{dQ}{T}$ 的值相等. 注意 C，C' 是由 M 态到 N 态的任意两个可逆过程，这说明在初、末态给定后，积分 $\int_M^N \frac{dQ}{T}$ 与可逆过程的路径无关. 克劳修斯根据这个性质引入一个态函数熵. 熵在两个状态间的差值定义为

$$\Delta S = S_N - S_M = \int_M^N \frac{dQ}{T} \tag{6-35}$$

其中 M，N 是系统的两个平衡态，S_M，S_N 表示系统在平衡态 M 和 N 的熵，积分沿由初态到末态的任意可逆过程进行. 熵的单位是 $J \cdot K^{-1}$.

从熵的定义，可以看出熵具有如下性质：

(1) 熵是一个广延量. 均匀系统的热力学量可分成两类：一类与物质的量成正比(如内能、体积等)，称为广延量；另一类与物质的量无关(如温度、压强等)，称为强度量. 由于系统在过程中吸收的热量与物质的量成正比，因此熵是广延量. 如果某系统由熵分别为 S_1 和 S_2 的两个子系统组成，则该系统的熵为

$$S = S_1 + S_2$$

(2) 熵是态函数. 由于式(6-35)中的积分与具体的可逆过程无关，所以只要确定了初态 M 和末态 N，它们的熵差就完全确定了. 一个状态的熵是其状态参量的函数，它由状态确定，与通过什么过程到达此状态无关. 如果系统由某一平衡态 M 经过一个不可逆过程到达另一平衡态 N，可以设计一个由 M 到 N 的可逆过程并用式(6-35)计算 N 和 M 两态的熵差.

设系统经不可逆过程由初态 M 到终态 N. 现在设想系统经过一个可逆过程由状态 N 回到状态 M. 这个设想的过程与系统原来的过程合起来构成一个循环过程，根据式(6-34)，有

$$\oint \frac{dQ}{T} = \left(\int_M^N \frac{dQ}{T}\right)_{\text{不可逆}} + S_M - S_N < 0$$

于是

$$\Delta S = S_N - S_M > \left(\int_M^N \frac{dQ}{T}\right)_{\text{不可逆}} \tag{6-36}$$

综合式(6-35)和式(6-36)，有

$$\Delta S \geqslant \int_{M}^{N} \frac{\mathrm{d}Q}{T} \tag{6-37}$$

式中的积分可以沿从 M 到 N 的任意过程进行. 等号适用于可逆过程,大于号适用于不可逆过程. 特别是,当系统经绝热过程由一个平衡态到达另一个平衡态时,上式中的积分恒为零,因此有 $\Delta S \geqslant 0$,如果过程可逆,熵不变,如果过程不可逆,熵增加. 这个结论叫做熵增加原理. 根据熵增加原理可以判断绝热过程自发进行的方向:可逆绝热过程总是沿等熵线进行,不可逆绝热过程总是向着熵增加的方向进行.

对于无穷小的过程,式(6-37)应该写成微分形式:

$$\mathrm{d}S \geqslant \frac{\mathrm{d}Q}{T} \tag{6-38}$$

由热力学第一定律,对于闭系,仅有体积功时

$$\mathrm{d}Q = \mathrm{d}E + p\,\mathrm{d}V$$

代入式(6-38)得

$$T\mathrm{d}S \geqslant \mathrm{d}E + p\mathrm{d}V \tag{6-39}$$

可逆过程取等号,不可逆过程取大于号.

熵是广延量,除了与体积和内能有关以外,还与粒子数成正比. 所以对于开系,熵函数的一般表达式应为

$$S = S(E, N, V) \tag{6-40}$$

其中 N 为系统所包含的粒子数. 将(6-38)推广到开系,有

$$T\mathrm{d}S \geqslant \mathrm{d}E + p\mathrm{d}V - \mu\mathrm{d}N \tag{6-41}$$

式中等号仅对可逆过程成立,μ 称为化学势. 上式右边第三项不为零时表示系统与外界有粒子交换,原因是系统与外界存在化学势的差异. 化学势 μ 的定义式为

$$\mu = -T\left(\frac{\partial S}{\partial N}\right)_{E,V} \tag{6-42}$$

它是系统在内能和体积都不变的情况下每增加一个粒子熵的增量与系统温度乘积的负值.

实际应用中,为了利用熵判断系统自发过程的方向,我们只关心系统熵的变化而并不在意熵的绝对值. 虽然可以设想任一可逆过程连接初态和终态,然后根据熵的定义来计算熵变,但这要涉及具体的过程. 利用熵是态函数这一性质,只要我们知道系统的熵有关状态参量的函数表达式,就可以将初态和终态的状态参量代入熵函数中方便地计算出熵的变化. 为此,设想任意可逆过程,式(6-41)取等号,有

$$TdS = dE + pdV - \mu dN \tag{6-43}$$

根据式(6－43),可以求出一个系统的熵与其状态参量间的函数关系.

例题 2 求物质的量为 n(单位为 mol)的理想气体以体积 V 和温度 T 表示的熵函数.

解 对于一定量的理想气体,$dN=0$,$dE=nC_V dT$,将它们代入式(6－43)得

$$dS = nC_V \frac{dT}{T} + \frac{p}{T}dV$$

由理想气体状态方程可得 $\frac{p}{T}=\frac{nR}{V}$,代入上式,有

$$dS = \frac{nC_V}{T}dT + \frac{nR}{V}dV$$

积分得

$$S = nC_V \ln T + nR\ln V + S_0$$

S_0 是积分常量,上式就是理想气体以 T 和 V 表示的熵函数.

6.6 熵的微观实质与统计意义

熵和能量是物理学中两个很重要的概念,它们已被广泛应用于科学技术甚至某些社会科学领域中.熵的概念已渗透到自然过程和人类生活的各个方面,蕴含了极其丰富的内容.那么熵的意义究竟是什么?为什么孤立系统中自发过程总是使系统的熵增大?为什么与热现象相联系的一切宏观过程都是不可逆的?为什么自然界的变化总呈现单向性?等等.这些问题,热的宏观理论都不能给予明确的回答,它们需要从微观角度认识熵的微观意义寻找答案.

6.6.1 宏观状态与微观状态

我们以气体自由膨胀过程为例来说明什么是宏观状态和微观状态.从统计学的角度,隔板抽掉后,如果知道有多少粒子处于 A 部,我们就确定了系统的宏观状态,参看图 6－12.但要确定系统的微观状态,就必须指明,究竟哪些粒子处于 A 中.由此可见,一个宏观状态可能对应很多的微观状态,因为容器中两侧交换一对粒子并不改变系统的宏观状态,但改变了微观状态.某宏观状态对应的微观状态数称为该宏观状态的热力学概率,用 Ω 表示.设容器中有四个分子 a,b,c,d,它们在容器两部分的分布情况如表 6－2 所示.从表中可以看出,共有 5 种宏观状态,16 种微观状态.包含微观状态数目最多的是分子平均分布于 A,B 两部分,所有分子都在 A(或 B)中的微观状态数最少,只有 1 种.

表 6-2　四个分子在容器两部分的分布情况

微观状态		宏观状态		
A	B	n_A	n_B	Ω
abcd	—	4	0	1
abc	d	3	1	4
bcd	a			
acd	b			
abd	c			
ab	cd	2	2	6
ac	bd			
ad	bc			
bc	ad			
bd	ac			
cd	ab			
a	bcd	1	3	4
b	acd			
c	abd			
d	abc			
—	abcd	0	4	1

6.6.2　玻尔兹曼关系式

由上述讨论可知，一个系统通常包含有大量的宏观状态，同时，一个宏观状态还可以包含有大量的微观状态. 系统中的粒子数越多，其状态数也越多. 在一定的条件下，既然有多种可能的宏观状态，那么究竟哪一个状态将是实际上被观察到的呢？回答这个问题需要用到统计理论中的一个基本假设，这个假设称为等概率假设：对于孤立系，各个微观状态出现的概率相同. 这样，哪一种宏观状态包含的微观状态多，它出现的可能性就大. 设一个孤立系的总微观状态数为 Ω_t，共有 N 个宏观状态，它们分别包含 $\Omega_1, \Omega_2, \cdots, \Omega_N$ 个微观状态，则根据等概率假设，第 i 种宏观状态出现的概率为

$$P_i = \frac{\Omega_i}{\Omega_t} \tag{6-44}$$

表 6-2 中显示，$\Omega_t = 16$，容器中 A 和 B 各有两个分子的概率最大，为 6/16，全部分子退到 A 的概率为 1/16. 随着分子总数的增加，均匀分布的概率逐渐逼近于 1，而对均匀分布稍有偏离的分布的概率显著地小于 1. 例如，如果容器中有 1 mol

气体,分子数为 6.023×10^{23},隔板抽掉后仍以分子处于 A 部或 B 部来分类,则 $\Omega_t=2^{6.023\times10^{23}}$,全部分子退到 A 部的概率只有 $1/2^{6.023\times10^{23}}$,这个概率如此之小,实际上不可能发生. 由于实际系统都包含有大量的粒子,所以我们在平衡态下观测到的就是微观状态数最多,即热力学概率最大的宏观状态. 气体的自由膨胀过程正是由热力学概率小的宏观状态向热力学概率大的宏观状态过渡的过程.

同样可以分析出,功热转换和热传导等不可逆过程也是由热力学概率较小的宏观状态过渡到热力学概率较大的宏观状态. 所以判断一个过程自发进行的方向时,热力学概率有着重要的地位. 统计物理可以证明,熵与热力学概率有如下的关系:

$$S=k\ln\Omega \tag{6-45}$$

上式称为玻尔兹曼关系式,k 为玻尔兹曼常量.

玻尔兹曼关系式揭示出熵是系统宏观状态所对应的微观状态数的度量. 从直观意义上讲,热力学概率小就意味着集中、整齐、层次分明,就意味着有序;热力学概率大,就意味着分散、零落、杂乱无章,就意味着无序. 一个孤立系统自发过程总是向无序度增加的方向进行,也是熵增加的过程. 所以熵是系统无序度的度量. 例如,气体的自由膨胀过程是分子由集中到分散,热传导过程是能量由集中到分散,功变热是从定向的有序运动自发地转化为无规的热运动,等等. 应该指出,向无序度增大方向过渡是孤立系内部自发过程的必然趋势,对于某个局部系统可以发生相反的过程,即向有序度增大的方向进行,但它必然引起周围更大的无序和混乱,作为整个孤立系来说,无序度总是增加的. 例如,电冰箱在制冷(使冰箱内物体的熵减少)的同时,需要消耗能量,还要向环境释放更多的热量,整体的熵还是增加了. 现代化的生产给人类生活带来了极大的方便,但是它消耗了更多的有效能量,产生了更多的熵更多的混乱,即产生了更多的废料、垃圾和污染,这是现代文明的负面效应,因此必须提倡节约能源、节制消耗.

热力学第二定律告诉我们,一个孤立系内部过程总是向熵增大的方向进行. 从玻尔兹曼关系式可以看出,熵是系统状态概率的度量,热力学第二定律只是一个统计规律. 下面我们仍以气体自由膨胀过程为例来说明. 对于由少数粒子组成的系统,例如仅含两个分子的气体的自由膨胀,抽掉隔板后,这两个分子扩散到整个容器. 诚然,这种状态的概率最大,但由于分子的无规运动,两个分子仍有一定的概率全部退回容器的一侧,而这个概率并非小到完全可以忽略,所以宏观上仍有一定的机会观察到两个分子退回容器中一侧的状态. 综上所述,热力学第二定律是对大量粒子组成的系统的统计规律,自发过程的方向只是统计意义上的最概然方向.

习　题

6-1　空气在压强为 1.52×10^5 Pa，体积为 5.00×10^{-3} m^3 时，等温膨胀到压强为 1.01×10^5 Pa，然后等压冷却到原来的体积，试计算空气所做的功.

6-2　设气体遵从下列状态方程：

$$pV=A+Bp+Cp^2+Dp^3+\cdots$$

其中 A,B,C,D 都是温度的函数. 求气体在准静态等温过程中压强由 p_1 增大到 p_2 时所做的功.

6-3　在标准状态(温度为 273.15 K，压强为 1.013×10^5 Pa)下的 0.016 kg 氧气，经过一绝热过程对外做功 80 J. 求终态的温度、体积和压强.

6-4　1 mol 氢气，在压强为 1.0×10^5 Pa，温度为 293 K 时，其体积为 V_0. 今使它经以下两种过程达到同一状态：

(1) 先保持体积不变，加热到温度为 353 K，然后令它作等温膨胀，体积变为原来的 2 倍；

(2) 先使它作等温膨胀至原来体积的 2 倍，然后保持体积不变，加热到 353 K. 试分别计算以上两种过程中吸收的热量，气体对外做的功和内能的增量，并作 p-V 图.

6-5　某气体经过一个过程，在此过程中压强 p 随体积 V 变化的关系式为

$$p=p_0\mathrm{e}^{-a(V-V_0)}$$

式中 p_0,V_0,a 为常量. 求当其体积由 $3V_0$ 压缩至 $2V_0$ 时外界对气体做的功.

6-6　一定量的单原子理想气体先绝热压缩到原来压强的 9 倍，然后再等温膨胀到原来的体积. 试问气体最终的压强是其初始压强的多少倍?

6-7　1 mol 理想气体，在从 273 K 等压加热到 373 K 时吸收了 3350 J 的热量. 求：

(1) γ 值；

(2) 气体内能的增量；

(3) 气体做的功.

6-8　2.0 mol 的氦气，起始温度为 300 K，体积是 2.0×10^{-2} m^3. 此气体先等压膨胀到原体积的 2 倍，然后作绝热膨胀，至温度恢复到初始温度为止.

(1) 在 p-V 图上画出该过程.

(2) 在这过程中共吸热多少?

(3) 氦气的内能共改变多少?

(4) 氦气所做的总功是多少?

(5) 最后的体积是多大?

6-9　如习题 6-9 图所示，用绝热壁作成一圆柱形容器. 在容器中间放置一无摩擦的、绝热的可移动活塞. 活塞两侧盛有相同质量的同种理想气体，开始状态均为 p_0、V_0、T_0. 设气体定体摩尔热容为常量，$\gamma=1.5$. 将一通电线圈放到活塞左侧气体中，对气体缓慢地加热，左侧气体膨胀同时通过活塞压缩右侧气体，最后使右侧气体的压强增

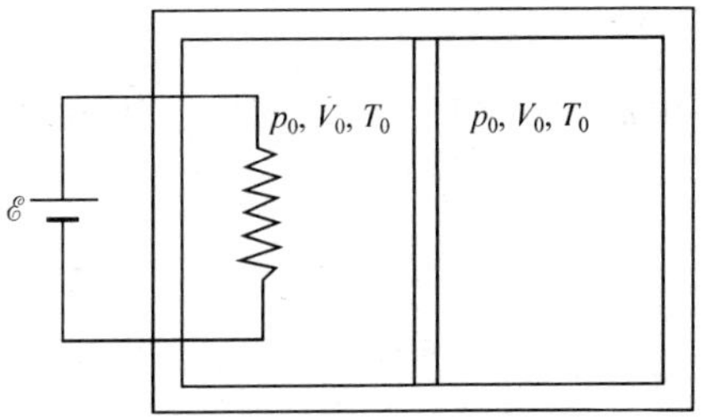

习题 6-9 图

大到$\frac{27}{8}p_0$. 问：

(1) 对活塞右侧气体做了多少功？

(2) 右侧气体的终温是多少？

(3) 左侧气体的终温是多少？

(4) 左侧气体吸收了多少热量？

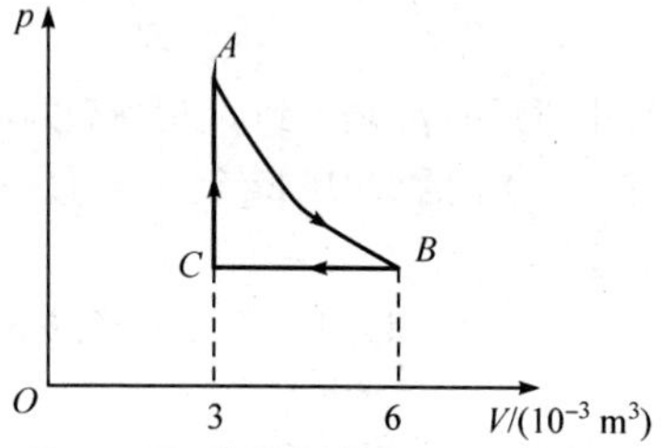

习题 6－10 图

6－10　习题 6－10 图为 1.0 mol 单原子理想气体所经历的循环过程，其中 AB 为等温线，已知 $V_A=3.00\times10^{-3}\ \mathrm{m^3}$，$V_B=6.00\times10^{-3}\ \mathrm{m^3}$，求效率.

6－11　一温度为 400 K 的热库在与另一温度为 300 K 的热库的短时间接触中传递给它 100 J 的热量，两热库构成的系统的熵改变了多少？

6－12　证明理想气体由平衡态(p_1, V_1, T_1)经任意过程到达平衡态(p_2, V_2, T_2)时，熵的增量为

(1) $\Delta S=nC_p\ln\frac{T_2}{T_1}-nR\ln\frac{p_2}{p_1}$；

(2) $\Delta S=nC_p\ln\frac{V_2}{V_1}+nC_V\ln\frac{p_2}{p_1}$.

6－13　如习题 6－13 图所示，在刚性绝热容器中有一可无摩擦移动而不漏气的导热隔板，将容器分为 A，B 两部分，各盛有 1 mol 的 He 和 O_2 气. 初态 He 和 O_2 的温度各为 $T_A=300$ K 和 $T_B=600$ K，压强均为 1.01×10^5 Pa.

(1) 求整个系统达到平衡时的温度和压强(O_2 可看作是刚性的).

(2) 求整个系统熵的增量.

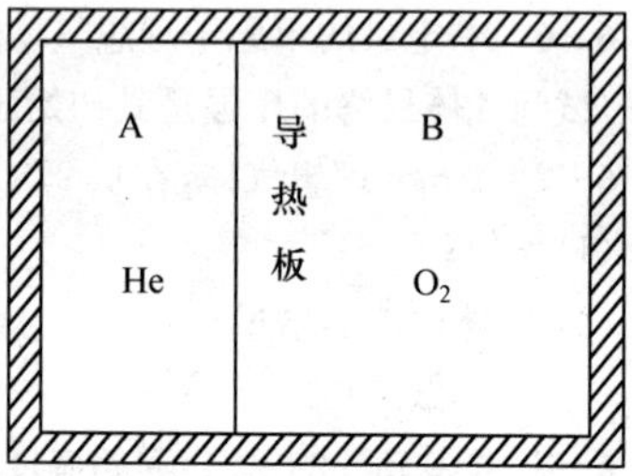

习题 6－13 图

6－14　1.00 cm³ 的 373 K 的纯水，在 1.01×10^5 Pa 下加热，变成 1 671 cm³ 的同温度的水蒸气. 水的汽化热为 $2.26\times10^6\ \mathrm{J\cdot kg^{-1}}$. 试求水变成汽后内能的增量和熵的增量.

6－15　1 mol 单原子理想气体由 $T_1=300$ K 可逆地被加热到 $T_2=400$ K. 在加热过程中气体的压强随温度按下列规律改变：

$$p=p_0\mathrm{e}^{\alpha T}$$

其中 $\alpha=1.00\times10^{-3}\ \mathrm{K^{-1}}$. 试确定气体在加热时所吸收的热量 Q.

第 7 章　液体的表面性质

物质的表面与内部存在许多性质差异.液体的表面现象是人们最先发现的这种差异之一,它是一种非常普遍的现象,是表面物理的重要内容.

7.1　液体的表面张力

在日常生活中,我们发现小水珠、小水银滴、肥皂泡都是球状的;把钢针轻轻水平放在水面上,钢针不会下沉,只是稍稍将水面压下.这些现象表明,液体的表面如同张紧了的弹性薄膜,具有收缩的趋势.我们把这种存在于液体表面层能使液面收缩的相互拉力称为液体的表面张力.

液体的表面张力可以从分子力的观点来理解.与气体不同,液体分子之间的距离比气体分子间距要小得多,由于分子之间存在相互作用力,每个分子都在平衡位置附近运动,设平衡位置对应的分子间距为 r_0,该点的势能最低.当分子间距小于 r_0 时,斥力迅速变大;当分子间距大于 r_0 时引力先变大后变小,对于液体而言,只需考虑变大的一段.

当某个分子从平衡位置向某一方向运动时,它一方面要受到所离开的那些分子的引力,另一方面又要受到所靠拢的那些分子的排斥,引力和斥力的数量级相同,通常可认为其大小相等,因此,液体内部分子只能在平衡位置附近振动.

为简化起见,设分子间的有效作用半径为 r_e,超出这个半径,分子力可以忽略.在液体内部任取一个分子 A,以它为中心以 r_e 为半径作球面,位于球面内的所有其他分子都对这个分子产生作用力,见图 7－1.但是,考虑到中心对称性,这个分子所受的合引力为零,合斥力亦为零.同时,引力和斥力又相互平衡,即在任何方向上看,A 所受到的吸引力与排斥力大小相等,方向相反.如引力大于斥力,液体内会表现出内聚力,密度增加直到斥力等于引力为止;反之,则膨胀.总之,液体内部分子力为各向同性的,分子在平衡位置附近的振动也是各向同性的,平均说来各个方向振动的振幅是相等的.

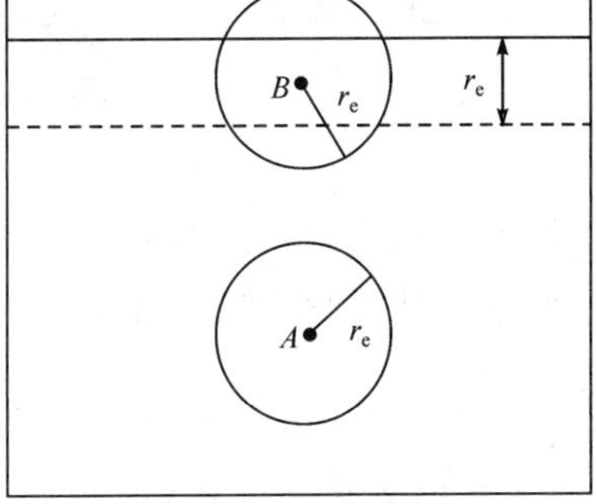

图 7－1　液体表面与内部的分子力对比

对于表面层(液面下厚为 r_e 的一层)中的分子 B,以 B 为球心,r_e 为半径的球面的一部分落在了液面外侧,分子力的对称性被破坏,其他分子对 B 的合引力不再为零,合斥力也不为零. 这就造成了分子力的各向异性. 分子在平衡位置附近振动的振幅也表现为各向异性. 表面层内沿着与表面平行方向振动的分量受此影响不大,可忽略. 垂直于液面方向的振动分量就不同了,由于液面外缺乏同类分子,平衡位置两边振幅不对称,液内一方振幅较小,指向液外一方振幅较大,大于液体内部分子的平均振幅. 表面层内分子的平均振幅大于液体内部分子的平均振幅,因此,表面层内分子密度比液体内部小一些,分子平均间距大于 r_0,从而出现分子的引力优势. 在分子不断振动的情况下,垂直于液面方向的引力优势使得在此方向具有较大振幅,以维持表面层内的密度较小;由于表面层内分子间距较大,所以沿液面方向的引力优势得以保持,从而出现表面张力.

为了比较不同液体及同种液体在不同条件下表面张力的大小,引入表面张力系数 σ 的概念. 在液面上任取长为 l 的一段假想的线段,张力 F 为 l 两侧液面间的相互拉力,它的方向与 l 垂直,大小与 l 成正比. 定义这个比例系数

$$\sigma=\frac{F}{l} \tag{7-1}$$

为液体的表面张力系数,它表示单位长度直线两侧液面的拉力. 在国际单位制中,表面张力系数的单位是 $\mathrm{N\cdot m^{-1}}$.

表面张力系数也可从做功的角度定义. 如图 7-2,取一个 U 形金属框,在上面放一个细金属丝 AB,AB 的左侧张满液膜,设金属框的宽度为 l,则维持 AB 静止的力 F 必须与表面张力的大小相等而方向相反,由于液膜有两个表面,所以

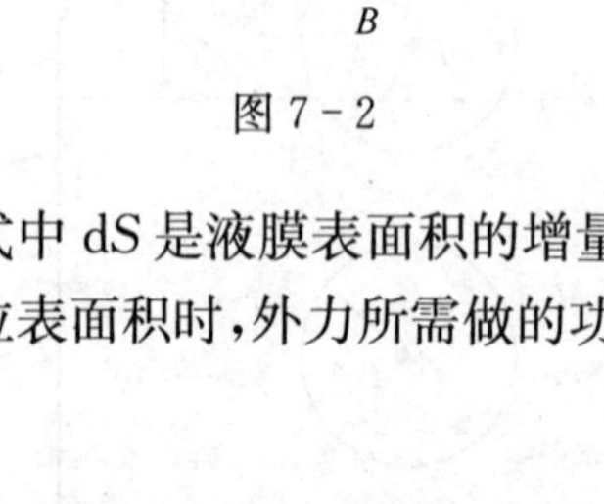

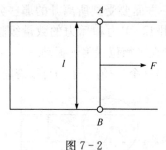

图 7-2

$$F=2\sigma l$$

设想在 F 的作用下,AB 缓慢地向右移动一个微小距离 $\mathrm{d}x$,则 F 做的功为

$$\mathrm{d}A=F\mathrm{d}x=2\sigma l\mathrm{d}x=\sigma\mathrm{d}S$$

式中 $\mathrm{d}S$ 是液膜表面积的增量. 由上式可以看出,表面张力系数也等于增大液体单位表面积时,外力所需做的功,即

$$\sigma=\frac{\mathrm{d}A}{\mathrm{d}S} \tag{7-2}$$

外力所做的功完全用于克服表面张力用于增大液膜的表面能 E,所以表面张力系数也可以定义为

$$\sigma=\frac{\mathrm{d}E}{\mathrm{d}S} \tag{7-3}$$

上式说明，表面张力系数等于增大液体单位表面积时所增加的表面能（表面层内分子间的相互作用势能）.

实验发现，表面张力系数与温度的关系密切，随着温度的升高，σ 的值几乎是线性地减小. 表 7－1 给出了水在不同温度下的表面张力系数. 另外，同种液体在与不同物质接触时表现出不同的 σ 值. 例如 20 ℃时，在与苯为界的情形，水的表面张力系数为 $3.36\times10^{-2}\ \mathrm{N\cdot m^{-1}}$，与醚为界时则为 $1.22\times10^{-2}\ \mathrm{N\cdot m^{-1}}$. 最后，表面张力系数还与杂质有关，有的杂质能使表面张力系数增大，有的杂质能使表面张力系数减小. 能使表面张力系数减小的物质称为表面活性物质. 肥皂就是最常见的使水的表面张力系数显著减小的表面活性物质. 常温下肥皂水的表面张力系数比水的表面张力系数小很多，这也是肥皂水比纯水更容易吹出较大气泡的原因. 在冶金工业上，表面活性物质能使液态金属结晶速度加快，例如，在钢液结晶时，加入少量的硼就是为了这个目的.

表 7－1　水在不同温度下的表面张力系数 σ

温度/℃	0	20	30	60	80	100
$\sigma/(10^{-3}\ \mathrm{N\cdot m^{-1}})$	75.6	72.8	71.2	66.2	62.6	58.9

例题 1　试求当许多半径为 r 的小水滴溶合成一个半径为 R 的大水滴时释放出的能量. 假设水滴呈球状，水的表面张力系数 σ 在此过程中保持不变.

解　设小水滴的数目为 N，溶合过程中释放出的能量为水滴表面积减小时所减小的表面能. 由于溶合前后水滴的总体积保持不变，则

$$\frac{4}{3}\pi r^3 N=\frac{4}{3}\pi R^3$$

$$N=\frac{R^3}{r^3}$$

释放出的能量等于水滴表面积的减小量与表面张力系数的乘积，即

$$\Delta E=(4\pi r^2 N-4\pi R^2)\sigma=4\pi\sigma\left(\frac{R}{r}-1\right)R^2$$

7.2　球形液面的附加压强

液滴表面以及与固体相接触的液面都呈弯曲状，在弯曲液面的两侧，由于表面张力的存在，液面内和液面外存在一个压强差，称为附加压强. 下面研究半径为 R 的球形液面的附加压强.

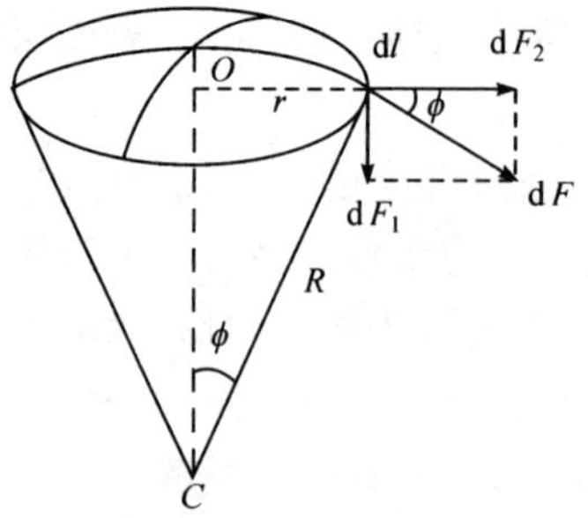

图 7-3　球形液面内外的压强差

在球形液面处取图 7-3 所示的一个球冠状的小液块，对此液块进行受力分析可知，此液块受到三个力的作用，它们分别是：①通过小液块的边线作用在液块上的表面张力；②液面内外的压强差 Δp 所产生的压力；③小液块自身的重力，但重力远小于前面两个力，可以忽略. 因液块处于平衡时，其所受合外力为零，据此条件可求出附加压强. 首先计算表面张力. 现在边线上取一长为 dl 的线元，过此微元作用在液块上的表面张力为 $dF=\sigma dl$. 把 dF 分解为与底面垂直的分力 dF_1 和与底面平行的分力 dF_2，其中

$$dF_1=\sigma dl\sin\phi$$
$$dF_2=\sigma dl\cos\phi$$

由对称性，可以把整个液块的边线分割为无限多对对称的微元，其与底面平行的分力均为大小相等而方向相反，故水平方向的合力为零. dF_1 的方向均为竖直向下，故表面张力的合力为

$$F_1=\oint dF_1=2\pi r\sigma\sin\phi$$

根据几何关系可知

$$\sin\phi=\frac{r}{R}$$

式中 R 为球形液面的曲率半径. 因此有

$$F_1=\frac{2\pi r^2\sigma}{R}$$

另外，由附加压强产生的压力为 $\Delta p\pi r^2$，根据力的平衡条件，得

$$\frac{2\pi r^2\sigma}{R}=\Delta p\pi r^2$$

由上式可得

$$\Delta p=\frac{2\sigma}{R}\tag{7-4}$$

可见，表面张力系数越大，球面的半径 R 越小，附加压强 Δp 就越大，上式仅对凸液面适用. 对凹液面，液体内部压强小于液体外部压强，故附加压强是负的，即

$$\Delta p=-\frac{2\sigma}{R}\tag{7-5}$$

对平液面，因 $R\to\infty$，所以 $\Delta p=0$.

综合上面的讨论可知：对凸液面，附加压强为正，即液面内部的压强大于液面外部的压强;对凹液面,附加压强为负,即液面内部的压强小于液面外部的压强;对平液面,附加压强为零,即液面内部的压强等于液面外部的压强.

例题 2　有一球形气泡在距离水面下 h 处形成. 当它浮到紧邻水面时,半径增大到初始半径的 1.1 倍,为 $R=1.0\ \mu\text{m}$. 试求 h. 已知水的表面张力系数 $\sigma=7.2\times10^{-2}\ \text{N}\cdot\text{m}^{-1}$,大气压强 $p_0=1.0\times10^5\ \text{Pa}$,并设气泡升起时泡内气体的温度保持不变.

解　记 $\beta=1.1$,并设气泡在水面下形成时的半径为 r,则 $r=R/\beta$. 将气泡内的气体看作理想气体,根据理想气体的状态方程,有

$$\frac{p}{p'}=\frac{V'}{V}=\beta^3 \tag{1}$$

式中 p,V 和 p',V' 分别表示气泡内初末状态的压强和体积. 考虑球形液面产生的附加压强,

$$p=p_0+\rho gh+\frac{2\sigma}{r}=p_0+\rho gh+\frac{2\sigma\beta}{R} \tag{2}$$

$$p'=p_0+\frac{2\sigma}{R} \tag{3}$$

将式(2)和式(3)代入式(1),得

$$h=\frac{1}{\rho g}\left[(\beta^3-1)p_0+(\beta^3-\beta)\frac{2\sigma}{R}\right]$$

取 $\rho=1.0\times10^3\ \text{kg}\cdot\text{m}^{-3}$,$g=9.8\ \text{m}\cdot\text{s}^{-2}$,代入已知数值,可得 $h=6.8\ \text{m}$.

根据前面的讨论,我们很容易分析出空气中肥皂泡内外的压强差. 如图 7-4 所示,肥皂泡膜有两个表面,一个是半径为 r_1 的内表面,它是球形凹液面;另一个是半径为 r_2 的外表面,它是球形凸液面,记泡内、液膜、泡外的压强分别为 p_1,p_2,p_3,则有

$$p_1-p_2=\frac{2\sigma}{r_1}$$

$$p_2-p_3=\frac{2\sigma}{r_2}$$

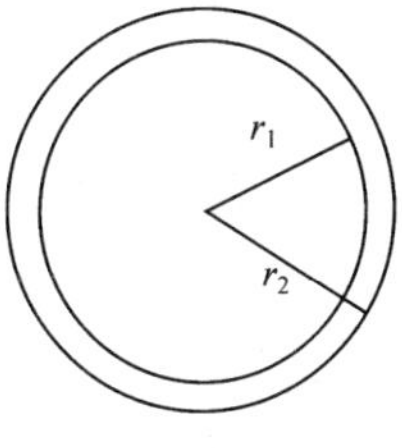

图 7-4　肥皂泡内外的压强差

因液膜很薄,可以近似认为 $r_1\approx r_2\approx R$,于是

$$p_1-p_3=\frac{4\sigma}{R} \tag{7-6}$$

式(7-6)表明,肥皂泡半径越小,泡内外的压强差越大.

如果大小不等的液泡连通,且所有液泡表面张力系数都相等,那么小气泡内压强大于大气泡内的压强,结果是大气泡膨胀而小气泡收缩. 我们知道,肺泡是连通的,但实际上肺泡并没有出现这样的现象,否则肺泡的功能就丧失了. 这说明肺泡

的表面张力系数与它的大小有关. 事实的确是这样的,正常肺泡表面液层中存在表面活性剂,它与液体分子间的引力小于液体分子之间的引力,这样表面层中的部分液体分子就会被拉到液体内部,表面活性分子则集中在表面层中,稀释了表面层中的液体分子,从而降低了其表面张力. 体积较大的肺泡表面积较大,表面活性剂的浓度较小,肺泡的表面张力系数大;体积较小的肺泡表面积小,其表面张力系数较小. 正是这种表面活性剂在呼吸过程中调节着大小肺泡的表面张力系数,从而稳定了大小肺泡内的压强. 在吸气时,肺泡变大,其表面积也增大,表面活性剂分子分散,浓度减少,表面张力系数增大,产生的附加压强增大,从而对抗了肺泡半径增加对附加压强的减小,以保证肺泡不致过分扩大. 在呼气时,肺泡变小,表面活性剂分子在表面层更为密集,浓度增加,表面张力系数减小,从而对抗了由于肺泡半径缩小所致的附加压强的增加,以保持肺泡不致过分萎缩,从而维持呼吸过程的正常进行.

7.3 毛细现象

由于存在表面张力,微小的液滴单独存在时它的表面是凸起的,但是当液体和固体接触时却可能表现出不同的表面现象. 例如玻璃板上的小水银滴呈球状(图 7-5(a)),而如果在无油脂的玻璃板上放一滴水,水滴会附着在玻璃板上(图 7-5(b)).

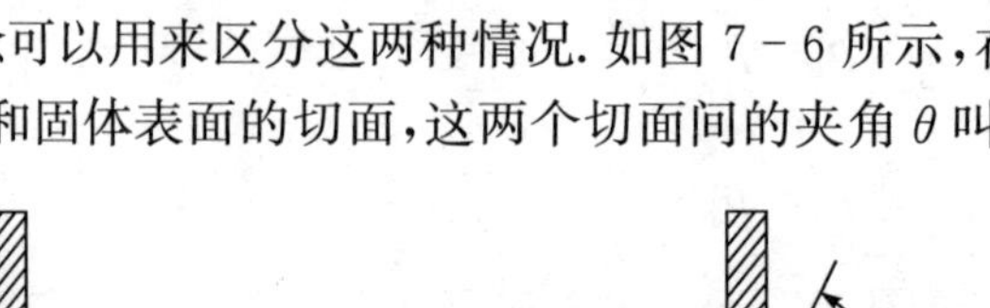

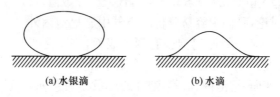

图 7-5 无油脂玻璃板上的液滴

接触角的概念可以用来区分这两种情况. 如图 7-6 所示,在液体与固体相接触处,分别作液面和固体表面的切面,这两个切面间的夹角 θ 叫做接触角. 当 θ 为

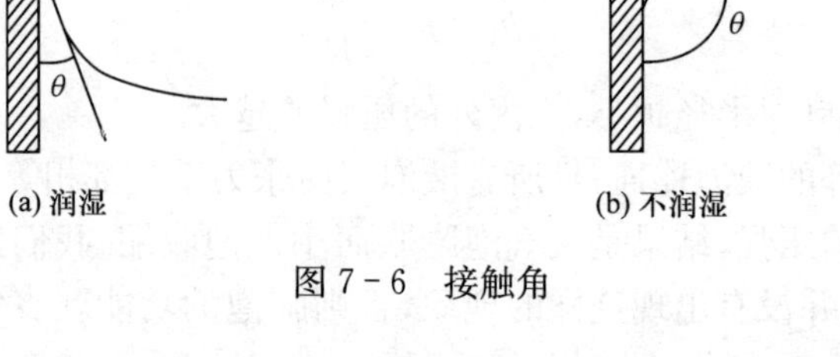

图 7-6 接触角

锐角时，称液体润湿固体；θ 为钝角时，称液体不润湿固体；$\theta=0$ 表示完全润湿；$\theta=\pi$ 时表示完全不润湿. 从微观角度来分析，这种现象是由于液体表面层中的分子不仅受到液体分子的作用力而且还受固体表面分子的作用，这两种作用都表现为吸引力，前者称为内聚力，后者称为附着力. 当内聚力大于附着力时，接触面附近的液体分子受到一个指向液体内部的力，液面有收缩的趋势，从而使液体不能润湿固体. 反之，接触面附近的液体分子将受到指向固体的力，液面有扩张的趋势，从而使液体润湿固体. 总之，接触角是由内聚力与附着力共同作用所决定的.

将细管插入液体中，管子内外的液面不等高的现象叫做毛细现象. 如果液体能润湿管壁，管内液面升高；如果液体不能润湿管壁，管内液面将下降. 能产生毛细现象的管子称为毛细管.

图 7－7 显示了润湿液体的毛细现象. 设毛细管的截面为圆形，半径为 r，管内液面近似成半径为 R 的球面的一部分. 根据式(7－5)，图中 A 点的压强与液面外大气压 p_0 的差值为

$$p_A-p_0=-\frac{2\sigma}{R}$$

图中 B 点与管外液面上任一点 C 处在相同的高度，它们的压强都等于大气压强 p_0(在此略去了高度差 h 引起的大气压强的变化)，即

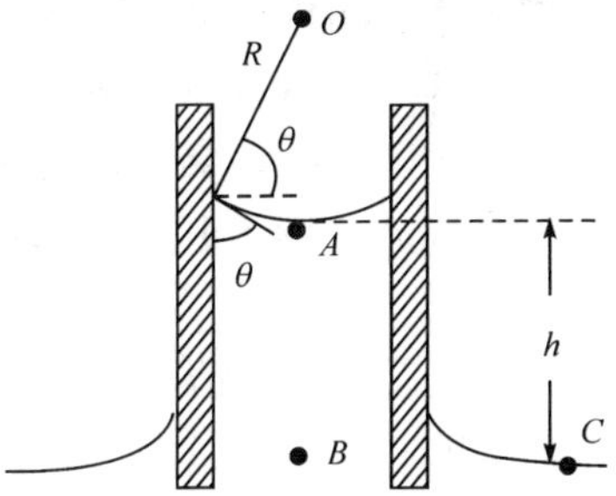

图 7－7　毛细现象(润湿)

$$p_C=p_B=p_0$$

因 A 点与 B 点的高度差为 h，所以 B 点与 A 点的压强差为

$$p_B-p_A=\rho gh$$

从上面三式中可解得

$$h=\frac{2\sigma}{\rho gR} \tag{7-7}$$

从图 7－7 中可以看出，

$$R=\frac{r}{\cos\theta}$$

代入式(7－7)，可将毛细管中液面上升的高度表示成

$$h=\frac{2\sigma\cos\theta}{\rho gr} \tag{7-8}$$

在液体不润湿管壁的情况下，参看图 7－8，毛细管内外液面的高度差仍能用式(7－8)表示，这时接触角为钝角，h 为负值，表示管内的液面比管外的低.

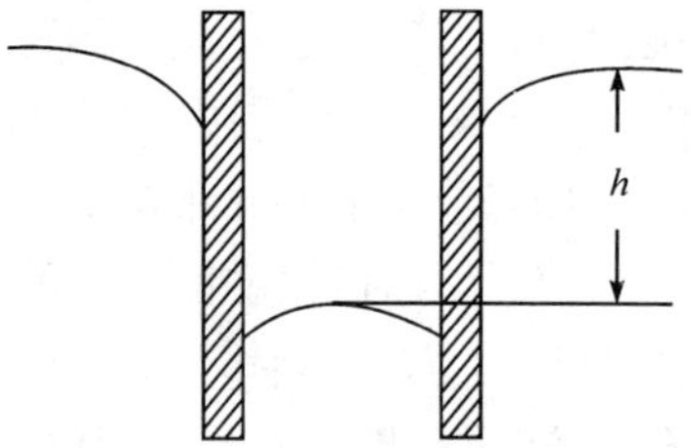

图 7-8 毛细现象(不润湿)

对植物的研究表明,毛细作用是植物体内液体输运的重要途径之一,还对保持土壤水分起着重要的作用.在土壤水分中虽然含有少量溶解的矿物质,但其水分的传输仍以毛细作用为主.当土壤中的水分含量较少时,由于孔隙较大的毛细管吸力相对较小从而首先丧失其水分,然而在较小孔隙中的水分由大得多的毛细管吸力保留下来.在植物的细胞壁中含有大量的毛细管,这些毛细管是由原纤维间的细小空间形成的.管径可以细到 10^{-7} m 的数量级,利用毛细吸力,可将水分输运到高处.当然,毛细作用并非植物中输送水分的惟一途径.

例题 3 如图 7-9,盛有水的 U 形管中,细管和粗管的水面间出现高度差 $h=0.08$ m,测得粗管的内半径 $r_1=0.005$ m,若为完全润湿,且已知水的表面张力系数 $\sigma=7.2\times10^{-2}$ N · m^{-1},求细管的半径 r.

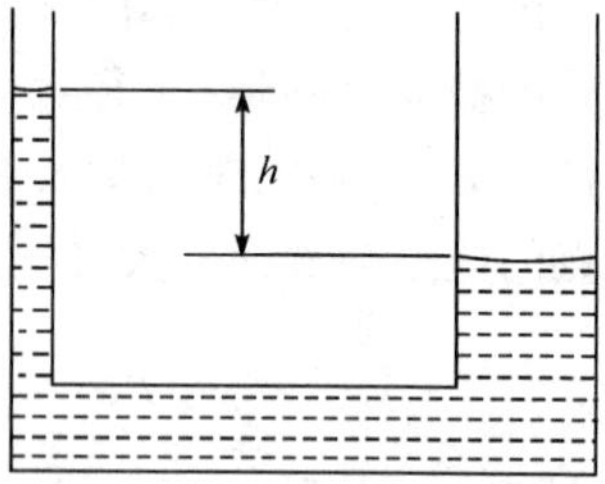

图 7-9

解 完全润湿的情况下,接触角 $\theta=0$,粗管中紧靠水面下的一点的压强为

$$p_1=p_0-\frac{2\sigma\cos\theta}{r_1}=p_0-\frac{2\sigma}{r_1} \tag{1}$$

细管中紧靠水面下的一点的压强为

$$p_2=p_0-\frac{2\sigma\cos\theta}{r_2}=p_0-\frac{2\sigma}{r_2} \tag{2}$$

由于两管中的液面存在高度差 h,根据液体静力学的原理,

$$p_1-p_2=\rho gh \tag{3}$$

将式(1),式(2)入式(3)可解得

$$r_2=\frac{2\sigma}{\rho gh+\dfrac{2\sigma}{r_1}}=1.8\times10^{-4}\text{ m}$$

习 题

7-1 液体的等温压缩系数定义为

$$\beta=-\frac{1}{V}\frac{\mathrm{d}V}{\mathrm{d}p}$$

假设液体对空气的表面张力系数为 σ,试导出半径为 r 的液滴的密度随 σ 和 β 的变化关系式.

7-2 在一根竖直插入水中的毛细管内,管内水面高出管外 $h_1=6.5$ cm.若将此管插入水银中，管内外水银液面的高度差是多大？已知水的表面张力系数为 $7.3\times10^{-2}\ \mathrm{N\cdot m^{-1}}$，与管壁的接触角为0；水银的表面张力系数为 $0.49\ \mathrm{N\cdot m^{-1}}$，与管壁的接触角为 $135°$，水银的密度为 $13.6\times10^{3}\ \mathrm{kg\cdot m^{-3}}$.

7-3 筛子上涂上一层石蜡后，其小孔的半径变为 $r=1.50\ \mathrm{mm}$，若注意到水完全不润湿石蜡，试确定为了不让水流出小孔，筛子里可能蓄存的水层的高度 h. 水的表面张力系数 $\sigma=7.3\times10^{-2}\ \mathrm{N\cdot m^{-1}}$.

7-4 把一个毛细管插入水中，使它的下端在水面下 h 处，管内水位比周围液面高 Δh，而且接触角为零. 问要在管的下端吹出一个半球形气泡所需压强是多大？

7-5 在内直径 $d_1=2.00\ \mathrm{mm}$ 的玻璃细管内，插入一根直径 $d_2=1.50\ \mathrm{mm}$ 的玻璃棒，棒与细管同轴. 若为完全润湿，试确定在管和棒之间的环状间隙内，由于毛细作用水上升的高度. 水的表面张力系数 $\sigma=7.3\times10^{-2}\ \mathrm{N\cdot m^{-1}}$.

第三篇　电　磁　学

电磁现象是一种极为普遍的自然现象，人类对电磁现象的认识、研究以至利用，经历了相当长的时期. 公元前 600 年古希腊哲学家泰利斯(Thales)就知道一块琥珀用木头摩擦之后会吸引草屑等轻小物体. 在春秋战国时期，我国人民已对天然磁石(Fe_3O_4)有了认识，战国时期《韩非子》中有“司南”和《吕氏春秋》中有“慈石召铁”的记载. 对电磁的近代研究应该从 18 世纪的库仑(C. A. de Coulomb)开始，他用测量仪器研究了静止电荷之间的相互作用，于 1785 年总结出定量的规律(库仑定律)，实现了电磁现象从定性到定量研究的飞跃 . 1800 年伏打(A. Volta)发明了伏打电堆，获得了能产生较大恒定电流的方法. 1820 年奥斯特(H. C. Oersted)发现导线中通过电流时，导线近旁的磁针会发生偏振，这个电流磁效应使曾作为两门独立学科发展的电学和磁学联系起来. 发现电流磁效应以后的发展，尤其在 1831 年法拉第(M. Faraday)发现了电磁感应现象，并提出场和力线的概念，进一步揭示了电与磁的联系. 19 世纪 60 年代麦克斯韦(J. C. Maxwell)总结了前人的研究成果，又提出极富创见的感生电场和位移电流的假设，建立了以麦克斯韦方程组为基础的完整的、宏观的电磁场理论以及 1887 年赫兹(H. R. Hertz)做了一系列电磁波实验，最终使电磁学成为一门统一的学科.

电磁学是一门基础学科，它的研究对象是电磁作用、电磁场的规律以及物质的电学和磁学性质. 目前电磁学的发展有两个重要方面，一方面是应用，电磁学规律用于解决各类实际问题. 可以毫不夸张地说，现代文明一刻也离不开电磁学的应用. 另一方面是理论基础方面，更深入研究电磁相互作用，使其成为更一般理论的一个特殊情况，这更一般理论也包含引力理论和量子物理理论. 这种巨大的综合性工作，现在还没有完成.

第 8 章　静　电　场

任何电荷周围的空间都存在着电场，相对于观察者是静止的电荷在其周围空间所激发的电场称为静电场. 静电场是在空间具有广延分布的客体，是一个矢量场，它的基本特征是对置于场中的电荷有作用力. 静电场的基本规律是库仑定律，但在实际讨论静电场时，更为方便的是利用以库仑定律推导出来的高斯定理和环路定理，它们清楚地指出了静电场是一个有源无旋场. 静电场是掌握电磁学的关键，是学习以后几章的重要基础.

8.1　电场强度　场强叠加原理

8.1.1　电荷　电荷守恒定律

人们在很早以前就观察到一些静电现象，例如，用木块摩擦过的琥珀能够吸引羽毛、草屑等轻小物体，后来发现玻璃棒、硬橡胶棒等用毛皮或丝绸摩擦后也能吸引轻小的物体. 物体有了这种吸引轻小物体的性质，就说它带了电，或者说有了电荷. 英文中 electricity(电)这个词来源于希腊文，原意是琥珀. 所以，带电原来是"琥珀化"了的意思，表示物体处在一种特殊的状态.

实验指出，两根用毛皮摩擦过的硬橡胶棒互相排斥；两根用丝绸摩擦过的玻璃棒也相互排斥；可是用毛皮摩擦过的硬橡胶棒与丝绸摩擦过的玻璃棒却互相吸引. 这表明硬橡胶棒上的电荷和玻璃棒上的电荷是不同的. 实验证明，所有其他物体不论用什么方法带电，所带的电荷或者与玻璃棒上的电荷相同，或者与硬橡胶棒上的电荷相同. 1752 年美国的富兰克林(B. Franklin)做了著名的风筝实验，证实了天上的电与地上的电是相同的. 上述都说明自然界中只存在两种电荷；而且同种电荷互相排斥，异种电荷互相吸引. 富兰克林首先用正、负电荷的名称来区分两种电荷.

人们在总结各种电现象后，在一个与外界没有电荷交换的系统内，正负电荷的代数和在任何物理过程中保持不变，这就是电荷守恒定律. 近代科学实验证明，电荷守恒定律不仅在一切宏观过程中成立，而且为一切微观过程(如核反应和基本粒子过程)所普遍遵守. 电荷守恒定律是物理学中普遍的基本定律之一.

电荷另一重要特征是量子性. 1906～1917 年，密立根(R. A. Millikan)用液滴法测定了电子的电荷. 三次改进了实验方法，取得了上千次的测量数据，首先从实验上证明，微小粒子带电量的变化是不连续的，它只能是某个元电荷 e 的整数倍，后来的许多实验都发现，各种粒子所带的电荷都是电荷 e 的简单整数倍. 这个性质称为电荷的量子化，量子化是物理学中的一个基本规律. 迄今所知，电子是自然界存在的最小负电荷，质子是最小正电荷. 实验得出，质子与电子电量之差小于 $10^{-20}e$，通常认为它们的电量完全相等. e 的现代(1998 年)精确值为

$$e = 1.602\,176\,462(63) \times 10^{-19}\,\mathrm{C}$$

式中 C(库仑)是电量的单位.

在研究宏观电磁现象时，所涉及的电荷通常总是电子电荷的许许多多倍. 在这种情况下，可认为电荷连续分布在带电体上，而忽略电荷的量子性.

8.1.2　库仑定律

法国物理学家库仑在 1785 年用自制的精密扭秤确定了两点电荷间相互作用力与它们间距离平方成反比的关系. 这个关系与万有引力相似，所以库仑推测两点电荷间相互作用力与它们的电量乘积成正比. 上述点电荷间相互作用规律现称为库仑定律.

点电荷和质点一样也是一个理想的模型. 当带电体的几何线度比起与其他带电体之间的距离充分小时，这时带电体的形状和电荷在其中的分布已无关紧要，则称此带电体为点电荷.

库仑定律可表述为：在真空中两个静止点电荷之间的相互作用力的大小，与它们的电量 q_1 和 q_2 的乘积成正比，与它们之间的距离 r 的平方成反比；作用力的方向沿着它们的连线，同号电荷相斥，异号电荷相吸(图 8-1).

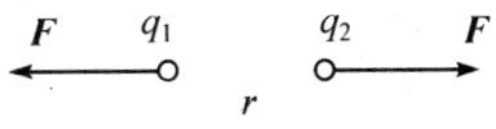

图 8-1　库仑定律

若以 F 表示作用力的数值，则库仑定律的数学表示式为

$$F = k\frac{q_1 q_2}{r^2} \tag{8-1}$$

为了同时表示为 $\boldsymbol{F}$ 的大小和方向，可将式(8-1)写成矢量式

$$\boldsymbol{F} = k\frac{q_1 q_2}{r^3}\boldsymbol{r} \tag{8-2}$$

式中 $\boldsymbol{r}$ 是由施力电荷引到受力电荷的矢量.

在 SI 制中，将式(8-1)和式(8-2)中的比例系数 k 写成

$$k = \frac{1}{4\pi\varepsilon_0}$$

的形式，其中 ε_0 称为真空电容率或真空介电常量，其 1998 年推荐值为

$$\varepsilon_0 = 8.854\,187\,817 \times 10^{-12}\,\mathrm{C^2 \cdot N^{-1} \cdot m^{-2}}$$

因此，在 SI 制中，库仑定律可写成

$$\boldsymbol{F} = \frac{1}{4\pi\varepsilon_0}\frac{q_1 q_2}{r^3}\boldsymbol{r} \tag{8-3}$$

实验表明,两个静止点电荷之间的相互作用力,并不因为有第三个静止电荷的存在而改变,当空间中有两个以上的点电荷(如 $q_0, q_1, q_2, \cdots, q_N$)存在时,作用在每一个点电荷(如 q_0)上的总静电力 $\boldsymbol{F}$ 等于其他点电荷单独存在时作用于该点电荷上的静电力 $\boldsymbol{F}_i$ 的矢量和,即

$$\boldsymbol{F} = \sum_{i=1}^{N} \boldsymbol{F}_i = \sum_{i=1}^{N} \frac{1}{4\pi\varepsilon_0} \frac{q_0 q_i}{r_i^3} \boldsymbol{r}_i \tag{8-4}$$

称为静电力的叠加原理. 有了库仑定律和静电力叠加原理,原则上可求解任意带电体之间的静电力.

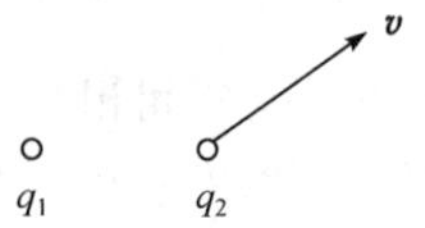

图 8-2　点电荷 q_2 受的力可用库仑定律计算

最后,还要说明几点:①虽然库仑定律是通过宏观带电体的实验总结出来的规律,但物理学进一步的研究表明,原子结构、分子结构、固体和液体的结构,以至化学作用等问题的微观本质与电磁力(其中主要部分是库仑力)有关. 而在这些问题中,万有引力的作用十分微小,例如氢原子中电子和质子间库仑力比万有引力约大 2×10^{39} 倍. ②如图 8-2 所示的两点电荷 q_1、q_2,当 q_1 静止,q_2 运动时,则 q_2 受 q_1 的作用仍然可用库仑定律计算,而 q_1 受 q_2 的作用力不再能用库仑定律计算. ③库仑定律的适用范围很宽,包括著名的卢瑟福的 α 粒子散射实验在内的大量实验表明,库仑定律在 $10^{-15}\sim10^{7}$ m(或更大)的范围内是可靠的. ④在以下二节中,将说明库仑力与距离平方成反比,决定了静电场是有源无旋场.

例题 1　卢瑟福(E. Rutherford)在他的 α 粒子散射实验中发现,α 粒子具有足够高的能量,使它能达到与金原子核的距离为 2×10^{-14} m 的地方. 试计算在这一距离时,α 粒子所受金原子核的斥力的大小.

解　α 粒子所带电量为 $2e$,金原子核所带电量为 $79e$,由库仑定律可得此斥力为

$$F = \frac{2e \times 79e}{4\pi\varepsilon_0 r^2} = \frac{79 \times (1.6 \times 10^{-19})^2}{2 \times 3.14 \times 8.85 \times 10^{-12} \times (2 \times 10^{-14})^2} = 91(\mathrm{N})$$

此力约相当于 10 kg 物体所受的重力,说明在原子线度内库仑力是非常强的.

8.1.3　电场　场强叠加原理

1. 电场和电场强度

早期电磁理论认为两个非接触的带电体之间的相互作用既不需要任何由原子、分子组成的物质来传递,也不需要传递时间. 后来,法拉第在大量实验研究的基础上,提出了以近距作用观点为基础的场的概念. 任何电荷都在自己周围的空间激发电场;而电场的基本性质是,它对于处在其中的任何其他电荷都有作用,称为电场力. 因此,电荷与电荷之间是通过电场发生作用的. 本章只讨论相对于观察者静止的电荷在其周围空间产生的电场,称为静电场.

电场虽然不像由原子、分子组成的实物那样看得见、摸得着，但它所具有的一系列物质属性，如具有能量、动量，能施于电荷作用力等而被我们所感知. 因此，电场是一种客观存在，是物质存在的一种形式.

电场的一个重要性质是它对电荷有作用力，我们以此来定量地描述电场，引入电场强度矢量的概念. 在电场中引入一个电荷 q_0，通过观测 q_0 在电场中不同点的受力情况来研究电场的性质，这个被用来作探测工具的电荷 q_0 称为试探电荷. 为了保证测量的精确性，q_0 所带的电量必须很小，几乎不会影响原电场的分布；同时要求 q_0 的几何线度必须很小，以反映电场中某一点的性质.

实验表明，在电场中不同点，试探电荷 q_0 所受的力 $\boldsymbol{F}$ 的大小和方向一般是不同的. 利用库仑定律可以证明，对于电场中的任一固定点来说，比值 $\boldsymbol{F}/q_0$ 是一个无论大小和方向都与试探电荷无关的矢量，它反映了电场本身的性质，把它定义为电场强度，简称场强，用 $\boldsymbol{E}$ 表示，即

$$\boldsymbol{E}=\frac{\boldsymbol{F}}{q_0} \tag{8-5}$$

式(8－5)说明，空间某点的电场强度定义为这样一个矢量，其大小等于单位正电荷在该处所受到的电场力的大小，其方向与正电荷在该处所受到的电场力方向一致. 在 SI 制中，电场强度的单位是牛顿·库仑$^{-1}$(N·C^{-1})，以后会看到，场强的单位又可写作伏特·米$^{-1}$(V·m^{-1})，这是实际应用中更经常的写法.

电场中每一点上都相应有一个场强矢量 $\boldsymbol{E}$，这些矢量的总体称为矢量场. 用数学的语言来说，矢量场是空间坐标的一个矢量函数. 在以后的讨论中，着眼点往往不是某一点的场强，而是场强与空间坐标之间的函数关系，是一种空间分布. 场的观念首先由法拉第提出，这是物理学中一个开创性见解，可以说法拉第对电磁现象研究最重要的贡献就在于此. 爱因斯坦曾说："提出一个问题往往比解决一个问题更重要，因为解决一个问题也许仅是一个数学上的或实验上的技能而已，而提出新的问题、新的可能性、从新的角度去看旧的问题，却需要有创造性的想象力，而且标志着科学的真正进步".

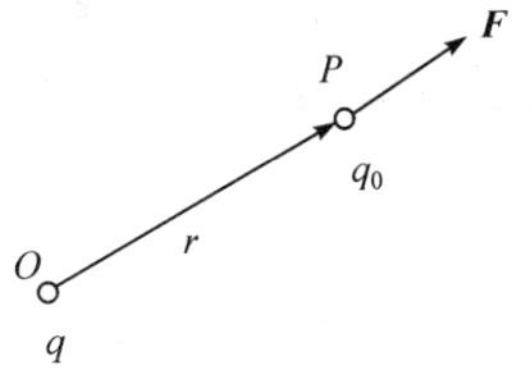

图 8－3　点电荷 q 产生的电场

例题 2　求点电荷 q 所激发的电场分布.

解　如图 8－3 所示，取点电荷 q 所在处为坐标原点 O，在空间任一点 P 处放一试探正电荷 q_0，P 点距坐标原点 O 的距离 $r=OP$. 根据库仑定律，q_0 在 P 处所受的力为

$$\boldsymbol{F}=\frac{1}{4\pi\varepsilon_0}\frac{qq_0}{r^3}\boldsymbol{r}$$

根据电场强度定义，P 点的场强为

$$\boldsymbol{E} = \frac{\boldsymbol{F}}{q_0} = \frac{1}{4\pi\varepsilon_0}\frac{q}{r^3}\boldsymbol{r} \tag{8-6}$$

由于 P 点是任意选取的，所以式(8-6)给出了点电荷 q 产生的电场在空间分布情况.

2. 场强叠加原理

前面已说明，静电力服从叠加原理，如将式(8-4)的 q_0 视为试探电荷，将式(8-4)除以 q_0，有

$$\boldsymbol{E} = \boldsymbol{E}_1 + \boldsymbol{E}_2 + \cdots + \boldsymbol{E}_N \tag{8-7}$$

式中 $\boldsymbol{E}_1 = \boldsymbol{F}_1/q_0, \boldsymbol{E}_2 = \boldsymbol{F}_2/q_0, \cdots, \boldsymbol{E}_N = \boldsymbol{F}_N/q_0$. 分别代表 $q_1, q_2, \cdots, q_N$ 单独存在时，在空间同一点的场强，而 $\boldsymbol{E} = \boldsymbol{E}/q_0$ 代表它们同时存在时在该点的总场强. 由此可见，一组点电荷所产生的电场在某点的场强，等于各点电荷单独存在时所产生的电场在该点的场强的矢量叠加，这称为场强叠加原理.

场强叠加原理是电场的基本规律之一. 因为任何一个带电体都可看成是点电荷组，所以利用这一原理，原则上可以计算出任意带电体产生的电场.

对于电荷是连续分布(宏观上来看)的带电体，可将它分成无限多个元电荷，使每个元电荷都可看作点电荷来处理，其中任意一个元电荷在给定点产生的电场为

$$\mathrm{d}\boldsymbol{E} = \frac{1}{4\pi\varepsilon_0}\frac{\mathrm{d}q}{r^3}\boldsymbol{r}$$

式中 $\boldsymbol{r}$ 是从元电荷 $\mathrm{d}q$ 到给定点的矢径，根据场强叠加原理，整个带电体在给定点产生的场强为

$$\boldsymbol{E} = \int \mathrm{d}\boldsymbol{E} = \frac{1}{4\pi\varepsilon_0}\int \frac{\mathrm{d}q}{r^3}\boldsymbol{r} \tag{8-8}$$

如果电荷分布在一个体积内，电荷体密度为 ρ，则式(8-8)中的 $\mathrm{d}q = \rho\mathrm{d}V$，相应的积分是一个体积分；如果电荷分布在厚度可以忽略的面上，电荷面密度为 σ，则式(8-8)中的 $\mathrm{d}q = \sigma\mathrm{d}S$，相应的积分是一个面积分；如果电荷分布在一根横截面面积可以忽略的线上，电荷线密度为 λ，则式(8-8)中的 $\mathrm{d}q = \lambda\mathrm{d}l$，相应的积分是一个线积分.

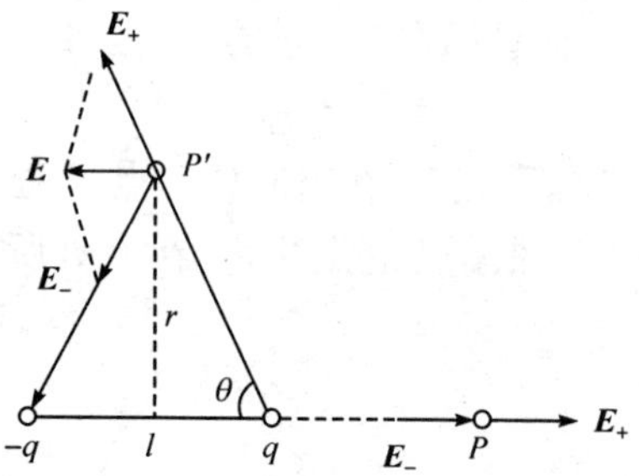

图 8-4 电偶极子的场强

还要指出的是，式(8-8)为一矢量积分，形式比较简洁，但在实际处理问题时，一般先把 $\mathrm{d}\boldsymbol{E}$ 分解成空间坐标系三个坐标轴上的分量(如空间直角坐标系的 x, y, z 三个轴上的分量)，然后分别积分，求出场强 $\boldsymbol{E}$ 在三个坐标轴上的分量，最后合成得到总场强 $\boldsymbol{E}$.

例题 3 如图 8-4 所示，一对等量异号点电荷 $\pm q$，其间距离为 l. 求两电荷延长线上

一点 P 和中垂面上一点 P' 的场强. P 和 P' 到两电荷连续中点 O 的距离都是 r，且有条件 $r\gg l$. 满足此条件的一对等量异号点电荷构成的带电系称为电偶极子.

解　(1) 求 P 点的场强.

P 点到 $\pm q$ 的距离分别为 $r\pm\dfrac{l}{2}$，所以 $\pm q$ 在 P 点产生的场强的大小分别为

$$E_+=\frac{1}{4\pi\varepsilon_0}\frac{q}{\left(r-\dfrac{l}{2}\right)^2},\qquad E_-=\frac{1}{4\pi\varepsilon_0}\frac{q}{\left(r+\dfrac{l}{2}\right)^2}$$

E_+ 的方向朝右，E_- 的方向朝左，故总场强大小为

$$E_P=E_+-E_-=\frac{q}{4\pi\varepsilon_0}\left[\frac{1}{\left(r-\dfrac{l}{2}\right)^2}-\frac{1}{\left(r+\dfrac{l}{2}\right)^2}\right]=\frac{q}{4\pi\varepsilon_0}\frac{2rl}{\left(r^2-\dfrac{l^2}{4}\right)^2}$$

E_P 的方向朝右. 当 $r\gg l$，上式分母中的 $l^2/4$ 项可以忽略不计，上式可写成

$$E_P=\frac{1}{4\pi\varepsilon_0}\frac{2ql}{r^3}=\frac{1}{4\pi\varepsilon_0}\frac{2p}{r^3}\tag{8-9}$$

式中 $p=ql$，称为电偶极矩.

(2) 求 P' 点的场强.

P' 点到 $\pm q$ 的距离都是 $\sqrt{r^2+\dfrac{l^2}{4}}$，$\pm q$ 在 P' 点产生的场强大小为

$$E_+=E_-=\frac{1}{4\pi\varepsilon_0}\frac{q}{r^2+\dfrac{l^2}{4}}$$

但它们的方向不同，由图 8-4 可看出，P' 点的总场强大小为

$$E_{P'}=E_+\cos\theta+E_-\cos\theta$$

式中 $\cos\theta=\dfrac{l/2}{\sqrt{r^2+\dfrac{l^2}{4}}}$. 故总场强大小为

$$E_{P'}=\frac{1}{4\pi\varepsilon_0}\frac{ql}{\left(r^2+\dfrac{l^2}{4}\right)^{3/2}}$$

当 $r\gg l$ 时，上式分母中的 $l^2/4$ 项可以忽略不计，上式可写成

$$E_{P'}=\frac{1}{4\pi\varepsilon_0}\frac{ql}{r^3}=\frac{1}{4\pi\varepsilon_0}\frac{p}{r^3}\tag{8-10}$$

$E_{P'}$ 的方向为水平方向朝左.

上述计算结果表明，电偶极子的场强与距离 r 的三次方成反比，它比点电荷的

场强随 r 递减的速度快得多;电偶极子场强与电偶极矩 $p=ql$ 的大小成正比. p 是描述电偶极子属性的一个物理量.

实际中电偶极子的例子是非常多的. 在讨论电介质的极化、无线电发射天线里,电子做周期性运动以及生物学中生物膜都要用到电偶极子的概念.

例题 4　真空中一均匀带电直线长为 L,电量为 q,线外一点 P 距直线的距离为 a,P 点和直线两端的连线与直线之间的夹角为 θ_1 和 θ_2. 求 P 点的场强.

解　如图 8-5 所示,过 P 点和带电直线取为 xOy 平面坐标,并取元电荷 $dq=\lambda dl$,其中 $\lambda=q/L$. 该电荷元在 P 点产生的场强为

$$dE=\frac{1}{4\pi\varepsilon_0}\frac{dq}{r^2}=\frac{\lambda dl}{4\pi\varepsilon_0 r^2}$$

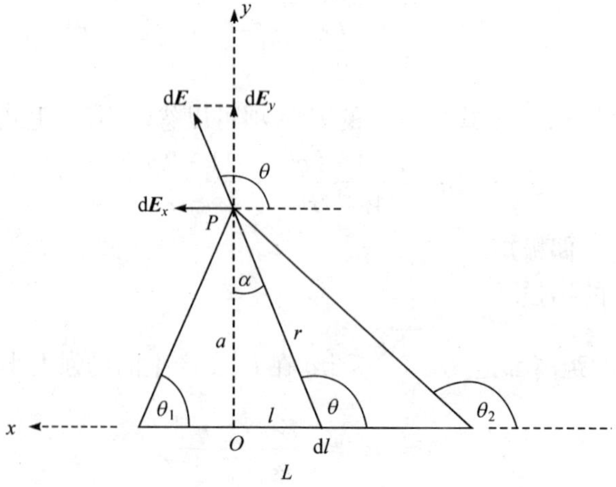

图 8-5　均匀带电直线外一点的场强

将 dE 分解成 x 方向上分量和 y 分量

$$dE_x=dE\cos\theta=\frac{\lambda dl}{4\pi\varepsilon_0 r^2}\cos\theta$$

$$dE_y=dE\sin\theta=\frac{\lambda dl}{4\pi\varepsilon_0 r^2}\sin\theta$$

由 dE_x,dE_y 表示式可看出,式中有三个变量,即 l、r 和 θ,难于直接积分,但由图 8-5 中的几何关系可找出三个变量间的关系,从而化成一个变量,由图中几何关系得

$$r^2=a^2+l^2=a^2+a^2\frac{\cos^2\theta}{\sin^2\theta}=\frac{a^2}{\sin^2\theta}$$

$$\theta=\alpha+\pi/2,\quad \alpha=\theta-\pi/2$$

$$l=a\tan\alpha=a\tan(\theta-\pi/2)=-a\cot\theta=-a\frac{\cos\theta}{\sin\theta}$$

$$\mathrm{d}l = a\,\frac{\mathrm{d}\theta}{\sin^2\theta}$$

将 $r^2 = \dfrac{a^2}{\sin^2\theta}$，$\mathrm{d}l = a\,\dfrac{\mathrm{d}\theta}{\sin^2\theta}$ 代入上述 $\mathrm{d}E_x$ 和 $\mathrm{d}E_y$ 表示式中去，有

$$\mathrm{d}E_x = \frac{\lambda}{4\pi\varepsilon_0 a}\cos\theta\mathrm{d}\theta, \quad \mathrm{d}E_y = \frac{\lambda}{4\pi\varepsilon_0 a}\sin\theta\mathrm{d}\theta$$

通过积分就可求得 E_x 和 E_y

$$E_x = \int_{\theta_1}^{\theta_2}\mathrm{d}E_x = \int_{\theta_1}^{\theta_2}\frac{\lambda}{4\pi\varepsilon_0 a}\cos\theta\mathrm{d}\theta = \frac{\lambda}{4\pi\varepsilon_0 a}(\sin\theta_2 - \sin\theta_1) \tag{8-11}$$

$$E_y = \int_{\theta_1}^{\theta_2}\mathrm{d}E_y = \int_{\theta_1}^{\theta_2}\frac{\lambda}{4\pi\varepsilon_0 a}\sin\theta\mathrm{d}\theta = \frac{\lambda}{4\pi\varepsilon_0 a}(\cos\theta_1 - \cos\theta_2) \tag{8-12}$$

若带电直线无限长，即 $\theta_1 = 0$，$\theta_2 = \pi$，则有

$$E_x = 0, \quad E_y = \frac{\lambda}{2\pi\varepsilon_0 a} \tag{8-13}$$

例题 5　求均匀带电圆环轴线上的场强分布. 设圆环半径为 a，带电量为 q.

解　如图 8-6 所示，取圆环圆心为坐标原点 O，轴线向右为 x 轴正方向，在轴线上取一点 P，距 O 点距离为 x. 在圆环上任取电荷元 $\mathrm{d}q = \lambda\mathrm{d}l = \dfrac{q}{2\pi a}\mathrm{d}l$，其中 $\lambda = \dfrac{q}{2\pi a}$. 该电荷元在 P 点产生的场强大小为

$$\mathrm{d}E = \frac{1}{4\pi\varepsilon_0}\frac{\lambda\mathrm{d}l}{x^2 + a^2}$$

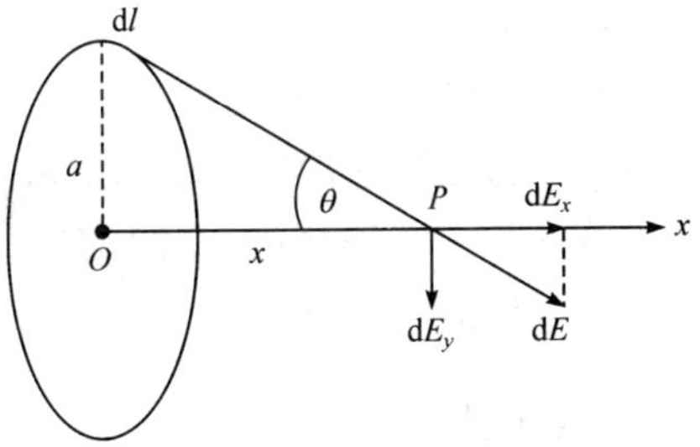

图 8-6　带电圆环轴线上的场强

它的方向如图所示. 现将 d$\boldsymbol{E}$ 分解为沿 x 轴分量和垂直于 x 轴方向上的分量. 根据对称性分析，任意一条直径两端的两段电荷元在 P 点产生的场强，它们在垂直于 x 轴方向上的分量大小相等、方向相反，因而互相抵消，只有沿 x 轴上的分量是相互加强的. 所以整个带电圆环在 P 点产生的场强是所有电荷元在 x 轴上场强分量的代数和，于是有

$$E=\int \mathrm{d}E_x=\int \mathrm{d}E\cos\theta=\int_0^{2\pi a}\frac{1}{4\pi\varepsilon_0}\frac{\lambda\mathrm{d}l}{x^2+a^2}\frac{x}{(x+a^2)^{1/2}}$$

$$=\frac{1}{4\pi\varepsilon_0}\frac{\lambda x}{(x^2+a^2)^{3/2}}\int_0^{2\pi a}\mathrm{d}l=\frac{1}{4\pi\varepsilon_0}\frac{qx}{(x^2+a^2)^{3/2}} \tag{8-14}$$

当 $x=0$ 时，有 $E=0$. 说明圆环中心处的场强为零；当 $x\gg a$ 时，有 $E=\frac{1}{4\pi\varepsilon_0}\frac{q}{x^2}$，说明当 P 点距圆环很远时，圆环产生的场强和点电荷产生的场强相同. 由此可体会到点电荷这一概念的相对性.

例题 4 和例题 5 的结果，对于下节求解无穷大均匀带电板、无穷长圆柱状均匀带电体和球状均匀带电体的场强分布是很有用的.

8.2 静电场的高斯定理

8.2.1 电场线

为了形象地描述空间的电场分布，在电场中作出一些曲线，使这些曲线上每一点的切线方向与该点的场强方向一致，为了又能表示场强的大小，使穿过垂直于场强方向的面元(面元取得很小，使其上的场强可认为是相同的)的电场线条数与该面元的比值与该面元上的场强大小成正比. 这样，电场线的疏密程度就反映了场强大小的分布情况. 电场线疏的地方表示场强小，电场线密的地方表示场强大.

静电场中的电场线具有以下三点性质：①电场线始于正电荷(或无穷远)，终止于负电荷(或无穷远)，不会在没有电荷的地方中断；②在没有电荷的空间里，任何两条电场线不会相交；③电场线不形成闭合曲线. 关于性质②，读者可以自行论证，性质①可用本节的高斯定理证明，性质③是下节的静电场环路定量的必然推论.

电场线是用来直观地图示空间电场分布而虚设的一些曲线，它是一个辅助的概念，但是可以借助于一些实验方法将它形象地显示出来. 例如，在静电场中，水平玻璃板上撒些小石膏晶粒，或在油上浮些草子，它们就会沿电场线排列起来，犹如想象中的电场线.

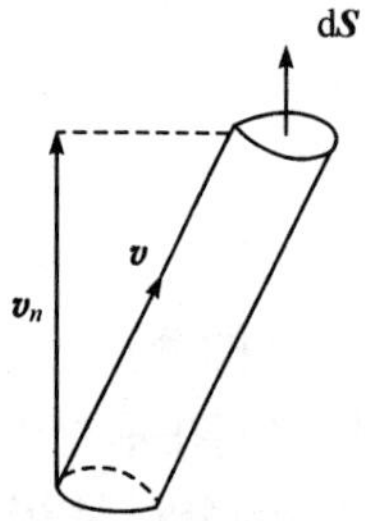

图 8-7 流体穿过面元通量

8.2.2 电通量

通量是描述矢量场性质的一个物理量. 在流体中每一点都有一个确定的速度 $\boldsymbol{v}$，整个流体是一个速度矢量场. 如果在流体中取一个面元 d$\boldsymbol{S}$，以 $\boldsymbol{n}$ 表示其法线方向单位矢量，则可以定义面元矢量为 dS=d$S\boldsymbol{n}$；而单位时间内流过 dS 的流体体积为 $\boldsymbol{v}\cdot \mathrm{d}\boldsymbol{S}$(图 8-7)，就称为速度 $\boldsymbol{v}$ 对面元 dS 的通量.

上述通量的概念可以推广到任意的矢量场. 电场是一个矢

量场，定义电场中电场强度矢量对面元的电通量为

$$\mathrm{d}\Phi_e = \boldsymbol{E} \cdot \mathrm{d}\boldsymbol{S} = E\cos\theta \mathrm{d}S \tag{8-15}$$

式中 θ 为 $\boldsymbol{E}$ 与面元 $\mathrm{d}\boldsymbol{S}$ 的法向之间的夹角.

电场穿过有限曲面 S(闭合的或非闭合的)的电通量为

$$\Phi_e = \int_{(S)} \boldsymbol{E} \cdot \mathrm{d}\boldsymbol{S} \tag{8-16}$$

在利用上式计算时，需要注意所取面元 $\mathrm{d}\boldsymbol{S}$ 上的电场强度矢量是一个匀强场. 此外，在计算闭合曲面积分时，常规定从曲面内指向曲面外部空间的法线矢量为正方向. 这样，在电场线穿出闭合面的地方，电通量为正，在电场线进入闭合面的地方，电通量为负. 对非闭合曲面，可根据情况事先规定法线正方向.

8.2.3 高斯定理

高斯定理是关于通过电场中任一闭合曲面的电通量的定理，它反映了静电场一个很重要的性质，即静电场是一个有源场. 高斯定理可表述为：在静电场中，通过任意闭合曲面的电通量，等于该闭合曲面所包围的电荷代数和的 $1/\varepsilon_0$ 倍，与闭合曲面外的电荷无关，即

$$\oint_{(S)} \boldsymbol{E} \cdot \mathrm{d}\boldsymbol{S} = \frac{1}{\varepsilon_0}\sum_{(S_{内})} q \tag{8-17}$$

需要强调的是，高斯定理说明闭合曲面外的电荷对闭合曲面的电通量没有贡献，但闭合曲面内外的所有电荷对闭合曲面上的场强是有贡献的.

高斯定理可由库仑定律和场强叠加原理推导出来，以下分几步来证明：

1. 通过包围点电荷 q 的同心球面的电通量

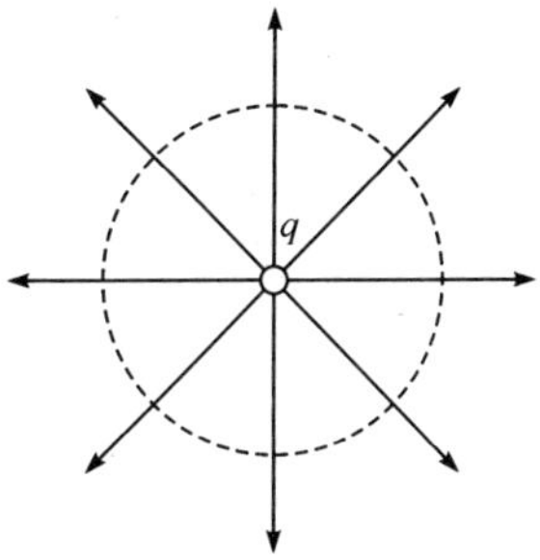

图 8-8 通过包围点电荷的同心球面的电通量

以点电荷 q 所在处为中心，任意半径 r 作一球面(图 8-8). 由点电荷场强公式可知，在球面上各点场强大小相等，场强方向沿半径向外呈辐射状. 在球上任取面元 $\mathrm{d}S$，通过 $\mathrm{d}S$ 的电通量为

$$\mathrm{d}\Phi_e = \boldsymbol{E} \cdot \mathrm{d}\boldsymbol{S} = E\cos 0^\circ \mathrm{d}S = E\mathrm{d}S = \frac{1}{4\pi\varepsilon_0}\frac{q}{r^2}\mathrm{d}S$$

于是通过整个闭合球面的电通量为

$$\Phi_e = \oint \mathrm{d}\Phi_e = \frac{1}{4\pi\varepsilon_0}\frac{q}{r^2}\oint \mathrm{d}S = \frac{1}{4\pi\varepsilon_0}\frac{q}{r^2}4\pi r^2 = \frac{q}{\varepsilon_0} \tag{8-18}$$

2. 通过包围点电荷 q 的任意闭合曲面的电通量

如图 8－9 所示，在闭合曲面上任取一小面元 d$\boldsymbol{S}$，d$\boldsymbol{S}$ 与点电荷至面元的径矢 $\boldsymbol{r}$(或$\boldsymbol{E}$)间的夹角为 θ，因此通过该面元的电通量为

$$\mathrm{d}\Phi_{\mathrm{e}}=\boldsymbol{E}\cdot\mathrm{d}\boldsymbol{S}=E\cos\theta\mathrm{d}S=E\mathrm{d}S'$$

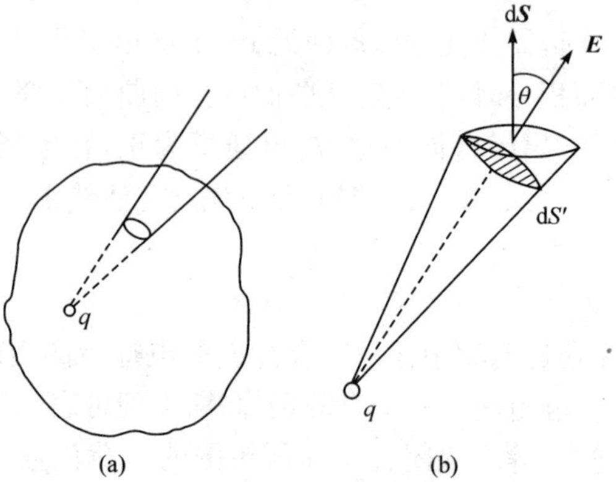

图 8－9 通过包围点电荷的任意闭合面的电通量

式中 dS'是 dS 垂直于径矢方向的投影面积，将 $E=\dfrac{1}{4\pi\varepsilon_0}\dfrac{q}{r^2}$代入上式，有

$$\mathrm{d}\Phi_{\mathrm{e}}=\frac{1}{4\pi\varepsilon_0}\frac{q}{r^2}\mathrm{d}S'$$

而面元对点电荷 q 所张的立体角 $\mathrm{d}\Omega=\dfrac{\mathrm{d}S'}{r^2}$，因而

$$\mathrm{d}\Phi_{\mathrm{e}}=\frac{q}{4\pi\varepsilon_0}\mathrm{d}\Omega$$

对整个曲面求积分，有

$$\Phi_{\mathrm{e}}=\oint\mathrm{d}\Phi_{\mathrm{e}}=\frac{q}{4\pi\varepsilon_0}\oint\mathrm{d}\Omega=\frac{q}{4\pi\varepsilon_0}4\pi=\frac{q}{\varepsilon_0}$$

上述结果说明，通过包围点电荷 q 的任意闭合曲面 S 的电通量依然为 q/ε_0.

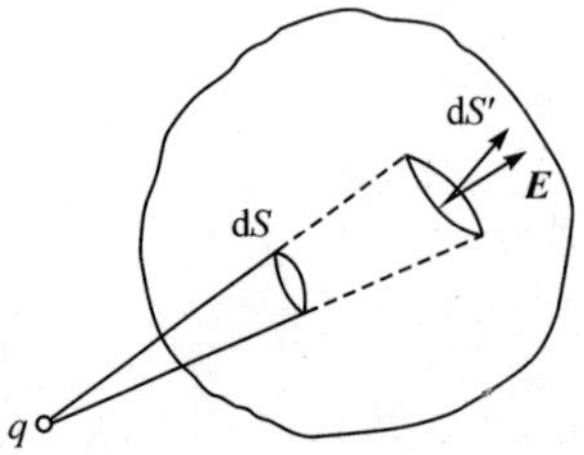

图 8－10 通过不包围点电荷的闭合曲面的电通量

3. 通过不包围点电荷 q 的任意闭合曲面的电通量

点电荷 q 在闭合曲面 S 之外时，从某面元 dS 进入闭合面的电通量必然从另一面元 dS' 穿出(图 8－10). 由于 dS 和 dS'对点电荷 q 所张的立体角数值相等，因此通过整个闭合曲面 S 的电通量为零.

4. 点电荷组通过任意闭合曲面 S 的电通量

采用场强叠加原理求出点电荷组通过任意闭合曲面的电通量，它为

$$\Phi_e = \oint \boldsymbol{E} \cdot d\boldsymbol{S} = \oint \sum \boldsymbol{E}_i \cdot d\boldsymbol{S} = \sum \oint \boldsymbol{E}_i \cdot d\boldsymbol{S} = \sum \Phi_{ei}$$

式中 Φ_{ei}是第 i 个点电荷 q_i 在闭合曲面 S 上的电通量. Φ_{ei}的取值只有两个可能：当 q_i 在 S 内时，$\Phi_{ei}=\dfrac{q_i}{\varepsilon_0}$；当 q_i 在 S 外时，$\Phi_{ei}=0$. 因此上式中的$\sum\Phi_{ei}$等于 S 面内点电荷的代数和除以 ε_0，即

$$\oint_{(S)} \boldsymbol{E} \cdot d\boldsymbol{S} = \frac{1}{\varepsilon_0}\sum_{(S_{内})} q_i$$

至此，高斯定理证毕.

在已知电荷分布情况下，原则上可由库仑定律和场强叠加原理求出空间各点的场强，但计算比较复杂. 以下举一些例题来说明，当电荷分布具有某种对称性，从而使场强分布具有某种对称性时，应用高斯定理，可大大简化场强的计算.

例题 6　求无限大均匀带电平面的场强分布. 设平面电荷密度为 σ.

解　(1) 对称性分析. 由于电荷均匀分布在平面上，所以电场具有面对称性，即平面两侧对称点处的场强大小相等. 又因为平面是无限大，可看作为由无穷多个无穷长带电直线组成，所以场强方向必垂直于平面，即平行于平面的法线方向.

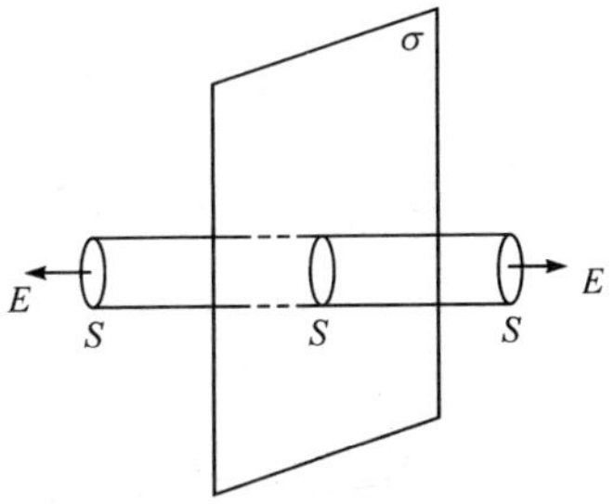

图 8 - 11　无限大均匀带电平面的场强分布

(2) 选取高斯面，取如图 8 - 11 所示的闭合圆柱面为高斯面，圆柱面的侧面与带电平面垂直，两底面与带电平面平行，并且对于带电平面是对称的，两个底面的面积和柱面截得带电平面的面积都是 S. 选取高斯面的一般原则是使其上的法线方向与该处的场强方向不是垂直就是平行.

(3) 应用高斯定理

$$\Phi_e = \oint \boldsymbol{E} \cdot d\boldsymbol{S} = \int_{(侧面)} \boldsymbol{E} \cdot d\boldsymbol{S} + \int_{(右底面)} \boldsymbol{E} \cdot d\boldsymbol{S} + \int_{(左底面)} \boldsymbol{E} \cdot d\boldsymbol{S} = \frac{\sigma S}{\varepsilon_0}$$

$$\Phi_e = 0 + \int_{(右底面)} \boldsymbol{E} \cdot d\boldsymbol{S} + \int_{(左底面)} \boldsymbol{E} \cdot d\boldsymbol{S} = 2ES = \frac{\sigma S}{\varepsilon_0}$$

因而求得

$$E = \frac{\sigma}{2\varepsilon_0} \tag{8-19}$$

式(8－19)表明,无限大均匀带电平面外一点的场强与它到带电平面的距离无关,说明带电平面两侧的电场是均匀电场.应该说明的是,虽然实际上不存在无限大带电平面,但对于有限大的带电平面附近的地方来说,只要不太靠近边缘,上面得到的结果还是相当好的近似.

例题 7　求无限长均匀带电细棒外的场强分布.设棒上线电荷密度为 λ.

解　(1) 对称性分析.场强分布具有轴对称性.若以细棒为轴,在垂直于轴的任一平面上,同一圆周上的场强大小处处相等,它的方向是垂直棒辐射向外的.

(2) 选取高斯面.选取以细棒为轴、半径为 r、长为 l 的圆柱体表面作为高斯面,如图 8－12 所示.

(3) 应用高斯定理.

$$\Phi_e = \oint \boldsymbol{E} \cdot d\boldsymbol{S} = \int_{(侧面)} \boldsymbol{E} \cdot d\boldsymbol{S} + \int_{(上底面)} \boldsymbol{E} \cdot d\boldsymbol{S} + \int_{(下底面)} \boldsymbol{E} \cdot d\boldsymbol{S}$$

$$= \int_{(侧面)} E dS + 0 + 0 = E\int dS = E 2\pi r l = \frac{\lambda l}{\varepsilon_0}$$

于是有

$$E = \frac{\lambda}{2\pi\varepsilon_0 r}$$

显见,这个结果和 8.1 节例题 4 的结果完全相同.

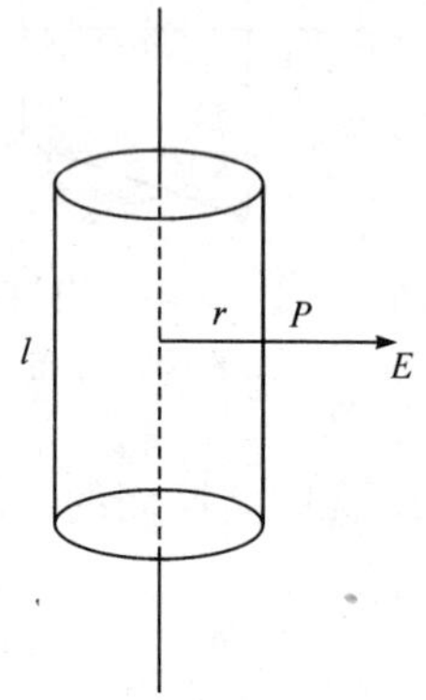

图 8－12　均匀带电细棒外的场强分布

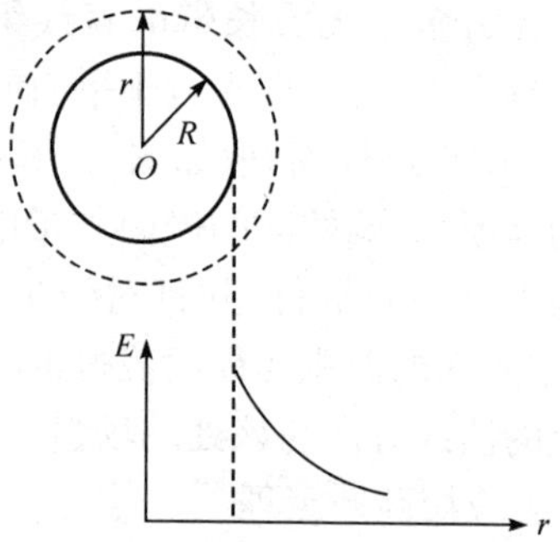

图 8－13　均匀带电球壳的场强分布

例题 8　半径为 R 的球壳均匀带正电荷 q(图 8－13),求空间的场强分布.

解　(1) 对称性分析.由例题 5 的结果可知,带电圆环轴线上一点的场强方向沿着轴线方向,而带电球壳可看作由许许多多半径大小不同的带电圆环组成,于是场强方向总是沿着径矢方向,并且在任何与球壳同心的球面上,各点场强大小相等.

(2) 选取高斯面.根据场强分布具有球对称性的特点,选取以 O 为球心,r 为半径的球面 S 作为高斯面.

(3) 应用高斯定理.

$r>R$ 区域

$$\oint \boldsymbol{E}\cdot \mathrm{d}\boldsymbol{S} = \oint E\cos\theta \mathrm{d}S = \frac{q}{\varepsilon_0}$$

由于 $\theta=0,\cos\theta=1$. 于是有

$$\oint E\mathrm{d}S = E\oint \mathrm{d}S = E4\pi r^2 = \frac{q}{\varepsilon_0}$$

得

$$E = \frac{1}{4\pi\varepsilon_0}\frac{q}{r^2} \quad 或 \quad \boldsymbol{E} = \frac{1}{4\pi\varepsilon_0}\frac{q}{r^3}\boldsymbol{r} \tag{8-20}$$

$r<R$ 区域，由于该区域内电量为零，因此有

$$E\equiv 0$$

图 8-13 中 E-r 曲线表明了场强大小随距离的变化情况. 现在要问，球面($r=R$)上的场强如何求呢？由于所作的高斯面上不允许有电荷，所以不能用高斯定理求出球面上的场强值. 但是我们可以认为带电球面是由许许多多带电圆环组成的，从而通过积分的方法求出这些带电圆环在球面上的一点场强值为

$$E=\frac{1}{8\pi\varepsilon_0}\frac{q}{R^2}$$

8.3　静电场环路定理　电势

8.3.1　静电场环路定理

在静电场中，场强 $\boldsymbol{E}$ 沿任意闭合路径的线积分，即$\oint \boldsymbol{E}\cdot \mathrm{d}\boldsymbol{l}$ 称为静电场的环量. 以下由库仑定律和场强叠加原理出发，证明静电场力所做的功与路径无关，从而得出静电场的环量为零($\oint \boldsymbol{E}\cdot \mathrm{d}\boldsymbol{l}=0$)，这就是静电场另一个重要定理.

1. 静电场力做功与路径无关

以下计算一试探电荷 q_0 在点电荷 q 产生的电场中，由 A 点沿路径 l 移动到 B 点(图 8-14)，电场力对 q_0 所做的功. 由于 q_0 在沿路径移动时受到的电场力是变化的，可以把整个路径分成许

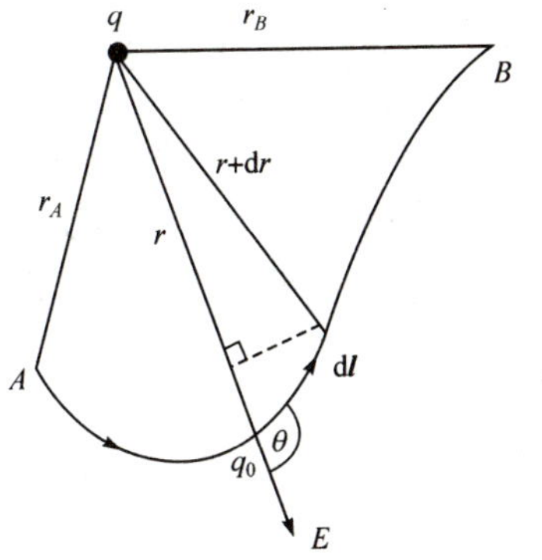

图 8-14　静电场力所做的功与路径无关

多线段元,设线段元 d$\boldsymbol{l}$ 处的场强为 $\boldsymbol{E}$,则电场力 $\boldsymbol{F}$ 在 d$\boldsymbol{l}$ 方向上所做的功为

$$\mathrm{d}A = \boldsymbol{F}\cdot\mathrm{d}\boldsymbol{l} = q_0\boldsymbol{E}\cdot\mathrm{d}\boldsymbol{l}$$

$$= q_0 E\cos\theta\mathrm{d}l = \frac{1}{4\pi\varepsilon_0}\frac{qq_0}{r^2}\cos\theta\mathrm{d}l$$

式中 θ 是 $\boldsymbol{E}$ 与 d$\boldsymbol{l}$ 间的夹角,$\cos\theta\mathrm{d}l$ 是 d$\boldsymbol{l}$ 在 $\boldsymbol{E}$ 方向上的投影,而 $\boldsymbol{E}$ 与径矢 $\boldsymbol{r}$ 的方向一致,所以 $\mathrm{d}l\cos\theta=\mathrm{d}r$,于是有

$$\mathrm{d}A = \frac{1}{4\pi\varepsilon_0}\frac{qq_0}{r^2}\mathrm{d}r$$

在试探电荷 q_0 由 A 点移至 B 点过程中,电场力做的总功为

$$A_{AB} = \int_B^A \mathrm{d}A = \frac{qq_0}{4\pi\varepsilon_0}\int_{r_A}^{r_B}\frac{\mathrm{d}r}{r^2} = \frac{qq_0}{4\pi\varepsilon_0}\left(\frac{1}{r_A}-\frac{1}{r_B}\right) \tag{8-21}$$

式(8-21)表明,单个点电荷的电场力对试探电荷所做的功与路径无关,只和试探电荷的起点、终点位置有关.

上述结论可推广到任意带电体系所产生的电场. 可以把带电体划分成许多带电元,每一带电元可看成一点电荷. 于是,可把带电体系看成点电荷系. 总电场 $\boldsymbol{E}$ 是各点电荷 $q_1,q_2,\cdots,q_n$ 单独产生的场强 $\boldsymbol{E}_1,\boldsymbol{E}_2,\cdots,\boldsymbol{E}_n$ 的矢量和,从而当试探电荷 q_0 由 A 点沿路径 l 移至 B 点,电场力做功为

$$\begin{aligned}A_{AB} &= q_0\int_A^B \boldsymbol{E}\cdot\mathrm{d}\boldsymbol{l} = q_0\int_A^B(\boldsymbol{E}_1+\boldsymbol{E}_2+\cdots+\boldsymbol{E}_n)\cdot\mathrm{d}\boldsymbol{l}\\ &= q_0\int_A^B\boldsymbol{E}_1\cdot\mathrm{d}\boldsymbol{l}+q_0\int_A^B\boldsymbol{E}_2\cdot\mathrm{d}\boldsymbol{l}+\cdots+q_0\int_A^B\boldsymbol{E}_n\cdot\mathrm{d}\boldsymbol{l}\end{aligned} \tag{8-22}$$

由于式(8-22)等号右边的每一项都与路径无关,所以总电场力的功 A_{AB} 也与路径无关.

2. 静电场环路定理

上述讨论可得出如下结论:试探电荷在任何静电场中移动时,电场力所做的功只与试探电荷的电量大小及其始末点位置有关,而与其所经过的路径无关. 这个结论还可表述成另一等价形式,即静电场力沿任何闭合路径所做的功恒等于零,即

$$q_0\oint\boldsymbol{E}\cdot\mathrm{d}\boldsymbol{l}=0$$

或静电场的环量恒等于零,即

$$\oint\boldsymbol{E}\cdot\mathrm{d}\boldsymbol{l}=0 \tag{8-23}$$

读者可自行证明式(8-23). 该式就是静电场环路定理,它说明静电场是一个无旋场(保守力场),它是电场中引入电势概念的基础.

8.3.2 电势差 电势

1. 电势能和电势差

在 3.3 节中已说明任何做功与路径无关的力场,或者说沿任何闭合路径做功为零的力场,都称为保守力场或势场. 静电场环路定理表明,静电场也是保守力场,可以引入电势能的概念. 这就是说,电场中的电荷具有一定的电势能,电场力所做的功就是电势能改变的量度. 设以 W_A、W_B 分别表示试探电荷 q_0 在 A 点和 B 点的电势能,则 q_0 由 A 点移至 B 点电势能的减少 W_{AB} 定义为在此过程中静电场力对它所做的功 A_{AB},即

$$W_{AB} = W_A - W_B = A_{AB} = q_0\int_A^B \boldsymbol{E} \cdot \mathrm{d}\boldsymbol{l} \tag{8-24}$$

式(8-24)一方面反映了 W_{AB} 和场点位置有关,与路径无关,另一方面 W_{AB} 又与试探电荷 q_0 有关,所以它并不完全是场的函数. 但比值 W_{AB}/q_0 却是与 q_0 无关的量,它反映了电场本身在 A、B 两点的性质. 通常把这个比值定义为电场中 A、B 两点间的电势差,用 $U_A - U_B(=U_{AB})$ 表示,有

$$U_{AB} = U_A - U_B = \frac{W_A - W_B}{q_0} = \int_A^B \boldsymbol{E} \cdot \mathrm{d}\boldsymbol{l} \tag{8-25}$$

这就是说,静电场中 A、B 两点间的电势差定义为把单位正电荷从 A 点移至 B 点时电场力所做的功,或者说 A、B 两点间单位正电荷的电势能之差.

2. 电势

若要论及电场空间某点电势的数值,则需选定一参考点,并常规定它的电势值为零,把其他场点与参考点之间的电势差,定义为该场点的电势. 电势零点的选择可以是任意的,对于带电体系分布在有限区域情况下,通常选择无穷远处为电势零点,这时空间任一点 A 处的电势表示为

$$U_A = U_A - U_\infty = \int_A^\infty \boldsymbol{E} \cdot \mathrm{d}\boldsymbol{l} \tag{8-26}$$

改变参考点,各点电势的数值将随之改变,但两点之间的电势差与参考点的选择无关. 在实际工作中常常把电器外壳接地,并取大地的电势为零,在通常情况下这与同时取无穷远处的电势为零是相容的.

由电势差和电势的定义可看出,电势的单位是焦·库$^{-1}$(J·C^{-1}),这个单位有个专门名称,称为伏特(V),简称伏. 从式(8-26)可看出,电场强度单位是电势单位除以长度单位,即伏·米$^{-1}$(V·m^{-1}),这与前面给出的电场强度单位牛·库$^{-1}$(N·C^{-1})是一样的.

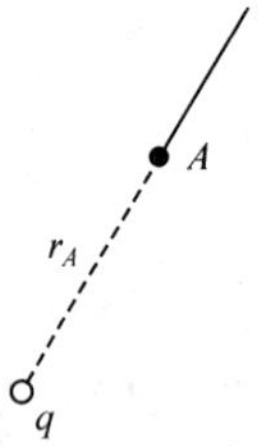

图 8－15　点电荷产生的电势分布

例题 9　求单个点电荷 q 在空间产生的电势分布

解　利用式(8－26)，并选取沿径矢方向(图 8－15)进行积分，于是图中 a 点的电势为

$$U_A=\int_A^{\infty}\boldsymbol{E}\cdot d\boldsymbol{l}=\int_A^{\infty}E\,dr=\frac{q}{4\pi\varepsilon_0}\int_{r_A}^{\infty}\frac{dr}{r^2}=\frac{1}{4\pi\varepsilon_0}\frac{q}{r_A}$$

由于 A 点是任意选取的，故上式中 r_A 的下标可去掉，于是点电荷 q 在空间产生的电势分布公式为

$$U=\frac{1}{4\pi\varepsilon_0}\frac{q}{r}\qquad(8-27)$$

例题 10　求半径为 R、均匀带电(q)的球壳在空间产生的电势分布(图 8－16).

解　由例题 8 的结果，有

$$E=\begin{cases}0, & r<R\\ \dfrac{1}{4\pi\varepsilon_0}\dfrac{q}{r^2}, & r>R\end{cases}$$

根据式(8－26)，可求得

$$r>R:U=\int_r^{\infty}\boldsymbol{E}\cdot d\boldsymbol{r}=\int_r^{\infty}\frac{1}{4\pi\varepsilon_0}\frac{q}{r^2}dr=\frac{1}{4\pi\varepsilon_0}\frac{q}{r}$$

$$r<R:U=\int_r^{\infty}\boldsymbol{E}\cdot d\boldsymbol{r}=\int_r^{\infty}E\,dr=\int_r^{R}E\,dr+\int_R^{\infty}E\,dr$$

$$=0+\int_R^{\infty}\frac{q}{4\pi\varepsilon_0}\frac{dr}{r^2}=\frac{1}{4\pi\varepsilon_0}\frac{q}{R}$$

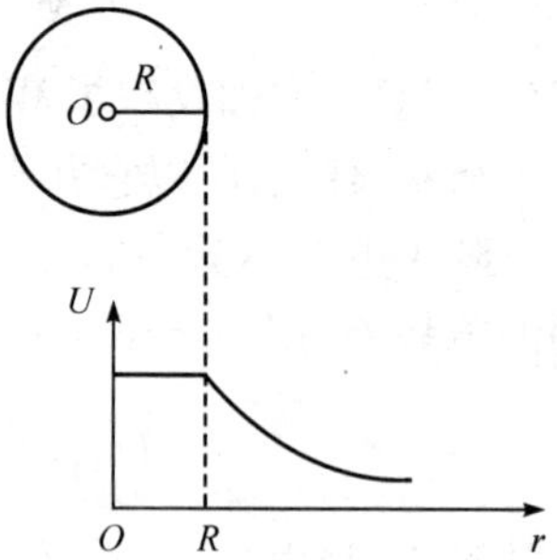

图 8－16　均匀带电球壳的电势分布

8.3.3　电势叠加原理

由电势的定义式(8－26)和场强叠加原理 $\boldsymbol{E}=\sum\boldsymbol{E}_i$ 可求出点电荷组的电场中任一点 A 的电势，有

$$U=\int_A^{\infty}\boldsymbol{E}\cdot d\boldsymbol{l}=\int_A^{\infty}(\boldsymbol{E}_1+\boldsymbol{E}_2+\cdots+\boldsymbol{E}_n)\cdot d\boldsymbol{l}$$

$$=\int_A^{\infty}\boldsymbol{E}_1\cdot d\boldsymbol{l}+\int_A^{\infty}\boldsymbol{E}_2\cdot d\boldsymbol{l}+\cdots+\int_A^{\infty}\boldsymbol{E}_n\cdot d\boldsymbol{l}$$

$$=U_1+U_2+\cdots+U_n\qquad(8-28)$$

式中

$$U_1=\int_A^{\infty}\boldsymbol{E}_1\cdot d\boldsymbol{l}=\frac{1}{4\pi\varepsilon_0}\frac{q_1}{r_1},\quad U_2=\int_A^{\infty}\boldsymbol{E}_2\cdot d\boldsymbol{l}=\frac{1}{4\pi\varepsilon_0}\frac{q_2}{r_2}$$

$$U_n=\int_A^{\infty}\boldsymbol{E}_n\cdot d\boldsymbol{l}=\frac{1}{4\pi\varepsilon_0}\frac{q_n}{r_n}$$

它们分别是 $q_1, q_2, \cdots, q_n$ 单独存在时 A 点的电势. 式(8－28)表明，点电荷组电场中一点的电势等于各个点电荷单独存在时在该点的电势的代数和，这就是电势叠加原理. 式(8－28)还可改写为

$$U = \sum_{i=1}^{n} U_i = \frac{1}{4\pi\varepsilon_0}\sum_{i=1}^{n}\frac{q_i}{r_i} \tag{8-29}$$

当产生电场的电荷不是分散的点电荷组，而是连续分布时，则式(8－29)中的求和可用积分来代替，即有

$$U = \frac{1}{4\pi\varepsilon_0}\int\frac{\mathrm{d}q}{r} \tag{8-30}$$

式中 r 表示带电体中任一电荷元 $\mathrm{d}q$ 到场点的距离. 需要指出的是，因为电势是标量，所以叠加是求代数和，这一点与电场力和场强的矢量叠加是不同的.

式(8－26)告诉我们如何由空间的电场分布求出电势分布，而电势叠加原理告诉我们如何由空间的电荷分布求出电势分布.

例题 11 求电偶极子的电场中的电势分布. 已知电偶极子中两点电荷 $\pm q$ 间的距离为 l.

解 设场点 A 离 $+q$ 和 $-q$ 的距离分别为 r_+ 和 r_-，A 点离偶极子中点 O 的距离为 r(图 8－17). 根据电势叠加原理，A 点的电势为

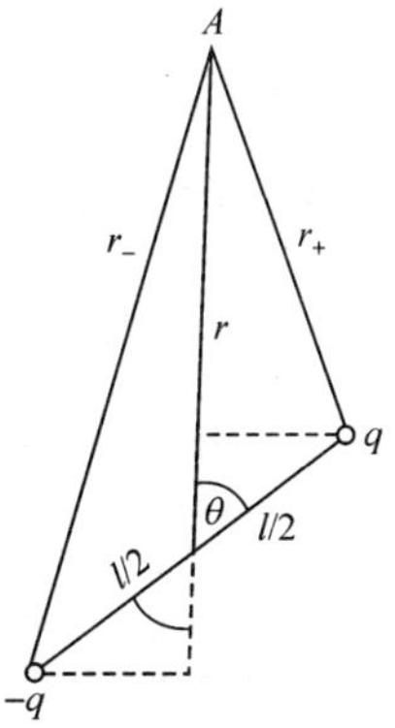

图 8－17 电偶极子的电势分布

$$U=U_+ + U_- = \frac{q}{4\pi\varepsilon_0 r_+} + \frac{-q}{4\pi\varepsilon_0 r_-} = \frac{q(r_- - r_+)}{4\pi\varepsilon_0 r_+ r_-}$$

对于离电偶极子比较远的点，即 $r \gg l$ 时，有

$$r_+ r_- \approx r^2, \quad r_- - r_+ = l\cos\theta$$

θ 为 $\boldsymbol{r}$ 与 $\boldsymbol{l}$ 之间的夹角，将这些关系代入上式，有

$$U = \frac{ql\cos\theta}{4\pi\varepsilon_0 r^2} = \frac{p\cos\theta}{4\pi\varepsilon_0 r^2} = \frac{\boldsymbol{p}\cdot\boldsymbol{r}}{4\pi\varepsilon_0 r^3}$$

式中 $p=gl$ 是电偶极子的电偶极矩.

例题 12 一均匀带电圆盘的半径为 R，电荷面密度为 σ，求在圆盘轴线上距圆心为 x 处 P 点的电势.

解 如图 8－18 所示，取圆盘上一面元 $\mathrm{d}S$，其上电荷 $\mathrm{d}q=\sigma\mathrm{d}S=\sigma r\mathrm{d}r\mathrm{d}\theta$，$\mathrm{d}q$ 在 P 点的电势为

$$\mathrm{d}U = \frac{1}{4\pi\varepsilon_0}\frac{\mathrm{d}q}{l} = \frac{1}{4\pi\varepsilon_0}\frac{\sigma r\mathrm{d}r\mathrm{d}\theta}{\sqrt{r^2+x^2}}$$

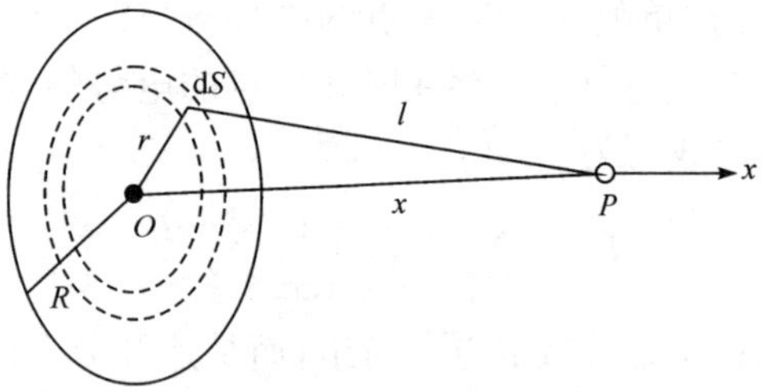

图 8-18 均匀带电圆盘轴线上一点的电势

于是整个带电圆盘在 P 点的电势为

$$U=\int \mathrm{d}U=\int_0^{2\pi}\mathrm{d}\theta\int_0^R \frac{\sigma}{4\pi\varepsilon_0}\frac{r\mathrm{d}r}{\sqrt{r^2+x^2}}$$

$$=\frac{\sigma}{2\varepsilon_0}(\sqrt{R^2+x^2}-x)$$

8.3.4 等势面 电势梯度

1. 等势面

电场中电场强度 $\boldsymbol{E}$ 的分布情况可以用电场线形象地描绘出来. 与此类似,电场中电势 U 的分布情况可以用等势面形象地描绘出来. 所谓等势面是指电场中电势数值相等的点所构成的面. 例如,点电荷产生的电场中,等势面是以点电荷为中心的一系列同心的球面,如图 8-19 所示. 不同的球面对应不同的电势值,如果点电荷的 $q>0$,则半径越小的等势面,电势值越高.

把对应于不同电势值的等势面逐个地画出来,并使相邻两个等势面的电势差为一常量. 这样画出来的一幅等势面图就能形象地反映出电场中电势的分布情况. 图 8-20 给出两个点电荷体系的等势面.

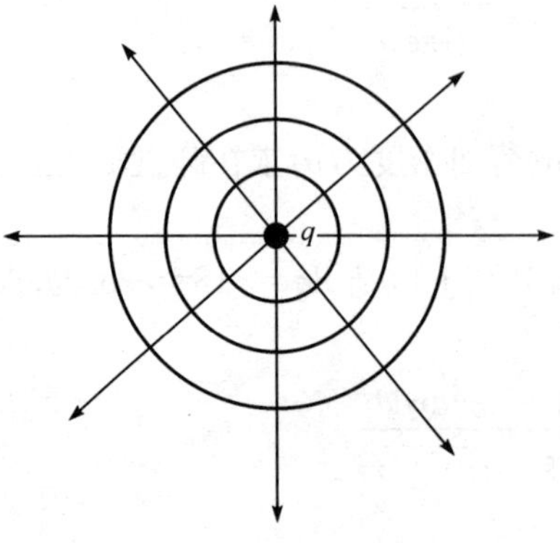

图 8-19 点电荷的等势面

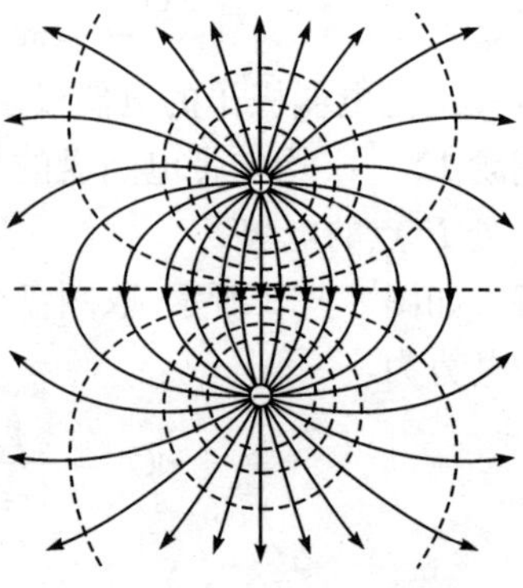

图 8-20 等量异号点电荷等势面

从一些等势面图可以看出，等势面具有下列基本性质：①电场线处处与等势面垂直；②电场线总是由电势值高的等势面指向电势值低的等势面；③等势面密集的地方，场强大，等势面稀疏的地方，场强小.

在实际工作中，常常先用实验方法确定出电场的等势面，再根据等势面与电场线的关系画出电场线.

2. 电势梯度

场强和电势从两个不同的角度描述了静电场，由于是描述同一客体，两者之间应有密切的关系. 8.2 节电势差的定义实际上给出了场强和电势之间的积分关系

$$U_A - U_B = \int_A^B \boldsymbol{E} \cdot \mathrm{d}\boldsymbol{l}$$

现在来推导场强和电势间的微分关系. 在电场中取两个彼此靠得很近的等势面，它们的电势分别为 U 和 $U+\mathrm{d}U$，设有电荷 q 从等势面 U 上的点 A 作一微小位移 $\mathrm{d}l$ 到等势面 $U+\mathrm{d}U$ 上的点 B（图 8-21），在此过程中电场力做的功为

$$\mathrm{d}A = q\boldsymbol{E} \cdot \mathrm{d}\boldsymbol{l} = qE\cos\theta \mathrm{d}l$$

式中 θ 是 $\boldsymbol{E}$ 与 $\mathrm{d}\boldsymbol{l}$ 间的夹角. 因为电场力所做的功等于电势能的减少，故有

$$\mathrm{d}A = -q\mathrm{d}U = qE\cos\theta \mathrm{d}l$$

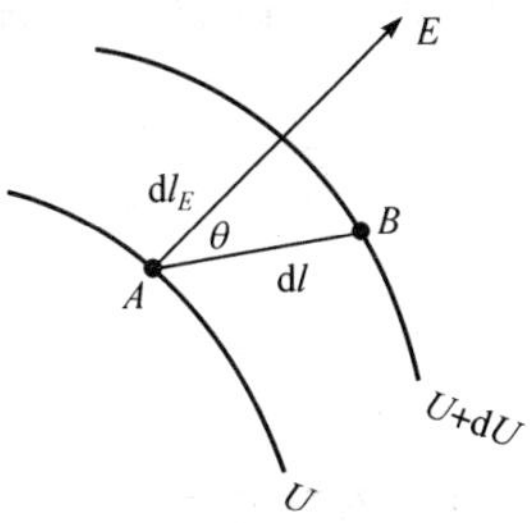

图 8-21 电势和场强的关系

或

$$-\frac{\mathrm{d}U}{\mathrm{d}l} = E\cos\theta = E_l$$

上式说明，在电场中某点电势在 $\mathrm{d}\boldsymbol{l}$ 方向上的空间变化率等于电场在此方向上场强的分量. 显见，在沿场强方向（即等势面的法线方向）上，电势空间变化率 $\mathrm{d}U/\mathrm{d}l_E$ 有最大值，定义这个最大值为该点的电势梯度，这时上式可写为

$$E = -\frac{\mathrm{d}U}{\mathrm{d}l_E} \tag{8-31}$$

式(8-31)说明静电场中任一点的电场强度等于该点的电势梯度的负值，负号表示电场中的电势是沿着场强方向减小的，场强越大的地方，电势的空间变化率越大.

在直角坐标系中，根据式(8-31)可得到场强 $\boldsymbol{E}$ 沿 x, y, z 三个方向上的分量

$$\begin{cases} E_x = -\dfrac{\partial U}{\partial x} \\ E_y = -\dfrac{\partial U}{\partial y} \\ E_z = -\dfrac{\partial U}{\partial z} \end{cases} \tag{8-32}$$

例题 13 求半径为 R 的均匀带电圆盘(面电荷密度为 σ)轴线上一点 P 的电场强度.

解 设 P 点距圆盘中心的距离为 x,由例题 12 的结果,得 P 点电势为

$$U = \frac{\sigma}{2\varepsilon_0}(\sqrt{R^2+x^2}-x)$$

由式(8-31)得 P 点的场强为

$$E = -\frac{\partial U}{\partial x} = -\frac{\sigma}{2\varepsilon_0}\frac{\partial}{\partial x}(\sqrt{R^2+x^2}-x) = \frac{\sigma}{2\varepsilon_0}\left(1-\frac{x}{\sqrt{R^2+x^2}}\right)$$

8.4 静电场中的导体

8.4.1 静电场中的导体 静电屏蔽

1. 导体的静电平衡条件

当一带电体系中的电荷静止不动,从而电场分布不随时间变化时,我们说该带电体系达到了静电平衡.金属导体的基本特点是内部存在大量的自由电子(这些电子可以在整块导体内自由运动),金属导体就是由带负电的自由电子和带正电的晶体点阵构成的.当导体本身不带电也不受外电场作用时,自由电子虽然可以在导体内像气体分子一样做无规则热运动,但在整个导体中,自由电子的负电荷和晶体点阵的正电荷(宏观上)处处相等,所以导体呈现电中性.当导体处于外电场情况下,导体内的自由电子在电场作用下,做宏观的定性运动(方向与电场方向相反),这将引起导体上电荷的重新分布,使导体呈现带电现象,这种电荷的重新分布又影响空间的电场分布,这是一个相互影响、相互制约的复杂过程.总之,经过一段极短的自发调整过程,达到某种新的平衡过程,即导体上的电荷和空间(包括导体内部和外部)的电场达到一种恒定的分布,也就是说导体达到了静电平衡.

导体达到静电平衡的条件是其内部的场强为零.

这个平衡条件可论证如下:假设导体内有一处 $\boldsymbol{E}\neq 0$,那么该处的自由电子就会在电场作用下做定向运动,从而引起导体内电荷和电场的重新分布,也就是说导体并没有达到静电平衡.反过来说,当导体达到静电平衡时,其内部场强必定处处

为零.需要强调的是,所谓导体内部的场强,指的是空间一切电荷(导体上电荷和导体外电荷)产生的总场强.

从上述导体静电平衡条件出发,可以很容易导出以下两点推论:①导体是等势体,导体表面是等势面;②在导体外,靠近导体表面的场强处处垂直于导体表面.

2. 导体上的电荷分布

由于导体内部的场强处处为零,利用高斯定理不难得到下面的两个结论:①导体内部没有净电荷;②如果导体带电,电荷必分布在导体的表面上,且靠近导体表面外的场强值为

$$E=\frac{\sigma}{\varepsilon_0} \tag{8-33}$$

式中 σ 是导体表面的面电荷密度,该式说明 σ 大的地方场强大,σ 小的地方场强小.

3. 静电屏蔽

前面已经指出,把一导体放到静电场中,电荷只能分布在导体的外表面上,导体内部的场强处处为零.所以若把一空腔导体放在静电场中,电场线将终止于导体的外表面而不能穿越导体进入腔内,如图 8-22 所示.这时导体内和空腔中的场强处处为零,这表明可以用空腔导体来屏蔽外电场,使腔内的物体不受外电场的影响.但是值得指出的是,虽然空腔内场强为零,整个导体和空腔内部的电势相等,可是这个电势值随外场分布不同而不同.如果要维持空腔导体的电势不变,可以把空腔导体接地,使它始终保持与地的电势相等.

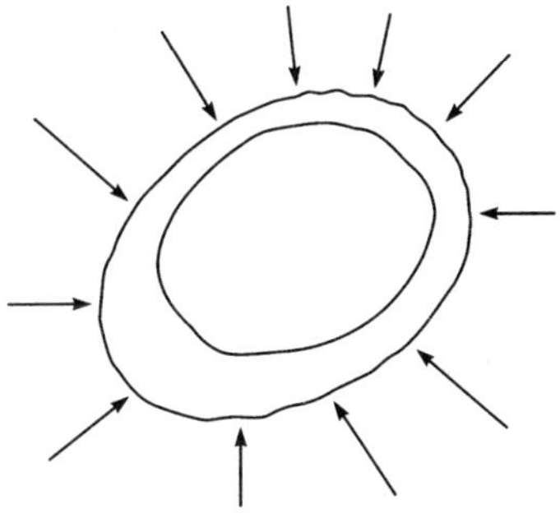

图 8-22 电场线终止于导体腔外表面

上面讲的是一个接地的空腔导体可以屏蔽外电场,使腔内的物体不受外电场的影响.但是,有时工作中要求一个带电体不影响外界,例如,对于放置在屋内的高压设备就有这样的要求,这时可以将带电体放在接地空腔导体(实际上用金属网)内,这样使腔内带电体在腔外表面产生的感应电荷将全部流入大地,外表面没有电场线发出.这样,空腔内的带电体对空腔外就不会产生任何影响.综上所述,一个接地的空腔导体可以隔离内外静电场的影响,这就是静电屏蔽的原理.

8.4.2 电容和电容器

1. 孤立导体的电容

所谓孤立导体，指的是在这导体的附近没有其他导体和带电体．设想使一个孤立导体带电荷 q，它将在周围的空间激发电场，从而它具有一定的电势 U(图 8－23)．理论和实验表明，U 与 q 成正比，即

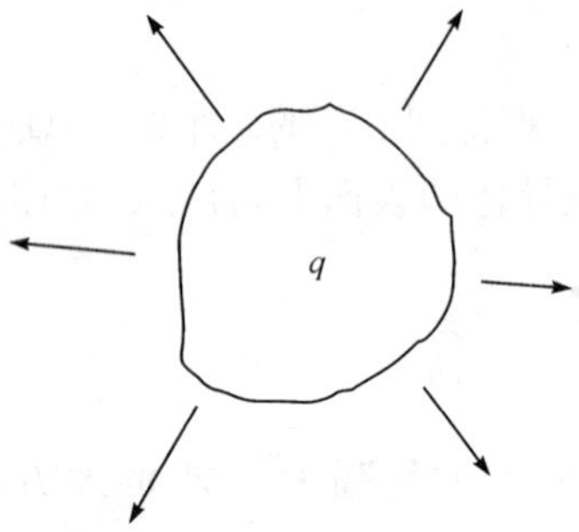

图 8－23 孤立导体的电容

$$\frac{q}{U}=C \tag{8-34}$$

式中比例系数 C 是一个仅与导体尺寸和形状有关的常量，而与 q、U 无关．C 称为孤立导体的电容，它的物理意义是使导体每升高单位电势所需的电量．在 SI 制中，电容的单位为库·伏$^{-1}$(C·V^{-1})，这个单位有个专门名称，称为法拉(F)．

例题 14 求半径为 R 的孤立导体球的电容．

解 设孤立导体球带电荷 q，则其电势为

$$U=\frac{1}{4\pi\varepsilon_0}\frac{q}{R}$$

由式(8－34)，得

$$C=\frac{q}{U}=4\pi\varepsilon_0 R \tag{8-35}$$

如果把地球看作一个孤立的导体球($R_{地}=6.37\times10^6$ m)，则它的电容值为 710 μF．

2. 电容器的电容

如果在一个导体 A 的近旁有其他导体，则导体 A 的电势 U_A 不仅与它自己所带的电量 q_A 有关，还与其他导体的形状和位置有关．为了消除周围其他导体的影响，可用一封闭导体腔 B 将 A 屏蔽起来，并将 B 接地($U_B=0$)，如图 8－24 所示．这时 U_A 将随 q_A 增加而成比例地增大，因此仍可定义它的电容为

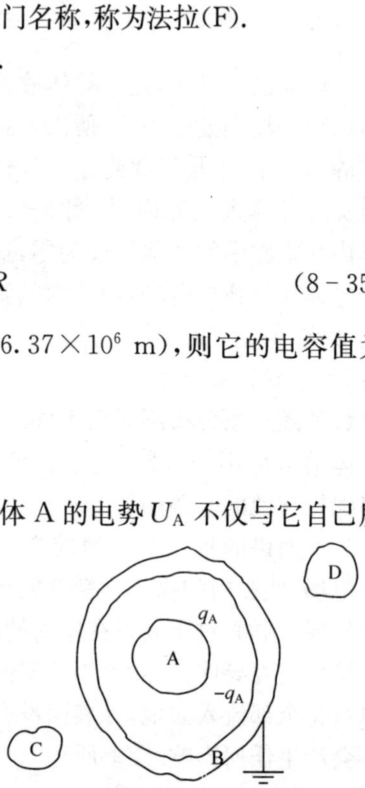

图 8－24 屏蔽的电容器不受外界的干扰

$$C_{AB}=\frac{q_A}{U_A}$$

当然这时 C_{AB} 已与导体腔 B 有关了．其实导体

腔B也可不接地,虽然$U_B \neq 0$,且U_A、U_B都与外界导体有关,但电势差$U_A - U_B$仍不受外界影响且正比于q_A,比值不变.这种由空腔电导B和导体A组成的导体系称为电容器,比值

$$C_{AB} = \frac{q_A}{U_A - U_B} \tag{8-36}$$

称为电容器的电容.它与两导体的尺寸、形状和相对位置有关,与q_A和$U_A - U_B$无关.组成电容器的两导体称为电容器的极板.

在实际应用的电容器中,对其屏蔽性能的要求并不像上面所说的那样苛刻,只要求从一个极板发出的电场线几乎都终止在另一个极板上.

利用式(8-36),通过简单的计算可以求得极板面积为S、两极板内表面间距离为d的平行板电容器的电容为

$$C = \varepsilon_0 \frac{S}{d} \tag{8-37}$$

对于两极板内表面半径为R_A和R_B的同心球形电容器,有

$$C = 4\pi\varepsilon_0 \frac{R_A R_B}{R_B - R_A} \quad (R_B > R_A) \tag{8-38}$$

电容器在电路中有着极为广泛的应用,在任何电子仪器或装置(如收音机、电视机、示波器等)中总有电容元件.电容器的性能规格中有两个主要指标,一是它的电容值,另一是它的耐压值.使用电容器时,若两极板间所加的电压超过规定的耐压值,电容器就可能被击穿而损坏.

在实际工作中,当遇到单独一个电容器在电容的数值或耐压能力不能满足要求时,可以把几个电容器并联或串联使用.电容器串、并联公式为

串联公式:
$$\frac{1}{C} = \frac{1}{C_1} + \frac{1}{C_2} + \cdots + \frac{1}{C_n} \tag{8-39}$$

并联公式:
$$C = C_1 + C_2 + \cdots + C_n \tag{8-40}$$

8.5 静电场中的电介质

8.5.1 电介质的极化

电介质是由大量电中性分子组成的绝缘体.在这些分子中,正负电荷结合得很紧密,处于束缚状态,不能自由运动,在电场作用下无电荷的宏观运动,因而电介质中没有传导电流,但是电介质分子中的电荷分布会受到外电场的作用而发生变化,从而改变了原来的电场分布.

根据分子内部电结构的不同,电介质分子可以分为两大类.在一类介质中,分

子的正、负电荷中心不重合，可将它等效看成由一对等值异号的点电荷构成的电偶极子，这种分子称为有极分子，属于这一类分子有 H_2O、HCl、NH_3、CO、CH_3OH 等. 另一类电介质分子中，正、负电荷中心重合，电偶极矩为零，称为无极分子，例如，H_2、N_2、O_2、CO_2、CH_4 等.

将电介质置于静电场 $\boldsymbol{E}_0$ 中，它的分子电荷分布发生变化. 如果电介质由无极分子组成，这些分子的正、负电荷中心将发生微小的位移，彼此错开一段距离，形成一个电偶极子，分子电偶极矩的方向沿外电场方向(讨论的电介质是各向同性的). 如果电介质是均匀的，从宏观上看，正、负电荷都是连续分布的，于是电介质内部呈现中性，在电介质表面上就有可能出现正、负电荷，如图 8-25 所示. 把这种在外电场作用下电介质表面出现正、负电荷层的现象称为电介质的极化. 这种极化是由于正、负电荷中心的位移而形成的，又称为位移极化. 如果电介质是有极分子组成的，在没有外电场情况下，由于热运动的结果，各有极分子的电偶极矩方向是杂乱分布的，但在有外电场存在情况下，各分子的电偶极矩将受到外电场的力偶矩作用，力图使其转到与外电场一致的方向. 然而，由于分子的热运动，使这种取向只可能是部分的，如图 8-26 所示. 同样的理由，由于电介质是均匀的，电介质内部宏观上呈电中性，而在电介质表面上出现正、负电荷层. 这种极化是由于分子电偶极矩趋向外场方向而形成，称为取向极化.

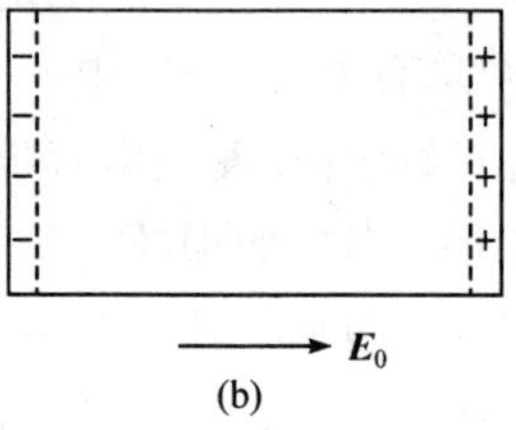

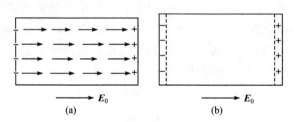

图 8-25　无极分子电介质的极化

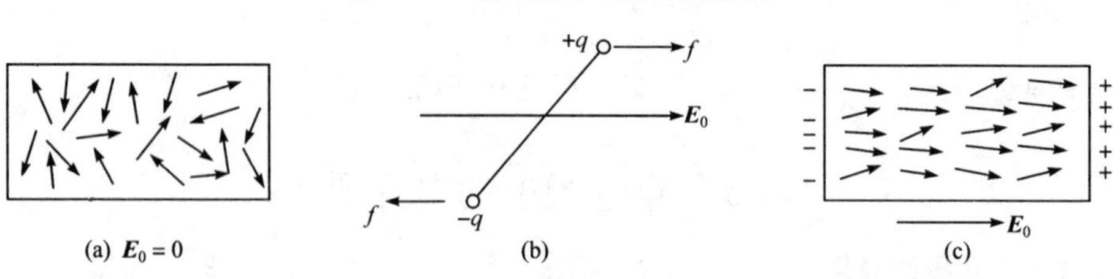

图 8-26　有极分子电介质的极化

需要指出的是，位移极化在任何电介质中都存在，而取向极化只是有极分子构成的电介质所独有的. 在有极分子构成的电介质中，取向极化效应比位移极化强得多(约大一个数量级)，因而它是主要的.

如上所述，水是极性分子，水分子与水分子之间存在电偶极子相互作用，使它们以氢键的形式相互偶联在一起,形成具有一定结构的各种不同大小的缔合态水分子.由于分子热运动,使缔合态遭到程度不同的破坏,最终使水内部的水分子处在有序(缔合态)和无序(非缔合态)的统计平衡状态之中.生命活动中不可缺少的水这种特点,使它在电磁场作用下会出现多种有趣的效应,其中一些效应已在工农业生产和人类日常活动中得到应用.

8.5.2 电介质中的场强 介电常量

电介质极化时出现的束缚电荷将在周围的空间(电介质内部和外部)产生附加的电场 $\boldsymbol{E}'$,称为退极化电场.根据场强叠加原理,在有电介质存在时,空间任一点的场强 $\boldsymbol{E}$ 是外电场 $\boldsymbol{E}_0$ 和退极化场 $\boldsymbol{E}'$ 的矢量和

$$\boldsymbol{E}=\boldsymbol{E}_0+\boldsymbol{E}' \tag{8-41}$$

对于一些特殊形状(如球和椭球等)的各向同性的均匀电介质在匀强外电场中极化时,电介质内部的 $\boldsymbol{E}'$ 和外电场 $\boldsymbol{E}_0$ 的方向相反,其后果是使总场强 $\boldsymbol{E}$ 比原来的外场 $\boldsymbol{E}_0$ 减弱.总场强和退极化场 $\boldsymbol{E}'$ 有比例关系

$$\boldsymbol{E}'=-\chi\boldsymbol{E} \tag{8-42}$$

比例常数 χ 称为电极化率,把式(8-42)代入式(8-41),有

$$\boldsymbol{E}'=-\frac{\chi}{1+\chi}\boldsymbol{E}_0 \tag{8-43}$$

和

$$\boldsymbol{E}=\frac{1}{1+\chi}\boldsymbol{E}_0=\frac{1}{\varepsilon_r}\boldsymbol{E}_0 \tag{8-44}$$

式中 $\varepsilon_r=1+\chi=E_0/E$,称为电介质的相对介电常数,它是一个没有单位的纯数,表示同样的场源在真空中产生的电场强度与在电介质产生的场强的比值.ε_r 数值反映了电介质在外电场中极化程度的大小,它是在使用电介质中常遇到的一个重要物理量.

由式(8-44)可知,在无限大电介质中的库仑定律可以表示为

$$\boldsymbol{F}=q\boldsymbol{E}=q\frac{\boldsymbol{E}_0}{\varepsilon_r}=\frac{1}{4\pi\varepsilon_0\varepsilon_r}\frac{qq_0}{r^3}\boldsymbol{r}=\frac{1}{4\pi\varepsilon}\frac{qq_0}{r^3}\boldsymbol{r} \tag{8-45}$$

式中 $\varepsilon=\varepsilon_0\varepsilon_r$ 称为电介质的介电常量,表 8-1 是一些电介质的相对介电常数.从表中可看出,对通常的电介质而言,水的 ε_r 值是比较大的.

表 8-1　一些电介质的相对介电常数

电介质	ε_r	电介质	ε_r
空气(0℃,100 kPa)	1.005 4	瓷	5.7～6.8
空气(0℃,10 MPa)	1.055	纸	3.5
水(0℃)	87.9	电木	5～7.6
水(20℃)	80.2	聚四氟乙烯	2.0
水(30℃)	76.6	二氧化钛	100
变压器油	4.5	氧化钽	11.6
云母	3.7～7.5	钛酸钡	10^3～10^4
玻璃	5～10		

需要指出的是,表中的 ε_r 值是静电场极化下的数值.在交变电场下,ε_r 值是和外电场的频率有关的.

例题 15　一平行板电容器两极板间充满相对介电常数为 ε_r 的电介质,极板面积为 S,间距为 d,求平行板电容器的电容.

解　设电容器两极板上带的自由电荷为 $\pm q_0$,于是两极板上的自由电荷面密度为 $\sigma=\pm q_0/S$.由式(8-44)、式(8-19)和场强叠加原理知,电容器两极板间的场强为

$$E=\frac{E_0}{\varepsilon_r}=\frac{1}{\varepsilon_r}\left(\frac{\sigma}{2\varepsilon_0}+\frac{\sigma}{2\varepsilon_0}\right)=\frac{\sigma}{\varepsilon_0\varepsilon_r}=\frac{1}{\varepsilon}\frac{q_0}{S}$$

两极板间电势差为

$$U=Ed=\frac{q_0 d}{\varepsilon S}$$

于是平行板电容器的电容为

$$C=\frac{q_0}{U}=\frac{\varepsilon S}{d}=\frac{\varepsilon_0\varepsilon_r S}{d}=\varepsilon_r C_0$$

式中 C_0 为极板间不存在电介质情况下平行板电容器的电容.这个结果说明,充满电介质后电容增大了 ε_r 倍.可以证明,对于球形、柱状等其他形状的电容器也有这样的结果.这就是说,若两极板间没有电介质情况下的电容为 C_0,则在充满电介质情况下的电容为

$$C=\varepsilon_r C_0 \tag{8-46}$$

8.5.3　电位移矢量　有电介质时的高斯定理

以平行板电容器为例来推导有电介质情况下的高斯定理.设电容器两极板间充满相对介电常数为 ε_r 的电介质,两极板上带自由电荷 $\pm q_0$,极板面积为 S.如图 8-27所示,取虚线所示的高斯面,它的上底面在极板内,下底面在电介质内,侧面

的法线方向和场强方向垂直. 这一高斯面包围的自由电荷 q_0 和束缚电荷 q'. 根据高斯定理,有

$$\oint \boldsymbol{E}\cdot \mathrm{d}\boldsymbol{S}=\frac{1}{\varepsilon_0}(q_0-q') \tag{8-47}$$

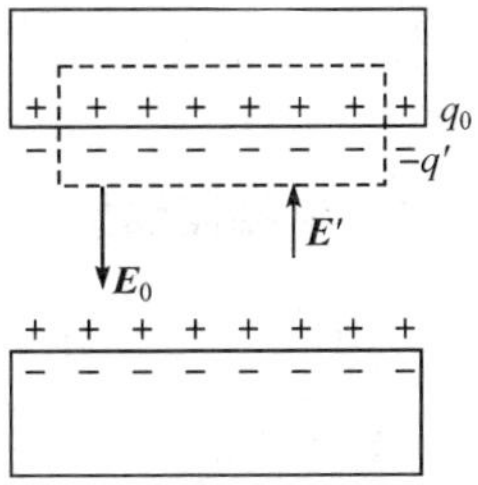

图 8-27 有电介质情况下高斯定理推导

因为

$$\oint \boldsymbol{E}\cdot \mathrm{d}\boldsymbol{S}=\int_{(\text{上底面})}\boldsymbol{E}\cdot \mathrm{d}\boldsymbol{S}+\int_{(\text{下底面})}\boldsymbol{E}\cdot \mathrm{d}\boldsymbol{S}+\int_{(\text{侧面})}\boldsymbol{E}\cdot \mathrm{d}\boldsymbol{S}$$

$$=0+\int_{(\text{下底面})}E\mathrm{d}S+0=ES$$

于是有

$$E=\frac{1}{\varepsilon_0 S}(q_0-q')$$

又因为 $E=\frac{E_0}{\varepsilon_r}=\frac{1}{\varepsilon_r}\frac{q_0}{\varepsilon_0 S}$,与上式比较,有

$$q'=\left(1-\frac{1}{\varepsilon_r}\right)q_0 \tag{8-48}$$

把式(8-48)代入式(8-47),有

$$\oint \varepsilon_0\varepsilon_r\boldsymbol{E}\cdot \mathrm{d}\boldsymbol{S}=\oint \varepsilon\boldsymbol{E}\cdot \mathrm{d}\boldsymbol{S}=q_0 \tag{8-49}$$

令

$$\boldsymbol{D}=\varepsilon\boldsymbol{E} \tag{8-50}$$

则式(8-49)可写成

$$\oint \boldsymbol{D}\cdot \mathrm{d}\boldsymbol{S}=q_0 \tag{8-51}$$

式中 $\boldsymbol{D}$ 称为电位移矢量,$\boldsymbol{D}\cdot \mathrm{d}\boldsymbol{S}$ 称为通过面元 $\mathrm{d}\boldsymbol{S}$ 的电位移矢量通量. 在 SI 制中,$\boldsymbol{D}$ 的单位和电荷面密度的单位相同,即为库·米$^{-2}$(C·m^{-2}).

可以证明,上述的结论在一般情况下也是正确的. 所以,在一般情况下的高斯定理可表述为:在静电场中,通过任意一个封闭曲面 S 的电位移矢量通量等于该封闭曲面所包围的自由电荷的代数和,即

$$\oint_{(S)} \boldsymbol{D}\cdot \mathrm{d}\boldsymbol{S}=\sum_{(S\text{内})}q_0 \tag{8-52}$$

在引入电位移矢量后,高斯定理的数学表达式中只有自由电荷一项,极化电荷不再出现,这使处理电介质中的电场问题变得简单. 需要注意的是,$\boldsymbol{D}$ 只是一个辅助物理量,描写电场性质的物理量仍是电场强度 $\boldsymbol{E}$ 和电势 U. 若把一试探电荷放到电场中去,决定它受力的是 $\boldsymbol{E}$ 而非 $\boldsymbol{D}$.

8.6　静电场的能量

8.6.1　电容器储能

如图 8-28 所示，在电容器充电过程中，电子从带正电极板上被拉到电源，并在电源内被推到带负电的极板上去. 在这过程中，外力依靠消耗电源中所储存的其他形式能量(如化学能)克服静电场力做功，并通过做功将这部分能量转化为电容器中储存的电能.

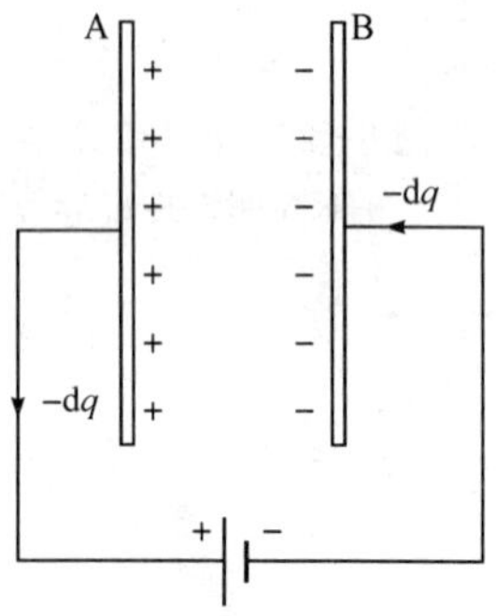

图 8-28　电容器储能

设在充电过程中，某一瞬间电容器的两极板带电量为$\pm q$，两极板间电势差为 u，若在这一瞬间，电源把$-\mathrm{d}q$的电量从 A 极板搬运到 B 极板，从能量守恒观点来看，这时电源做的功应等于电量$-\mathrm{d}q$ 从 A 极板迁移到 B 极板后电势能的增加，即 $u\mathrm{d}q$. 继续充电时，电源要继续做功，此功不断地积累为电容器的电能. 所以，在整个充电过程中储存于电容器的总能量为

$$W=\int_0^Q u\mathrm{d}q=\int_0^Q \frac{q}{C}\mathrm{d}q=\frac{1}{2}\frac{Q^2}{C} \tag{8-53}$$

利用 $Q=CU$，式(8-53)也可改写为

$$W=\frac{1}{2}\frac{Q^2}{C}=\frac{1}{2}QU=\frac{1}{2}CU^2 \tag{8-54}$$

式中的 Q 和 U 都是充电完毕时的值. 若电容器中有电介质存在，则式中的 Q 可用 Q_0 代替，表示电容器极板上所带自由电荷的值.

8.6.2　电场能量　电场能量密度

当谈到能量时，常常要说能量属于谁或存于何处. 式(8-53)似乎给人一个印象，电能集中在电荷上，对于电容器来说，静电能似乎存于极板上. 我们知道，在静电场状态下，电场和电荷总是同时存在相伴而生的，那么能否认为，电能储存在电场中？这个问题需要用实验来回答. 然而在静电场情况下，无法检验它；在电磁波章节中将会看到，随时间迅速变化的电场和磁场将以电磁波形式在空间传播，电磁场可以脱离电荷而传播到很远的地方去，电磁波携带能量(电能、磁能)也是众所周知的事实.

既然电能是分布在电场中，就有必要把电能的公式用描述电场的物理量——场强 $\boldsymbol{E}$ 表示出来. 以下通过平行板电容器的特例来说明.

平行板电容器的电势差和电容公式为

$$U = Ed, \quad C = \varepsilon \frac{S}{d}$$

将上二式代入式(8－54)，有

$$W = \frac{1}{2}\frac{\varepsilon S}{d}(Ed)^2 = \frac{1}{2}\varepsilon E^2 Sd = \frac{1}{2}\varepsilon E^2 V \tag{8-55}$$

式中 $V=Sd$，表示电容器内电场空间所占的体积. W 正比于 V 表明，电能分布在电容器两极板之间的电场中.

定义电场中单位体积内的电能为电场能量密度 ω_e，由式(8－55)，有

$$\omega_e = \frac{W}{V} = \frac{1}{2}\varepsilon E^2 = \frac{1}{2}DE \tag{8-56}$$

可以证明，在一般情况下，电场能量密度可以表示为

$$\omega_e = \frac{1}{2}\boldsymbol{D}\cdot\boldsymbol{E} \tag{8-57}$$

在各向同性介质中，有 $\boldsymbol{E}/\!/\boldsymbol{D}$，在各向异性电介质中，$\boldsymbol{D}$ 的方向一般与 $\boldsymbol{E}$ 的方向不同.

例题 16　计算原子核的静电能，原子核可以看成是均匀带电球体，已知球半径为 R，带电量为 q，球外为真空.

解　由高斯定理可求得核内外的场强为

$$E = \begin{cases} \dfrac{1}{4\pi\varepsilon_0}\dfrac{q}{R^3}r, & r<R \\[2ex] \dfrac{1}{4\pi\varepsilon_0}\dfrac{q}{r^2}, & r>R \end{cases}$$

由式(8－56)，原子核的静电能为

$$\begin{aligned} W &= \int \omega_e \mathrm{d}V = \int \frac{1}{2}\varepsilon_0 E^2 \mathrm{d}V = \int_0^\infty \frac{1}{2}\varepsilon_0 E^2 4\pi r^2 \mathrm{d}r \\ &= \int_0^R \frac{\varepsilon_0}{2}\left(\frac{1}{4\pi\varepsilon_0}\frac{q}{R^3}r\right)^2 4\pi r^2 \mathrm{d}r + \int_R^\infty \frac{\varepsilon_0}{2}\left(\frac{1}{4\pi\varepsilon_0}\frac{q}{r^2}\right)^2 4\pi r^2 \mathrm{d}r \\ &= \frac{q^2}{8\pi\varepsilon_0 R^6}\int_0^R r^4 \mathrm{d}r + \frac{q^2}{8\pi\varepsilon_0}\int_R^\infty \frac{\mathrm{d}r}{r^2} = \frac{q^2}{40\pi\varepsilon_0 R} + \frac{q^2}{8\pi\varepsilon_0 R} = \frac{3q^2}{20\pi\varepsilon_0 R} \end{aligned}$$

需要说明的是，原来人们认为原子核是球形的，有着高度的对称性，后来实验发现原子核可以在很大程度上被拉长，甚至会像一支雪茄. 由美国和德国的研究人员组成的一个研究组在 2000 年 2 月 5 日的《物理评论快报》上报道了他们关于原子核具有手征性的实验结果. 同时他们的发现也提供了强有力的证据表明非轴对称原子核确实是存在的.

习 题

8-1 两个带电量都是 q 的点电荷，彼此相距为 l，其连线中点为 O，现将另一点电荷 Q 放置在连线中垂面上距 O 点为 x 处.（1）求点电荷 Q 受的力；（2）若点电荷 Q 开始是静止的，然后让它自由运动，它将如何运动？分别就 Q 和 q 同号或异号两种情况加以讨论.

8-2 把电偶极矩 $p=ql$ 的电偶极子放在点电荷 Q 的电场中，电偶极子的中心 O 点到 Q 的距离为 $r(r\gg l)$. 分别求 $\boldsymbol{p}/\!/QO$[习题 8-2 图(a)]和 $\boldsymbol{p}\perp QO$[习题 8-2 图(b)]时电偶极子所受的力和力矩.

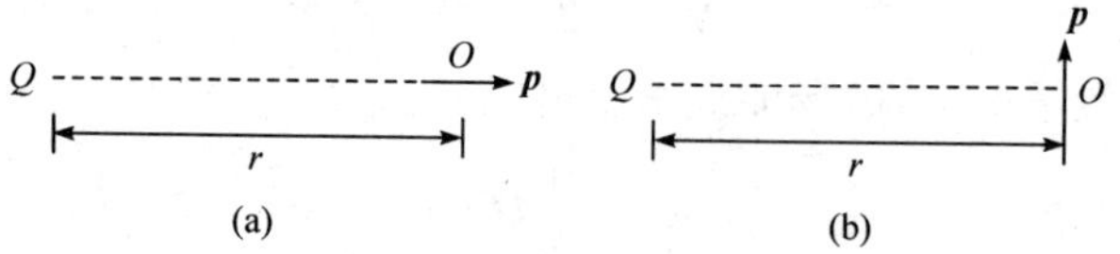

习题 8-2 图

8-3 一点电荷 q 距导体球壳（半径为 R）的球心 $3R$，求导体球壳上的感应电荷在球壳球心处的电场强度矢量和电势.

8-4 均匀电场 $\boldsymbol{E}$ 和半径为 a 的半球面的轴线平行，试计算通过此半球面的电通量.

8-5 如果在空间直角坐标系中，电场的分布为 $\boldsymbol{E}=5\boldsymbol{i}+(8+4y)\boldsymbol{j}$，则以坐标原点为中心的边长为 1 的立方体内的总电量为多少？

8-6 一无限长均匀带电直线位于 x 轴上，电荷线密度为 $30\ \mu\mathrm{C\cdot m^{-1}}$，通过球心为坐标原点、半径为 3 m 的球面的电通量为多少？

8-7 两个均匀带电的同轴无限长金属圆筒，半径分别为 R_1 和 R_2. 设在内、外筒的相对两面上所带电量的面密度分别为 $+\sigma$ 和 $-\sigma$，求空间的场强分布.

8-8 一厚度为 d 的无限大平板，平板内均匀带电，体电荷密度为 ρ，求板内外的场强分布.

8-9 根据量子理论，氢原子中心是一个带正电 q_0 的原子核（可看成是点电荷），外面是带负电的电子云，在正常状态（核外电子处在 s 态）下，电子云的电荷密度分布是球对称的

$$\rho(r)=-\frac{q_0}{\pi a_0^3}\mathrm{e}^{-2r/a_0}$$

式中 a_0 为常量（玻尔半径）. 求原子的场强分布.

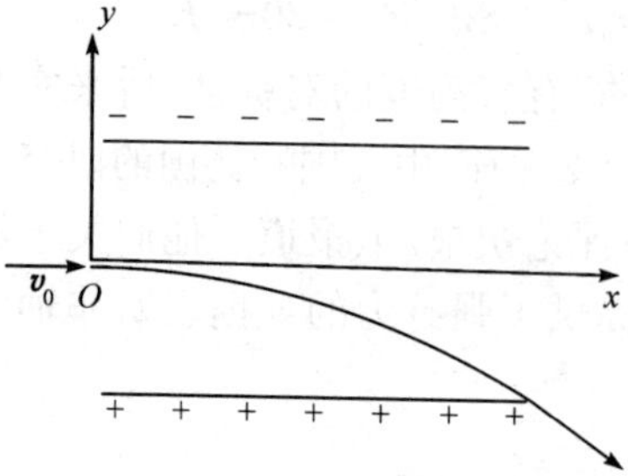

习题 8-10 图

8-10 图中显示的是示波器的竖直偏转系统，加电压于两极板，在两极板间产生均匀电场 $\boldsymbol{E}$，设电子质量为 m，电荷为 e，它以速度 $\boldsymbol{v}_0$ 射入电场中，$\boldsymbol{v}_0$ 与 $\boldsymbol{E}$ 垂直. 试讨论电子运动的轨迹.

8-11 一示波器中阳极与阴极之间的电压是 3 000 V，求从阴极发射的电子（初速为零）到达阳极时的速度. 电子质量 $m=9.11\times10^{-31}$ kg.

8-12 在夏季雷雨中，通常一次闪电里两点间

的电势差约为 10×10^{10} V，通过的电量约为 30 C. 问一次闪电消耗的能量是多少？如果用这些能量来烧水，能把多少水从 0 ℃加热到 100 ℃？

8-13　如习题 8-13 图所示，$AB=2R$，$\overset{\frown}{CDE}$是以 B 为中心，R 为半径的圆弧，A 点放置正点电荷 q，B 点放置负电荷$-q$.

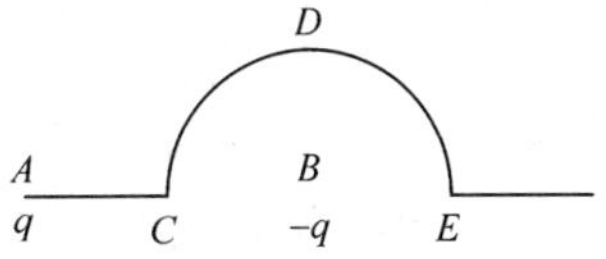

习题 8-13 图

(1) 把单位正电荷从 C 点沿$\overset{\frown}{CDE}$移到 D 点，电场力对它做了多少功？

(2) 把单位负电荷从 E 点沿 AB 的延长线移到无穷远处，电场力对它做了多少功？

8-14　求均匀带电球体的电场分布. 已知球半径为 R，所带总电量为 q. 铀核可视为带有 $92e$ 的均匀带电球体，半径为 7.4×10^{-15} m，求其表面的电场强度.

8-15　在氢原子中，正常状态下电子到质子的距离为 5.29×10^{-11} m，已知氢原子核和电子带电各为$\pm e$，把氢原子中的电子从正常态下离核的距离拉到无穷远处所需的能量称为氢原子的电离能. 求此电离能是多少焦耳？多少电子伏特？

8-16　有一块大金属板，面积为 S，带有总电量 Q，今在其近旁平行地放置第二块大金属板，此板原来不带电. 求静电平衡时，金属板上的电荷分布及周围空间的电场分布. 忽略金属板的边缘效应.

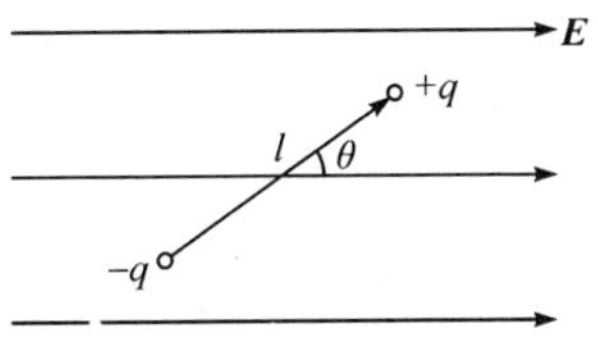

习题 8-19 图

8-17　求均匀带电细圆环轴线上的电势和场强分布. 设圆环半径为 R，带电量为 Q.

8-18　利用电偶极子电势公式 $U=\dfrac{1}{4\pi\varepsilon_0}\dfrac{p\cos\theta}{r^2}$，求其场强分布.

8-19　求电偶极子($p=ql$)在均匀外电场中(习题 8-19 图)的电势能.

8-20　一个半径为 R_1 的金属球 A，它的外面套一个内、外半径分别为 R_2 和 R_3 的同心金属球壳 B. 二者带电后电势分别为 U_A 和 U_B. 求此系统的电荷及电场分布. 如果用导线将球和壳连接起来，结果又将如何？

8-21　半径为 R 的导体球带有电荷 q，球外有一均匀电介质同心球壳，球壳的内外半径分别为 a 和 b，相对介电常数为 ε_r，求空间电位移矢量、电场强度和电势分布.

8-22　在两板相距为 d 的平行板电容器中，插入一块厚 $d/2$ 的金属大平板(此板与两极板平行)，其电容变为原来的多少倍？如果插入的是相对介电常数为 ε_r 的大平板，则又如何？

8-23　在内极板半径为 a，外极板半径为 b 的圆柱形电容器内，装入一层相对介电常数为 ε_r 的同心圆柱形壳体(内半径为 r_1、外半径为 r_2)，其电容变为原来的多少倍？

8-24　一平行板电容器极板面积为 S，间距为 d，带电荷为$\pm q$，现将极板之间的距离拉开一倍.

(1) 静电能改变了多少？

(2) 求外力对极板做的功.

8-25　一平行板电容器的两极板间有两层均匀电介质，一层电介质 $\varepsilon_r=4.0$，厚度 $d_1=2.0$ mm，另一层电介质的 $\varepsilon_r=2.0$，厚度为 $d_2=3.0$ mm. 极板面积 $S=50$ cm^2，两极板间电压为

200 V. 求：

(1) 每层介质中的电场能量密度；

(2) 每层介质中总的静电能；

(3) 用公式 $qU/2$ 计算电容器的总静电能.

8-26　两个同轴圆柱面，长度均为 L，半径分别为 a 和 b，两圆柱面之间充有介电常量为 ε 的均匀电介质. 当这两个圆柱面带有等量异号电荷 $\pm q$ 时，问：

(1) 在半径为 $r(a<r<b)$、厚度为 $\mathrm{d}r$、长度为 L 的圆柱薄壳中任一点处的电场能量密度是多少？整个薄壳中的总电场能量是多少？

(2) 电介质中的总电场能量是多少？能否由此总电场能量推算圆柱形电容器的电容？

8-27　球形电容器两极板的内外半径分别为 R_1 和 R_2，其间一半充满介电常量为 ε 的均匀电介质. 求球形电容器的电容.

第 9 章　恒定磁场

本章首先讨论恒定电流的基本性质，接着讨论恒定电流所产生的恒定磁场以及恒定磁场的基本性质，即它是一个无源的有旋矢量场，然后讨论载流导线和线圈在磁场中所受的力和力矩、带电粒子在磁场中所受的力. 最后讨论磁介质的分类及其磁化的机制.

9.1　电流密度矢量　欧姆定律　电动势

9.1.1　电流密度矢量

1. 电流

电荷的定向运动形成电流，运动电荷可以是正电荷，也可以是负电荷. 在金属导体（第一类导体）中，电流是自由电子形成的；在电解质溶液（第二类导体）中是正、负离子形成的. 这种电流称为传导电流，它的特点是带电粒子均有宏观移动. 此外，电子或离子，甚至是宏观带电体，在空间作机械运动形成的电流称为运流电流. 如果上述电荷的定向宏观运动形成的电流的大小和方向都不随时间变化，则称这种电流为恒定电流，又称为直流电.

按习惯，规定正电荷流动的方向为电流的方向. 为了描述电流的强弱，引入电流的概念. 单位时间内通过某横截面的电量，称为电流，即

$$I = \frac{\Delta q}{\Delta t} \quad 或 \quad I = \lim_{\Delta t \to 0} \frac{\Delta q}{\Delta t} \tag{9-1}$$

表示某一时刻的瞬时电流. 在国际单位制中，规定电流为基本量，单位为安(A). 有关它的定义将在后面讨论.

2. 电流密度矢量

电流是标量，不能描述电流方向，且只能笼统地描述通过某截面电流的整体特性. 如果需要知道电流在截面内分布情况，还必须引入能够细致描述电流分布的物理量——电流密度矢量. 空间截面中一点的电流密度矢量，其数值等于该点单位截面的电流，其方向为该点的电流方向. 设想在截面中某一点取一个与电流方向垂直的截面元 dS（图 9-1(a)），则通过 dS 的电流 dI 与该点电流密度 j 的关系为

$$dI = j dS$$

如果截面元 $\mathrm{d}S$ 的法线方向与电流方向间的夹角为 θ（图 9－1(b)），则有

$$\mathrm{d}I = j\mathrm{d}S\cos\theta$$

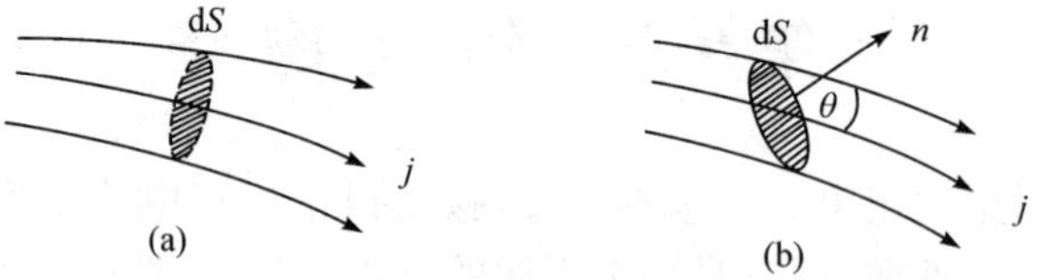

图 9－1　电流密度矢量

或写成矢量形式

$$\mathrm{d}I = \boldsymbol{j}\cdot\mathrm{d}\boldsymbol{S} \tag{9-2}$$

通过任意截面 S 的电流与电流密度矢量的关系为

$$I = \int_{(S)} \boldsymbol{j}\cdot\mathrm{d}\boldsymbol{S} = \int_{(S)} j\cos\theta\mathrm{d}S \tag{9-3}$$

由式(9－3)可知，电流 I 是电流密度矢量 $\boldsymbol{j}$ 的通量. 当一大块导体中电流有一分布时，导体中各点 $\boldsymbol{j}$ 的大小和方向一般来说不相同，从而构成一个矢量场，称之为电流场. 同样，可以用电流线来形象地描绘电流场. 电流线是这样一系列曲线，其上每点的切线方向和该点的电流密度矢量 $\boldsymbol{j}$ 的方向一致. 电流密度的单位为安・米$^{-2}$($\mathrm{A\cdot m^{-2}}$).

9.1.2　电流的恒定条件

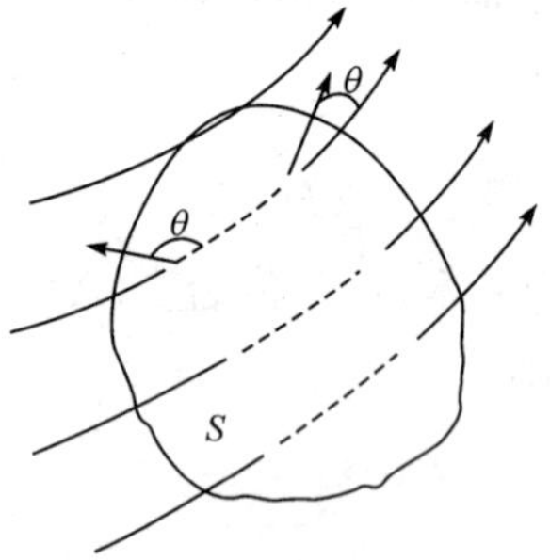

图 9－2　电流连续性原理

设想在导体内任取一闭合曲面 S（图 9－2），并规定曲面的外法线方向为正，则在单位时间里，由 S 面流出的电量应等于$\oint\boldsymbol{j}\cdot\mathrm{d}\boldsymbol{S}$. 根据电荷守恒原理，在单位时间内通过 S 面向外流出的电量，应等于在单位时间内 S 面内包含的电量的减少.

设在时间 $\mathrm{d}t$ 内，S 面内的电量变化为 $\mathrm{d}q$，则在单位时间内 S 面内电量减少为 $-\mathrm{d}q/\mathrm{d}t$，因而有

$$\oint\boldsymbol{j}\cdot\mathrm{d}\boldsymbol{S} = -\frac{\mathrm{d}q}{\mathrm{d}t} \tag{9-4}$$

式(9－4)称为电流连续性方程，即电荷守恒定律.

恒定电流的电流场不随时间变化，它要求空间的电场不随时间变化，也就是电流分布不随时间变化，即有 $\mathrm{d}q/\mathrm{d}t=0$，因而有

$$\oint\boldsymbol{j}\cdot\mathrm{d}\boldsymbol{S} = 0 \tag{9-5}$$

式(9-5)称为电流的恒定条件.该条件表明,在单位时间内通过 S 面一侧流入的电量等于从另一侧流出的电量,也就是说电流连续地穿过任一闭合曲面.通常的电路由导线连成,电流沿着导线分布.所以在恒定电路中,通过一段导线各个截面的电流相等.在图9-3中,$I_1=I_2+I_3$.在多电路中,三条或三条以上支路的连接处称为节点.对于恒定电流,流入节点的电流总和等于流出节点的总和.如果规定流入节点的电流为负,流出节点的电流为正,则回路中任意节点处电流的代数和等于零,即

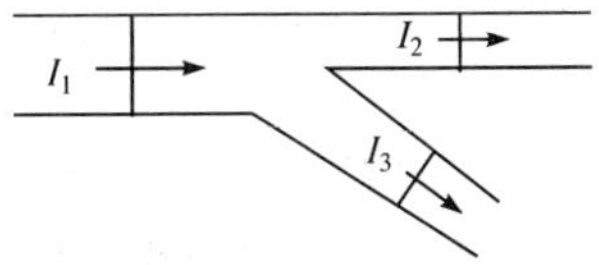

图 9-3 通过一段导线任意截面的恒定电流相等

$$\sum I_i = 0 \tag{9-6}$$

式(9-6)就是基尔霍夫第一方程.

9.1.3 欧姆定律的微分形式

1. 一段导体的欧姆定律

对于恒定电流,由于空间的电场分布不随时间变化,这种电场称为恒定电场.它和静电场一样,也满足环路定理 $\oint \boldsymbol{E} \cdot \mathrm{d}\boldsymbol{l} = 0$,从而可以引入电势和电势差的概念.电场是形成电流的必要条件(超导体例外),即要使导体内有电流通过,两端必须有一定的电压.实验表明,在恒定条件下,通过一段导体的电流与导体两端的电压成正比,即

$$I \propto U$$

这个结论称为欧姆定律.如果写成等式,则有

$$U = RI$$

式中的比例系数 R 由导体的材料和几何尺寸及形状决定,称为导体的电阻,它的单位为欧(Ω),1欧=1伏·安$^{-1}$(1Ω=1 V·A^{-1}).电阻的倒数称为电导,用符号G表示,它的单位为西门子(S).

实验表明,欧姆定律不仅适用于金属导体,而且也适用于电解质溶液.但对于气体导体(如气体放电管中的气体)和一些导电器件(如电子管、晶体管等),欧姆定律不成立,它们的电流和电压呈现出非线性的关系.但通常仍可定义其电阻为 $R=U/I$,只是 R 不仅与材料或元件的性质有关,还与其中的电压、电流有关.

2. 电阻率和电导率

实验表明,对于由一定材料制成的、横截面均匀的导体,其电阻值与其长度 l 成正比,与横截面积 S 成反比,写成等式,有

$$R = \rho \frac{l}{S} \tag{9-7}$$

式中的比例系数 ρ 由导体材料本身性质决定，称为材料的电阻率，它的单位为欧·米(Ω·m). 当导线的横面 S 或电阻率不均匀时，式(9－7)应写成下列积分形式：

$$R = \int \rho \frac{\mathrm{d}l}{S} \tag{9-8}$$

电阻率的倒数称为电导率，用 σ 表示，即

$$\sigma = 1/\rho \tag{9-9}$$

电导率的单位是西门子·米$^{-1}$(S·m^{-1}).

表 9－1 列出一些材料在 0 ℃时的电阻率值. 由表中可看出，银、铜、铝等的电阻率很小，而镍铬、铁铬铝、碳等电阻率大. 因此，一般都用铜、铝来制造导线，用镍铬、铁铬铝、碳来作电炉、电阻器中的电阻丝.

表 9－1 一些材料的电阻率和电阻的温度系数

导体	$\rho_0/10^{-8}$(Ω·m)	$\alpha/10^{-3}$℃$^{-1}$
银	1.47	3.8
铜	1.58	3.8
铝	2.52	3.9
铁	8.85	6.2
钼	9.8	3.9
碳(非晶体)	3500	0.46
镍铬合金	110	0.16
铁铬铝合金	140	0.04
康铜	48	0.001

各种材料的电阻率都随温度变化. 实验证明，在通常温度下，并且在温度变化范围不太大时，几乎所有金属导体的电阻率 ρ 与温度之间存在着如下近似的线性关系

$$\rho_t = \rho_0(1 + \alpha t) \tag{9-10}$$

式中 ρ_t 表示 t ℃时的电阻率，ρ_0 表示 0 ℃时的电阻率，α 称为电阻的温度系数，它的单位为℃$^{-1}$. 表 9－1 列出了一些材料的 α 值.

金属导体、绝缘体、半导体的电阻率值有很大的差别. 金属导体的电阻率在 10^{-8}～10^{-5} Ω·m；绝缘体的电阻率在 10^{8}～10^{18} Ω·m；而半导体的电阻率介于上述两者之间，在 10^{-5}～10^{8} Ω·m. 除此以外，绝缘体和半导体的电阻率随温度变化的规律与导体很不一样，它们的电阻率随温度的升高而急剧地变小，并且其变化也

不是线性的.

某些金属的电阻率在温度降到接近绝对零度的某一特定温度 T_C 时,会突然减小到无法测量其数值,这种现象称为超导电现象.超导电现象是荷兰物理学家卡末林-昂内斯(H. Kamerlingh Onnes)于 1911 年发现的,他发现汞在温度 4K 时具有超导电特性,并将这种电阻为零的态定名为超导态,称 T_C 为正常态和超导态之间的转变温度.自此以后,科学家们对超导电现象展开了广泛而又深入的研究,发现了数以千计的超导材料,超导器件的研究也有了重要进展.但在 1986 年以前,已发现的超导材料的 T_C 都很低,只能在液氦的低温区(氦的液化温度为 4.25 K)工作,必须伴随着复杂昂贵的低温设备和技术.所以,几十年来科学家一直在寻求高温超导材料,使它的转变温度 T_C 能达到氮的液化温度(77 K)以上. 1986 年 4 月美国 IBM 公司苏黎世研究实验室的两名研究人员,柏诺兹(J. G. Bednorz)和缪勒(K. A. Müller)宣布 Ba-La-Cu-O 氧化物是一种超导体,它的 T_C 为 35 K.之后,世界上掀起一股超导研究新浪潮,各国科学家相继宣布创高 T_C 超导材料的新纪录.我国中国科学研究院、北京大学等单位的科学家也纷纷制造出零电阻温度为 78.5 K 的超导材料和 84 K 的超导薄膜. 1998 年北京有色冶金院研制出我国第一根铋系高温超导输电电缆,使我国成为国际上能制造这种材料的少数几个国家之一.我国有能力制造高温超导输电电缆,将为我国大规模应用大功率超导装置奠定了基础.近年来我国已研制出超导量子干涉器件,可在液氮温度下工作,它能测量相当于地球磁场(约为 0.5 G)的一亿分之一的弱磁场,已开始应用于地球物理勘测.

超导技术有极为广泛的应用领域.它将影响到电力工程、电能输送、超导电子学计算机、地球物理勘探、生物磁学、医学临床应用、研究物质结构和生物分子的精密仪器、磁流体发电机以及磁悬浮列车的实现等.

3. 欧姆定律的微分形式

欧姆定律也可写成微分形式.设想在导体的电流场内取一小电流管(图 9-4),其长度为 dl、垂直截面积为 dS,电流管两端的电势差为 dU.根据欧姆定律,通过截面 dS 的电流为

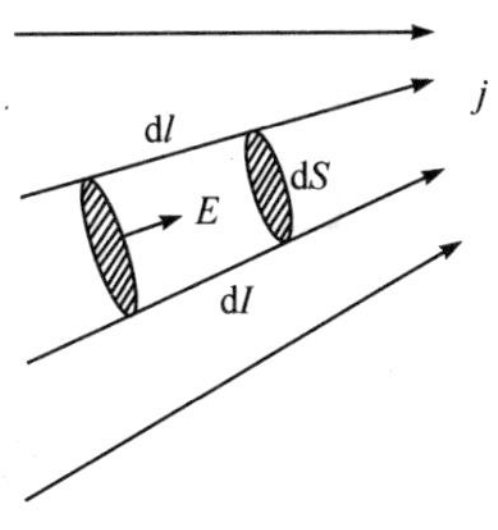

图 9-4　欧姆定律的微分形式

$$\mathrm{d}I = \frac{\mathrm{d}U}{R}$$

式中 R 是电流管内导体的电阻.由于导体中的场强 $\boldsymbol{E}$ 的方向处处与电流密度矢量 $\boldsymbol{j}$ 方向一致,所以场强方向也是沿着电流管的,从而 $\mathrm{d}U = E\mathrm{d}l$.根据式(9-7),$R = \rho\dfrac{\mathrm{d}l}{\mathrm{d}S} = \dfrac{1}{\sigma}\dfrac{\mathrm{d}l}{\mathrm{d}S}$,把此式和 $\mathrm{d}U = E\mathrm{d}l$ 代入上式,有

$$j=\frac{\mathrm{d}I}{\mathrm{d}S}=\sigma E$$

以下稍加分析，可知 $\boldsymbol{j}$ 的方向和 $\boldsymbol{E}$ 的方向是一致的. 电子在导体中运动时不断受到碰撞，它们在碰撞后向各个方向运动的机会是相同的（与没有电场时一样），其定向速度为零. 这样，电子在两次碰撞之间的定向运动部分就是一个初速为零的匀加速直线运动，此时电子平均定向速度方向和作用于电子的场强方向相反，而电流密度的方向由电子平均速度方向决定，$\boldsymbol{j}$ 的方向与电子平均定向速度方向相反，于是 $\boldsymbol{j}$ 和 $\boldsymbol{E}$ 的方向相同. 由此可见，上式可写成矢量形式

$$\boldsymbol{j}=\sigma\boldsymbol{E} \tag{9-11}$$

称它为欧姆定律的微分形式. 它表明，通过导体中任一点的电流密度矢量 $\boldsymbol{j}$ 等于该点的场强 $\boldsymbol{E}$ 与导体电导率 σ 的乘积. 可见，电流密度矢量和导体材料的性质有关，而与导体的形状和大小无关.

还需说明的是，$\boldsymbol{j}=\sigma\boldsymbol{E}$ 虽然是在恒定条件下推导出来的，但在变化不太快的非恒定情况下仍然适用. 实验表明，欧姆定律不仅适用于金属，而且对电解液也适用.

9.1.4 电动势

1. 电源及其电动势

用导线将充了电的电容器两极板连接起来时，在导线中就会有电流产生（图 9-5），随着时间的增长，两极板上的电荷逐渐减少，同时，在导线电阻上消耗的焦耳热也得不到补充，两极板上的电荷最终降至零，电流也就消失. 这种随时间减少的电荷分布不能产生恒定电场，所以就不能有恒定电流. 要产生恒定电流，必须使流到负极板上的电荷重新回到正极板上去，维持恒定的电荷分布，从而产生一个恒定电场. 但是要使正电荷从负极板回到正极板，单靠静电力是做不到的，必须依靠非静电力. 它使正电荷逆着电场力方向从低电势返回高电势处，同时非静电力做功，以补偿焦耳热的损失. 仍能在正负极板上产生恒定的电荷分布，从而产生恒定的电场，可得到恒定电流.

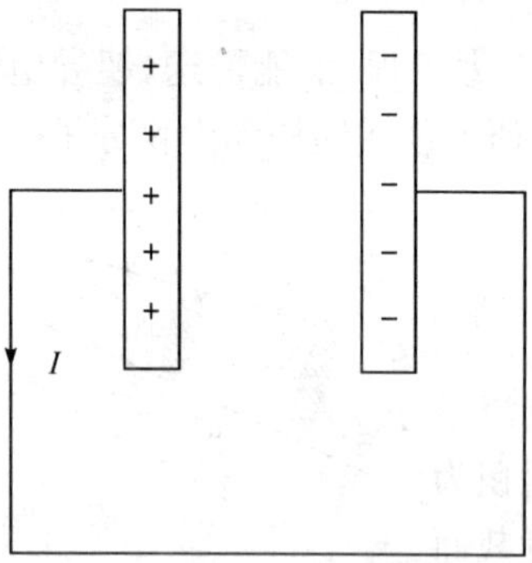

图 9-5 电容器放电

提供非静电的装置称为电源. 像蓄电池、干电池一类的电源，是通过电源内部的化学作用来提供非静电力. 在电源内部，非静电方向和静电力方向相反. 我们用 $\boldsymbol{E}_{\mathrm{k}}$ 表示作用在单位正电荷上的非静电力，一个电源的电动势 $\mathscr{E}$ 定义为把单位正电荷从负极通过电源内部移到正极时，非静电力所做的功. 用公式表示，有

$$\mathscr{E}=\int_{-\,(\text{电源内})}^{+}\boldsymbol{E}_{\mathrm{k}}\cdot\mathrm{d}\boldsymbol{l}\tag{9-12}$$

电动势的单位和电势单位相同,即为伏(V).但要注意的是,它们是两个性质不同的物理量.电动势总是和非静电力的功联系在一起的,而电势是和静电力的功联系在一起的.电动势完全取决于电源本身的性质(如化学电池只取决于其中化学物质的种类)而与外电路无关,但电路中的电势分布则和外电路的情况有关.

对于蓄电池一类的电源情况,非静电力集中在电源内部,在外电路中没有非静电力,上述电动势的定义是适用的.而对于温差电源一类的电源,非静电力分布在整个电路中,因此电源电动势更普遍的定义为

$$\mathscr{E}=\oint\boldsymbol{E}_{\mathrm{k}}\cdot\mathrm{d}\boldsymbol{l}\tag{9-13}$$

2. 含电源电路的欧姆定律

现在来讨论一个简单的闭合电路(图9-6)的欧姆定律.设外电路有一电阻R,电源电动势$\mathscr{E}$、内阻r.当电路中通有电流I时,电路中的电流密度矢量$\boldsymbol{j}$应由恒定电场$\boldsymbol{E}$和非静电场$\boldsymbol{E}_{\mathrm{k}}$共同决定,这时欧姆定律的微分形式应写成

$$\boldsymbol{j}=\sigma(\boldsymbol{E}+\boldsymbol{E}_{\mathrm{k}})\tag{9-14}$$

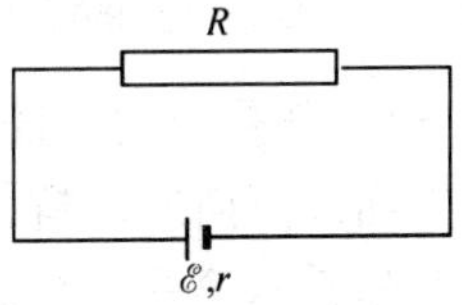

图9-6 闭合电路欧姆定律

对式(9-14)等式两侧取电路回路的线积分,并考虑到对恒定电场有$\oint\boldsymbol{E}\cdot\mathrm{d}\boldsymbol{l}=0$,于是有

$$-\oint\boldsymbol{E}_{\mathrm{k}}\cdot\mathrm{d}\boldsymbol{l}+\oint\frac{\boldsymbol{J}\cdot\mathrm{d}\boldsymbol{l}}{\sigma}=0\tag{9-15}$$

由于$\mathrm{d}\boldsymbol{l}$的方向与导线中$\boldsymbol{j}$的方向相同,因此

$$\oint\frac{\boldsymbol{J}\cdot\mathrm{d}\boldsymbol{l}}{\sigma}=\oint\frac{J\mathrm{d}l}{\sigma}=\oint\frac{I\mathrm{d}l}{\sigma S}$$

由于各处电流相等,所以有

$$\oint\frac{I\mathrm{d}l}{\sigma S}=I\oint\frac{\mathrm{d}l}{\sigma S}=IR_{\mathrm{L}}$$

式中$R_{\mathrm{L}}=\oint\frac{\mathrm{d}l}{\sigma S}$为整个回路的总电阻,包括外电路电阻$R$和电源内阻$r$.因而有

$$I\oint\frac{\mathrm{d}l}{\sigma S}=IR_{\mathrm{L}}=I(R+r)\tag{9-16}$$

由于式(9-15)中的$\oint\boldsymbol{E}_{\mathrm{k}}\cdot\mathrm{d}\boldsymbol{l}=\mathscr{E}$,所以式(9-15)可写为

$$-\mathscr{E}+I(r+R)=0\tag{9-17}$$

或

$$I=\frac{\mathscr{E}}{R+r} \tag{9-18}$$

这就是闭合电路欧姆定律公式,它只适用于闭合电路中只有一个方向电流的回路.

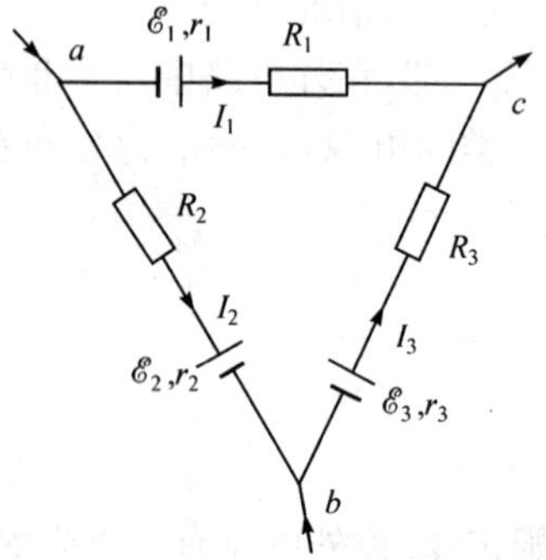

图 9-7　复杂电路的欧姆定律

对于复杂电路中的一个回路中有几个电源,而且各部分电流不相同的情况(图 9-7),可依照前述做法,利用式(9-14)和恒定电场满足$\oint \boldsymbol{E}\cdot \mathrm{d}\boldsymbol{l}=0$的条件,可以得出式(9-17)的更为普遍的形式

$$\sum(\pm \mathscr{E}_i)+\sum(\pm I_iR_i)=0 \tag{9-19}$$

式(9-19)中每一项前面的正负号按照下述规则选取:先确定回路的绕行方向(顺时针方向或逆时针方向);在绕行方向上,若电势下降,则电流和电动势取正号;若电势升高,则电流和电动势取负号,式(9-19)就是应用于任意回路的基尔霍夫第二方程式的普遍形式.

下面以惠斯通电桥(图 9-8)为例来说明求解复杂电路的方法.解复杂电路要运用基尔霍尔第一、第二方程,其中有两个关键点:①复杂电路中有几个节点,根据基尔霍夫第一方程式(9-6),列出的 n 个方程中有$(n-1)$个是独立的,余下的一个方程可由这$(n-1)$个方程推导出来;②根据基尔霍夫第二方程式(9-19),对复杂电路中每一个闭合回路都可以写出一个方程式,为了使选择出来的闭合回路是彼此独立的,可先任意选择一个闭合回路写出一个方程式,然后任意拆去该闭合回路的一条支路,再选择一个闭合回路写出一个方程式,再拆去该闭合回路的任一条支路.如此重复,直到不含闭合回路为止.

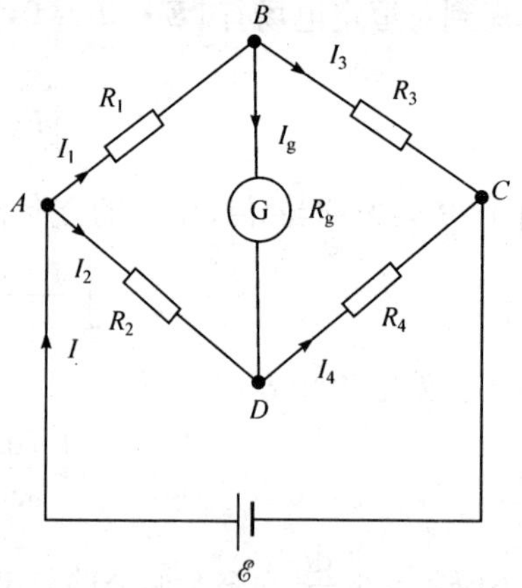

图 9-8　惠斯通电桥原理图

惠斯通电桥用来测量电阻,图 9-8 中 R_g 为检流计内阻,各支路电路中的电流方向假定如图中箭头所示.在这个电桥电路中共有 A、B、C、D 四个节点.现对 A、B、D 三个节点列出基尔霍夫第一方程

$$\begin{cases}I_1+I_2-I=0\\ I_3+I_g-I_1=0\\ I_4-I_2-I_g=0\end{cases}\quad 或\quad \begin{cases}I=I_1+I_2\\ I_3=I_1-I_g\\ I_4=I_2+I_g\end{cases} \tag{9-20}$$

在运用基尔霍夫第二方程时，选择 I_g、I_1、I_2 为三个未知变量. 现在我们选择如下三个独立回路(绕行方向为顺时针方向)，并写出它们相应的方程

回路 $ABDA$ $I_1R_1 + I_gR_g - I_2R_2 = 0$

回路 $BCDB$ $(I_1 - I_g)R_3 - (I_2 + I_g)R_4 - I_gR_g = 0$

回路 $ABCA$ $I_1R_1 + (I_1 - I_g)R_3 - \mathscr{E} = 0$

经整理后，有

$$\begin{cases} I_1R_1 - I_2R_2 + I_gR_g = 0 \\ I_1R_3 - I_2R_4 - I_g(R_3 + R_4 + R_g) = 0 \\ I_1(R_1 + R_3) - I_gR_3 = \mathscr{E} \end{cases} \tag{9-21}$$

若已知电路中 $\mathscr{E}$ 和各电阻值，根据上述方程组可求出 I_1、I_2 和 I_g，再根据式(9－20)求出 I、I_3、I_4 的值来. 但是，对于 $I_g=0$，即惠斯通电桥处于平衡状态下，由式(9－20)可得

$$I_1 = I_3, \quad I_2 = I_4 \tag{9-22}$$

同时，根据式(9－21)，有

$$I_1R_1 = I_2R_2, \quad I_3R_3 = I_4R_4 \tag{9-23}$$

再将式(9－22)和式(9－23)联立起来，有

$$R_1R_4 = R_2R_3 \tag{9-24}$$

式(9－24)就是电桥平衡时必须满足的条件，称为电桥平衡条件. 利用三个已知电阻值，可求出一个待测电阻值. 如果这个待测电阻值和其他物理量(如温度、形变等)有关，则惠斯通电桥实际上也可用来测量这些物理量.

9.2 磁感应强度 毕奥-萨伐尔定律

9.2.1 基本磁现象

人类对磁现象的研究比电现象早得多，始于对天然磁石(一种含 Fe_3O_4 的矿石)的认识. 天然磁石能够吸引铁一类的物质，这种性质称为磁性. 天然磁铁(磁石)的磁性不强，所以现在都使用强磁性的人造磁铁. 早期发现的磁现象限于磁体之间的相互作用，可概述如下：

(1) 一条形磁铁的两端磁性最强，中部几乎无磁性，两端区域称为磁极. 把一条形磁铁(或磁针)悬挂起来，磁铁将自动转向南北方向，指北的一极称北极(用 N 表示)，指南的一极称南极(用 S 表示). 两根条形磁铁(或磁针)的磁极之间存在着相互作用力，同名磁极相互排斥，异名磁极相互吸引.

(2) 磁铁的磁极总是成对出现的. 若将条形磁铁分割成几段，则在断开处出现成对的新磁极. 这一事实说明，我们不能得到只有一个磁极(N 极或 S 极)的磁铁，这与电荷的情况有很大的差别. 但是近代物理理论认为有单独磁极存在，且磁单极

粒子的最小质量约为质子质量的 3 倍. 世界上不少科学家用实验方法企图捕获这种磁单极粒子，但至今尚未成功，人们推测，这可能是由于漫长的宇宙演化过程中，磁单极子湮没为 γ 光子而消失殆尽的缘故，说明有关磁单极子问题还有待进一步的理论研究和实验检测.

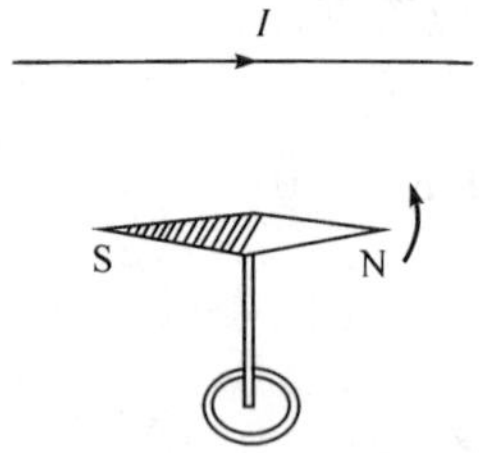

图 9-9　奥斯特实验

早在 19 世纪初，一些物理学家提出了电和磁之间应存在相互联系，曾经当过医生的丹麦物理学家奥斯特也持这种看法，但没有实验事实可作证明. 1800 年伏打发明了伏打电堆以后，电学从静电的研究进入了电流的研究. 奥斯特用伏打电堆作了许多实验，想发现一些新现象. 1820 年，他在一次讲课中，把一根通电的导线放在磁针的上方，并且与磁针平行，从而引起磁针的偏转(图 9-9). 磁针的偏转立即引起了他的注意. 奥斯特的发现，说明了电流可以产生磁，这极大震动了法国学术界，他们长期以来信奉库仑的信条，认为电和磁是不可能发生相互作用的两种现象，但奥斯特实验却把千余年来分立的电和磁联系起来，并开辟了电磁学研究的新领域.

在奥斯特的发现鼓舞下，许多物理学家，甚至有些原来不是研究物理学的科学家也都热心于进行电和磁的实验研究，并且也取得了许多重要的结果. 值得一提的是当时年已 45 岁的法国数学家安培(A. M. Ampère)也被吸引进来，在极短时间内做了许多实验，作出了重大的贡献，使他成为当时电磁学界的第一流的学者.

就在同一年(1820 年)，安培发现两根载流导线之间存在着相互作用力，两根同向载流导线互相吸引，两根反向载流导线相互排斥，从而得出了安培定律. 他在研究了载流螺线管和磁铁棒的相似性后，于 1821 年提出了关于物质磁性的分子环流假设，他认为磁性物质的内部，每个分子都有一个环形电流，即分子电流，从而表现为很小的电磁体. 物体在未被磁化之前，各个分子电流的取向是混乱的，对外不呈磁性；被磁化后这些分子电流的取向趋于一致或近乎一致，对外呈现出磁性. 安培的分子环流是在还不了解物质的原子结构情况下提出来的，因此不能进一步说明分子环流的成因，尽管这只是个假设，但也不能不说安培的这个假设，抓住了事物的本质，即物质的磁性是由电流产生的.

近代物理告诉我们，无论是磁铁，还是导线中的电流，它们的磁效应的根源都是电流或电荷的运动.

9.2.2　磁场　磁感应强度矢量

我们已经知道，静止电荷之间的相互作用力是通过电场来传递的，电的作用是“近距的”. 磁极之间、磁极和电流之间的相互作用都可归结为电流之间的相互作用. 而电流之间的相互作用也是通过一种场，即磁场来传递的. 磁极或电流在自己周围空间激发起一个磁场，而磁场的基本性质之一是它对于任何置于其中的其他磁极（它的磁效应根源是电流）或电流施加作用力. 我们可以用如下的模式来表示上述的相互作用

$$\text{电流} \Longleftrightarrow \text{磁场} \Longleftrightarrow \text{电流}$$

为了描述电场的性质，引入了电场强度矢量 $\boldsymbol{E}$. 同样，为了描述磁场的性质，我们引入磁感应强度矢量 $\boldsymbol{B}$. 由于磁场给运动电荷、载流导体以及磁铁的磁极以作用力，所以原则上讲可以用上述三者中的任何一种作为试探元件来研究磁场. 这就是不同教科书中对磁场有不同定义的原因. 我们现在采用磁场对运动电荷的作用来描述磁场. 设电量为 q 的试探电荷在磁场中某点的速率为$\boldsymbol{v}$，它受到的磁力为 $\boldsymbol{F}$，实验表明：①在磁场中的每一点都有一个特征方向，当试探电荷 q 沿着这个方向运动时不受力，且该特征方向与 q、$\boldsymbol{v}$ 无关；② 当$\boldsymbol{v}$ 与上述特征方向的夹角为 $\theta(0<\theta<\pi)$，即垂直于该特征方向的速度分量 $v_{\perp}=v\sin\theta\neq 0$ 时，电荷将受到磁场的作用力 $\boldsymbol{F}$，其大小 $F\propto qv_{\perp}$，且比例系数与 q、$v_{\perp}$ 的大小无关；③$\boldsymbol{F}$ 的方向既与$\boldsymbol{v}$ 垂直，又与上述的特征方向垂直，即 $\boldsymbol{F}$ 与$\boldsymbol{v}$ 和这特征方向所构成的平面垂直. 根据以上结论，我们可以定义磁感应强度矢量 $\boldsymbol{B}$ 来描述磁场，它的大小为

$$B=\frac{F}{qv_{\perp}} \tag{9-25}$$

$\boldsymbol{B}$ 的方向沿着特征方向. 由于一个特征方向可能有两个彼此相反的指向，故 $\boldsymbol{B}$ 的方向还有两种可能的选择. 因此，我们规定 $\boldsymbol{B}$ 的指向恰好使正电荷受的力 $\boldsymbol{F}$ 与矢量积（$\boldsymbol{v}\times\boldsymbol{B}$）的矢量同向. 由以上定义的磁感应强度矢量 $\boldsymbol{B}$ 可以看出，它与运动电荷的性质无关，完全反映了磁场本身的性质. 于是，磁感应强度矢量的定义可用下式表示：

$$\boldsymbol{F}=q\boldsymbol{v}\times\boldsymbol{B} \tag{9-26}$$

由式(9－25)可知，在国际单位制中，磁感应强度 B 的单位为牛・秒・库$^{-1}$・米$^{-1}$或牛・安$^{-1}$・米$^{-1}$，这一单位称为特斯拉(T)，$1\ \mathrm{T}=1\ \mathrm{N\cdot A^{-1}\cdot m^{-1}}$. 在高斯单位制中，磁感应强度的单位为高斯(G)，$1\ \mathrm{G}=10^{-4}\ \mathrm{T}$.

类似于电场线，我们可以用磁感应线或磁力线来形象地描述磁感应强度的空间分布. 磁力线与静电场中的电场线在性质上有很大的差别. 从一些典型的载流导线的磁力线可以看出，磁力线都是围绕电流的闭合线，它不会在磁场中任一处中断的.

磁场是普遍存在的，地球、太阳、各种天体、星际空间、星系际空间都存在着强度悬殊的磁场. 地磁场在地球表面附近约为 0.5 G；某些恒星存在着目前实验条件下无法实现的极强磁场，例如，白矮星的磁场可达 $10^{2}\sim10^{3}$ T，而中子星的磁场可达 10^{8} T. 为了认识和解释天体和宇宙中的许多物理现象和规律，都必须考虑到磁场这一重要因素. 磁场在现代科技和人类生活中有着广泛的重要应用，在动物中伴

随着生命活动，在一些组织和器官内也会产生微弱的磁场．人们制造出的磁体的磁场可以大小不一，大型电磁铁可产生 1～2 T 的磁场，而用超导材料（如 Nb_3Sn 和 NbTi）制成的超导磁体的磁场可以大到 20 T．若采用超导磁体和水冷磁体组成的混合磁体装置则可产生 30～45 T 的稳态强磁场；若要产生 100 T 左右的强磁场则要采用脉冲强磁场技术．强磁场对于凝聚体物理、化学、材料科学、工程和生物学等研究都是很有用的．

9.2.3 毕奥-萨伐尔定律

我们已经知道，电流可以在空间激发出磁场．一个任意形状的载流导线可以看成是由许多电流元组成的．只要知道电流元激发磁场的规律就可以利用场强叠加原理，计算出任意形状载流导线激发的磁场分布．毕奥-萨伐尔定律正是电流元激发磁场的规律．一个电流元可以用矢量 $I\mathrm{d}\boldsymbol{l}$ 表示，I 为电流元的电流，$\mathrm{d}\boldsymbol{l}$ 是电流元的线元，方向为电流方向．毕奥-萨伐尔定律指出：电流元 $I\mathrm{d}\boldsymbol{l}$ 在空间一点 P 处所产生的磁感应强度 $\mathrm{d}\boldsymbol{B}$ 的大小与电流元的大小 $I\mathrm{d}l$ 成正比，与电流元和电流元到 P 点的径矢 $\boldsymbol{r}$ 之间的夹角 θ 的正弦成正比，与 r^2 成反比，$\mathrm{d}\boldsymbol{B}$ 的方向为 $\mathrm{d}\boldsymbol{l}\times\boldsymbol{r}$ 所决定的方向（图 9－10）．上述规律用数学式表示，$\mathrm{d}\boldsymbol{B}$ 的大小为

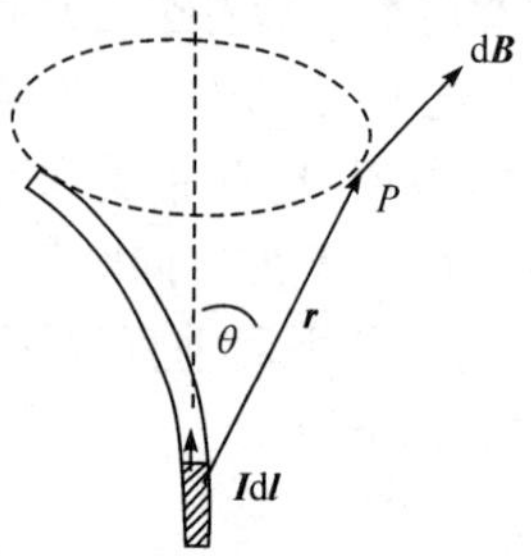

图 9－10 毕奥-萨伐尔定律

$$\mathrm{d}B = k\,\frac{I\mathrm{d}l\sin\theta}{r^2}$$

写成矢量式为

$$\mathrm{d}\boldsymbol{B} = k\,\frac{I\mathrm{d}\boldsymbol{l}\times\boldsymbol{r}}{r^3}$$

式中 k 为比例系数，其值与单位选取有关，在国际单位制中，$k=\mu_0/4\pi$，其中 $\mu_0 = 4\pi\times10^{-7}$ 亨·米$^{-1}$（H·m^{-1}），称为真空磁导率．所以在选用国际单位制后，毕奥-萨伐尔定律可表示为

$$\mathrm{d}\boldsymbol{B} = \frac{\mu_0}{4\pi}\,\frac{I\mathrm{d}\boldsymbol{l}\times\boldsymbol{r}}{r^3} \tag{9-27}$$

由于恒定电流元是为了研究方便而引入的一种理想模型，它不能单独存在，所以不能用实验直接验证上述的定律．历史上这个定律建立的过程大致如下．在奥斯特发现电流磁效应后的几个月，法国物理学家毕奥（J. B. Biot）和萨伐尔（F. Savart）对长直载流导线周围的磁极所受到的磁作用规律作了实验研究．而法国数学家拉普拉斯（P. S. M. Laplace）导出了电流元对磁极作用力的表达式，历史上称之为毕奥-萨伐尔定律．后人又将这一定律表述为式（9－27）所表示的形式．利用叠加

原理，对式(9-27)进行积分，便可求出任意形状的载流导线所产生的磁感应强度，即

$$\boldsymbol{B}=\oint \mathrm{d}\boldsymbol{B}=\frac{\mu_0}{4\pi}\oint\frac{I\mathrm{d}\boldsymbol{l}\times\boldsymbol{r}}{r^3}$$

上式是一个矢量积分式，一般应对各个分量分别积分.

以下我们讨论几种特殊形状载流导线在空间产生的磁感应强度.

1. 载流直导线

如图9-11所示，设直导线 A_1A_2 载有电流 I，空间一点 P 至直导线的垂直距离为 a. 现在计算载流直导线 A_1A_2 在 P 点产生的磁感应强度矢量 $\boldsymbol{B}$. 将 A_1A_2 分成许多电流元 $I\mathrm{d}\boldsymbol{l}$，由毕奥-萨伐尔定律可知，直导线上各电流元在 P 点产生的磁场方向是一致的，都垂直于纸面向里，因此总的磁感应强度 $\boldsymbol{B}$ 等于各个电流元产生的磁感应强度 $\mathrm{d}\boldsymbol{B}$ 的代数和

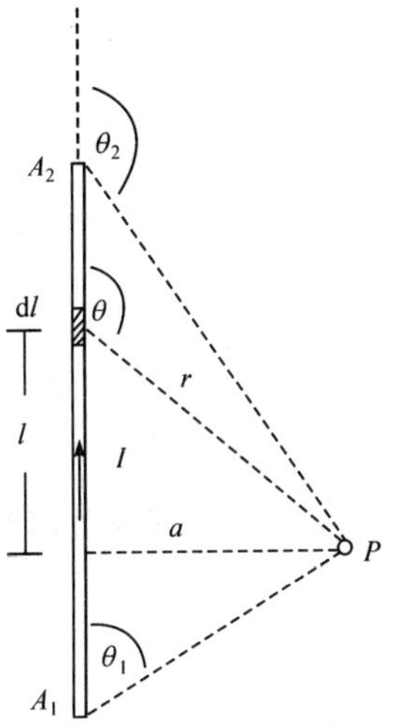

图9-11　载流直导线的磁场

$$B=\int \mathrm{d}B=\int_{A_1}^{A_2}\frac{\mu_0}{4\pi}\frac{I\mathrm{d}l\sin\theta}{r^2}$$

由图9-11中的几何关系可以看出

$$l=r\cos(\pi-\theta)=-r\cos\theta$$
$$a=r\sin(\pi-\theta)=r\sin\theta$$

从上面二式消去 r，得 $l=-a\cot\theta$，再取微分，有

$$\mathrm{d}l=\frac{a}{\sin^2\theta}\mathrm{d}\theta$$

将上式及 $r=a/\sin\theta$ 代入上述积分式，化简后得

$$B=\int_{\theta_1}^{\theta_2}\frac{\mu_0}{4\pi}\frac{I\sin\theta}{a}\mathrm{d}\theta=\frac{\mu_0 I}{4\pi a}(\cos\theta_1-\cos\theta_2) \tag{9-28}$$

式中 θ_1 和 θ_2 的几何意义如图9-11所示.

若载流导线无限长，则 $\theta_1=0$，$\theta_2=\pi$，此时有

$$B=\frac{\mu_0 I}{2\pi a} \tag{9-29}$$

上述结果说明，长直载流导线周围一点的磁感应强度 $\boldsymbol{B}$ 的大小与该点到导线的垂直距离 a 成反比.

2. 载流圆线圈轴线上的磁感应强度

如图9-12所示，载有电流 I 的圆形导体线圈的半径为 R. 根据毕奥-萨伐尔

定律，圆线圈上任一电流元 $Id\boldsymbol{l}$ 在轴线上任一点 P 处产生的磁感应强度 $d\boldsymbol{B}$ 的大小为

$$dB = \frac{\mu_0}{4\pi}\frac{Idl\sin\theta}{r^2}$$

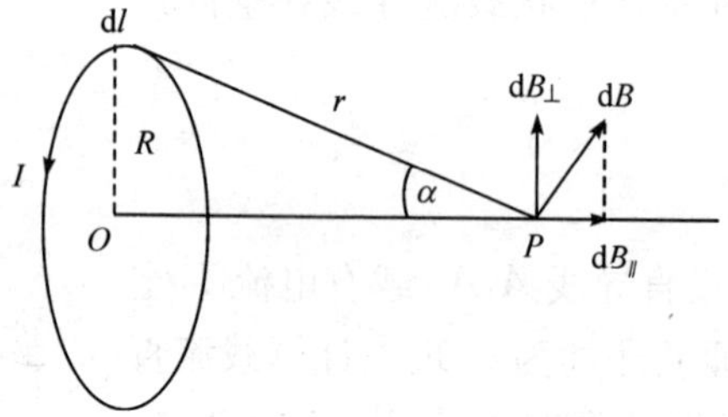

图 9-12　载流圆线圈轴线上的磁场

$d\boldsymbol{B}$ 矢量在 r 与轴线所构成的平面上，且 $d\boldsymbol{B}\perp\boldsymbol{r}$，并有 $\theta=\pi/2$. 于是上式可写为

$$dB = \frac{\mu_0}{4\pi}\frac{Idl}{r^2}$$

为了计算总磁场，可将 $d\boldsymbol{B}$ 分解为平行于轴线的分量 $d\boldsymbol{B}_{/\!/}$ 和垂直于轴线的分量 $d\boldsymbol{B}_{\perp}$，由于圆线圈的轴对称性，各垂直分量互相抵消，而平行分量相互加强，所以总的磁感应强度 $\boldsymbol{B}$ 的大小为各平行分量 $dB_{/\!/}=dB\sin\alpha$ 的代数和，即有

$$B = \int dB_{/\!/} = \int dB\sin\alpha = \int_0^{2\pi R}\frac{\mu_0}{4\pi}\frac{Idl}{r^2}\sin\alpha$$

$$= \frac{\mu_0 IR\sin\alpha}{2r^2}$$

由图 9-11 中的几何关系可知，$r^2=R^2+x^2$，$\sin\alpha=R/r=R/(R^2+x^2)^{1/2}$. 将它们代入到 B 的表示式，有

$$B = \frac{\mu_0 IR^2}{2(R^2+x^2)^{3/2}} \tag{9-30}$$

$\boldsymbol{B}$ 的方向沿轴线方向，且与电流方向组成右手螺旋关系. 下面讨论几种特殊情况.

(1) 在圆心 O 点处，$x=0$，有

$$B = \frac{\mu_0 I}{2R} \tag{9-31}$$

(2) 在远离线圈处，$x\gg R$，有

$$B = \frac{\mu_0 IR^2}{2x^3} \tag{9-32}$$

(3) 如图 9-13 所示的一段载流圆弧导线在圆心激发的磁感应强度为

$$B=\frac{\mu_0 I}{2R}\cdot\frac{\theta}{2\pi}=\frac{\mu_0 I\theta}{4\pi R}\qquad(9-33)$$

式中 θ 为圆弧对圆心所张的圆心角，单位为弧度.

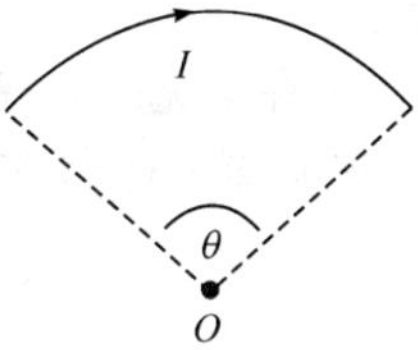

图 9-13　一段载流圆弧导线在圆心处的磁场强度

3. 载流螺线管中的磁感应强度

绕在圆柱面上的螺线形线圈称为螺线管. 若线圈绕得很紧密，可以把每匝线圈看成是一个圆线圈，整个螺线管就可看成是一系列圆线圈同轴密排组成. 因而螺线管轴线上某点 P 的磁感应强度就等于所有这些圆线圈在 P 点产生的磁感应强度的矢量和.

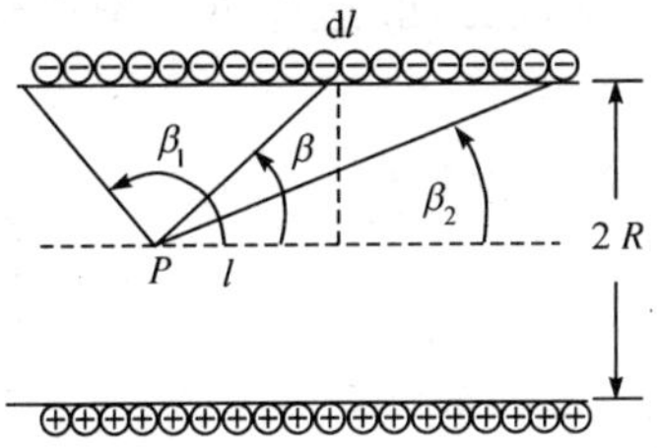

图 9-14　载流螺线管轴线上一点的磁场

如图 9-14 所示，设载有电流 I 的螺线管的半径为 R，单位长度上匝数为 n. 在螺线管上距 P 点为 l 处任取一小段长度 $\mathrm{d}l$，在此小段内共有 $n\mathrm{d}l$ 匝线圈，根据式(9-30)，它在 P 点处产生的磁感应强度的大小为

$$\mathrm{d}B=n\mathrm{d}l\,\frac{\mu_0 IR^2}{2(R^2+l^2)^{3/2}}$$

$\mathrm{d}\boldsymbol{B}$ 的方向沿轴线. 因为各 $\mathrm{d}l$ 小段在 P 点产生的磁感应强度方向都相同，所以总磁感应强度 $\boldsymbol{B}$ 的大小为

$$B=\int\mathrm{d}B=\int\frac{\mu_0 nIR^2\mathrm{d}l}{2(R^2+l^2)^{3/2}}$$

为了便于积分，引入参变量角 β(图 9-14)，由图中几何关系可知，$l=R\cot\beta$，再取微分有 $\mathrm{d}l=-\dfrac{R}{\sin^2\beta}\mathrm{d}\beta$. 将此式和 $\dfrac{R}{\sqrt{R^2+l^2}}=\sin\beta$ 代入积分式中，化简后得

$$B=\int_{\beta_1}^{\beta_2}\left(-\frac{\mu_0 nI}{2}\right)\sin\beta\mathrm{d}\beta=\frac{\mu_0 nI}{2}(\cos\beta_2-\cos\beta_1)\qquad(9-34)$$

以下讨论两种特殊情况：

(1) 螺线管无限长，此时有 $\beta_1=\pi$，$\beta_2=0$，由式(9-34)可得

$$B=\mu_0 nI\qquad(9-35)$$

式(9-35)说明，轴线上各点的 B 是相同的. 以后可证明，此结论不仅适用于螺线管轴线上各点，也适用于螺线管内其他各点，即在整个螺线管内部的磁场是均匀

磁场.

(2) 在半无限长螺线管端点轴线上的磁感应强度为其内部的 1/2. 还可以证明,对于截面为任意形状无限长载流螺线管管内任一点的磁感应强度也为 $B=\mu_0 nI$.

9.2.4 运动电荷的磁场

运动电荷的磁场分布可由毕奥-萨伐尔定律推导出来. 我们设想电流元中的电流是由电量为 q 的正电荷的定向运动引起的. 设电流元的横截面积为 S,单位体积内的正电荷数为 n,定向速度为 v,则由电流强度的定义有 $I=nqvS$. 而且毕奥-萨伐尔定律中 $\mathrm{d}\boldsymbol{l}$ 的方向就是电流元中的正电荷的运动方向. 这样可将毕奥-萨伐尔定律改写为

$$\mathrm{d}\boldsymbol{B}=\frac{\mu_0}{4\pi}\frac{I\mathrm{d}\boldsymbol{l}\times\boldsymbol{r}}{r^3}=\frac{\mu_0}{4\pi}\frac{nS\mathrm{d}lq\,\boldsymbol{v}\times\boldsymbol{r}}{r^3}$$

或

$$\mathrm{d}\boldsymbol{B}=\frac{\mu_0}{4\pi}\frac{n\mathrm{d}\tau q\,\boldsymbol{v}\times\boldsymbol{r}}{r^3}$$

式中 $\mathrm{d}\tau=S\mathrm{d}l$ 为电流元的体积,$n\mathrm{d}\tau=\mathrm{d}N$ 为电流元中的总电荷数. 上式的物理意义是电流元 $I\mathrm{d}\boldsymbol{l}$ 所产生的磁场 $\mathrm{d}\boldsymbol{B}$ 为 $\mathrm{d}N$ 个电荷以速度 $\boldsymbol{v}$ 运动时所产生的场. 因而一个电量为 q、速度为 $\boldsymbol{v}$ 的运动电荷所产生的磁感应强度为

$$\boldsymbol{B}=\frac{\mu_0}{4\pi}\frac{q\,\boldsymbol{v}\times\boldsymbol{r}}{r^3} \tag{9-36}$$

式中 $\boldsymbol{r}$ 为运动电荷到场点的径矢. 要指出的是式(9-36)仅适用于电荷做低速运动的情形,普遍情况下,当电荷做匀速直线运动时,它所产生的磁场 $\boldsymbol{B}$ 为

$$\boldsymbol{B}=\frac{\mu_0}{4\pi}\frac{\gamma q\,\boldsymbol{v}\times\boldsymbol{r}}{(\gamma^2x^2+y^2+z^2)^{3/2}}$$

上式是位于坐标原点、以速度 $\boldsymbol{v}$ 沿 x 轴运动的电荷 q 在空间任一点 $(x、y、z)$ 所产生的 $\boldsymbol{B}$ 的表达式,式中 $\gamma=\left(1-\frac{v^2}{c^2}\right)^{-\frac{1}{2}}$,$c$ 为真空中的光速. 显见,在 $v\ll c$ 时,上式就退化为式(9-36).

9.3 恒定磁场的基本性质

9.3.1 磁场的高斯定理

磁通量的定义和电通量的定义类似. 它的定义是,通过某面元 $\mathrm{d}S$ 的磁通量为

$$\mathrm{d}\Phi_{\mathrm{m}}=\boldsymbol{B}\cdot\mathrm{d}\boldsymbol{S}=B\cos\theta\mathrm{d}S \tag{9-37}$$

对于一个曲面 S，通过它的磁通量为

$$\Phi_m = \int_{(S)} \boldsymbol{B} \cdot d\boldsymbol{S} \tag{9-38}$$

和在 8.2.2 节中计算电通量一样，在利用上式计算磁通量时，所取面元 d$\boldsymbol{S}$ 上的磁感应强度矢量是一个匀强场.

在国际单位制中，磁通量的单位是特·米^2（T·m^2），这个单位称为韦伯(Wb). 因为 1 Wb=1 T·m^2，所以磁感应强度 B 的单位也常用 Wb·m^{-2}表示.

如前所述，磁力线是无头无尾的闭合曲线. 所以，如果在磁场中任取一闭合曲面 S，则穿入该闭合曲面的磁力线，一定会有相同数目的磁力线穿出闭合曲面. 那就是说，如果规定闭合曲面的外法线方向为正，则通过任意闭合曲面的磁通量恒等于零. 这就是磁场的高斯定理，用数学式表示为

$$\oint \boldsymbol{B} \cdot d\boldsymbol{S} = 0 \tag{9-39}$$

式(9-39)说明了磁场是一个无源场，这与静电场有本质的差别.

9.3.2　安培环路定理

由于磁力线是无始无终的闭合曲线，所以磁感应强度矢量 $\boldsymbol{B}$ 沿磁力线的闭合环路的积分 $\oint \boldsymbol{B} \cdot d\boldsymbol{l}$ 一定不等于零. 这是因为闭合环路上每一段 $\boldsymbol{B}$ 与 d$\boldsymbol{l}$ 的方向一致，$\theta = 0, \cos\theta = 1$，故 $\boldsymbol{B} \cdot d\boldsymbol{l} > 0$. 安培环路定理就是反映磁场这一特点的.

安培环路定理表述如下：磁感应强度沿任意闭合环路的线积分等于穿过这环路的所有电流强度代数和的 μ_0 倍，即

$$\oint \boldsymbol{B} \cdot d\boldsymbol{l} = \mu_0 \sum I_{内} \tag{9-40}$$

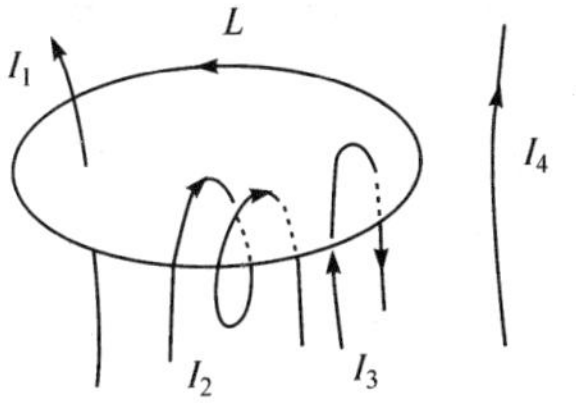

图 9-15　电流正负号的确定

式中电流的正负号按如下方式确定：当穿过环路的电流方向与环路的绕行方向服从右手螺旋时，电流为正；反之为负；如果电流不穿过环路，则它不包含在上式的求和中. 如图 9-15 所示情况，I_1 为正，I_2 为二次穿过环路，均为负，I_3 为一正一负，I_4 不穿过环路，于是有

$$\sum I_{内} = I_1 - 2I_2 + I_3 - I_3 = I_1 - 2I_2$$

由于安培环路定理的严格证明比较复杂，下面我们以一个特殊例子来证明.

设载流导线是一无限长直导线，并选择的安培环路始终限制在与直导线垂直的平面里.

1. 环路 L 围绕电流 I(图 9-16)

由式(9-29)知,无限长载流直导线周围任一点的磁感应强度 **B** 的大小为

$$B=\frac{\mu_0 I}{2\pi r}$$

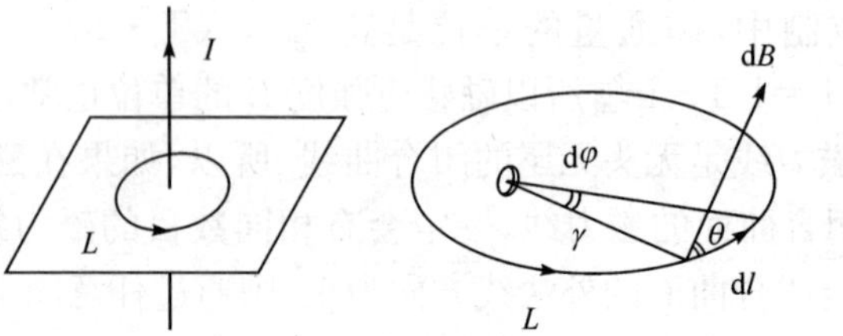

图 9-16 环路 L 围绕电流 I

式中 r 是该点距导线的垂直距离. **B** 的方向与径矢 **r** 垂直,且与电流方向组成右手螺旋关系. 现取 **B** 的环路积分

$$\oint \boldsymbol{B}\cdot \mathrm{d}\boldsymbol{l}=\oint B\cos\theta \mathrm{d}l$$

由图 9-16 中的几何关系可知,$\cos\theta \mathrm{d}l=r\mathrm{d}\varphi$,所以有

$$\oint \boldsymbol{B}\cdot \mathrm{d}\boldsymbol{l}=\int_0^{2\pi} Br\mathrm{d}\varphi=\int_0^{2\pi}\frac{\mu_0 I}{2\pi r}r\mathrm{d}\varphi=\mu_0 I$$

若电流方向相反,则因 **B** 也跟着反向,因而有 $\boldsymbol{B}\cdot \mathrm{d}\boldsymbol{l}=-\frac{\mu_0 I}{2\pi}\mathrm{d}\varphi$,上述积分为负值,即有 $\oint \boldsymbol{B}\cdot \mathrm{d}\boldsymbol{l}=-\mu_0 I$.

2. 环路不围绕电流 I(图 9-17)

环路上每线元 d**l** 都对应着另一段线元 d**l**′,但 d**l** 与 **B** 成锐角 θ,而 d**l**′ 与 **B**′ 成钝角 θ',所以磁感应强度在这一对线元上的标积之和为

$$\boldsymbol{B}\cdot \mathrm{d}\boldsymbol{l}+\boldsymbol{B}'\cdot \mathrm{d}\boldsymbol{l}'=B\cos\theta \mathrm{d}l+B'\cos\theta' \mathrm{d}l'=\frac{\mu_0 I}{2\pi r}r\mathrm{d}\varphi+\frac{\mu_0 I}{2\pi r'}(-r'\mathrm{d}\varphi)=0$$

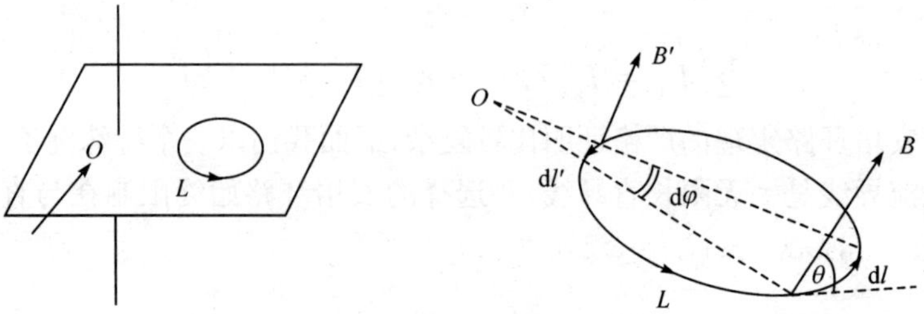

图 9-17 环路 L 不围绕电流

整个环路可以分割成许多像 $\mathrm{d}\boldsymbol{l}$ 和 $\mathrm{d}\boldsymbol{l}'$ 这样的线元对，因而 $\boldsymbol{B}$ 对整个环路的线积分一定为零，即有

$$\oint \boldsymbol{B} \cdot \mathrm{d}\boldsymbol{l} = 0$$

3. 多根载流导线穿过环路

设有多根载流导线，通过的电流分别为 $I_1, I_2, \cdots, I_K, I_{K+1}, \cdots, I_n$，其中 $I_1, I_2, \cdots, I_K$ 穿过环路 L，$I_{K+1}, \cdots, I_n$ 不穿过环路. 令各电流在空间激发的磁感应强度分别为 $\boldsymbol{B}_1, \boldsymbol{B}_2, \cdots, \boldsymbol{B}_K, \boldsymbol{B}_{K+1}, \cdots, \boldsymbol{B}_n$，若总磁感应强度为 $\boldsymbol{B}$，则由磁场的叠加原理，应有

$$\boldsymbol{B} = \boldsymbol{B}_1 + \boldsymbol{B}_2 + \cdots + \boldsymbol{B}_K + \boldsymbol{B}_{K+1} + \cdots + \boldsymbol{B}_n$$

因而

$$\oint \boldsymbol{B} \cdot \mathrm{d}\boldsymbol{l} = \oint \boldsymbol{B}_1 \cdot \mathrm{d}\boldsymbol{l} + \oint \boldsymbol{B}_2 \cdot \mathrm{d}\boldsymbol{l} + \cdots + \oint \boldsymbol{B}_K \cdot \mathrm{d}\boldsymbol{l} + \oint \boldsymbol{B}_{K+1} \cdot \mathrm{d}\boldsymbol{l} + \cdots + \oint \boldsymbol{B}_n \cdot \mathrm{d}\boldsymbol{l}$$

由前面的两种情况可知，有

$$\oint \boldsymbol{B} \cdot \mathrm{d}\boldsymbol{l} = \mu_0 I_1 + \mu_0 I_2 + \cdots + \mu_0 I_K + 0 + \cdots + 0 = \mu_0 \sum_{i=1}^{K} I_i$$

式中 I_i 可能有正有负.

沿着磁力线的磁感应强度环路积分不等于零，即 $\oint \boldsymbol{B} \cdot \mathrm{d}\boldsymbol{l} \neq 0$，说明磁场是一个有旋场，这与静电场有很大的差别. 另外，利用磁场的安培环路定理可以方便地计算具有对称性的载流导体的磁场分布，以下举几个例题来说明.

例题 1　求圆截面的无限长载流导线的磁场分布. 设导线的半径为 R，电流 I 均匀地通过横截面(图 9－18).

解　由对称性可知，磁感应强度 B 的大小只与场点与轴线的垂直距离 r 有关. 图 9－21(b)是通过任意场点 P 的横截面图. 为了分析 $\boldsymbol{B}$ 的方向，在导线截面上取一对对称于 OP 连线的面元 $\mathrm{d}S$ 和 $\mathrm{d}S'$. 设 $\mathrm{d}\boldsymbol{B}$ 和 $\mathrm{d}\boldsymbol{B}'$ 分别是以 $\mathrm{d}S$ 和 $\mathrm{d}S'$ 为截面的无限长直线电流在 P 点产生的元磁场. 不难看出，这二个元磁场的合矢量 $\mathrm{d}\boldsymbol{B}+\mathrm{d}\boldsymbol{B}'$ 是垂直于径矢方向的. 由于整个导线

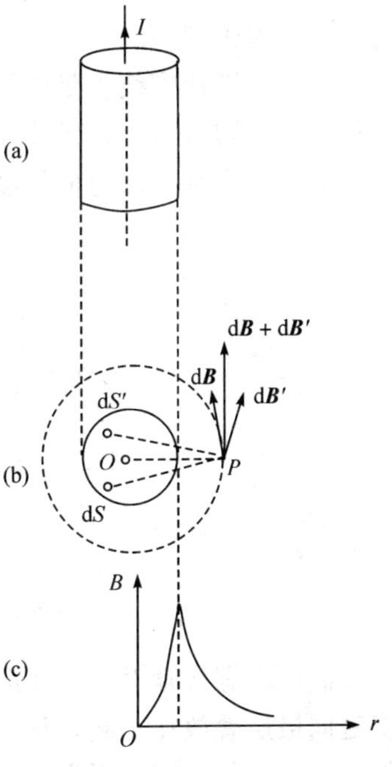

图 9－18　圆截面直导线的磁场分布

的截面可以这样成对地分割为许多对称的面元，因而整个横截面的总电流在 P 点产生的磁感应强度 $\boldsymbol{B}$ 是垂直于径矢方向的. 现以 O 点为圆心，以 r 为半径作一环路L，有

$$\oint \boldsymbol{B} \cdot \mathrm{d}\boldsymbol{l} = \oint B\mathrm{d}l = B\oint \mathrm{d}l = 2\pi r B$$

根据安培环路定理

$$\oint \boldsymbol{B} \cdot \mathrm{d}\boldsymbol{l} = \mu_0 \sum I$$

由以上二式，得

$$B = \frac{\mu_0}{2\pi r}\sum I$$

当 $r < R$，即 P 点在导线内部时，$\sum I = \frac{I}{\pi R^2} \cdot \pi r^2 = \frac{r^2}{R^2} I$，将此代入上式，有

$$B = \frac{\mu_0}{2\pi}\frac{rI}{R^2}$$

当 $r > R$，即 P 点在导线外部时，$\sum I = I$，于是有

$$B = \frac{\mu_0 I}{2\pi r}$$

例题 2　求密绕无限长载流长直螺线管的磁场分布. 设单位长度上线圈的匝数为 n，电流强度为 I.

解　由于载流螺线管是密绕且无限长，所以螺线管载的电流方向具有轴向镜像对称性. 那就是说，若密绕和无限长二个条件不同时满足，则就没有这种对称性. 这种轴对称性保证了磁感应强度矢量是沿着螺线管轴向方向的(图 9－19).

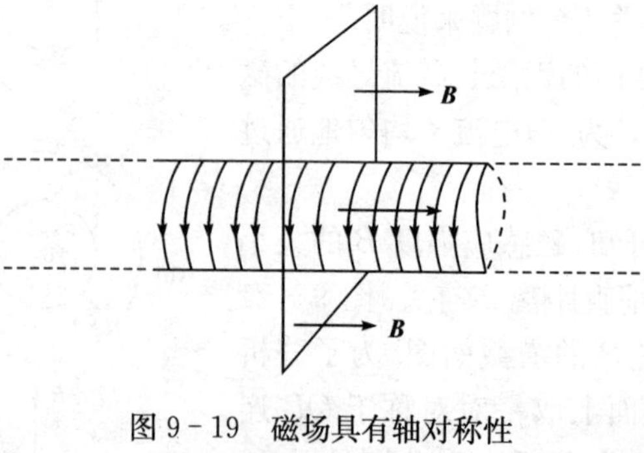

图 9－19　磁场具有轴对称性

我们可将螺线管上每个环形电流看成是一个磁偶极层，载流螺线管就相当于许多磁偶极层叠放在一起，组成一个无限长的磁棒. 由于这个磁棒的两极至螺线管轴外无穷远点的距离为无穷大，所以轴外无穷远点的磁感应强度为零. 为了求螺线

管内或管外近处的磁感应强度 BP. 可取矩形闭合回路,如图 9-20(a)、(b)所示,其中一对短边 Δl 与磁感应线平行,一边通过 P 点,另一边在无穷远. 现对矩形闭合回路应用安培环路定理. 除了通过 P 点的一边外,在其余三边上的积分均为零,于是有

$$\oint \boldsymbol{B} \cdot \mathrm{d}\boldsymbol{l} = B_P \Delta l = \mu_0 \sum I$$

若 P 点在螺线管外(图 9-20(a)),则 $\sum I = 0$,于是得 $B_P = 0$.

若 P 点在螺线管内(图 9-20(b)),则 $\sum I = n\Delta l I$,于是得 $B_P = \mu_0 n I$.

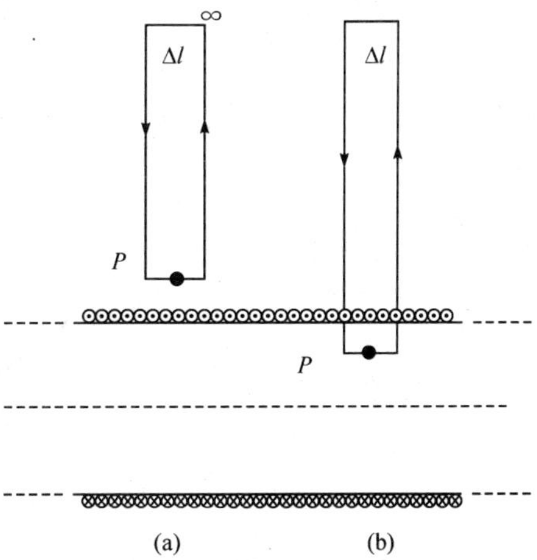

图 9-20　螺线管的磁场分布

从上述讨论可知,螺线管内的磁场是一个匀强值. 其值为 $\mu_0 nI$,而管外的磁场为零. 此外,在以上讨论过程中,对螺线管的截面形状并无限制,可以是圆形,也可以是方形等任何异形截面,它们管内的 $B = \mu_0 nI$,管外的 $B = 0$.

9.4　磁场对载流导线的作用

9.4.1　安培定律

我们在前面已指出过,磁场的基本性质是对于磁场中的电流以作用力. 载流导线在磁场中所受作用力的规律,最初由安培在 1820 年从实验中总结出来的,所以称为安培定律,其作用力也因而称为安培力.

安培定律表述如下:放在磁场中任一点处的电流元 $I\mathrm{d}\boldsymbol{l}$ 所受到的磁场作用力 $\mathrm{d}\boldsymbol{F}$ 的大小与电流元的大小和该点的磁感应强度 $\boldsymbol{B}$ 的大小成正比,还与电流元方向和 $\boldsymbol{B}$ 方向间的夹角 θ 的正弦成正比,$\mathrm{d}\boldsymbol{F}$ 的方向为 $I\mathrm{d}\boldsymbol{l} \times \boldsymbol{B}$ 所确定的方向. 用数学式表示,$\mathrm{d}\boldsymbol{F}$ 的大小为

$$\mathrm{d}F = kI\mathrm{d}lB\sin\theta$$

在国际单位制中,$k=1$,因而上式可写为

$$\mathrm{d}F = I\mathrm{d}lB\sin\theta \tag{9-41}$$

式(9-41)用矢量式表示为

$$\mathrm{d}\boldsymbol{F} = I\mathrm{d}\boldsymbol{l} \times \boldsymbol{B} \tag{9-42}$$

对于一段载流导线在磁场中所受的作用力为

$$\boldsymbol{F} = \int \mathrm{d}\boldsymbol{F} = \int I\mathrm{d}\boldsymbol{l} \times \boldsymbol{B} \tag{9-43}$$

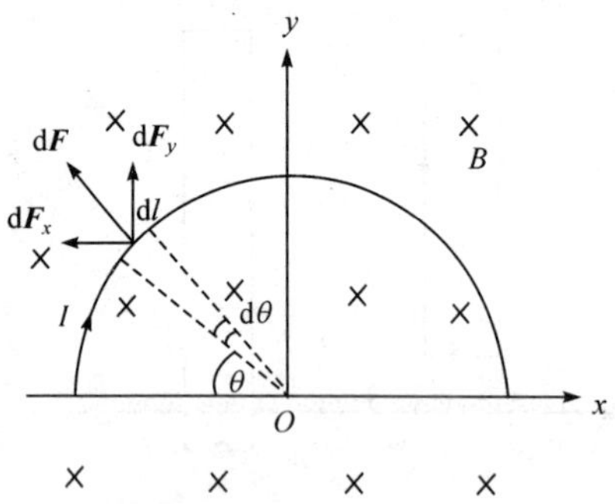

图 9-21 半圆形载流导线在磁场中受力计算

式(9-43)为一矢量积分，具体计算时，通常先分别求出 $\boldsymbol{F}$ 的各个分量，然后再求得总的力 $\boldsymbol{F}$. 对于位于均匀磁场中一段长度为 l 的长直载流导线受到的总力为

$$\boldsymbol{F} = I\boldsymbol{l} \times \boldsymbol{B} \qquad (9-44)$$

例题 3 半径为 R 的半圆形导线放在均匀磁场 $\boldsymbol{B}$ 中，导线所在平面与 $\boldsymbol{B}$ 垂直，导线中通以电流 I，方向如图 9-21 所示，求导线所受的磁场力.

解 在半圆形载流导线上任取电流元 $I\mathrm{d}\boldsymbol{l}$，根据安培定律，并有条件 $\mathrm{d}\boldsymbol{l} \perp \boldsymbol{B}$，电流元受力的大小为 $\mathrm{d}F = BI\mathrm{d}l$，$\mathrm{d}\boldsymbol{F}$ 的方向如图 9-21 所示. 取坐标系 xOy，并将 $\mathrm{d}\boldsymbol{F}$ 分解为 x 方向和 y 方向的分力 $\mathrm{d}F_x$ 和 $\mathrm{d}F_y$，由于对称性 x 方向分力的总和为零，所以 y 方向的分力之和即为总的合力 $\boldsymbol{F}$

$$F = F_y = \int \mathrm{d}F_y = \int \mathrm{d}F \sin\theta = \int BI \sin\theta \mathrm{d}l$$

将 $\mathrm{d}l = R\mathrm{d}\theta$ 代入上式，有

$$F = \int_0^{\pi} BIR \sin\theta \mathrm{d}\theta = BIR \int_0^{\pi} \sin\theta \mathrm{d}\theta = 2BIR$$

合力 $\boldsymbol{F}$ 的方向沿 y 轴的正方向.

由上面的结果可以看出，作用在半圆形载流导线上总的安培力与连接半圆两端的直径通以相同电流时受到的安培力相同.

9.4.2 两无限长平行载流直导线间的相互作用力

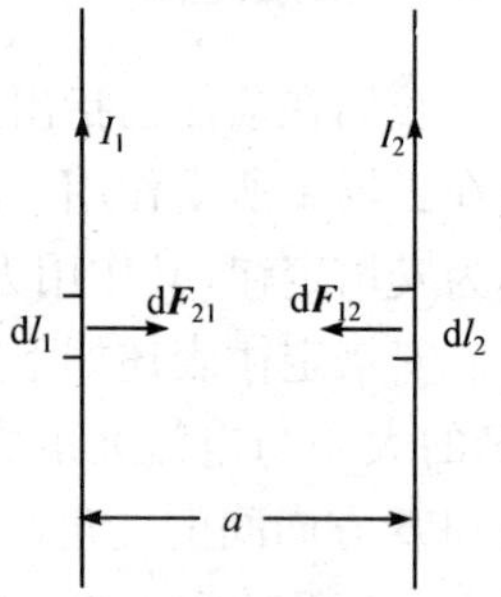

图 9-22 两平行载流直导线间的相互作用

设两无限长平行直导线相距为 a，分别通有电流 I_1 和 I_2（图 9-22）. 根据式(9-29)，导线 1 在导线 2 处产生的磁感应强度为

$$B_1 = \frac{\mu_0 I_1}{2\pi a}$$

方向与导线垂直. 根据安培定律，导线 2 的一段电流元 $I_2 \mathrm{d}l_2$ 受到力的大小为

$$\mathrm{d}F_{12} = B_1 I_2 \mathrm{d}l_2 = \frac{\mu_0 I_1 I_2}{2\pi a} \mathrm{d}l_2$$

同理，导线 2 产生的磁场作用在导线 1 上一段电流元 $I_1 \mathrm{d}l_1$ 上的力的大小为

$$\mathrm{d}F_{21} = \frac{\mu_0 I_1 I_2}{2\pi a} \mathrm{d}l_1$$

因此,在单位长度导线上的受力大小为

$$f=\frac{\mathrm{d}F_{12}}{\mathrm{d}l_2}=\frac{\mathrm{d}F_{21}}{\mathrm{d}l_1}=\frac{\mu_0 I_1 I_2}{2\pi a} \tag{9-45}$$

讨论中的两电流同方向,两载流直导线间的磁力是相互吸引的;不难证明,若两电流反方向,则两直导线间的磁力是互相排斥的.

在国际单位制中,就是根据两平行载流直导线间的相互作用力来定义电流强度的基本单位安培的. 如果两导线中的电流相等,$I=I_1=I_2$,根据式(9-45)有

$$I=\sqrt{\frac{2\pi af}{\mu_0}}=\sqrt{\frac{af}{2\times10^{-7}}}$$

取 $a=1\ \mathrm{m}$,$f=2\times10^{-7}\ \mathrm{N\cdot m^{-1}}$,则 $I=1\ \mathrm{A}$. 所以,电流强度的单位“安培”定义为:载有等量电流、相距 1 m 的两根无限长平行直导线、每米长度上受到的作用力为 2×10^{-7} N 时每根导线中的电流强度.

9.4.3　矩形载流线圈在均匀磁场中所受的力矩

设一矩形载流线圈位于均匀磁场 $\boldsymbol{B}$ 中,矩形的边长分别为 l_l 和 l_2,电流强度为 I,矩形平面与 $\boldsymbol{B}$ 间夹角为 θ. 为了计算简单起见,还设矩形的边长 l_2 的两对边 ab 和 cd 与 $\boldsymbol{B}$ 垂直(图 9-23(a)). 由安培定律可求得 ad 边和 bc 边受力的大小为 $F_{ad}=F_{bc}=Il_1B\sin\alpha$,但是 F_{ad} 和 F_{bc} 这两个力方向相反且在一直线上,故两者相互抵消. ab 边和 cd 边受力的大小也相等,为 $F_{ab}=F_{cd}=Il_2B$,两个力的方向也相反,但它们不作用在同一直线上,组成一个绕 OO' 轴的力偶矩(图 9-23(b)). 线圈在此力偶矩作用下,使线圈的法线方向 $\boldsymbol{n}$(规定线圈平面法线的正方向和电流流动方向构成右手螺旋)向 $\boldsymbol{B}$ 方向旋转. 力偶矩两力的力臂都是 $\frac{l_1}{2}\cos\alpha=\frac{l_2}{2}\sin\theta$,力矩的方向是一致的,因而力偶矩 M 的大小为

$$M=F_{ab}\frac{l_1}{2}\sin\theta+F_{cd}\frac{l_1}{2}\sin\theta=Il_1l_2B\sin\theta=ISB\sin\theta$$

式中 $S=l_1l_2$ 为矩形平面线圈的面积. 上式也可写成矢量形式

$$\boldsymbol{M}=I\boldsymbol{S}\times\boldsymbol{B} \tag{9-46}$$

可以证明,式(9-46)实际上适用于任意形状的载流平面线圈. 这样,力矩的大小与线圈所围的面积成正比,而与线圈的形状无关. 因此,我们可以定义一个代表载流平面线圈本身性质的量 $\boldsymbol{P}_\mathrm{m}=I\boldsymbol{S}$,$\boldsymbol{P}_\mathrm{m}$ 称为载流平面线圈的磁矩. 引进 $\boldsymbol{P}_\mathrm{m}$ 后,式(9-46)可表示为

$$\boldsymbol{M}=\boldsymbol{P}_\mathrm{m}\times\boldsymbol{B} \tag{9-47}$$

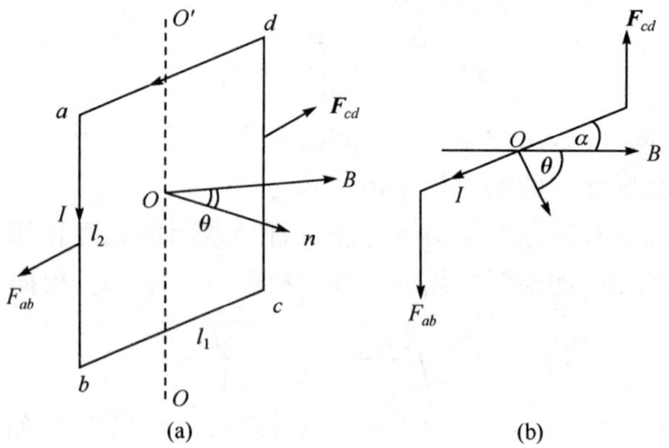

图 9-23　矩形载流线圈在均匀磁场中受的力矩

9.5　带电粒子在磁场中的运动

9.5.1　洛伦兹力

我们在 9.2 节中定义的磁感应强度矢量 $\boldsymbol{B}$ 是利用在磁场中运动的电荷要受到磁场的作用力，这个力称为洛伦兹力，可表示为

$$\boldsymbol{f}=q\boldsymbol{v}\times\boldsymbol{B} \tag{9-48}$$

9.4 节讨论的载流导线在磁场中受到的安培力实质上是由于导线内做定向运动的自由电子受到磁场力的作用，而自由电子又被约束于导线内，通过导线内部自由电子与晶格的相互作用，使导线在宏观上表现出受到安培力. 以下由安培定律推导出单个运动电荷在磁场中受到的作用力，即可推导出洛伦兹公式.

采用推导运动电荷的磁场类似的方法. 设想电流元中电流是由电荷为 q 的正电荷的定向运动引起的，电流的横截面积为 S，单位体积内的正电荷数为 n，定向速度为 v，则由电流强度的定义，有 $I=nqvS$，而且 $\mathrm{d}\boldsymbol{l}$ 的方向就是电流元中的正电荷的运动方向. 这样，安培定律的数学表示式(9-42)可改写为

$$\mathrm{d}\boldsymbol{F}=I\mathrm{d}\boldsymbol{l}\times\boldsymbol{B}=nqS\mathrm{d}l\,\boldsymbol{v}\times\boldsymbol{B}$$

或

$$\mathrm{d}\boldsymbol{F}=qn\mathrm{d}\tau\,\boldsymbol{v}\times\boldsymbol{B}$$

式中 $\mathrm{d}\tau=S\mathrm{d}l$ 为电流元的体积，$n\mathrm{d}\tau$ 为电流元中总的电荷数. 因此，每一个运动电荷所受的力为

$$\boldsymbol{f}=\frac{\mathrm{d}\boldsymbol{F}}{n\mathrm{d}\tau}=q\boldsymbol{v}\times\boldsymbol{B}$$

上式即为式(9-48). 由于洛伦兹力的方向总与运动电荷的速度方向垂直，洛伦兹力永远不对电荷做功，它只改变电荷的运动方向，而不改变它的速率和动能. 还需

指出的是，在 9.2 节中已说明式(9－48)是可以用实验证明的.

如果空间中同时存在电场和磁场，运动电荷 q 既要受到电场力 $\boldsymbol{f}_e=q\boldsymbol{E}$ 的作用，又要受到磁场力 $\boldsymbol{f}_m=q\boldsymbol{v}\times\boldsymbol{B}$ 的作用. 总的受力 $\boldsymbol{f}$ 为 $\boldsymbol{f}_e$ 和 $\boldsymbol{f}_m$ 的矢量和，即

$$\boldsymbol{f}=q\boldsymbol{E}+q\boldsymbol{v}\times\boldsymbol{B} \tag{9-49}$$

式(9－49)通常称为洛伦兹公式.

在忽略重力的情况下，由洛伦兹公式可写出带电粒子在电场和磁场中运动的动力学方程

$$q\boldsymbol{E}+q\boldsymbol{v}\times\boldsymbol{B}=\frac{\mathrm{d}(m\boldsymbol{v})}{\mathrm{d}t} \tag{9-50}$$

式中 m 为带电粒子的质量. 要对式(9－50)作一般性的讨论是很复杂的，以下讨论几种特殊情况下带电粒子在磁场和电场中的运动.

9.5.2　带电粒子在均匀磁场中的运动

带电粒子在均匀磁场中仅受到洛伦兹力作用，按带电粒子的初速度 $\boldsymbol{v}$ 与磁场 $\boldsymbol{B}$ 的关系，分下列三种情况讨论.

1. $\boldsymbol{v}/\!/\boldsymbol{B}$

根据式(9－48)，洛伦兹力为零，即带电粒子不受力，带电粒子沿原速度方向做匀速直线运动.

2. $\boldsymbol{v}\perp\boldsymbol{B}$

带电粒子所受的洛伦兹力为 $\boldsymbol{f}=q\boldsymbol{v}\times\boldsymbol{B}$，由于 $\boldsymbol{f}\perp\boldsymbol{v}$，所以 $\boldsymbol{f}$ 是法向力，只改变带电粒子的速度方向，而不改变速度的大小，因而 f 的大小($f=qvB$)保持不变，于是带电粒子在这一大小不变的法向力作用下做匀速圆周运动. 由于 $\boldsymbol{f}$ 和 $\boldsymbol{v}$ 都垂直于 $\boldsymbol{B}$，所以圆周运动的轨道平面也垂直于 $\boldsymbol{B}$.

在 $\boldsymbol{v}\perp\boldsymbol{B}$ 情况下，带电粒子运动的动力学方程为

$$qvB=m\frac{v^2}{R}$$

由上述方程可求出圆周运动的轨道半径

$$R=\frac{mv}{qB}=\frac{v}{\frac{q}{m}B} \tag{9-51}$$

由式(9－51)可看出，对于一定的粒子(荷质比 q/m 为常量)，轨道半径 R 与 v 的大小成正比，与 B 的大小成反比.

带电粒子绕圆形轨道一周所需的时间为周期 T，它为

$$T = \frac{2\pi R}{v} = \frac{2\pi}{\frac{q}{m}B} \tag{9-52}$$

因此，单位时间内带电粒子绕圆周轨道的圈数(即频率)ν 为

$$\nu = \frac{1}{T} = \frac{\frac{q}{m}B}{2\pi} \tag{9-53}$$

式(9－52)和(9－53)表明，T 和 ν 与 R 和 v 无关，只取决于粒子的荷质比 q/m，以及磁场 B 的大小. 回旋加速器的基本原理即在于此.

3. $\boldsymbol{v}$ 与 $\boldsymbol{B}$ 成一定的角度

在这种情况下可将带电粒子的初速度 $\boldsymbol{v}$ 分解为平行于 $\boldsymbol{B}$ 和垂直于 $\boldsymbol{B}$ 的两个分量 $v_{/\!/}=v\cos\theta$ 和 $v_{\perp}=v\sin\theta$(图 9－24(a))，对每个分量单独分析，然后再合成整体的运动. 它在垂直于 $\boldsymbol{B}$ 的平面内做匀速圆周运动；在平行于 $\boldsymbol{B}$ 的方向上，如前所述，带电粒子不受力因而做匀速直线运动. 将这两个运动合成，可知带电粒子的运动轨迹是螺旋线(图 9－24(b)). 螺旋线上相距两个圆周的对应点之间的距离称为螺距 h. 根据式(9－52)，有

$$h = v_{/\!/}\, T = v\cos\theta \frac{2\pi}{\frac{q}{m}B} = \frac{2\pi v\cos\theta}{\frac{q}{m}B} \tag{9-54}$$

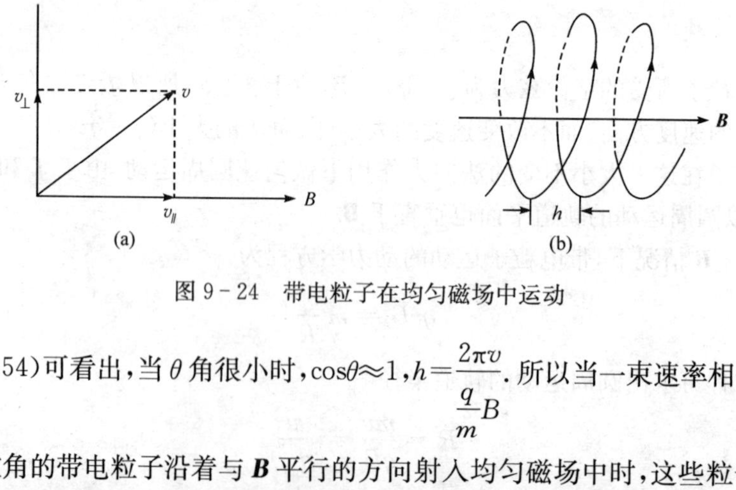

图 9－24 带电粒子在均匀磁场中运动

由式(9－54)可看出，当 θ 角很小时，$\cos\theta\approx 1$，$h=\dfrac{2\pi v}{\frac{q}{m}B}$. 所以当一束速率相等而有一很小发散角的带电粒子沿着与 $\boldsymbol{B}$ 平行的方向射入均匀磁场中时，这些粒子显然由于 $v_{\perp}$ 稍有不同而做不同半径的螺旋线轨道运动，但周期相同，螺距 h 也近似相等，所以它们经过一周期(或前进一个螺距)后会重新会聚到一起(图 9－25). 这就是电子显微镜内最简单的磁透镜聚焦原理.

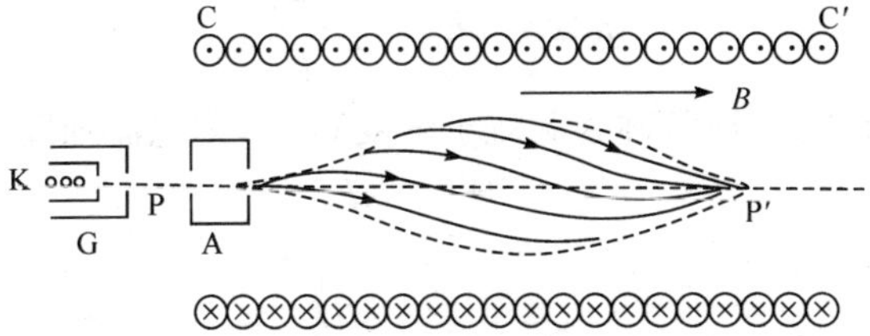

图 9－25　磁透镜聚焦原理

我们也可以使带电粒子在磁场中做高速的旋转运动. 根据电磁场理论,任何做变速运动的带电粒子都会产生辐射,这种辐射称为韧致辐射. 由于这种辐射首先在电子同步加速器中被观察到,因而也称为同步辐射. 20 世纪 60 年代同步辐射开始受到重视,它具有强度大、波长范围宽(0.1～1000 nm)、方向性好、偏振度高(达 100%)等特点. 所以同步辐射的这些优异特性是许多其他光源所没有的. 同步辐射在电子工业和生物学上有不少的应用.

9.5.3　霍尔效应

如图 9－26 所示,在均匀的磁场 $\boldsymbol{B}$ 中放一宽度和厚度分别为 b 和 d 的导体(或半导体)板,且使板面与 $\boldsymbol{B}$ 垂直,若在板中通以稳定的电流 I 且使它的流动方向与 $\boldsymbol{B}$ 互相垂直,则在导体(或半导体)板的上、下两个侧面 A 与 A′之间会出现电势差,这个电势差被称为霍尔电势差. 这一现象是美国大学生霍尔(E. H. Hall)在 1879 年设计一个实验来判断铜箔导体中电荷携带者的符号时发现的.

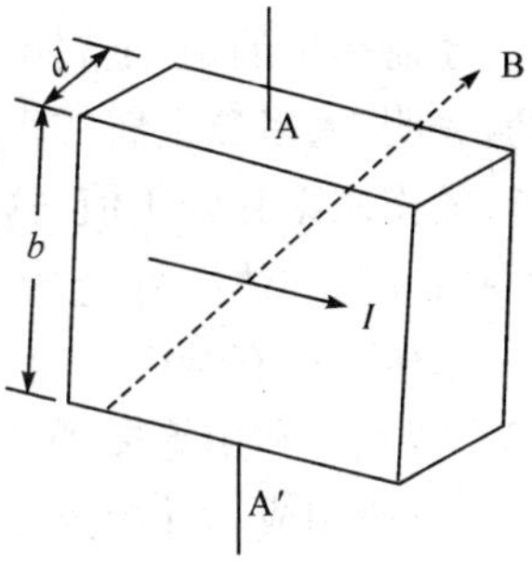

图 9－26　霍尔效应

实验表明,霍尔电势差 $U_{AA'}$ 与磁感应强度 B 和电流强度 I 成正比,与导体板厚度 d 成反比,即

$$U_{AA'} = K\frac{BI}{d} \tag{9-55}$$

式中比例系数 K 称为霍尔系数,其值与导体材料的性质和温度有关.

霍尔电势差是由洛伦兹力引起的. 当导体板通有电流时,导体中的定向运动电荷(通常称为载流子)在磁场中受洛伦兹力作用产生横向偏移,使 A 侧出现正电荷的积累,A′侧则带负电. 这样,在 A 侧与 A′侧之间形成横向电场,这电场阻碍载流子的横向偏移. 当电场力与洛伦兹力平衡时,A 与 A′之间产生一个稳定的电势差 $U_{AA'}$($U_{AA'}>0$). 若载流子为负电荷,则可进行类似的分析,得 $U_{AA'}<0$.

每个载流子受的洛伦兹力 qvB 和横向电场力 qE 平衡时,有

$$qvB = qE = q\frac{U_{AA'}}{b}$$

设单位体积内载流子数(通常称为载流子浓度)为 n,则电流强度 I 为

$$I = nqvbd$$

由上面两式可解得

$$U_{AA'} = \frac{1}{nq}\frac{BI}{d} \tag{9-56}$$

式(9-56)与式(9-55)比较,有

$$K = \frac{1}{nq} \tag{9-57}$$

式(9-57)表明,霍尔系数与载流子浓度 n 成反比.半导体材料的导电性能不如金属好,半导体材料的载流子浓度比金属小,因而半导体材料的霍尔效应显著.式(9-57)还常被用来判定半导体的导电类型和测定载流子的浓度.半导体材料分为两种基本类型,一种称为电子(n)型半导体(载流子主要是电子),另一种称为空穴(p)型半导体(载流子主要是带正电的空穴).通过实验测定霍尔系数或霍尔电势差的正负就可判定半导体的导电类型.

还需指出的是,金属中的载流子是自由电子,按上述分析,霍尔系数应是负值.实验表明,大多数金属的霍尔系数确实是负值,但也有些金属(如铁、铍、锌、镉等)测得的霍尔系数为正值.这说明上述的简单理论(经典电子论)是近似的,要解释上述现象须用固体能带论.

霍尔效应有着广泛应用,如载流子浓度、电流和磁场的测量,电信号转换及运算等.特别是利用等离子体的霍尔效应可设计磁流体发电机,这种发电机效率很高,一旦研制成功并投入使用,将有可能取代火力发电机.

值得提出的是,美籍华人科学家崔琦和德国科学家斯托尔默(H. Stormer)从1982年开始研究低温和强磁场下半导体砷化镓和砷铝化镓的霍尔效应实验研究.他们发现当将一块砷化镓晶片和另一块砷铝化镓晶片叠在一起时,电子就在这两半导体之间的界面上聚集起来,而且非常密集.若使界面的温度降低到约 0.1 K,磁场增强到约 50 T 时,他们惊奇地发现,在这种极低温和强磁场条件下半导体界面上的量子霍尔效应(即霍尔电阻出现了一系列台阶)要比德国科学家克利青(K. Von. Klitzing)发现的要高出三倍.由于极低的温度和强大的磁场限制了电子的热运动,于是大量相互作用的电子形成一种类似液体的物理形态——量子流体.这种量子流体具有一些特异性质,如在某种情况下阻力消失,出现几分之一电子电荷的奇特现象等.之后,美国物理学家劳克林(R. Laughlin)对崔琦、斯托尔默的实验结果做出了理论解释.崔琦和斯托尔默的发现有重要的应用价值,可应用于研制功能更强大的计算机和更先进的通讯设备等.为了表彰崔琦、斯托尔默和劳克林在上述

工作中的贡献,他们共享了 1998 年度诺贝尔物理学奖.

9.5.4　质谱仪的基本原理

质谱仪是一种测定带电粒子荷质比的仪器,常用来确定同位素的质量和相对含量. 质谱仪的基本结构如图 9-27 所示. 由离子源 P 所产生的离子经过狭缝 S_1、S_2 的加速电场加速后进入速度选择器. 速度选择器由相互垂直的磁场 $\boldsymbol{B}$ 和电场 $\boldsymbol{E}$ 所组成. 离子在通过速度选择器时,若受到的洛伦兹力 qvB 和电场力 qE 相平衡,则有 $v=E/B$,此时离子不受力的作用,直线通过狭缝 S. 如果离子的速度大于或小于 E/B,则会受到力的作用向一侧偏转,不能通过狭缝.

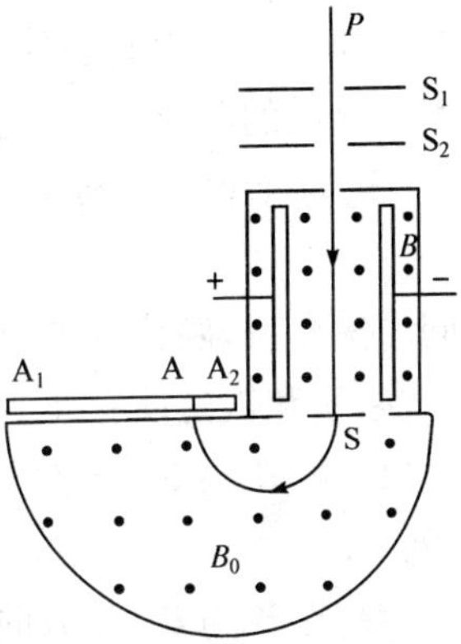

图 9-27　质谱仪示意图

具有同一种速度的离子,经过狭缝 S 后垂直进入到没有电场而只有均匀磁场 B 的空间,在洛伦兹力作用下做匀速圆周运动. 根据式(9-51),圆周运动的半径为

$$R=\frac{m}{q}\frac{v}{B}$$

式中的 v 和 B 都是不变的量,因此 $R\propto\frac{m}{q}$. 在待研究离子的电荷相同(如同位素离子)时,R 与 m 成正比. 这些离子在磁场中运动半周后落在感光板上. 根据离子在感光板上曝光的位置和黑度,就可测定离子的质量和它们的相对含量.

质谱仪的应用范围很广泛. 不仅在核物理学、原子能技术领域中很有用,而且在许多科技领域,例如,半导体物理和工业,空间科学,地质科学、化学、石油、医学、生物和农业科学技术等均有应用. 在生物学和农学上常利用质谱仪测定有机化合物的分子式、确定有机化合物的结构.

9.6　磁　介　质

当介质置于磁场中,它会发生变化并影响原来的磁场分布,这种介质称为铁介质. 磁介质在磁场作用下所发生的这种变化称为磁化. 这种情况和电介质与电场相互作用的情形类似. 本节主要介绍磁介质在外磁场中磁化的微观机制、磁介质的分类及性质和有磁介质存在时的磁场高斯定理、安培环路定理. 并对铁磁质的特性和有关磁的应用作了简单的介绍.

9.6.1　磁介质的磁化

1. 磁介质的分类

一切由分子、原子组成的物质都是磁介质. 当把磁介质放在由电流产生的外磁场 $\boldsymbol{B}_0$ 中时，本来没有磁性的磁介质变得有磁性，并能激发一附加的磁场，这种现象称为磁介质的磁化. 由于磁介质的磁化而产生的附加磁场 $\boldsymbol{B}'$ 叠加在原来的外磁场 $\boldsymbol{B}_0$ 上，这时总的磁感应强度 $\boldsymbol{B}$ 为 $\boldsymbol{B}_0$ 和 $\boldsymbol{B}'$ 的矢量和，即

$$\boldsymbol{B} = \boldsymbol{B}_0 + \boldsymbol{B}'$$

不同的磁介质，磁化程度有很大的差异. 根据 $\boldsymbol{B}'$ 和 $\boldsymbol{B}_0$ 关系，可将磁介质分为顺磁质、抗磁质和铁磁质三类. 以下以磁介质置于均匀外磁场 $\boldsymbol{B}_0$ 中为例来说明：

(1) 若 $\boldsymbol{B}'$ 与 $\boldsymbol{B}_0$ 同方向，而且 $B' \ll B_0$，则这种磁介质称为顺磁质. 如锰、铬、铝、铂、氮等.

(2) 若 $\boldsymbol{B}'$ 与 $\boldsymbol{B}_0$ 反方向，而且 $B' \ll B_0$，则这种磁介质称为抗磁质. 如铋、汞、银、铜、氢及惰性气体等.

(3) 若 $\boldsymbol{B}'$ 与 $\boldsymbol{B}_0$ 同方向，而且 $B' \gg B_0$，则这种磁介质称为铁磁质. 如铁、钴、镍、钆和它们的合金以及铁氧化(某些含铁的氧化物)等. 此外，铁磁质还有一些特殊的性质，它们的应用也极为广泛.

2. 磁化机制

1) 分子磁矩　物质是由分子、原子构成的，而分子、原子中的每一个电子做着轨道运动和自旋运动. 绕原子核轨道旋转运动的电子相当于一环形电流，相应的磁矩称为轨道磁矩；与电子自旋运动相联系的还有一种自旋磁矩. 分子中所有电子的轨道磁矩和自旋磁矩的矢量和称为分子的固有磁矩，简称分子磁矩，用 $\boldsymbol{P}_\mathrm{m}$ 表示. 这个分子磁矩可以用一个等效的圆电流来表示，这一等效的圆电流称为分子电流.

电介质分子可分为有极分子和无极分子两大类，前者有固有分子电偶极矩，后者没有固有分子电偶极矩. 磁介质分子也可分为两大类，一类分子具有固有磁矩，另一类分子中各电子的磁矩相互抵消，因而整个分子不具有固有磁矩.

2) 顺磁质的磁化　在顺磁质中，分子具有固有磁矩 $\boldsymbol{P}_\mathrm{m}$，在无外磁场时，由于分子热运动，各分子磁矩的取向无规则，所以在宏观体积元内所有分子磁矩的矢量和为零，介质不呈现出磁性来(图 9-28). 当存在外磁场时，磁介质内每一个分子磁矩受到一个力矩，使分子磁矩的方向转向外磁场方向，但分子的热运动又妨碍上述的取向作用. 在一定温度下两者平衡时，单位体积内分子磁矩的矢量和有一定的量值. 这便是顺磁性的来源. 我们把单位体积内分子磁矩的矢量和定义为磁介质的磁化强度矢量 $\boldsymbol{M}$

$$M = \frac{\sum P_m}{\Delta V} \tag{9-58}$$

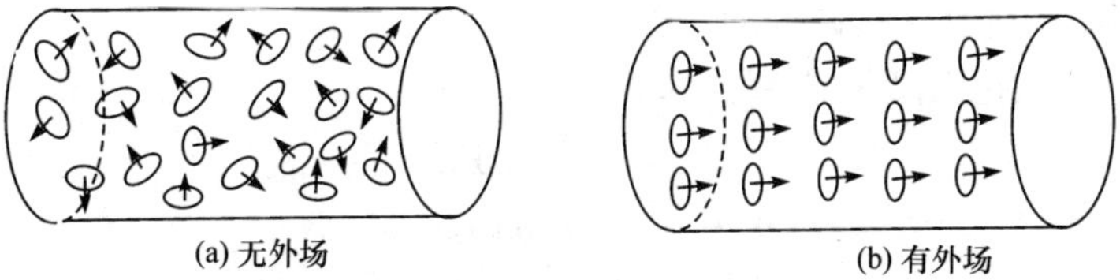

图 9-28　顺磁质的磁化

在国际单位制中，磁化强度矢量的单位为安・米$^{-1}$(A・m^{-1}).

3）抗磁质的磁化　抗磁质中每个分子的固有磁矩为零，所以它的磁化效应与顺磁质不同，并非来源于分子磁矩的规则取向. 如前所述，分子中每一个电子的运动相当于一个圆电流，由于电子带负电，所以这个圆电流的磁矩(用 $\boldsymbol{P}_{me}$ 表示)方向与电子角动量 $\boldsymbol{L}$ 的方向相反，在外磁场 $\boldsymbol{B}_0$ 的作用下将受到一个磁矩 $\boldsymbol{M}_B = \boldsymbol{P}_{me} \times \boldsymbol{B}$. $\boldsymbol{M}_B$ 的方向既垂直于 $\boldsymbol{B}_0$，又垂直于 $\boldsymbol{P}_{me}$，即又垂直于 $\boldsymbol{L}$ 的方向. 由第 2 章的角动量原理($\mathrm{d}\boldsymbol{L} = \boldsymbol{M}_B \mathrm{d}t$)，电子在 $\boldsymbol{M}_B$ 的作用下将做进动，即电子的 $\boldsymbol{L}$ 将以外磁场 $\boldsymbol{B}_0$ 的方向为轴回转. 进动的回转方向由角动量的增量 $\mathrm{d}\boldsymbol{L}$ 的方向决定，即由 $\boldsymbol{M}_B$ 的方向决定. 由图 9-29 可看出，对于以相反方向转动的两个电子，其角动量 $\boldsymbol{L}$ 的方向相反，同时具磁矩 $\boldsymbol{P}_{me}$ 的方向也相反，所以 $\mathrm{d}\boldsymbol{L}$ 的方向也相反. 由于 $\boldsymbol{L}$ 方向和 $\mathrm{d}\boldsymbol{L}$ 方向都相反，使产生的回转方向相同. 这就是说，不管电子的旋转方向如何，在外磁场中的进动角速度矢量的方向总是与外磁场 $\boldsymbol{B}_0$ 的方向一致.

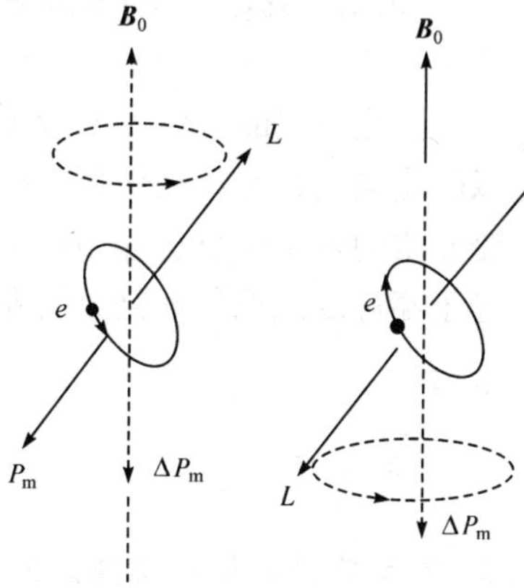

图 9-29　电子在外磁场中的进动

电子的进动也相当于一个圆电流，它产生一个附加磁矩 $\Delta \boldsymbol{P}_{\mathrm{m}}$，这个附加磁矩 $\Delta \boldsymbol{P}_{\mathrm{m}}$ 的方向与外磁场方向相反. 因此，虽然每个分子中各电子的磁矩的矢量和为零，但它们在外磁场作用下所产生的附加磁矩的矢量和不为零，且合矢量方向与 $\boldsymbol{B}_0$ 的方向相反，这就是抗磁性的来源.

抗磁性的磁化强度矢量 $\boldsymbol{M}$ 定义为

$$\boldsymbol{M} = \frac{\sum \Delta \boldsymbol{P}_{\mathrm{m}}}{\Delta V} \tag{9-59}$$

式中 $\sum \Delta \boldsymbol{P}_{\mathrm{m}}$ 为宏观体积元 ΔV 中附加磁矩的矢量和.

要指出的是，在外磁场作用下，所有磁介质都要产生附加磁矩，即抗磁性是一切磁介质所共有的. 但在顺磁质中，附加磁矩与分子固有磁矩相比可忽略不计，抗磁性被顺磁性掩盖了.

铁磁质的磁化机制和顺磁质、抗磁质有很大的不同，将在稍后讨论.

3. 磁化电流及其与磁化强度矢量的关系

磁介质在外磁场中被磁化后，对于顺磁质来说，分子磁矩沿外磁场方向有一定的取向. 若考虑分子磁矩取向完全一致的情况，此时相应的分子电流平面与外磁场方向垂直，介质内任意一位置处所通过的分子电流是成对的，且方向相反(图 9-30)，因此互相抵消. 而只有在介质的外边缘处的分子电流未被抵消，形成沿介质截面边缘的大环形电流，称为磁化电流 I'. 同理，对于抗磁质来说，磁化电流是与分子附加磁矩相应的等效圆电流所形成的.

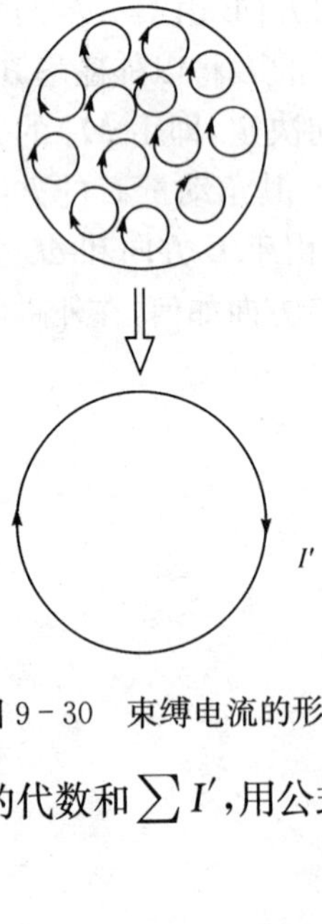

图 9-30 束缚电流的形成

磁化电流的产生是与介质的磁化紧密相关的. 所以磁化电流必然与磁化强度有关系. 理论上可以证明，磁介质的磁化强度矢量 $\boldsymbol{M}$ 沿任意闭合环路的线积分等于穿过以此积分环路为周界的任意曲面磁化电流强度的代数和 $\sum I'$，用公式表示为

$$\oint \boldsymbol{M} \cdot \mathrm{d}\boldsymbol{l} = \sum I' \tag{9-60}$$

9.6.2 有磁介质存在时磁场的高斯定理和安培环路定理 磁场强度矢量

1. 高斯定理

在有磁介质存在时，总磁场 $\boldsymbol{B}$ 为传导电流产生的磁场 $\boldsymbol{B}_0$ 和磁化电流产生的

磁场 $\boldsymbol{B}'$ 的矢量和

$$\boldsymbol{B} = \boldsymbol{B}_0 + \boldsymbol{B}'$$

无论是传导电流还是磁化电流，它们产生的磁力线都是无始无终的闭合曲线，即有 $\oint \boldsymbol{B}_0 \cdot \mathrm{d}\boldsymbol{S} = 0$ 和 $\oint \boldsymbol{B}' \cdot \mathrm{d}\boldsymbol{S} = 0$. 于是对于总磁场 $\boldsymbol{B}$ 来说，通过磁场中任一闭合曲面的总磁通量也恒等于零，即

$$\oint \boldsymbol{B} \cdot \mathrm{d}\boldsymbol{S} = 0 \tag{9-61}$$

式(9-61)就是有磁介质存在时磁场的高斯定理.

2. 安培环路定理

在有磁介质存在时，除传导电流外，还有磁化电流. 若将真空中的安培环路定理 $\oint \boldsymbol{B} \cdot \mathrm{d}\boldsymbol{l} = \mu_0 \sum I_{内}$ 应用于有磁介质存在的情况，则 $\sum I_{内}$ 中应包括传导电流 I_0 和磁化电流 I'，此时安培环路定理的表达式为

$$\oint \boldsymbol{B} \cdot \mathrm{d}\boldsymbol{l} = \mu_0 \sum I_0 + \mu_0 \sum I' \tag{9-62}$$

因为磁化电流 I' 通常是未知的，且大小与 B 有关，所以上式使用起来很不方便，为此作如下变换. 将式(9-60) 代入式(9-62)，并消去 $\sum I'$ 后得

$$\oint \boldsymbol{B} \cdot \mathrm{d}\boldsymbol{l} = \mu_0 \sum I_0 + \mu_0 \oint \boldsymbol{M} \cdot \mathrm{d}\boldsymbol{l}$$

将上式除以 μ_0，再移项有

$$\oint \left(\frac{\boldsymbol{B}}{\mu_0} - \boldsymbol{M} \right) \cdot \mathrm{d}\boldsymbol{l} = \sum I_0$$

令 $\boldsymbol{H} = \dfrac{\boldsymbol{B}}{\mu_0} - \boldsymbol{M}$，则上式可写为

$$\oint \boldsymbol{H} \cdot \mathrm{d}\boldsymbol{l} = \sum I_0 \tag{9-63}$$

这就是有磁介质存在时安培环路定理的数学表达式，其中 $\boldsymbol{H}$ 称为磁场强度矢量. 式(9-63)说明，磁场强度 $\boldsymbol{H}$ 沿任意闭合环路的线积分等于穿过以闭合环路为周界的任意曲面的传导电流强度的代数和，即只取决于传导电流的分布，而与磁化电流无关. 因此，引入磁场强度 $\boldsymbol{H}$ 为研究有磁介质存在时的情况提供了方便. 但是真正具有物理意义的、确定磁场中运动电荷或电流受力的是 $\boldsymbol{B}$，而不是 $\boldsymbol{H}$. $\boldsymbol{H}$ 与电介质中的电位移矢量 $\boldsymbol{D}$ 的地位相当，只是由于历史的原因才把它称为磁场强度.

在国际单位制中，磁场强度 $\boldsymbol{H}$ 的单位是安·米$^{-1}$($\mathrm{A \cdot m^{-1}}$)，它的另一种常用单位是奥斯特(Oe)，二者的换算关系为 $1\ \mathrm{Oe} = \dfrac{10^3}{4\pi}\ \mathrm{A \cdot m^{-1}}$.

3. B、H、M之间的关系

将磁场强度矢量 $\boldsymbol{H}$ 的定义式

$$\boldsymbol{H}=\frac{\boldsymbol{B}}{\mu_0}-\boldsymbol{M} \tag{9-64}$$

改写成

$$\boldsymbol{B}=\mu_0\boldsymbol{H}+\mu_0\boldsymbol{M} \tag{9-65}$$

式(9-64)或式(9-65)就是 $\boldsymbol{B}$、$\boldsymbol{H}$、$\boldsymbol{M}$ 之间的普遍关系.

对于各向同性的磁介质，由实验上测得磁介质任一点处的 $\boldsymbol{M}$ 与 $\boldsymbol{H}$ 有正比关系，因此可写

$$\boldsymbol{M}=\chi_{\mathrm{m}}\boldsymbol{H} \tag{9-66}$$

式中比例系数 χ_{m} 称为磁化率，因为 $\boldsymbol{M}$ 的单位与 $\boldsymbol{H}$ 的单位相同，所以 χ_{m} 是个无单位的量，它的量值取决于磁介质的性质. 将上式代入式(9-65)，有

$$\boldsymbol{B}=\mu_0\boldsymbol{H}+\mu_0\chi_{\mathrm{m}}\boldsymbol{H}=\mu_0(1+\chi_{\mathrm{m}})\boldsymbol{H} \tag{9-67}$$

令

$$\mu_{\mathrm{r}}=1+\chi_{\mathrm{m}}$$

μ_{r} 称为磁介质的相对磁导率，将$\mu_{\mathrm{r}}=1+\chi_{\mathrm{m}}$代入式(9-67)，有

$$\boldsymbol{B}=\mu_0\mu_{\mathrm{r}}\boldsymbol{H}=\mu\boldsymbol{H} \tag{9-68}$$

式中 μ 称为磁介质的磁导率，它为

$$\mu=\mu_0\mu_{\mathrm{r}} \tag{9-69}$$

在真空中，$\boldsymbol{M}=0$，所以 $\chi_{\mathrm{m}}=0$，$\mu_{\mathrm{r}}=1$，即真空相当于磁化率为零，相对磁导率为 1 的磁介质.

磁介质的磁化率 χ_{m}、磁导率 μ 和相对磁导率 μ_{r} 都是描述介质磁化特性的物理量，只要知道这三个量中的一个就能求出另两个，也就是说只要知道三个量中的一个，介质的磁化特性就清楚了.

顺磁质的磁化率 $\chi_{\mathrm{m}}>0$，相对磁导率 $\mu_{\mathrm{r}}>1$，磁导率 $\mu>\mu_0$；而抗磁质的 $\chi_{\mathrm{m}}<0$，$\mu_{\mathrm{r}}<1$，$\mu<\mu_0$. 这两类磁介质的 χ_{m} 的绝对值都是很小的值($10^{-6}\sim10^{-4}$)，这说明它们的磁性都很弱，它们对电流的外磁场只产生微弱的影响.

9.6.3 铁磁质

1. 铁磁质的磁化机制 磁畴

铁磁质的特点是它内部相邻原子的电子之间存在很强的交换作用(一种量子效应)，在这种作用下，铁磁质内形成了一些宏观微小的区域，在此区域内各个原子的磁矩平行排列，这叫做自发磁化，它具有很强的磁性，这样的宏观微小区域称为

磁畴.磁畴的大小为 $10^{-12} \sim 10^{-8}\ m^3$,包含有 $10^{17} \sim 10^{21}$ 个原子.在未磁化铁磁质内各个磁畴的自发磁化方向是不同的,在宏观上不表现出磁性来,图 9-31 所示为单晶和多晶体内磁畴结构示意图,图中箭头表示自发磁化方向.

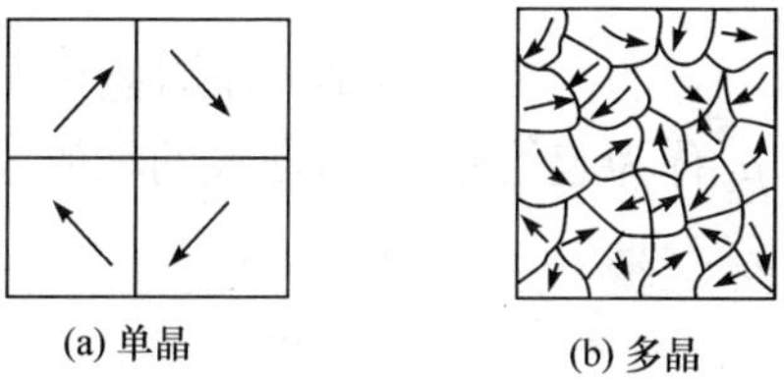

图 9-31　磁畴结构示意图

铁磁材料中的磁畴可通过实验观察到,具体的做法是将材料的表面抛光,然后在材料表面上涂一层很薄的含有很细的磁性颗粒的液体,由于磁畴边界上有较强的局域磁场,磁性颗粒将集中在磁畴的边界区域,从而显示出磁畴.

当铁磁质在外磁场作用下:①自发磁化方向与外磁场方向接近的磁畴增大体积,而自发磁化方向与外磁场相反或接近相反的磁畴缩小体积;②整个磁畴的自发磁化方向转向外磁场方向.在外磁场较弱时,主要表现为前一效应;外磁场较强时,主要表现为后一效应.图 9-32 代表单晶结构铁磁质的磁化过程示意图.由图可以看出,随着外磁场强度的增加,最后所有磁畴的自发磁化方向与外磁场方向一致,使磁化达到饱和.这时磁化所产生的附加磁场可以比外磁场加大几十到几千倍.

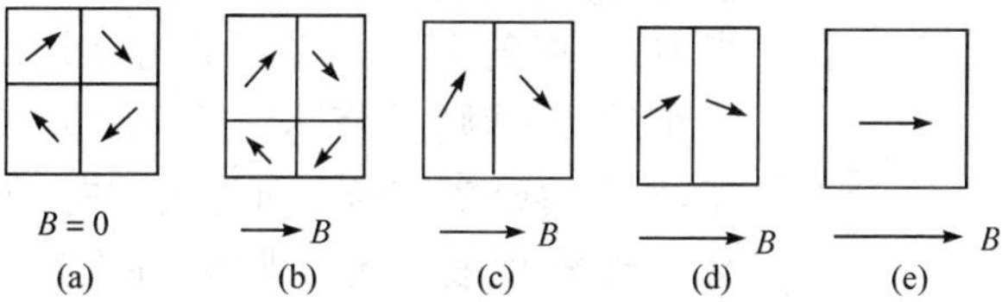

图 9-32　铁磁质磁化过程示意图

铁磁质的温度升高时,分子热运动就加剧,当超过某一临界温度时,磁畴瓦解,铁磁性消失而变为顺磁性,这一临界温度称为居里点.如纯铁和纯镍的居里点分别为 770 ℃和 358 ℃.

2. 铁磁质的磁化规律

铁磁质的磁化规律指的是 $\boldsymbol{M}$ 与 $\boldsymbol{B}$ 之间的关系.由于 $\boldsymbol{H}=\dfrac{\boldsymbol{B}}{\mu_0}-\boldsymbol{M}$,也可以说磁化规律指的是 $\boldsymbol{M}$ 与 $\boldsymbol{H}$ 的关系或 $\boldsymbol{B}$ 与 $\boldsymbol{H}$ 的关系.在实验上易于测量的是 $\boldsymbol{B}$ 和 $\boldsymbol{H}$,所以常用实验方法来研究 $\boldsymbol{B}$ 与 $\boldsymbol{H}$ 的关系.图 9-33 代表实验测得的磁化曲线,它

有如下特点，$H=0$ 时，$B=0$（说明处于未磁化状态）；当 H 逐渐增加时，B 先是缓慢增加（OA 段），后来急剧增加（AM 段），过了 M 点后 B 的增加变得缓慢（MN 段），最后当 H 很大时，B 趋于饱和，饱和时的 B_s 称为饱和磁感应强度. 铁磁质的磁化曲线的特点是非线性.

由 B-H 曲线上的每一点的 B 和 H 的值可求得磁导率 μ. 图 9－34 绘出了 μ-H 曲线，$H=0$ 时的磁导率 μ_i 称为起始磁导率，曲线的峰值 μ_m 称为最大磁导率. 铁磁质的 $\mu \gg \mu_0$，即 $\mu_r \gg 1$ 或 $\chi_m \gg 1$.

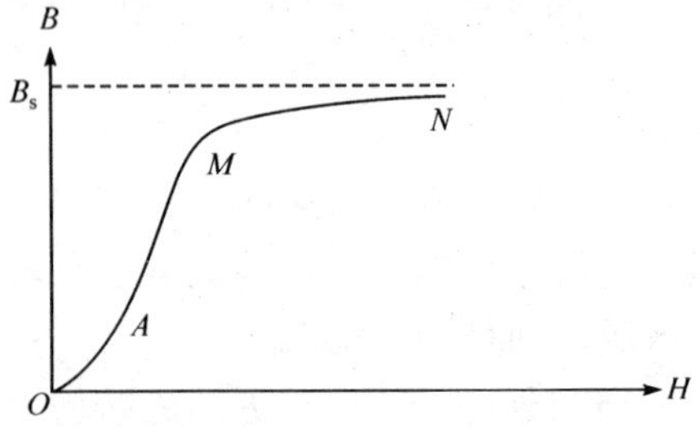

图 9－33 铁磁质的磁化曲线

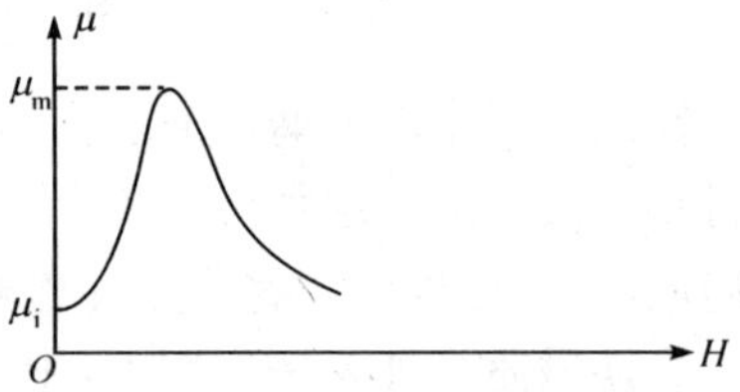

图 9－34 μ-H 曲线

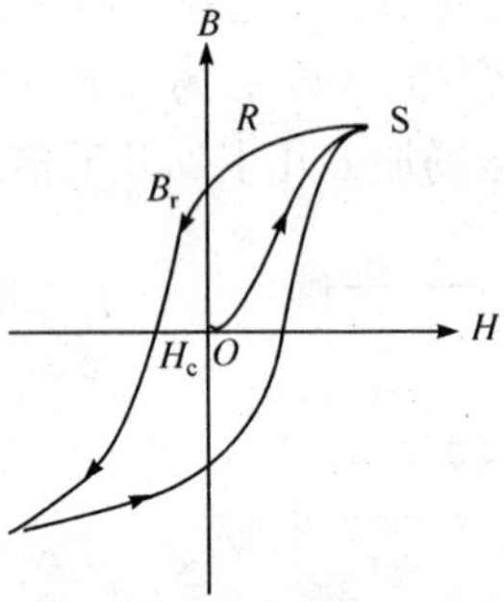

图 9－35 磁滞回线

当 B 达到饱和值后，使 H 减小，则 B 不沿原磁化曲线下降，而是沿 SR 曲线下降（图 9－35）. 当 H 下降到零时，B 并不减至零，而有一定的值 B_r，B_r 称为剩余磁感应强度. 为了使 B 减小到零，必须加反向磁场. 当 $B=0$ 时的 H 值称为矫顽力，用 H_c 表示. 当反向的 H 继续加大，则 B 将达到反向的饱和值. H 再减小至零，然后再改变磁场方向为正方向，再逐渐增大，最后又回到 S，构成一闭合曲线. 在上述变化过程中 B 的变化总是落后于 H 的变化，这一现象称为磁滞现象，上述闭合曲线称为磁滞回线. 磁滞的成因是由于磁畴周界（称为畴壁）的移动和磁畴磁矩的转动是不可逆的，当外磁场减弱或消失时磁畴不按原来变化的规律逆着退回原状.

磁滞回线表明，对铁磁质来说，B 与 H 的值不具有一一对应的关系. 它们的比值不仅随 H 的变化而异，而且对同一个 H 值而言，比值一般不是唯一的，B 的数值等于多少不仅取决于外磁场和铁磁质本身，而且与铁磁质达到这个状态所经历的磁化过程有关.

当铁磁质在交变磁场作用下反复磁化时，由于磁滞效应，磁体要发热而散失能量，这种能量损失称为磁滞损耗，磁滞回线所包围的面积越大，磁滞损耗也越大.

根据铁磁质的性能和使用，铁磁质可分为硬磁和软磁材料两大类. 软磁材料的

矫顽力 H_c 很小（$<10^2\ \mathrm{A \cdot m^{-1}}$），而硬磁材料的矫顽力 H_c 很大（$>10^4\ \mathrm{A \cdot m^{-1}}$）. 如果按等比例值绘出软磁和硬磁材料的磁滞回线 B-H 图，那么软磁材料的磁滞回线显得“身瘦”(图 9-36(a))，而硬磁材料的磁滞回线显得“身胖”(图 9-36(b)). 有一种特殊的软磁材料，它的磁滞回线近似为矩形状(图 9-36(c))，这种材料总处在 B_s 或 $-B_s$ 两种工作状态之一，它可作“记忆”元件. 这种特殊的软磁材料称为矩磁材料.

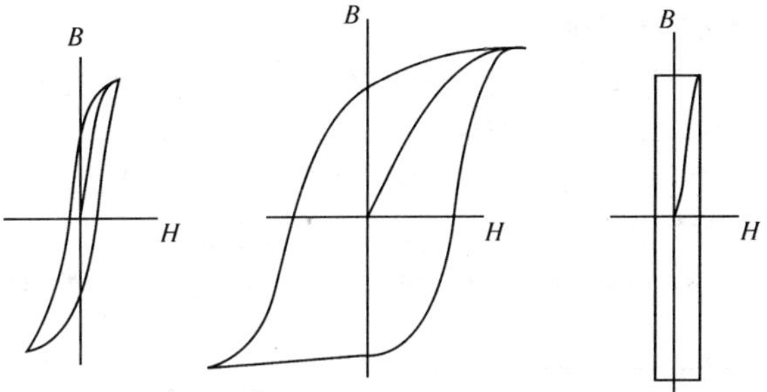

(a) 软磁　　(b) 硬磁　　(c) 矩磁

图 9-36　磁滞回线

在高频和微波波段的应用中，由于金属材料制成的铁磁材料具有涡流损耗，所以常采用电阻率很高的铁氧体取代，它们是铁与其他一种或多种金属的复合氧化物. 通常半导体收音机的天线磁棒就是用铁氧体材料制成.

习　　题

9-1　习题 9-1 图中两边为电导率很大的导体，中间两层是电导率分别为 σ_1 和 σ_2 的均匀导电介质，其厚度分别为 d_1 和 d_2，导体的截面积为 S，通过导体的恒定电流为 I. 求：

(1) 两层导电介质中的场强 E_1 和 E_2；

(2) 电势差 U_{AB} 和 U_{BC}.

9-2　一铜圆柱体半径为 a，长为 L，外面套一个与它共轴且等长的铜圆筒，筒的内半径为 b，在柱和筒之间充满电导率为 σ 的均匀导电物质，如习题 9-2 图所示. 求柱与筒之间的电阻.

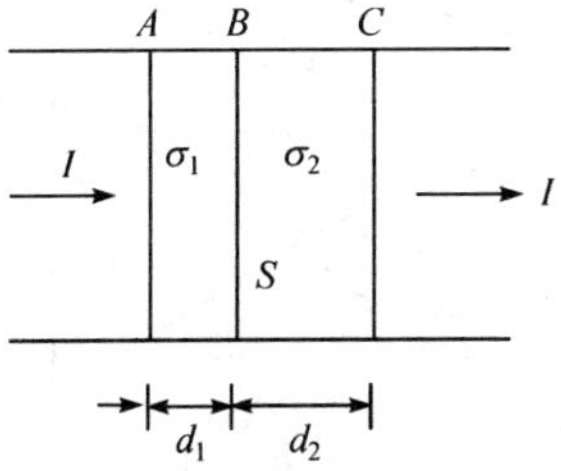

习题 9-1 图

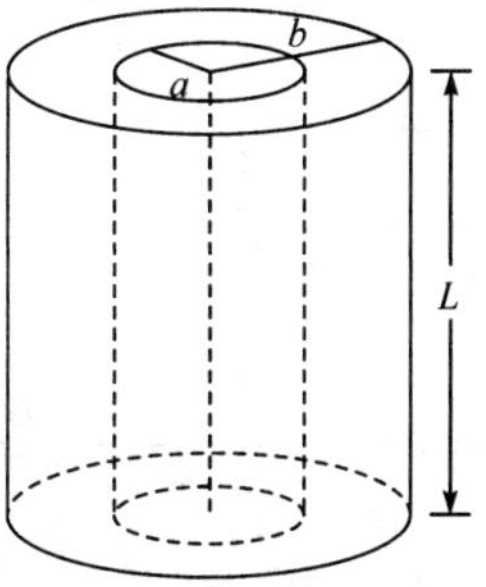

习题 9-2 图

9-3　有一个标明 2 kΩ,20 W 的电位器.问:

(1) 允许通过这个电位器的最大电流为多少安培?加在这个电位器的最大电压为多少伏?

(2) 当加在这个电位器上的电压是 10 V 时,电功率是多少瓦?

9-4　对一蓄电池充电,当充电电流为 3.00 A 时,路端电压为 2.06 V,该蓄电池放电时,当放电电流为 2.00 A 时,路端电压为 1.96 V.求这个蓄电池的电动势和内阻.

9-5　试推导电流密度 j 和自由电子数密度 n,漂移速度 u(电子定向平均运动速度)之间的关系为 $j=neu$,其中 e 为电子电荷.

9-6　如习题 9-6 图所示电路,已知 $\mathscr{E}_1=12$ V,$\mathscr{E}_2=10$ V,$\mathscr{E}_3=8$ V,$R_{i1}=R_{i2}=R_{i3}=1$ Ω,$R_1=R_2=R_3=R_4=R_5=2$ Ω.求 U_{AB} 和 U_{CD}.

9-7　为了找出电缆在某处由于损坏而通地的地方,可以用习题 9-7 图中所示的装置,AB 是一段长为 100 cm 的均匀电阻线,触点 S 可以在它上面平稳滑动.已知电缆长 7.8 km,设当 S 滑至 $SB=41$ cm 时,通过电流计 G 的电流为零.求电缆损坏处至检查处 B 的距离.

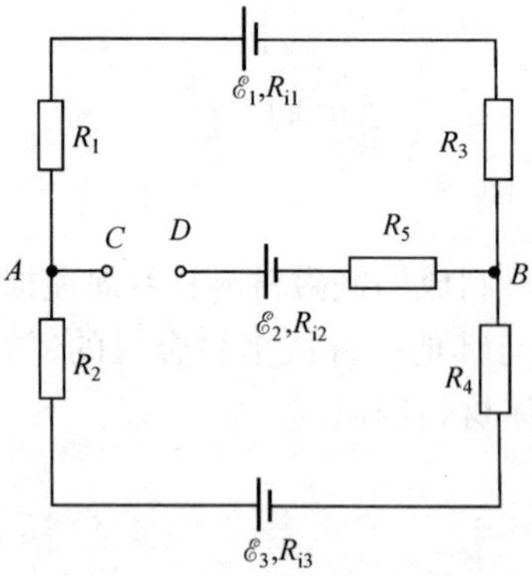

习题 9-6 图

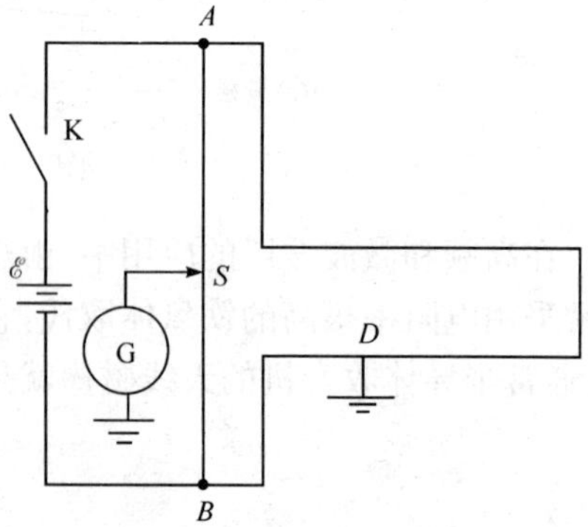

习题 9-7 图

9-8　两根长直导线互相平行地放置,相距为 $2r$(习题 9-8 图),导线内通以流向相同、大小为 $I_1=I_2=10$ A 的电流,在垂直于导线的平面(纸面)上有 M 和 N 两点,M 点为 O_1O_2 连线的中点,N 点在 O_1O_2 的垂直平分线上,且与 M 点相距为 r.设 $r=2$ cm,求 M 和 N 两点处的磁感应强度 $\boldsymbol{B}$ 的大小和方向.

9-9　两根长直导线沿半径方向引到铁环上 M 和 N 两点,并与很远的电源相连,如习题 9-9图所示.求环中心的磁感应强度.

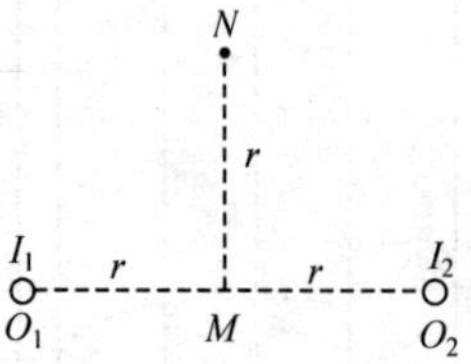

习图 9-8 图

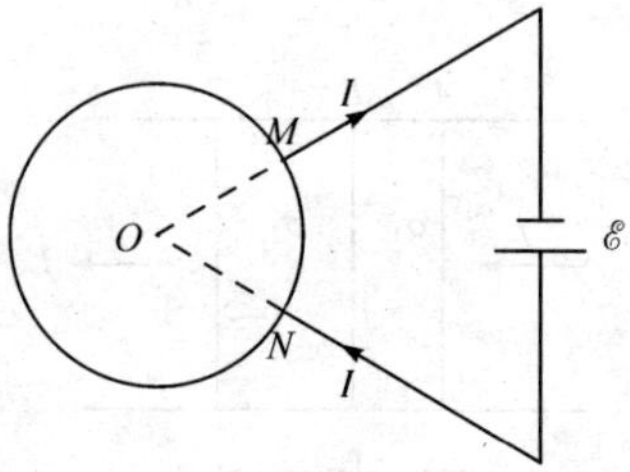

习图 9-9 图

9-10　载流圆线圈半径 $R=11$ cm，电流 $I=14$ A. 求：

(1) 在圆心处；

(2) 在轴线上距圆心为 10 cm 处的磁感应强度.

9-11　按玻尔模型，在基态的氢原子中，电子绕原子核做半径为 0.53×10^{-10} m 的圆周运动，速度为 2.2×10^{6} m·s^{-1}. 求此运动的电子在核处产生的磁感应强度的大小.

9-12　载流正方形的边长为 $2a$、电流为 I. 求：

(1) 正方形中心和轴线上距中心为 x 处的磁感应强度；

(2) $a=1.0$ cm，$I=5.0$ A 时的 $x=0$ 和 $x=10$ cm 处的磁感应强度.

9-13　在半径 $R=2.0$ cm 的无限长半圆柱面形的金属薄片中有电流 $I=5$ A 沿平行于轴线方向通过，电流在横截面上均匀分布(习题 9-13 图). 求圆柱轴线上 P 点处的磁感应强度.

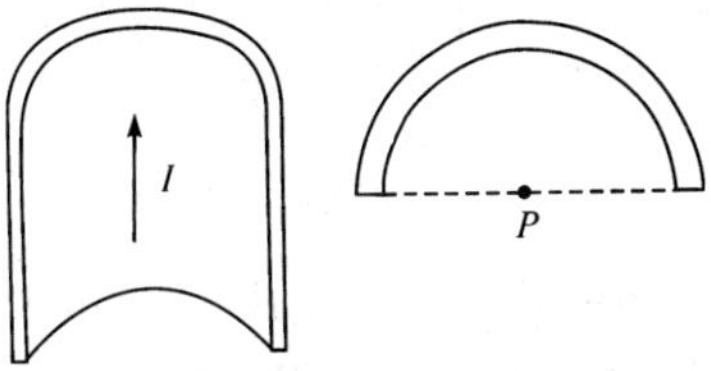

习题 9-13 图

9-14　半径为 R 的圆片上均匀带电，电荷密度为 σ，以匀角速度 ω 绕它的轴旋转. 求轴线上距圆片中心为 x 处的磁感应强度.

9-15　一无限长载流直圆管，内半径为 a、外半径为 b，电流强度为 I，电流沿轴线方向流动并且均匀分布在管的横截面上. 求空间的磁感应强度分布.

9-16　在均匀磁场 $\boldsymbol{B}$ 中有一段弯曲导线 ab，通过电流 I(习题 9-16 图). 求此导线受的磁场力.

9-17　一无限长直导线载有电流 $I_1=2.0$ A，旁边有一段与它垂直且共面的导线，长度为 10 cm，载有电流 $I_2=3.0$ A，靠近 I_1 的一端到 I_1 的距离 $d=40$ cm(习题 9-17 图). 求 I_2 受到的作用力.

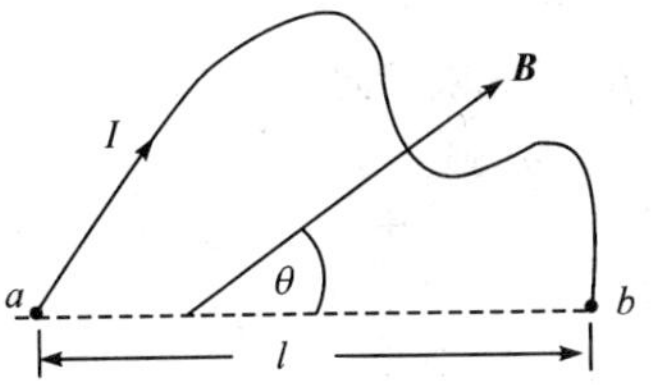

习题 9-16 图

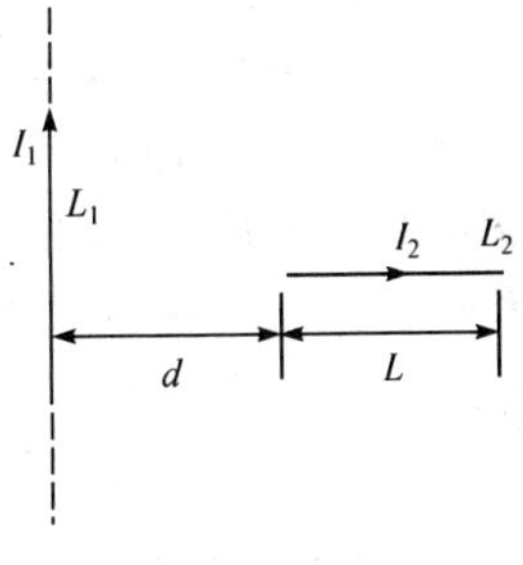

习题 9-17 图

9-18　一根无限长直导线载有电流 $I_1=30$ A，一矩形回路与它共面，且矩形的长边与直导线平行(习题 9-18 图)，回路中载有电流 $I_2=20$ A，矩形的长 $l=20$ cm，宽 $b=8$ cm，矩形靠近直导线的一边距离导线为 $a=10$ cm. 求 I_1 作用在矩形回路上的合力.

9-19　发电厂的汇流条是两根 3 m 长的平行铜棒，相距 50 cm，当向外输电时，每根棒中的电流都是以 1.0×10^{4} A. 作为近似. 把两棒当做无限长的细导线，试计算它们之间的相互作用力.

9-20　一半径为 $R=0.10$ m 的半圆形闭合线圈，载有电流 $I=10$ A，放在 $B=0.5$ T 的均

匀磁场中，磁场的方向与线圈平面平行(习题 9-20 图). 求线圈所受磁力矩的大小和方向.

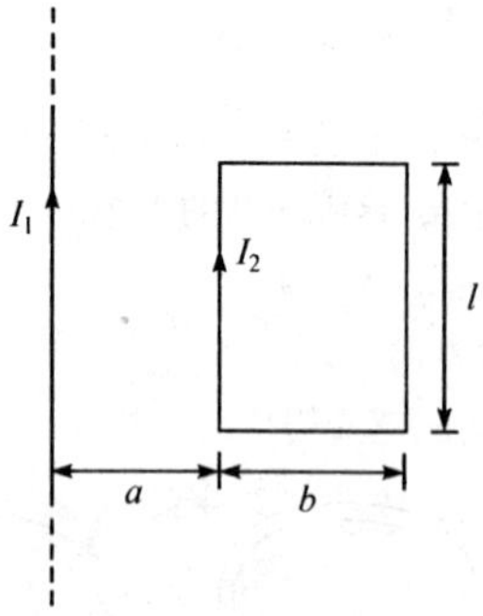

习题 9-18 图

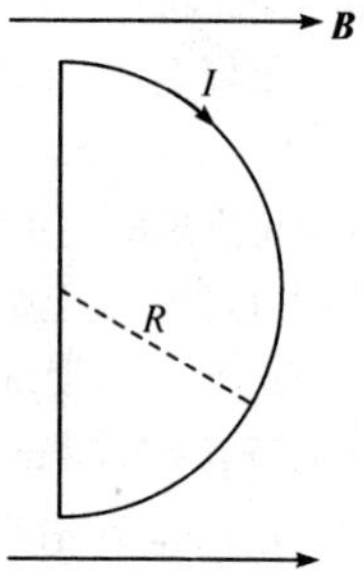

习题 9-20 图

9-21 一电子在 $B=20\times10^{-4}$ T 的均匀磁场中做沿半径为 $R=2.0$ cm，螺矩 $h=5.0$ cm 的螺旋线运动. 求电子的速度.

9-22 设在一个电视显像管里，电子在水平面内从南到北运动，其动能为 1.2×10^4 eV. 若地磁场在显像管处竖直向下分量 $B_\perp=0.55\times10^{-4}$ T，电子在显像管内南北飞行距离 $L=20$ cm 时，其轨道向东偏转多少？

9-23 有一个正电子的动能为 2.0×10^3 eV，在 $B=0.1$ T 的均匀磁场中运动，它的速度 $\boldsymbol{v}$ 与 $\boldsymbol{B}$ 成 60°角，所以它沿一条螺旋线运动. 求螺旋线运动的周期 T，半径 R 和螺距 h.

9-24 一铜片厚度为 $d=1.00$ mm，放在磁感应强度 $B=1.5$ T 的均匀磁场中，磁场方向与铜片表面垂直(习题 9-24 图). 已知铜片里载流子浓度为 8.4×10^{22} cm^{-3}，铜片中通有电流 $I=200$ A.

(1) 求铜片两侧的电势差 $U_{AA'}$；

(2) 铜片宽度 b 对 $U_{AA'}$ 有无影响？为什么？

9-25 如习题 9-25 图所示，磁导率为 μ_1 的无限长磁介质圆柱体，半径为 R_1，其中通以电流 I，且电流沿横截面均匀分布. 在它的外面有半径为 R_2 的无限长同轴圆柱面，圆柱面与柱体之间充满着磁导率为 μ_2 的磁介质，圆柱面外为真空，求磁感应强度分布.

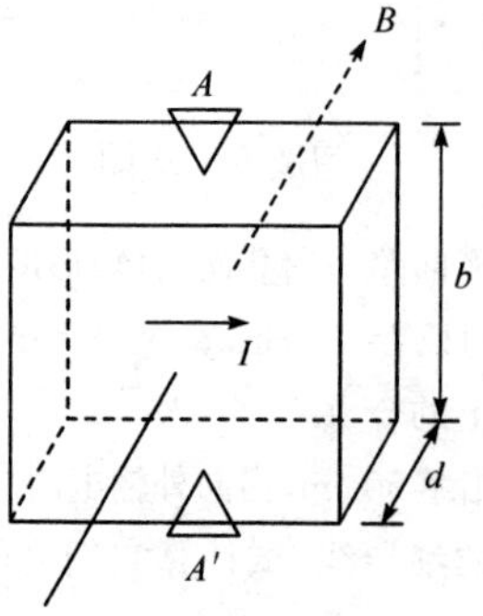

习题 9-24 图

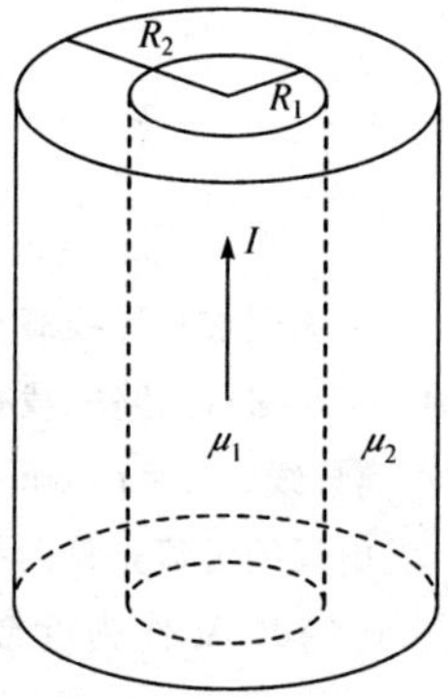

习题 9-25 图

9-26　环形螺线管的中心线周长为 $l=20\ \text{cm}$，线圈总匝数 $N=300$，线圈中通以电流 $I=0.20\ \text{A}$.

(1) 若管内是真空，求管内的 H、B、M 值；

(2) 若管内充满 $\mu_r=200$ 的磁介质，求管内的 H、B、M 值.

9-27　有一磁介质细圆环，在外磁场撤销后仍处于磁化状态，磁化强度矢量 $\boldsymbol{M}$ 的大小处处相同，$\boldsymbol{M}$ 的方向如习题 9-27 图所示，求环内的磁场强度 $\boldsymbol{H}$ 和磁感应强度 $\boldsymbol{B}$.

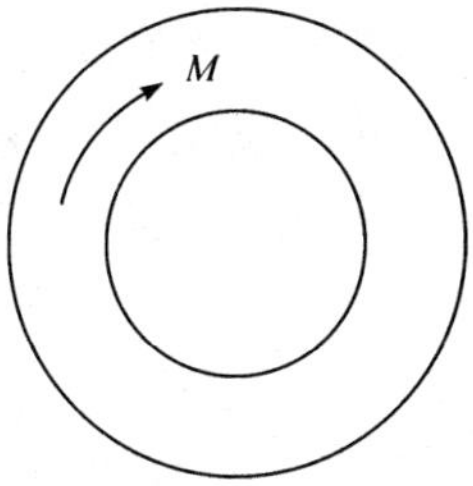

习题 9-27 图

第 10 章　电 磁 感 应

电磁感应是磁通量变化产生感应电动势的现象，它的发展是电磁学领域中最重大的成就之一. 它揭示了电与磁相互联系和转化的重要方面，丰富了人类对电磁现象本质的认识，推动了电磁学理论的发展，电磁感应定律本身就是麦克斯韦电磁理论的基本组成部分之一，而且在实践上开拓了广泛的应用前景. 在电工技术中，运用电磁感应原理制造的发电机、感应电动机和变压器等电气设备，为充分而方便地利用自然界的能源提供了条件；在电子技术中，广泛地采用电感元件来控制电压或电流的分配，发射、接收和传输电磁信号；在电磁测量中，除了许多电磁测量的测量值直接应用电磁感应原理外，一些非电测量也可以转换成电磁量来测量，从而发展了多种自动化仪表. 总之，电磁感应现象的发现在科学和技术上都具有划时代的意义.

10.1　法拉第电磁感应定律

10.1.1　电磁感应现象

1820 年奥斯特发现电流磁效应后，不少物理学家立即试图寻找它的逆效应——磁的电效应，提出了磁能否产生电和磁能否对电作用的问题. 不少人(包括法拉第)曾将恒定电流或磁铁放在线圈附近，试图“感应”出电流，但当时囿于恒定电流，他们的努力均告失败. 法拉第从 1822 年到 1831 年，经过一次又一次的失败和挫折，他终于领悟到磁变电是一种非恒定暂态效应，从而迅速地把握住和揭示了电磁感应现象的实质. 他在 1831 年发表的一篇文章中，总结出以下五种情况都可以产生感应电流：变化着的电流、变化着的磁场、运动着的恒定电流、运动着的磁铁和在磁场中运动的导体.

1832 年法拉第发现，在相同的条件下，不同金属导体中产生的感应电流大小与导体的导电能力成正比，认识到感应电流是由于与导体性质无关的感应电动势产生的，即使导体不形成闭合回路，这时不存在感应电流，但感应电动势仍有可能存在. 为了解释产生感应电动势的原因，法拉第把它自己首先提出的描述静态相互作用的场线图像发展到动态. 他认为，当通过回路的磁感应线根数(即磁通量)变化时，回路里就会产生感应电流，从而揭示了产生感应电动势的原因.

下面以几个实验来具体认识电磁感应现象.

实验一　如图 10 - 1 所示，线圈 L 和检流计 G 构成闭合回路，由于闭合回路

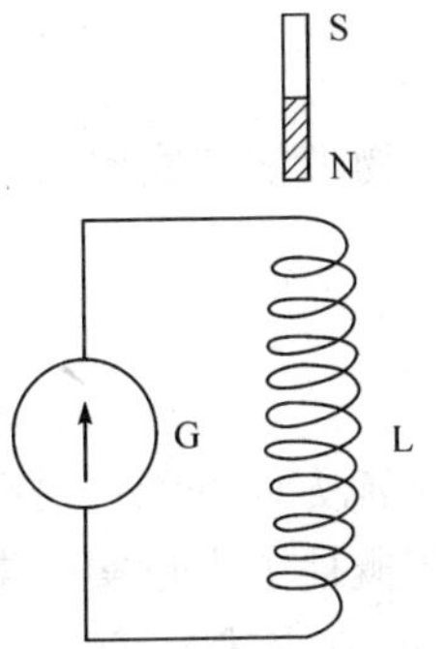

图 10-1　电磁感应实验一

没有电源，故电流为零，检流计指针在刻度盘中央. 现将磁棒突然插入线圈内，检流计的指针向一侧偏转，若插入时间越短，则偏转越大；在磁棒抽出线圈的过程中，检流计指针向另一侧偏转，表明此时的电流方向与磁棒插入时相反.

若磁棒保持静止，使线圈相对于磁棒运动，则出现上述同样的实验现象. 若用载有电流的螺线管代替磁棒做上述实验，也可观察到同样的现象.

实验二　如图 10-2 所示的两个回路中的两个线圈靠得很近，且保持相对静止. 在将回路Ⅱ中的电键 K 接通的瞬间，回路Ⅰ中出现瞬时电流. 当回路Ⅱ中的电流达到恒定后，回路Ⅰ中无电流. 再将 K 断开，在回路Ⅰ中又出现瞬时电流，但电流方向与 K 接通时相反.

若在接通 K 后，调节变阻器 R，使回路Ⅱ中的电流增大或减小，也可产生上述的现象.

实验三　在图 10-3 所示的磁场空间里，一线圈与检流计 G 构成闭合回路. 若改变线圈所包围的面积，如将线圈的一边 AB 向左（或向右）移动，在移动的过程中检流计 G 的指针就偏向一侧（或另一侧）. 但若将线圈整体相对于磁场平移，则检流计指针不偏转.

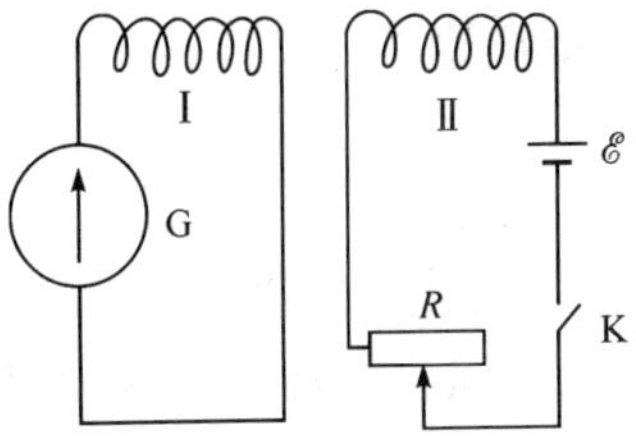

图 10-2　电磁感应实验二

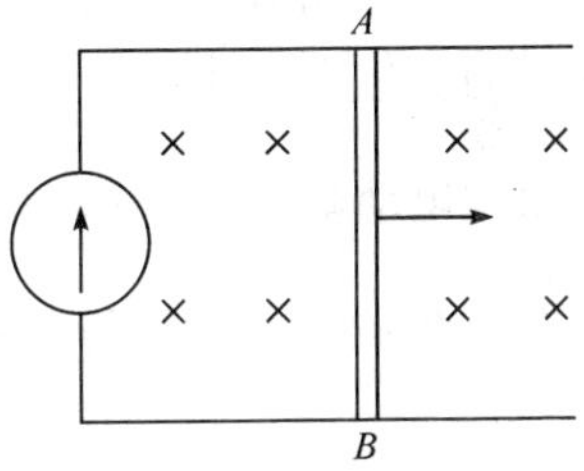

图 10-3　电磁感应实验三

仔细分析上述的各项实验后，可以看出，由于以闭合回路为周界的任意曲面的磁通量发生了变化，才有了感应电流，这说明回路中必有电动势产生.

10.1.2　法拉第电磁感应定律

1845 年德国物理学家诺依曼（F. E. Neumann）给出了电磁感应的定量规律为

$$\mathscr{E}=-\frac{\mathrm{d}\phi_{\mathrm{m}}}{\mathrm{d}t}\tag{10-1}$$

式(10-1)表明，闭合导体回路中感应电动势 $\mathscr{E}$ 的大小与穿过回路的磁通量的变化率 $\mathrm{d}\phi_{\mathrm{m}}/\mathrm{d}t$ 成正比，其中磁通量 ϕ_{m} 为

$$\phi_m = \int_{(S)} \boldsymbol{B} \cdot \mathrm{d}\boldsymbol{S} = \int_{(S)} B\cos\theta \mathrm{d}S \qquad (10-2)$$

诺依曼的工作再次生动说明了数学用到物理学中去，使物理学从实验科学向理论科学发展.

10.1.3　楞次定律

法拉第在1831年发现的电磁感应的现象中，他对感应电流方向的叙述是有些含混不清的，而1834年爱沙尼亚科学家楞次(Э. х. Лениз)在概括了大量实验事实的基础上，提出了直接判断感应电流的法则，这就是楞次定律. 它表述为：闭合回路中感应电流的方向，总是使得它激发的磁场反抗引起感应电流的磁通量的变化. 用楞次定律确定感应电流的方向后，随之可用感应电流的方向定出感应电动势的方向，其结果与法拉第电磁感应定律得出的方向完全一致. 由于在判断感应电流的方向上，楞次定律比法拉第电磁感应定律更简明，因而为人们广泛应用.

10.2　动生电动势和感生电动势

法拉第电磁感应定律表明，闭合回路的磁通量发生变化就有感应电动势产生. 实际上，磁通量的变化有两种原因：一种是回路或其一部分在磁场中有相对运动，这样产生的感应电动势称为动生电动势；另一种是回路在磁场中没有相对运动，这种仅由磁场的变化而产生的感应电动势，称为感生电动势.

10.2.1　动生电动势

动生电动势的产生可用运动电荷在磁场中所受到的洛伦兹力来解释. 如图10-4所示，一矩形导线框放在均匀磁场中，$\boldsymbol{B}$ 的方向垂直于纸面向里. 现使长为 l 的导线 ab 以速度 v 向右平移，于是导线内的电子也随之向右运动，每个自由电子所受的洛伦兹力为

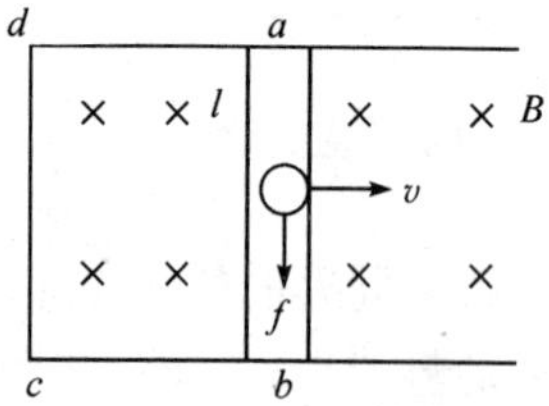

图10-4　导线 ab 在磁场中运动引起动生电动势

$$\boldsymbol{f} = -e\boldsymbol{v} \times \boldsymbol{B}$$

洛伦兹力 $\boldsymbol{f}$ 的方向从 a 指向 b，自由电子向下端运动，使得导线的上端带正电，下端带负电，在 a、b 间形成一个静电场. 当作用在自由电子上的静电力与洛伦兹力大小相等时达到平衡，ab 间电势差达到稳定值. 因而，在磁场中一段运动的导体相当于一个电源，它的非静电力就是作用在单位正电荷上的洛伦兹力，即

$$\boldsymbol{K} = \frac{\boldsymbol{f}}{-e} = \boldsymbol{v} \times \boldsymbol{B}$$

由电动势的定义，动生电动势为

$$\mathscr{E}=\int_{-}^{+}\boldsymbol{K}\cdot\mathrm{d}\boldsymbol{l}=\int_{b}^{a}(\boldsymbol{v}\times\boldsymbol{B})\cdot\mathrm{d}\boldsymbol{l} \tag{10-3}$$

在图 10－5 所示的情况下，$\boldsymbol{v}\perp\boldsymbol{B}$ 和 $\boldsymbol{v}\times\boldsymbol{B}$ 与 $\mathrm{d}\boldsymbol{l}$ 同方向，故有 $\mathscr{E}=vBl$.

由式(10－3)可看出，若 $\boldsymbol{v}$、$\boldsymbol{B}$、$\boldsymbol{l}$ 三者中有任意两个量互相平行，则 $\mathscr{E}$ 为零. 这就是导线棒顺着磁场放置($\boldsymbol{B}/\!/\boldsymbol{l}$)，或者顺着磁场方向运动($\boldsymbol{v}/\!/\boldsymbol{B}$)，或者顺着棒长方向运动($\boldsymbol{v}/\!/\boldsymbol{l}$)，都不会产生动生电动势. 所以，有时人们形象地说，只有当导线棒做切割磁感应线运动时，才产生动生电动势.

例题 1　长度为 L 的一根铜棒在均匀磁场 $\boldsymbol{B}$ 绕其一端以角速度 ω 做匀角速转动，且转动平面与磁场方向垂直(图 10－5). 求铜棒两端的电动势.

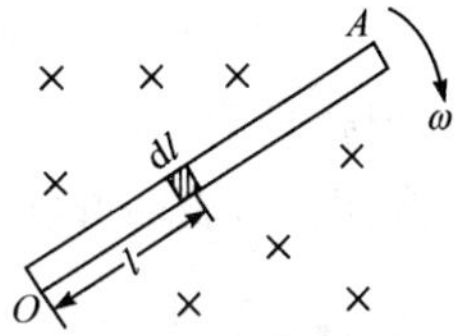

图 10－5　铜棒转动时的动生电动势

解　棒绕 O 端转动时，棒上各点的速度是不同的，距 O 点为 l 处的小段 $\mathrm{d}l$ 的速度 v 的大小为 $v=\omega l$，于是该小段的电动势为

$$\mathrm{d}\mathscr{E}=(\boldsymbol{v}\times\boldsymbol{B})\cdot\mathrm{d}\boldsymbol{l}=B\omega l\mathrm{d}l$$

总的电动势为

$$\mathscr{E}=\int\mathrm{d}\varepsilon=\int_{O}^{L}B\omega l\,\mathrm{d}l=\frac{1}{2}B\omega L^{2}$$

电动势方向由 O 指向 A.

10.2.2　感生电动势　感生电场

静止闭合回路中的任一部分处于随时间变化的磁场中时，也会产生感应电动势. 这种电动势称为感生电动势. 麦克斯韦对此作了深入的分析后，于 1861 年指出：即使不存在导体回路，变化的磁场也会在空间激发出一种场，麦克斯韦称它为感生电场或有旋电场. 感生电场对电荷的作用力规律与静电场相同. 设感生电场的场强为 $\boldsymbol{E}_{感}$，则处于感生电场中的电荷 q 受的力为 $\boldsymbol{F}=q\boldsymbol{E}_{感}$. 当导体回路所围面积内的磁场变化时，在导体回路上就有感生电场，导体中的自由电子在感生电场作用下形成了感应电流. 感生电场与静电场的区别在于，感生电场不是由电荷激发的，而是由变化的磁场激发的，描述感生电场的电场线是闭合的，于是有

$$\oint\boldsymbol{E}_{感}\cdot\mathrm{d}\boldsymbol{l}\neq 0$$

所以感生电场不是保守场. 产生感生电动势的非静电力 $\boldsymbol{K}$ 正是这一感生电场，即

$$\mathscr{E}=\oint_{(L)}\boldsymbol{E}_{感}\cdot\mathrm{d}\boldsymbol{l}=-\frac{\mathrm{d}\Phi_{\mathrm{m}}}{\mathrm{d}t}=-\frac{\mathrm{d}}{\mathrm{d}t}\int_{(S)}\boldsymbol{B}\cdot\mathrm{d}\boldsymbol{S}$$

式中积分的面积 S 是以闭合回路为界的任意曲面. 在这里闭合回路是固定的，因而可将上式改写为

$$\oint \boldsymbol{E}_{感} \cdot \mathrm{d}\boldsymbol{l} = -\int \frac{\mathrm{d}\boldsymbol{B}}{\mathrm{d}t} \cdot \mathrm{d}\boldsymbol{S} \tag{10-4}$$

式(10－4)反映了变化磁场与感生电场(有旋电场)之间的联系.

感生电场及其无源有旋的性质，是麦克斯韦在法拉第的思想指引下为解释电磁感应现象提出的理论解释. 有旋电场的许多应用证明了它的正确性. 电子感应加速器就是利用有旋电场不断对电子加速获得高能量的电子束轰击不同的靶来获得硬X射线和γ射线. 如在工业上，金属导体处于交变磁场中，使导体内产生有旋电场，导体的自由电子受有旋电场作用产生闭合感应电流(俗称涡电流，也称傅科电流). 由于大块导体一般电阻很小，涡电流强度很大，产生大量的焦耳热，高频感应冶金炉就是应用这个原理. 有时候也要限制涡电流，如变压器内的铁芯，需要用很薄的硅钢片，表面并涂以绝缘漆就是这个缘故.

例题 2　半径为R的无限长螺线管的电流随时间变化(图 10－6)，使$\frac{\mathrm{d}B}{\mathrm{d}t}$为大于零的常量. 求螺线管内、外感生电场的场强分布.

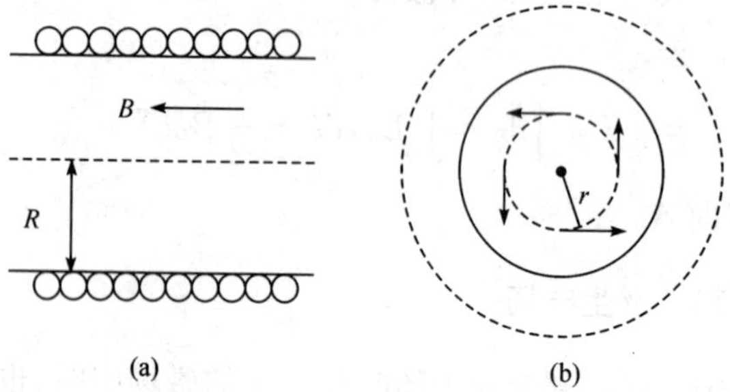

图 10－6　变化磁场激发的感生电场

解　先求$r<R$区域的感生电场. 螺线管的横截面如图 10－6(b)所示. 从图 10－6(a)的右端向左端看，管外电流是顺时针方向，管内磁感应强度是垂直于截面朝左的，由于$\frac{\mathrm{d}B}{\mathrm{d}t}\neq 0$，所以管内有感生电场. 由感生电场的两个性质，即$\oint \boldsymbol{E}_{感} \cdot \mathrm{d}\boldsymbol{S}=0$和$\oint \boldsymbol{E}_{感} \cdot \mathrm{d}\boldsymbol{l}=-\int \frac{\mathrm{d}\boldsymbol{B}}{\mathrm{d}t} \cdot \mathrm{d}\boldsymbol{S}$出发，可以证明感生电场在截面径向上和螺线管轴上没有感生电场的分量(证明从略). 由于感生电场无轴向和径向分量，只有切向方向上有分量，所以对应的电场线为闭合的同心圆. 因为感应电流具有反抗磁场变化的性质，所以电场线沿逆时针的方向. 写出沿半径为r的圆周积分，即

$$\oint \boldsymbol{E}_{感} \cdot \mathrm{d}\boldsymbol{l} = -\frac{\mathrm{d}\Phi_{\mathrm{m}}}{\mathrm{d}t} = -\pi r^2 \frac{\mathrm{d}B}{\mathrm{d}t}$$

由于$E_{感}$处处与回路相切，所以上式的左边为

$$\oint \boldsymbol{E}_{感} \cdot \mathrm{d}\boldsymbol{l} = 2\pi r E_{感}$$

由以上二式,得

$$E_{感} = -\frac{r}{2}\frac{\mathrm{d}B}{\mathrm{d}t}, \quad r<B$$

式中的负号说明感生电场有反抗磁场变化的性质.

再求 $r>R$ 区域的感生电场

$$\oint \boldsymbol{E}_{感} \cdot \mathrm{d}\boldsymbol{l} = -\frac{\mathrm{d}\Phi_{\mathrm{m}}}{\mathrm{d}t}$$

考虑到螺线管外的 $\boldsymbol{B}=0$,所以有

$$\frac{\mathrm{d}\Phi_{\mathrm{m}}}{\mathrm{d}t} = \pi R^2 \frac{\mathrm{d}B}{\mathrm{d}t}$$

而

$$\oint \boldsymbol{E}_{感} \cdot \mathrm{d}\boldsymbol{l} = 2\pi r E_{感}$$

于是有

$$E_{感} = -\frac{R^2}{2r}\frac{\mathrm{d}B}{\mathrm{d}t}, \quad r>R$$

10.3 自感和互感

10.3.1 自感

当一线圈中的电流变化时,它所激发的磁场通过线圈自身的磁通量也在变化,由此在线圈自身产生的感应电动势称为自感电动势,这种现象称为自感现象.

由于线圈中的电流激发的磁感应强度 B 与电流强度 I 成正比,因此通过线圈的磁通量 Φ_{m} 也正比于 I,即

$$\Phi_{\mathrm{m}} = LI \tag{10-5}$$

式中的比例系数 L 称为自感系数,它与线圈中的电流无关,取决于线圈的大小、几何形状和匝数. 若存在磁介质,L 还与磁介质的性质有关(若磁介质是铁磁质,则 L 与线圈中的电流有关). 在 SI 制中,自感系数的单位为亨利(H).

将式(10-5)代入式(10-1),得线圈中的自感电动势为

$$\mathscr{E} = -\frac{\mathrm{d}\Phi_{\mathrm{m}}}{\mathrm{d}t} = -L\frac{\mathrm{d}I}{\mathrm{d}t} \tag{10-6}$$

由式(10-6)可以看出,对于相同的电流变化率,自感系数 L 越大的线圈所产生的自感电动势越大,即自感作用越强,式(10-6)中负号说明自感电动势将反抗回路中电流的变化.

自感系数的计算方法一般比较复杂,实际上常采用实验方法测量. 对于简单的对称线路可根据毕奥-萨伐尔定律(或安培环路定理)和 $\Phi_m = LI$ 计算.

自感现象在电工和无线电技术中应用广泛. 自感线圈是交流电路或无线电设备中的基本元件,它和电容器的组合可以构成谐振电路或滤波器,利用线圈具有阻碍电流变化的特性,可以恒定电路的电流. 自感现象有时也会带来害处. 在供电系统中切断载有强大电流的电路时,由于电路中自感元件的作用,开关处会出现强烈的电弧,足以烧毁开关,造成火灾,为了避免事故,必须使用带有灭弧结构的开关.

例题 3 设有一长螺线管,长 $l=40$ cm,截面积 $S=10$ cm^2,线圈总匝数 $N=2\,000$. 试求它的自感系数.

解 由于螺线管的长度比其宽度大很多,在计算中可以把管内的磁场看作是均匀的(忽略其边缘效应). 螺线管中通有电流 I 时,则管内的磁感应强度为

$$B=\mu_0 nI=\mu_0 \frac{N}{l}I$$

于是通过螺线管的磁通量为

$$\Phi_m = NBS = N\mu_0 \frac{N}{l}IS$$

由式(10-5)得螺线管的自感系数为

$$L=\frac{\Phi_m}{I}=\mu_0 \frac{N^2}{l}S=\mu_0 \frac{N^2}{l^2}lS=\mu_0 n^2 V$$

式中 $V=lS$ 为螺线管的体积. 由上式可看出,L 正比于 n^2 和 V. 将题中所给的数据代入上式,有

$$L=\mu_0 n^2 V=4\pi\times10^{-7}\times\left(\frac{2\,000}{0.4}\right)^2\times0.4\times10\times10^{-4}=13\times10^{-3}\,(\mathrm{H})=13\ (\mathrm{mH})$$

例题 4 设传输线由两个半径分别为 R_1 和 R_2 的共轴长圆筒组成(图 10-7). 电流由内筒的一端流入,由外筒的另一端流回. 求此传输线一段长为 l 的自感系数.

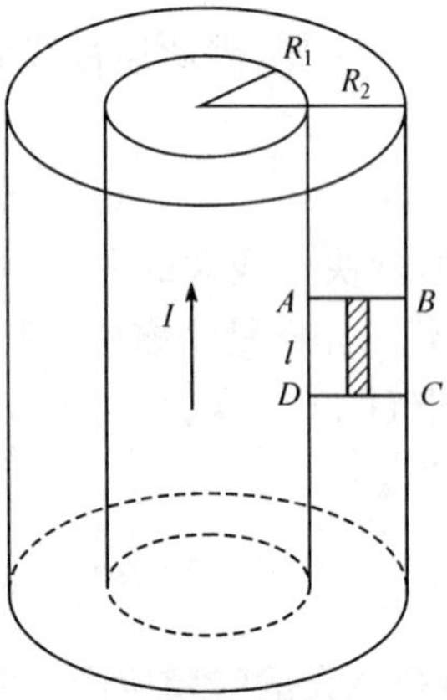

图 10-7 传输线自感系数的计算

解 设电流强度为 I,用安培环路定理不难求出两圆筒之间的磁感应强度为

$$B=\frac{\mu_0 I}{2\pi r}$$

式中 r 为该点到轴的距离.

为了计算一段长度为 l 传输线的自感系数,只需计算通过图中面积 $ABCD$ 的磁通量

$$\Phi_m = \int B\mathrm{d}S = \int_{R_1}^{R_2} Bl\,\mathrm{d}r = \int_{R_1}^{R_2} \frac{\mu_0 I}{2\pi r}l\,\mathrm{d}r = \frac{\mu_0 l}{2\pi}\ln\frac{R_2}{R_1}I$$

因此，自感系数为

$$L=\frac{\Phi_{\mathrm{m}}}{I}=\frac{\mu_0 l}{2\pi}\ln\frac{R_2}{R_1}$$

10.3.2 互感

图 10－8 中的两个线圈 1 和 2 靠得较近. 当线圈 1 中的电流变化时，它所激发的变化磁场会在线圈 2 中产生感应电动势；同样，线圈 2 中的电流变化时也会在线圈 1 中产生感应电动势. 这种感应电动势称为互感电动势，这种现象称为互感现象.

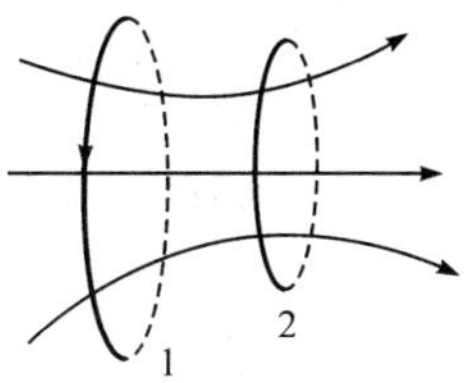

图 10－8 两线圈的互感

设线圈 1 中的电流 I_1 在线圈 2 产生的磁通量为 Φ_{21}，线圈 2 中的电流在线圈 1 中产生的磁通量为 Φ_{12}. 在无铁磁介质存在情况下，$\Phi_{21}\propto I_1$，$\Phi_{12}\propto I_2$，写成等式有

$$\Phi_{21}=M_{21}I_1 \tag{10-7}$$

$$\Phi_{12}=M_{12}I_2 \tag{10-8}$$

式中比例系数 M_{21} 称为线圈 1 对线圈 2 的互感系数，M_{12} 称为线圈 2 对线圈 1 的互感系数，它们的数值取决于线圈的大小、几何形状、匝数及两线圈的相对位置. 互感系数单位和自感系数的单位相同.

可以证明，M_{21} 和 M_{12} 是相等的，统一用 M 表示，即

$$M_{21}=M_{12}=M$$

于是式(10－7)和式(10－8)两式可写为

$$\Phi_{21}=MI_1 \tag{10-9}$$

$$\Phi_{12}=MI_2 \tag{10-10}$$

根据电磁感应定律，线圈 1 中的电流 I_1 变化时，在线圈 2 中产生的互感电动势为

$$\mathscr{E}_{21}=-\frac{\mathrm{d}\Phi_{21}}{\mathrm{d}t}=-M\frac{\mathrm{d}I_1}{\mathrm{d}t} \tag{10-11}$$

同理，线圈 2 中的电流 I_2 变化时，在线圈 1 中产生的互感电动势为

$$\mathscr{E}_{12}=-\frac{\mathrm{d}\Phi_{12}}{\mathrm{d}t}=-M\frac{\mathrm{d}I_2}{\mathrm{d}t} \tag{10-12}$$

式(10－11)和式(10－12)表明，对于具有互感的两个线圈中的任何一个，只要线圈中的电流变化相同，就会在另一线圈中产生大小相同的互感电动势.

互感在电工和无线电技术中应用广泛. 通过互感线圈能使能量或信号由一个线圈方便地传递到另一个线圈. 电工和无线电技术中使用的各种变压器(电力变压器，中周变压器，输入和输出变压器等)都是互感器件. 但有时互感现象也有害，例如，有线电话的串音就是两路电话之间的互感引起的. 可采用磁屏蔽方法来减小电路之间由于互感引起的互相干扰. 例如，常温下可采用起始磁导率很高的坡莫合

金,低温下可采用超导体做成的磁屏蔽装置.

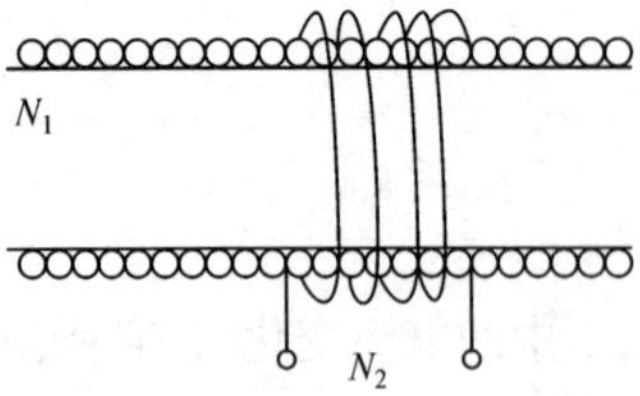

图 10-9 两个共轴螺线管的互感

例题 5 如图 10-9 所示,一长直螺线管的长度 $l=1.0\text{m}$、截面积 $S=10\text{cm}^2$,匝数 $N_1=1\,000$,在其中段密绕一个匝数 $N_2=20$ 的短线圈. 计算这两个线圈的互感系数. 如果螺线管内的电流变化率为 10 A·s^{-1},则短线圈内的感应电动势为多少?

解 设螺线管中的电流强度为 I_1,它在线圈中段产生的磁感应强度为

$$B=\mu_0 nI_1=\mu_0\frac{N_1}{l_1}I_1$$

通过短线圈的磁通量为

$$\Phi_{21}=N_2BS=\mu_0\frac{N_1N_2S}{l}I_1$$

由式(10-9)得两线圈的互感系数为

$$M=\frac{\Phi_{21}}{I_1}=\mu_0\frac{N_1N_2}{l}S$$

将题中给定的数据代入上式,得

$$M=4\pi\times10^{-7}\times\frac{1000\times20\times10^{-3}}{1}=25\times10^{-6}(\text{H})=25(\mu\text{H})$$

当螺线管中电流变化率 $\mathrm{d}I_1/\mathrm{d}t=10$ A·s^{-1}时,由式(10-11)得短线圈中的感应电动势为

$$\mathscr{E}_{21}=-M\frac{\mathrm{d}I_1}{\mathrm{d}t}=-25\times10^{-6}\times10=-250\times10^{-6}(\text{V})=-250(\mu\text{V})$$

10.4 磁场的能量

10.4.1 自感磁能

一个线圈与电源接通时,电流由零增大到恒定值时,电源除供给线圈中产生的焦耳热的能量外,还要克服因电流增大而产生的反向自感电动势做功. 在 $\mathrm{d}t$ 时间内,电源反抗自感电动势做的功为

$$\mathrm{d}A=-\mathscr{E}i\mathrm{d}t=-\left(-L\frac{\mathrm{d}i}{\mathrm{d}t}\right)i\,\mathrm{d}t=Li\mathrm{d}i$$

式中 i 是电流强度的瞬时值. 于是,在建立电流的整个过程中,电源反抗自感电动势做的功为

$$A=\int \mathrm{d}A=\int_{0}^{I} Li\,\mathrm{d}i=\frac{1}{2}LI^{2}$$

这部分功以能量的形式储存在线圈内. 当切断电源时,电流由恒定值 I 减少到零,线圈中产生与电流方向相同的感应电动势,线圈中原已储存起来的能量通过自感电动势做功全部释放出来. 自感电动势在电流减少的整个过程中做的功为

$$A'=\int \mathscr{E}i\mathrm{d}t=\int_{I}^{0}-L\frac{\mathrm{d}i}{\mathrm{d}t}i\,\mathrm{d}t=-L\int_{I}^{0}i\,\mathrm{d}i=\frac{1}{2}LI^{2}$$

这就表明自感线圈能够储能. 总之,自感系数为 L 的线圈,通有电流 I 时所储存的自感磁能为

$$W_{L}=\frac{1}{2}LI^{2} \tag{10-13}$$

10.4.2 互感磁能

若有两个自感系数分别为 L_1 和 L_2 的相邻线圈 1 和 2,在其中分别有电流 I_1 和 I_2. 在建立电流过程中,电源除了供给线圈中产生焦耳热的能量和抵抗自感电动势做功外,还要抵抗互感电动势做功 A_{M},即

$$\begin{aligned}A_{\mathrm{M}}&=A_{1}+A_{2}=\int(-\mathscr{E}_{12}i_{1})\mathrm{d}t+\int(-\mathscr{E}_{21}i_{2})\mathrm{d}t=M\int_{0}^{I_{2}}i_{1}\mathrm{d}i_{2}+M\int_{0}^{I_{1}}i_{2}\mathrm{d}i_{1}\\&=M\int_{0}^{I_{1}I_{2}}(i_{1}\mathrm{d}i_{2}+i_{2}\mathrm{d}i_{1})=M\int_{0}^{I_{1}I_{2}}\mathrm{d}(i_{1}i_{2})=MI_{1}I_{2}\end{aligned}$$

和自感一样,这部分功也以磁能的形式储存起来,该磁能称为线圈 1、2 的互感磁能,它为

$$W_{\mathrm{M}}=MI_{1}I_{2} \tag{10-14}$$

由此可见,当两个线圈中各自建立了电流 I_1 和 I_2 后,除了每个线圈里有自感磁能外,还储有互感磁能. 于是,两个靠近的载流线圈所储存的总磁能为

$$W_{\mathrm{m}}=W_{L_{1}}+W_{L_{2}}+W_{\mathrm{M}}=\frac{1}{2}L_{1}I_{1}^{2}+\frac{1}{2}L_{2}I_{2}^{2}+MI_{1}I_{2} \tag{10-15}$$

10.4.3 磁场的能量

与电场类似,根据近距作用观点,磁能是定域在磁场中的,我们可以从自感储存磁能的公式 $W_{L}=\frac{1}{2}LI^{2}$ 导出磁场的能量密度公式. 以下针对螺绕环的情况进行推导.

设细螺绕环的平均半径为 R,线圈总匝数为 N,其中充满相对磁导率为 μ 的各向同性线性磁介质. 根据安培环路定理,当螺绕环通有电流 I 时,可以得到 $H=nI$ 和 $B=\mu nI$. 于是,根据自感定义式(10-5),可得螺绕环的自感为

$$L=\frac{\Phi}{I}=\frac{NBS}{I}=\frac{N\mu nIS}{I}=\mu n^2V$$

式中$V=2\pi RS$,$n=N/2\pi R$.根据$W_L=\frac{1}{2}LI^2$,该螺绕环储存的磁能为

$$W_m=\frac{1}{2}LI^2=\frac{1}{2}\mu n^2VI^2=\frac{1}{2}(\mu nI)(nI)V$$

即

$$W_m=\frac{1}{2}BHV$$

上式表明,磁能W_m的大小与磁场所占的体积成正比,即磁能分布在磁场中.因此,可定义磁场能量密度为

$$\omega_m=\frac{W_m}{V}=\frac{1}{2}BH \tag{10-16}$$

可以证明,在一般情况下,磁场能量密度可以表示为

$$\omega_m=\frac{1}{2}\boldsymbol{B}\cdot\boldsymbol{H} \tag{10-17}$$

对于非均匀磁场,总的磁场能量可由下列积分式计算

$$W_m=\int\omega_m\mathrm{d}V=\int\frac{1}{2}(\boldsymbol{B}\cdot\boldsymbol{H})\mathrm{d}V \tag{10-18}$$

式(10-18)的积分范围为磁场占有的全部空间.

例题6 设传输线为两个半径为R_1和R_2的共轴圆筒组成.电流由内筒的一端流入,由外筒的另一端流回.试计算当传输线载有恒定电流I时,长为l的一段传输线的磁场中所储存能量,并由此计算自感系数.

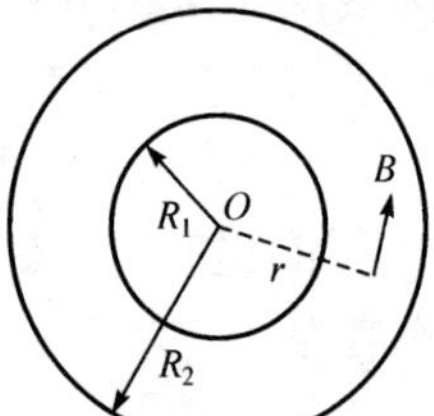

图10-10 传输线磁场能量的计算

解 根据安培环路定理,可求得在两圆筒之间,与轴相距为r处(图10-10)的磁感应强度和磁场强度分别为

$$B=\frac{\mu_0I}{2\pi r},\quad H=\frac{I}{2\pi r}$$

$\boldsymbol{B}$的方向与$\boldsymbol{H}$方向相同.在$r<R_1$和$r>R_2$区域不存在磁场.由式(10-8)得

$$W_m=\frac{1}{2}\int BH\mathrm{d}V=\frac{1}{2}\int_{R_1}^{R_2}\frac{\mu_0I}{2\pi r}\frac{I}{2\pi r}\cdot 2\pi rl\mathrm{d}r$$

$$=\frac{\mu_0I^2l}{4\pi}\int_{R_1}^{R_2}\frac{\mathrm{d}r}{r}=\frac{\mu_0I^2l}{4\pi}\ln\frac{R_2}{R_1}$$

上式与式(10-13)比较,得

$$L=\frac{\mu_0 l}{2\pi}\ln\frac{R_2}{R_1}$$

上述结果与例题 4 的计算结果完全相同.

10.5 超 导 体

10.5.1 零电阻现象

19 世纪末、20 世纪初低温技术有了很大的进展,氧气、氮气、空气、氢气、氦气相继被液化.在一个大气压下,氮的液化点是 77 K,氦的液化点是 4.25 K,低温的获得就为探索各种物质在低温条件下的物理性质创造了必要的条件.1911 年荷兰物理学家卡末林-昂内斯发现汞在温度 4 K 附近时电阻突然降为零,并将这种电阻为零的状态定名为超导态,称电阻发生突变的温度 T_C 称为超导临界温度或超导转变温度.超导电性不仅会在 $T>T_C$ 时被破坏,而且即使在 $T<T_C$ 时,但外磁场或超导体中的电流增大到一定程度也会破坏超导电性,通常用临界磁场 B_C 和临界电流 I_C 来表示.B_C 和 I_C 且随温度变化.

有人为了证明超导态的零电阻现象,曾经把一个超导线圈放在磁场中,然后温度降至 T_C 以下,再把磁场去掉,于是在超导线圈中产生了感应电流,经观察这个感应电流经过一年以上的时间里也未见有衰减的现象.经理论研究的结论是,超导电流的衰减时间不低于 10 万年.

近代的测量得出,超导体的电阻率小于 $10^{-28}\ \Omega\cdot\text{m}$,远小于正常金属的最低电阻率 $10^{-15}\ \Omega\cdot\text{m}$.以上的实验都表明,超导体的电阻率实际已为零.

10.5.2 迈斯纳效应

标志超导态的另一特性是它的完全抗磁性.如图 10-11 所示,将一块超导体放在外磁场中,其体内的磁感应强度 $\boldsymbol{B}$ 永远等于零,即超导体是完全排斥磁场的.这种现象是德国物理学家迈斯纳(W. Meissner)和奥森菲尔德(R. Ochsenfeld)于 1933 年对锡单晶球超导体做磁场分布测量时发现的,故称为迈斯纳效应.造成超导体完全抗磁性的原因是在增加外磁场的过程中,在超导体的表面产生感应的超导电流,它产生的附加磁感应强度将体内的磁感应强度完全抵消.当外磁场达到稳定值后,因为超导体的电阻为零,表面的超导电流将一直持续下去.

超导体的完全抗磁性可以用图 10-12 所示的实验演示出来.将一个镀有超导材料(如铅)的乒乓球放在铅直的外磁场中,由于它的磁化方向与外磁场方向相反,它将受到一个向上的排斥力.这个排斥力 F 与重力 mg 平衡时,球就悬浮在空中.当重力发生微小变化时,乒乓球就会上、下移动.若用特殊的方法把球的位置上、下变化情况精确的记录下来,就可以精确地测定重力的微小变化.根据这个原理,可以制造出极灵敏的超导重力仪. 这种仪器可用于勘探矿藏.

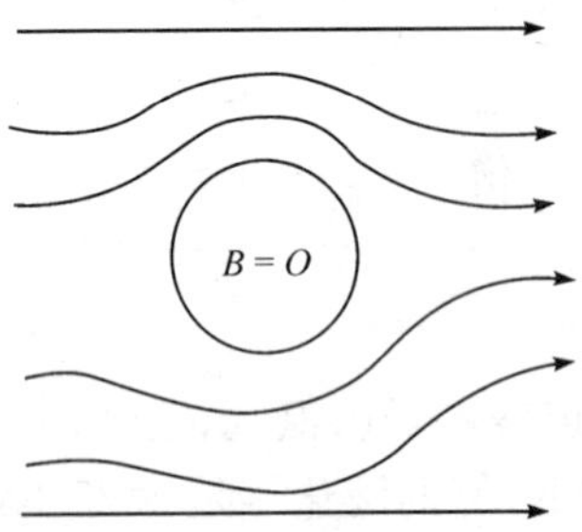

图 10 - 11 迈斯纳效应

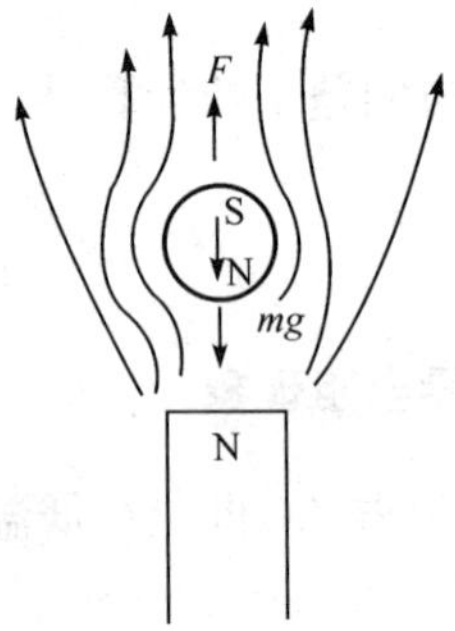

图 10 - 12 显示迈斯纳效应的实验

值得指出的是,磁场并不是在超导体的几何表面上突然降至为零的,而是经过超导体表面薄层逐渐减弱的. 磁场透入表面深度与材料性质有关,大致为 $10^{-6}\sim10^{-4}$ cm.

10.5.3 约瑟夫森效应

在 3.3.3 节中曾提及,对于微观粒子组成的系统中,能量较小的粒子有一定的概率可以穿过势垒,这一现象称为隧道效应. 实现发现,若在两超导膜之间夹有厚度为 10 Å 左右的绝缘层,在不施加任何电压的条件下,绝缘薄层中仍有持续地通过直流电流;若在两超导膜上加上直流电压 V,将有一定频率 ω 的交流电流通过绝缘薄膜,同时向外辐射电磁波,ω 与 V 的关系为

$$\omega=\frac{4\pi eV}{h} \tag{10-19}$$

式中的 e 和 h 分别是电子电荷和普朗克常量. 上述两现象分别称为直流约瑟夫森效应和交流约瑟夫森效应. 约瑟夫森效应是 24 岁的英国青年约瑟夫森在他的博士论文里作出的理论预言. 上述预言发表不久,即观察到了直流和交流约瑟夫森效应. 为此,约瑟夫森获 1973 年的诺贝尔物理学奖,次年成为他母校(剑桥大学)的教授.

两超导膜之间夹有绝缘薄层称为约瑟夫森结,利用它制成的超导量子干涉仪(SQUID)可以测量微弱的磁场和电压,这在物理学和医学方面有许多广泛的应用.

值得指出的是,1911～1986 年,虽然发现不少金属、合金、金属氧化合物、半导体也具有超导电性,但它们的转变温度 T_C 都很低,其中以铌三锗(Nb_3Ge)的 $T_C=23.2$ K 为最高,即 T_C 大都处于液氦(4.2 K)或液氢(20 K)的温区,使用它们必须伴随着复杂、昂贵的低温设备和技术,这就限制了超导体的广泛应用. 但是 1986 年以来,高温(指氮的液化温度 77 K 以上)超导材料的研究有了突破性进展. 1986 年

4 月美国 IBM 公司苏黎世研究实验室的柏诺兹(J. G. Bednorz)和缪勒(K. A. Müller)宣布 Ba-La-Cu-O 氧化物是一种超导体(需知一般氧化物都是绝缘体!),它的 T_C 为 35 K. 之后,世界上掀起一股超导研究新浪潮,各国科学家相继宣布创高 T_C 超导材料的新纪录. 我国科学家也纷纷制造出 T_C 为 78.5K 的超导材料和84 K 的超导薄膜. 1998 年北京有色冶金院研制出我国第一根铋系高温超导输电电缆,这将为我国大规模应用大功率超导装置奠定了基础. 近年来我国已研制出超导量子干涉仪,可在液氮温度下工作,它能测量相当于地球磁场(约 0.5×10^{-4} T)的一亿分之一的弱磁场,已开始应用于地球物理勘测.

习　题

10-1　习题 10-1 图中磁感应强度 $\boldsymbol{B}$ 与线圈平面垂直,且指向图面,设磁通量依如下关系变化:$\Phi=6t^2+7t+1$,式中 Φ 的单位为 mWb,t 的单位为 s.

(1) 求 $t=2$ s 时,在回路中的感生电动势等于多少?

(2) R 上的电流方向如何?

10-2　如习题 10-2 图所示,一无限长直导线通有交变电流 $i=i_0\sin\omega t$,它旁边有一与它共面的矩形线圈 $ABCD$,$ABCD$ 与导线平行,矩形线圈长为 L,AB 边和 CD 边到直导线的距离分别为 a 和 b. 求:

(1) 通过矩形线圈所围面积的磁通量;

(2) 矩形线圈中的感应电动势.

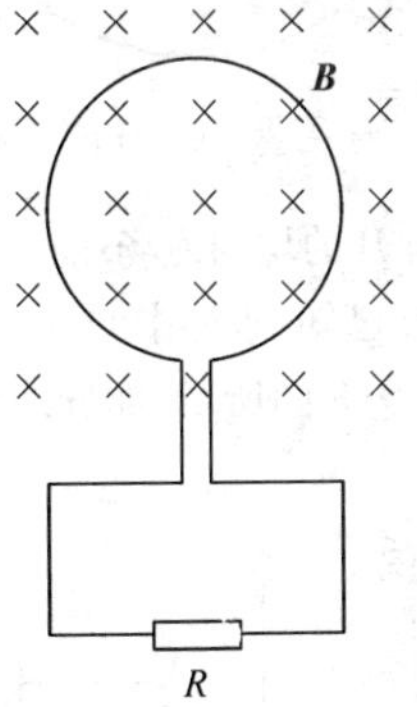

习题 10-1 图

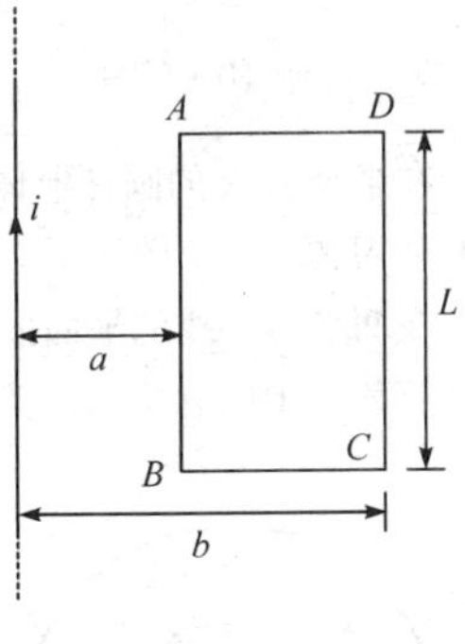

习题 10-2 图

10-3　两根导线 $AB=BC=10$ cm,在 B 处相接成 30°角,若导线在均匀磁场中以速度 $v=1.5\ \mathrm{m\cdot s^{-1}}$运动,方向如习题 10-3 图所示. 磁场方向垂直纸面向里,磁感应强度为 $B=2.5\times10^{-2}$T. 问 AC 之间的感应电动势为多少?

10-4　如习题 10-4 图所示,金属杆 AB 以 $v=2\ \mathrm{m\cdot s^{-1}}$ 的速率平行于一长直导线运动,此导线通有电流 $I=40$ A. 求此杆中的感应电动势.

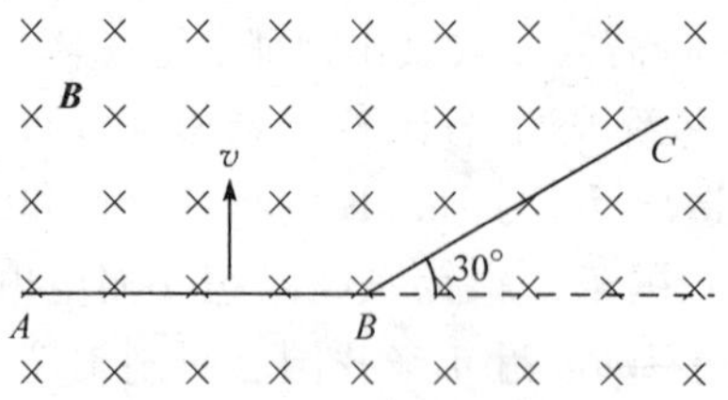

习题 10 - 3 图

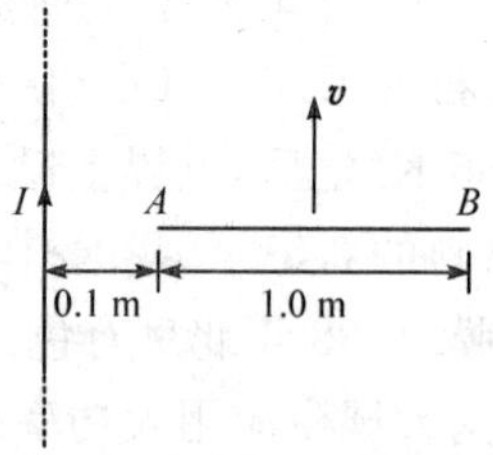

习题 10 - 4 图

10 - 5 最简单的交流发电机是在均匀磁场中转动的线圈，转轴 OO' 与磁场 $\boldsymbol{B}$ 垂直，如习题 10 - 5 图所示. 已知 $B=0.4\text{T}$，线圈面积 $S=25\ \text{cm}^2$，线圈匝数 $N=10$ 匝，每秒转 50 圈，设开始时线圈平面的法线与 $\boldsymbol{B}$ 垂直. 求感应电动势.

10 - 6 设磁场在半径 $R=0.5$ m 的圆柱体内是均匀的，$\boldsymbol{B}$ 的方向与圆柱体的轴线平行(习题 10 - 6 图)，B 的时间变化率为 $1.0\times10^{-2}\ \text{T}\cdot\text{s}^{-1}$，圆柱体外无磁场. 试计算离开中心 O 点的距离为 0.1 m，0.25 m，0.5 m 和 1.0 m 处各点的感生电场场强.

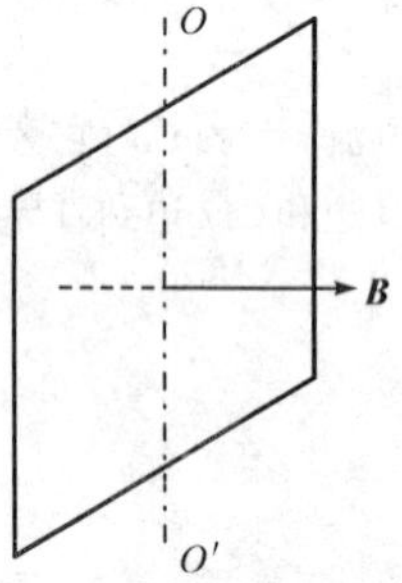

习题 10 - 5 图

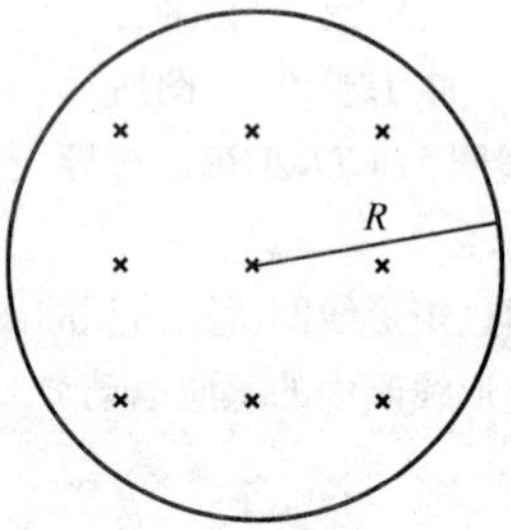

习题 10 - 6 图

10 - 7 在半径为 R 的圆柱形体积内，充满磁感应强度为 B 的均匀磁场. 有一长 l 的金属棒放在磁场中，如习题 10 - 7 图所示. 设磁场在增强，并且 $\mathrm{d}B/\mathrm{d}t$ 已知，求棒中的感应电动势.

10 - 8 在两平行导线的平面内，有一矩形导线如习题 10 - 8 图所示. 如导线中电流 I 随时间变化，试计算线圈中的感生电动势.

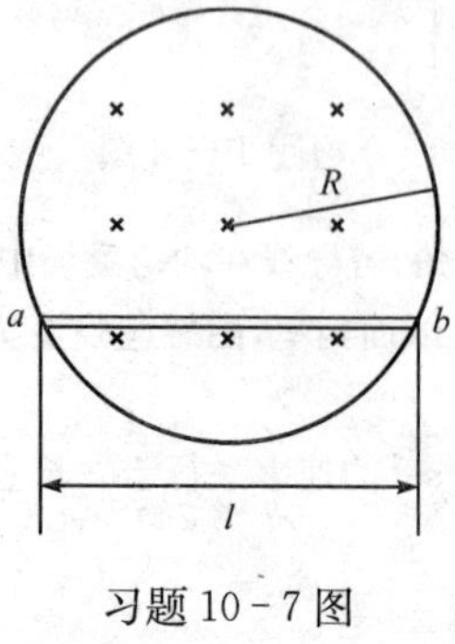

习题 10 - 7 图

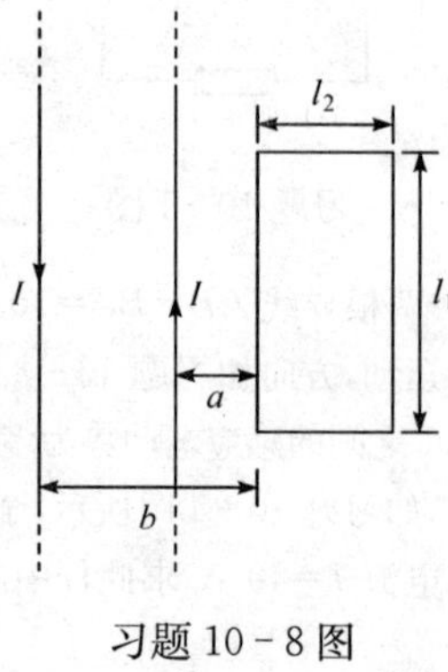

习题 10 - 8 图

10 - 9　有一螺线管，每米长度上有 800 匝线圈，在其中心放置了匝数为 30、半径为 1.0 cm 的圆形小回路，在 1/100 s 时间内，螺线管中产生 5.0A 的电流. 问在小回路里的感生电动势为多少?

10 - 10　在长为 60 cm，直径为 5.0 cm 的空心纸筒上绕多少匝导线，才能得到自感系数为 6.0×10^{-3} H 的螺线管?

10 - 11　一圆形线圈由 50 匝表面绝缘的细导线绕成，圆面积 $S=4.0\ \text{cm}^2$，放在另一个半径为 $R=20$ cm 的大圆形线圈中心，两者同轴，如习题 10 - 11图所示. 大圆形线圈由 100 匝表面绝缘的导线绕成. 求：

(1) 两线圈间的互感系数；

(2) 当大线圈导线中电流每秒减少 50 A 时，小线圈中的感生电动势为多少?

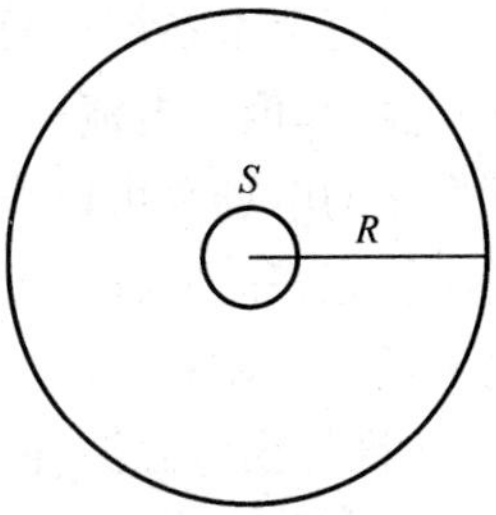

习题 10 - 11 图

10 - 12　两螺线管同轴，半径分别为 R_1 和 $R_2(R_1>R_2)$，长度为 $l(l\gg R_1)$，匝数分别为 N_1 和 N_2. 求互感系数 M_{12} 和 M_{21}，由此验证 $M_{12}=M_{21}$.

10 - 13　两个共轴线圈，半径分别为 R 和 r，且 $R\gg r$，匝数分别为 N_1 和 N_2，相距为 l(习题 10 - 13 图). 求两线圈的互感系数.

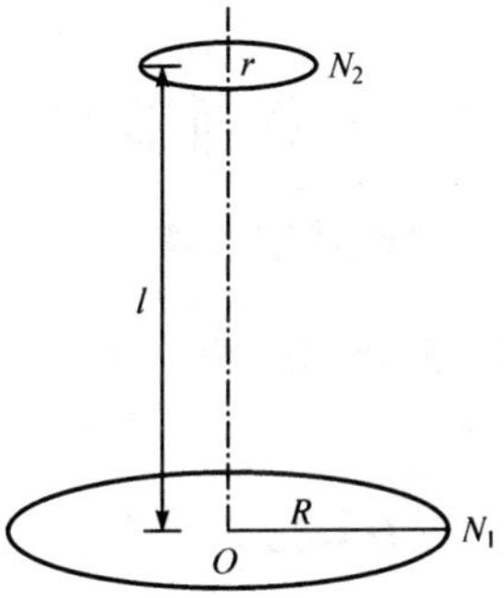

习题 10 - 13 图

10 - 14　目前在实验室里产生 $E=10^5\ \text{V}\cdot\text{m}^{-1}$ 的电场和 $B=1$ T 的磁场是不难做到的，今在边长为 10 cm 的立方体空间里产生上述两种均匀场. 问所需要的能量各为多少? 磁场能量是电场能量的多少倍?

第 11 章 麦克斯韦方程组 电磁波

麦克斯韦系统地总结了前人电磁学说的成就，并在此基础上提出了感生（有旋）电场和位移电流的假说. 他指出，不但变化的磁场可以产生感生（有旋）电场，而且变化的电场也可以产生磁场. 在此基础上，麦克斯韦于 1865 年总结出描写电磁场一组完整的方程式（这组方程式共有 20 个方程，包括 20 个变量），建立了完整的电磁场理论体系. 1862 年，麦克斯韦从他建立的电磁理论出发，预言了电磁波的存在，还推算出电磁波在真空中的传播速度等于光速（约 $3\times10^8\ \mathrm{m\cdot s^{-1}}$），从而论证了光是一种电磁波. 1887 年德国物理学家赫兹做了大量的实验，证实了电磁波的存在以及电磁波和光波具有共同的特性（如反射、折射、干涉、衍射和偏振等特性），用实验证实了光波就是电磁波. 这一重大发现把光学和电磁学联系起来，使我们有可能用电磁场理论去分析光的传播等问题. 1890 年赫兹等最后给出了简化的具有较对称形式的电磁场方程组，即一直沿用至今的麦克斯韦方程组.

11.1 麦克斯韦方程组

11.1.1 静电场、恒定磁场和变化磁场的基本规律

如前所述，由库仑定律和场强叠加原理，可以导出描述静电场性质的高斯定理和环路定理

$$\oint \boldsymbol{D}\cdot \mathrm{d}\boldsymbol{S} = \sum q_0 \tag{11-1}$$

$$\oint \boldsymbol{E}\cdot \mathrm{d}\boldsymbol{l} = 0 \tag{11-2}$$

对于恒定磁场，由毕奥-萨伐尔定理和磁场的叠加原理，可以导出描述恒定磁场性质的高斯定理和安培环路定理

$$\oint \boldsymbol{B}\cdot \mathrm{d}\boldsymbol{S} = 0 \tag{11-3}$$

$$\oint \boldsymbol{H}\cdot \mathrm{d}\boldsymbol{l} = \sum I_0 \tag{11-4}$$

对于变化的磁场，麦克斯韦提出变化的磁场在周围产生了感生（有旋）电场，在普遍情况下的电场环路定理应为

$$\oint \boldsymbol{E}\cdot \mathrm{d}\boldsymbol{l} = -\int \frac{\partial \boldsymbol{B}}{\partial t}\cdot \mathrm{d}\boldsymbol{S} \tag{11-5}$$

麦克斯韦还假设,电场的高斯定理式(11-1)和磁场的高斯定理式(11-3)在非恒定条件下依然成立. 然而,麦克斯韦发现,在将安培环路定理式(11-4)应用到非恒定情况时遇到了困难.

11.1.2　位移电流

第 10 章叙述了变化的磁场可以产生有旋电场,那么,反过来变化的电场是否也会产生某种磁场呢? 以下以电容器的充电情况(图 11-1)来说明,电容器充电过程是一个非恒定过程(导线中的电流是随时间变化的). 现在分析在非恒定情况下,安培环路定理式(11-4)是否仍然成立. 如图围绕导线取一闭合回路 L,并以 L 为周界作两个曲面,其中 S_1 与导线相交,S_2 穿过电容器两极板之间,则有

$$\int_{(S_1)} \boldsymbol{j}_0 \cdot \mathrm{d}\boldsymbol{S} = I_0, \quad \int_{(S_2)} \boldsymbol{j}_0 \cdot \mathrm{d}\boldsymbol{S} = 0$$

这就是说,S_1 和 S_2 虽然都是以 L 为边界的曲面,但穿过它们的传导电流并不相同,从而式(11-4)也就失去了意义. 因此,在非恒定情况下应以新的规律来代替式(11-4).

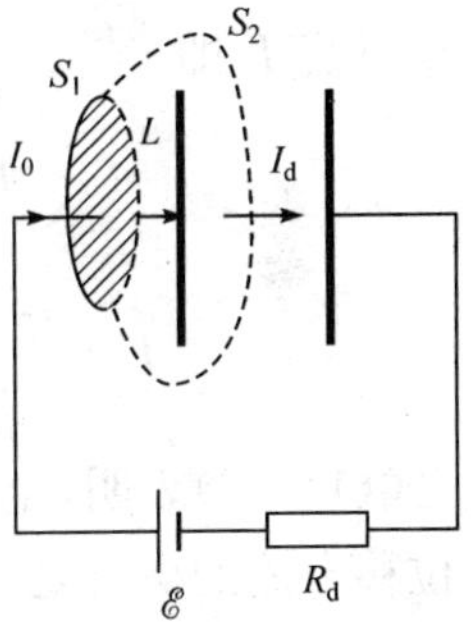

图 11-1　位移电流 I_d

现在再来分析电容器的充(放)电过程. 在此过程中,将在电容器极板上引起自由电荷的增加(减少),从而引起两极板间的电场变化. 一方面根据电流的连续性原理(电荷守恒),有

$$\oint_{(S)} \boldsymbol{j}_0 \cdot \mathrm{d}\boldsymbol{S} = -\frac{\mathrm{d}q_0}{\mathrm{d}t} \tag{11-6}$$

式中 S 是由 S_1 和 S_2 构成的闭合曲面,q_0 是在其内的自由电荷,另一方面,根据式(11-1),有

$$\frac{\mathrm{d}q_0}{\mathrm{d}t} = \frac{\mathrm{d}}{\mathrm{d}t}\oint_{(S)} \boldsymbol{D} \cdot \mathrm{d}\boldsymbol{S} = \oint_{(S)} \frac{\mathrm{d}\boldsymbol{D}}{\mathrm{d}t} \cdot \mathrm{d}\boldsymbol{S}$$

将上式代入式(11-6),有

$$\oint_{(S)} \left(\boldsymbol{j}_0 + \frac{\partial \boldsymbol{D}}{\partial t}\right) \cdot \mathrm{d}\boldsymbol{S} = 0$$

或

$$\int_{(S_1)} \left(\boldsymbol{j}_0 + \frac{\partial \boldsymbol{D}}{\partial t}\right) \cdot \mathrm{d}\boldsymbol{S} = \int_{(S_2)} \left(\boldsymbol{j}_0 + \frac{\partial \boldsymbol{D}}{\partial t}\right) \cdot \mathrm{d}\boldsymbol{S} \tag{11-7}$$

由式(11-7)可以看出,在非恒定情况下,$\left(\boldsymbol{j}_0 + \frac{\partial \boldsymbol{D}}{\partial t}\right)$这个量是连续的,换句话说,

$\frac{\partial \boldsymbol{D}}{\partial t}$这个量的地位与传导电流密度矢量$\boldsymbol{j}_0$相当.

令

$$\psi = \int_{(S)} \boldsymbol{D} \cdot \mathrm{d}\boldsymbol{S} \tag{11-8}$$

代表某一曲面S的电位移通量或电通量. 麦克斯韦把$I_\mathrm{d}=\frac{\mathrm{d}\psi}{\mathrm{d}t}$称为位移电流[27],把$\boldsymbol{j}_\mathrm{d}=\frac{\partial \boldsymbol{D}}{\partial t}$称为位移电流密度,并把传导电流$I_0=\int_{(S)} \boldsymbol{j}_0 \cdot \mathrm{d}\boldsymbol{S}$与位移电流$I_\mathrm{d}$合在一起称为全电流$I$,即

$$I_\mathrm{d} = \frac{\mathrm{d}\psi}{\mathrm{d}t} = \int_{(S)} \frac{\partial \boldsymbol{D}}{\partial t} \cdot \mathrm{d}\boldsymbol{S} = \int_{(S)} \boldsymbol{j}_\mathrm{d} \cdot \mathrm{d}\boldsymbol{S} \tag{11-9}$$

$$I = \int_{(S)} \boldsymbol{j}_0 \cdot \mathrm{d}\boldsymbol{S} + \int_{(S)} \frac{\partial \boldsymbol{D}}{\partial t} \cdot \mathrm{d}\boldsymbol{S} = \int_{(S)} (\boldsymbol{j}_0 + \boldsymbol{j}_\mathrm{d}) \cdot \mathrm{d}\boldsymbol{S} \tag{11-10}$$

于是,式(11-7)表明,全电流在恒定或非恒定情况下都是连续的.

位移电流的概念是麦克斯韦于 1861 年 12 月 10 日在给汤姆孙(J. J. Thomson)的信中提出的,位移电流假设最终为建立完整的电磁场理论奠定了基础.

11.1.3 安培环路定理的普遍形式

麦克斯韦在引入位移电流的概念后,用全电流I来代替式(11-4)右边的传导电流I_0,从而得到了在任何情况下都适用的安培环路定理的形式,即

$$\oint_{(L)} \boldsymbol{H} \cdot \mathrm{d}\boldsymbol{l} = \int_{(S)} \left(\boldsymbol{j}_0 + \frac{\partial \boldsymbol{D}}{\partial t}\right) \cdot \mathrm{d}\boldsymbol{S} \tag{11-11}$$

式(11-11)表明,磁场强度$\boldsymbol{H}$沿任一闭合回路L的积分,等于穿过以该回路为周界的任意曲面S的全电流. 式(11-11)还说明了,位移电流和传导电流一样,它也是磁场的源泉,它的实质是变化的电场可以激发出磁场.

需要说明的是,位移电流和传导电流仅在激发磁场上这一点是等效的,其他方面的特性并不相同. 如传导电流是自由电荷的定向运动引起的,通过导体时要产生焦耳热,而位移电流与变化电场有关,不产生焦耳热.

11.1.4 麦克斯韦方程组

概括起来,在普遍情况下,电磁场满足下列四个方程:

$$\begin{cases}\oint \boldsymbol{D}\cdot \mathrm{d}\boldsymbol{S}=\sum q_0, \\ \oint \boldsymbol{E}\cdot \mathrm{d}\boldsymbol{l}=-\int \dfrac{\partial \boldsymbol{B}}{\partial t}\cdot \mathrm{d}\boldsymbol{S} \\ \oint \boldsymbol{B}\cdot \mathrm{d}\boldsymbol{S}=0, \\ \oint \boldsymbol{H}\cdot \mathrm{d}\boldsymbol{l}=\int\left(\boldsymbol{j}_0+\dfrac{\partial \boldsymbol{D}}{\partial t}\right)\cdot \mathrm{d}\boldsymbol{S}\end{cases} \tag{11-12}$$

式(11-12)便是麦克斯韦方程组的积分形式.

在介质内,上述的麦克斯韦方程组尚未完备,还需补充三个描述介质性质的方程式,对于各向同性介质来说,有

$$\begin{cases}\boldsymbol{D}=\varepsilon_0\varepsilon_r\boldsymbol{E} \\ \boldsymbol{B}=\mu_0\mu_r\boldsymbol{H} \\ \boldsymbol{j}=\sigma\boldsymbol{E}\end{cases} \tag{11-13}$$

麦克斯韦方程组式(11-12)加上描述介质性质的方程式(11-13)以及洛伦兹公式(9-14),构成经典电动力学的基础. 与牛顿力学相同,麦克斯韦方程组也是从宏观和低速运动的现象总结出来的. 但是理论和实验证明,麦克斯韦方程组对高速运动情况仍然成立,但不适用于微观领域,为此发展了量子电动力学.

11.2　电　磁　波

11.2.1　电磁波的产生及其性质

根据麦克斯韦的两个基本假说,即有旋电场和位移电流的假说,可以预言电磁波的存在. 麦克斯韦方程组中的$\dfrac{\partial \boldsymbol{B}}{\partial t}$和$\dfrac{\partial \boldsymbol{D}}{\partial t}$两项就说明了只要空间存在着变化的磁场,就会激发有旋电场;而所激发的有旋电场一般说来也是随时间变化的,因而它又反过来激发变化的有旋磁场. 换言之,只要空间有变化的磁场存在,就一定有电场同时存在,反之亦然. 所以,若在空间某处有一个电磁振源,它能产生交变的电流或电场,在电磁振源周围激发出交变的有旋磁场,后者又在自己周围激发出有旋电场. 交变的有旋电场和有旋磁场互相激发,使电磁振荡在空间由近及远的传播开来,形成电磁波. 已发射出去的电磁波,即使在激发它的波源消失之后,仍将继续存在并向前传播. 电磁场可以脱离电荷和电流而单独存在,并在一般情况下以波的形式运动.

由于交变的有旋电场和有旋磁场的相互激发与它们周围是否存在介质无关,所以电磁波在空间传播不需要介质. 电磁波这个特点与机械波有很大的差别,电磁波可以在真空中传播,而声波则不能.

下面我们介绍一个以振荡电偶极子作为电磁振源所产生的电磁波情况. 假定电偶极子的电偶极矩 p 随时间作余弦或正弦的变化，即

$$p = p_0 \cos\omega t$$

式中 p_0 是电偶极子电偶极矩的振幅，ω 是圆频率.

在偶极振子中心附近的近场区内，即在离振子中心的距离 r 远小于电磁波波长 λ 的范围内，电磁波传播速度有限性的影响可以忽略，电场的瞬时分布与一个静态偶极子的电场很接近. 设 $t=0$ 时偶极振子的正负电荷都正好在中心位置(图 11-2(a))，然后两个点电荷开始作相对的简谐振动，在前半周期内，正负电荷分别朝上下两方向运动(图11-2(b))，经过最远点(图11-2(c))又朝向中心运动；在这时期出现了由上面的正电荷出发到下面负电荷的电场线，同时这电场线不断向外扩展；最后正负电荷又回到中心位置(图 11-2(d))，于是在这前半个周期里，在偶极振子附近，一条电场线从出现到形成闭合圈，然后脱离偶极振子并向外扩张(图 11-2(e)). 在后半个周期中的情况与此类似，过程终了时又形成一个电场线的闭合圈. 当然，在电场变化的同时也有磁场产生，磁场线是以偶极振子为轴的疏密相间的同心圆. 电场线与磁场线互相套合，以一定的速度向外传播出去. 图 11-3示意表示了电偶极振子周围电场线和磁场线分布情况，电场线在包含 $\boldsymbol{p}$ 的平面上，磁场线在与 $\boldsymbol{p}$ 垂直的平面上.

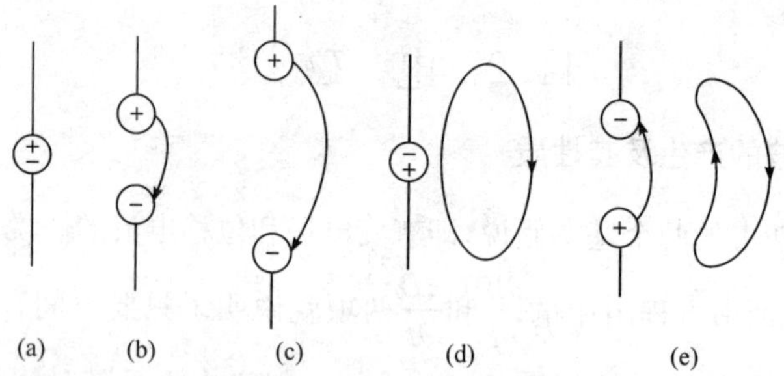

图 11-2　电偶极子振子附近一
条电场线变化过程示意图

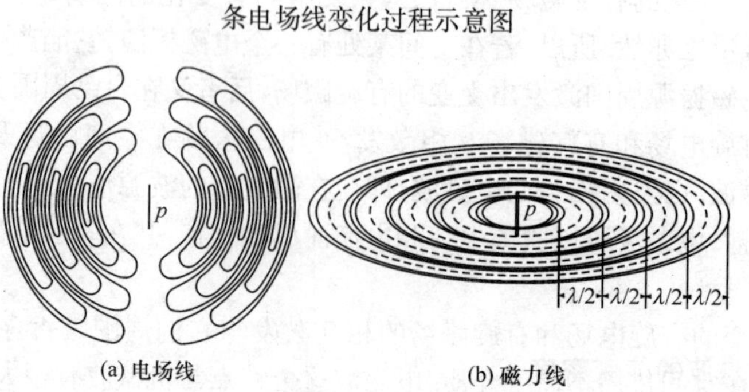

图 11-3　波场区内的电场线和磁力线

在远离偶极振子的地方,电场和磁场的规律比较简单.任一点处的电场强度矢量 $\boldsymbol{E}$ 和磁场强度矢量 $\boldsymbol{H}$ 都与径矢 $\boldsymbol{r}$ 相垂直,$\boldsymbol{E}$ 在 $\boldsymbol{p}$ 与 $\boldsymbol{r}$ 所决定的平面上,$\boldsymbol{H}$ 与上述平面垂直(图 11 - 4).电磁波的波面呈球形,传播方向与径矢方向一致,因此 $\boldsymbol{E}$ 和 $\boldsymbol{H}$ 都与传播方向垂直,这说明在真空中的电磁波是横波.

根据麦克斯韦方程组,可以导出自由平面电磁波具有下列性质:

(1) $\boldsymbol{E}$ 和 $\boldsymbol{H}$ 互相垂直,且与传播方向垂直,这说明在真空中,电磁波是横波;$\boldsymbol{E}$、$\boldsymbol{H}$ 与传播方向构成右手螺旋系统,即 $\boldsymbol{E}\times\boldsymbol{H}$ 的方向为电磁波的传播方向(图 11 - 5 中的 x 轴方向).

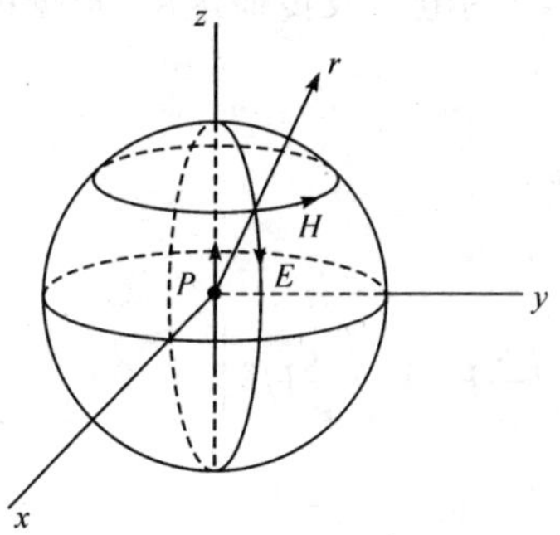

图 11 - 4　偶极振子发射的电磁波

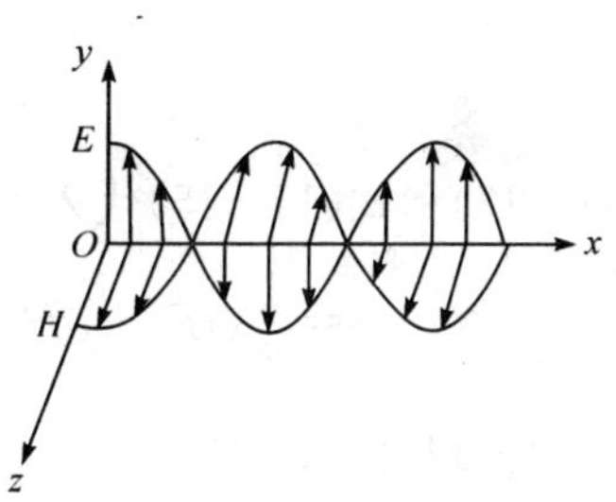

图 11 - 5　平面电磁波示意图

(2) $\boldsymbol{E}$ 和 $\boldsymbol{H}$ 的振幅成比例,即

$$\sqrt{\varepsilon}E=\sqrt{\mu}H \tag{11-14}$$

(3) 电磁波在介质中的传播速度为

$$v=\frac{1}{\sqrt{\varepsilon\mu}} \tag{11-15}$$

真空中电磁波的传播速度为

$$c=\frac{1}{\sqrt{\varepsilon_0\mu_0}} \tag{11-16}$$

将 ε_0 和 μ_0 值代入式(11 - 16),经计算后有

$$c=2.997\ 9\times10^{8}\ \mathrm{m\cdot s^{-1}}$$

此理论计算值和实验测定的真空中的光速非常符合,由于当时认为 ε_0 和 μ_0 是两个纯粹的电磁参量,如今 c 与 ε_0、μ_0 联系起来,因此肯定光波是一种电磁波.

顺便提一下,在真空或无损耗介质中传播的电磁波是横波,在有损耗介质中传播的电磁波就有可能不再是横波.

11.2.2　电磁波的能流密度

电磁波中既有电场分量又有磁场分量,我们知道电场和磁场都具有能量.根据

式(8－56)和式(10－17),电磁场总的能量密度 ω 为

$$\omega=\omega_e+\omega_m=\frac{1}{2}\boldsymbol{D}\cdot\boldsymbol{E}+\frac{1}{2}\boldsymbol{B}\cdot\boldsymbol{H}=\frac{1}{2}(\varepsilon E^2+\mu H^2) \tag{11－17}$$

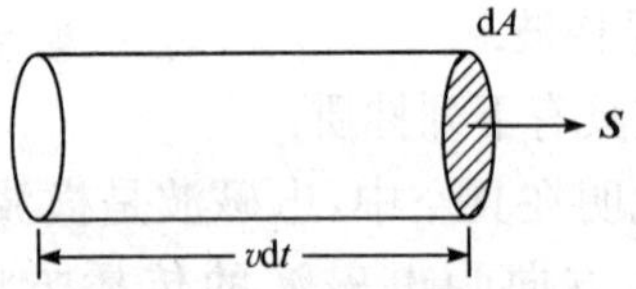

图 11－6 能流密度计算

我们定义单位时间内通过垂直于传播方向的单位面积的电磁波能量为电磁波的能流密度,也称辐射强度. 能流密度是矢量,用 $\boldsymbol{S}$ 表示. 要计算空间某点的能流密度,可通过该点作一垂直于传播方向的面元 $\mathrm{d}A$(图 11－6),在 $\mathrm{d}t$ 时间内通过面元 $\mathrm{d}A$ 的电磁场能量应为 $\omega\mathrm{d}Av\mathrm{d}t$,其中 ω 为电磁场能量密度,v 为电磁波传播速度. 根据能流密度 $\boldsymbol{S}$ 的定义,S 的值为

$$S=\frac{\omega\mathrm{d}Av\mathrm{d}t}{\mathrm{d}A\mathrm{d}t}=\omega v$$

将式(11－17)和式(11－15)代入上式,有

$$S=\frac{1}{2}(\varepsilon E^2+\mu H^2)\frac{1}{\sqrt{\varepsilon\mu}}=\frac{1}{2}\left(\sqrt{\frac{\varepsilon}{\mu}}E^2+\sqrt{\frac{\mu}{\varepsilon}}H^2\right)$$

再将式(11－14)代入上式,有

$$S=\frac{1}{2}(EH+EH)=EH \tag{11－18}$$

式(11－18)也可写成矢量形式

$$\boldsymbol{S}=\boldsymbol{E}\times\boldsymbol{H} \tag{11－19}$$

$\boldsymbol{S}$ 也称为坡印亭矢量,$\boldsymbol{S}$ 与 $\boldsymbol{E}$、$\boldsymbol{H}$ 组成右手螺旋系统.

11.2.3 电磁波波谱

1878 年柏林大学亥姆霍兹教授向学生们提出了用实验方法来验证麦克斯韦的电磁理论. 当时的学生赫兹就致力于这个课题,终于在 1887 年他有了大的收获. 赫兹用图 11－17 所示的装置发射了电磁波,装置中的 A、B 是两段共轴的黄铜杆,中间有一个间隙,间隙两边杆的端点上焊有一对磨光的黄铜球,两铜杆与感应线圈相连接. 当充电到一定程度间隙被火花击穿时,两铜杆连成一条导电通路,这时它相当于一个振荡偶极子,在其中激起高频的振荡,产生了波长为 10～100 m 的电磁波. 图 11－7 中右方的一个圆形铜环(在其中也留有端点为球状的火花间隙,间隙的距离可利用螺旋作微小调节)是用来探测由偶极振子发射出来的电磁波,这种接收装置称为谐振器.

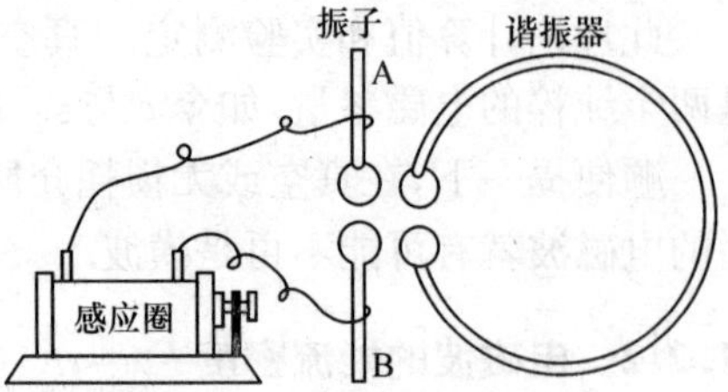

图 11－7 电磁波发生器

赫兹利用偶极振子进行许多实验，不仅证实了它能发射电磁波，并且证明这种电磁波与光波一样，能产生折射、反射、干涉、衍射、偏振等现象. 因此赫兹证实了麦克斯韦电磁理论的预言，即电磁波的存在和光波本质上也是电磁波. 自赫兹实验以后，人们又进行了许多实验，这些实验不仅证明光波是一种电磁波，而且证明后来陆续发现的 X 射线和 γ 射线也都是电磁波，它们在真空中的速度都等于 $3\times10^{8}\ \mathrm{m\cdot s^{-1}}$，它们本质上完全相同，只是频率或波长不同，因而表现出不同的特征. 我们按照电磁波的频率及其在真空中波长的顺序，把各种电磁波排列起来，称为电磁波谱(图 11－8). 由于电磁波的频率或波长范围很广，在电磁波谱图中用对数刻度标出. 按照近代物理量子论观点，不同频率的电磁波具有不同能量的量子，在电磁波谱图中也把各种频率的量子能量列出来供参考.

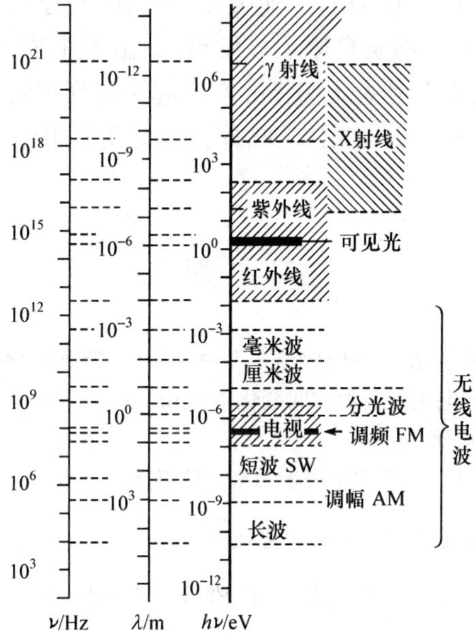

图 11－8　电磁波波谱

在电磁波波谱中，频率和波长范围不具有明显的上限和下限. 作为波谱一端的一个例子，我们已经在地球表面上探测到频率等于 10^{-2} Hz，波长约为地球半径 5000 倍的电磁波.

各波段的电磁波，由于其波长或频率的不同，而表现出不同的特性，因而具有不同的应用.

无线电波是由电磁振荡电路产生电磁振荡再通过天线发射的，波长可由几千米到几毫米. 还可进一步细分，通常为：①中波(50 m 到几千米)；②短波(10～50 m)；③微波(1 mm～10 m). 1895 年俄国的波波夫发明了第一个无线电报系统.

1920年开始使用商业无线电广播. 20世纪30年代发明了雷达, 40年代雷达和通信得到飞速发展, 自50年代第一颗人造地球卫星上天, 卫星通信事业得到迅猛发展. 如今, 无线电波已在广播、电视、通信、军事应用、科学研究等诸多方面得到广泛的应用. 赫兹的工作不仅证实了麦克斯韦电磁理论的正确性, 而且也为人类利用电磁波奠定了重大的实验基础.

光波是由原子或分子等微观客体的振荡所激发产生的. 波长范围可以十分之几毫米到5 nm, 其中能引起人眼视觉的波长范围在760～400 nm, 这一波长范围称为可见光. 波长大于760 nm的光波称为红外线, 小于400 nm的光波称为紫外线. 光波在科技、工业、军事上的应用极为广泛. X射线可用高速电子流轰击金属靶得到, 波长在10～0.001 nm. X射线有很强的穿透能力, 并能使照相底片感光或使荧光屏发光. 它在医疗上用作透射, 工业上用来探伤, 科学研究中用来分析晶体结构等. γ射线由天然放射性物质自原子核发出, 或由人工原子核反应产生, 或来自天外的宇宙线. 它的波长范围从0.01 nm左右起一直到很短的波长. γ射线的穿透能力比X射线更强, 它在医疗上用作肿瘤治疗, 工业上用作金属探伤, 还用于原子核结构方面的研究.

习 题

11-1 一平行板真空电容器, 两极板都是半径为5 cm的圆形导体片, 设在充电时电荷在极板上均匀分布, 两极板间电场强度的时间变化率为 $dE/dt=2\times10^{13}\ \mathrm{V/m^{-1}\cdot s^{-1}}$. 求:

(1) 两极板间的位移电流 I_d;

(2) 两极板间磁感应强度的分布和极板边缘处的磁感应强度 B_R.

11-2 试证明平行板电容器中的位移电流 $I_d=C\dfrac{dU}{dt}$, 式中 C 是电容器的电容, U 是两极板间的电势差. 为了在一个1.0 μF的电容器内产生1.0 A的瞬时位移电流, 加在电容器上的电压变化率应为多大?

11-3 太阳每分钟入射至垂直于地球表面上每平方厘米的能量约为8.1 J. 试求地面上日光中电场强度 E 和磁场强度 H 的振幅值.

11-4 有一平均辐射功率为50 kW的广播电台, 假定天线辐射的能流密度各方向相同. 试求在离电台天线100 km远处的平均能流密度 $\overline{S}$、电场强度振幅 E_0 和磁场强度振幅 H_0.

11-5 目前我国普及型晶体管收音机的中波灵敏度约为1 $\mathrm{mV\cdot m^{-1}}$, 设这类收音机能清楚地听到100 km远处某电台的广播, 假定该电台的发射是各向同性的, 并且电磁波在传播时没有损耗, 问该台的发射功率至少多大?

第四篇 光 学

光学是物理学中最古老的基础学科之一，它和天文学、力学一样，有着悠久的历史. 它又是当前科学技术领域中最为活跃的前沿阵地之一，具有强大的生命力和难以估量的发展前途. 随着各种光学实验现象的不断发现和整个物理学的发展，光学理论也在不断地发展、完善和深入，同时促进了生产技术的发展. 而生产技术的发展，又反过来不断向光学提出许多新的课题，光学发展的历史生动地说明了理论和实践的辩证关系.

整个光学发展史贯穿着人们对光的本性的探索. 在 17 世纪存在着互相排斥的微粒说和波动说. 今天科学的进步使我们认识到光是一种电磁辐射，它具有波动性和粒子性的双重性质，这两种性质不是互相排斥，而是相互补充，是同一客观物质——光在不同场合表现出来的两种属性，我们不可能用其中任一属性概括光的全部性质.

光学研究光的传播以及它和物质的相互作用. 光学可大致分为几何光学、波动光学、量子光学和现代光学四大部分. 当光的波长可以忽略，其波动效应不明显时，人们把光的能量看成是沿着一根根光线传播的，它们遵从直进、反射、折射等定律，这便是几何光学. 波动光学则是研究光在传播过程中显出的干涉、衍射和偏振等波动现象和特点. 光和物质相互作用的问题，通常是在分子或原子的尺度上研究的，对这些现象进行较完满的解释需借助于量子理论（有些现象可用经典理论作定性说明），所以凡涉及光的发射和吸收等光与物质相互作用的微观过程都是量子光学研究的内容. 现代光学是 1960 年发明激光器后迅速发展起来的光学新分支，它主要研究非线性光学、激光光谱学、信息光学等方面的问题，有关激光的基础知识将在第五篇予以介绍. 本篇将着重讨论波动的基础知识和光的波动理论.

第 12 章　振 动 与 波

物体在一定位置附近的来回重复的运动，称为振动. 它是在自然界和科学技术中常见的一种运动形式. 树枝的晃动、水面的起伏、钟摆的摆动以及固体中原子的热运动等都是振动. 还如机器的运转常常伴随着机器本身和机座的振动，一切发声体都在振动着. 不仅如此，如果描述物体运动状态的物理量在某一值附近变化，我们也将这种变化称为振动. 例如，电流、电压、电磁场、温度、化学反应时物质的浓度等在某一值附近做来回重复的变化时，都称为振动. 虽然各种本质上不同的振动有它们不同的特点，但在很多方面又有其共同性，描述它们的数学方法也是相同的. 这实际上反映出自然界的统一性以及各种现象之间的相互联系.

振动之所以特别重要，还在于它是波动的基础. 一切波动都是某种振动在空间的传播过程. 例如，声波、超声波、地震波等机械波是机械振动在弹性介质中的传播过程，而无线电波、光波、X 射线、γ 射线等电磁波则是电磁场运动在空间的传播过程. 由于振动的传播同时伴有能量的传播，因此波动也是能量传播的过程，是物质运动的一种重要形式. 几乎在一切物理现象中都能遇到波动. 本章虽然只限于讨论机械振动和机械波，但是它的很多规律也适用于其他的振动和波动.

12.1　振　　动

12.1.1　简谐振动

振动的形式多种多样，但其中最简单、最基本的振动是简谐振动. 说它是最简单的振动，是因为描述它的数学形式很简单；说它是最基本的振动，是因为任意复杂的振动都可以看作是几个或多个简谐振动合成的结果.

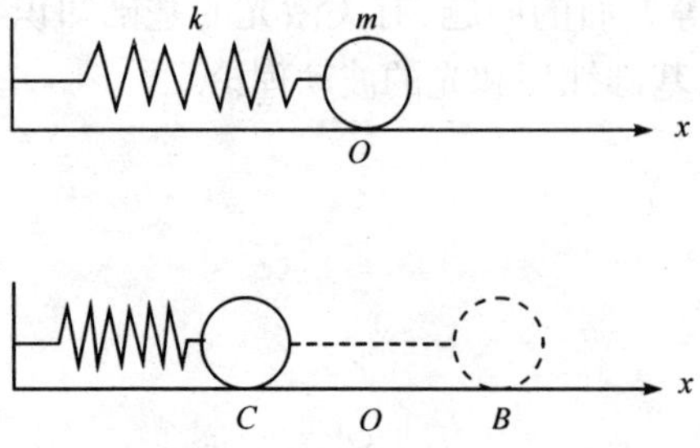

图 12 - 1　弹簧振子

1. 弹簧振子

如图 12 - 1 所示，将弹簧的一端固定，另一端系质量为 m 的小球，水平放置在光滑平面上，研究小球在弹簧弹性力的作用下在平衡位置附近做来回重复运动的情况. 这种振动系统称为弹簧振子.

若小球离开坐标原点 O 的位移为 x，则小球受力为 $f=-kx$. 于是根据牛顿第

二定律,有

$$m\frac{d^2x}{dt^2}=-kx$$

上式可以改写成

$$\frac{d^2x}{dt^2}+\frac{k}{m}x=0 \tag{12-1}$$

2. 单摆

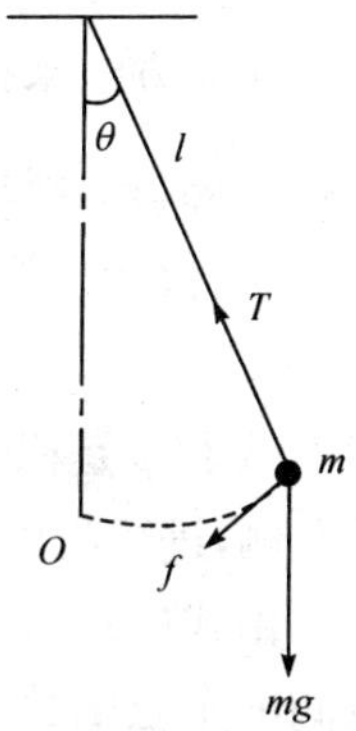

图 12-2 单摆

如图 12-2 所示,在长度为 l 不会伸长的轻线下端,悬挂质量为 m 的小球,线在铅直位置时小球处于平衡位置 O 点,研究小球在重力作用下在铅直面内平衡位置附近做来回重复运动的情况. 这种振动系统称为单摆.

若小球离开坐标原点 O 的角位移为 θ(规定小球在平衡位置右方时 θ 角为正,在左方时 θ 为负),则使小球往返运动的力是重力的切向分力 $f=mg\sin\theta$,其方向与摆线垂直并指向平衡位置. 在摆动不大的情况下,有 $\sin\theta\approx\theta$. 所以力可以写为

$$f=-mg\theta$$

式中负号表示 f 与角位移 θ 的符号相反. 当 θ 为正时力指向左方,f 为负;当 θ 为负时,力指向右方,f 为正. 根据牛顿第二定律,有

$$m\frac{dv}{dt}=m\frac{d}{dt}(l\omega)=ml\frac{d^2\theta}{dt^2}=-mg\theta$$

上式可改写成

$$\frac{d^2\theta}{dt^2}+\frac{g}{l}\theta=0 \tag{12-2}$$

比较式(12-2)和式(12-1)可以看出,弹簧振子振动和单摆微小振动有共同的特点,即加速度(或角加速度)与位移(或角位移)成正比而符号相反,因此它们的运动方程形式是相同的,可以纳入以下共同的形式:

$$\frac{d^2x}{dt^2}+\omega^2x=0 \tag{12-3}$$

对于弹簧振子,x 就是位移,$\omega^2=\frac{k}{m}$;对于单摆,x 代表角位移,$\omega^2=\frac{g}{l}$.

从受力的角度来看,在弹簧振子的情形下,小球受的是弹性力,力的大小与位移成正比而符号相反. 在单摆的情形下,小球受的重力切向分力虽不是弹性力,但

它的大小与角位移成正比而符号相反，这一特征和弹性力相同．我们将这种本质上是非弹性的，但就其对振动所引起的作用而言又与弹性力相似的力，称为准弹性力．因此，从受力角度看，弹簧振子和单摆的运动是相同的．

像弹簧振子、单摆等由弹性力或准弹性力所引起的的振动，或者运动方程有式(12－3)的形式的振动，都称为简谐振动．

根据微分方程理论，可以求出微分方程式(12－3)的解．我们现在不妨用另一种简便的方法来得到它的解．由式(12－3)知，$\frac{d^2x}{dt^2}=-\omega^2x$，它说明一个含时间 t 的函数 x 经过 t 进行二次微分后又得到了原来的函数形式，但符号相反．含时间 t 的余弦函数(或正弦函数)自然是满足这个条件的．设式(12－3)的解为

$$x=A\cos(\omega t+\phi) \tag{12-4}$$

式中 A 和 ϕ 是积分常量，它们的物理意义将在下面说明．将式(12－4)代入式(12－3)的左侧，进行简单的运算可知，所设的解确实是满足式(12－3)的．

由式(12－4)可以知道，物体做简谐振动时，描述运动的变量(位移、角位移)是时间的余弦函数或正弦函数．因此我们也可以将描述运动的变量 x 满足式(12－4)的运动称为简谐振动．

3．描述简谐振动的物理量

现在我们来说明式(12－4)中各量的物理意义．

首先，由三角函数性质 $|\cos\theta|\leqslant 1$ 可知，位移量 x 的绝对值不能大于 A，即 $|x|\leqslant A$．这说明 A 是小球离开平衡位置的最大距离，称为振幅．

其次，如果式(12－4)中的时间 t 增加一个数值 $\frac{2\pi}{\omega}$，x 的值不变，即

$$x=A\cos\left[\omega\left(t+\frac{2\pi}{\omega}+\phi\right)\right]=A\cos(\omega t+\phi)$$

这就是说，相隔 $\frac{2\pi}{\omega}$ 的两个时刻的运动状态是相同的，即运动是以 $\frac{2\pi}{\omega}$ 为间隔重复的．所以 $\frac{2\pi}{\omega}$ 就是振动的周期 T，即

$$T=\frac{2\pi}{\omega}$$

对于弹簧振子 $\omega^2=\frac{k}{m}$，因而弹簧振子的周期为

$$T=2\pi\sqrt{\frac{m}{k}} \tag{12-5}$$

对于单摆，$\omega^2=\frac{g}{l}$，因而单摆的周期为

$$T=2\pi\sqrt{\frac{l}{g}}$$

周期的倒数称为频率，它表示在单位时间内物体所做的完全振动的次数. 频率的单位是每秒振动一次，称为赫兹. 如果用 ν 表示频率，则

$$\nu=\frac{1}{T}=\frac{\omega}{2\pi} \tag{12-6}$$

或

$$\omega=2\pi\nu \tag{12-7}$$

称 ω 为角频率，它的单位是弧度・秒$^{-1}$（$\text{rad}\cdot\text{s}^{-1}$）.

角频率 ω 是由振动系统本身的性质所决定的量，而周期和频率是由 ω 决定的，因此也是由振动系统本身性质所决定的量. 这种由系统本身性质所决定的频率、周期或角频率往往称为固有频率、固有周期或固有角频率.

物体做简谐振动时，运动速度为

$$v=\frac{dx}{dt}=-A\omega\sin(\omega t+\phi) \tag{12-8}$$

由式(12-8)可知，当振幅 A 和角频率 ω 一定时，位移和速度都取决于量($\omega t+\phi$)，所以它是决定振动物体运动状态的物理量，我们称量($\omega t+\phi$)为相位. ϕ 为 $t=0$ 时刻的相位，称为初相位. 初相位与时间的零点选取有关.

相位和初相位之所以重要，是因为它们描述了振动的运动状态，当振幅 A 和角频率 ω 一定时，简谐振动的瞬时位移、速度和加速度都取决于相位. 在讨论两个简谐振动叠加时（如声波或光波的干涉现象等），合振动是加强还是减弱，起决定作用的是两者的相位差.

我们可由振动的初条件，即振动开始时位移 x_0 的大小和速度 v_0 的大小来确定振动的振幅 A 和初相位 ϕ. 将初条件，即 $t=0$，$x=x_0$，$v=v_0$ 代入式(12-4)和式(12-8)，有

$$x=A\cos\phi$$

$$v_0=-A\omega\sin\phi$$

从以上二式可求得

$$A=\sqrt{x_0^2+\left(\frac{v_0}{\omega}\right)^2} \tag{12-9}$$

$$\tan\phi=-\frac{v_0}{\omega x_0} \tag{12-10}$$

4. 简谐振动的几何表示法

为了形象地了解简谐振动的各个物理量，在研究某些振动的合成时用矢量相加就可得出所要的结果，我们将简谐振动中位移和时间的关系，用几何的方法形象地表示出来.

对于给定的简谐振动 $x=A\cos(\omega t+\phi)$，可以用几何方法表示如下：以横轴代表 x 轴，其上的 O 点作为原点，自 O 点起作一矢量 $\boldsymbol{A}$，使其长度等于振幅 A，矢量 $\boldsymbol{A}$ 称为振幅矢量. 在 $t=0$ 时刻，令 $\boldsymbol{A}$ 与 x 轴正向的夹角等于初相位 ϕ. 设想 $\boldsymbol{A}$ 从这个位置开始，以大小和角频率 ω 相同的角速度沿逆时针方向转动，则在任一时刻 t，$\boldsymbol{A}$ 与 x 轴夹角为 $(\omega t+\phi)$，于是 $\boldsymbol{A}$ 在 x 轴上的投影 $A\cos(\omega t+\phi)$ 就代表给定的简谐振动. 这种几何表示法又称矢量图法，见图 12-3.

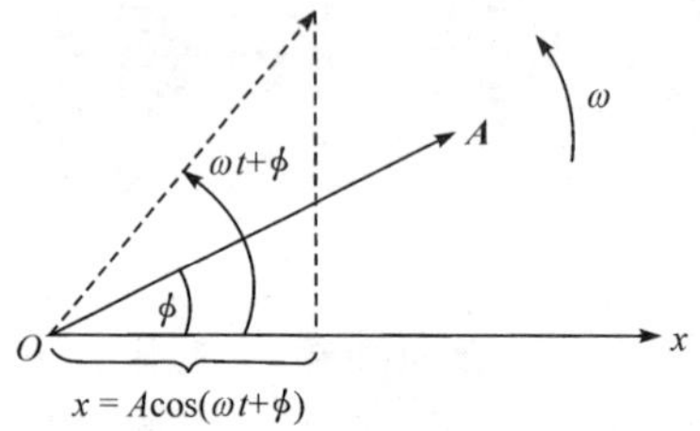

图 12-3　简谐振动的矢量图法

由矢量图法可以看出，振幅矢量 $\boldsymbol{A}$ 转动一周相当于物体振动一周，相位 $(\omega t+\phi)$ 从 0 至 2π 变化时各个不同的值，表示一周期各个不同的运动状态. 因此，相位是描述振动物体运动状态的物理量.

5. 简谐振动的能量

我们以弹簧振子为例来说明简谐振动的能量. 某一时刻弹簧振子的动能和势能为 $E_k=\frac{1}{2}mv^2$ 和 $E_p=\frac{1}{2}kx^2$，而该时刻物体的位移 x 和速度 v 为

$$x=A\cos(\omega t+\phi)$$

和

$$v=\frac{dx}{dt}=-A\omega\sin(\omega t+\phi)$$

分别代入动能和势能表达式中，有

$$E_k=\frac{1}{2}mA^2\omega^2\sin^2(\omega t+\phi)$$

$$E_p=\frac{1}{2}mA^2\omega^2\cos^2(\omega t+\phi)$$

可以看出，当振子的位移达最大时，$\cos^2(\omega t+\phi)=1$，势能达到最大值，而 $\sin^2(\omega t+\phi)=0$，动能等于零. 当振子通过平衡位置时，$\cos^2(\omega t+\phi)=0$，势能等于零，而 $\sin^2(\omega t+\phi)=1$，动能达到最大值. 在一切其他的位置，物体同时具有动能和

势能，且在不断变化，但它们的和

$$E=E_k+E_p=\frac{1}{2}mA^2\omega^2=\frac{1}{2}kA^2 \tag{12-11}$$

是不随时间变化的，即弹簧振子总能量在振动过程中保持不变，总能量与振动频率的平方和振幅的平方成正比.

物体做简谐振动时能量守恒，一是由于没有外力的作用，二是由于内力中弹性力和准弹性力是保守力，没有能量的耗散.

12.1.2 阻尼振动

简谐振动是一种理想的振动，振动系统一旦经外界推动后简谐振动就无需外力而自动进行下去. 这种不在外力作用下的振动称为自由振动，但在实际情形中，物体在振动过程中总要受到阻力. 因而任何振动系统最初所获得的能量，都要在阻力的作用下不断减小. 因为振幅与振动能量有关，所以随着能量的减小，振幅也逐渐地减小，最终达到静止.

振幅随时间而减小的振动称为阻尼振动，主要有如下 3 种形式.

1. 阻尼振动

当阻力较小时，振动位移随时间的变化关系取如下表达式：

$$x=Ae^{-\beta t}\cos(\omega t+\phi) \tag{12-12}$$

式中的 β 是一个常量，称为衰减常量，显见它的单位是秒$^{-1}$（s^{-1}）. 阻力越大，β 的值也越大，衰减也就越快. 式中的 $\omega=\sqrt{\omega_0^2-\beta^2}$，其中 ω_0 为振动系统的固有频率. 我们可根据式(12－12)绘出 x-t 曲线，如图 12－4 所示.

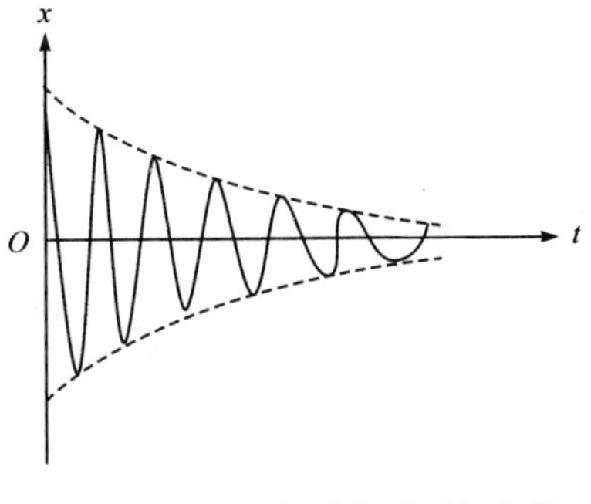

图 12－4 阻尼振动位移时间曲线

2. 过阻尼振动、临界阻尼振动

当衰减常量 β 较大情况下，振动系统连一次振动都来不及完成就停止在平衡位置了. 由于阻力较大，故振动需要较长的时间才能停止下来. 如将单摆放在黏度很大的油类中运动，就属于这种情况. 这种振动称为过阻尼振动.

当衰减常量 β 介于上述两种阻尼振动的 β 值之间的某一数值时，振动系统也是连一次振动都来不及完成就停止在平衡位置了，但物体能很快停止在平衡位置. 这种振动称为临界阻尼振动.

过阻尼振动和临界阻尼振动的位移和时间的关系如图 12－5 所示.

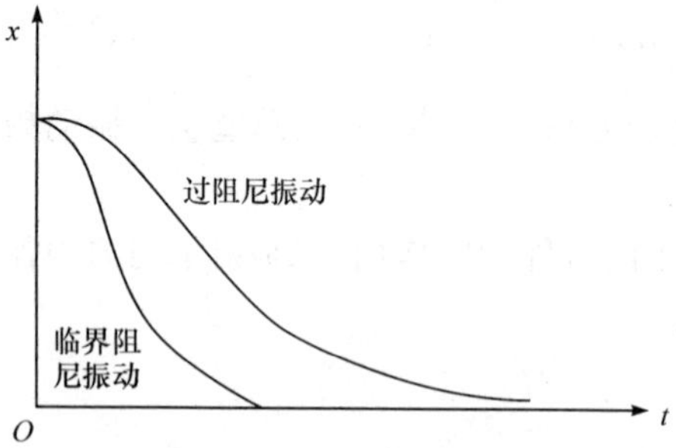

图 12－5　过阻尼振动和临界阻尼振动位移时间曲线

在实际问题中,我们常常调节衰减常量 β 的大小,从而控制系统的振动情况. 例如,在使用灵敏电流计时,常选用一定阻值的电阻(临界电阻)与灵敏电流计连接,使系统处于临界阻尼的状态,使振动系统很快回到平衡位置.

12.1.3　受迫振动　共振

从以上讨论可以知道,要使一个实际的振动系统维持振动必须施加外力. 在许多情形下,是使物体按外来周期性力的频率振动. 例如,扬声器中纸盆的振动、乐器中音腔薄板随琴弦的振动、缝纫机中针的振动、蒸汽机活塞的振动等,都属于这类振动. 这种在外加周期性力的持续作用下振动系统所发生的振动称为受迫振动.

若施加的周期性外力为

$$f=H\cos\omega_e t \tag{12-13}$$

f 称为强迫力,H 称为力幅,ω_e 称为强迫力的角频率.

可以设想,在受迫振动过程中,振子因外力做功获得能量,又因阻尼损耗能量. 由于振子所受阻力和振子速度成正比,振子开始振动时,速度不大,阻力较小,获得的能量大于损耗的能量,随着振动能量逐渐增大. 速度相应增大,但同时阻力和损耗能量也增大了. 当损耗与补充的能量相同时,受迫振动的能量将稳定在一定值,形成等幅振动. 受迫振动振子位移的时间的变化关系如图 12－6 所示. 受迫振动的特征与外力的大小、方向和频率密切相关,特别是对一确定的振动系统,当强迫力角频率取某一值时,受迫振动的振幅达到极大值,这种现象称为共振. 共振时的强迫力角频率称为共振角频率,它为

$$\omega_r=\sqrt{\omega_0^2-2\beta^2} \tag{12-14}$$

由式(12－14)可看出,在衰减常量 β 很小时,ω_r 接近系统的固有角频率 ω_0.

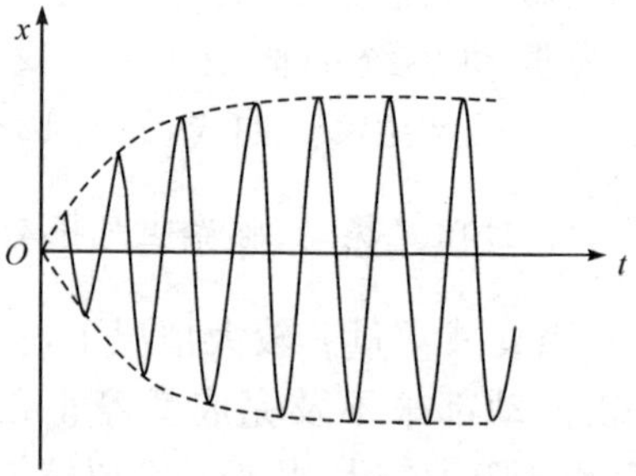

图 12－6　受迫振动的位移时间曲线

对于共振可以这样来理解,物体受迫振动达到等幅振动时的频率为强迫力的频率,但由于有回复力与阻尼和作用,所以位移和强迫力有不同的相位. 这就是说,在受迫振动的一个周期内,强迫力的方向与物体的运动方向有时一致做正功提供能量;有时相反,做负功吸收能量. 只有当强

迫力的周期性变化与物体的固有振动"合拍"时，强迫力的方向始终与物体运动方向一致，从而将在整个周期内作正功，为振动系统提供最多的能量，使它的能量和振幅达到极大值，发生共振. 阻尼的作用也是十分突出的，对于不同的阻尼，共振振幅的大小和共振曲线的形状有很大差异，如图 12－7 所示. 由图可以看出，振动系统的衰减常量 β 越小，共振曲线越尖锐，峰值也越高；β 变大，峰值降低，曲线加宽. 共振曲线是否尖锐狭窄常有重要的意义. 例如，收音机选频特性的好坏就取决于此.

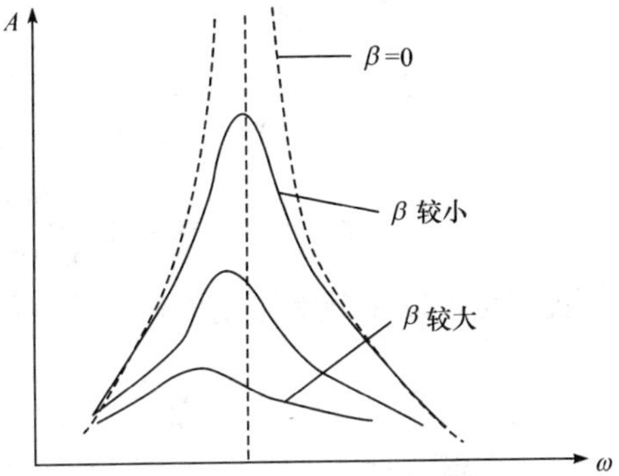

图 12－7　不同阻尼下的共振曲线

共振现象是普遍存在的. 1904 年，俄国一队骑兵以整齐的步伐通过彼得堡的一座桥梁时桥身因共振而塌毁，从此规定，过桥时一律改用凌乱无序的碎步，以免重蹈覆辙. 1940 年，美国华盛顿州普热海峡的塔科麦桥被风破坏，原因是大风引起的振荡性作用力的频率与桥的固有频率相近，产生了共振. 收音机的选频电路应有较小的 β 值，排除出现串台现象，但在扬声器振动系统中宜选用稍大的 β 值，抑制共振现象出现，使声音中不同频率的振动得到同等程度的重放. 日光灯通电后，灯管中汞蒸气产生的紫外线被管壁的荧光粉强烈的共振吸收，转化为可见光. 激光、原子钟利用的也是原子、分子的共振. 总之，共振现象在力学、声学、光学、电磁学，乃至微观世界的分子、原子和原子核是普遍存在的，既有广泛的应用，也会造成损害，有时要利用它，有时又要设法避免.

12.1.4　振动的合成

我们所遇到的振动往往是几个振动叠加而成的. 例如，当两个声波同时传播到空间某一点时，空气质元就同时参与两个振动. 一般来说，合成振动是很复杂的，在此仅讨论这几种简单的情形，它们在机械振动与波动、交流电路、波动光学等方面有重要的应用.

1. 同振动方向、同频率简谐振动的合成

设两个振动方向相同、频率相同的简谐振动为

$$x_1 = A_1\cos(\omega t + \phi_1)$$
$$x_2 = A_2\cos(\omega t + \phi_2)$$

式中 A_1 和 A_2 为两振动的振幅，ϕ_1 和 ϕ_2 为两振动的初相位. 根据叠加原理，合成的振动为

$$x=x_1+x_2=A_1\cos(\omega t+\phi_1)+A_2\cos(\omega t+\phi_2)$$

利用三角函数公式，可以得出合成振动是在原振动方向上具有同样角频率 ω 的简谐振动，即

$$x=A\cos(\omega t+\phi) \tag{12-15}$$

其中

$$A=\sqrt{A_1^2+A_2^2+2A_1A_2\cos(\phi_2+\phi_1)} \tag{12-16}$$

$$\phi=\arctan\left(\frac{A_1\sin\phi_1+A_2\sin\phi_2}{A_2\cos\phi_1+A_2\cos\phi_2}\right) \tag{12-17}$$

我们也可以用简谐振动矢量图法更简洁、直观地得到上述结果. 图 12-8 中的旋转(角频率为 ω)矢量 $\boldsymbol{A}_1$ 和 $\boldsymbol{A}_2$，在 x 轴上的投影分别表示两简谐振动，ϕ_1 和 ϕ_2 分别是两振动的初相位. 可以用平行四边形法求得两矢量的合成，这就是图中的 $\boldsymbol{A}$. 设想 $\boldsymbol{A}_1$ 和 $\boldsymbol{A}_2$ 都以 O 点为中心，并以角频率 ω 逆时针方向旋转，由于有相同的角频率，所以 $\boldsymbol{A}_2$ 和 $\boldsymbol{A}_1$ 之间的夹角 $(\phi_2-\phi_1)$ 始终不变，因此 $\boldsymbol{A}_2$ 和 $\boldsymbol{A}_1$ 所形成的四边形也不变，也就是说这四边形的对角线 $\boldsymbol{A}$ 始终等于 $\boldsymbol{A}_1$ 和 $\boldsymbol{A}_2$ 的合成，并也以角频率 ω 逆时针方向旋转，说明两简谐振动合成后是振幅为 A，角频率仍然为 ω 的简谐振动.

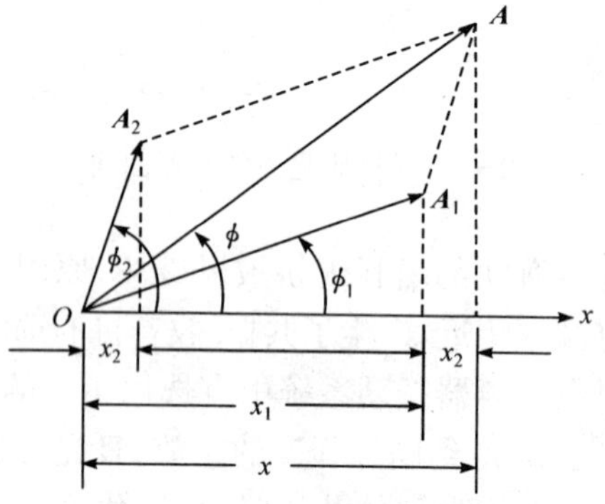

图 12-8　两个同方向同频率简谐振动的合成

利用图中的几何关系，很容易计算出振幅 A 和初相位 ϕ 值也还分别是式(12-16)和式(12-17).

两简谐振动的合成中，有两种特殊情况.

(1) 当 $\phi_2-\phi_1=2k\pi, k=0,\pm1,\pm2,\cdots$ 时有

$$A=A_1+A_2 \tag{12-18}$$

即两简谐振动的相位差为 2π 的整数倍时，合振动振幅有最大值，等于两分振动振幅之和. 这种叠加称为同相位叠加.

(2) 当 $\phi_2-\phi_1=(2k+1)\pi, k=0,\pm1,\pm2,\cdots$ 时有

$$A=|A_1-A_2| \tag{12-19}$$

即两简谐振动的相位差为 π 的奇数倍时，合振动振幅有最小值，等于两分振动振幅差的绝对值. 这种叠加称为反相位叠加.

2. 同振动方向、不同频率简谐振动的合成

为讨论简单起见，考虑两个振幅相同，角频率为 ω_1 和 ω_2 的两个同方向振动.

因为 ω_1 不等于 ω_2，两分振动的相位差不固定，选取两分振动相位相同时为时间的零点，使两分振动的初相位都为零，即

$$x_1 = A\cos\omega_1 t,\ x_2 = A\cos\omega_2 t$$

合振动为

$$x = A\cos\omega_1 t + A\cos\omega_2 t = 2A\cos\left(\frac{\omega_2 - \omega_1}{2}\right)t\cos\left(\frac{\omega_2 + \omega_1}{2}\right)t \qquad (12-20)$$

在一般情形下，我们觉察不到合振动的位移变化有严格的周期性. 但当两个分振动的角频率都较大而两者之差很小时，就会出现明显的周期性，即当 $|\omega_2 - \omega_1| \ll \omega_2 + \omega_1$ 时，式(12-20)中量 $2A\cos\left(\frac{\omega_2 - \omega_1}{2}\right)t$ 随时间的变化比起量 $\cos\left(\frac{\omega_2 + \omega_1}{2}\right)t$ 随时间的变化慢得多. 因此我们可以近似地将合振动看作振幅为 $\left|2A\cos\left(\frac{\omega_2 - \omega_1}{2}\right)t\right|$、角频率为 $\frac{\omega_2 + \omega_1}{2}$ 的简谐振动. 由于振幅 $\left|2A\cos\left(\frac{\omega_2 + \omega_1}{2}\right)t\right|$ 的缓慢变化也是周期性的，因此发生振幅时大时小(振动时强时弱)的现象，如图 12-9 所示. 两个频率都较大但相差很小的同方向振动合成时所产生的这种合振幅时而加强时而减弱的现象称为拍. 振动变化的频率为

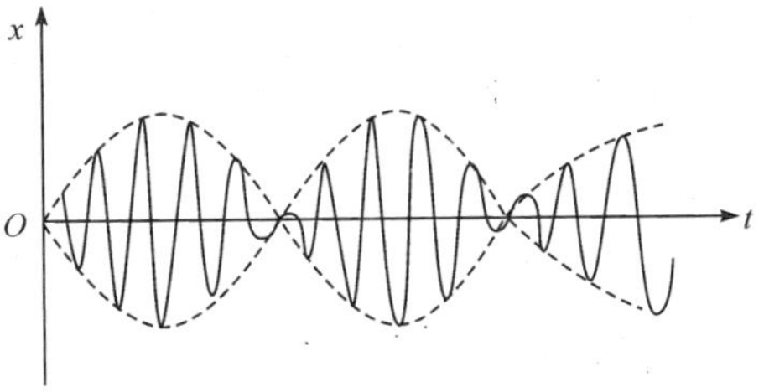

图 12-9　拍现象

$$\nu = \frac{\omega_2 - \omega_1}{2\pi} = \nu_2 - \nu_1 \qquad (12-21)$$

这一频率 ν 称为拍频，也就是单位时间内振幅加强或减弱的次数，其数值为两分振动的频率 ν_2 与 ν_1 之差.

拍是一种很重要的现象. 在声振动和电磁振动中我们经常遇到拍现象. 例如，利用标准音叉可以校准钢琴，当钢琴发出的频率与音叉的标准频率有些微小差别时，叠加后就出现拍音(抑扬的声音)，调整到拍音消失，就校准了钢琴的一个琴音. 又如，从运动物体反射回来的电磁波的频率，由于多普勒效应，要发生微小的变化，通过测量反射波与发射波叠加后所形成的拍频，由此推算出运动物体的速度，这种测速方法的精度是很高的.

3. 振动方向相互垂直、频率相同的两简谐振动合成

设两个振动是在相互垂直的 x、y 轴上进行，位移方程为

$$\begin{cases} x=A_1\cos(\omega t+\phi_1) \\ y=A_2\cos(\omega t+\phi_2) \end{cases} \tag{12-22}$$

式中 A_1 和 A_2 分别为两简谐振动的振幅，ϕ_1 和 ϕ_2 为两振动的初相位. 消去时间参量 t，可以得到合振动的轨迹方程为

$$\frac{x^2}{A_1^2}+\frac{y^2}{A_2^2}-2\frac{xy}{A_1A_2}\cos(\phi_2-\phi_1)=\sin^2(\phi_2-\phi_1) \tag{12-23}$$

一般说来，这是个椭圆方程. 椭圆的形状由相位差 $\phi_2-\phi_1$ 决定. 以下分析几种特殊情形.

(1) $\phi_2-\phi_1=0$，即两振动的相位相同. 这时由式(12-23)可得

$$y=\frac{A_2}{A_1}x$$

这是一条通过坐标原点而在第一和第三象限内的直线[图 12-10(a)]. 合振动的位移为

$$s=\sqrt{x^2+y^2}=\sqrt{A_1^2+A_2^2}\cos(\omega t+\phi_1)$$

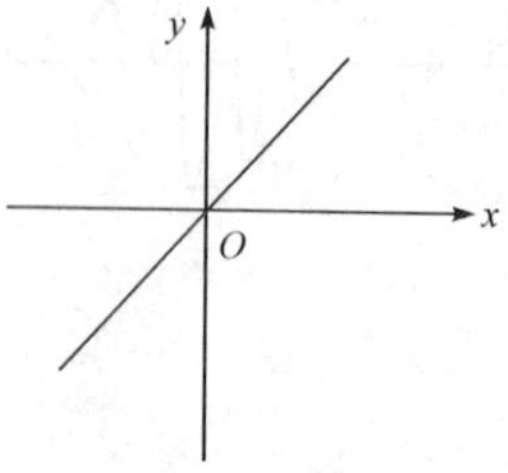

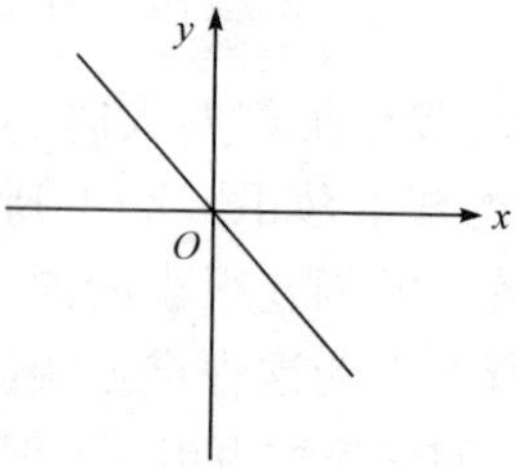

图 12-10　$\phi_2-\phi_1=0$ 或 $\phi_2-\phi_1=\pi$ 时合振动仍为简谐振动

显见，合振动仍是简谐振动，频率与分振动的频率相同，振幅为 $\sqrt{A_1^2+A_2^2}$.

(2) $\phi_2-\phi_1=\pi$，则由式(12-23)得

$$y=-\frac{A_2}{A_1}x$$

这是一条通过原点而在第二和第四象限的直线[图 12-10(b)]，与上述情形一样，合振动仍是简谐振动.

(3) $\phi_2-\phi_1=\frac{\pi}{2}$ 或 $\phi_2-\phi_1=-\frac{\pi}{2}$，这时式(12-23)均变为

$$\frac{x^2}{A_1^2}+\frac{y^2}{A_2^2}=1$$

合振动的轨迹均为正椭圆. 但是这两种情况是有区别的. 先讨论 $\phi_2-\phi_1=\frac{\pi}{2}$ 的情

况下，合振动轨迹的形成过程. 为了简便，令 $\phi_1=0$. 首先看 $t=0$ 时刻，x 和 y 的数值，由式(12－22)可知，应是图 12－11 中的 C 点，再过了很小的一段时间($\Delta t>0$)后，C 点就移动到 C' 点，图中的小箭头表明了旋转方向. 由此可见，这个正椭圆轨迹是绕着顺时针方向旋转(也称为右旋)形成的. 于是可以得出这样的结论；如果图12－11沿 y 轴方向振动的简谐振动的相位超前 $\pi/2$，合成的振动是一个右旋正椭圆.

对于 $\phi_2-\phi_1=-\dfrac{\pi}{2}$ 的情形，读者可以仿照上述方法，即可发现是一个左旋正椭圆.

还需指出的是，在这两种情形下，当 $A_1=A_2$ 时，即分振动振幅相等时，合振动轨迹变为圆.

(4) 在一般情形下，当 $\phi_2-\phi_1$ 等于其他任一中间值时，所得到的合振动轨迹为形状和旋转方向各不相同的椭圆. 图 12－12 表示相位差为某些值时合振动的轨迹.

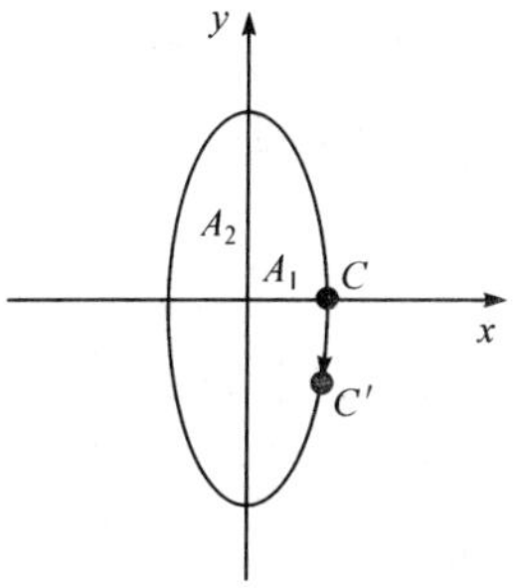

图 12－11　$\phi_2-\phi_1=\pi/2$ 时合振动为右旋正椭圆

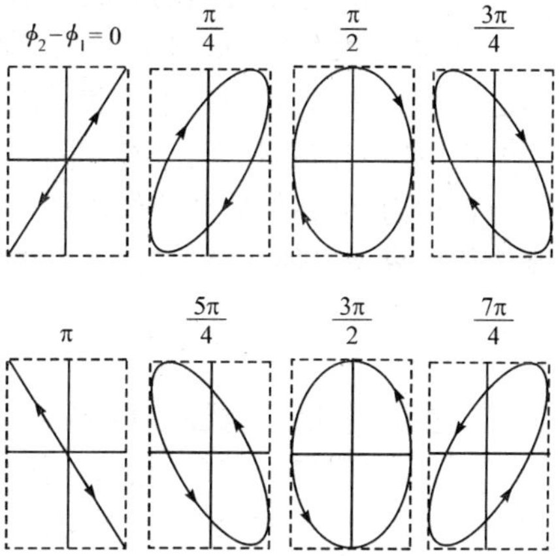

图 12－12　不同相位差时两同频垂直简谐振动的合成

综上所述，两振动方向相互垂直、同频率的简谐振动合成后，合振动在一直线、椭圆或圆上进行，轨迹的形状和运动方向由分振动振幅的大小和相位差决定.

12.2　波　　动

12.2.1　机械波的产生和传播

1. 产生机械波的条件

在连续的一大片介质中，如果一处的质元开始振动，由于介质的各质元间的相互作用，振动不会局限于开始振动的地点，而是要向四周传播开去. 这种振动在介质中的传播称为机械波，开始振动的部分叫波源. 产生机械波有两个条件，即要有做机械振动的物体作为波源和有能够传播这种机械振动的介质. 声波、超声波和地震波等都是机械波. 变化的电磁场在空间的传播称为电磁场. 各种波在形式上具有许多共同的特征和规律，例如，都具有一定的传播速度，都伴随着能量传播，都能产生反射、折射、干涉和衍射等. 这一节主要讨论机械波的基本规律，其中有许多也适用于电磁波.

2. 纵波和横波

振动传播时，每个质元都在一定的平衡位置附近振动，并没有沿传播方向移动，而且质元的振动方向和波的传播方向也不一定相同. 有两种比较简单的情况：振动传播时，如果振动方向与波的传播方向相同，则称它为纵波；如果振动方向与波的传播方向垂直，则称它为横波. 用手抖动绳子的一端时，绳子上产生的波就是横波. 在空气或液体中传播的声波和超声波就是纵波. 其他如水面波等是比较复杂的波. 当水面波发生时，水的质元一般都沿椭圆轨道振动，使它们回到平衡位置的力不是一般的弹性力，而是重力和表面张力.

要产生横波需要弹性介质内部有与波传播方向垂直的切向弹性力，固体介质中具有这种力，而在气体和液体内部不能产生这种切向弹性力，所以在固体介质内部既能传播纵波又能传播横波，在气体和液体内部只能传播纵波.

3. 波长、频率和波速之间的关系

振动在一周期中传播的距离称为波长，通常用 λ 表示. 因为相隔一周期后振动状态复原，所以相隔一波长两点之间的振动状态是相同的，即振动相位是相同的. 因此波长也就是两个相邻近的振动相位相同点之间的距离. 波长描述了波在空间上的周期性.

若振动的周期为 T，并称单位时间内振动状态（相位）传播的距离为波速（也称为相速）v，则有

$$v=\frac{\lambda}{T}=\lambda\nu \tag{12-24}$$

式中 ν 为振动频率. 频率表示波在时间上的周期性. 式(12－24)将波速与波在时间上和空间上的周期性联系起来. 机械波的传播速度取决于弹性介质的性质（弹性和惯性）. 在固体介质中，纵波的速度大于横波的速度. 在发生地震时，震源发出的纵波先于横波到达地面，于是地面上的建筑物先发生垂直方向的纵振动，接着又发生水平方向的横波. 建筑物有可能经受不住振动而倒塌.

4. 波的几何描述

当波源在弹性介质中振动时，振动将沿各个方向传播. 为了形象地描述某一时

刻振动传播到的动点的位置，在介质中作出该时刻振动传播到的各点的位置，这种轨迹称为波前. 为了比较波传播时各点振动间的相互关系，作出振动相位相同的各点的轨迹，这种轨迹称为波面. 波前是最前面的波面. 若一波源的大小和形状可忽略不计，可将它视为点波源. 在各向同性介质中，振动从点波源处向各个方向传播的情形是相同的. 于是，波前和波面都是以点波源为中心的球面.

我们可以按波前的形状将波分类，波前为球面的称为球面波；波前为平面的称为平面波，如图 12 - 13 所示.

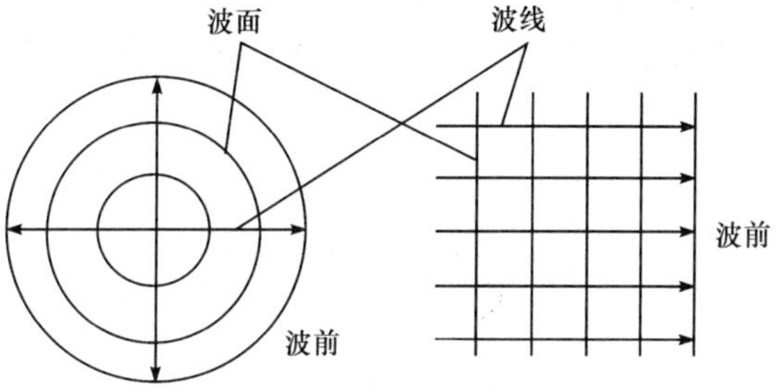

图 12 - 13　波前、波面和波线

为了形象地描述波的传播方向，作出切线方向永远和该处波传播方向一致的线，这些线称为波线(在光学中称为光线). 在各向同性介质中波线与波面垂直. 在球面波的情形下，波线是沿半径方向的直线；在平面波的情形下，波线是与波前垂直的许多平行直线.

12.2.2　简谐波的表达式

简谐波是简谐振动在空间传播所形成的波. 简谐波是最简单最基本的波. 由于任一复杂的振动可看成是由许多简谐振动叠加而成的，因此，任一复杂的波也可看成是由许多简谐波叠加而成的.

如图 12 - 14 所示，设波以速度 v 沿 y 轴正方向传播，纵坐标 x 表示直线 Oy 上各质元的位移. 则某时刻 t 各质元的位置连接起来就形成图中的曲线(波形)如果能够确定每一时刻直线 Oy 上每一质元的位置，就掌握了波的全部运动过程，也就达到了描述波的目的.

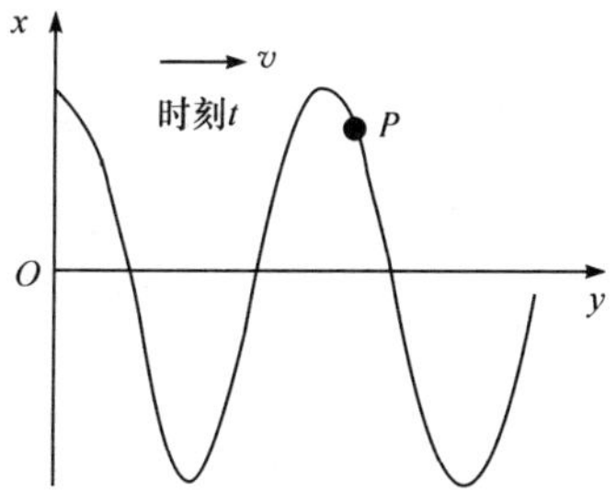

图 12 - 14　t 时刻的波形

设 O 点的振源做简谐运动的方程为

$$x = A\cos\omega t$$

并设在传播过程中各点的振动振幅不变，则当振动传播到质元 P 时，质元 P 将以相同的振幅和频率作着简谐振动. 若质元 P 距 O 点的距离为 y，则振动由 O 点传

播到 y 点所需时间为 $\frac{y}{v}$，因此质元 P 的振动相位比 O 点的振动相位落后 $\omega\frac{y}{v}$，所以质元 P 的振动方程为

$$x=A\cos\omega\left(t-\frac{y}{v}\right) \tag{12-25}$$

因为质元 P 是任选的，因而式(12－25)描述了 Oy 直线上任一质元在任一时刻的位置. 这个方程就是我们所要求的简谐波运动学方程，即简谐波的表达式.

由于我们假定了波在传播过程中振幅保持不变，所以，确切地说式(12－25)是平面简谐波的表达式. 对于球面波，它的振幅是随传播距离 r 增大以 $1/r$ 倍数减小的.

根据 $\omega=\frac{2\pi}{T}=2\pi\nu$ 和 $v=\frac{\lambda}{T}=\lambda\nu$，式(12－25)还可以写成下列常用的形式：

$$x=A\cos(\omega t-ky) \tag{12-26}$$

其中

$$k=\frac{2\pi}{\lambda} \tag{12-27}$$

以下对简谐波表达式作些讨论.

(1) 如固定在某一点看，即当 y 一定时，由式(12－26)可知，该质元在做角频率为 ω 的简谐振动，初相位为 $-2\pi\frac{x}{\lambda}$. 因此，离 O 点不同距离的各点，具有不同的振动相位. 和 O 点相距分别为 y_1 和 y_2 的两点，相位差为

$$\Delta\phi=\frac{2\pi}{\lambda}(y_2-y_1) \tag{12-28}$$

可见，如果 $y_2-y_1=n\lambda, n=\pm1,\pm2,\pm3,\cdots$，则

$$\Delta\phi=2n\pi$$

说明在任一时刻 t，两点的位移 x 和速度 v 都是相同的，我们就说这两点的振动相位相同. 上述结果说明，相距为波长整数倍的两点，振动时具有相同的相位. 如果

$$y_2-y_1=(2n+1)\frac{\lambda}{2}, n=0,\pm1,\pm2,\cdots$$

则有

$$\Delta\phi=(2n+1)\pi$$

这时，在任一时刻 t，两点的位移 x 和速度 v 都具有相同的数值但符号相反，我们说这两点的振动相位相反. 由此可见，相距为半波长奇数倍的两点，振动时具有相反的相位.

(2) 对于给定时间 t 来说，位移 x 是 y 的函数，即各质元的位移是不同的，图

12 - 15 中的实线为时刻 t 的波形，虚线则为下一时刻 $t+\Delta t$ 的波形，由此可看到波形在往前传播，波形往前传播的速度等于波的相速度.

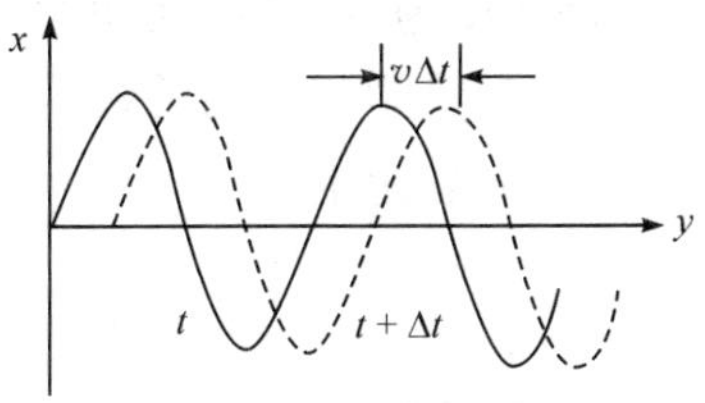

图 12 - 15　波形的传播

(3) 上述的讨论只限于在 y 轴方向传播的波，没有涉及以整个空间，这种波称为一维波，一个在张紧了的弦上传递的横波就是一个一维波.

以上由机械振动状态传播出发，建立了简谐波的表达式，这对电磁波以及其他振动的传播也是适用的，当然描述振动物理量不再是质元的位移，而是其他物理量如电场强度等.

12.2.3　波的能量　声强

在弹性介质中有波传播时，介质中各质元都在各自的平衡位置附近振动，由于各质元有振动速度而具有振动动能，同时又由于质元产生形变还具有振动势能. 这样，随着振动的传播就有能量的传播. 在研究波对物质的作用时，经常需要考虑波传播过程中能量的传播.

1. 质元的能量

我们首先讨论在振动传播过程中，弹性介质中任一小质元的能量. 设想一列纵波

$$x=A\cos\omega\left(t-\frac{y}{v}\right)$$

在密度为 ρ 的介质中沿 y 方向传播. 体积为 ΔV、质量为 $m=\rho\Delta V$ 的小质元的运动速度为 $u=\dfrac{\mathrm{d}x}{\mathrm{d}t}$，其动能为

$$\Delta E_{\mathrm{k}}=\frac{1}{2}mu^2=\frac{1}{2}\rho\Delta V\left(\frac{\mathrm{d}x}{\mathrm{d}t}\right)^2=\frac{1}{2}\rho\Delta VA^2\omega^2\sin^2\omega\left(t-\frac{y}{v}\right) \qquad (12-29)$$

体积为 ΔV 的质元由于形变而具有弹性势能 ΔE_{p}，计算结果表明有

$$\Delta E_{\mathrm{p}}=\Delta E_{\mathrm{k}}=\frac{1}{2}\rho\Delta VA^2\omega^2\sin^2\omega\left(t-\frac{y}{v}\right) \qquad (12-30)$$

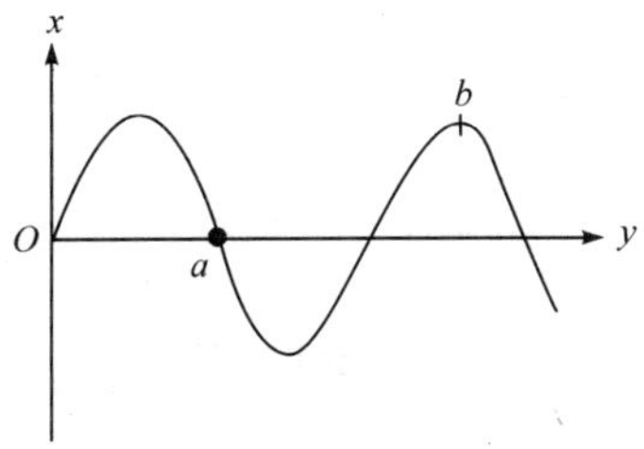

图 12 - 16　波的能量

由式(12 - 29)和式(12 - 30)可以看出，在平面简谐波中，每一质元的动能和势能是同相地随时间变化的，而且两者的数值时时相等. 这一点不难理解，如图 12 - 16 所示，a 处的质元正经过平衡位置，此时质元振动速度最大，其动能为最大值，同时其形变最大，势能也为最大值；而 b 处的质

元,振动速度为零,其振动动能为零,同时其形变为零.势能也为零.波动中质元的这种动能和势能相等的关系是它区别于孤立的振动系统的一个重要特点.

质元的总能量为

$$\Delta E=\Delta E_k+\Delta E_p=\rho\Delta VA^2\omega^2\sin^2\omega\left(t-\frac{y}{v}\right) \tag{12-31}$$

式(12-31)说明质元总能量随时间作周期性变化,时而达到最大值,时而为零.质元能量的这一变化特点是能量在传播中的表现.

2. 波的强度

为了描述介质中各处能量的分布情况,我们引入能量密度,即质元单位体积的能量

$$\varepsilon=\frac{\Delta E}{\Delta V}=\rho A^2\omega^2\sin^2\omega\left(t-\frac{y}{v}\right)$$

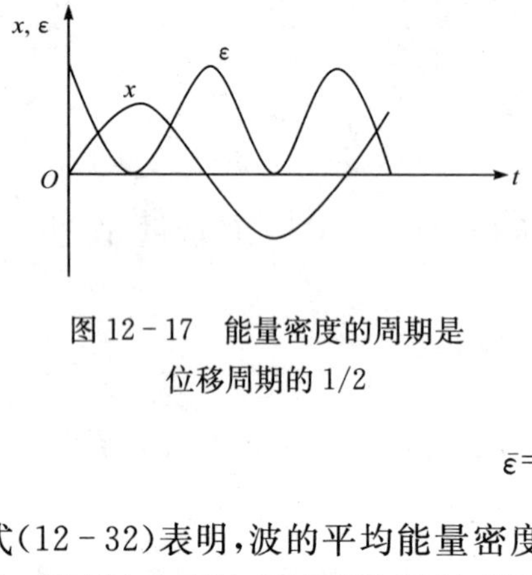

图 12-17 能量密度的周期是位移周期的 1/2

图 12-17 绘出了质元位移和能量密度 ε 随时间变化的情况.由图可以看出,ε 变化的周期为位移 x 变化周期的 1/2.能量密度在一周期的平均值为

$$\bar{\varepsilon}=\frac{1}{T'}\int_0^{T'}\rho A^2\omega^2\sin^2\omega\left(t-\frac{y}{v}\right)\mathrm{d}t$$

式中 $T'=T/2=\pi/\omega$.由于正弦平方的平均值为 1/2,因而将上式积分后,有

$$\bar{\varepsilon}=\frac{1}{2}\rho A^2\omega^2 \tag{12-32}$$

式(12-32)表明,波的平均能量密度和振幅平方、频率平方以及介质密度成正比.超声波比声波有较高的频率,当两者振幅相同时,超声波有更大的平均能量密度.

为了定量研究波动过程中能量的传播,通常引入能流密度的概念.能流密度的方向就是能量传播的方向,能流密度的大小就是单位时间内通过垂直于波速方向单位截面上的平均能量.如图 12-18 所示,在介质中取垂直于波速 $\boldsymbol{v}$ 的面积 S,则在一周期 T 内通过 S 的能量为 $\bar{\varepsilon}vTS$.根据定义,能流密度为

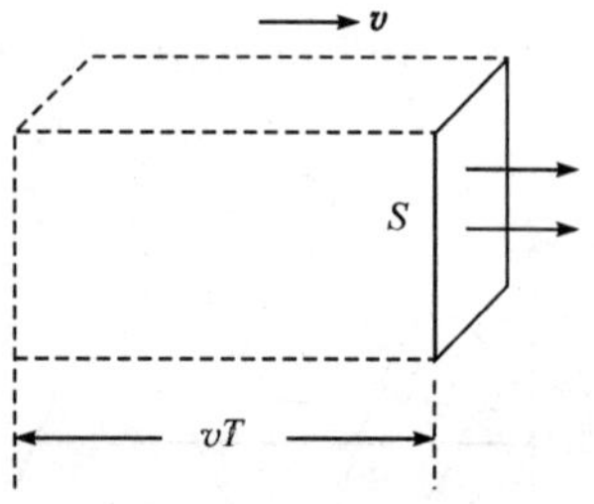

图 12-18

$$I=\frac{\bar{\varepsilon}\boldsymbol{v}TS}{TS}=\bar{\varepsilon}v=\frac{1}{2}\rho A^2\omega^2v$$

能流密度是一个矢量,它的方向和波速方向相同,因而上式也可写成矢量形式

$$\boldsymbol{I}=\bar{\varepsilon}\,\boldsymbol{v}=\frac{1}{2}\rho A^2\omega^2\,\boldsymbol{v} \tag{12-33}$$

能量密度决定了波的强弱，所以它又称为波强，单位为瓦·米$^{-2}$（$W \cdot m^{-2}$）.

3. 声强

在弹性介质中传播的机械波，能引起人听觉的频率范围为 20～2×10^4 Hz，通常将此频率称为声频. 频率低于 20 Hz 的称为次声；高于 2×10^4 Hz 的称为超声. 广义地说，在一切介质内传播的任何机械振动都是声波.

引起人耳的听觉不仅与频率有关，而且与声波强度即声强有关，显见，式(12－33)也适用于声强. 声强降到某一下限值就引不起听觉，这个声强的下限值称为闻阈；同样，当声强升高到某一上限值只能引起痛觉而无声觉，这个声强上限值称为触觉阈. 对于不同的声频，有不同的闻阈和触觉阈. 图 12－19 绘出了对多数人测量的平均结果. 图中曲线表明，从闻阈到触觉阈声强变化范围很大. 例如，频率为 1 000 Hz 的声音，闻阈为 10^{-12} $W \cdot m^{-2}$，触觉阈为 10 $W \cdot m^{-2}$，两者相差 13 个数量级. 由于声强变化范围大，常用对数来标度. 规定 1 000 Hz 的闻阈为标准声强 I_0（$I_0=10^{-12}$ $W \cdot m^{-2}$），某频率的声强 I 与 I_0 之比的对数作为声强的量度，用 L 表示：

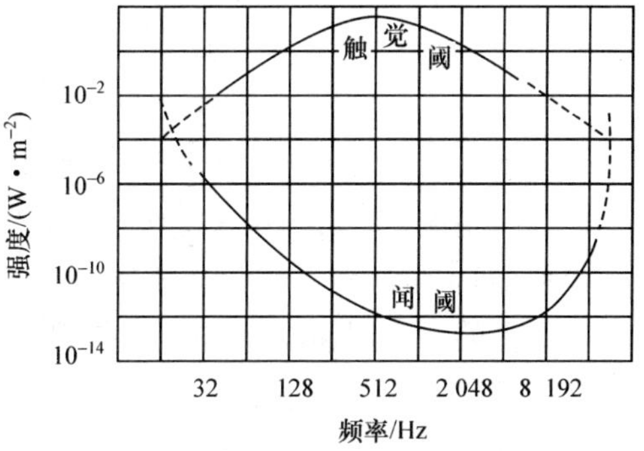

图 12－19　闻阈和触觉阈曲线

$$L=\lg\left(\frac{I}{I_0}\right)$$

L 的单位称为贝尔(bel). 贝尔作为声强级别的单位太大，从闻阈到触觉阈之间只有 13 个级别. 通常取贝尔的 1/10 即分贝(dB)作为声强级别的单位，即

$$L=10\lg\left(\frac{I}{I_0}\right)\quad(\text{dB}) \tag{12-34}$$

这样，从闻阈到触觉阈的 L 值大致为 0～130 dB.

需要指出的是，用声强级别表示声强，不仅为了量度上的方便，而且经验表明人耳感受到声音的主观强度大致是以分贝为单位加以区别的.

表 12－1 列出了常遇到的一些声音的声强级别.

表 12-1　一些声音的声强级

声　音	声强/$(W \cdot m^{-2})$	声强级/dB
刚能引起听觉的声音	10^{-12}	0
树叶沙沙声	10^{-11}	10
耳语	10^{-10}	20
室内轻声收音机	10^{-8}	40
一般谈话	10^{-6}	60
闹市车声	10^{-4}	80
铆钉声	10^{-2}	100
重炮声	1	120
会聚超声波	10^{9}	210

悦耳的乐声是一些波强不太大、近似周期性或者少数几个近似周期性的波合成的声波，即乐声的声谱基本上是分立谱. 而噪声是一些波形不是周期性的或者是由个数很多的一些周期波合成的声波，即噪声的声谱是连续谱. 噪声对人体健康的危害已引起广泛的关注和重视. 在超过 90 dB 的环境下生活和工作有害于健康. 对动物进行的试验表明，噪声达 170 dB 时可导致动物死亡.

任何事物都有正、反两面. 据报载，德国试验利用大街上噪声能供晚上街灯用；也有人试制噪声弹来打击恐怖分子；美国有科学家利用噪声刺激某些农作物，使其根、茎、叶表面的孔张得很大，从而增强了作物吸收肥料和养分的能力，这位科学家用汽笛向试验田的西红柿发射 100 dB 的噪声 30 多次，结果西红柿所结的果实与对照组相比既多又大，产量增加 9 倍. 科学家还发现，不同植物对不同波段的噪声有不同的敏感度. 此外，噪声还能控制某些植物提前或滞后发芽，利用这种差别就可制造成功噪声除草器. 总之，开发噪声应用也是发展农业和提高产量的不可忽视的一面.

顺便提一下，20 世纪七八十年代，一些科学家发现植物在遇到不同的外部环境(例如久旱逢雨、受到虫害等)会发出不同的声音. 科学家意识到破译植物语言的重大意义，并有许多科学家已投身到这一艰辛的研究中.

4. *超声波*

频率在 20 000 Hz 以上的机械波称为超声波. 产生超声的方法很多，例如利用石英晶体的弹性振动可以产生很高的频率. 当外加交变电场与石英晶体共振(压电效应)时产生的超声可以高达 6×10^{8} Hz，它在空气中的波长约为 500 nm，和可见光的波长相同. 由于超声波的波长短，衍射现象不严重，因而具有良好的定向传播特性，也由于它的频率高，因而声强比一般声波大得多. 而且超声波穿透本领很大，特别是在液体、固体中传播时衰减很小，在不透明的固体中能穿透几十米的厚度.声强很大的超声波在液体中传播时有所谓的空化现象.超声对液体不断形成压缩和拉伸，当液体无法承受时就会突然断裂而形成短暂空洞，这称为“空化”.这些空洞在压缩再度来临时会突然崩溃，在崩溃时空洞内产生很大的压强，有人估计可达数万个大气压，同时产生高温甚至放电现象.超声波的这些特性，在科学技术和工农业生产上得到广泛的应用.这些应用大致分为两大类.

一类是利用超声的强机械振动作用、高能量密度和空化等作用.如用于铝的焊接，在玻璃、陶瓷乃至金刚石上打孔，击碎人体内的结石等，也可用于罐头消毒和植物种子处理等.有报道超声处理植物种子引起增产和遗传变异，但这些结果还都难以确切地确定，尚需进一步研究.

另一类是利用超声波传播方向性强、界面上有强反射并易于探测的性质.如用来检查工件中的缺陷(如裂缝、气泡、砂眼等)，这种探测无需解剖工件，称为无损探伤.超声波还可用来检测人体或家畜身体内部，观察内脏肿瘤等，它比 X 射线安全方便，不伤害人体.超声波还可用来控测鱼群和海底暗礁和深度等.

5. *次声波*

次声波的频率范围大致为 $10^{-4}\sim20$ Hz.在火山爆发、地震、大气湍流、雪暴、磁爆等自然现象中都有次声波发生.它的特点是波长很长，可以远距离、长时间传播自然信息.例如，强烈地震时，接收纵波、横波、表面波 3 种次声波可以推算出地震波的垂直幅度、方向和水平速度.利用空气中的次声波可以侦察核爆炸.我国大庆油田工作者发现，地震前后，震中附近油田经常出现异常，主要表现为废井突然自喷、产油量突发性增加或降低等，于是他们利用电磁锤产生次声波来提高油井原油的产量.但是，次声波技术也存在一定的问题，一定强度下某些频率的次声波对人体是有害的.实验证明，10 Hz、170 dB 的次声波可使狗的呼吸困难或停止.人和其他生物不仅能够对次声产生某种反应，而且他(它)们的某些器官还会发出微弱的次声波，因此可以利用测定这些次声波的特性来了解人体或其他生物相应器官的活动情况.

核武器的发展曾对次声波的研究起了很大推动作用，如今科学家们对次声波的研究和它的应用范围要广泛得多，它已成为现代声学的一个新的分支——次声学.

12.2.4　波的传播

1. *惠更斯原理*

荷兰物理学家惠更斯发展了胡克认为光是一种振动在空间传播的主张，他在

1690 年出版的《光论》一书中提出了一个著名的原理，利用这个原理可以较好地解释光传播中的一些问题，如光的反射和折射以及光的衍射现象等. 这个原理称为惠更斯原理，它同样适用于在弹性介质中传播的机械波.

惠更斯原理表述如下：波所达到的每一点都可看成新的波源，这些点发出的球面次波的包迹就是新的波前.

现在举例说明惠更斯原理的用法. 如图 12-20 所示，波由波源 O 以速度 v 向空间传播，设 t 时刻的波前是半径为 R_1 的球面 S_1. S_1 面上各点可看作新的波源，在 Δt 时间内发生半径为 $v\Delta t$ 的半球面形的次波，而新的波前就是这些次波的包迹 S_2，半径为 $R_2=R_1+v\Delta t$. 可以用同样的方法求出平面波情形下新的波前(图 12-21).

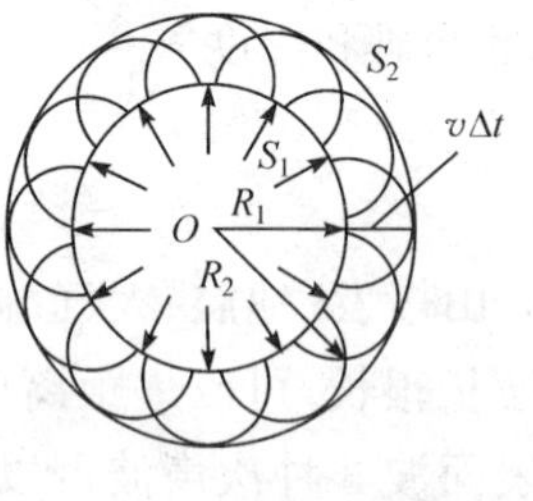

图 12-20 用惠更斯作图法得出球面波波前

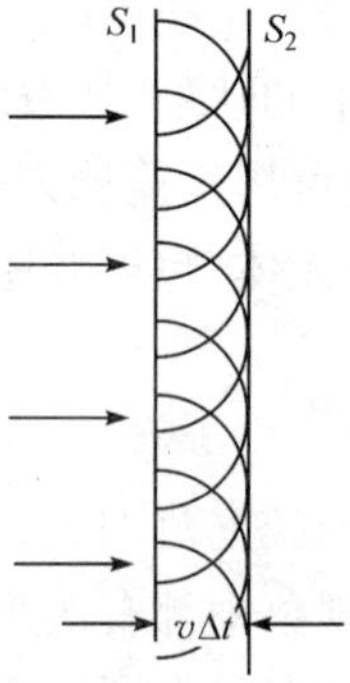

图 12-21 用惠更斯作图法得出平面波波前

上面两个例子都是波在各向同性的均匀介质中传播，用惠更斯原理求出的波前的几何形状保持不变. 当波在各向异性介质中传播时，利用惠更斯原理得出的波前的几何形状和传播方向都可能发生变化. 这一情况将在晶体波动光学中遇到.

2. 波的叠加原理 干涉

实验表明，从几个波源产生的波在同一介质中传播时，无论这几个波相遇与否，都保持原有的特性(频率、波长、振动方向、传播方向等). 因此，在相遇处各质元的振动位移是各波单独存在时在该点所引起的振动位移的矢量和. 这就是波的叠加原理. 例如，把两石块同时投入静水中，两振源所激起的圆形波，彼此穿过而又离开之后，它们将仍是圆形的，并仍以石块落下处为圆心. 再如，听乐队演奏时，各种乐器的声音保持原有的音色，因而我们能够从中辨别出来.

当频率相同、振动方向相同、相位相同或有固定相位差的两列波在空间某区域同时传播时，可能形成有的地方振动始终加强，另一些地方振动始终减弱，因而空间有一稳定的强度分布. 这种现象称为波的干涉. 能产生干涉现象的两列波称为相干波，相应的波源称为相干波源. 关于干涉现象我们将在第 13 章详细讨论.

12.2.5　多普勒效应

前面我们只研究了波源和观察者相对于传播波的介质静止的情形. 如果观察者相对于介质运动，或者波源相对于介质运动，或者两者都相对于介质运动，这时观察者接收到的频率 ν' 和波源的频率 ν 不同，这种现象称为多普勒效应. 这种效应是各种波都有的一种很重要的现象. 例如，机车迎面驶来时，汽笛的音调听起来变高了，说明频率变高了；而当机车背离我们驶去时，则汽笛的音调听起来变低了，即频率变低了.

为讨论简单起见，设波源和观察者相对于介质的运动在二者的连线上. 分以下 3 种情况进行讨论.

1. 波源固定，观察者相对于介质运动

以 $u_{观}$ 表示观察者相对于介质的速度，并规定观察者趋近于波源运动时 $u_{观}$ 为正，反之为负. 这样波相对于观察者的速度为 $v+u_{观}$. 观察者接收到的频率 ν' 为

$$\nu'=\frac{1}{T'}=\frac{v+u_{观}}{\lambda}=\frac{v+u_{观}}{vT}=\left(1+\frac{u_{观}}{v}\right)\nu \tag{12-35}$$

式(12-35)说明，当观察者趋近静止的波源，接收到的频率比波源频率高；如果观察者远离波源，接收到的频率低于波源的频率. 在特殊情形下，如 $u_{观}=-v$，即观察者以波传播的速度离开波源运动，观察者与波相对静止，则 $\nu'=0$，即观察者接收到的振动数为零.

2. 观察者固定，波源相对于介质运动

以 $u_{源}$ 代表波源相对于介质的运动速度，并规定波源接近观察者，$u_{源}$ 为正，反之为负. 由于波速 v 和波源的运动无关，所以在一周期内波源在 B 点发出的振动向前传播的距离总等于 λ(图 12-22)，但在同时，波源向前移动了距离 $u_{源}T$ 而到达 B' 点，整个波被挤压在 $B'A$ 之间，因而波长缩短为

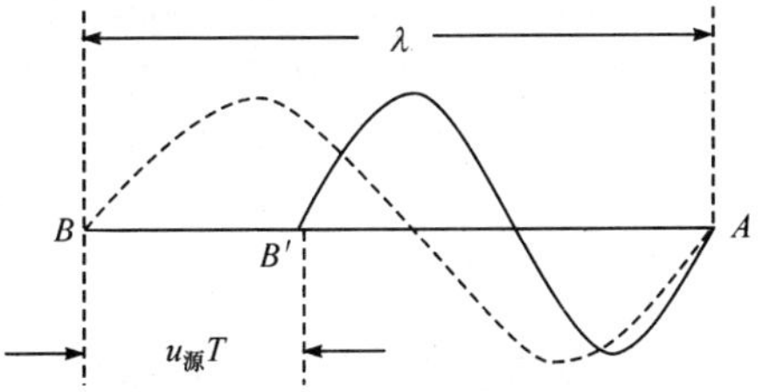

图 12-22　波源运动的影响

$$\lambda'=\lambda-u_{源}T$$

这样，观察者接收到的频率为

$$\nu'=\frac{v}{\lambda'}=\frac{v}{(v-u_{源})T}=\left(\frac{1}{1-\frac{u_{源}}{v}}\right)\nu \tag{12-36}$$

显见,当 $\nu_{源}>0$,则有 $\nu'>\nu$;若 $u_{源}<0$,则 $\nu'<\nu$.

3. 波源和观察者同时相对于介质运动

由以上讨论可知,波源以 $u_{源}$ 相对于介质运动时使波长变为 $\lambda'=\lambda-u_{源}T$,当观察者以 $u_{观}$ 的速度相对于介质运动时,相对于观察者来说波的速度为 $v+u_{观}$. 当两者同时相对于介质运动时,接收到的频率 ν' 为

$$\nu'=\frac{v+u_{观}}{\lambda-u_{源}T}=\frac{v+u_{观}}{v-u_{源}}\nu \tag{12-37}$$

如果观察者和波源的运动方向不在两者的连线上,则只要将速度沿连线上的分量代入式(12-37)即可.

多普勒效应是由奥地利物理学家多普勒在1842年发表的《论双星的色光》中提出的,他认为,运动着的声源,其音调对于静止的观测者是变动的,那么星光的颜色也应当随星对地球的速度而变化,他的原理已用于研究恒星的运动、寻找双星,是现代宇宙论的组成部分. 天文学家观测遥远星系的光谱,并与地球上得到的光谱相比较时发现星系的光谱几乎都发生红移(波长变长). 根据多普勒效应原理,得出星系都正在远离地球向四外飞去,这就是宇宙膨胀论的一个有力依据.

由于利用多普勒效应可以测定运动物体的速度,所以它有许多实际的应用. 例如,使用微波雷达测定云层的速度,从而对气象作出预报;利用激光测出血液中红血球流速,从而得出血液流动速度,对疾病作出诊断等等.

值得指出的是,由于当时缺乏精密测量频率的仪器,用实验来验证多普勒效应还有困难. 1845年有人让小号手在行驶的平板火车上奏乐,由音乐家用自己的耳朵来判断音调的变化,以此验证多普勒效应.

12.2.6 冲击波

当声源的速度超过声速时,式(12-37)不再成立. 图12-23画出了声源在不同位置处发出的几个球面波前,图上的任何波前的半径都是 vt,其中 v 为声速,t 为从波源发出该波前经过的时间. 所画出的波前是二维的(实际上是三维的),它们沿着V形的包迹聚集起来,形成一个圆锥面,称其为马赫锥. 这个图形说明,波源的前方不可能有任何波动产生,所有波前都被挤压而聚集在马赫锥上,其上高度集中了波的能量. 容易造成巨大的破坏,这种波称为冲击波(或击波). 图12-23中锥形的半角 θ 称为马赫锥角,它由下式给定:

$$\sin\theta = \frac{vt}{u_{源}t} = \frac{v}{u_{源}} \tag{12-38}$$

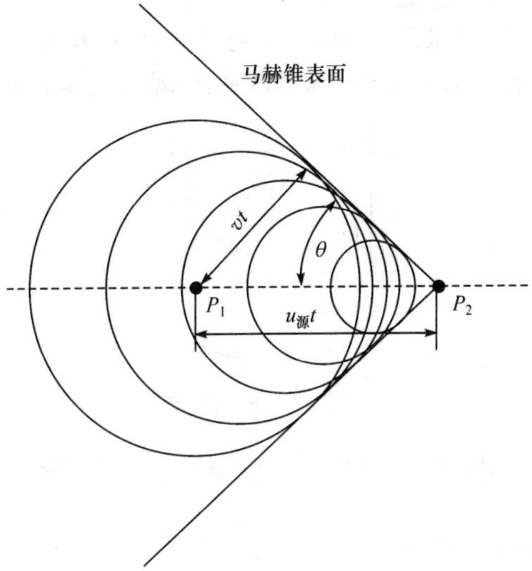

图 12-23　冲击波的产生

$u_{源}/v$ 值称为马赫数. 如果一架飞机以 2.5 马赫数飞行，那就是说它以空气中声速的 2.5 倍速度飞行.

声源以超声速运动时形成的马赫锥可引起大气压强的骤然升高或降低，引发声音的突变(称为声爆). 例如猛甩一根长牛鞭时就能听到声爆，这时由于当鞭子的运动接近鞭梢时鞭梢的运动比声速大产生的. 核爆炸威力大，会在空气中形成强烈的冲击波，它到达的地方，空气压强突然增大，可造成极大的破坏力.

当在透明介质里穿行的带电粒子速度超过介质里的光速(小于真空中光速)时，会辐射出圆锥形的电磁辐射，这种辐射称为切伦科夫辐射，利用这一原理可制成探测高能粒子速度的仪器——切伦科夫计数器.

习　题

12-1　一个弹簧振子的小球做简谐振动 $x=0.05\cos(8\pi t+\pi/3)$(SI).

(1) 求此振动的角频率、周期、振幅、初相位、最大速度和最大加速度；

(2) $t=1$ s，2 s，10 s 等时刻振动的相位；

(3) 求小球到达平衡位置的时刻.

12-2　一质量为 m 的物体，以振幅 A 做简谐振动，最大加速度为 a_{max}，则其振动总能量为多大？当其动能为其势能的一半时，物体位于离平衡位置多远？

12-3　据报道，1976 年 7 月 28 日唐山地震时，居民感受到自己被甩到 1 m 高，假定地面做简谐振动，而且频率是 1 Hz，则由上述高度算出地面振动的最大速度和振幅各是多少？

12-4　两劲度为 k_1 和 k_2 的弹簧串接后一端与质量为 m 的物体相连，另一端固定，放在光滑水平面上. 求该系统做振动时的固有频率.

12-5　如习题 12-5 图所示，一 U 形管装有密度为 ρ 的液体，液柱总长度为 l. 先在左端吹气加压，使两端液面高度差为 h，然后放气，液柱做简谐振动，试求其振动频率.

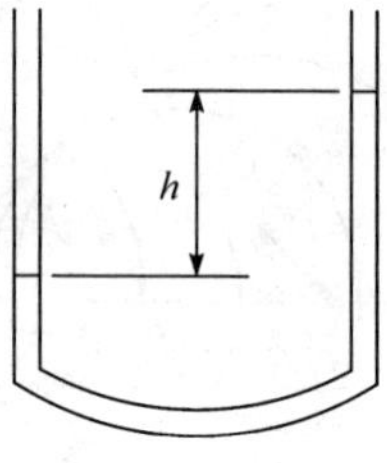

习题 12-5 图

12-6　一弹簧振子，劲度为 $25\ \mathrm{N \cdot m^{-1}}$，以初动能 0.2 J 和初势能 0.6 J 开始振动.

(1) 它的振幅多大？

(2) 位移是振幅的一半时，势能多大？

(3) 位移是多大时，势能和动能相等？

12-7　一个质点同时参与两个在同一直线上的简谐振动，其表达式分别为

$$x_1 = 0.04\cos\left(2t + \frac{\pi}{6}\right), \qquad x_2 = 0.03\cos\left(2t - \frac{\pi}{6}\right)\ \text{(SI)}$$

试写出合振动的表达式.

12-8　一平面简谐波在介质中以速度 $10\ \mathrm{m \cdot s^{-1}}$ 沿 x 轴（正向向右）向左传播，若波线上 A 点的振动方程为 $y_1 = 0.02\cos(2\pi t + \varphi)\mathrm{m}$，而波线上另一点 B 在 A 点左边 5 cm 处，分别求以 A 为坐标原点时波的表达式和以 B 为坐标原点时波的表达式.

12-9　一平面简谐波在 $t=0$ 时的波形曲线如习题 12-9 图所示.

(1) 写出此波的表达式；

(2) 画出 $t=0.02$ s 时的波形图.

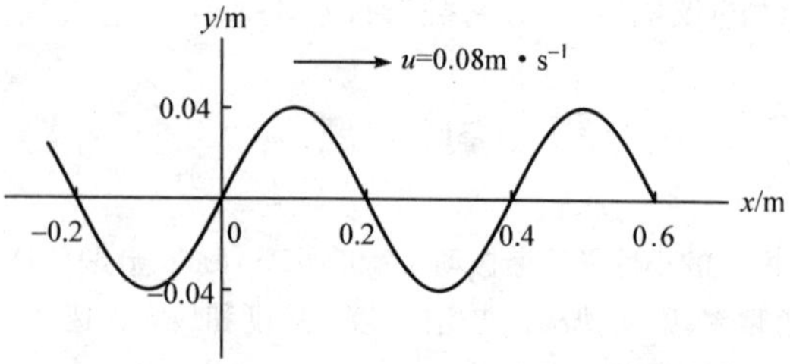

习题 12-9 图

12-10　已知一平面简谐波的表达式为 $x = 5\cos(3t - 4y + 5)\mathrm{cm}$，试求：

(1) $t=5$ s 时，介质中任一点的位移；

(2) $y=4$ cm 处质点的振动规律；

(3) 波速 v；

(4) $t=3$ s，$y=3.5$ cm处质点的振动速度.

12-11 一横波沿一条张紧的弦线传播，沿线的方向取 x 轴，该横波的表达式为

$$y=2\times10^{-3}\cos2\pi(262t-3.3x)\text{(SI)}$$

(1) 说明波的传播方向；

(2) 求出波的振幅、频率、波长和波速；

(3) 位于 $x=0.5$ m处的质元在 $t=0.02$ s时的振动相位是多少？再过 $\Delta t=0.02$ s此相位将位于何处？

(4) 位于 $x=0.5$ m处的质元在 $t=0.02$ s时的振动速度是多大？

12-12 设 B、C 具有相同的振动方向和振幅，振幅为1 cm，初相位差 π，相向发出二线性简谐波，二波频率均为100 Hz，波速为430 $\text{m}\cdot\text{s}^{-1}$. 已知 B 为坐标原点，C 的坐标为 $y_C=30$ m，试求：

(1) 二波源的振动表达式；

(2) 二波的表达式；

(3) 在 B、C 之间的直线上，因二波叠加而静止的各点的位置.

12-13 人耳能分辨的声强级的差别是1 dB，声强级有此差别的两声波的振幅之比如何？

12-14 一只唢呐演奏的平均声强级约为70 dB，五只同样唢呐同时演奏的声强级多大？

12-15 一喷气式飞机起飞时，距它60 m处的声强级是120 dB，此处声音的强度多大(用 $\text{W}\cdot\text{m}^{-2}$ 表示)？距它120 m处的声强级多大？假设声波是球面波而且空气不吸收声波的能量.

12-16 街道噪声声强级为65 dB，在附近一个1.2 m见方的空窗口1 s内接收此噪声的能量是多少焦耳？

12-17 一固定的声源发出频率为100 kHz的超声波. 一汽车向超声源迎面驶来，在超声源处接收到从汽车反射回来的超声波，其频率从测频装置中测出110 kHz. 设空气中的声速为330 $\text{m}\cdot\text{s}^{-1}$，试计算汽车的行驶速度.

12-18 在血管内血流的速率一般约为0.32 $\text{m}\cdot\text{s}^{-1}$，频率为4.00 MHz的超声波沿着血流的方向发射而被红血球反射回来，如果超声波在人体内的速度是 1.5×10^3 $\text{m}\cdot\text{s}^{-1}$，则入射波和反射波的频率差是多少？

第 13 章　光　　波

18 世纪至 19 世纪初，对光的本质存在着两种观点. 一种以牛顿为代表的光微粒说，另一种以惠更斯的光波动说. 这两种观点各自阐明了光的直线传播、反射定律和折射定律. 但是光微粒说认为光在水中的传播速度要大于在空气中的传播速度，而光波动说持相反的看法，认为光在水中的传播速度要小于空气中的传播速度. 惠更斯的光波动说并没有波动的空间周期性，即波长的概念，且认为光和空气中声波一样，属于纵波. 19 世纪初期，杨氏和菲涅耳等人一系列的光的干涉、衍射和偏振的实验和理论，充分说明了光在空间传播过程中所显现出来的波动性质，而且引入波长的概念，并说明光是一种横波. 以牛顿为代表的光微粒说根本无法解释光的干涉、衍射和偏振现象. 1850 年傅科测量了光在水中的速度，进一步判定了光波动说的正确性. 19 世纪 60 年代麦克斯韦电磁场理论阐明了光是一种电磁波，随后赫兹用实验证实了此观点. 这使光波动说更有了扎实的理论基础.

13.1　光的干涉

13.1.1　杨氏实验

两个普通的独立光源照射在同一空间区域(如屏幕)时，强度将是简单的相加，这种现象是屡见不鲜的. 但在一定条件下，在两束光重叠区域内不是简单的叠加而是有的加强有的削弱，即呈现亮暗相间的条纹，这就是光的干涉现象. 光的干涉在牛顿时代已观察到(牛顿环)，但首先用实验实现光的干涉是托马斯·杨(T. Young). 杨氏实验在光学发展史上具有极其重要的地位，它是历史上以光的干涉现象揭示光的波动性的第一个实验，它是由英国医生、物理学家托马斯·杨在 1801 年完成的. 杨氏用惠更斯原理和波的叠加原理完美地解释了他的实验结果，第一次测定了光波波长.

杨氏实验不仅在历史上有着重要地位，而且至今还起着重大的作用. 2002 年在全美国的物理学家们做了一份调查，请他们提出有史以来最出色的十大物理实验. 结果杨氏干涉实验被排名第五. 正因为这些原因，我们在波动光学一开始就介绍杨氏实验，并以它作为“解剖”对象，作较为详细的讨论.

1. 杨氏实验装置

杨氏当初做的实验装置如图 13 - 1 所示. 先让日光照射阻挡屏 M_1 上针孔 S，

阻挡屏 M_2 上也有两个相距为 d 的针孔 S_1 和 S_2. M_1、M_2 和屏幕 M_3 是相互平行的，M_3 和 M_2 的间距 D 以及 M_2 和 M_1 的间距 R 均远远大于 S_1 和 S_2 的间距 d. 在 M_3 上可以观察到一组明暗相间的、几乎是平行的直线彩色条纹. 各种颜色的条纹是等宽的，但它们并不相等，其中红条纹最宽，紫条纹最窄.

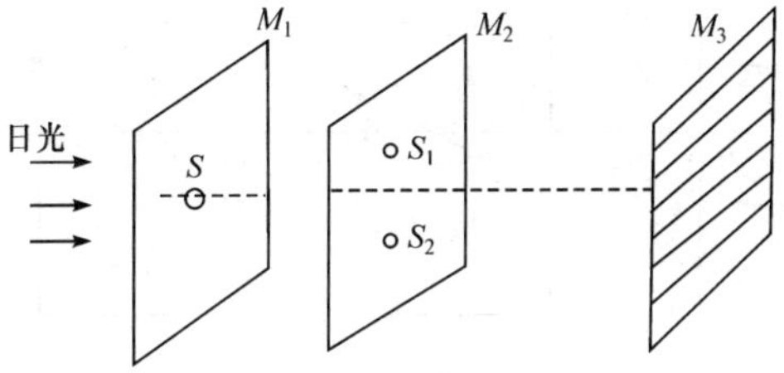

图 13-1　原杨氏实验装置

后来发现，以狭缝代替 S、S_1 和 S_2 针孔，并用单色光(如钠黄光)照射，在屏幕上可得到更为清晰的明暗相间的单色直线条纹，装置如图 13-2所示. 自 20 世纪 60 年代激光源产生后，杨氏实验装置可更为简单. 若单色光采用激光，则图13-2 中的 S 狭缝可去除，在屏幕 M_3 上同样可观察到清晰的明暗相间的直线条纹.

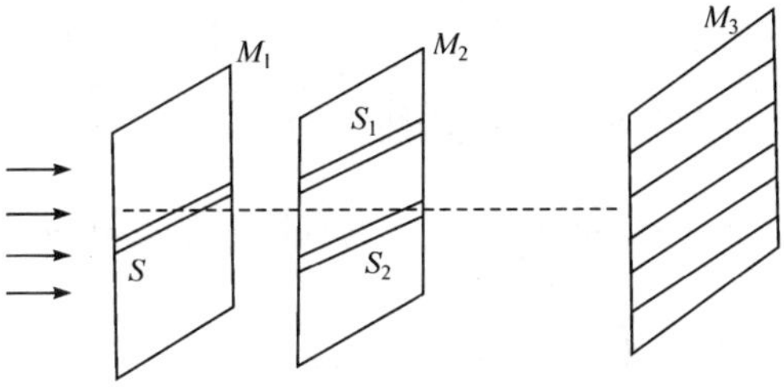

图 13-2　杨氏双缝干涉

杨氏实验的结果，即在 M_3 上观察到明暗相间的条纹是无法用光微粒说来解释的，因为几何光学告诉我们光是沿着直线传播的，那么图 13-1 或图 13-2 中的 M_3 上应是一片黑暗，根本不可能有光，但事实上屏幕上有光且光强是周期分布. 如何来解释此实验现象呢？这正是我们下面要讨论的内容.

2. 光强分布

现在从惠更斯原理和波的叠加原理作为出发点来研究 M_3 上呈现的光强分布. 将图 13-1 重新画在下面. 用单色光照射针孔 S，将 S 看作是一个点光源，它向空间发出球面波，这样针孔 S_1 和 S_2 必落在 S 发出的球面波波面上(若图 13-3 中的 $R_1=R_2$，则落在同一波面上). 由惠更斯原理，S_1 和 S_2 可视为新的次波源，S_1 和 S_2 各自向空间发出球面波，它们在 M_3 相遇，可根据波的叠加原理进行计算. 假定

单色光的波长为 λ. 点光源的振动写为

$$S = A_0\cos(\omega t + \varphi_0) \tag{13-1}$$

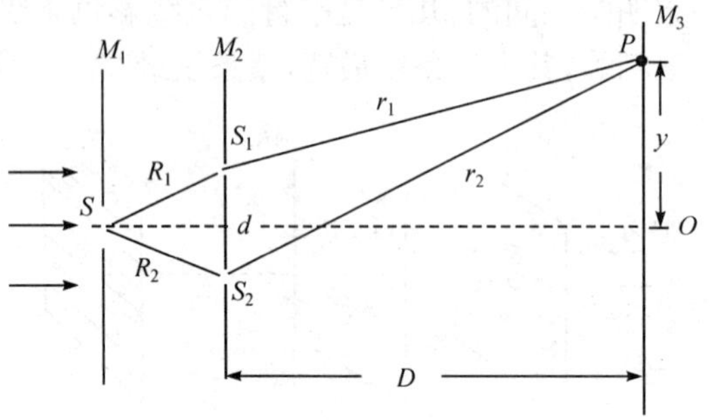

图 13-3 杨氏干涉原理图

次波源 S_1 的振动写为

$$S_1 = A_{10}\cos\left(\omega t - \frac{2\pi R_1}{\lambda} + \varphi_0\right) = A_{10}\cos(\omega t + \varphi_{10}) \tag{13-2}$$

次波源 S_2 的振动写为

$$S_2 = A_{20}\cos\left(\omega t - \frac{2\pi R_2}{\lambda} + \varphi_0\right) = A_{20}\cos(\omega t + \varphi_{20}) \tag{13-3}$$

屏幕 M_3 上 P 点的振动为由 S_1 和 S_2 传播来的振动 S_{1P} 和 S_{2P} 的叠加

$$S_{1P} = A_1\cos\left(\omega t - 2\pi\frac{r_1}{\lambda} + \varphi_{10}\right) = A_1\cos(\omega t + \varphi_1) \tag{13-4}$$

$$S_{2P} = A_2\cos\left(\omega t - 2\pi\frac{r_2}{\lambda} + \varphi_{20}\right) = A_2\cos(\omega t + \varphi_2) \tag{13-5}$$

式中

$$A_{10} = \frac{A_0}{R_1},\quad A_1 = \frac{A_{10}}{r_1},\quad A_{20} = \frac{A_0}{R_2},\quad A_2 = \frac{A_{20}}{r_2}$$

$$\varphi_{10} = -\frac{2\pi R_1}{\lambda} + \varphi_0,\quad \varphi_1 = -\frac{2\pi r_1}{\lambda} + \varphi_{10}$$

$$\varphi_{20} = -\frac{2\pi R_2}{\lambda} + \varphi_0,\quad \varphi_2 = -\frac{2\pi r_2}{\lambda} + \varphi_{20}$$

由于在杨氏实验中，有条件 $d \ll D$（如 $d=0.5$ mm，$D=100$ cm），所以 $\boldsymbol{r}_1$ 和 $\boldsymbol{r}_2$ 几乎是平行的，这样 S_1 和 S_2 发出的球面波在 P 点相遇时，它们的振动方向可看作是平行的，于是在 P 点两振动的叠加是属于同频率、同振动方向的两个简谐振动的合成，P 点的合振动为

$$S_P = S_{1P} + S_{2P} = A\cos(\omega t + \varphi) \tag{13-6}$$

式中

$$A^2 = A_1^2 + A_2^2 + 2A_1A_2\cos\delta \tag{13-7}$$

$$\varphi = \arctan\frac{A_1\sin\varphi_1 + A_2\sin\varphi_2}{A_1\cos\varphi_1 + A_2\cos\varphi_2} \tag{13-8}$$

$$\begin{aligned}\delta = \varphi_1 - \varphi_2 &= \left(\varphi_{10} - 2\pi\frac{r_1}{\lambda}\right) - \left(\varphi_{20} - 2\pi\frac{r_2}{\lambda}\right) \\ &= (\varphi_{10} - \varphi_{20}) + 2\pi\frac{r_2 - r_1}{\lambda} = 2\pi\frac{R_2 - R_1}{\lambda} + 2\pi\frac{r_2 - r_1}{\lambda}\end{aligned} \tag{13-9}$$

若 $R_1 = R_2$，则

$$\delta = 2\pi\frac{r_2 - r_1}{\lambda} \tag{13-10}$$

由以上各式可看出，对于屏幕上不同的点，r_1 和 r_2 数值不相同，于是 δ 不相同，导致 A^2 不同，即光强 $I(\propto A^2)$不相同. 为讨论简便，设 $I = A^2$.

在屏幕上满足 $\delta = 2k\pi$ 的那些点($k = 0, \pm1, \pm2, \cdots$)，光强有最大值

$$I_{\max} = A^2 = A_1^2 + A_2^2 + 2A_1A_2 = I_1 + I_2 + 2\sqrt{I_1I_2} \tag{13-11}$$

在屏幕上满足 $\delta = (2k+1)\pi$ 的那些点($k = 0, \pm1, \pm2, \cdots$)，光强有最小值

$$I_{\min} = A^2 = A_1^2 + A_2^2 - 2A_1A_2 = I_1 + I_2 - 2\sqrt{I_1I_2} \tag{13-12}$$

式中 I_1 和 I_2 为 S_1 和 S_2 单独存在时的 P 点光强.

在涉及次波源 S_1 和 S_2 发出的次波在 P 点的强度时，由于在实验装置中有条件 $d \ll D$. 我们可以忽略 r_1 和 r_2 之间的差距，即认为 S_1 和 S_2 发出的次波到达幕上各点的振动振幅是相等的，即假设 $A_1 = A_2$，则有

$$\begin{aligned}A^2 &= A_1^2 + A_2^2 + 2A_1A_2\cos\delta = 2A_1^2(1 + \cos\delta) \\ &= 4A_1^2\cos^2\frac{\delta}{2} = 4I_1\cos^2\frac{\delta}{2}\end{aligned} \tag{13-13}$$

由此可见，在上述假设下，有

$$I_{\max} = 4I_1 \tag{13-14}$$

$$I_{\min} = 0 \tag{13-15}$$

显见，在光强最大的那些点，总能量为两个点光源(S_1 和 S_2)单独在该点能量的 2 倍，即所谓的“一加一等于四”，而在光强最小的那些点，总能量却为零，即所谓的“一加一等于零”. 从表面上来看，这似乎很奇怪，是否破坏了能量守恒？不是的，所以引起这种现象是由于干涉导致了能量的重新分布. 在强度最小处好像是失去的能量，实际是在强度最大处呈现出来.

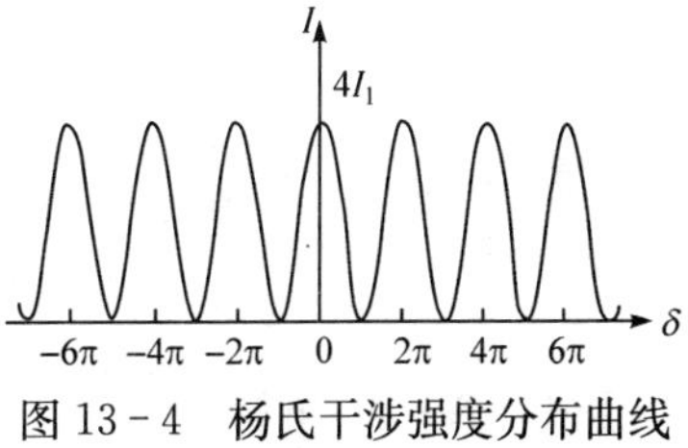

图 13-4　杨氏干涉强度分布曲线

根据式(13-13)，干涉光强分布曲线形状如图 13-4 所示，其中对应 $I_{\max} = 4I_1$ 的那些点是干涉条纹的最亮点，$I_{\min} = 0$ 的那些点是干涉

条纹的最暗点，我们要记住这儿得出的暗点全暗(光强为零)是已作了 $A_1=A_2$ 假设的缘故.实际上对于 $\delta=(2k+1)\pi(k=0,\pm1,\pm2,\cdots)$ 那些点，由于 $r_1\neq r_2$，所以严格说来屏幕上不存在全暗的点，不过在 $d\ll D$ 条件下，那些暗点是近乎全暗的.

3. 干涉条纹宽度

现在来讨论干涉条纹的宽度(干涉条纹相邻两最亮点或相邻两最暗点之间的距离).由式(13-7)和式(13-9)可知，欲知条纹宽度应从研究 δ 着手，在 $R_1=R_2$ 条件下，$\delta=2\pi\dfrac{r_2-r_1}{\lambda}=2\pi\dfrac{\Delta L}{\lambda}$，其中 $\Delta L=r_2-r_1$.由图 13-3 中的几何关系可得 $r_2=\sqrt{D^2+\left(y+\dfrac{d}{2}\right)^2}$，$r_1=\sqrt{D^2+\left(y-\dfrac{d}{2}\right)^2}$，于是有

$$\Delta L=r_2-r_1=D\sqrt{1+\frac{\left(y+\dfrac{d}{2}\right)^2}{D^2}}-D\sqrt{1+\frac{\left(y-\dfrac{d}{2}\right)^2}{D^2}}$$

在实验中有条件 $D\gg y\pm\dfrac{d}{2}$，即在屏幕上观察条纹的范围要小于 D，可利用近似公式 $\sqrt{1+x}\approx1+\dfrac{x}{2}(x<1)$，最后得

$$\Delta L=r_2-r_1=y\frac{d}{D}\tag{13-16a}$$

$$\delta=2\pi\frac{r_2-r_1}{\lambda}=2\pi\frac{yd}{D\lambda}\tag{13-16b}$$

条纹最亮点

$$\delta=2\pi\frac{yd}{D\lambda}=2k\pi$$

$$y=k\lambda\frac{D}{d},\quad k=0,\pm1,\pm2,\cdots\tag{13-17}$$

条纹最暗点

$$\delta=2\pi\frac{yd}{D\lambda}=(2k+1)\pi$$

$$y=\left(k+\frac{1}{2}\right)\lambda\frac{D}{d},\quad k=0,\pm1,\pm2,\cdots\tag{13-18}$$

式中 k 称为干涉条纹级数.任意相邻两最亮点(或最暗点)间距离为

$$\Delta y=y_{k+1}-y_k=\lambda\frac{D}{d}\tag{13-19}$$

由式(13-19)可知，①在 D 和 d 确定条件下，波长 λ 越大，条纹宽度越大，所

以在用白色光源时，由于各种颜色的光波长不同，因此除在零级亮纹中心是白色外，在其余处出现彩色条纹. 当干涉级数较大时，不同级数的各色条纹由于互相重叠出现均匀强度，无法辨认干涉条纹. 所以用白色光源观察时，可辨认条纹数很少，故一般实验中均用单色光源. ②Δy 与干涉条纹级数 k 无关，这说明了在屏幕上所观察到的干涉条纹是等间距的. ③由于可见光波长对我们直接观察来说是一个很小的量，若在实验中要出现有明显可见的明暗相间的干涉条纹(揭示出光波的空间周期性)必须使 $D\gg d$，杨氏实验装置中安排了此条件，这个缘故是原因之一(另一原因使 S_1 和 S_2 在 P 点的振动方向是一致的). ④在确定的 D 和 d 条件下，由测量干涉条纹宽度 Δy 即可测定光波波长. 杨氏就是通过此法，第一次测量了光波波长.

我们还要继续说明下列几点：

(1) 屏幕上光强分布由 $\delta=\dfrac{2\pi}{\lambda}(r_2-r_1)$决定. 在杨氏实验里，$S_1$ 和 S_2 发出的球面波都是在 $n=1$ 的空气中传播，所以屏幕上强度分布情况，实际上是由两个波到达 P 点的几何程差(r_2-r_1)决定. 如果 S_1 和 S_2 发出的球面波分别在折射率为 n_1 和 n_2 的介质中传播，若 $R_1=R_2$，由式(13－9)可知，此时有

$$\delta = 2\pi\frac{r_2}{\lambda_2} - 2\pi\frac{r_1}{\lambda_1}$$

而

$$\lambda_2 = \frac{\lambda}{n_2}, \qquad \lambda_1 = \frac{\lambda}{n_1}$$

式中 λ 是真空中的波长，所以有

$$\delta = \frac{2\pi}{\lambda}(n_2 r_2 - n_1 r_1)$$

于是屏幕上光强分布由$(n_2r_2-n_1r_1)$决定，我们称 n_2r_2 和 n_1r_1 分别为 S_1 和 S_2 点光源发出光波到达屏幕上 P 点的光程，而$(n_2r_2-n_1r_1)$称为两者的光程差.

(2) 在讨论 S_1 和 S_2 两相干点光源在屏幕上某点的光强时，可认为是相同的，也即忽略了 r_1 和 r_2 之间差异，但在讨论 S_1 和 S_2 在幕上某点引起的振动相位时，却一定要计算 r_1 和 r_2 之间的差异. 所以同一个物理量在什么情况下可忽略，在什么情况下不能忽略，均要作具体分析，决定取舍.

(3) 由式(13－13)可知，干涉条纹实质上体现了参与相干叠加的光波间相位差的空间分布，换句话说，干涉条纹的强度记录了相位差的信息，这一概念对现代光学是十分重要的.

全息照相的“全息”指的就是物体发出光波的全部信息，既包括振幅(或强度)，也包括相位. 正因为全息照片含有光波全部信息，所以它与普通照片(仅记录了光

的强度)有很大的不同.其一是人们观察全息照片,可看到原物完整的立体虚像,这个立体虚像是真正立体的,当人眼换一个位置时,可以看到物体的侧面像,原来被挡住的地方这时也显露出来了;其二是通过全息照片上任一碎片,也可以看到整个物体的立体像.全息原理是1948年伽伯(D. Gabor)为了提高电子显微镜的分辨本领而提出的.但当时没有高相干性、高强度的光源,全息照相研究工作进展相当缓慢,全息术也不被人们所重视.自1960年激光器出现后,人们又燃起了对全息的兴趣,从此全息技术的研究进入了一个新阶段,发展非常迅速,已成为科学技术的一个新领域.如今全息术已有大量的应用,如全息显微术、全息X射线显微镜、全息电影、全息电视、全息干涉计量术、全息存储、特征字符识别等.

(4) 我们对光程差 ΔL 计算进行了一定的近似,才得到干涉条纹宽度公式(13-19),这就是说计算中所忽略的量一定要 $\ll\lambda$. 由于 λ 是一个很小的量,所以在光程差计算中采取近似要格外的小心.

4. 干涉条纹的形状

前面提到,在图13-1所示的屏幕 M_3 上,在通常的实验观察的线度内,可观察到明暗相间的直线条纹,我们现在要问,为什么干涉条纹是直线条纹?如果屏幕 M_3 放在其他位置,将观察到怎样形状的干涉条纹呢?要回答这些问题,还需从两个相干点光源 S_1 和 S_2 在空间干涉情况谈起,见图13-5.我们已证明:

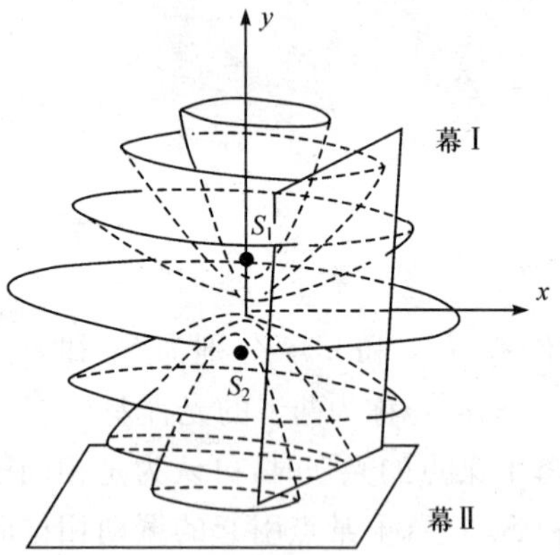

图13-5 两相干点光源的干涉场

当 $r_2-r_1=k\lambda$ 时,干涉强度有极大值,当 $r_2-r_1=\left(k+\dfrac{1}{2}\right)\lambda$ 时,干涉强度有极小值;当 $r_2-r_1=$ 常量时,那些点的干涉强度相等.

根据几何学知道,当 $r_2-r_1=$ 常量的轨迹是以 S_1 和 S_2 为焦点,S_1 和 S_2 的连线为旋转轴的双叶旋转双曲面.图13-5是通过 S_1 和 S_2 的一个垂直剖面图.图13-5的幕Ⅰ与双叶旋转双曲面相截,在幕Ⅰ上的截线为双曲线.所以,一般说来在幕上观察到的干涉条纹应为双曲线,但是如果幕Ⅰ与 S_1 和 S_2 的距离远远大于 S_1 和 S_2 的距离,而同时在幕Ⅰ上的观察范围不是很大的话,在幕Ⅰ上观察到的干涉条纹近乎是直线,我们在前面所说在幕上观察到直线条纹就是这个含义.

如果图13-5的两相干点光源 S_1 和 S_2 向全空间发出光波,则在幕Ⅱ上可观察到一组明暗相间的同心圆形干涉条纹.但是在杨氏实验里的 S_1 和 S_2(图13-1)

不是向全空间发出光波，只向图中的右方发出半个球面波，于是在幕Ⅱ的位置，一般说来可观察到一组明暗相间的同心圆弧干涉条纹.

13.1.2　劳埃德镜和半波损

劳埃德镜干涉装置如图 13-6 所示. 狭缝光源 S 垂直于图面，S 射出的光以很大的入射角(接近 90°)照射到一块垂直于图面的平板玻璃 MN 上(为了使玻璃板下表面不存在反射光而予以涂黑). 于是从狭缝光源 S 发出的光波，一部分经玻璃板的上表面反射到幕上；另一部分直接投射到幕上. 在幕上两光束交叠区域里出现的干涉条纹可视为由 S 和 S 在玻璃板上的虚像 S' 所产生. 因此条纹宽度等计算也可利用杨氏实验的结果.

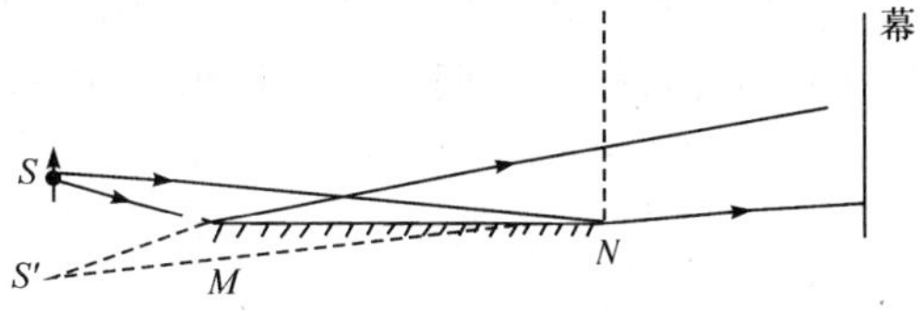

图 13-6　劳埃德镜干涉

劳埃德镜干涉中还存在着一个很重要的特征. 将图 13-6 中的幕移到图中虚线的位置，与玻璃板边缘 N 点紧靠在一起. 根据直接的光程计算，S 和 S' 到 N 点的光程相等，两者之差为零，N 点应为亮点，而实验表明该点是暗点. 这就说明了两光束之一有了相位 π 的变化. 因为入射光不可能有相位突变，所以由上述实验结果我们可得出如下结论：当光由空气(光疏介质)以接近 90° 的入射角射向玻璃(光密介质)表面反射时，反射光的振动突然朝相反方向振动，这等于说反射光的光程在反射过程中损失了半个波长.

值得指出的是，实验中的平面镜也可用金属材料制成. 在一般情况下，一线偏振光入射至金属平面镜上，它的反射光为椭圆偏振光，但在掠入射条件下，反射光依然是线偏振光，且与入射光相位差 π. 由于金属表面具有高的反射率，所以用金属材料制成的平面镜比之于一般玻璃材料制成的平面镜所得到的干涉条纹更为清晰.

13.1.3　相干光源与非相干光源

1. 相干条件

在杨氏实验里，S_1 和 S_2 作为两个点光源发出光波在空间相遇，屏幕上可观察到干涉条纹，所以 S_1 和 S_2 两个点光源是相干的，称它们为相干光源. 但是日常经验告诉我们，如果房内挂着两盏点着了的灯(或同一发光体上两个不同部分)，在墙上绝不会观察到明暗相间的、周期性排列的干涉条纹，而是一片均匀的照明，这究竟是什么原因呢？这和普通光源发光的微观机制有很大的关系. 我们知道光是光源中许多原子或分子发射的，发射过程是一种量子过程. 粗略地说，这些原子、分子每次发射的光波不是严格的简谐波，波列都是有限长的，发射波列的持续时间不会大于 10^{-8} s. 原子或分子的发光过程有自发辐射和受激辐射两种. 普通光源（即非激光光源）的发射过程以自发辐射为主，这是一种随机过程，每一个原子或分子先后发射的不同波列以及不同原子或分子发射的各个波列，彼此之间在初相位上没有什么联系，振动方向也各不相同，频率也可以不同. 总之，许多断续的波列，持续时间比通常探测仪器的响应时间要短得多，初相位、振动方向是无规的，频率也有多种，这就是普通光源发光的基本特征. 在了解了普通光源发光的特点后，就不难明白为什么两个独立的普通光源不能产生干涉现象了. 让我们再回到式(13-7)和式(13-9)来讨论这个问题，并设振动方向和频率是相同的

$$A^2 = A_1^2 + A_2^2 + 2A_1A_2\cos\delta$$

$$\delta = \varphi_{10} - \varphi_{20} + 2\pi\frac{r_2 - r_1}{\lambda}$$

对于任意的两个普通光源（或同一光源的两个不同部分）发出的光波，由于($\varphi_{10}-\varphi_{20}$)对于通常的仪器探测时间内是无法固定的，而是在不断地变化着，其值在 0～2π变化着，所以在这种初相位差变化完全无规的情况下，δ 的余弦时间平均值为零，即有 $\overline{\cos\delta(t)}=0$，从而式(13-7)化为 $A^2=A_1^2+A_2^2$，即 $I=I_1+I_2$，说明了空间任一点 P 的光强是两个普通独立光源单独在 P 点的光强之和，这时我们说，这两个光源是非相干的，它们的强度是非相干叠加. 由此观之，两个光源在空间要产生相干叠加，呈现出干涉条纹，除了要满足两光源发出的光波的频率相同、振动方向相同外，尚需满足第三个条件，即它们发射的光波之间有稳定的初相位差. 总之，频率相同、振动方向相同和有稳定的初相位差乃是两波源在空间产生干涉必须满足的三个条件，这三个条件称为相干条件.

由以上讨论可知，两个普通的独立光源所以不相干主要是受了以下两个条件的限制，即光源相干性差和探测器的响应时间长. 但自 1960 年激光源问世以后，出现了时间相干性很好的激光源，波列长度可达几千米乃至数十千米，同时快速光电器件大量被采用，有响应时间为纳秒（毫微秒）乃至皮秒（微微秒）的快速光电器件作探测器，因而有可能实现两个独立激光源或一个激光源不同部位的干涉. 这方面已有不少的人做了许多工作.

2. 相干光源的实现

如上所述，对于普通光源而言，我们不能简单地由两个实际点光源或面光源上的两独立部分组成两相干光源，为了保证相干条件，通常的办法是利用光具组将同

一波列分解为二，使它们经过不同的途径后重新相遇. 由于这样得到的两波列是同一波列分解而来的，它们频率相同、相位差稳定、振动方向也可做到基本平行，从而满足相干三条件，可产生稳定的、可观测的干涉条纹. 分解波列的方法有两种：①波阵面分割：将点光源的波前分割为两部分，使之分别通过两个光具组，经衍射、反射或折射交叠起来，在一定区域内产生干涉. 杨氏实验就是波阵面分割的典型装置，波阵面分割干涉装置尚有劳埃德镜、菲涅耳双面镜和菲涅耳双棱镜等. ②振幅分割，采用一个或多个部分反射的表面，在各表面上光波一部分被反射，一部分被透射. 最简单的振幅分割干涉装置是薄膜，另一种重要的振幅分割干涉装置是迈克耳孙干涉仪，它是近代多种分振幅干涉仪的原型.

在这里要强调的是，我们讨论的干涉是理想化的情况，即完全单色光束之间的干涉，而且在许多场合还假定各光束都遵守几何光学定律，而忽略衍射效应，我们讨论前述的杨氏实验，正是遵循这些原则的.

13.1.4　薄膜干涉

当一束光射到各向同性的电介质薄膜上，一部分光波会透射，另一部分光波会反射，一般说来，透射波和反射波的振幅都比原来的要小，于是形象地说成是振幅被“分割”了，所以把薄膜说成是一种分割振幅的干涉装置. 普遍地讨论薄膜干涉装置整个交叠区内任意平面上的干涉条纹是一个极为复杂的问题. 实际中意义最大的是厚度不均匀薄膜表面的等厚干涉条纹和厚度均匀薄膜在无穷远产生的等倾干涉条纹. 这两类干涉条纹的理论比较简单，应用比较广泛，它们是本节讨论的重点.

1. 薄膜反射光程差的计算

要研究一束光经薄膜反射和折射后两反射光产生的干涉条纹，首先要计算它们的光程差.

有一束单色光斜入射至两个表面相互平行的、厚度为 h、折射率为 n 的薄膜，薄膜两侧的介质折射率分别为 n_1 和 n_2，如图 13-7所示. 图中光线(1)是入射光经薄膜第一个表面反射后，返回至原介质中，光线(2)是经薄膜第二个表面反射后返回至原介质中. 我们来计算光线(2)和光线(1)的光程差. 由图 13-7 可知，光程差为

$$\Delta L = n(AB + BC) - n_1 AD \qquad (13-20)$$

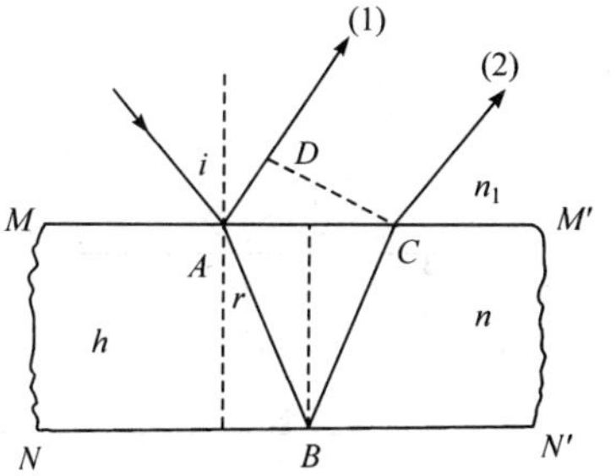

图 13-7　平行薄膜光程差的计算

图中的 i 角为入射光线的入射角，r 为折射光线的折射角. 由图中的几何关系和光的反射、折射两定律可得

$$AB = BC = \frac{h}{\cos r} \tag{13-21}$$

$$AD = AC\sin i = 2h\tan r\sin r = 2h\,\frac{\sin r}{\cos r}\,\frac{n\sin r}{n_1} \tag{13-22}$$

将式(13－21)和式(13－22)代入式(13－20)得

$$\Delta L = n\,\frac{2h}{\cos r} - n_1 2h\,\frac{\sin r}{\cos r}\cdot\frac{n\sin r}{n_1} = \frac{2nh}{\cos r}(1-\sin^2 r)$$

或

$$\Delta L = 2nh\cos r \tag{13-23}$$

上述计算还不完全，还要计及所谓的半波损失. 为讨论方便起见，假定 $n_1<n$，$n_2<n$(或 $n_1>n$，$n_2>n$). 半波损失是由于两相干光在性质不同的电介质界面 MM' 和 NN' 上反射而引起的附加光程差. 通常把折射率较小的介质称为光疏介质，折射率大的介质称为光密介质，则顺入射光方向看，MM' 界面是从光疏介质到光密介质的界面，而 NN' 界面是从光密介质到光疏介质的界面，两者具有相反的性质. 实验和理论证明，光在性质相反的两界面上反射时，两反射光之间产生大小为 π 的附加相位差，相当于 $\pm\lambda/2$ 的附加光程差. 附加光程差的正负号可随意选取，因为两种取法都对应同一相位差 π. 严格说来，上述附加光程差只具有相对的意义，只有当两反射光相互比较时才谈得上有 $\lambda/2$ 的附加光程差. 但为简便起见，我们约定，在上、下表面的反射中，若仅有一处有半波损，则在光程差中加上 $\lambda/2$；若两处都有半波损失，则光程差和都没有半波损时的情况一样.

考虑到半波损失，式(13－23)应改成为

$$\Delta L = 2nh\cos r + \frac{\lambda}{2} \tag{13-24}$$

上述讨论的入射光斜入射至薄膜，经反射和折射后产生的光线(2)和光线(1)是相互平行的，它们在无穷远点相干涉. 现在我们来讨论薄膜表面上相干涉的两光线的光程差，如图 13－8 所示. 在图中作一根垂直于 SA 的辅助线 AD. 在实际的问题里，由于薄膜很薄，点光源 S 至薄膜的距离较大，A，C 两点非常接近，所以可以认为 $SA\approx SD$ 即 $SD-SA\ll\lambda$. 于是光线(2)和光线(1)之间的光程差为

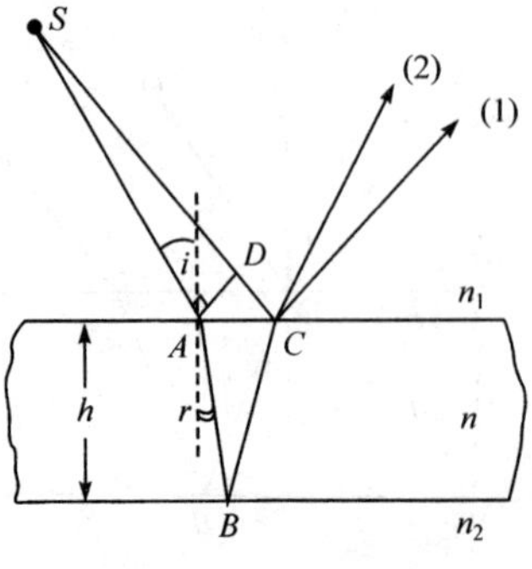

图 13－8　平行薄膜表面上一点光程差计算

$$\Delta L = n(AB + BC) - n_1 DC + \frac{\lambda}{2}$$

$$= 2nAB - n_1 AC\sin i + \frac{\lambda}{2}$$

将式(13-21)和式(13-22)代入上式,得

$$\Delta L = 2nh\cos r + \frac{\lambda}{2}$$

显见,上式和式(13-24)完全相同.

现在我们来计算两表面有一很小夹角 α 的薄膜表面上光线(2)与光线(1)之间的光程差,如图 13-9 所示.由于薄膜的夹角 α 很小,h 很薄,A,C 两点很接近,可以认为 $AB \approx BC$.于是同理可得两光线之间的光程差为

$$\Delta L = 2nh\cos r + \frac{\lambda}{2}$$

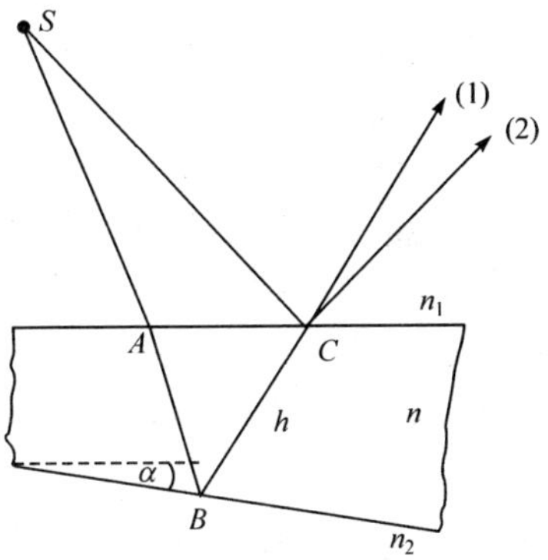

图 13-9 劈形薄膜表面一点光程差计算

由以上反射的两光线之间光程差的讨论可知,若我们感兴趣的仅是无穷远点和薄膜表面上点的干涉,那么无论是平行薄膜还是劈形薄膜,两光线间的光程差可以统一写成式(13-24)的形式,即 $\Delta L = 2nh\cos r + \frac{\lambda}{2}$.这个公式很重要,在讨论薄膜干涉时要反复使用它,它常常是我们讨论问题的出发点.

2. 薄膜等厚干涉

现假定有一劈形状薄膜,如图 13-10 所示,并假定 $n_2 < n < n_1$.若点光源 S 发出的两条特定光线交于 C 点,此两反射光在 C 点的光程差为

$$\Delta L = 2nh\cos r$$

若 $\Delta L = k\lambda$ 或 $h = \frac{k\lambda}{2n\cos r}$,则干涉强度为极大,$C$ 点为亮点;若 $\Delta L = \left(k + \frac{1}{2}\right)\lambda$,或 $h = \frac{\left(k + \frac{1}{2}\right)\lambda}{2n\cos r}$,则干涉强度为极小,$C$ 点为暗点.由以上计算可知,对于点光源 S 在薄膜表面上不同点,两特定光线间的光程差随薄膜厚度 h 和折射角 r 的不同而不同,于是各点的干涉强度各不相同,在表面上形成一套干涉条纹.以上我们假设 $n_2 < n < n_1$,说明了在此条件下,不存在半波损失,这并不失去我们讨论问题的普遍

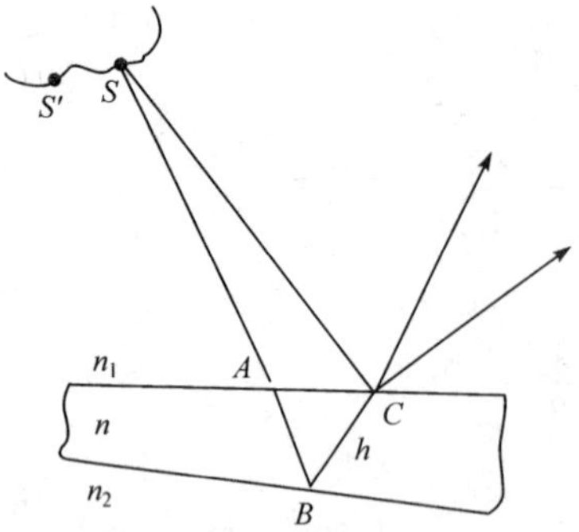

图 13-10　等厚干涉

性，因为有无半波损失的差别仅仅在于干涉条纹的级数相差半级，即亮、暗条纹位置对调，并不影响条纹的其他特征，如形状、间距、反衬度等. 在实际中经常关心的只是条纹的相对变动，只有少数场合需要确定条纹的绝对级数. 为了公式和叙述的简捷，今后我们一般不去理会半波损失，只在必要时才予以讨论.

现在再来讨论点光源 S 邻近的点光源 S'（图 13-10）发出的特定光线在薄膜上 C 点的光程差 $\Delta L'$ 与点光源 S 发出的两特定光线在 C 点光程差 ΔL 之差，即

$$d(\Delta L) = \Delta L' - \Delta L = d(2nh\cos r) = -2nh\sin r dr$$

若 $|2nh\sin r dr| \ll \lambda$，则 S 和 S' 两点光源在 C 点产生的干涉强度是相同的，这种非相干的叠加使得薄膜上干涉条纹的反衬度得到提高，干涉条纹更为清晰.

一般在薄膜干涉中使用的是扩展光源（即面光源），面光源上每一点光源在劈形状薄膜上产生一组干涉条纹. 于是，薄膜表面总的干涉强度就取决于许许多多组干涉条纹的非相干叠加的结果. 在一般情况下，结果是比较复杂的，也难以讨论. 但是，如果我们用眼睛注视薄膜表面（通常视线是垂直薄膜的），则观察到的干涉条纹的形状、宽度就容易讨论（图 13-11）. 如果是接近垂直观察，人眼至薄膜表面的距离远远大于人眼的瞳孔直径，所以面光源发出的光线经薄膜表面反射后不能全部进入眼睛，仅仅是那些满足 $r \approx 0$ 的光线可进入眼睛，这部分光线（由面光源上某面元 ΔS 发出的）在薄膜表面的点的光程差之差

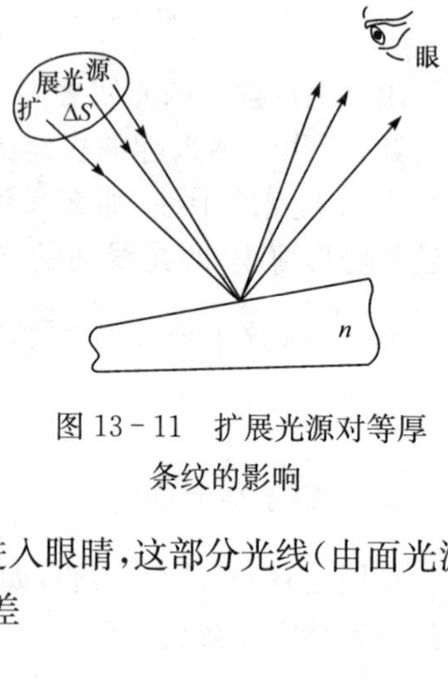

图 13-11　扩展光源对等厚条纹的影响

$$|2nh\sin r dr| \ll \lambda$$

所以它们的光程差可写为

$$\Delta L = 2nh \tag{13-25}$$

由式(13-25)可知，如果薄膜内的折射率 n 是均匀的，凡薄膜厚度 h 相同的地方，光程差相等，有相同的干涉强度. 换言之，同一条干涉亮条纹（或暗条纹）上各点的 h 相同，这就是等厚干涉条纹名称的由来. 所以我们可在劈形状薄膜表面上观察到一组等间距直线条纹，如图 13-12 所示.

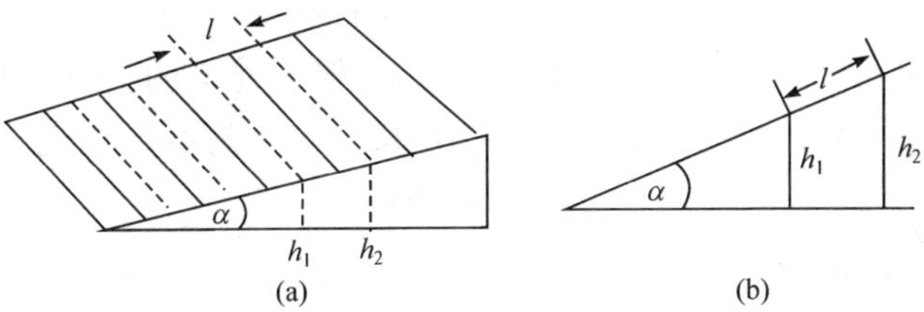

图 13 - 12　等厚干涉条纹宽度计算

若 $\Delta L=2nh=k\lambda$ 或 $h=k\dfrac{\lambda}{2n}$，对应亮条纹的位置；若 $\Delta L=2nh=\left(k+\dfrac{1}{2}\right)\lambda$ 或 $h=\left(k+\dfrac{1}{2}\right)\dfrac{\lambda}{2n}$，对应暗条纹的位置，其中 $k=0,1,2,\cdots$

由以上可知，干涉条纹的宽度 l 为

$$\Delta L'-\Delta L=2nh_2-2nh_1=\lambda \tag{13-26}$$

由图 13 - 12(b)得

$$h_2-h_1=\alpha l \tag{13-27}$$

由式(13 - 26)和式(13 - 27)得

$$l=\frac{\lambda}{2n\alpha} \tag{13-28}$$

由于等厚干涉条纹可以将薄膜厚度的分布情况直观地表现出来，它是研究薄膜性质的一种重要手段. 科学技术的发展对度量的精确性提出了越来越高的要求，精密机械零件的尺寸必须精确到 $10^{-4}\sim10^{-5}$ cm 的数量级，对精密光学仪器零件精确度的要求更高，达 10^{-6} cm 的数量级. 用机械的检验方法达到这样高的精密度是十分困难的，但光的干涉条纹可将在波长 λ 的数量级以下的微小长度差别和变化反映出来，这就提供了检验精密机械或光学零件的重要方法，这类方法在现代科学技术中的应用是非常广泛的.

以上讲的光源都是单色的. 如果光源是非单色的，则其中不同波长的成分各在薄膜表面上形成一组干涉条纹. 由于干涉条纹的宽度与波长有关，因而各色的条纹彼此错开，在薄膜表面上形成色彩绚丽的干涉条纹，这是日常生活里最容易看到的一种光的干涉现象. 在水面铺展的油膜，肥皂水泡上以及许多昆虫的翅膀上，都可以看到这种彩色的干涉条纹，在高温下金属表面被氧化而形成的氧化层上，也能看到因干涉现象而出现的色彩，例如，从车床切削下来的钢铁碎屑往往呈现美丽的颜色.

3. 薄膜等倾干涉

现在讨论平行薄膜上彼此平行的两反射光线在无穷远处产生的干涉条纹. 如果

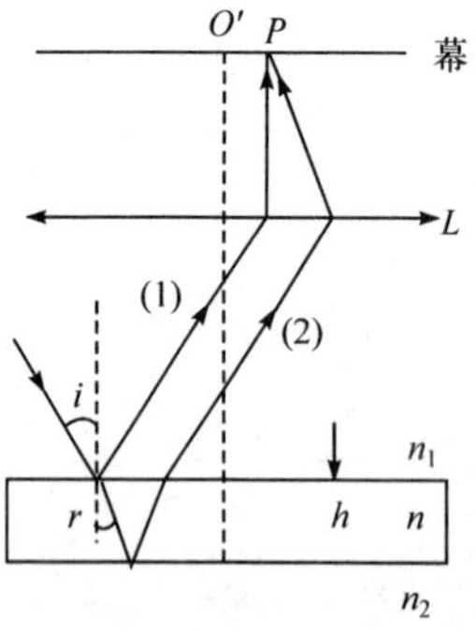

图 13－13　等倾干涉光程差

用凸透镜观察，干涉条纹将形成在它的后焦面上，如图 13－13 所示. 根据透镜的物、像间等光程性和式(13－24)，图 13－13 中的两反射光线(2)和(1)在幕上 P 点的光程差为

$$\Delta L = 2nh\cos r + \frac{\lambda}{2} \tag{13-29}$$

由式(13－29)可知，如果薄膜内部的折射率是均匀的，再加上讨论的薄膜厚度 h 也是均匀的，所以引起 ΔL 变化的唯一因素是折射角 r（也即入射角 i），说明凡入射角相同的光线对应同一干涉条纹，等倾干涉条纹的名称即由此而来. 观察等倾干涉条纹的实验装置如图 13－14 所示. 由于幕上一点 P 到幕中心 O 点的距离只取决于倾角，所以具有相同倾角的反射线（如图 13－14 所示，它们排列在一圆锥面上），在幕上交点的轨迹将是以 O 为中心的圆周. 于是我们在幕上可观察到一组以 O 为中心的明暗相间的圆形条纹.

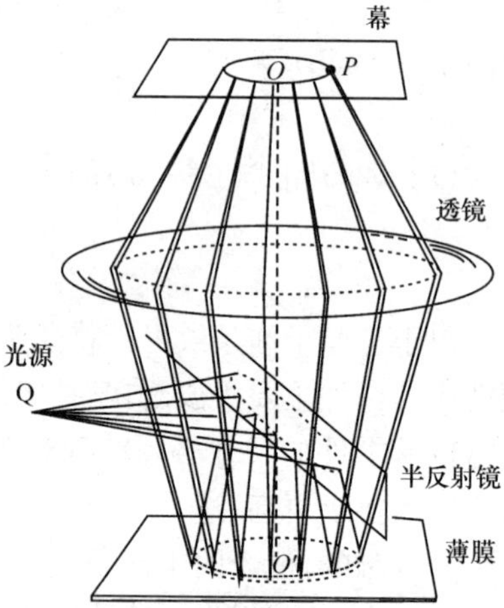

图 13－14　等倾干涉条纹观察

现在再来分析等倾干涉条纹的一些特点. 由式(13－29)可知，r 角越小（也即入射角 i 越小），光程差 ΔL 越大，从而对应的条纹级数越高. 所以在幕上半径小的圆条纹级数要比半径大的圆形条纹级数高. $r=0$（即 $i=0$）时，对应图 13－14 幕上中心点 O 的光程差最大，它究竟是暗点还是亮点，或既非亮点也非暗点的情况，要由 n_1, n, n_2 和 h 的情况决定. 关于条纹疏密情况也可用式(13－29)进行讨论. 对该式进行微分，并使它等于 λ，即

$$d(\Delta L) = -2nh\sin r dr = \lambda \tag{13-30}$$

由式(13－30)可得两相邻亮（或暗）干涉条纹间的角距离为

$$|dr| = \frac{\lambda}{2nh\sin r} \tag{13-31}$$

式(13－31)说明了 r 角越大（也即 i 角越大），$|dr|$ 就越小，即半径越大的那些干涉条纹之间的距离越小，也就是离中心点 O 远的地方条纹比较密，离中心点 O 近的地方条纹比较疏. 式(13－31)还说明了，若膜的厚度过厚，即 h 过大，$|dr|$ 极小，干涉条纹过密，难于分辨清楚，所以要观察到薄膜的干涉条纹，膜的厚度是有限制的.

图 13－14 所示观察等倾干涉条纹的实验装置中的光源可以是扩展光源. 扩展光源上各个点光源在透镜焦面的幕上形成的各套干涉条纹是完全重合的，它们非相干叠加的结果将使亮纹更亮，暗纹依然是暗的，条纹变得更为清晰. 所以在观察等倾干涉条纹，扩展光源是有利而无害的. 若光源是非单色性的，如日光，由于不同波长的光，薄膜有不同的折射率，由式(13－29)可知，即使在 h 和 r 角相同情况下，不同波长的两反射光线的光程差 ΔL 也不相同，于是在透镜后焦面上可观察到彩色的圆形条纹. 对于半径较大的干涉条纹或膜的厚度 h 稍厚而使各种波长的干涉条纹重叠在一起，致使干涉条纹无法辨认.

还有一个问题需要说明，由于观察等倾干涉(或衍射)条纹，常借助于透镜. 那么使用透镜会否引起附加的光程差？以下来说明透镜具有等光程性. 图 13－15 表示一个点物 S 发出一束光线经透镜 L 成像于 S' 点(其中图 13－15(a)中的点物 S 在无穷远). 由于像点 S' 是亮的，从波动光学观点我们可以确定，从 S 点经透镜 L 至 S' 点的这束光线中的各光线的光程必定是相等的，这样它们才能会聚于 S' 点经干涉加强成亮点.

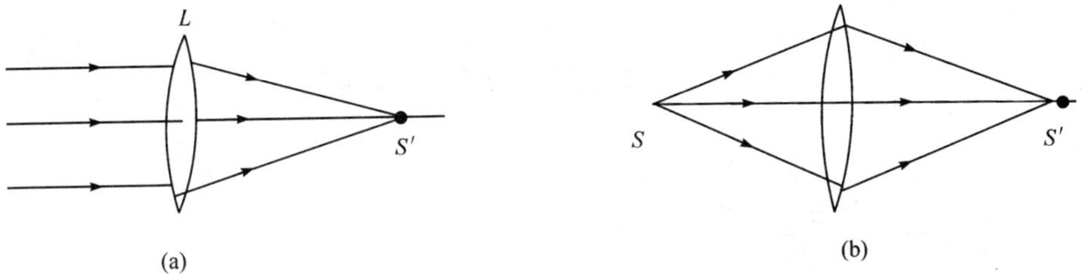

图 13－15　透镜具有等光程性

4. 薄膜干涉的一些应用

1) 牛顿环

厚度不均匀的薄膜都能产生等厚干涉条纹. 如图 13－16(a)所示，在一块平板玻璃上放一个凸面向下的平凸透镜. 在透镜的凸表面与平板玻璃的表面之间形成一个厚度由零逐渐增大且两表面的夹角也随之增大的空气层. 设透镜与平板玻璃的接触点为 O，显然空气层的等厚线是以 O 为中心的圆. 图中的 M 为半反射镜，S 为单色光源，L 为透镜. 若我们在透镜的上方垂直观察，观察到的干涉条纹是一系列以 O 为中心的同心圆(图 13－16(b))，由于空气层下表面有半波损失，所以中心点为暗点. 这种透镜与平板玻璃间空气层所产生的明暗相间条纹称为“牛顿环”.

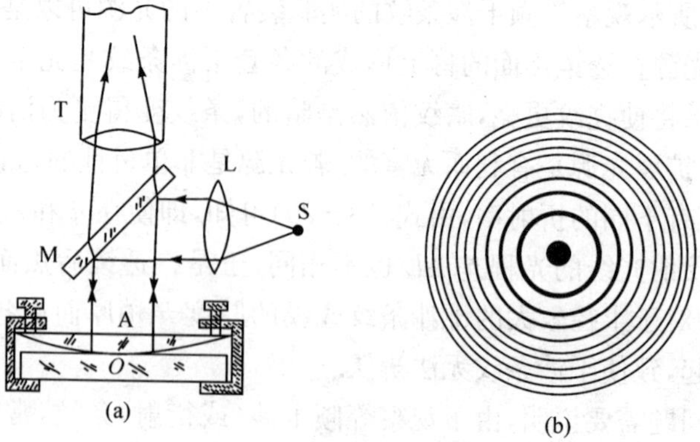

图 13-16　牛顿环装置

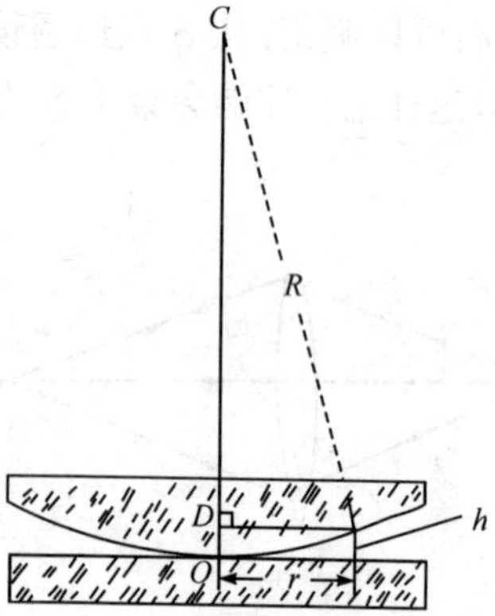

图 13-17　透镜曲率半径的测量

图 13-17 中的 C 点为透镜凸表面的曲率中心，R 为曲率半径. 由图中的几何关系可得

$$r^2 = R^2 - (R-r)^2 = 2Rh - h^2$$

由于透镜的曲率半径 $R \gg h$，所以有

$$r^2 \approx 2Rh \tag{13-32}$$

对于第 k 级暗纹中心有

$$2h_k + \frac{\lambda}{2} = \left(k + \frac{1}{2}\right)\lambda$$

或

$$2h_k = k\lambda$$

将上式代入式(13-32)得

$$r_k^2 = kR\lambda \tag{13-33}$$

由式(13-33)可以看出：

(1) 第 k 级暗条纹半径 r_k 与 $\sqrt{k}$ 成正比，即有 $r_1 : r_2 : r_3 : \cdots = 1 : \sqrt{2} : \sqrt{3} : \cdots$，所以随着级数 k 增大，干涉条纹间距缩小，干涉条纹整个看来是内环疏、外环密.

(2) 若透镜的曲率半径 R 已知，我们测量出第 k 级暗条纹的半径 r_k，即可测定光源波长 λ.

(3) 若实验中所用的单色光源波长 λ 为已知，我们测量出第 k 级暗条纹的半径 r_k，则可测量透镜的曲率半径 R. 不过，在实际工作中由于灰尘、形变等因素致使中心点 O 处两表面不是严格的紧密接触，从而条纹的级数无法确定，所以我们不用式(13-33)，而根据下式来计算 R

$$R = \frac{r_{k+m}^2 - r_k^2}{m\lambda} \tag{13-34}$$

式中 r_{k+m} 为第 $(k+m)$ 级暗条纹半径，r_k 为第 k 级暗条纹半径. 对于某种玻璃的透镜,它有一定的曲率半径,意味着它在一定介质中有确定的焦距.

对于光在薄膜呈现彩色的研究,以牛顿为最早,但以牛顿命名的牛顿环,却是玻意耳和胡克独立发现的.

2) 增透膜

利用薄膜干涉原理,在透镜表面敷上一层一定厚度的薄透明胶可以减少光的反射,增加光的透射,这一层薄透明胶称为增透膜或减反射膜. 增透膜在光学仪器上有广泛的应用,例如,较高级照相机的物镜由 6 个透镜组成,在潜水艇上用的潜望镜约有 20 个透镜. 一般说来,每个透镜与空气有两个界面,光在空气和玻璃的界面垂直入射时,反射光约占入射光能的 4%. 这样一来,对于一个复杂的光学仪器,有十几个乃至数十个反射界面,入射光能的损失是十分可观的,增透膜正是为了减少这种损失. 平常我们看到照相机镜头上一层蓝紫色膜就是增透膜.

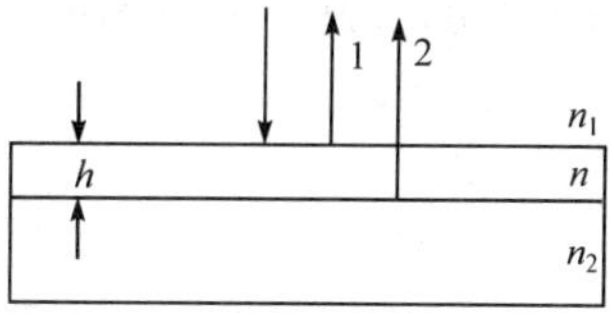

图 13-18 增透膜

现假定在折射率为 n_2 的玻璃上镀了一层透明薄膜,其折射率为 n,且有 $n_1<n<n_2$,如图 13-18. 控制透明薄膜厚度 h,使对于某波长 λ 下,光线 1 和 2 产生相消干涉,即有

$$2nh=\left(k+\frac{1}{2}\right)\lambda,\qquad k=0,1,2,\cdots$$

或

$$h=\frac{2k+1}{4n}\lambda \tag{13-35}$$

由以上可看出,一层增透膜只能使某种波长的反射光达到极小(一般情况下并不为零),对于其他相近波长的反射光也有不同程度的减弱. 至于控制哪一波长的反射光达到极小视实际需要而定. 对于助视光学仪器或照相机等,一般选择可见光的中部波长 550 nm 来消反射光,这波长是呈黄绿色,所以增透膜的反射光中呈现出与它互补的颜色,即蓝紫色.

实际工作中有时提出相反的需要,即尽量降低透射率提高反射率,其原理和增透膜完全一样.

薄膜光学是 20 世纪 60 年代兴起的,它在光学仪器和其他技术领域中有着广泛的应用,如宇宙飞船的主要供电系统之一——太阳电池,宇航员的头盔和面甲的表面都涂有薄膜,以便将太阳光发出的强烈的红外光反射掉,达到热屏蔽的目的.

13.1.5 迈克耳孙干涉仪

1. 结构与光路

薄膜干涉应用的很重要的一个仪器是迈克耳孙干涉仪,不少干涉仪都是由它派生出来的. 它的结构和光路如图 13－19 所示，其中 M_1 和 M_2 是一对精密磨光的平面镜，G_1 和 G_2 是厚度和折射率都很均匀的一对相同的玻璃板(在制造 G_1 和 G_2 时，先将一整块玻璃磨成两面严格平行的光学平面，然后将它们切割成完全相同的两块). 在 G_1 的背面镀了一层很薄的银层(图 13－19 中以粗线表示)，以便从光源射来的光线在这里被分成强度差不多相等的两部分，其中反射部分射到 M_1，经 M_1 反射以后再次透过 G_1 进入眼睛，透射部分射到 M_2，经 M_2 反射后再经 G_1 上半镀银面反射到眼睛. 这两相干光束中各光线的光程差不同，它们在眼的网膜上相遇时产生一定的干涉条纹. 玻璃板 G_2 起补偿光程作用. 反射光束通过玻璃 G_1 前后三次，而透射光束只通过 G_1 一次，有了 G_2，透射光束将往返通过它两次，从而使两光束在玻璃介质中的光程相等. 如果光源是单色的，这一点是无关紧要的；但是，在使用白光光源时，就非有补偿板 G_2 不可.

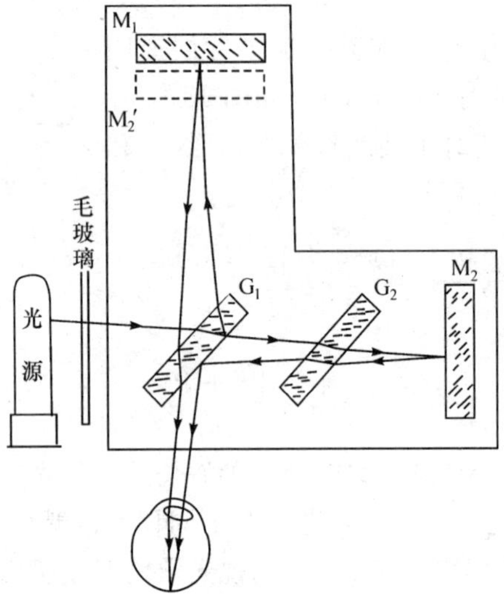

图 13－19　迈克耳孙干涉仪

2. 干涉条纹

现在分析迈克耳孙干涉仪产生的各种干涉条纹. 图 13－19 中的 M_2' 是 M_2 经 G_1 上半镀银面所成的虚像，从观察者看来，就好像两相干光束是从 M_1 和 M_2' 反射而来，因此看到的干涉条纹与 M_1 和 M_2' 间的“空气膜”产生一样. 如果我们调节迈克耳孙干涉仪使 $M_1 /\!/ M_2'$，观察者就会看到圆形的等倾干涉条纹(眼睛调焦到无穷远)，如果使 M_1 和 M_2' 有微小的夹角，观察者就会在“空气膜”表面上看到等厚干涉条纹. 由此可见，利用迈克耳孙干涉仪可实现我们在前面分析过的定域在无穷远的等倾干涉条纹或用眼睛观察时定域在薄膜表面上的等厚干涉条纹. 迈克耳孙干涉仪可产生的各种干涉条纹情况如图 13-20 和图 13-21 所示.

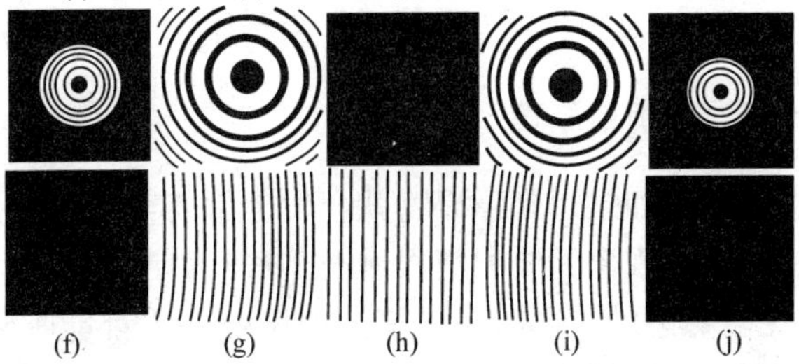

图 13-20　迈克耳孙干涉仪产生的各种干涉条纹

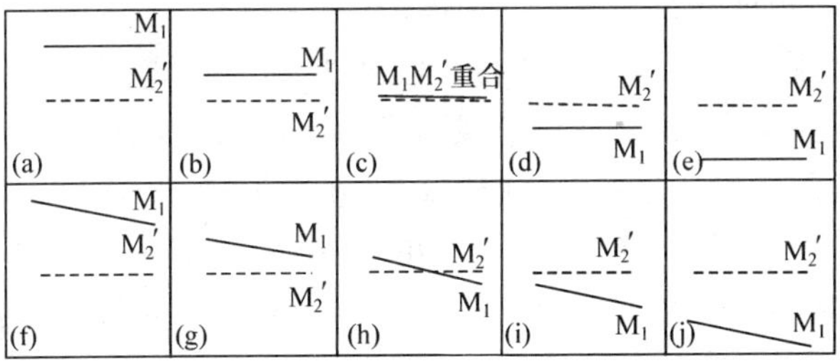

图 13-21　产生图 13-20 各种条纹时 M_1 和 M_2' 的相应位置

3. *应用*

由于迈克耳孙干涉仪结构巧妙，二束光间的光程差可以根据要求作各种改变，测量的结果可以精确到与波长相比拟的数量级. 从而迈克耳孙干涉仪可用来测定和比较长度，这为用光波波长作为长度标准提供了必要的实验基础. 1892 年迈克耳孙(A. Michelson)应邀到巴黎的国际度量衡局，用他发明的干涉仪确定巴黎的米原器等于镉红线的 1 553 163.5 个波长. 1907 年迈克耳孙荣获诺贝尔物理学奖，正是由于他在精密光学仪器和这些仪器进行光谱学的基本量度方面的研究工作. 以后人们又发现氪(Kr^{36})的一条橙色谱线比镉红线更为精细，1960 年国际度量衡委员会规定 1 m=1 650 763.73 λKr 作为长度的标准. 1983 年第 17 届国际计量大会对标准米又作了新规定：1 m 等于真空中光在 1/299 792 458 s 时间间隔内所经过的距离.

关于迈克耳孙干涉仪还值得一提的是，迈克耳孙于 1881 年建立了第一台这种干涉仪，用来测量地球相对于以太的漂移速度，以后他又和莫雷一起用干涉仪做了不少这方面的实验工作. 他们的极为精确的实验结果说明了静止以太的假设是不对的，这就大大动摇了 19 世纪占统治地位的以太假设，科学界大为震惊，激励了当时一些著名的物理学家致力于发展运动物体的电动力学理论，从而为爱因斯坦创立狭义相对论铺平了道路.

13.2 光的衍射

13.2.1 惠更斯-菲涅耳衍射原理

波动在传播过程中,如果遇到障碍物就会发生偏离直线传播、偏离反射定律和折射定律的现象,称这种现象为波的衍射.由于日常生活的经验,人们对水波和声波的衍射现象是比较熟悉的.例如,在一堵高墙两侧的人都能听到对方的说话声,这就表明声波可以偏离直线绕过障碍物而传播.同样,水波也能绕过水面上的障碍物而传播.广播电台发射的无线电波能绕过山的障碍,使山区也能接收到电台的广播,这说明电磁波也能绕过障碍物的边缘传播.

按几何光学观点,点光源发出的光,当通过圆孔、狭缝、直边或其他任意形状的孔或障碍物到达幕上,在幕上应该呈现明显的几何阴影,影内完全没有光,影外一片明亮.然而,实际上在所述圆孔、狭缝或其他障碍物都很窄小情况下,由于它们限制了光波的波阵面,结果有光进入影内,并且在影外的光强分布也与无障碍物时有所不同,影外出现有亮有暗的分布.这是光的直线传播、反射和折射等定律所不能解释的,这就是光的衍射现象.

对光的衍射现象作系统的、富有成果的研究是从菲涅耳(J. Fresnel))开始的.1818年菲涅耳在他的著名论文里,吸取了惠更斯原理中"次波"这一合理思想,独立地提出了次波相干涉的概念,相当满意地解释了光的衍射现象.后来基尔霍夫(G. R. Kirchloff)为菲涅耳的分析提供了完善的数学基础.此后,许多人对光的衍射进行了广泛的研究,至今已达到很完善的地步.

如图 13-22,Σ 为从点光源 L 发出的球面波在某时刻到达的波面,P 为空间的某点.如果要问,波在 P 点引起的振动如何?则惠更斯-菲涅耳原理告诉我们,把 Σ 面分割成无穷多个小面元 $d\Sigma$,把每个 $d\Sigma$ 看成发射次波的波源,由于 Σ 是球面,所以 $d\Sigma$ 这些次波源的振动相位是相同的.这些次波源发射与光源 L 同频率的球面次波将在 P 点相遇,由于各面元 $d\Sigma$ 到 P 点的光程是不同的,从而在 P 点引起的振动相位不同.P 点的总振动就是这些次波相干叠加的结果,这就是惠更斯-菲涅耳原理的基本思想.实际上,对惠更斯-菲涅耳原理可以理解的更广一些,即上述的 Σ 并不要求一定是在波前(某时刻的波面),Σ 可以是包围点光源 L 的任意闭合曲

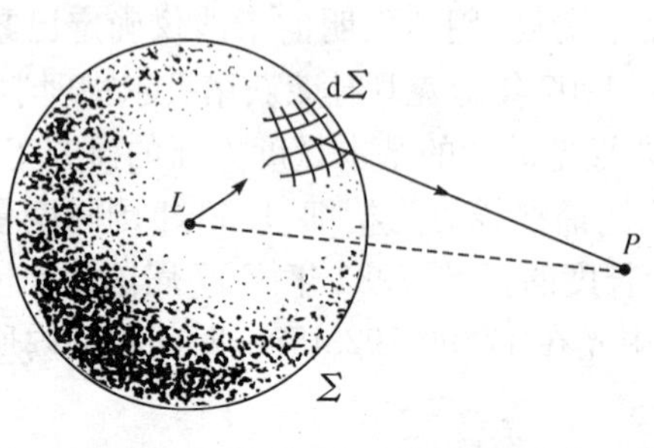

图 13-22 惠更斯-菲涅耳衍射原理

面，不过这样一来就必须考虑点光源 L 到 Σ 面上各面元 $d\Sigma$ 的光程一般是不相同的，从而这些次波源的振动相位也是不相同.

用简短的文字概括起来，惠更斯-菲涅耳原理可表述如下：波前（或者包围波源的任意闭合曲面）Σ 上每个面元 $d\Sigma$ 都可看成新的振动中心，它们发出次波，这些次波是相干的，空间某一点 P 的振动就是这些次波在该点相干叠加的结果.

菲涅耳曾在他自己创立的衍射原理基础上，用简化了的半波带法计算了圆孔、直边和单缝衍射，计算结果与他的实验观察相符，特别值得一提的是当年光的微粒说拥护者泊松(S. D. Poisson)根据菲涅耳理论计算小圆屏衍射，得出在几何阴影中央应有一亮点，以此来驳难菲涅耳，但不久阿喇果(F. J. Arago)在实验上果真观察到这个亮点，从而为惠更斯-菲涅耳原理奠定了坚实的实验基础. 总之，惠更新-菲涅耳原理是由光的波动性出发来解释光的衍射现象的基本原理，定量地解决了衍射强度分布问题，它还指出了光直线传播定律的应用范围，把衍射和光的直进性统一起来.

通常根据光源、衍射屏和接收屏幕相互间距离的大小，将衍射分为两类：一类是光源和接收屏幕（或两者之一）距离衍射屏有限远（图 13－23(a)），这类衍射称为菲涅耳衍射；另一类是光源和接收屏幕都在无穷远（图 13－23(b)），这类衍射称为夫琅禾费衍射. 这种区别纯是从理论上作计算考虑的. 在实验室中实现图 13－23(b)所示的那种夫琅禾费装置的原型是有困难的，但可以近似地或利用成像光学系统（透镜）使之实现. 本章主要讨论夫琅禾费衍射.

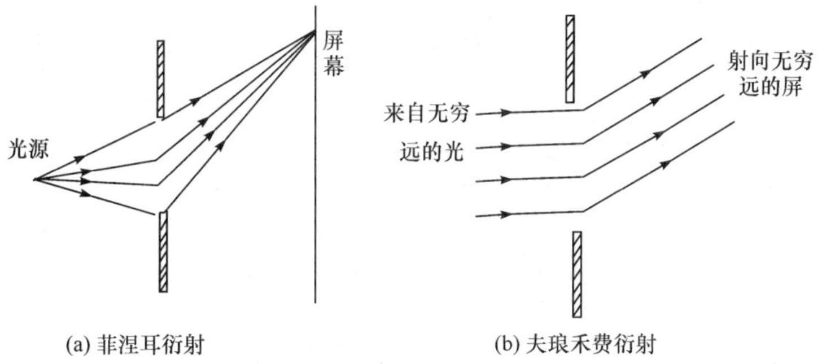

图 13－23　衍射的分类

13.2.2　单缝夫琅禾费衍射

1. 实验装置和实验现象

夫琅禾费衍射是平行光的衍射，在实验室中可借助于两个透镜来实现. 如图 13－24，点光源 Q 位于透镜 L_1 的焦点上，一束平行光垂直照在衍射屏上，衍射屏开口处的波前向各方向发出次波. 方向彼此相同的衍射光线经过 L_2 会聚到它的后焦面上的同一点. 如果衍射屏的开口是一个垂直于图面的狭缝,我们可以观察到如下的实验现象. 当衍射屏不存在或衍射屏开口特别大时,可在图 13 - 24 的屏幕中央 O 观察到一个亮点,即点光源 Q 的像点,此时情形和几何光学中点光源 Q 经透镜 L_1 和 L_2 成像情况完全一样,说明狭缝宽度很大时,光的衍射现象并不显著. 当缩小狭缝宽度时,可以在接收屏幕上观察到明暗相间的光带,光带的方向垂直于狭缝的方向(图 13 - 25),狭缝的宽度越窄,光带上亮纹在 x 方向上的宽度也就越宽,说明在 x 方向衍射现象越显著. 还可注意到,由于狭缝的取向是 y 方向,在 y 方向光的传播并未遇到什么障碍,所以在此方向上光的衍射现象不显著,接收屏幕的光带不在 y 方向展开,正说明了这种情况.

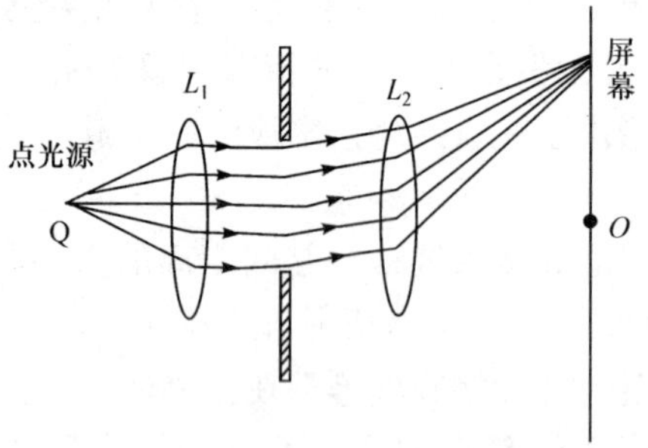

图 13 - 24　点光源情况下夫琅禾费单缝衍射

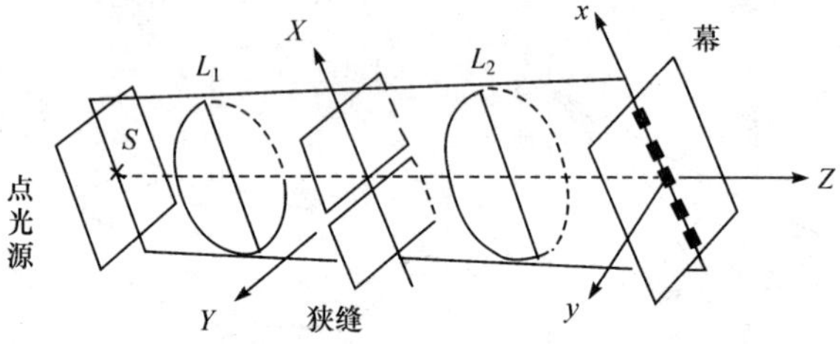

图 13 - 25　衍射条纹垂直狭缝

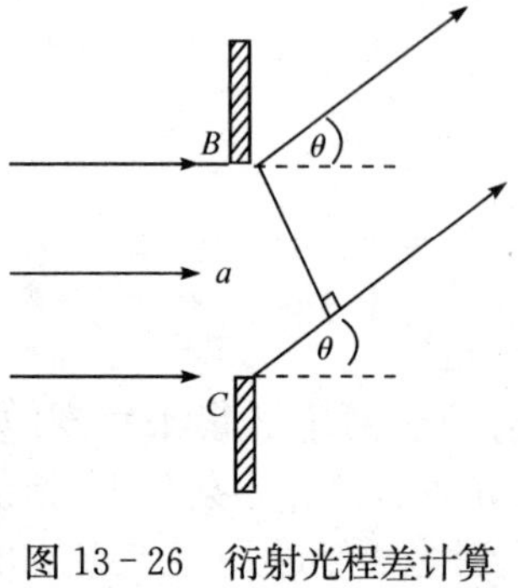

图 13 - 26　衍射光程差计算

2. 衍射强度分布公式

令单色的平行光垂直照射宽度为 a 的狭缝(图 13 - 26),现将单缝开口分割成一系列与缝长平行的等宽细条,这些细条发出同样 θ 角的衍射光线传播到屏幕上一点引起的振动有一定的相位差. 此相位差从单缝的上沿 B 处至下沿 C 处是逐渐增加的. B、C 两细条在屏幕上 P 点的光程差为 $\Delta L = a\sin\theta$,相应的相位差为

$$\delta=\frac{2\pi}{\lambda}\Delta L=\frac{2\pi}{\lambda}a\sin\theta \tag{13-36}$$

以下采用矢量图示法具体计算. 每一细条发出的次波在幕上 P 点的振动对应于一个矢量,各细条发出的次波在 P 点的相干叠加对应于矢量叠加. 如图 13－27 所示. 由 B 细条开始作一系列等长的子矢量依次相连,逐渐转过一个相同的小角度,最后至 C 细条. 转过角度的总和为式(13－36)所示的 δ. 由于细条分得很窄,小矢量连成的折线在极限情况下成为圆弧,设圆心为 O,半径为 R,圆心角为 2α. 显然有 $2\alpha=\delta$. 设幕上 P 点合振动振幅为 A,由图 13－27 中的几何关系可得 $A=2R\sin\alpha$,而 $R=\frac{\overset{\frown}{BC}}{2\alpha}=\frac{A_0}{2\alpha}$,故有

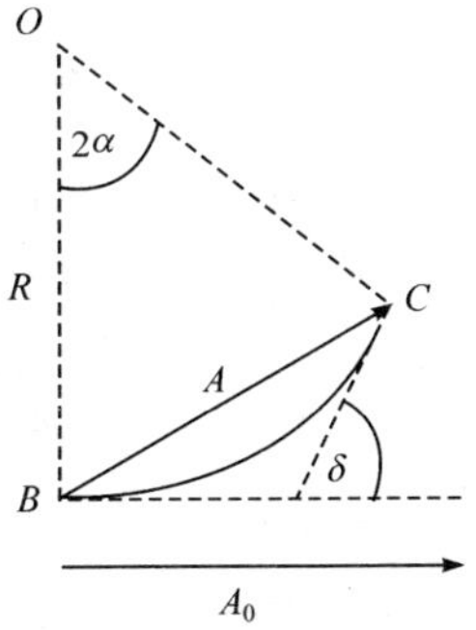

图 13－27　单缝的矢量图解

$$A=A_0\frac{\sin\alpha}{\alpha} \tag{13-37}$$

式中 A_0 为圆弧的长度,即对应于衍射角 $\theta=0$ 情况下,各细条发出的次波传播到屏幕中心处的振幅. 光的强度与振幅平方成正比,于是衍射强度分布公式为

$$I=I_0\frac{\sin^2\alpha}{\alpha^2} \tag{13-38}$$

式中 $I_0=A_0^2$ 为屏幕中心处的强度. $\alpha=\frac{\delta}{2}=\frac{\pi a}{\lambda}\sin\theta$. 称 $\frac{\sin^2\alpha}{\alpha^2}$ 为单缝衍射因子.

3. 衍射强度分布的分析

(1) 主极强(零级衍射斑)位置. $\alpha=0$,即 $\theta=0$ 时,有 $I=I_0$. $\alpha=0$ 相当于各衍射光线之间无光程差,这就是几何光学像点的位置. 从这里可了解透镜成像的“物像等光程”的物理意义. 几何光学中的实际光线就是零级衍射线,而零级衍射斑的中心就是几何光学的像点. 这是具有普遍意义的结论,利用它可以较容易找到零级衍射斑的位置.

(2) 极小值(暗纹)位置. 由式(13－38)可知,$\alpha=k\pi$,即

$$\sin\theta=k\frac{\lambda}{a},\qquad k=\pm1,\pm2,\cdots \tag{13-39}$$

有 $I=0$. 由式(13－39)可知,极小值对称的等间距的分布在主极强两侧,按 k 的取值称为各级极小,它是暗纹($I=0$).

(3) 次极强(高级衍射斑)位置. 除了在 $\theta=0$ 处出现零级衍射斑外,在两个暗

纹位置之间处还出现光强极大值，它的值要比主极强小得多，称为次极强或高级衍射斑. 次极强的位置可由$\frac{d}{d\alpha}\left(\frac{\sin\alpha}{\alpha}\right)=0$求出，得

$$\alpha = \tan\alpha \tag{13-40}$$

式(13-40)是一个超越方程，可以分别作出 $y=\alpha$ 和 $y=\tan\alpha$ 两曲线，它们的交点即为此超越方程的解，其数值为 $\alpha=\pm1.43\pi,\pm2.46\pi,\pm3.47\pi,\cdots$，对应的 $\sin\theta=\pm1.43\frac{\lambda}{a},\pm2.46\frac{\lambda}{a},\pm3.47\frac{\lambda}{a},\cdots$各次极强的强度为 $I_1\approx4.7\%I_0$，$I_2\approx1.7\%I_0$，$I_3\approx0.8\%I_0$，…. 由此可见，高级衍射斑的强度比零级衍射斑小得多. 这里还未考虑倾斜因子的作用，若考虑到它，高级衍射斑的强度还要进一步减小，故经衍射后，绝大部分光能集中在零级衍射斑内.

(4) 亮斑的角宽度. 我们规定，以相邻暗纹的角距离作为亮斑的角宽度. 在小角衍射条件下，式(13-39)可写为

$$\theta \approx k\frac{\lambda}{a}, \qquad k=\pm1,\pm2,\cdots$$

由此可看出，零级亮斑在 $\theta=\pm\frac{\lambda}{a}$之间. 它的半角宽度为

$$\Delta\theta = \frac{\lambda}{a} \quad 或 \quad a\Delta\theta = \lambda \tag{13-41}$$

$\Delta\theta$ 等于其他亮斑的角宽度，也即零级亮斑的角度宽比高级衍射斑的角宽度大 1 倍.

根据式(13-38)画出的衍射强度曲线如图 13-28 所示. 如前所述，零级亮斑集中了绝大部分光能，它的半角宽度 $\Delta\theta$ 的大小可作为衍射效应强度的标志. 式(13-41)告诉我们，对于给定的波长，$\Delta\theta$ 与缝宽 a 成反比，即在波前上对光束限制越大，衍射场越弥散，衍射斑铺开得越宽；反之，当缝宽很大，光束几乎自由传播，$\Delta\theta\to0$. 这表明衍射场基本上集中在沿直线传播的原方向上，在透镜焦面上衍射斑收缩为几何像点. 式(13-41)还告诉我们，在保持缝宽 a 不变的条件下，$\Delta\theta$ 与 λ 成正比，波长越长，衍射效应越显著，波长越短，衍射效应越可忽略，可以说几何光学是波长 $\lambda\to0$ 的极限.

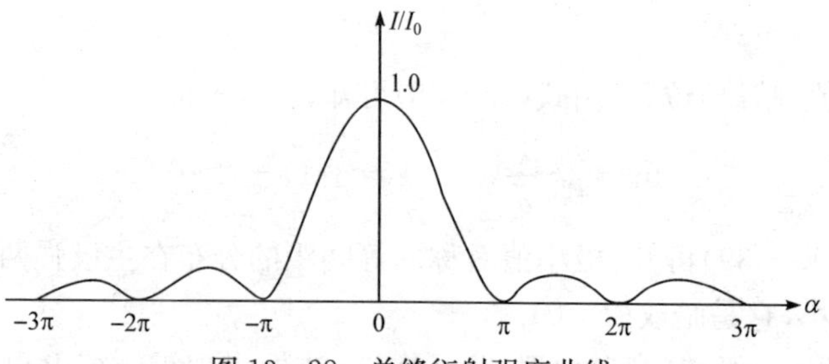

图 13-28　单缝衍射强度曲线

最后讨论一下用线光源代替点光源的单缝夫琅禾费衍射. 实验装置如图 13－29所示,图中线光源的取向平行于狭缝. 线光源可看成是一系列不相干点光源的集合. 我们可以设想图 13－25 所示装置中的点光源沿 y 方向移动,则接收屏幕上的衍射图样将沿相反方向平移,把点光源在各个位置上形成的衍射光带叠加在一起,我们就得到图 13－29 中接收屏幕上的平行直线衍射条纹.

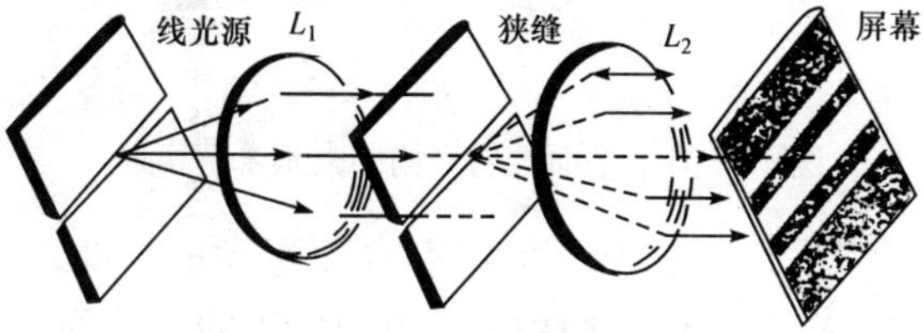

图 13－29　单缝光源夫琅禾费衍射的衍射条纹

13.2.3　衍射光栅

1. 平面透射光栅的强度分布公式

凡具有空间周期性结构,从而能等宽、等间隔地分割入射波面的光学元件统称为光栅. 如在一块透明的玻璃板上刻有大量相互平行、等宽、等间隔的刻痕,这样的一块玻璃板就是一种透射光栅(图 13－30). 入射光只能在未刻的透明部分通过,在刻痕上因漫反射而不能通过. 这种光栅实际上相当于由等宽、等间距的平行狭缝组成,实用的光栅一般每毫米有几十条乃至上千条刻痕. 当光波在光栅上透射或反射时,将发生衍射,产生形状一定的衍射图样,它可以把入射光中不同波长的光分离开来,所以它和棱镜一样,是一种分光装置,其主要用途是形成光谱.

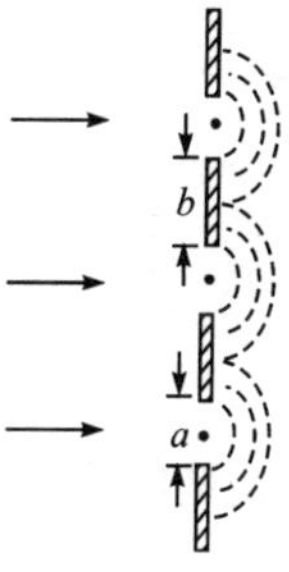

图 13－30　透射光栅

设透射光栅上每条缝的宽度为 a,缝间不透明部分宽度为 b,则相邻狭缝上对应点之间距离为 $d=a+b$,d 称为光栅常量. 将一块透射光栅放在图 13－29 中的单狭缝位置,即为多狭缝夫琅禾费衍射的装置,如图 13－31 所示. 在透镜 L_2 的后焦面的屏幕上可观察到对应某一特定透射光栅的衍射图样. 对于单缝衍射情况,我们已求出对应于 θ 方向所有衍射光线相干后的振动振幅为

$$A = A_0 \frac{\sin\alpha}{\alpha}$$

式中

$$\alpha=\frac{\pi a\sin\theta}{\lambda} \tag{13-42}$$

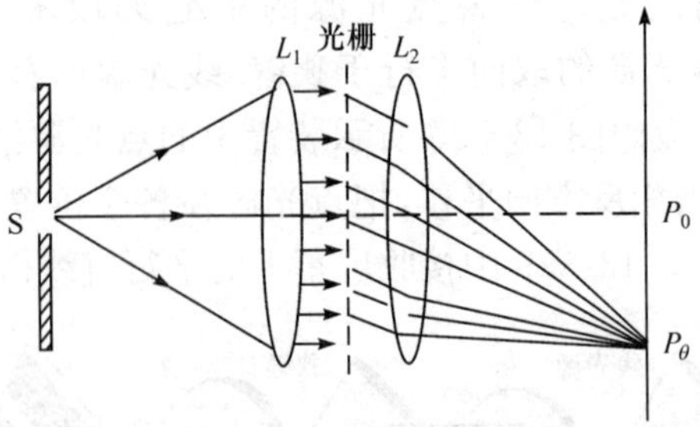

图 13-31　平面透射光栅的夫琅禾费衍射

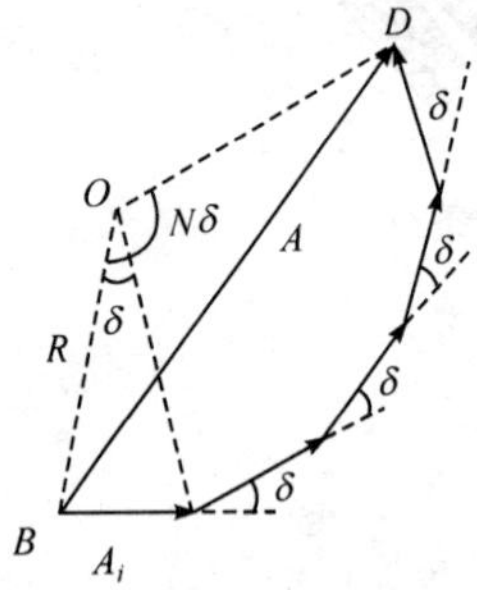

图 13-32　缝间干涉的矢量图

对于多缝情况，还要考虑缝与缝之间的干涉. 设每个缝沿衍射角 θ 方向发出的光波到达屏幕上 P 点的振动振幅为 A_i，相邻缝射出光波至屏幕上 P 点振动的光程差为 $\Delta L=d\sin\theta$，相位差为 $\delta=\dfrac{2\pi}{\lambda}d\sin\theta$. 各缝在 P 点引起的振动用矢量图表示，如图 13-32 所示. 在 P 点合振动的振幅为 $A=\overline{BD}$. 由图中的几何关系，得

$$A=2R\sin\frac{N\delta}{2},\quad A_i=2R\,\frac{\sin\delta}{2}$$

于是有

$$A=A_i\,\frac{\sin\dfrac{N\delta}{2}}{\sin\dfrac{\delta}{2}} \tag{13-43}$$

式中 A_i 是单缝沿衍射角 θ 方向的光在 P 点的振幅，将式(13-37)代入上式，得

$$A=A_0\,\frac{\sin\alpha}{\alpha}\cdot\frac{\sin N\beta}{\sin\beta} \tag{13-44}$$

式中，$\beta=\dfrac{\delta}{2}=\dfrac{\pi}{\lambda}d\sin\theta$. 相应的光强度为

$$I=A^2=I_0\left(\frac{\sin\alpha}{\alpha}\right)^2\left(\frac{\sin N\beta}{\sin\beta}\right)^2 \tag{13-45}$$

式中，$\left(\dfrac{\sin\alpha}{\alpha}\right)^2$ 称为单缝衍射因子，$\left(\dfrac{\sin N\beta}{\sin\beta}\right)^2$ 称为缝间干涉因子. 以下我们分别讨论这两个因子的特点和作用：

1) 缝间干涉因子的特点

图 13-33 给出了几条不同缝数的缝间干涉因子的曲线（为了便于比较，纵坐标缩小了 N^2 倍），它们有以下一些特点：

(1) 主极强峰值的大小、位置和数目.

当 $\beta=k\pi$，即

$$d\sin\theta = k\lambda, \qquad k = 0, \pm 1, \pm 2\cdots \tag{13-46}$$

有 $\sin N\beta=0$，$\sin\beta=0$，但它们的比值为 $\dfrac{\sin N\beta}{\sin\beta}=N$，这些地方是缝间干涉因子主极强，它们的强度是单缝在该方向强度的 N^2 倍. 式(13-46)称为光栅方程式. 它表明，主极强位置与缝数 N 无关，此外由于衍射角 θ 的绝对值不可能大于 90°，所以主极强的级别受 $|k|<\dfrac{d}{\lambda}$ 的限制. 如当 $\lambda=0.4d$ 时，只可能有 $k=0,\pm1,\pm2$ 级主极强，如果 $\lambda\geqslant d$，则除了零级外，别无其他主极强.

(2) 零点的位置、主极强的半角宽度和次极强的数目.

当 $\beta=\left(k+\dfrac{m}{N}\right)\pi$ 时，其中 $k=0,\pm1,\pm2,\cdots$

$$m=1,2,\cdots,N-1$$

即

$$\sin\theta = \left(k+\frac{m}{N}\right)\frac{\lambda}{d} \tag{13-47}$$

缝间干涉因子 $\dfrac{\sin N\beta}{\sin\beta}=0$，由式(13-46)和式(13-47)可知，每两个主极强之间有 $(N-1)$ 条暗线，相邻暗线间有一个次极强，共有 $(N-2)$ 个. 次极强的位置可由

$$\frac{\mathrm{d}}{\mathrm{d}\beta}\left(\frac{\sin N\beta}{\sin\beta}\right)^2 = 0$$

决定，经计算有 $\tan N\beta=N\tan\beta$. 可作出 $y=\tan N\beta$ 和 $y=N\tan\beta$ 曲线，两曲线的交点即为次极强的位置.

图 13-33 表明，主极强亮线的宽度随 N 的增加而减小. 主极强亮线的半角宽度可通过如下方法求得. k 级主极强位置为 $\sin\theta_k=k\dfrac{\lambda}{d}$，与 k 级主极强最邻近的暗线位置为 $\sin(\theta_k+\Delta\theta)=(k+1/N)\dfrac{\lambda}{d}$. 以上两式相减得

$$\sin(\theta_k+\Delta\theta)-\sin\theta_k = \frac{\lambda}{Nd}$$

对于光栅 $\Delta\theta$ 总是很小的，所以有

$$\sin(\theta_k+\Delta\theta)-\sin\theta_k \approx \left(\frac{\mathrm{d}\sin\theta_k}{\mathrm{d}\theta}\right)\Delta\theta = \cos\theta_k\Delta\theta$$

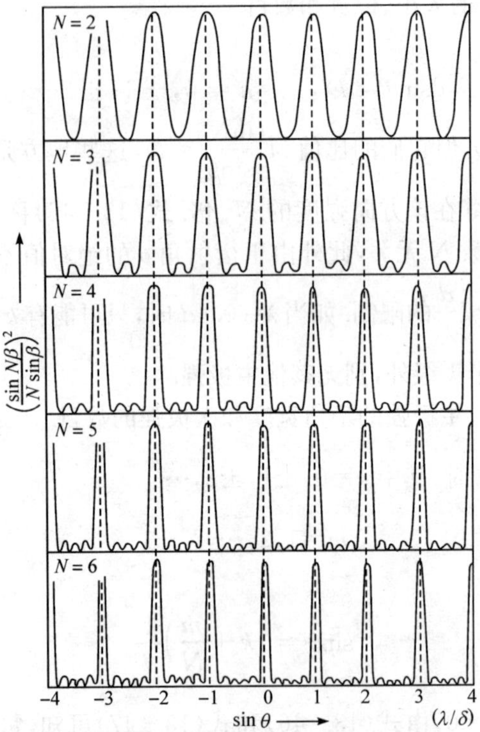

图 13－33　多缝夫琅禾费衍射中干涉因子光强分布

于是得

$$\Delta\theta = \frac{\lambda}{Nd\cos\theta_k} \tag{13-48}$$

式(13－48)表明，主极强的半角宽度 $\Delta\theta$ 与 Nd 成反比，Nd 越大，$\Delta\theta$ 越小，说明主极强亮纹越细.

以上分析了 N 缝干涉因子的特征，由于实用的光栅的缝数 N 总是很大的，在这种情况下，次极强是很弱的，它们完全观察不到. 所以上述结论中最重要的只是两条，即主极强位置和半角宽度，它们分别由光栅方程式，即式(13－46)和式(13－48)决定.

2) 单缝衍射因子的作用

在图 13－33 中所示的缝间干涉因子乘上图 13－34(a)所示的单缝衍射因子，就得到图 13－34(b)，(c)，(d)，(e)，(f)所示的强度分布. 从这里可以看出，乘上单缝衍射因子后，得到的实际强度分布中各级主极强的大小不同，特别是刚好遇到单缝衍射因子零点的主极强消失的，这种现象称为缺级. 我们举一个例子加以说明，设 $N=5$，$d=3a$，这时的单缝衍射因子和缝间干涉因子的曲线如图 13－35(a)，(b)

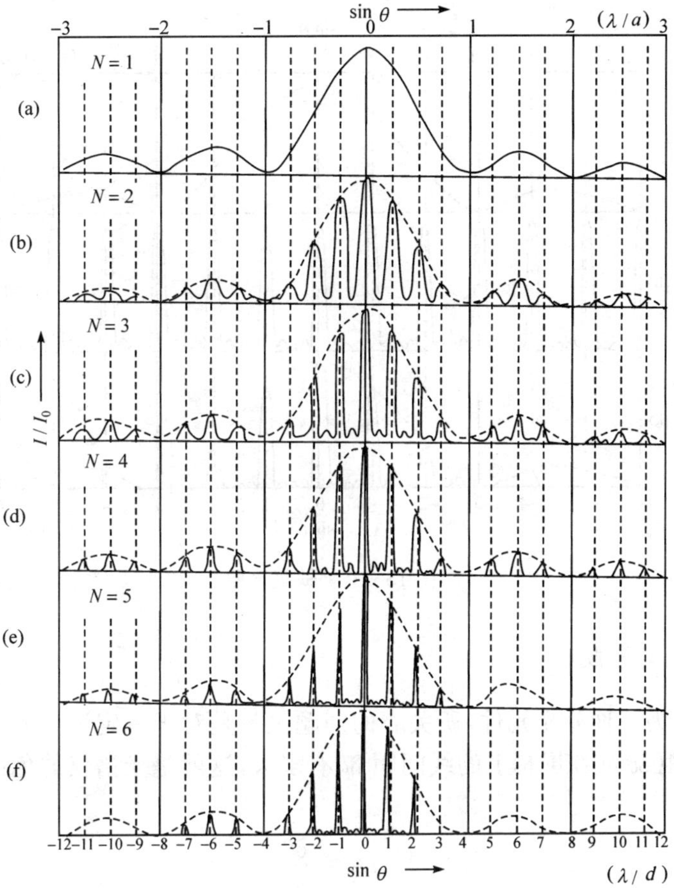

图 13－34　多缝衍射强度分布曲线

所示，它们的乘积曲线如图 13－35(c)所示，单缝衍射因子在 $\sin\theta=\dfrac{\lambda}{a}$ 的地方是零点，而 $\dfrac{\lambda}{a}=3\dfrac{\lambda}{d}$，这里又正是缝间干涉因子第三级主极强的位置，两因子相乘以后使这一级消失了. 同理，－3 级，±6 级等也是缺级.

总之，对于确定的波长，在给定光栅常量 d 后，主极强的位置也就定下来了，这时单缝衍射因子仅影响强度在各主极强之间的分布，并不改变各主极强的位置和它的半角宽度.

最后，我们讨论一下双缝夫琅禾费衍射和杨氏双缝干涉之间的关系. 在讨论杨氏双缝干涉时，假定了两条缝的宽度是任意窄的，即缝宽 $a\ll\lambda$. 即仅仅考虑两个缝发出两束光之间的干涉. 而不考虑每个缝发出一束光的自身干涉. 但是，在通常的实验条件下，$a\ll\lambda$ 是难于满足的. 所以，实际上杨氏双缝干涉实验所得的干涉条纹应是双缝衍射图样.

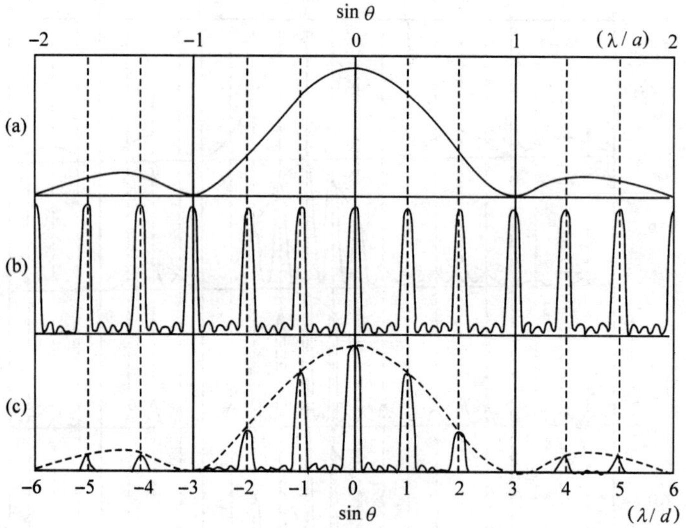

图 13－35　缺级现象

2. 光栅的色散

光栅作为一种分光元件，所关心的问题之一是对于一定波长差 $\delta\lambda$ 的两条谱线，其角间距 $\delta\theta$ 或在屏幕上的线间距 δl 有多大，这就是光谱仪的色散问题. 角色散定义为

$$D_\theta = \frac{\delta\theta}{\delta\lambda} \tag{13-49}$$

线色散定义为

$$D_l = \frac{\delta l}{\delta\lambda} \tag{13-50}$$

设光栅之后的会聚透镜的焦距为 f，则 $\delta l = f\delta\theta$，得

$$D_l = fD_\theta \tag{13-51}$$

要计算 D_θ 和 D_l，可从光栅方程式 $d\sin\theta_k = k\lambda$ 出发，两边取微分得 $d\cos\theta_k\delta\theta = k\delta\lambda$，于是光栅的角色散为

$$D_\theta = \frac{k}{d\cos\theta_k} \tag{13-52}$$

光栅的线色散为

$$D_l = \frac{k}{d\cos\theta_k}f \tag{13-53}$$

近代光栅的缝制作的很精密，即 d 很小就是为了增大光栅的色散，为了增大线色散，常使用焦距 f 达数米的透镜.

3. 瑞利判据、光栅的分辨本领

若要分辨清楚波长很接近的两条谱线，只是角距离或线距离大还是不够的，尚要求每条谱线都很细锐. 前者就是光栅角色散或线色散问题，在同样的色散情况下，谱线越细锐越好分辨，说明色散、分辨本领是光栅的两种不同指标. 在图13－36所示的三种情况里，两条谱线的角距离是相同的，即角色散相同，但每条谱线的半角宽度 $\Delta\theta$ 不同，在图 13－36(a)中 $\Delta\theta>\delta\theta$，两条谱线的合成强度如虚线所示，看起来和一条谱线无异，因此无法分辨它们原来有两条谱线. 在图 13－36(c)中，$\Delta\theta<\delta\theta$，合成光强在中间有明显的极小，我们可以分辨出这是两条谱线. 通常规定 $\Delta\theta=\delta\theta$(图 13－36(b)的情况)时，两谱线恰能分辨，这便是瑞利判据.

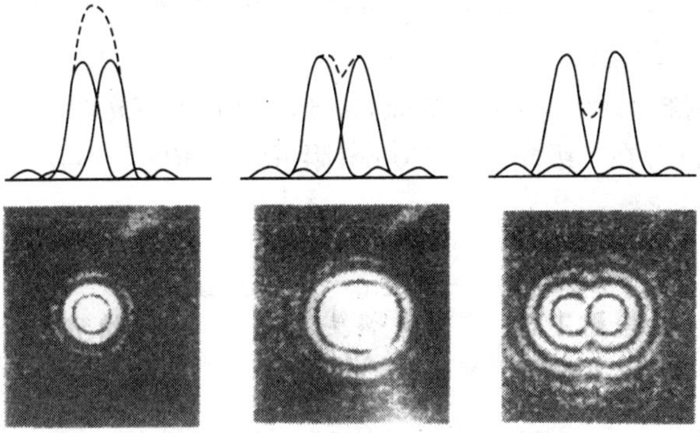

(a) (b) (c)

图 13－36 瑞利判据

对于每个衍射光栅，谱线的半角宽度 $\Delta\theta$ 是一定的. 由式(13－48)确定，即 $\Delta\theta=\dfrac{\lambda}{Nd\cos\theta_k}$. 由式(13－49)和式(13－52)得邻近两波长的角距离为

$$\delta\theta = \frac{k\delta\lambda}{d\cos\theta_k} \tag{13-54}$$

由瑞利判据 $\Delta\theta=\delta\theta$，得到能够分辨的最小波长差为

$$\delta\lambda = \lambda/kN \tag{13-55}$$

通常一个分光仪器的分辨本领定义为

$$R = \frac{\lambda}{\delta\lambda} = kN \tag{13-56}$$

式(13－56)表明，光栅的分辨本领正比于光栅总缝数 N 和光谱的级 k 数，而与光栅常量 d 无关.

例题 1 以波长为 589.3 nm 的钠黄光垂直入射到光栅上，测得第二级谱线的偏角为 28°8′. 用另一未知波长的单色光垂直入射时，它的第一级谱线的偏角是

13°30′.(1)求未知波长.(2)未知波长的谱线最多能观察到第几级?

解　(1)设 $\lambda_0=589.3\ \text{nm}$,$\lambda$ 为待测波长.

由题意有

$$d\sin\theta_0=2\lambda_0,\qquad d\sin\theta=\lambda$$

由上二式可得

$$\lambda=2\lambda_0\frac{\sin\theta}{\sin\theta_0}=2\times589.3\times\frac{\sin13°30'}{\sin28°8'}=584.9\ (\text{nm})$$

(2) 由光栅方程 $d\sin\theta=k\lambda$,k 的最大值由 $|\sin\theta|\leqslant1$ 的条件决定.对波长为 584.9 nm 的谱线,其最大级次波为

$$k=\frac{d}{\lambda}=\frac{2\lambda_0}{\lambda\sin\theta_0}=\frac{2\times589.3}{584.9\times\sin28°8'}=4.3$$

所以能观察到第四级谱线.

例题 2　一光栅每厘米刻线5000 条,共 3 cm.(1)求该光栅的二级光谱在500 nm 附近的角色散率.(2)在二级光谱的 500 nm 附近能分辨的最小波长差是多少?

解　(1)光栅常量

$$d=\frac{1}{5000}\ \text{cm}=2\times10^3\ \text{nm}$$

500 nm 的二级光谱的角位置满足

$$\sin\theta=2\frac{\lambda}{d}=0.5,\qquad \theta=30°$$

由式(13-63),角色散率为

$$D_\theta=\frac{k}{d\cos\theta}=\frac{2}{2\times10^3\times\cos30°}=1.15\times10^{-3}(\text{rad}\cdot\text{nm}^{-1})$$

(2) 光栅的总缝数为　$N=5000\times3=15\ 000$,由式(13-67)能分辨的最小波长差为

$$\delta\lambda=\frac{\lambda}{kN}=\frac{500}{2\times15\ 000}=0.017\ (\text{nm})$$

13.2.4　圆孔夫琅禾费衍射

图 13-24 中的狭缝用一个半径为 a 的圆孔代替,即为圆孔夫琅禾费衍射的实验装置.若要计算屏幕上的衍射强度分布,其出发点和计算单缝夫琅禾费衍射强度公式是完全相同的,但由于用到的数学知识较多,在这里不再进行具体的推导,只给出结果.在单色的平行光垂直照射圆孔条件下,衍射强度分布为

$$I(\theta)=I_0\left[\frac{2\mathrm{J}_1(x)}{x}\right]^2\qquad(13-57)$$

式中 θ 为衍射角，$x=\frac{2\pi}{\lambda}a\sin\theta$，$J_1(x)$ 为一阶贝塞尔函数，它是一种特殊函数，其数值可查有关的数学用表，$I_0=c\frac{\pi^2a^2}{\lambda^2}$ 为 $\theta=0$ 时的衍射强度值，其中 c 为比例常数，衍射图样如图 13－37 所示的圆环状，所以是圆环状可以这样来理解，圆孔可视为多边形孔的极限，而多边形的每一个对边犹如一个狭缝，这样圆孔就可看作为由许许多多这样的狭缝组成. 一个狭缝产生的衍射图样如图 13－25 所示，于是许许多多的狭缝产生的衍射图样连接起来就是同心圆环. 根据式(13－57)，绘成的衍射强度分布曲线如图 13－38，图中纵轴为相对强度 I/I_0，横轴为 $\sin\theta$. $\theta=0$ 处有最大光强，称中央极大，θ 满足 $\sin\theta=0.610\frac{\lambda}{a}$，$1.116\frac{\lambda}{a}$，$1.619\frac{\lambda}{a}$，…时为极小值，对应各个暗环. 两相邻暗环间有一次极大，它们构成了中央亮斑外围的各亮环. 各级次极大的强度要比中央极大小得多，如第一、第二和第三级次极大的强度依次为 $0.0175\ I_0$、$0.0042\ I_0$ 和 $0.0016\ I_0$. 中央亮斑称为艾里斑，占有全部能量的 83.78%，其他各级亮环所占能量依次为 7.22%，2.77%，1.46%，…艾里斑的半角宽度为

$$\Delta\theta = 0.610\frac{\lambda}{a} = 1.22\frac{\lambda}{D} \tag{13-58}$$

式中 D 为圆孔直径. 若透镜的焦距为 f，则艾里斑的线半径为

$$\Delta l = \Delta\theta f = 1.22\frac{\lambda}{D}f \tag{13-59}$$

图 13－37 圆孔夫琅禾费衍射图样

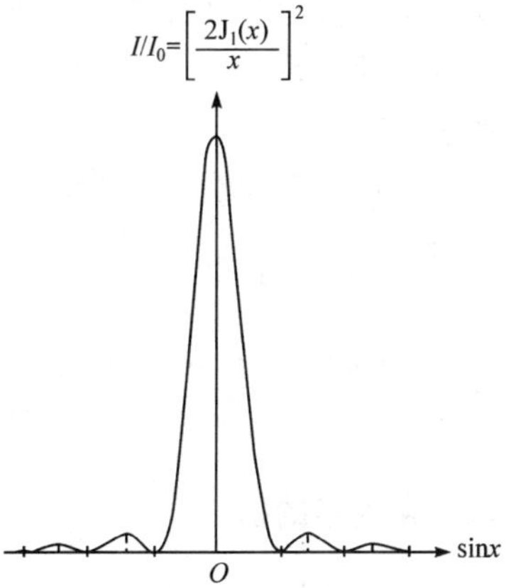

图 13－38 圆孔夫琅禾费衍射光强分布曲线

由以上的讨论可知，圆孔半径 a 越小，艾里斑就越大，衍射现象明显；反之，a 越大，则艾里斑越小，衍射现象不明显. 当 $a\gg\lambda$ 时，各级次极大向中心靠拢，而艾里斑缩成一亮点，这正是几何光学的结果.

由于大多数光学仪器中所用透镜的边缘都是圆形的，而且大多是通过平行光或近似平行光成像的，所以夫琅禾费圆孔衍射问题，对分析成像的质量是必不可少的. 以下通过讨论望远镜的分辨本领来说明这个问题.

用望远镜观察远处的一个物点. 由于光的衍射效应，这个物点成的像实际上是一个有一定大小的衍射斑. 若两个物点紧挨在一起，靠得太近的像斑会彼此重叠起来. 由于两个物点的光是非相干的，强度直接叠加，这时就可能看不出是两个圆斑. 为了给光学仪器规定一个最小分辨角的标准，通常采用前述的瑞利判据，即当一个圆斑像的中心恰好落在另一圆斑像的边缘（即一级暗纹）上时，就算两个像恰能分辨. 对于望远镜来说，这时两像斑中心的角距离 θ_m 对应于每个圆斑的半角宽度，即

$$\theta_m = 1.22\frac{\lambda}{D} \tag{13-60}$$

这就是望远镜的最小分辨角公式，其中 D 是望远镜的直径. 由此可见，为了提高望远镜的分辨本领，即减小其最小分辨角，必须加大物镜的直径.

还需指出的是，光学仪器固然可以放大视角，从而使人能够分辨物体的细节，但是这并不是放大率越大的仪器越能分辨物体的细节，因为衍射效应限制了光学仪器的分辨本领. 增大放大率后，虽然放大了像点之间的距离，但每个像的衍射斑也同样放大了，所以光学仪器原来不能分辨的东西，放得再大仍不能为我们的眼睛或照相底片所分辨. 设计一个光学仪器时，应使它的放大率和分辨本领相适应. 对于助视光学仪器，尚需如此选择其放大率，使仪器的最小分辨角刚好放大到人眼所能分辨的最小角度（约 $1'$）.

例题 3　假定人眼的分辨本领主要受瞳孔衍射效应的限制，并设瞳孔直径为 2.0 mm，光波波长 $\lambda=550$ nm（人眼最灵敏的光），计算 20 m 远处人眼能分辨的最小线距离.

解　人眼的最小分辨角为

$$\theta_m = 1.22\frac{\lambda}{D} = 1.22\times\frac{5.50\times10^{-5}}{0.20} = 3.4\times10^{-4}\,(\text{rad})$$

在 20 m 处能分辨的最小线距离为

$$\Delta l = 20\theta_m = 20\times3.4\times10^{-4} = 6.8\times10^{-3}\,(\text{m}) = 6.8\,(\text{mm})$$

13.2.5　X 射线的衍射

1895 年伦琴（W. C. Røntgen）发现，当高速电子流轰击固体时，会发出一种看不见的射线（图 13-39），它能透过许多对可见光不透明的物质，对感光乳胶有感光作用，并能使许多物质产生荧光. 由于当时不知其为何种射线，故称 X 射线，后也称伦琴射线. 研究表明，X 射线是波长在 $10^{-3}\sim1$ nm 范围内的电磁波. X 射线的波长远小于光的波长，所以无法用人工刻制的光学光栅来观察 X 射线的衍射现

象. 1912 年劳埃(M. V. Laue)首先想到利用晶体来观察 X 射线衍射,因为理想晶体中的粒子在空间作周期性排列,粒子间的距离为 10^{-8} cm 的数量级,晶体的这种点阵结构可看作是光栅常量很小的三维光栅. 劳埃利用单晶体观察到了 X 射线的衍射现象,从而首次从实验上证实了 X 射线与光一样是一种电磁波. 图 13-40 是劳埃的实验装置示意图,一束多色的 X 射线照射到单晶体上,由对晶体的衍射作用而分成许多束衍射线,在晶体后的感光片形成由许多斑点(称劳埃点)组成的衍射图像,称劳埃图. 当 X 射线照射到晶体上时,组成晶体点阵的每个粒子成为衍射中心而发出子波,这些子波相干叠加的结果使某些特定方向的衍射波具有最大的强度,并在感光片上形成相应的劳埃斑.

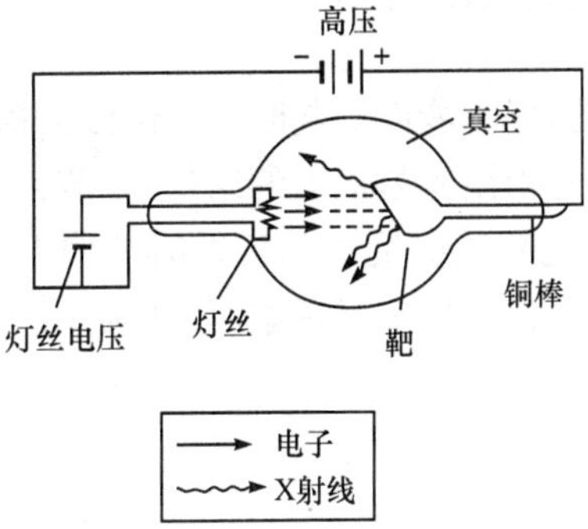

图 13-39 X射线管

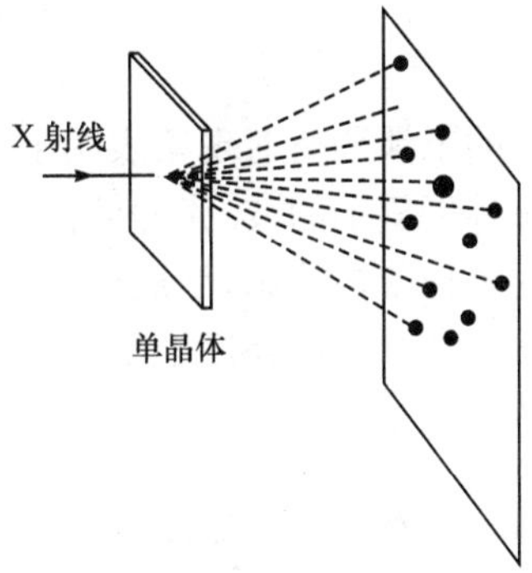

图 13-40 劳埃实验装置示意图

布拉格父子(W. H. Bragg, W. L. Bragg)对 X 射线在晶体点阵上的衍射提出了一个简明而有效的解释. 晶体点阵中所有粒子都可归在一系列互相平行的平面上,这些平面称为点阵平面,相邻两点阵平面间的垂直距离称为晶面间距,用 d 表示. 对于晶体的空间点阵来说,点阵平面族有无限多个,各点阵平面族有各自的间距. 布拉格认为劳埃图中每个斑点是 X 射线在每个点阵平面族上的相干反射造成的. 如图 13-41 所示,考虑任一族点阵平面(图中以平行直线表示),当 X 射线以掠入射 φ 角入射时,就某一点阵平面而言,在平面的镜反射方向具有最强的衍射强度,这是因为各粒子发出的衍射波在镜反射方向满足干涉极大的条件. 但就整个点阵平面族而言,在镜反射方向上的总衍射强度取决于各平面的反射波的相干叠加结果. 只有当从相邻两平面反射出来的射线间的光程差为波长的整数倍时,即满足

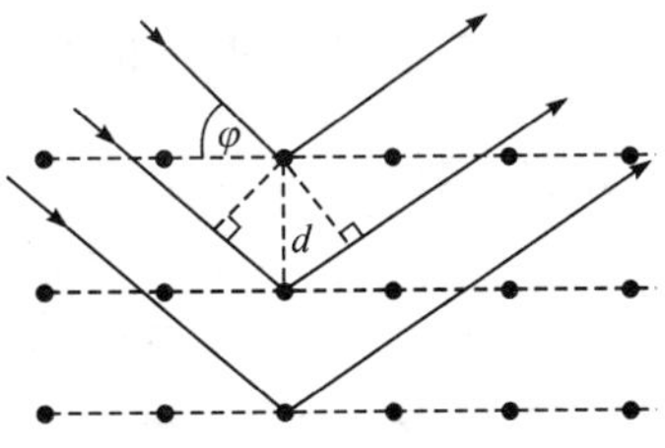

图 13-41 布拉格公式

$$2d\sin\varphi = k\lambda, \quad k = 1, 2, 3, \cdots \tag{13-61}$$

时,才达到干涉极大,式(13-61)称为布拉格公式.

布拉格公式是X射线衍射的基本规律.利用它可以测定晶体的晶面间距(X射线波长为已知)或X射线的波长(晶体的晶面间距为已知).这为研究金属靶的原子结构和晶体结构提供了重要依据.现在X射线衍射分析已成为了解未知化学组成的有机化合物结构的一种标准方法.遗传基因脱氧核糖核酸(DNA)的双螺旋结构,就是由生物学家沃森(J. D. Watson)和物理学家克里克(F. H. Crick)在1953年分析了物理学家威尔金斯(M. Wilkins)的实验所得的DNAX射线衍射图像而得到的,为此上述三人获1962年度诺贝尔生理学和医学奖.

13.3　光的偏振

光的干涉和衍射现象表明了光是一种波动,但不能以此判断光是纵波或横波,还是一种更复杂的波.光的偏振实验事实明确地得出光是横波的结论.本节首先介绍光的各种偏振状态,然后讨论光在各向同性电介质上反射和折射时的偏振现象以及光在各向异性介质中出现的双折射现象,还讨论了旋光现象(包括旋光色散和圆二色性).

13.3.1　自然光和偏振光

光波是横波,它的电场和磁场矢量的振动方向与波的传播方向垂直,根据电场(和磁场)矢量在垂直于传播方向的平面内的不同情况,可以把光分为自然光和各种形态的偏振光.

1. 自然光、线偏振光和部分偏振光

光由光源中大量原子或分子发射的.普通光源(如太阳、电灯、火焰等)中各原子或分子在大约10^{-8} s的时间内辐射一振动方向的波列,它们的初相位和振动方向是随机分布的,因此宏观看起来,入射光中包含了所有方向的横振动,哪个横方向也不比其他横方向更为突出(图13-42).具有这种特点的光,称为自然光.

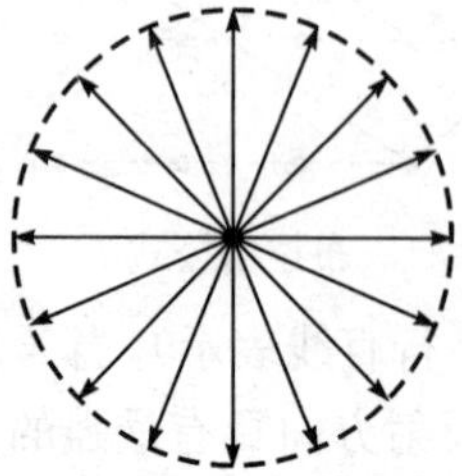

图13-42　自然光

在自然光中,任何方向的电矢量$\boldsymbol{E}$都可分解为相互垂直的两个方向(如x方向和y方向)上的分量,所有取向的电矢量在这两个方向上的分量的时间平均值必相等.也就是说,自然光可以用强度相等、振动方向互相垂直的两个横振动来表示.但是在这种表示中,必须注意由于自然光中各电矢量之间无固定的相位关系,因而其中任何两个取向不同的电矢量是不能合成为一个单独的矢量.

自然光中的横振动在各方向上是均衡的，如果失去这种均衡性，就叫做偏振.如果电矢量的振动确定在某一方向，则称此光为线偏振光或平面偏振光，通常用图 13-43表示，其中图 13-43(a)表示电矢量垂直纸面的线偏振光，图 13-43(b)表示在纸面上的线偏振光.

有些光的电矢量振动方向在垂直光的传播方向平面内各方向都有，但不同方向的振幅大小不同(图 13-44)，它们的初相位也是随机分布的.具有这种特点的光称为部分偏振光.由此可见，部分偏振光的偏振状态介于自然光和线偏振光之间.

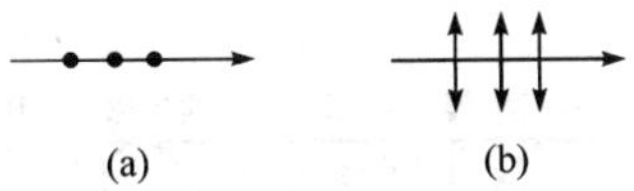

图 13-43 线偏振光

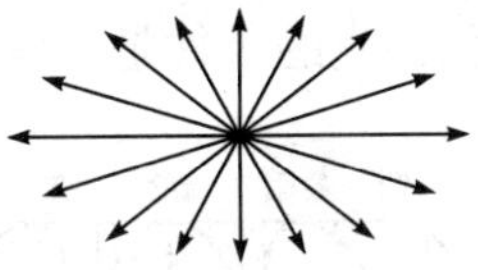

图 13-44 部分偏振光

通常用偏振度 P 来衡量部分偏振光偏振程度的大小，它定义为

$$P=\frac{I_{\max}-I_{\min}}{I_{\max}+I_{\min}}$$

式中 $I_{\max}$为部分偏振光沿某一方向上具有光强最大值，$I_{\min}$为在其垂直方向上具有的光强最小值.若 $I_{\min}=0$，那么 $P=1$，电矢量完全限制在一个方向，这就是线偏振光；若 $I_{\max}=I_{\min}$，则 $P=0$，这就是自然光；若 $0<I_{\min}<I_{\max}$，则 $P<1$，这就是部分偏振光.

2. 圆偏振光和椭圆偏振光

一束光在传播途径中任一点的电矢量瞬时值大小不变，但它的末端在过该点垂直于光传播方向的平面上，以角速度 ω(即波的圆频率)匀速旋转.换言之，电矢量的端点描绘的轨迹为圆，这种光称为圆偏振光.

圆偏振光有右旋圆偏振光和左旋圆偏振光之分.假定我们迎着光速传播方向观察，若电矢量作顺时针方向转动(图 13-45(a))，称此光为右旋圆偏振光；若电矢量作逆时针方向转动(图 13-45(b))，称此光为左旋圆偏振光.

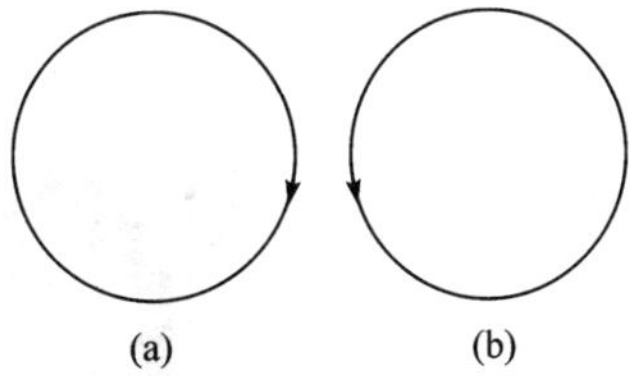

图 13-45 圆偏振光

若一束光的电矢量端点在垂直于光传播方向平面内描绘的轨迹为一椭圆，这种光称为椭圆偏振光.椭圆偏振光也有右旋和左旋之分，其定义与圆偏振光相同，即迎着光的传播方向看去，逆时针者为左旋，顺

时针者为右旋.

由垂直振动的合成理论,椭圆运动可看成两个相互垂直的简谐振动的合成.椭圆偏振光两个分量的表达式可写成

$$E_x = A_x \cos\omega t$$
$$E_y = A_y \cos(\omega t + \delta) \qquad (13-62)$$

椭圆偏振光长、短轴的大小和取向,与振幅 A_x、A_y 和相位差 δ 都有关系.图 13-46 给出了不同 δ 值的椭圆轨迹,可以看出,线偏振光和圆偏振光都可看作是椭圆偏振光的特例.椭圆偏振光退化为线偏振光的条件是 $A_x=0$ 或 $A_y=0$ 或 $\delta=0$ 或 $\pm\pi$.退化为圆偏振光的条件是 $A_x=A_y$ 和 $\delta=\pm\dfrac{\pi}{2}$.

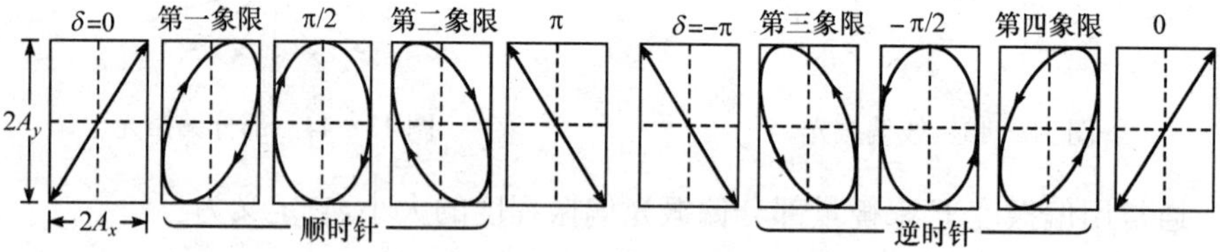

图 13-46　两个同频垂直振动的合成

由振动合成理论还知道,振幅和频率相同的左、右旋二个圆振动可合成为一个同频率的直线振动.

13.3.2　马吕斯定律和布儒斯特定律

1. 二向色性　马吕斯定律

有些晶体对不同振动方向的电磁波具有选择吸收的性质.如天然的电气石是六角形的片状晶体(图 13-47),长对角线的方向称为它的光轴.当光线射在这种晶体表面上时,振动的电矢量与光轴平行时被吸收得较少,光可以较多地通过(图 13-47(a));电矢量与光轴垂直时被吸收得较多,光通过得很少(图 13-47(b)),

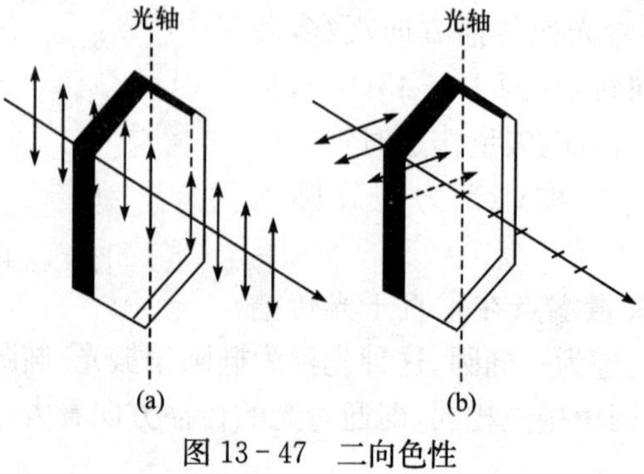

图 13-47　二向色性

这种性质称为二向色性. 电气石晶体对两个振动方向吸收程度的差别还不够大，而硫酸碘奎宁晶体的性能要比它好得多，但硫酸碘奎宁的晶体很小，通常把这种晶体埋置在柔软的透明塑料片中，然后把塑料片拉伸，使这些晶粒的光轴定向排列起来，这就制成了偏振片. 偏振片的最大优点是面积可以做得很大，且价格也便宜，在实际中得到了广泛的应用.

现在来研究线偏振光通过偏振片后强度变化的规律，采用图 13 - 48 所示的装置. 图中 P_1 和 P_2 是偏振片，其中 P_1 用来产生线偏振光，按照它在这里所起的作用，称为起偏器，其中 P_2 用来检验线偏振光，称为检偏器.

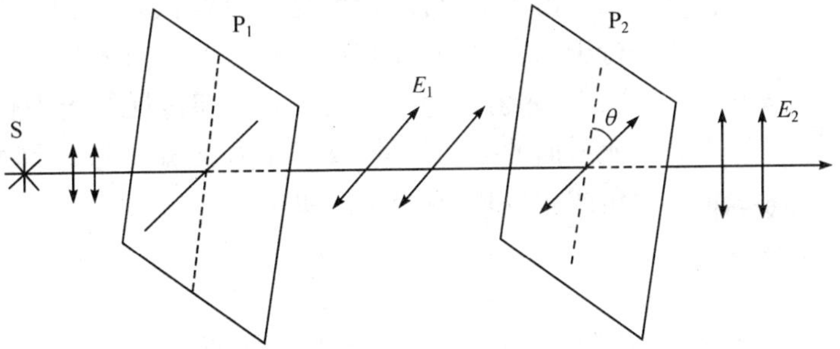

图 13 - 48　马吕斯定律

设通过 P_1 的振动矢量为 $\boldsymbol{E}_1$(其方向即为 P_1 的透光方向)，振幅为 A_1，强度为 $I_1=A_1^2$，通过 P_2 的振动矢量为 $\boldsymbol{E}_2$(其方向即为 P_2 的透光方向)，振幅为 A_2，强度为 $I_2=A_2^2$. 若 $\boldsymbol{E}_1$ 和 $\boldsymbol{E}_2$ 之间的夹角为 θ，则它们之间的振幅关系为 $A_2=A_1\cos\theta$，即有

$$I_2 = A_2^2 = (A_1\cos\theta)^2 = I_1\cos^2\theta \tag{13-63}$$

根据式(13 - 63)，若 $\theta=0$，即两偏振片 P_1 和 P_2 的透光方向平行，则有 $I_2=I_1$，即透过 P_2 有最大的光强；若 $\theta=\pi/2$，即 P_1 和 P_2 的透光方向垂直，则有 $I_2=0$，说明光完全被 P_2 阻挡，这种现象称为消光；若 P_1 和 P_2 的透光方向既不平行又不垂直，则透过 P_2 的光强介于零和 I_1 之间. 总之，式(13 - 63)表示了线偏振光通过检偏器后透射光强度随 θ 角变化的规律，此规律称为马吕斯定律.

还需要说明两点：①上述的定律于 1809 年由法国的马吕斯(E. L. Malus)根据光的微粒说推导出，后由阿喇果用精确的光度学测量所证实；②持光微粒说观点的马吕斯还发现了光反射时的偏振现象，连同上述定律(纵波具有轴对称性，不可能有此定律)，他认为可以推翻杨氏的波动说. 杨氏经过多年的研究，逐渐领悟到对于光波要用横波的概念来代替纵波. 菲涅耳对这一新的假设大加赞赏，以此为基础，发表了有关的论文，指出所有已知的光学现象都可以根据光是横波这个假说予以解释. 光是横波这一观点，使光的波动说完成了它的最后形式. 也由于菲涅耳等人对光的衍射和偏振现象研究的推进，光的波动说终于为人们所接受.

2. 反射和折射时的偏振现象、布儒斯特定律

设自然光以入射角 i 射到各向同性电介质 1 和 2 的界面上. 将入射光的光振动分解为相互垂直的两个成分：一个与入射面平行，振幅用 E_{P1} 表示；另一个与入射面垂直，振幅用 E_{S1} 表示. 对反射光和折射光的振动也可作同样的分解，反射光的两个振幅分别用 E'_{P1} 和 E'_{S1} 表示，折射光的两个振幅分别用 E_{P2} 和 E_{S2} 表示. 实验和理论表明，在一般情况下反射光为部分偏振光，且 $E'_{S1} > E'_{P1}$，即垂直于入射面的振动占优势；折射光也是部分偏振光，且 $E_{P2} > E_{S2}$，即平行于入射面的振动占优势(图 13-49). 实验和理论还表明，当入射角为某一特殊值 i_b 时，反射光中仅有垂直于入射面的振动分量，反射光为线偏振光. i_b 称为布儒斯特角或起偏角，它由下式决定：

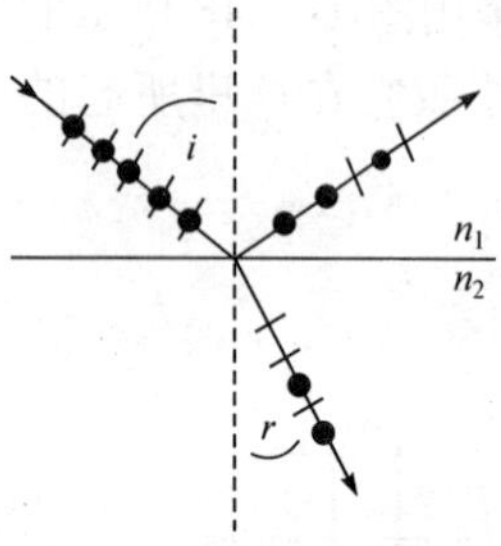

图 13-49　反射和折射时的偏振现象

$$\tan i_b = \frac{n_2}{n_1} \tag{13-64}$$

式中 n_1 和 n_2 是两介质的折射率. 式(13-64)称为布儒斯特定律，它为万花筒发明人布儒斯特于 1812 年从经验规律中得出.

举例来说，光由空气射向玻璃界面时，此时 $n_1 \approx 1$ 和 $n_2 = 1.54$，根据式(13-64)得 $i_b = 57°$. 在应用式(13-64)要注意，由于介质的折射率是波长的函数，所以 i_b 角总是对确定的波长的光而言，这就是说，不同波长的光，由空气射向玻璃时，有不同的 i_b 值.

现将布儒斯特定律与折射定律相比较，有

$$\frac{\sin i_b}{\cos i_b} = \frac{n_2}{n_1} = \frac{\sin i_b}{\sin r}$$

所以 $\cos i_b = \sin r = \cos\left(\frac{\pi}{2} - r\right)$. 即 $i_b + r = \frac{\pi}{2}$. 由此得到，入射光以布儒斯特角入射时，反射光与折射光互相垂直，此时反射光为线偏振光，而折射光为具有最大偏振度的部分偏振光(图 13-50).

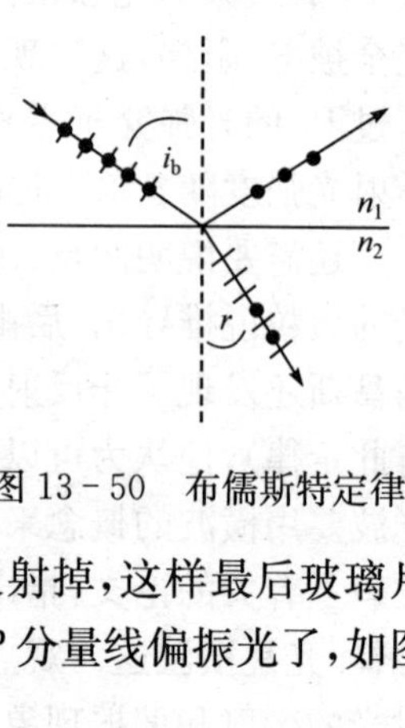

图 13-50　布儒斯特定律

由以上讨论可知，当一束自然光以 i_b 入射至空气-玻璃分界面时，与入射面垂直的 S 分量在界面上要反射掉一部分，而与入射面平行的 P 分量却 100%透过. 若将若干玻璃板叠加起来，通过多次的反射和折射，S 分量不断被反射掉，这样最后玻璃片堆出来的光束中 S 分量就十分微弱了，它几乎是 100%的 P 分量线偏振光了，如图 13-51 所示.

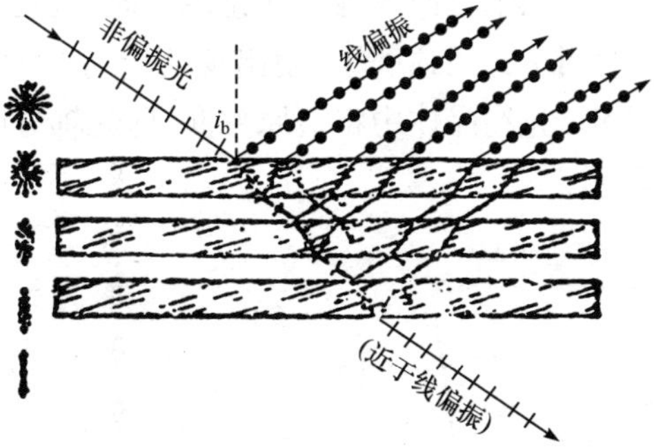

图 13－51　玻璃片堆

13.3.3　晶体双折射

1. 寻常光和非寻常光

光的双折射现象于 1669 年被丹麦的巴塞林纳斯(E. Bartholinus)所发现，它无意将一块很大的冰洲石(又称方解石，化学成分是 $CaCO_3$)放在书上，他惊奇地发现，书上每一个字都变成了二个字，他将此现象记载下来. 过了 10 年，惠更斯研究了此现象，他认为一个字有两个像，表明一束光通过冰洲石后变成了两束光，并称此现象为双折射.

我们可以看到上述每个字产生的两个像，在冰洲石内部浮起的高度是不同的，如果冰洲石表面与书面平行(入射光正入射)，转动冰洲石还可发现，一个像不动，另一个像随之转动. 这些现象说明了，两束光在冰洲石内部的折射程度不同，一束光在晶体中沿原方向传播，另一束偏离了原来的方向. 前者符合光的折射定律(正入射时光束不偏折)，后者违背折射定律. 如果进一步对各种入射方向的光进行研究，结果表明，晶体内的两束光中的一束总符合折射定律，另一束常常不遵守折射定律. 我们称前一条折射光为寻常光(简秒 o 光)，称后一条折射光为非寻常光(简称 e 光). 若用偏振片检查 o 光和 e 光(图 13－52)，发现二者皆为线偏振光，在正入射情况下，两束光的偏振方向相互垂直. 要注意的是，这里所谓的 e 光和 o 光，只有在晶体内部才有意义，射出晶体之后，就无所谓 e 光和 o 光了. 在冰洲石中存在着一个特殊的方向，光线沿着这个方向传播时 o 光和 e 光的传播速度一样，这个特殊方向称为晶体的光轴. 为了说明光轴的方向，对冰洲石晶体形状结构稍加介绍. 冰洲石的天然晶体如图 13－53，它呈平行六面体状，每个表面都是平行四边形，它的一对锐角为 78°，一对钝角为 102°，每三个表面汇合成一个顶点，在八个顶点中有两个彼此对着的顶点(图 13－53 中的 A，B)是由三个钝角面汇合而

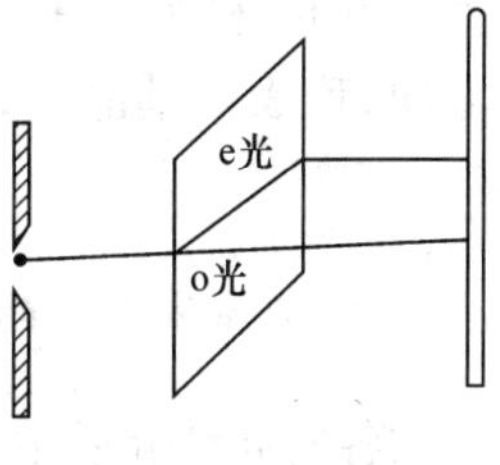

图 13－52　o 光和 e 光

成的，通过这样的顶点并与三个界面成等角的直线方向，就是冰洲石晶体的光轴方向. 如果把冰洲石晶体的两个钝角顶磨平，使出现两个与光轴方向垂直的表面，并让光束对着这表面正入射，光在晶体中将沿原方向（即光轴方向）传播，不再分解成两束光，如图 13－54 所示.

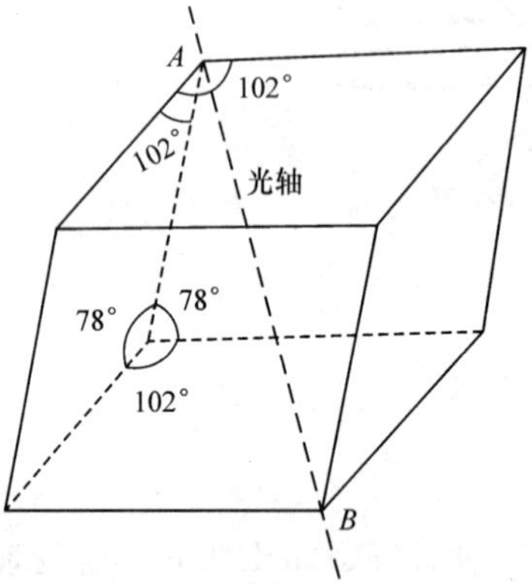

图 13－53　冰洲石的光轴方向

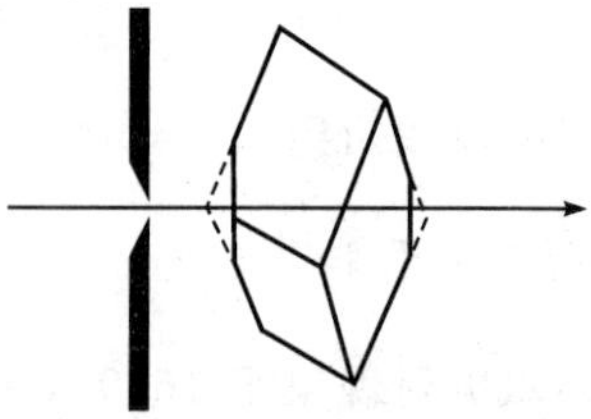

图 13－54　光束沿冰洲石晶体光轴方向射入

除冰洲石外，许多晶体具有双折射的性能（立方晶系的晶体例外，如岩盐晶体无双折射现象），双折射晶体有两类，像冰洲石、石英、红宝石、冰等一类晶体只有一个光轴方向，称为单轴晶体；像云母、蓝宝石、橄榄石、硫磺等一类晶体有两个光轴方向，称为双轴晶体，光在双轴晶体内的传播规律更为复杂，我们只讨论单轴晶体.

2. 单轴晶体中光的波面与速度

在各向同性介质中的一个点光源发出的波沿各方向传播速度 $v=c/n$ 都一样，和光的振动方向无关，经过 Δt 时间后形成的波面是一个半径为 $v\Delta t$ 的球面. 在各向异性介质中，在传播方向上，不同振动方向的光的传播速度可能是不同的，这意味着波阵面是两重曲面. 在单轴晶体中的 o 光传播规律与普通各向同性介质一样，它沿各方向传播速度 v_o 相同，所以它的波面是球面（图 13－55(a)），但 e 光沿各方向传播的速度 v 不同，沿光轴方向的传播速度与 o 光一样也是 v_o，垂直光轴方向的传播速度是另一数值 v_e. 在经过 Δt 时间后，e 光的波面如图 13－55(b)，是围绕光轴方向的回转椭球面. 把 o 光和 e 光两波面画在一起，它们在光轴方向上相切（图 13－56）.

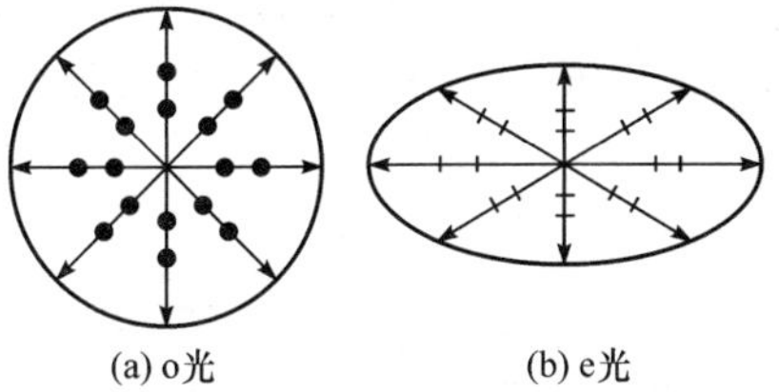

图 13－55　o 光和 e 光波面

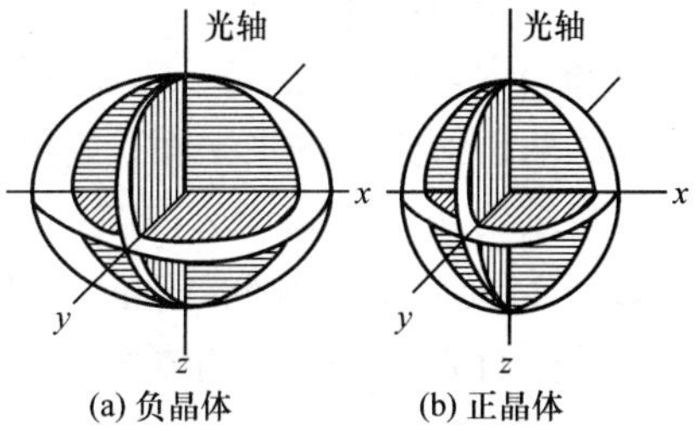

图 13－56　正、负单轴晶体

为了说明 o 光和 e 光的振动方向，引入主平面的概念. 晶体中某条光线与晶体光轴构成的平面，称为主平面. 图 13－55 的纸平面就是其上画出各光线的主平面. o 光电矢量的振动方向总是和 o 光的主平面垂直，e 光电矢量的振动方向则在 e 光的主平面内.

单轴晶体分为两类：一类以冰洲石为代表 $v_e > v_o$，e 光的波面是扁椭球，这类晶体称为负晶体；另一类以石英为代表，$v_e < v_o$，e 光的波面是长椭球，这类晶体称为正晶体.

在各向同性介质中，介质的折射率定义为真空中光速与介质中光束 v 之比，即 $n = c/v$. 对于 o 光，晶体的折射率为 $n_o = c/v_o$，对于 e 光，因为它不服从折射定律，不能简单地用一个折射率来反映它的折射规律. 但是，通常仍把真空光速 c 与 e 光沿垂直光轴传播方向时的速度 v_e 之比称为它的折射率，即 $n_e = c/v_e$. 这个 n_e 值虽然不具有普通折射率的含义，但它与 n_o 一样是晶体的一个重要光学参量. n_o 和 n_e 合称为晶体的主折射率.

3. 单轴晶体中的惠更斯作图法

1）平行光束垂直入射至单轴晶体表面

假定单轴晶体是负晶体（如冰洲石），一束平行光正入射至它的表面，晶体的光轴位于入射面内，如图 13－57，图中 A、B 二点及它们之间任何点是同时到达的，它们都作为次波源中心，向晶体内发出 o 光和 e 光，Δt 时间后，o 光和 e 光的波面如图 13－57 所示，分别作出 o 光波面和 e 光波面的包络面，这些新包络面分别为 Δt 时刻 o 光和 e 光的新波阵面. 由图可以看出，o 光和 e 光的新波阵面依然是平面，这说明了入射的平面波经单轴晶体折射后，o 光和 e 光依然是平面波. A 和 B 分别连接 o 光包络面的切点 A_0 和 B_0 及 e 光包络面的切点 A_e 和 B_e，

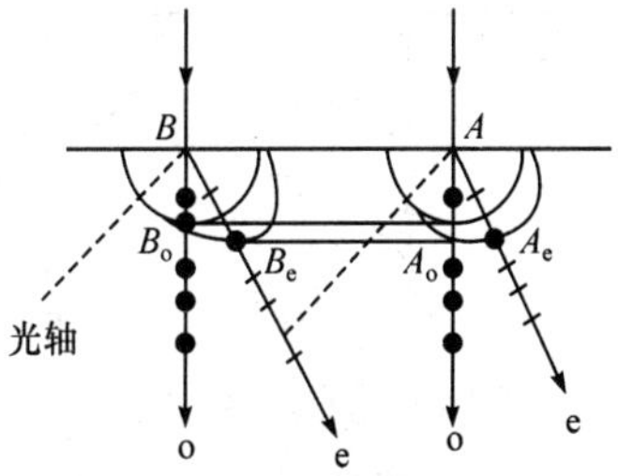

图 13－57　惠更斯作图法

则分别得到单轴晶体中 o 光和 e 光的方向. 要注意的是,由于给定的光轴方向在入射(即纸面)内,从而切点 A_o、B_o、A_e、B_e 和两折射光线都在此平面内. 根据定义,这平面也是两折射光线的主平面,这样就可判断两折射光线的振动方向,o 光的振动方向垂直纸面,e 光的振动方向在纸平面内.

2) 平行光束斜入射至单轴晶体的表面

一束平行光斜入射至晶体表面,两边缘光线的交点为 A、B',设晶体光轴位于入射面内,如图 13-58. 由 A 点作一垂线 AB,它便是入射光束的波面,B 到 B' 的时间为 $\Delta t=\overline{BB'}/c$. 在 Δt 时间内,点 A 作为次波源向晶体内发出 o 光和 e 光,它们的波面如图 13-58 所示,从 B'点分别作 o 光和 e 光波面的切线,切点分别为 A_o 和 A_e,将 A 和 A_o 及 A_e 分别连接起来,AA_o 和 AA_e 分别为 o 光和 e 光的光线方向,它们的电矢量振动方向已标在图中,两者是相互垂直的.

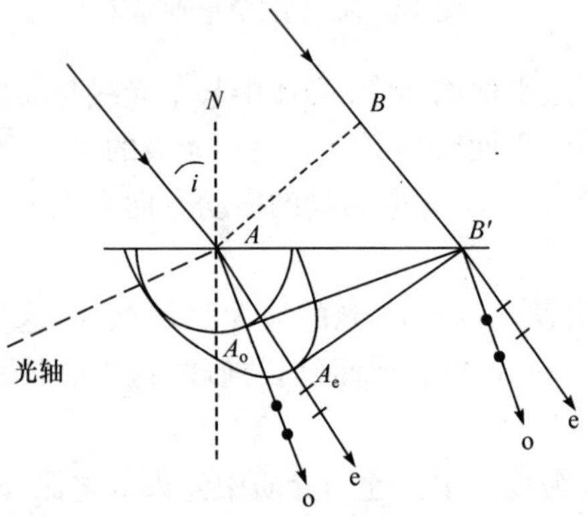

图 13-58　自然光沿主平面斜入射

对于光轴平行于晶体界面,光线正入射和光轴垂直于入射面以及光线正入射和光轴位于入射面内两种情况下,根据惠更斯作图法不难求出 o 光和 e 光的方向,如图 13-59 和图 13-60 所示. 在这两种情况下,虽然 o 光和 e 光传播方向相同,但它们的传播速度不同,所以依然存在双折射现象,因为双折射的实质乃是不同振动方向的光具有不同的传播速度.

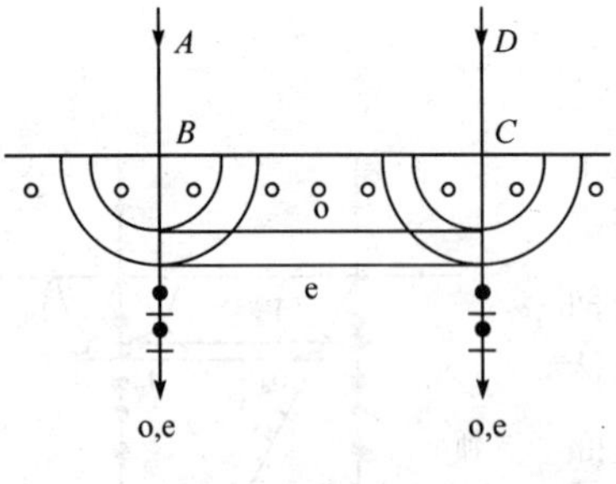

图 13-59　光轴平行于晶体表面自然光垂直入射

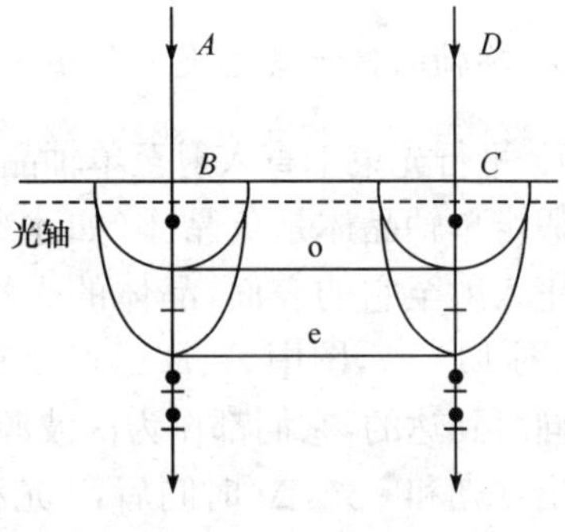

图 13-60　光轴垂直于入射面,自然光垂直入射

在上述几个例子里,光轴均位于特殊的位置,不是位于入射面内就是垂直入射面,在这些情况下 e 光和 o 光一样,均在入射面内,但在一般情况下,光轴既不与入射面平行也不与它垂直,这时 e 光次波面与包络面的切点 A_e 及 e 光本身都不在入

射面内,就不能用一张平面图来表示了.

4. 圆偏振光和椭圆偏振光的获得与检验

1) 波片、λ/4 波片和 λ/2 波片

所谓波片就是从单轴晶体(例如石英)中切割下来的平行平面板,其表面与晶体的光轴平行(图 13-61).这样一来,当一束光正入射时,分解成的 o 光和 e 光传播方向虽然不改变,但它们在波片内的速度 v_o 和 v_e 是不同的(图 13-60),或者说它们的折射率 n_o 和$_e$ 是不同的.设波片的厚度为 d,则 o 光和 e 光通过波片时的光程不同,它们分别为 $n_o d$ 和 $n_e d$.当它们射出波片时造成的相位差为

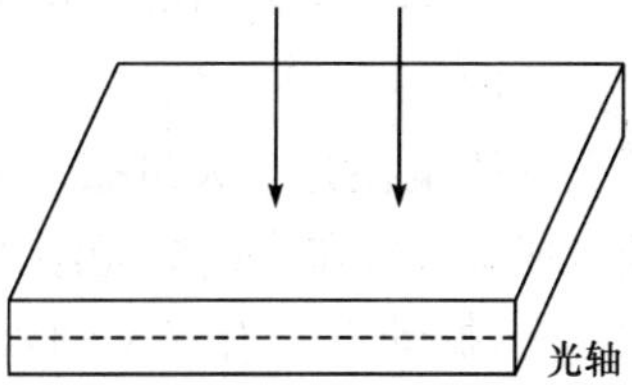

图 13-61 波晶片

$$\delta=\varphi_o-\varphi_e=\frac{2\pi}{\lambda}(n_o-n_e)d \tag{13-65}$$

由式(13-65)可看出,在 n_o 和 n_e 确定的条件下,可选择波片的厚度 d 来产生相对相位延迟 δ 值,所以波片又称为"相位延迟片".在实际中最常用的是 1/4 波长片(简称 λ/4 片),其厚度 d 满足关系式 $(n_o-n_e)d=\pm\frac{\lambda}{4}$,于是 $\delta=\pm\frac{\pi}{2}$;其次是1/2波长片(简称 λ/2 片),其厚度 d 满足关系式 $(n_o-n_e)d=\pm\frac{\lambda}{2}$,于是 $\delta=\pm\pi$.需要指出的是 $\frac{\lambda}{4}$ 片和 $\frac{\lambda}{2}$ 片都是对某一个确定波长的光来说的.

2) 圆偏振光和椭圆偏振光的获得

令自然光通过一个起偏器和一个波片,在一般情况下可获得椭圆偏振光,如图 13-62 所示,由起偏器射出的线偏振光射到波片中去时,被分解成 $\boldsymbol{E}_o$ 和 $\boldsymbol{E}_e$ 两个振动,它们在波片内的传播速度不同,穿出波片时产生一定的附加相位差 δ,射出波片之后两光束速度恢复到一样,合成一起,一般得到椭圆偏振光.在一定的条

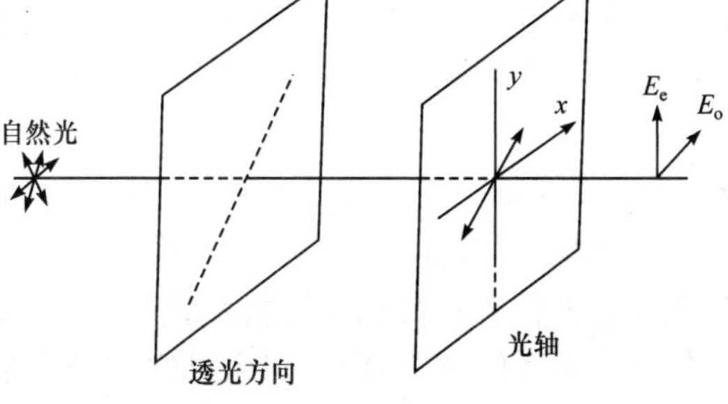

图 13-62 获得椭圆偏振光

件下,可得到圆偏振光或仍为线偏振光.

若要从波片出射的是圆偏振光,要满足如下两个条件.首先,波片必须选择成 $\lambda/4$ 片,使 o 光和 e 光相位差为 $\pm\pi/2$,再则从起偏器出射的线偏振光正入射至 $\lambda/4$ 片的表面时,它的振动方向与光轴夹角 $\theta=\pm\pi/4$,使 $\lambda/4$ 片内的 o 光和 e 光的振幅相等.至于出射的圆偏振光是右旋的还是左旋的,视 $\lambda/4$ 片是正晶体还是负晶体以及入射至 $\lambda/4$ 片表面的线偏振光振动方向的方位决定.

若图 13-62 中的波片是负晶体(如冰洲石)制成的 $\lambda/4$ 片,正入射至 $\lambda/4$ 片表面上的线偏振光电矢量振动方向与图中所选择坐标系的 x 轴成的角 $\theta=\pi/4$(和 y 轴也成 $\pi/4$),在线偏振光刚进入 $\lambda/4$ 片时,将它分解成 o 光(振动方向沿着 x 轴)和 e 光(振动方向沿着 y 轴),两者进入时是同相位,它们的振动方程可写成

$$E_o = A_o\cos\omega t = A\cos\omega t$$

$$E_e = A_e\cos\omega t = A\cos\omega t$$

射出 $\lambda/4$ 片时,由于 $n_e<n_o$,e 光相位超前于 o 光相位为 $\pi/2$,它们的振动方程可写为

$$E_o = A\cos\omega t$$

$$E_e = A\cos(\omega t + \pi/2)$$

由上述方程可看出,合成振动为一圆偏振光.为了确定这个圆偏振光的旋转方向,我们可定出这个旋转着的电矢量的尖端在 $t=0$ 和 Δt 两时刻的位置.在 $t=0$ 时刻,有 $E_o=A, E_e=0$,在 Δt 时刻有 $E_o\approx A, E_e=-A\sin\omega\Delta t=-A\omega\Delta t$.图 13-61 表明,代表这个出射圆偏振光的矢量是沿顺时针方向旋转的(观察者面向出射光束),故出射光束为右旋圆偏振光.对 $\theta=-\pi/4$ 情况,可作类似的讨论,可知出射光为左旋圆偏振光.

从上述的讨论,还不难得出如下结论:若入射光束为一圆偏振光,则通过 $\lambda/4$ 片后成为一线偏振光;若入射光束为一椭圆偏振光,则通过 $\lambda/4$ 片后一般依然为一椭圆偏振光;若椭圆偏振光的长轴(或短轴)与波片光轴方向一致,则出射光为线偏振光.

3) 偏振光的检验

前面曾介绍过 5 种偏振状况的光,即线偏振光、圆偏振光、椭圆偏振光、自然光(非偏振光)和部分偏振光.我们现在来说明,利用偏振片和 $\lambda/4$ 片可将 5 种光完全区分开来.

使用一块偏振片就可将线偏振光从其他 4 种光中挑选出来,这是因为 5 种光分别通过偏振片时,在转动偏振片情况下,唯有线偏振光有消光位置(若是理想的偏振片,消光位置即为全暗的位置),其他 4 种光无消光位置.圆偏振光和自然光分别通过偏振片时,在转动偏振片情况下,两者出射的强度是等强度,而无法区分它们.椭圆偏振光和部分偏振光分别通过偏振片时,在转动偏振片情况下,两者出射

的强度时强时弱，也无法区分它们. 若将偏振片和 $\lambda/4$ 片联合起来使用，则可区分.

利用图 13 - 63 的装置，可将圆偏振光和自然光区分开来. 若入射光束是圆偏振光，经过 $\lambda/4$ 片后成为一线偏振光，此线偏振光再入射至偏振片，在转动偏振片情况下，可以观察到它的出射光强度是变化的，且存在消光位置. 若入射光是自然光，经过 $\lambda/4$ 片后依然是自然光，再入射至偏振片，在转动偏振片情况下，出射光的强度是不变的，无消光位置.

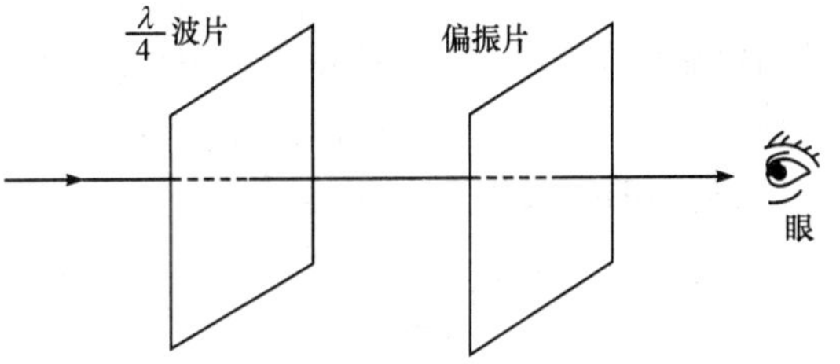

图 13 - 63　检验圆偏振光、自然光

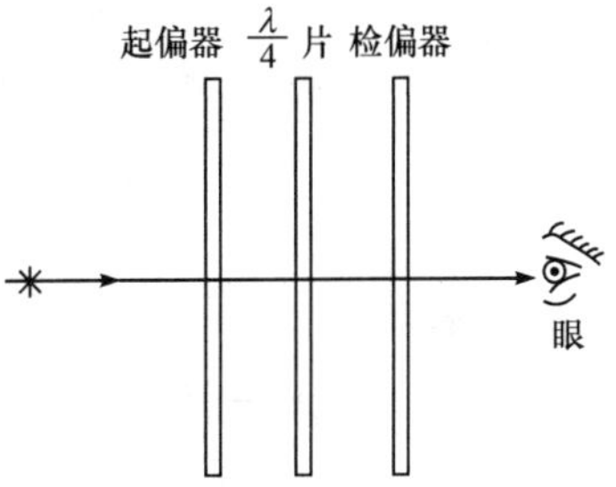

图 13 - 64　检验椭圆偏振光和部分偏振光

要区分椭圆偏振光和部分偏振光，步骤要稍为复杂些，可分以下三个步骤：①首先要定出 $\lambda/4$ 片的光轴方向（或与光轴垂直方向），用图 13 - 64 的装置可达到此目的. 令起偏器和检偏器的透光方向相互平行，然后在它们中间插入 $\lambda/4$ 片并转动，在检偏器后观察到最大光强时停止 $\lambda/4$ 片转动，此时 $\lambda/4$片表面上与起偏器和检偏器透光方向平行的方向即为它的光轴方向或与光轴垂直的方向. ②用偏振片分别定出椭圆偏振光主轴方向（如光强最大方向，即为长轴方向）和部分偏振光的光强最大值方向. ③令椭圆偏振光和部分偏振光分别通过 $\lambda/4$ 片，并使它们的光强最大方向和 $\lambda/4$ 片的光轴方向（或垂直光轴方向）平行，然后通过一检偏器，这样椭圆偏振光经过 $\lambda/4$ 片后成为一线偏振光，而部分偏振光通过 $\lambda/4$ 片后依然为部分偏振光，再通过检偏器，原来的椭圆偏振光有消光位置，而部分偏振光无消光位置，于是将两者区别开来.

5. 尼科耳棱镜

尼科耳棱镜是利用冰洲石的双折射现象制成的一种光学元件. 在许多光学仪器中用来产生和检查线偏振光，尼科耳棱镜有多种形式，我们在此描述最普通的一种，如图 13 - 65(a)，取长度约为宽度 3 倍的冰洲石晶体，称包含光轴和入射界面法线的平面为主截面. 若以端面 $ABCD$ 为入射界面, $ACC'A'$ 便是一个主截面. 在天然晶体中此主截面的对角$\angle C$ 和$\angle A'$原为 71°, 将端面磨去少许, 使得新的对角变为 68°(图 13－65(b)). 将晶体沿垂直主截面 $ACC'A$ 且过对角线 $A''C''$ 的平面 $A''EC''$ 剖开磨平, 然后再用加拿大树胶黏合. 加拿大胶是一种折射率 n 介于冰洲石 n_o 和 n_e 之间的透明物质(对于钠黄光, $n=1.55$, 而 $n_o=1.658\,36$, $n_e=1.486\,41$). 按照上述设计, 平行于棱边 AA' 的入射光进入晶体后, o 光将以大于临界角 $\arcsin\dfrac{n}{n_o}\approx 69°$的入射角投在剖面 $A''ECF$ 上. 它将因全反射而偏折射到棱镜的侧面, 在那里用黑色涂料将它吸收, 或者用小棱镜将它引出. 至于 e 光, 由于它与光轴的夹角足够大, 在晶体内的"折射率"仍小于加拿大胶的 n, 从而不发生全反射, 于是从尼科耳棱镜另一端射出的将是单一的线偏振光.

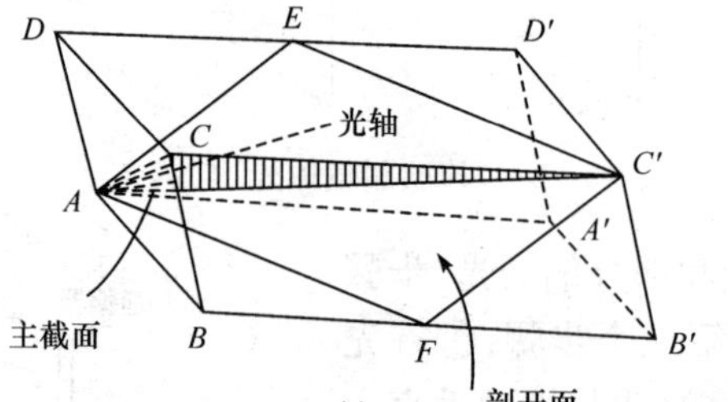

(a)

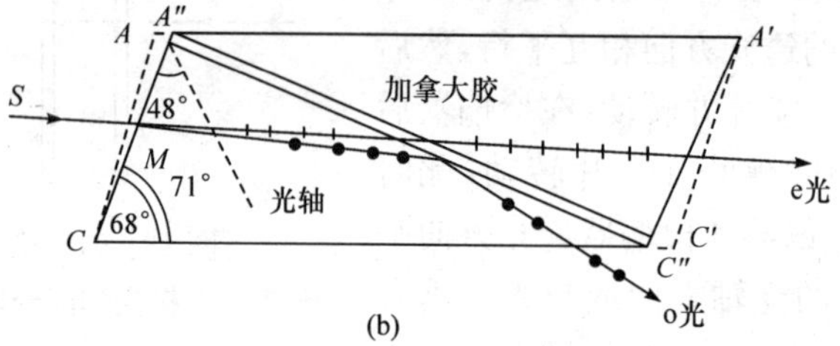

(b)

图 13－65　尼科耳棱镜

由于加拿大胶吸收紫外线, 故尼科耳棱镜对此波段不适用, 这时可用其他形式的棱镜, 如渥拉斯顿棱镜.

13.3.4　旋光性

如上所述, 在普通的单轴晶体(如冰洲石)中光线沿光轴传播时不发生双折射, 即 o 光和 e 光的传播方向和波速都一样. 但是一束线偏振光沿石英晶体的光轴传播时, 它的振动面发生连续地转动(图 13－66), 这种现象称为旋光性. 电矢量振动面的旋转分为右旋和左旋两种, 向光源方向看去, 振动面顺时针方向旋转的石英称为右旋石英; 逆时针方向旋转的石英称为左旋石英.

实验表明，振动面旋转的角度 φ 与石英晶片的厚度 d 成正比

$$\varphi = \alpha d \tag{13-66}$$

式中比例系数 α 称为石英的旋光率，旋光率的数值因波长而异，因此在日光照射下，不同颜色的光的振动面旋转的角度不同，这种现象称为旋光色散.

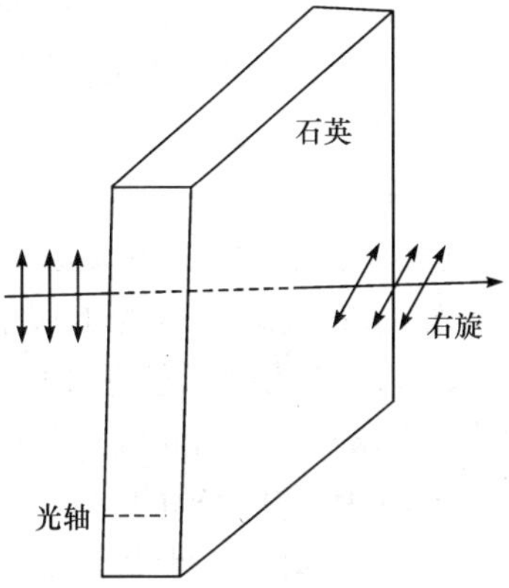

图 13-66　石英晶体的旋光性

除了石英晶体以外，许多有机液体和溶液也具有旋光性，其中最典型的是食糖的水溶液，如图 13-67 所示，在一对偏振器之间加入一根带有平行平面窗口的玻璃管. 从偏振器可以检验出光线经过管内溶液时有旋光现象. 实验表明，振动面旋转的角度 φ 与管长 l 和溶液的浓度 N 成正比

$$\varphi = [\alpha] N l \tag{13-67}$$

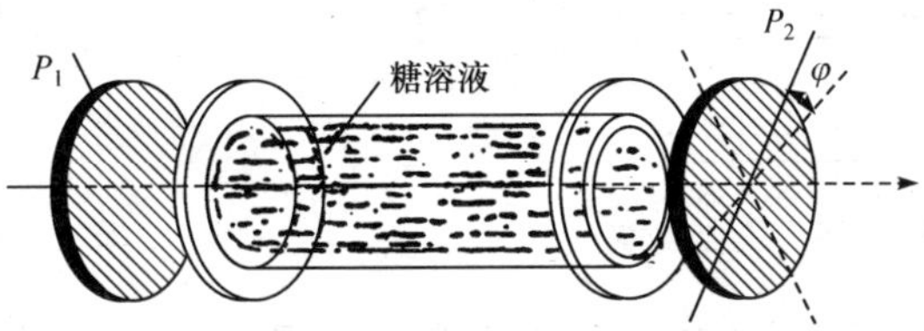

图 13-67　量糖计

通常 l 的单位用分米，N 的单位用克/厘米^3，于是$[\alpha]$的单位是度/(分米 · 克 · 厘米$^{-3}$). 蔗糖的水溶液在 20℃的温度下，对于钠黄光的$[\alpha] = 66.46°/(\mathrm{dm \cdot g \cdot cm^{-3}})$. 根据已知的$[\alpha]$和 l，测出 φ 角，应用式(13-67)可求得浓度 N. 这种测量溶液浓度的方法既迅速又准确，在工业生产和实验室中被广泛的使用.

许多有机药物、生物碱、生物体中的各种糖类、氨基酸等都具有旋光性，并常有右旋和左旋两种旋光异构物. 区别右旋和左旋对了解分子结构和有关性质是重要的. 某些药物的右旋和左旋异构物虽然分子式相同，但疗效却迥然不同. 例如，天然氯霉素是左旋的，而人工合成的合霉素则是左右旋各半的混合物，其中只有左旋成分有疗效. 直接生产出来的驱虫药四咪唑也是左右旋成分的混合物，其中有效的也是左旋成分.

1825 年菲涅耳对石英晶体的旋光现象提出了唯像的解释：一束线偏振光可以分解成两束频率相同、振幅相等的左旋和右旋圆偏振光，这两种圆偏振光在旋光物质中的传播速度不同(左旋圆偏振光在左旋物质中的传播速度快，而右旋圆偏振光在右旋物质中的传播速度快)，或者说它们的折射率不同，经过旋光物质后产生了

附加相位差，合成时仍为线偏振光，但振动面转过了一定的角度.

菲涅耳在提出上述唯像解释的同时，设计出由右旋、左旋石英晶体组成的复合棱镜(图 13-68)验证了它. 令一束线偏振光垂直射向复合棱镜，而它的出射光，固然是二束(左旋和右旋)圆偏振光.

以上只考虑了左、右旋圆偏振光在旋光介质中传播速度即折射率不同. 实际上介质对左、右旋圆偏振光的吸收系数往往也是不同的，即 ε_L、ε_R 不同，二者之差 $\Delta\varepsilon=\varepsilon_L-\varepsilon_R$ 称为圆二色性，由于 ε_L、ε_R 不同，一线偏振光通过介质后成为一椭圆偏振光(图 13-69)，因此圆二色性也常用椭圆度 θ 来表示，$\tan\theta=b/a$，a 为椭圆长轴的长度，b 为椭圆短轴的长度. 前面已提到旋光率 α 随波长的变化而变化，称之为旋光色散，而圆二色性也随波长的变化而变化，称之为圆二色谱. 由以上说明可以看出，圆二色性和旋光色散有相同的物质基础，即旋光性的不同表现.

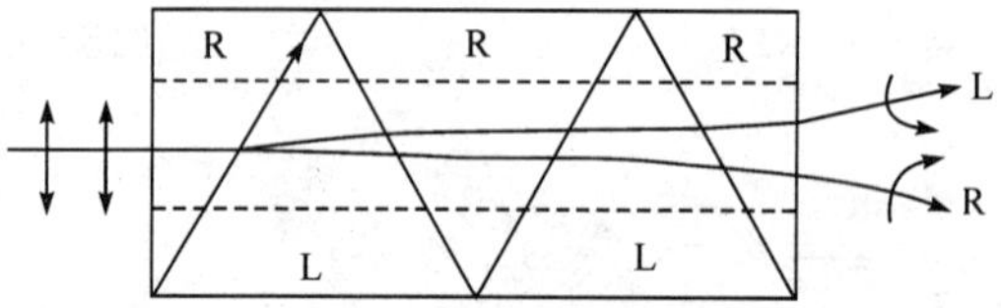

图 13-68 复合棱镜

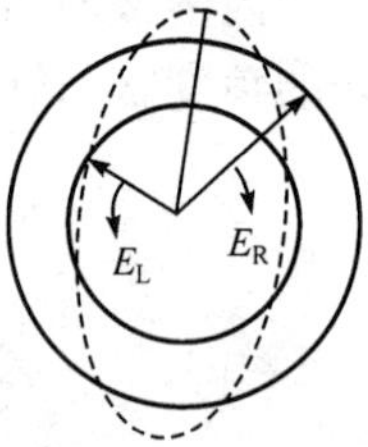

图 13-69 圆二色性

同一化合物构型不同，它们的旋光色散谱与圆二色谱也不同. 于是我们可利用这二种谱来确定化合物的构型以及各种构型(如蛋白质的二级结构 α 螺旋、β 折叠、无规卷曲)在分子中所占的比例. 又如在核酸研究方面，当构型发生变化时，如双股变为单股，或单股变为双股核酸和小分子结合时，旋光色散谱和圆二色谱均发生变化，可见这二种谱对研究生物大分子很有用，而且它们的优点是所需样品少，样品为溶液，更接近于生活状态.

习 题

13-1 在杨氏双缝干涉装置中，以 He-Ne 激光(632.8 nm)束直接照射双孔，双孔间隔为 0.5 mm，屏幕在 2 m 远，求条纹的间距，它是光波长的多少倍?

13-2 在杨氏双缝干涉实验装置中，入射光的波长为 550 nm，用一片厚度为 8.53×10^3 nm 的薄云母片覆盖双缝中的一条狭缝，这时屏幕上的第 9 级明纹恰好移到屏幕中央原零级明纹的位置，问该云母片的折射率为多少?

13-3 在杨氏干涉实验装置中，采用加有蓝绿色滤光片的白光光源，其波长范围为 $\Delta\lambda=100$ nm，平均波长为 $\lambda=490$ nm. 试估算从第 n 级条纹开始，条纹将变得无法分辨?

13-4 用白光作光源观察杨氏双缝干涉. 设缝间距为 d，试求能观察到的清晰可见光谱的级次.

13-5 一平面单色光波垂直照射在厚度均匀的薄油膜上，油膜覆盖在玻璃板上. 油的折射率为 1.30，玻璃的折射率为 1.50，若单色光的波长可由光源连续调节，只观察到 500 nm 和 700 nm 这两个波长的单色光在反射中强度减至最小. 试求油膜层的厚度.

13-6 白光垂直照射到空气中一厚度为 395 nm 的肥皂膜上，设肥皂膜的折射率为 1.33. 试问该膜的正面呈现什么颜色？背面呈现什么颜色？

13-7 在半导体生产中需要测量 Si 片上 SiO_2 薄膜的厚度，为此将 SiO_2 薄膜磨成劈形，如习题 13-7 图所示. 已知 Si 的折射率为 3.4，SiO_2 的折射率为 1.5，用波长为 633 nm 的光垂直照射，观察到整个斜面上有 10 条明纹和 9 条暗纹，求 SiO_2 薄膜的厚度.

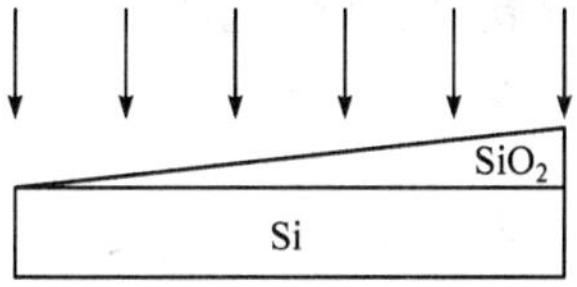

习题 13-7 图

13-8 利用等厚条纹可以检验精密加工工件表面的质量. 在工件上放一平板，使其间形成一空气劈形膜(习题 13-8 图(a)). 今观察到干涉条纹如习题 13-8 图(b)所示. 试根据纹路弯曲方向，判断工件表面上纹路是凹还是凸？并求纹路深度.

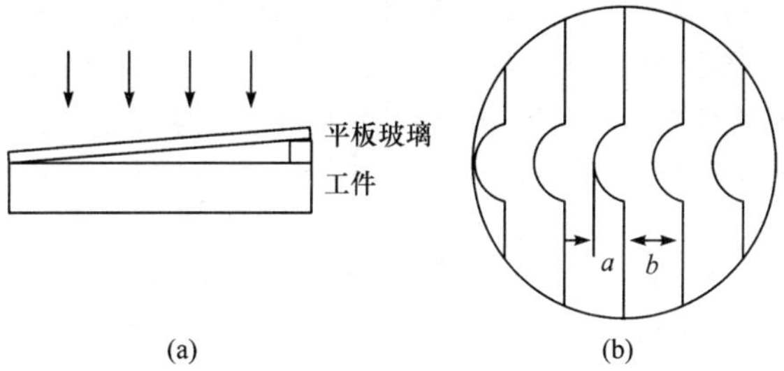

习题 13-8 图

13-9 一平凸透镜放在平板玻璃上，在反射光中观察牛顿环，当 $\lambda_1=450$ nm 时，观测到第 3 级明环的半径为 1.06×10^{-3} m，换为红光时，观察到第 5 级明环的半径为 1.77×10^{-3} m. 求透镜的曲率半径及红光的波长.

13-10 在观察牛顿环的干涉条纹时，所有光源包括两种波长，一种波长为 $\lambda_1=486.1$ nm，另一种波长 λ_2 未知. 已知从中心数 λ_1 的第 8 个暗环与 λ_2 的第 9 个暗环正好重合.

(1) 求未知波长 λ_2；

(2) λ_1 和 λ_2 的暗环将在较大半径处发生第二次重合，求第二次重合处 λ_1 的暗环级次.

13-11 在平行薄膜等倾干涉装置中，透镜焦距为 $f=20$ cm，光源波长为 $\lambda=600$ nm. 产生干涉现象的是玻璃板($n_2=1.5$)上的氟化镁($n_1=1.38$)涂层，其厚度为 $h=5.00\times10^{-2}$ mm. 试问：

(1) 在反射光方向上观察到的干涉条纹，其中心是亮点还是暗点？

(2) 从中心向外计算，第 5 个亮环的半径.

13-12 在单缝夫琅禾费衍射中，用水银灯发出的波长为 546 nm 的绿色平行光垂直入射到单缝上，测得第二级暗纹到衍射图样中心的线距离为 0.30 cm. 当用一未知波长的光做实验时，测得第三级暗纹到中心距离为 0.42 cm. 试求未知波长.

13-13 在单缝夫琅禾费衍射实验中，若某一光波的第 3 级极大恰与波长为 700 nm 的光的第 2 级极大重合，求此光波的波长.

13-14 使单色平行光垂直入射到一个双缝上(可以把它看成是只有两条缝的光栅)，其夫琅禾费衍射包线的中央极大宽度内恰好有 13 条干涉明条纹. 试问两缝中心的间距 d 与缝宽 a 应有何关系？

13-15 以波长为 589.3nm 的钠黄光垂直入射到光栅上，测得第 2 级谱线的偏角为 $28°8'$. 用另一未知单色光入射时，它的第 1 级谱线的偏角是 $13°30'$.

(1) 求未知波长；

(2) 未知波长的谱线最多能观察到第几级？

13-16 一光栅每厘米刻线 5 000 条，共 3 cm.

(1) 求该光栅的 2 级光谱在 500 nm 附近的角色散率；

(2) 在 2 级光谱的 500 nm 附近能分辨的最小波长差是多少？

13-17 用每毫米内有 1 200 条缝的 15 cm 光栅作为分光元件，组装成一台光栅光谱仪.

(1) 试问它的 1 级光谱在可见光波段的中部(550 nm)能分辨的最小波长差是多少？

(2) 如果用照相底片摄谱由于乳胶颗粒密度的影响，感光底片的空间分辨本领为每毫米 200 条. 为了充分利用光栅的色分辨本领，试问这台光谱仪器的焦距至少要有多长？

13-18 在迎面驶来的汽车上，两盏前灯相距 1.2 m，试问在汽车离人多远的地方，人眼恰能分辨这两盏灯？设夜间人眼瞳孔直径为 5.0 mm，入射光波长为 550 nm，而且仅考虑人眼瞳孔的衍射效应.

13-19 已知天空中两颗星相对于一望远镜的角距离为 4.84×10^{-6} rad，它们发出的光波波长为 550 nm. 问望远镜的口径至少要多大时才能分辨出这两颗星？

13-20 在通常亮度下，人眼瞳孔直径约为 3 mm，问人眼的最小分辨角是多大？远处两根细丝之间的距离为 2 mm，问细丝离开多远时人眼恰能分辨？

13-21 在钠蒸气发出的光中，有波长为 589.0 nm 和 589.6 nm 的两条谱线. 使用每毫米有 1 200 条缝的 15 cm 宽的光栅，试求在 1 级光谱中这两条谱线的角位置、角距离和谱线的半角宽.

13-22 以波长 400～760 nm 的白光照射光栅，在衍射光谱中，第二级和第三级发生重叠，试求第二级光谱被重叠的波长范围.

13-23 波长为 600 nm 的单色光垂直入射在一光栅上，第二级和第三级谱线分别出现在衍射角 θ 满足关系式 $\sin\theta_2=0.2$ 和 $\sin\theta_3=0.3$ 处，第四级为缺级. 试求：

(1) 该光栅的光栅常量 d 及光栅狭缝的最小可能宽度 a；

(2) 按此 d 和 a 的值，列出屏幕上可能呈现的谱线的全部级数.

13-24 宽为 4.2 cm 的光栅，若它所产生的第一级光谱的分辨本领是 6×10^4.

(1) 求该光栅的光栅常量；

(2) 若要分开波长为 600 nm 和 600.004 nm 的两条谱线，问至少应该观察第几级光谱？

13-25 在一对正交的偏振片之间插入另一个偏振片，其偏振化方向与前两者的偏振化方向均成 45°角. 问自然光经过它们后的强度减为原来的百分之几？

13-26 在两块正交偏振片 P_1，P_3 之间插入另一块偏振片 P_2，光强为 I_0 的自然光垂直入射于偏振片 P_1. 求转动 P_2 时，透过 P_3 的光强 I 与转角的关系.

13-27 自然光通过两个偏振化方向成 60°角的偏振片，透射光强为 I_1. 若在这两个偏振片之间再插入另一个偏振片，它的偏振化方向与前两个偏振片的偏振化方向均成 30°角，则透射光强为多少？

13-28 偏振片 P_1 和 P_2 的偏振化之间的夹角为 θ，用光强为 I_1 的自然光和光强为 I_2 的线偏振光同时垂直入射到 P_1，若线偏振光的光振动方向与 P_1 的偏振化方向间的夹角为 α，则从系统透射出来的光强将随 α 和 θ 如何变化？

13-29 一束线偏振光和自然光的混合光，当它垂直入射到一偏振片，并旋转偏振片时测得透射光强的最大值是最小值的 5 倍. 求入射光束中线偏振光与自然光的光强之比.

13-30 一束自然光通过两个偏振化方向成 60°角的偏振片，若每个偏振片吸收 10%可通过的光线，求出射光强与入射光强之比.

13-31 布儒斯特定律提供了一种测量不透明电介质折射率的方法. 今测得某电介质的布儒斯特角为 57°，试求该电介质的折射率.

13-32 一表面平行的玻璃板放置在空气中，空气折射率近似为 1，玻璃折射率为 $n=1.50$，入射光以布儒斯特角入射到玻璃板的上表面时，折射角是多大？折射光在下表面反射时，其反射光是否是线偏振光？

13-33 波长为 589 nm 的左旋圆偏振光垂直入射到石英做成的波片上，波片厚度为 5.56×10^{-2} cm. 试确定出射光的偏振态. 设石英的 $n_o=1.544$，$n_e=1.553$.

13-34 在两个偏振化方向相互平行的偏振片之间，平行放置一片垂直于光轴切割的石英片. 已知石英对钠黄光的旋光率为 21.7°·nm^{-1}. 试问当石英晶片的厚度为多少时，钠黄光不能通过第二个偏振片？

13-35 一未知浓度的葡萄糖水溶液装满在 12.0 cm 长的玻璃管中，当一单色线偏振光垂直于管端面，沿管的中心轴线通过，从检偏器测得光的振动面旋转了 1.23°. 已知葡萄糖溶液的旋光率为 20.5°·cm^3·dm^{-1}·g^{-1}. 求葡萄糖溶液的浓度.

13-36 将 14.5 g 的蔗糖溶于水，得到 60 cm^3 的溶液，在管长为 15 cm 的量糖计中测得钠光振动面旋转角为向右 16.8°，已知$[\alpha]=66.5°$·cm^3·dm^{-1}·g^{-1}. 问蔗糖样品中有多少非旋光杂质？

第 14 章　光的吸收、散射和色散

当一束光在介质中传播时，由于光和物质的相互作用，它的传播情况受到两方面的重要影响．一方面，随着光束逐渐深入介质，强度逐渐减弱，这是由于一部分光的能量被介质吸收转化为热能，一部分光向各方向散射造成的；另一方面，光在介质中的速度比在真空中的速度小，且随频率而变化，这就是光的色散现象．本章主要描述光的吸收、散射和色散的一些实验现象，并给出定量的结果．对这些现象的研究，不仅有助于对光的本性认识，同时获得有关物质组成和结构方面的丰富知识．

14.1 光的吸收

14.1.1 朗伯定律

实验表明，除了真空没有一种介质对电磁波是绝对透明的．光通过任何介质时，都会或多或少地被介质所吸收，因此随着光进入介质的深度增加，光的强度不断减小．

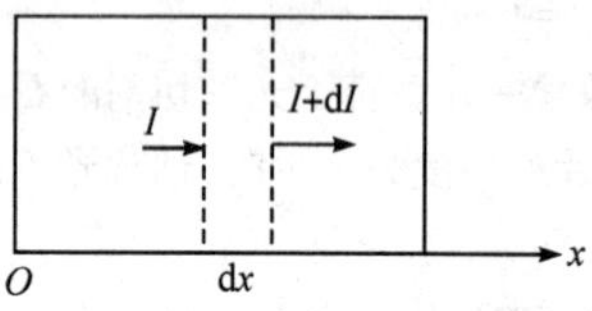

图 14-1　朗伯定律

设单色平行光在均匀介质中沿 x 方向传播，经过厚度为 $\mathrm{d}x$ 的薄层后，光的强度由 I 变为 $I+\mathrm{d}I$（图 14-1）．实验表明，在相当广阔的光强范围内（如有人做实验，光强相差 10^{20} 倍），光强的相对改变量 $\mathrm{d}I/I$ 与吸收层厚度 $\mathrm{d}x$ 成正比，即

$$\frac{\mathrm{d}I}{I}=-\alpha_{\mathrm{a}}\mathrm{d}x \tag{14-1}$$

式中的 α_{a} 称为该介质的吸收系数，它由介质的性质和光波波长决定，而与光强无关．将式(14-1)积分，即可求出光束在通过厚度为 l 的介质后的光强

$$I=I_0\mathrm{e}^{-\alpha_{\mathrm{a}}l} \tag{14-2}$$

式中的 I_0 和 I 分别为 $x=0$ 和 $x=l$ 处的光强，即入射光强和透射光强，式(14-2)称为朗伯定律．这个吸收定律在 1729 年有人用实验得出的，1760 年朗伯(J. H. Lambert)用一个简单的假设推出了相同的结果．以下对朗伯定律作几点说明：

(1) 吸收系数标志了介质对光的吸收能力的大小，α_{a} 越大，介质对光的吸收越强，当 $l=1/\alpha_{\mathrm{a}}$ 时，由式(14-2)得 $I/I_0=\mathrm{e}^{-1}\approx36\%$，即 α_{a} 的量纲是长度的倒数，

α_a^{-1} 的物理意义是光强因吸收而减弱到原来的 36%所对应的介质的厚度. 对可见光,空气在大气压强下的 α_a 约为 $10^{-5}\ \text{cm}^{-1}$,一般玻璃的 α_a 约为 $10^{-2}\ \text{cm}^{-1}$,金属的 α_a 为 $10^4 \sim 10^5\ \text{cm}^{-1}$.

(2) 因为式(14-1)中的 α_a 与光强无关,该式是光强的线性微分方程,所以朗伯定律是光的吸收线性规律. 在激光未被发明之前,大量实验证明,朗伯定律是相当精确的. 然后,1960 年激光的出现,使人们获得了强光源,光与物质的非线性相互作用过程显示出来了,吸收系数和其他许多物理量(如折射率)一样依赖于光的强度,朗伯定律不再成立.

(3) 对于溶液来说,当光被溶解在透明溶剂中的物质吸收时,吸收系数 α_a 与溶液浓度 c 与正比,即

$$\alpha_a = Ac \tag{14-3}$$

式中 A 是一个与浓度无关的常数,取决于吸收物质的分子特性,将式(14-3)代入式(14-2),有

$$I = I_0 e^{-Acl} \tag{14-4}$$

式(14-4)称为比尔定律,比尔定律只有在稀溶液情况下才成立. 当溶液浓度较大时,分子间的相互影响不可忽略,存在着偏离比尔定律的情况. 对于实际气体以及许多溶液,例如弱电解质溶液、染料的水溶液等都有偏离比尔定律的情况发生.

在比尔定律可成立的条件下,可根据式(14-4)来测定溶液的浓度,这就是吸收光谱分析的原理.

14.1.2　一般吸收和选择吸收

如前所述,除了真空没有一种介质对所有波长的电磁波是完全透明的,所有的物质都是对某些波长范围的光透明,而对另一些波长范围的光不透明. 如石英,对可见光几乎是完全透明的,而对波长自 3.5～5.0 μm 的红外光却是不透明的,即石英对可见光吸收很少,而对所述的红外光有强烈的吸收. 若物质对某一给定波长范围的光吸收程度相等,即吸收系数 α_a 与 λ 无关,则称为一般吸收. 在可见光范围内的一般吸收意味着光束通过介质后,只改变强度不改变颜色. 如石英、空气、纯水、无色玻璃等介质都在可见光范围内产生一般吸收.

若介质对某些波长的光的吸收特别强烈,则称为选择吸收. 凡是有颜色的物质,它的颜色来源都是这种选择吸收作用. 一块绿色的玻璃,因为它把白光中的红光和蓝光都吸收了,就只有绿光透过和反射. 假定用一定的色光照射物体,则物体所呈现的颜色与白光照射下所呈现的颜色大不一样. 例如,红花绿叶在钠黄光照射下都呈现黑色,因为它们对钠黄光都强烈吸收. 如果一物体对白光中所有波长的光都强烈吸收,它呈现黑色,如煤炭、黑漆等. 物体这种由于选择吸收所呈现的颜色称为体色. 对于呈体色的物质,光透过它相当距离受散射和反射的作用,从它的表面

脱离. 光透过该物质相当距离过程中,其中某些波长的光被选择吸收了,因此散射或反射出的光就呈特种颜色. 与体色有区别的所谓表面色是由于物质表面选择反射而产生的. 有些物质,特别是金属,它们的表面对不同波长的光有不同的反射能力,对某种颜色光反射本领特别强,因此反射光就是这种颜色,而透过的光就是这种颜色的补色. 例如,黄金薄膜的反射光是黄色,透过的光却是蓝绿色.

从广阔的电磁波波谱来看,任何一种物质对光的吸收都是由一般吸收和选择吸收组成的. 分光仪器中的棱镜、透镜材料必须对所研究的波长范围透明. 紫外光谱仪中的棱镜常用石英制成,红外光谱仪中的棱镜则常用岩盐(NaCl)或 NaF_2、LiF 等晶体制作.

地球大气对波长 0.3 μm 以上的紫外线和可见光波段是透明的,对红外和微波的某些波段有较强的吸收,而对另一些波段则比较透明,这些透明的波段称为“大气窗口”. 研究大气情况的变化与窗口的关系,对于红外遥感、红外导航和红外跟踪等技术的发展有很大的作用. 此外,大气中主要的吸收气体为水蒸气、二氧化碳和臭氧,研究它们的含量变化,可为气象预报提供必要的依据.

14.1.3　吸收光谱

采用图 14-2 所示的分光光度计装置,可以观测某种物质的吸收光谱. 装置中的狭缝 S_1、S_2、透镜 L_1、L_2 和棱镜 P 组成单色仪,从光源发出的白光经单色仪分光后形成连续光谱,转动棱镜 P 可使各种波长的单色光依次通过狭缝 S_2 出射,出射的单色光再通过某样品池中的吸光物质,透射光由检测系统接收,检测系统把光强信号转换成电信号并加以放大,这样就可测出吸光物质对各种波长光的吸收程度. 以入射光的波长为横坐标,物质对光的吸收程度为纵坐标作图,就得到物质的吸收光谱曲线. 图 14-3 画出了叶绿素 a、叶绿素 b 在可见光波段内的吸收光谱曲线.

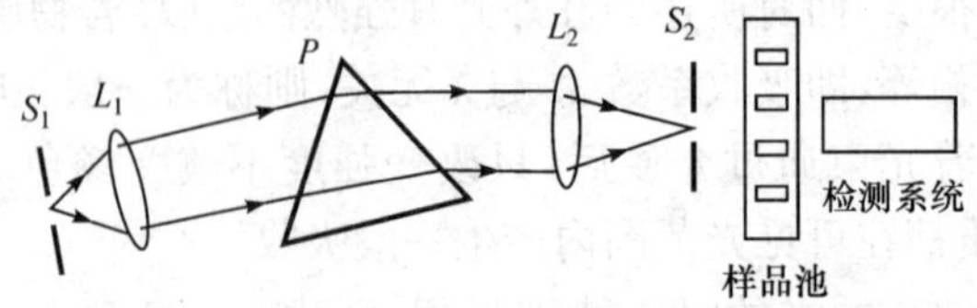

图 14-2　分光光度计装置示意图

每一种物质都有固定的吸收光谱,它反映了物质本身的特性,对于稀薄的原子气体,在某些波长附近有强烈的吸收,吸收线宽度约为百分之几或千分之几纳米,形成线状的吸收光谱. 由于原子吸收光谱的灵敏度很高,混合物或化合物中极少量原子含量的变化,会在光谱中反映出吸收系数很大的改变. 历史上曾靠这种方法发现了铯、铷、铟、镓等多种新元素. 它在化学定量分析中有着广泛的应用.

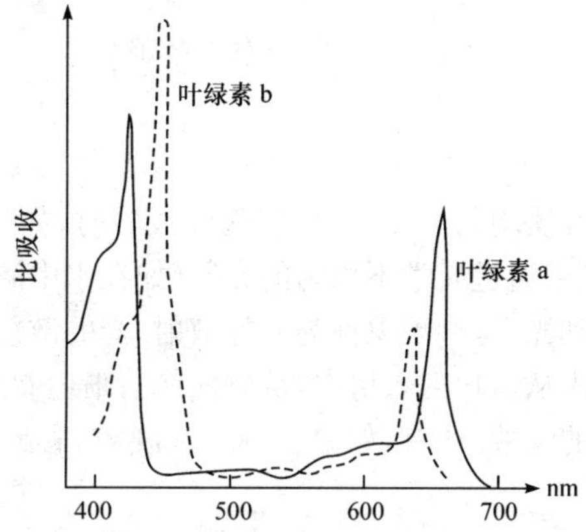

图 14－3　叶绿素 a、b 吸收光谱

分子气体、液体和固体一般在红外区有选择吸收，由于分子间的相互作用加强，物质吸收线的宽度也随之增大，吸收谱线密集地组成带状，故称带状光谱. 研究固体、液体分子的红外吸收光谱可了解分子振动频率，有助于分子结构、分子力等的研究. 不同分子有显著不同的红外吸收光谱，即使分子式相同，其他物理、化学性质也大致相同的同质异构体，也有明显不同的红外吸收谱. 如邻二甲苯和间二甲苯两个异构体(图 14－4)，用化学的方法区别它们的手续十分麻烦，而用它们的红外吸收光谱区别却十分简便，因此在有机物研究及生产上，红外光谱有广泛的应用. 20 世纪 60 年代后，由于电子、光学、计算机技术的发展和化学计量学的应用，使从复杂、重叠、变动的近红外光谱(波长范围为 0.75～2.5 μm)背景中提取弱信息成为可能，形成近红外分析方法. 美国科学家首先将近红外光谱用于农产品分析. 1970 年美国的一家公司首先研制出应用近红外技术的农产品品质分析仪器，主要用于分析农产品中水分、蛋白质等含量. 由于这类仪器能迅速得到分析结果，且操作简单，大受粮库、进出口港、粮食加工、粮食储存单位的欢迎. 到 80 年代中期，在美国已有上千台近红外分析仪进入使用单位.

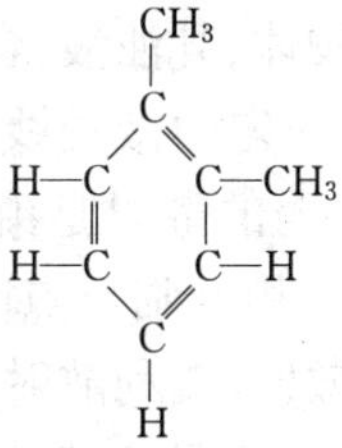

(a)邻二甲苯

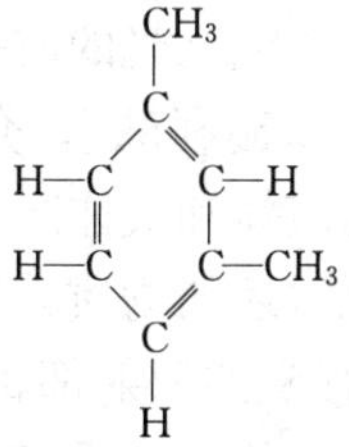

(b)间二甲苯

图 14－4　邻二甲苯和间二甲苯

14.2　光的散射

14.2.1　光的散射现象

当光束通过光学性质均匀的介质(如玻璃、清水)时,如果在光束的侧向观察,几乎看不见光,但当光束通过光学不均匀的介质(如在水中滴入几滴牛奶后)时,则从各个方向都可以看到光,这种现象称为光的散射.光的散射在日常生活中是屡见不鲜的.例如,一束阳光从窗户射入房内,从侧面能清晰地看到光束的轨迹,这是由于空气中的游尘散射的缘故.还有,如白云、蓝天、晚霞、彩虹都是自然界中光的散射现象.

由光的散射现象可知,介质对光的散射也会使透射光减弱.设光束通过介质薄层 dx 以后,光强的相对改变量 dI/I 与 dx 成正比,即

$$\frac{dI}{I}=-\alpha_s dx$$

式中 α_s 称为散射系数.对上式积分可得

$$I=I_0 e^{-\alpha_s l} \tag{14-5}$$

I 为通过厚度为 l 的介质后,由于散射减弱后的透射光强.

由于光通过介质时,在一般情况下光的吸收和散射是同时存在的,所以透射光强 I 与入射光强 I_0 的关系应为

$$I=I_0 e^{-(\alpha_a+\alpha_s)l}=I_0 e^{-\alpha l} \tag{14-6}$$

式中 $\alpha=\alpha_a+\alpha_s$.

在许多情况下,吸收系数 α_a 和散射系数 α_s 中,一个往往比另一个小得多,因而可忽略不计,但是要牢记,光的吸收和散射是同时存在的,且在有些情况下,两种作用同样重要.

光的散射与介质中不均匀性的尺度有很大的关系,一般将散射分为两大类.①廷德耳散射,它是介质中悬浮质点的散射,在可见光波段中,这些悬浮的质点线度可以和光的波长比较,或比光的波长大,如胶体、乳浊液、含有烟雾和灰尘的大气中的散射都属于此类;②瑞利散射,介质中不均匀的微粒线度比光波的波长小得多,例如在十分纯净的液体和气体产生比较微弱的散射是由于物质的热运动造成密度的局部涨落引起的,还如物质处在气、液二相的临界点时的密度涨落很大,光线照射其上就会发生强烈的散射都属于瑞利散射,瑞利散射又称为分子散射.

如上所述,介质中不均匀性是光散射的物理原因,所谓不均匀性指的是光学不均匀性,即介质中折射率不均匀.如果在整个介质体积里(其间可存在不同物质)折射率处处相同,那就不会发生光的散射现象.还有,从整个电磁波波段来看,两类散射的划分是相对的,在某波长下是廷德耳散射,而在另一波长下可能是瑞利散射.

14.2.2　瑞利散射

瑞利(Lord Rayleigh)于 1871 年假设物质中存在着远小于波长的微粒而导出了散射光的强度 I 与波长 λ 的四次方成反比,即

$$I \propto \frac{1}{\lambda^4} \tag{14-7}$$

这就是瑞利散射定律.

由瑞利散射定律可以解释许多日常所熟悉的自然现象. 如天空为什么是蓝的? 旭日和夕阳为什么是红的? 以及云为什么是白的等. 首先,白昼天空所以是亮的,完全是大气散射阳光的结果. 如果我们走出地球的大气层,即使在白天,仰观天空将看到光辉夺目的太阳悬挂在漆黑的背景中,这种景象正是宇航员司空见惯了的. 由于大气的散射,将阳光从各个方向射向观察者,我们才看到了光亮的天穹. 大气散射一部分来自悬浮的尘埃,大部分是密度涨落引起的分子散射. 后者的线度往往比前者小得多,瑞利散射作用更加明显. 所以每逢雨过天晴,空气中尘埃数量大大减少,天空蓝得格外可爱,其原因就在这里. 又如,旭日和夕阳呈红色,是由于此时的太阳光几乎平行于地面,穿过的大气层最厚,日光中的短波部分朝侧向散射,波长较长的红光以更大比例到达地面的缘故. 可见,天空呈蓝色和旭日、夕阳呈红色是属同一类自然现象. 白云是大气中水滴组成的,因为这些水滴的半径与可见光的波长已不算太小,瑞利散射定律不再适用. 有理论可以说明,这样大小物体对光的散射与光的波长关系不大,这就是云雾呈白色的缘故. 还如吸烟者口中吐出的烟由于附有水气(小水滴)而呈白色也是这个原因,而点燃的香烟冒出的烟是淡蓝色的,是由于烟分子线度小于可见光波长,属于瑞利散射.

可以利用经典电磁理论对瑞利散射定律作出解释. 在光的作用下,介质中的分子成为以光波频率振动的电偶极子,从光波取得能量,同时发出辐射. 由于分子热运动破坏了散射粒子(分子)之间的固定位置关系,电偶极振子所辐射的次波不再相干,所以散射光强仅仅是次波光强非相干叠加. 电偶极子辐射的振幅与电子振动的加速度成正比,设电子振动的位移 $x=x_0\cos\omega t$,则加速度$\ddot{x}=-x_0\omega^2\cos\omega t$,故散射光振幅与圆频率的平方($\omega^2$)成正比,于是光强与 ω^4 成正比,即散射光强与 λ^4 成反比.

14.2.3　散射光的偏振状态和散射光强的角分布

如果射入非均匀介质的光是自然光,当用偏振片来观察散射光时,则发现在与入射光垂直的方向上散射光是线偏振光;在原入射光方向上散射的光仍是自然光;而在其他方向上的散射光是部分偏振光.

散射光的这种偏振状态可用经典电磁理论解释. 入射光使非均匀介质中的分子成为偶极振子作受迫振动从而发射次波,这些次波叠加的结果形成散射光. 假设

一束线偏振光(设电矢量 $\boldsymbol{E}$ 的振动方向为 y 方向)沿 x 方向射至散射介质.按照电磁理论,$\boldsymbol{E}$ 激发的偶极振子也在 y 方向振动(散射介质分子是各向同性的),发出次波,这个次波是偏振球面波,偏振方向由横波性决定(图 14-5(a)),不同方向有不同的振幅,振幅正比于 $\sin\theta$(θ 是次波源振动方向和次波传播方向间夹角),强度正比于 $\sin^2\theta$,即散射光强度 $I_\theta \propto I_0 \sin^2\theta$,其中 I_0 为入射光束的光强.可以看出,在 y 方向($\theta=0$)散射光强为零.若入射的线偏光光束仍沿 x 方向传播,但电矢量 $\boldsymbol{E}$ 振动方向在 z 方向,则散射光强度 $I_\varphi \propto I_0 \sin^2\varphi$,它的偏振态如图 14-5(b)所示.若入射光束是沿着 x 方向传播的自然光,它的电矢量在 yz 平面内均匀分布,我们可将它们分解成振幅相等的 y 方向和 z 方向的两个分量,它们的强度是相等的,设为 $I_0/2$,于是空间某方向(图 14-6)上散射光强度为

$$I \propto (I_\theta + I_\varphi) \propto \left(\frac{I_0}{2}\sin^2\theta + \frac{I_0}{2}\sin^2\varphi\right) = \frac{I_0}{2}\left(1-\cos^2\theta+1-\cos^2\varphi\right)$$

由于 $\cos^2\theta+\cos^2\varphi+\cos^2\phi=1$,所以有

$$I \propto \frac{I_0}{2}(1+\cos^2\phi)$$

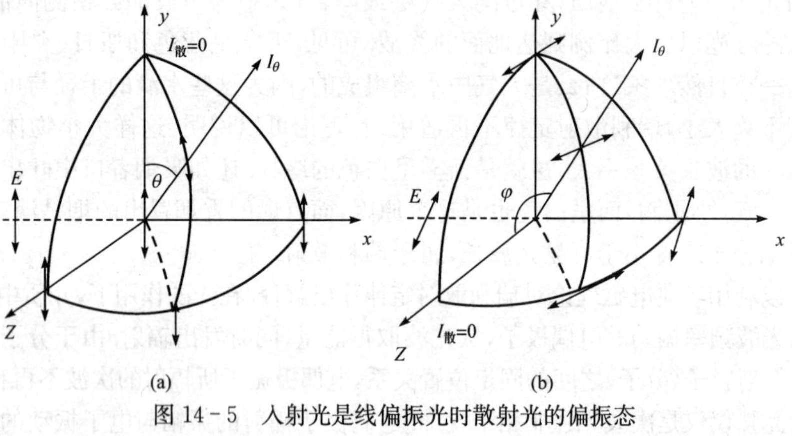

(a)　　(b)

图 14-5　入射光是线偏振光时散射光的偏振态

在 xy 平面内散射光强分布如图 14-7 所示.由以上讨论可看出,在入射光是自然

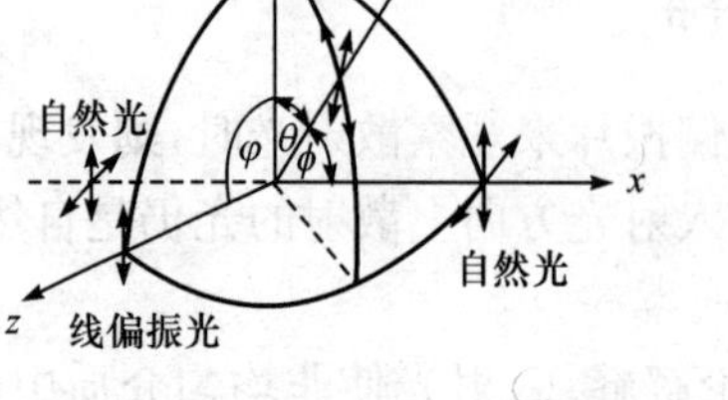

图 14-6　自然光入射时散射光的偏振态

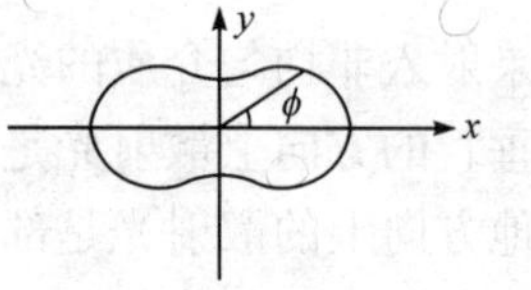

图 14-7　散射光强角分布

光情况下，在垂直于入射光传播方向(即 y 方向和 z 方向)上的散射光是线偏振光，在原入射方向和其逆方向上，散射光仍然是自然光，在其他倾斜方向上散射光是部分偏振光.

14.2.4　拉曼散射

瑞利散射的特点之一是散射光频率和入射光相同. 1923 年有人指出，在光的散射过程中，如果分子的状态也发生改变，则入射光与分子交换能量的结果可导致散射光的频率发生改变. 同年，印度物理学家拉曼(C. V. Raman)和他的学生观察到在阳光通过紫色滤光片后，照射到纯水和纯酒样品，从样品侧面出乎意料地观察到很弱的绿色偏振光. 经过五六年艰苦曲折的探索，1928 年 2 月 28 日拉曼及其助手用石英汞灯加上滤光片将蓝光(435.8 nm)以外的其他波长的光全部滤掉，在散射光中发现有两条以上的光锐亮线. 现在称这种散射光中除有原有入射光频率外还出现不同于入射光频率的现象称为拉曼散射[40].

实验结果表明，拉曼散射有如下规律：

(1) 在每条原始入射光谱线(频率为 ν_0)两旁都伴有频率为 $\nu_0 \pm \nu_i$ $(i=1,2,3,\cdots)$ 的散射谱线. 在长波一侧的谱线(频率为 $\nu_0-\nu_i$)称为斯托克斯线；在短波一侧的谱线(频率为 $\nu_0+\nu_i$)称为反斯托克斯线.

(2) 频率差$(\nu_i)$$(i=1,2,3,\cdots)$的数值与入射光的频率 ν_0 无关，即不同频率的入射光所产生的散射光与入射光的频率差都相等.

(3) 每种散射物质都有它自己的一套频率差 ν_i，其中与有些物质的红外吸收频率相等，它们表征了散射物质的分子振动频率.

根据经典电磁理论可以对拉曼散射作出定性的解释. 设在入射光电场 $E=E_0\cos\omega_0 t$ 的作用下，散射物质的分子获得感应的电偶极矩 p，而 p 正比于入射光的电场强度，即

$$p=\chi\varepsilon_0 E=\chi\varepsilon_0 E_0\cos\omega_0 t \tag{14-8}$$

χ 称为分子极化率. 由于分子存在固有振动，且固有频率有多种(由分子结构决定)，设用 ω_i $(i=1,2,3,\cdots)$ 表示. 由于固有振动的存在，使分子极化率也以频率 ω_i 随时间作周期性变化，即 $\chi=\chi_0+\chi_i\cos\omega_i t$，其中 χ_0 相当于分子在静止平衡位置时的极化率，χ_i 相当于极化率振动的振幅. 将此式代入式(14-8)，得

$$\begin{aligned} p &=\chi_0\varepsilon_0 E_0\cos\omega_0 t+\chi_i\varepsilon_0 E_0\cos\omega_0 t\cos\omega_i t \\ &=\chi_0\varepsilon_0 E_0\cos\omega_0 t+\frac{1}{2}\chi_i\varepsilon_0 E_0[\cos(\omega_0-\omega_i)t+\cos(\omega_0+\omega_i)t] \end{aligned}$$

由此可见，感应电偶极矩 p 变化的频率有 ω_0、$\omega_0-\omega_i$、$\omega_0+\omega_i$ 三种，因此散射光也会有这三种频率，频率为 ω_0 的散射光即为瑞利散射，频率为 $\omega_0\pm\omega_i$ 的散射光即为拉曼散射.

拉曼散射光强度、偏振状态和光谱成分提供了散射物质许多的微观结构信息．所以拉曼光谱为深入探索物质内部的分子结构提供了一种重要方法．自 1960 年激光出现后，强而细的激光束入射到少量样品上就可获得足够强的散射光谱，大大扩展了拉曼散射的应用．如今拉曼散射的应用已远远超出物理、化学的范畴，已渗透到生物学、矿物学、材料学、考古学、大气污染和工业产品质量控制等各个领域．激光拉曼光谱在生物学中主要应用于生物大分子结构以及生物大分子和生物超分子体系的结构研究中，特别是在溶液中生物大分子空间结构与功能相互关系的动态研究中，紫外激光拉曼散射是一种很有效的方法．应用该方法能够对蛋白质中的三种二级结构（α 螺旋、β 折叠和无规卷曲）作出确切分析．

为了表彰拉曼对拉曼散射研究的贡献，拉曼荣获 1930 年度诺贝尔物理学奖，他是印度，也是亚洲第一位获此殊荣的科学家．

14.3　光的色散

14.3.1　正常色散

光在介质中的传播速度 v（或折射率 n）随光的波长 λ（或频率 ν）而变化的现象称为光的色散．这里的 λ 是指入射光在真空中的波长．牛顿早在 1672 年就曾利用三棱镜将太阳光分解为彩色光带，这是人们对光的色散的首次实验研究．

定量研究色散的结果表明，对于一定的介质，折射率 n 是波长 λ 的一定函数，即 $n=f(\lambda)$，定义 $\mathrm{d}n/\mathrm{d}\lambda=\mathrm{d}f(\lambda)/\mathrm{d}\lambda$ 为介质的色散率，用它来描述介质的色散能力．

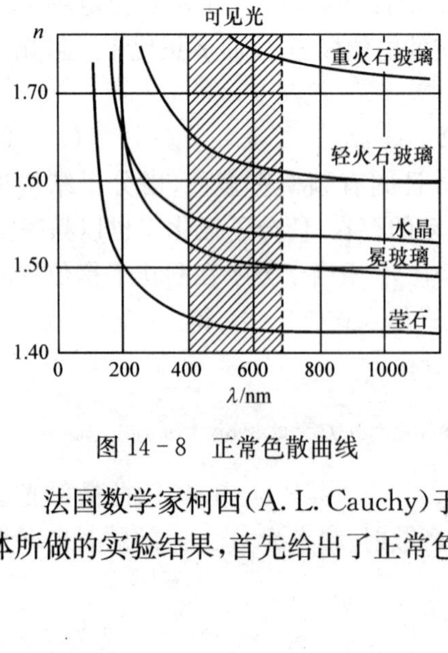

图 14－8　正常色散曲线

实验表明，凡对光波透明的介质，它的折射率 n 随波长 λ 的增加而减小，这称为正常色散，它们的色散曲线（n-λ 关系曲线）形状相仿（图 14－8），它的共同特点是：①波长越长，折射率越小；②波长越长，色散率 $\mathrm{d}n/\mathrm{d}\lambda$ 的数值越小；③波长很长时，折射率趋于定值．具有上述特点的色散，称为正常色散．当一束白光通过介质发生正常色散时，根据上述特点可以断定，白光中紫光比红光偏折得更厉害，而且在所形成的光谱中，紫端比红端展得更开，属非匀排光谱．

法国数学家柯西（A. L. Cauchy）于 1836 年根据当时所能利用的玻璃和透明液体所做的实验结果，首先给出了正常色散的经验公式，此公式称为柯西公式

$$n=A+\frac{B}{\lambda^2}+\frac{C}{\lambda^4} \tag{14-9}$$

式中 λ 为真空中的波长,A、B、C 是由介质决定的常量,其值由实验测定. 当波长 λ 变化范围不大时,取柯西公式的前两项就够了

$$n=A+\frac{B}{\lambda^2} \tag{14-10}$$

由式(14-10)可求得介质的色散率

$$\frac{\mathrm{d}n}{\mathrm{d}\lambda}=-\frac{2B}{\lambda^3} \tag{14-11}$$

由于常量 B 为正值,故上式表明 $\mathrm{d}n/\mathrm{d}\lambda<0$,且色散率的数值随波长的增加而减小,与实验所测正常色散的色散曲线相符.

14.3.2　反常色散

1860 年勒鲁(Le Roux)在充满碘蒸气的棱镜中观察折射现象时,发现红光比蓝光的偏折更大,他把这一现象称为反常色散,以后也在充满染料品红溶液的棱镜实验中观察到这一现象. 现在把折射率随波长的增加而增大,即 $\frac{\mathrm{d}n}{\mathrm{d}\lambda}>0$ 的现象称为反常色散. 后来孔脱(A. Kundt)对反常色散现象的研究确定了反常色散发生在吸收带区域. 实验和理论研究表明,每种介质都具有正常色散和反常色散的性质,它们表现在不同的波长区域内. 图 14-9 为石英的色散曲线,在可见光区域是正常色散区域,曲线 PQ 段满足柯西公式,若向红外区域延伸,并接近吸收带(图中 R 点),曲线明显偏离正常色散曲线而急剧下降,折射率的减少比柯西公式预示的要快得多. 在吸收带内光非常弱,测量较为困难(需要将石英制成薄膜),在吸收带内的色散曲线如图中虚线所示. 值得注意的是,此段虚曲线是上升的,这表明在吸收带内 $\frac{\mathrm{d}n}{\mathrm{d}\lambda}>0$,过了吸收带重新进入透明波段时,曲线又逐渐恢复为正常色散曲线(图中 ST 段),n 与 λ 的关系又遵从柯西公式,但换为新的 A、B、C 常量,曲线趋于新的极限.

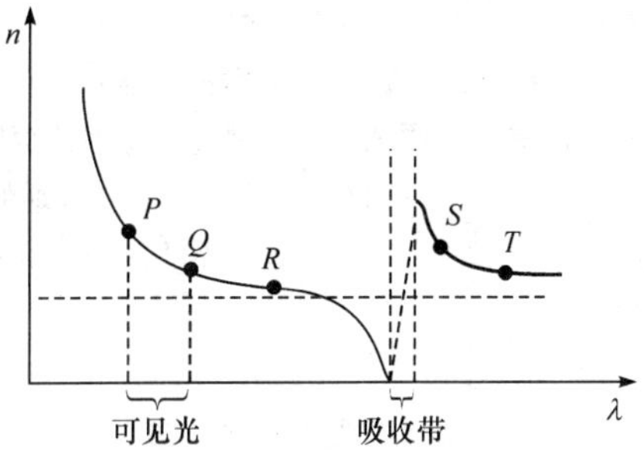

图 14-9　石英的色散曲线

一种理想介质的全波段色散曲线如图 14-10 所示. 在 $\lambda=0$ 时,任何物质的折射率 n 都等于 1;对于波长极短的情况,例如对于 γ 射线和硬 X 射线,n 略小于 1. 这表明,从真空射向介质表面的 γ 射线和硬 X 射线,在这种情况下可以发生全反射.

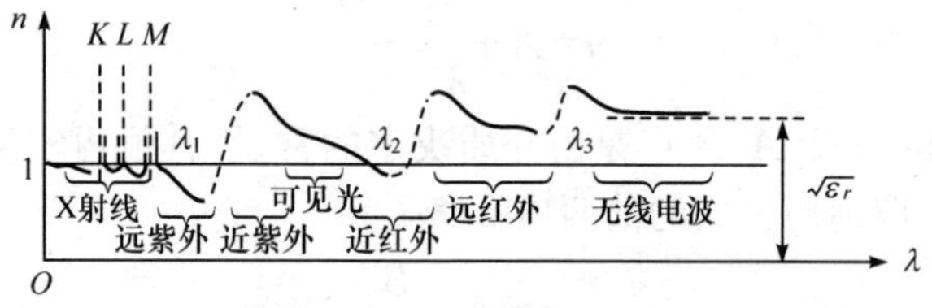

图 14-10 一种理想介质的全波段色散曲线

习 题

14-1 玻璃的吸收系数为 $10^{-2}\ \mathrm{cm}^{-1}$，空气的吸收系数为 $10^{-5}\ \mathrm{cm}^{-1}$. 问 1 cm 厚的玻璃所吸收的光，相当于多少厚度的空气层所吸收的光？

14-2 某金属的吸收系数为 $1.0\times10^4\ \mathrm{cm}^{-1}$. 问它的厚度为多少时能透过 50％的光？

14-3 某种浓度为 0.01 g/100 mL 的溶液盛在一透明容器中，测得在 550 nm 波长处的光密度$\left(\text{即}\ln\dfrac{I}{I_0}\right)$值为 0.23，现有另一未知浓度的同种溶液，仍用上面的容器测得在同一波长处的光密度值为 0.58. 试求这种溶液的浓度.

14-4 红光透过 15 m 深的海水后，其光强减弱到原来的 1/4，试求海水对红光的吸收系数以及光强减弱到原来的 1％时透过海水的深度.

14-5 一个长 30 cm 的管子中有含烟的气体，它能透过 50％的光，将烟粒完全去除后，则能透过 92％的光. 忽略气体对光的散射及烟粒对光的吸收，试计算含烟气体的吸收系数和散射系数.

14-6 设白光中波长为 600 nm 的红光和波长为 450 nm 的蓝光强度相同，试问在瑞利散射的散射光中两者的强度比例是多少？

14-7 一块光学玻璃对 Hg 灯蓝、绿光 $\lambda_1=435.8$ nm 和 $\lambda_2=546.1$ nm 的折射率分别为 $n_1=1.652\ 50$ 和 $n_2=1.624\ 50$，试用柯西公式 $n=A+\dfrac{B}{\lambda^2}$计算这种玻璃对钠黄线 $\lambda_3=589.3$ nm 的折射率 n_3 及 $\mathrm{d}n_3/\mathrm{d}\lambda$.

第五篇 近代物理基础

19 世纪末叶，成为物理学三大台柱的经典物理学，即牛顿力学、麦克斯韦电磁场理论和热力学、统计力学已达到了相当完善、系统化和成熟的地步. 但是，就在同时，在物理学的许多领域里却出现了一系列新的发现，表现出与上述经典物理学理论的尖锐矛盾，使经典物理学体系面临一场新的危机. 从 20 世纪初发展起来的近代物理学，就是在解决这些尖锐矛盾中诞生的. 近代物理学研究的对象是各种凝聚态物质的微观结构、各个微观层次(如原子、原子核、基本粒子)的内部结构和它们的相互作用、运动及转化的规律等，它的两大理论支柱是相对论和量子力学. 近代物理学的内容极为丰富，而且它的发展方兴未艾，不断开拓出新的领域(如量子生物学等). 本篇只对近代物理学的基本概念和知识作简略的介绍. 这些基本知识对那些想进一步了解生物学、农学中一些现象的微观本质(如光合作用、蛋白质和核酸的分子结构等)的人们来说，是必不可少的.

第 15 章　量子物理基础

15.1　光的粒子性和实物粒子的波动性

在前面几章我们一直按经典物理学的观点来描述光的现象，尤其是光的电磁理论揭示了光的电磁波本质，很好地解释了光在传播过程中的一些现象，例如，反射、折射、干涉、衍射和偏振等. 然而在涉及光和物质的相互作用时，经典电磁理论只能对其中一些现象，例如，吸收、色散等作出粗浅的解释，此外还发现了另外一些现象，它们用光的电磁波理论是无法解释的，其中包括本章所要讨论的黑体辐射、光电效应和康普顿效应. 历史上正是在这些现象的研究过程中提出了最初的量子概念，逐渐认识到光的波粒二象性.

15.1.1　热辐射

19 世纪末，钢铁工业的发展需要严格控制炼钢炉的温度，但是炼钢炉内的高温会使通常的温度计熔化，于是人们期望从钢水发光的颜色来判断炉温，这就大大促进了热幅射的研究.

1. 基尔霍夫定律

1) 辐射的种类

物体向外辐射光能将消耗本身的能量，要长期维持这种辐射，就必须不断地从外面补偿能量，否则辐射就会引起物体内部状态的变化. 物体发射光能有多种形式，有化学发光(如燃烧)、光致发光(如荧光、磷光等)、场致发光(电子轰击某些物体发生辐射)和物体温度引起的辐射.

若辐射是由于物体的温度引起的，我们通过加热来维持它的温度，辐射就可以持续不断进行下去，这种辐射称为热辐射或温度辐射. 实验告诉我们，热辐射的光谱是连续谱，辐射光谱的性质与温度和物质有关.

热辐射是日常生活中熟知的现象. 例如，把铁条插在炉火中会被烧得通红. 当温度不太高时，看不到铁条发光，却可感觉到它辐射出来的热量，当温度达到 500℃左右时；铁条开始发出可见的光辉，随着温度的升高，不但光的强度逐渐增大，颜色也由暗红转为橙红乃至明亮的白炽光. 这反映了热辐射的一般特征，即随着温度的升高热辐射的功率增大，而且辐射能的光谱分布由长波向短波转移. 在实验中还发现在一定温度下不同物体所辐射的光谱成分有显著的不同. 例如，将铁条加热到 800℃时，可观察到明亮的红色光，但在同一温度下，熔凝的石英却不辐射可见光. 热辐射不一定需要高温，实际上任何温度(室温或更低)的物体都发出一定的热辐射，只不过在低温下辐射不强，而且其光谱成分主要是波长较长的红外光. 用红外夜视仪侦察军事目标、遥感观测农作物生长情况和医学上用热像图诊断疾病等都利用了这个现象.

2) 辐射本领和吸收本领

上述一些实验结果告诉我们，在单位时间内从物体单位面积上向各个方向所发射的，频率在 $\nu \sim \nu + d\nu$ 的辐射能量 $d\Phi$ 与 ν 和温度 T 有关，当 $d\nu$ 取得足够小时，可认为 $d\Phi$ 与 $d\nu$ 成正比，即

$$d\Phi(\nu, T) = E(\nu, T)d\nu \tag{15-1}$$

式中 $E(\nu, T)$ 称为该物体在温度 T 时发射频率为 ν 的辐射能量的辐射本领，它的物理意义是从物体表面单位面积发出的，频率在 ν 附近的单位频率间隔内的辐射功率. 若要计及所有频率的辐射功率，可对式(15－1)进行频率积分，即

$$\Phi(T) = \int_0^{\infty} d\Phi(\nu, T) = \int_0^{\infty} E(\nu, T)d\nu \tag{15-2}$$

$\Phi(T)$ 称为辐射通量，单位为瓦·米$^{-2}$($W \cdot m^{-2}$).

实际的物体不但向四周发出辐射通量，而且也从四周吸收辐射通量. 当外界的辐射照射在物体上时，一部分被反射、散射或透射，另一部分被物体吸收. 如以 $d\Phi(\nu, T)$ 表示频率在 ν 至 $\nu + d\nu$ 范围内照射到温度为 T 的物体的单位面积上的辐射通量，$d\Phi'(\nu, T)$ 表示物体所吸收的通量，那么这两者的比值为

$$A(\nu, T) = \frac{d\Phi'(\nu, T)}{d\Phi(\nu, T)} \tag{15-3}$$

称为该物体的吸收本领，它是一个无量纲的纯数，一般小于 1. 实验告诉我们，不同物体对各种频率的辐射和吸收并不一致，物体的吸收本领也是温度和波长的函数.

3) 基尔霍夫定律

实验告诉我们，同一物体的辐射本领 $E(\nu, T)$ 和吸收本领 $A(\nu, T)$ 之间有着内在的联系. 1895 年，基尔霍夫根据热平衡原理得出如下的定律：任何物体在同一温度下的辐射本领与吸收本领 $A(\nu, T)$ 成正比，比值只与 ν 和 T 有关，即

$$\frac{E(\nu, T)}{A(\nu, T)} = F(\nu, T) \tag{15-4}$$

$F(\nu, T)$ 是一个与物质无关的普适函数. 上述这个定律称为基尔霍夫热辐射定律.

基尔霍夫定律告诉我们，在热平衡的情况下，辐射本领较大的物体，其吸收本领也一定较大. 由此可见，一个好的吸收体也是一个好的发射体.

2. 黑体辐射的实验规律

所谓黑体，是一种理想的吸收体，它能吸收照射到其上的一切辐射能，而不论

其波长多大，这种理想的吸收体称为绝对黑体，简称黑体. 由此定义可知，黑体的吸收本领 $A(\nu,T)$ 恒等于 1，与 ν、T 无关. 由式(15－4)可知，黑体的辐射本领等于普适函数 $F(\nu,T)$.

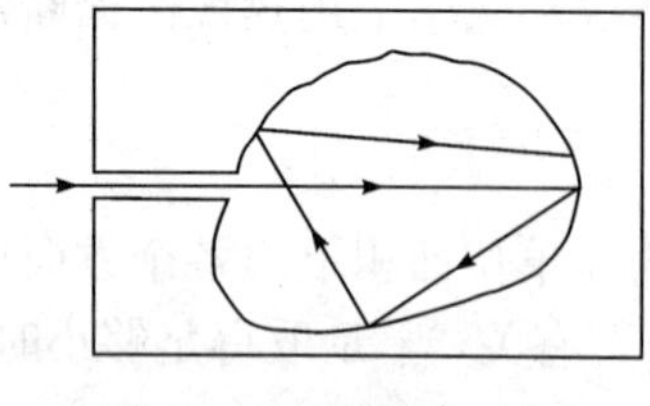

图 15－1　空腔是一个相当好的黑体

用任何物体做成一个(有很小开口)的空腔就是一个相当理想的黑体. 这是因为当光线进入这个小孔后，需要经过内壁的很多次反射，才有很小一部分光可能从小孔重新射出(图 15－1). 这样，不管内壁的吸收本领怎样，经过多次反射，重新射出小孔的光是十分微弱的，孔越小越是这样. 为了加强吸收效果，人们还在空腔器壁上装有许多带孔的横壁(图 15－2)使得射入小孔的光线更不易射出小孔.

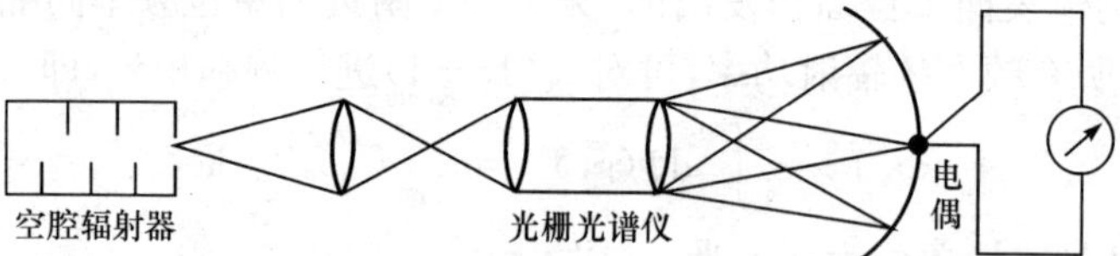

图 15－2　测量黑体辐射实验装置示意图

测量黑体辐射的实验装置示意图如图 15－2 所示，空腔辐射器是用耐火材料做成的，可以用电炉加热到各种温度，由小孔发出的辐射经分光系统(如光栅)按波长分开，用涂黑的热电偶探测各频段辐射能的强度，并记录下来. 因为实际测量黑体辐射谱时用的都是空腔辐射器，所以黑体辐射又称空腔辐射.

对黑体辐射的光谱进行测定，所得的光谱能量曲线，即黑体辐射本领在各种温度下随波长 λ 的变化，如图 15－3 所示. 从这组曲线可以看出，每一条曲线都有一个极大值，随着温度上升，黑体的辐射本领迅速增大，并且曲线的极大值向短波方向移动.

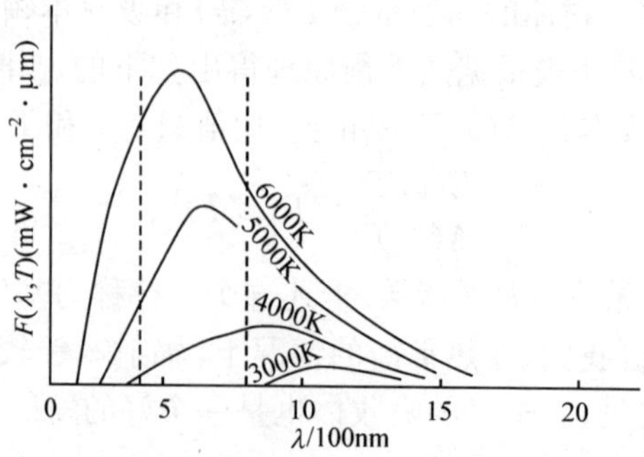

图 15－3　黑体辐射光谱能量实验曲线

3. 经典理论的困难

对黑体辐射的实验规律，曾有许多物理学家从经典物理学理论框架出发作出解释，其中最有名的是德国物理学家维恩(W. Wien)和英国物理学家瑞利的工作.

维恩由热力学和电磁理论出发，并假设气体分子辐射频率 ν 只与其速度有关，从而得到与麦克斯韦速度分布规律很相似的公式

$$F(\lambda,T)=\frac{\alpha c^2}{\lambda^5}e^{-\beta c/\lambda T} \tag{15-5}$$

式中 α、β 为常数，c 为真空中光速，此公式称为维恩公式.

瑞利从能量自由度均匀分配定律出发，得到以下公式：

$$F(\lambda,T)=\frac{2\pi c}{\lambda^4}kT \tag{15-6}$$

式中 k 为玻尔兹曼常量，此公式称为瑞利-金斯公式.

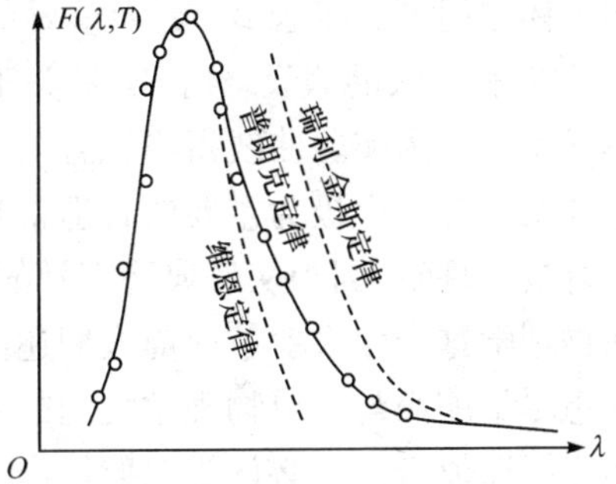

图 15-4

将上述两公式与图 15-3 实验曲线比较，在短波区域，维恩公式符合得很好，但在长波范围不符合，有系统偏离. 瑞利-金斯公式与之相反，在长波范围符合得较好，但在短波区域偏离非常大(图 15-4)，不仅如此，由式(15-6)可见，当 $\lambda\to 0$ 时，$F(\lambda,T)\to\infty$，也即波长极短时的辐射能量趋于无穷大，而总的辐射通量 $\Phi(T)$ 也趋于无穷大，这显然是荒谬的. 瑞利之后，金斯(J. H. Jeans)作过各种努力，企图绕过瑞利的结论，然后他发现，只要坚持经典的统计理论(能量均分定律)，瑞利-金斯公式(15-6)以及上述荒谬的结论就是不可避免的. 经典物理的这一错误预言，历史上曾被人们称为“紫外灾难”.

4. 普朗克公式和能量子假设

德国物理学家普朗克(M. Planck)对黑体辐射的研究一开始是非常实际的，他利用数学上的内插法将适用于短波的维恩公式和适用于长波的瑞利-金斯公式衔接起来，得到了一个完全符合观测数据的经验公式，即

$$F(\nu,T)=\frac{2\pi h}{c^2}\frac{\nu^3}{e^{h\nu/kT}-1} \tag{15-7a}$$

或

$$F(\lambda,T)=\frac{2\pi hc^2}{\lambda^5}\frac{1}{e^{hc/\lambda kT}-1} \tag{15-7b}$$

式中 $h=6.626\times10^{-34}$ J·s 为一普适常数，称普朗克常量，式(15－7a)或式(15－7b)称为普朗克黑体辐射公式. 普朗克并不满足于他侥幸揣测出来的内插公式，他立即致力于寻求这个公式的真正物理意义. 他发现不跳出经典物理的范畴是无法解决这个问题的，因此，他提出了如下的能量子假设.

(1)黑体的腔壁是由无数带电谐振子组成. 这些谐振子不断吸收和辐射电磁波，与腔内辐射场交换能量.

(2)这些谐振子具有的能量是分立的，它们只能取 $0,\varepsilon,2\varepsilon,\cdots$. 当振子与腔内辐射场交换能量时，能量改变值也只能是 ε 的整数倍. ε 和频率 ν 有如下关系：

$$\varepsilon=h\nu \tag{15-8}$$

普朗克在能量子假设的基础上，再按照玻尔兹曼统计，从理论上得到了式(15－7a)或式(15－7b)，这就充分说明了能量子假设的正确性.

我们要强调的是普朗克工作的意义不仅仅在于得到了符合黑体辐射实验曲线的黑体辐射的正确公式，更为重要的是他的伟大发现——能量量子. 能量以量子 $h\nu$ 发射和吸收的假设，经证明是关于事物本性的一个基本特征. 此外 h 这个量并不只是一个为实验曲线得出拟合公式所需的经验参数，在此后的微观物理学发展中证明它是一个极为重要的普适常量. 然而，普朗克工作的真正意义在很长时间内没有被人理解，因为从经典物理学的观点来看，能量量子假设简直是不可思议的，在物理学这个伟大变革面前人们还没有作好充分思想准备. 就连普朗克本人也一度想尽量缩小与经典物理学之间的矛盾，宣称只假设谐振子的能量是量子化的(即不连续取值)，而不必认为辐射场本身也具有不连续性(以后我们将说明辐射场本身也是量子化的). 但是能量量子假设终究将量子物理舞台的帷幕拉开，物理学正经历着一场深刻的变革. 最后普朗克不得不承认："我企图设法使这个基本作用量子(即 h 这个量)与经典理论相适应，我这种徒劳无益的企图曾经继续了许多年，花费了我很多心血."

1911 年厄任费斯脱从理论上严格证明了，如果空腔中黑体辐射的能量是有限的话，那么电磁振动的能量只能不连续地改变. 这说明普朗克的量子假设不仅充分而且是必要的.

最后，我们对普朗克公式作几点说明：

(1) 对于短波辐射区，若满足 $h\nu\gg kT$，则普朗克公式(15－7b)可化为维恩公式(15－5)；对于长波辐射区域，若满足 $h\nu\ll kT$，则式(15－7b)可化为瑞利-金斯公式(15－6).

(2) 对普朗克公式进行频率积分，可得到黑体辐射的经验定律之一的斯特藩定律，即

$$\Phi(T)=\frac{2\pi^5k^4}{15c^2h^3}T^4=\sigma T^4 \tag{15-9}$$

其中 $\sigma=\frac{2\pi^5}{15}\frac{k^4}{c^2h^3}=5.67032\times10^{-8}\ \mathrm{W\cdot m^{-2}\cdot K^{-4}}$，是一个普适常量，称斯特藩-玻尔兹曼常量. 上述公式说明黑体的辐射通量与温度 T 的四次方成正比.

(3) 由普朗克公式可推导得另一个黑体辐射的经验定律，即维恩位移定律

$$T\lambda_m=\frac{1}{4.965}\frac{hc}{k}=b \tag{15-10}$$

式中 λ_m 为温度 T 时黑体最大的辐射本领 $F(\lambda,T)$ 下所对应的波长，$b=\frac{1}{4.965}\times\frac{hc}{k}=2.8978\times10^{-3}\ \mathrm{m\cdot K}$，也是一个普适常量，称维恩常量. 式(15-10)说明黑体辐射中能量最大的波长 λ_m 与黑体的温度成反比.

由此可见，普朗克黑体辐射公式包含了所有黑体辐射的经验定律，其实这也是必然的，因为普朗克公式本来就是为了符合黑体辐射实验曲线而提出来的.

例题 1　若将恒星表面的辐射近似地看作是黑体辐射，就可以用测量 λ_m 的办法来估计恒星表面的温度. 现测得太阳的 $\lambda_m=510$ nm，北极星的 $\lambda_m=350$ nm，试求它们的表面温度.

解　根据维恩位移定律

$$T\lambda_m=b=2.898\times10^{-3}\ \mathrm{m\cdot K}$$

可求得太阳表面的温度为

$$T=\frac{2.898\times10^{-3}}{5100\times10^{-10}}=5682\ (\mathrm{K})$$

北极星的表面温度为

$$T=\frac{2.898\times10^{-3}}{3500\times10^{-10}}=8280\ (\mathrm{K})$$

例题 2　一个质点弹簧系统，质点的质量 $m=1.0$ kg，弹簧劲度系数 $K=20\ \mathrm{N\cdot m^{-1}}$，这个系统以振幅 $A=1.0$ cm 而振动. (1) 如果这个系统的能量依照方程 $E=nh\nu$ 量子化了，则量子数 n 有多大？(2) 如果 n 改变一个单位，则能量变化的百分比有多大？

解　(1) 由力学课程我们知道，弹簧振子的振动频率为

$$\nu=\frac{\omega}{2\pi}=\frac{1}{2\pi}\sqrt{\frac{K}{m}}=\frac{1}{2\pi}\sqrt{\frac{20}{1}}=0.71(\text{周}\cdot\text{秒}^{-1})$$

这个系统的机械能为

$$\begin{aligned}E&=\frac{1}{2}KA^2=\frac{1}{2}\times20\times(1\times10^{-2})^2\\&=1.0\times10^{-3}(\mathrm{J})\end{aligned}$$

按照 $E=nh\nu$ 量子数为

$$n=\frac{E}{h\nu}=\frac{1.0\times10^{-3}}{6.6\times10^{-34}\times0.71}=2.1\times10^{30}$$

(2)如果量子数 n 改变 1 个单位，则能量变化的百分比为

$$\frac{\Delta E}{E}=\frac{h\nu}{nh\nu}=\frac{1}{n}\approx10^{-30}$$

由本例题可看出，对宏观振子来说，量子数是很大的，因而振动能量的量子性不显著.

15.1.2　光电效应

1. 光电效应的实验规律

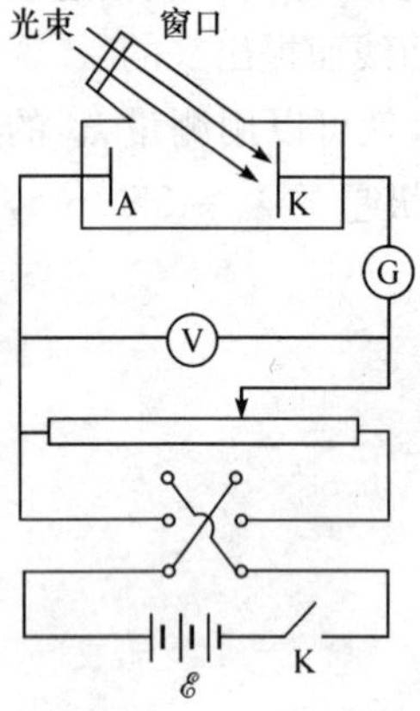

图 15-5　光电效应实验装置图

研究光电效应的实验装置如图 15-5 所示，K 是光电管阴极、A 是阳极，二者封在真空玻璃管内，构成一个光电管. 入射光束通过窗口照射在阴极 K 上，从阴极上放射出的电子(称为光电子)在阳极与阴极间的电场中受到加速，向阳极移动而形成电流(称为光电流). 实验结果表明，光电效应有如下基本规律.

1) 饱和电流

在一定光强照射下，光电流 I 随加在光电管两端电压 V 的增大，趋近一个饱和值.(图 15-6 是某单色光照射下的光电伏安特性曲线). 实验表明，饱和电流与光强成正比(图 15-6 中曲线 a 比曲线 b 对应的光强要大). 电流达到饱和意味着单位时间内到达阳极的电子数等于单位时间内由阴极发出的电子数. 因此，单位时间内由阴极发出的光电子数与光强成正比.

2) 遏止电压

如果将电压反向，两极间将形成使电子减速的电场. 实验表明，当反向电压不太大时仍存在一定的光电流，这说明从阴极发出的光电子有一定的初速度，它们可以克服减速电场的阻碍到达阳极. 当反向电压大到一定数值 V_0 时，光电流完全减小到零，V_0 称为遏止电压. 实验还表明，遏止电压 V_0 与光强无关，如图 15-6 中曲线 a、b 对应的光强虽不同，但光电流在同一反向电压 V_0 下被完全遏止.

遏止电压的存在，表明光电子的初速度有一上限 v_0，与此相应地动能也有一上限，它等于

$$\frac{1}{2}mv_0^2=eV_0 \tag{15-11}$$

式中 m 为电子质量，e 是电子电荷的绝对值.

3）截止频率

当我们改变入射光束的频率 ν 时，遏止电压 V_0 随之改变. 实验表明，V_0 与 ν 成线性关系（图 15－7）. ν 减小时，V_0 也减小；当 ν 低于某频率 ν_0 时，V_0 减到零，这时不论光强多大，光电效应不再发生. 频率 ν_0 称为光电效应的截止频率，与此对应的波长 $\lambda_0=c/\nu_0$，称波长的红限. 表 15－1 列出一些纯净金属的波长的红限值.

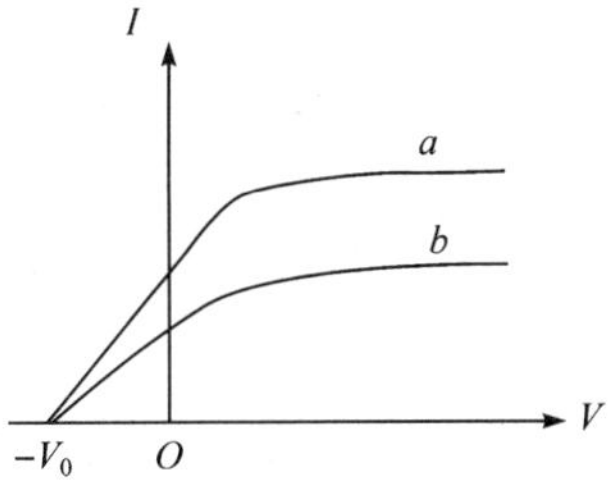

图 15－6　光电效应伏安特性曲线

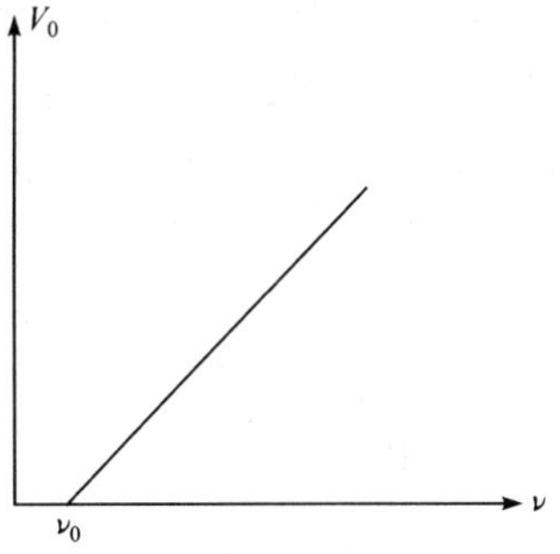

图 15－7　遏止电压与频率关系

表 15－1　一些纯净金属的波长红限值

金　属	K	Na	Li	Hg	Fe	Ag	Au
λ_0/Å	5500	5400	5000	2735	2620	2610	2650

4）弛豫时间

当入射光束照射在光电管阴极上时，无论光强怎样微弱，几乎在照射的同时就产生了光电子，弛豫时间最多不超过 10^{-9} s.

2. 光的电磁波理论在解释光电效应遇到的困难

在一般情况下，当光束照射到金属表面时，金属内的电子在逸出表面后，还具有一定的速度. 我们知道，电子逸出一种金属的表面要消耗的能量值至少是这种金属的逸出功 A. 如果电子从光束中吸收的能量是 W，电子在逸出金属表面后速度有一个连续的分布，其中速度值最大的光电子对应的动能 $\frac{1}{2}mv_0^2=W-A$. 由式（15－11），得

$$W=\frac{1}{2}mv_0^2+A=eV_0+A \tag{15-12}$$

由以下几个方面来看，式（15－12）根本无法用光的波动理论来解释：

(1) 按照光的电磁波理论，光束照射金属时，其中电子作受迫振动，直到电子的振幅足够大时逸出金属表面. 电子在单位时间吸收的能量应与光强 I 成正比，设光照射 t 秒后，电子的能量积累到 W，并逸出金属，则 W 应与 It 成正比. 我们假设每个电子的弛豫时间都一样大，则 W 应与光强 I 成正比. 如果这种说法成立，由式(15－12)可知，由于 A 是常数，光强 I 应与遏止电压成正比. 但是，实验证明 V_0 与光强无关.

(2) 按照光的波动理论，不论入射光的频率 ν 是多少，只要光强 I 足够大，总可以使电子吸收的能量 W 超过 A，从而产生光电效应. 但实验表明，当光束的频率小于截止频率，无论光强多大，都不产生光电效应.

(3) 从波动观点来看，光能量均匀分布在波面上，如果光电子所需的能量是从入射到金属上的光波中吸收，且认为弛豫时间是变化的，即光强大时光电子能量积累的时间短，光强小时能量积累的时间长. 若按照波动理论估计，这个时间要达几分钟，这显然和实验不符合.

3. 光子假设和爱因斯坦公式

为了解释光电效应的实验结果，1905 年爱因斯坦(A. Einstein)推广了普朗克关于辐射能量子的概念，他在光电效应的研究中指出：光在传播过程中，具有波动的特性，然而光在和物质相互作用时，其能流并不像波动理论所想像的那样是连续分布的，而是集中在一些称为光子或光量子的粒子(爱因斯坦在他原来的论文中称为电磁量子，没有使用光子这个名词，光子这个名词是美国物理学家刘易斯在 1926 年命名的)上，但这种粒子仍保持着频率(或波长)的概念，光子的能量 E 正比于其频率，即

$$E=h\nu \tag{15-13}$$

根据爱因斯坦光子假设，当光束照射在金属上时，光子一个一个打在它的表面，金属中的电子要么吸收一个光子，要么就完全不吸收(一个电子同时吸收二个光子或两个以上光子的概率是非常小的)，正因为金属中的电子能够一次全部吸收入射光子，所以光电效应的产生无需积累能量的时间. 1928 年有人用实验证明，如果在光电子发射中存在有时间延迟的话，那么它必定小于 3×10^{-9} s. 当电子吸收一个光子时，式(15－12)的 W 等于 $h\nu$，于是有

$$h\nu=\frac{1}{2}mv_0^2+A=eV_0+A \tag{15-14}$$

这个式子称为爱因斯坦光电效应公式，此公式可以完全解释光电效应的全部实验结果. 入射光的强弱意味着光子流密度大小，光强大表明光子流密度大，在单位时间内金属吸收光子的电子数目多，从而饱和电流大. 但不管光子流密度如何，每个电子只吸收一个光子，所以电子获得能量 $W=h\nu$ 与光强无关，但与频率 ν 成正比.

式(15－14)说明了频率 ν 和遏止电位 V_0 成线性关系(h,e 为常数,对某种金属 A 也为常数).此外,当 ν 趋近于红限 ν_0 时,V_0 趋于零,这时有 $h\nu_0=A$,而当 $\nu<\nu_0$ 时,每个光子的能量 $h\nu<A$,电子吸收后获得的能量小于逸出功,所以不会发生光电效应[42].

爱因斯坦在 1905 年提出光子假设和式(15－14)时,有关光电效应的实验数据是很不足的,而光子又是这样一个激进的概念,所以连当时很多著名的物理学家,如普朗克都不愿接受它,对爱因斯坦光子假设持反对意见的密立根花费了 10 年的时间,做了不少精密的实验想推翻光子假设,与他的愿望相反,终于在 1915 年证实了爱因斯坦公式的正确性.密立根研究了 Na、Mg、Al、Cu 等金属,得到了 V_0 与 ν 之间严格的线性关系,并由直线的斜率测得普朗克常量 h 的精确值,与热辐射或其他实验中测得的 h 值很好的符合.由此可见,爱因斯坦是在实验数据很不足的情况下,深刻洞察光电效应内在的物理含义才作出光子假设这一伟大预言.

值得指出的是,式(15－14)在假定了金属中的电子仅仅吸收一个光子条件下得出的.当照射至金属上的光束很强时,就可能发生一个电子同时吸收 2 个或 2 个以上的光子,此时小于红限的光子也能产生光电效应.1960 年出现激光器后,已经在实验上观察到二光子或三光子的光电效应.

15.1.3　康普顿效应

1. 康普顿效应实验规律

1920 年康普顿(A. H. Compton)在研究 X 射线被碳、石蜡等物质散射时,发现:①若入射线的波长为 λ_0,沿不同方向的散射线中,除原波长外还出现了波长 $\lambda>\lambda_0$ 的谱线;②波长差 $\Delta\lambda=\lambda-\lambda_0$ 随散射角 θ 的增加而增加,波长 λ 的谱线强度随 θ 的增加而增加(见图 15－8);③若用不同元素作散射物质,则 $\Delta\lambda$ 与散射物质无关,原波长谱线的强度随散射物质原子序数的增加而增加,波长为 λ 的谱线强度随原子序数增加而减小(图 15－9).

以上的现象我们称为康普顿效应.X 射线的这种散射效应是难于用经典波动理论解释的.根据经典理论,在 X 射线的作用下,散射物质的电偶极振子作频率和入射 X 射线频率相同的受迫振动,并发射同频率的散射波.上述现象再次说明了经典电磁波理论在解释康普顿效应所遇到的困难.

观察康普顿效应的实验装置如图 15－10 所示,经过光阑 D_1、D_2 射出一束单色的 X 射线为某种物质所散射,被散射的光可用 X 射线摄谱仪来研究.

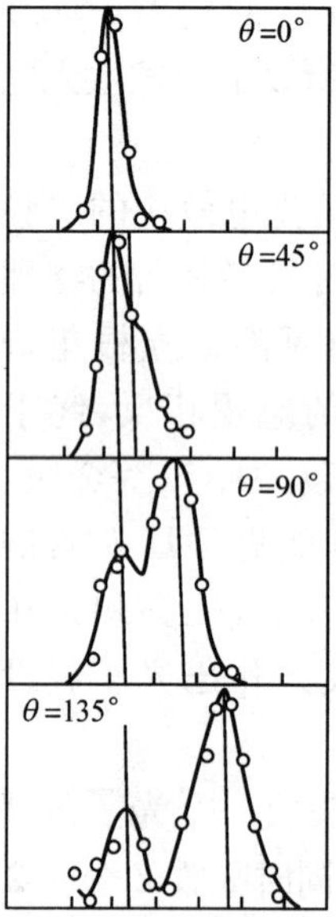

λ₀=0.712605 Å
(钼谱线)
散射物质——石墨

图 15-8　康普顿散射与角度的关系

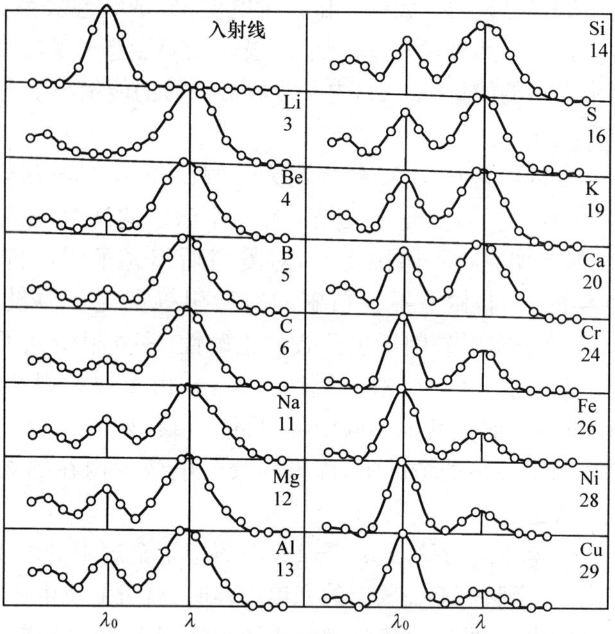

$\lambda_0 = 0.56267$ Å (银谱线)
元素符号下的数字为原子序数

图 15-9　康普顿散射与原子序数的关系

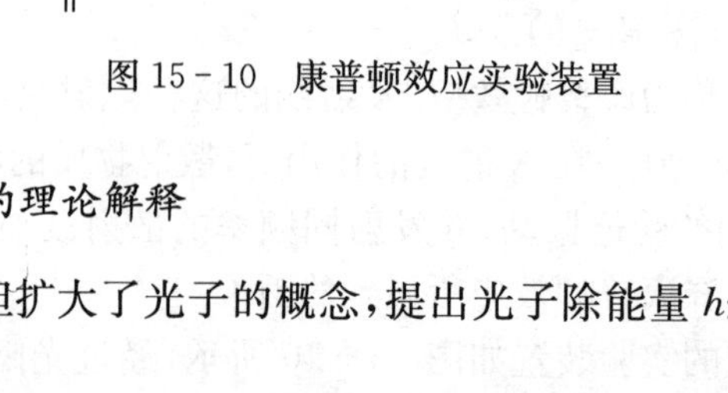

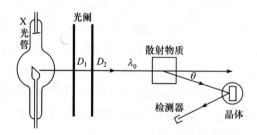

图 15-10　康普顿效应实验装置

2. 康普顿效应的理论解释

1916 年爱因斯坦扩大了光子的概念，提出光子除能量 $h\nu$ 外，还具有动量，它的大小为 $p=\frac{h\nu}{c}=\frac{h}{\lambda}$.

1923 年康普顿用光子的概念简单而成功地解释了上述的实验现象，他假设入射的 X 射线是由许多光子组成，且用经典意义上质点间的碰撞观点来处理光子与电子的碰撞.在此碰撞过程中,能量和动量是守恒的.

由于一些轻原子,它的电子和原子核的联系相当弱,其电离能(约为几个电子伏特)和 X 射线光子能量($10^4 \sim 10^5$ eV)相比可以略去不计.因此,对于所有的轻原子,我们可以认为散射原子中的电子看成是自由和静止的.康普顿散射可看作是 X 射线中的光子和自由电子间的弹性碰撞过程.在此过程中能量和动量守恒方程为

$$h\nu_0 + m_0c^2 = h\nu + mc^2 \tag{15-15}$$

$$\frac{h\nu_0}{c}\boldsymbol{n}_0 = \frac{h\nu}{c}\boldsymbol{n} + m\boldsymbol{v} \tag{15-16}$$

式中电子的运动质量 m 和静止质量 m_0 满足相对论质速关系式

$$m = \frac{m_0}{\sqrt{1-\left(\frac{v}{c}\right)^2}} \tag{15-17}$$

由图 15-11,可将式(15-16)写成两个分量式

$$\frac{h\nu_0}{c} = \frac{h\nu}{c}\cos\theta + mv\cos\phi$$

$$\frac{h\nu}{c}\sin\theta = mv\sin\phi$$

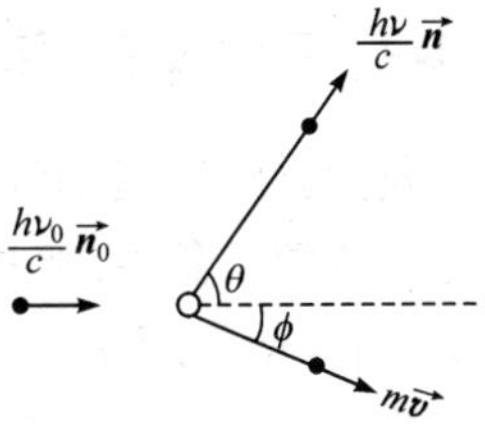

图 15-11　光子和静止自由电子碰撞

从上二式中消去 ϕ,得

$$m^2v^2c^2 = h^2(\nu_0^2 + \nu^2 - 2\nu_0\nu\cos\theta) \tag{15-18}$$

将式(15-15)中 $h\nu$ 移到等式左边,再平方,可得

$$m^2c^4 = h^2(\nu_0^2 + \nu^2 - 2\nu_0\nu) + m_0^2c^4 + 2hm_0c^2(\nu - \nu_0) \tag{15-19}$$

将式(15-19)减去式(15-18),再代入式(15-17),得

$$2h^2\nu_0\nu(1-\cos\theta) = 2hm_0c^2(\nu_0 - \nu)$$

于是有

$$\Delta\lambda = \lambda - \lambda_0 = \frac{c}{\nu} - \frac{c}{\nu_0} = \frac{c(\nu_0 - \nu)}{\nu_0\nu}$$

$$= \frac{h}{m_0c}(1-\cos\theta) = \frac{2h}{m_0c}\sin^2\frac{\theta}{2} \tag{15-20}$$

对于电子

$$\frac{h}{m_0c} = \frac{6.63\times10^{-34}}{9.1\times10^{-31}\times3\times10^8} = 0.0243\ (\text{Å})$$

于是式(15-20)可写成

$$\Delta\lambda = 2\lambda_c\sin^2\frac{\theta}{2} \tag{15-21}$$

式中$\lambda_c=\dfrac{h}{m_0 c}=0.0243$ Å,称为康普顿波长.式(15-21)表明,$\Delta\lambda$ 与物质无关,也与 λ 射波长无关,但随 θ 的增大而增大,这与实验结果是一致的.式(15-21)并没有告诉我们,为什么在散射线中可观察到原来波长的谱线,其原因是在上述计算中我们假设了电子是自由的,这种假设对于轻原子和最外层结合得不太紧密的电子来说是正确的,但对于内层电子,特别是重原子中的电子,由于它们和原子核结合得很紧密,显然是不合适的.光子和这类紧束缚电子碰撞时,实际上光子是和一个质量很大的原子交换能量和动量,从而光子的散射只改变方向,能量几乎不变,这就是散射线中始终保持原波长 λ_0 谱线的缘故.随着散射物质原子序数增加,散射线中原入射线波长 λ_0 谱线的强度增加,而波长 λ 谱线强度减弱(图 15-9)也是上述原因.

另外,将威尔逊云室放在强磁场中观察电子的轨迹,从电子路经的曲率半径可算出电子的能量,其结果和理论计算符合.

15.1.4 实物粒子的波动性

我们已经知道,光的波动性和微粒性是光的运动特性的不同表现,这便是所谓的光的波粒二象性.光的波粒二象性的思想,不仅使人们对光的本性有了更深刻的认识,而且使物理学家对微观世界的认识大大推进一步.1923 年年轻的法国物理学家德布罗意(L. V. de Broglie)大胆地提出,既然光这种通常表现为波动的物质,有时也显示出粒子性来,那么,通常表现为粒子的物质,如电子、质子、中子等也应该显示出波动性来,这种实物粒子的波长与其动量的关系也应和光子一样,服从 $p=\dfrac{h}{\lambda}$,故应有

$$\lambda=\frac{h}{p}=\frac{h}{mv} \tag{15-22}$$

式中 $p=mv$ 为实物粒子的动量,h 为普朗克常量.实物粒子的这种波既不是机械波,也不是电磁波,通常称为德布罗意波或物质波.

德布罗意的大胆假设,当时并没有引起很大注意,原因之一还是由于经典物理的传统观念,这种将粒子看成既是粒子又是波的观念太超过于一般人们的认识.德布罗意也曾认为:他的这些思想,很可能被看作是“没有科学特征的狂想曲”.但是他的这些新颖思想受到他的导师郎之万的支持和爱因斯坦的赞扬,爱因斯坦说“瞧瞧吧,看来疯狂,可真是站得住脚呢!”德布罗意的大胆假设究竟正确与否,终究是要用实验来验证的.1924 年德布罗意曾预言:“一束电子穿过非常小的孔可能产生衍射现象,这也许是实验上验证我们想法的方法.”1927 年美国物理学家戴维森(C. J. Davisson)和革末(L. H. Germer)在研究电子束在镍单晶体表面散射时,观

察到电子束的强度按散射角的分布与衍射时的强度分布很相似. 根据衍射理论，衍射强度最大值由公式 $d\sin\theta=k\lambda$ 决定，式中 k 是衍射强度最大值的级数，λ 是衍射线的波长，d 是晶格常数. 戴维森和革末用这个公式计算电子的波长时得到与德布罗意关系符合得很好的结果. 戴维森和革末对电子衍射的观察最初完全出于偶然，他们是无意中获得上述结果的. 相反，英国物理学家汤姆孙(G. P. Thomson)是专门为了证明电子的波动性作了一个实验，他使一束高速电子通过一张极薄的多晶铝箔片(厚度约 100nm)，结果在晶体片后面拍摄到一幅像光的衍射那样的照片，由亮暗交替的同心环组成的衍射图样(图 15－12)，并测出了这种“电子波”的波长，证实了式(15－22)的正确性. 有趣的是 G. P 汤姆孙的父亲 J. J 汤姆孙是电子的发现者. 这样，父亲发现电子是粒子，而儿子则证明电子是波，这成为物理学史上的一段佳话. 1928 年有人用一束慢速电子以掠入射从一个金属光栅(每毫米 130 条线)上衍射，观察到一级、二级和三级像. 而后，1929 年埃斯特曼(I. Estormann)用氦原子束和氢分子束表演了它们的衍射效应. 他们的实验大大增强了人们对物质波普遍性的信念，因为它们牵涉两种与电子十分不同的新的粒子，除了质量上的差别以外，电子是一个基本粒子而氦原子和氢分子是明显的复合系统. 总之，任何一种微观粒子在一定条件下均会表现出波动性来.

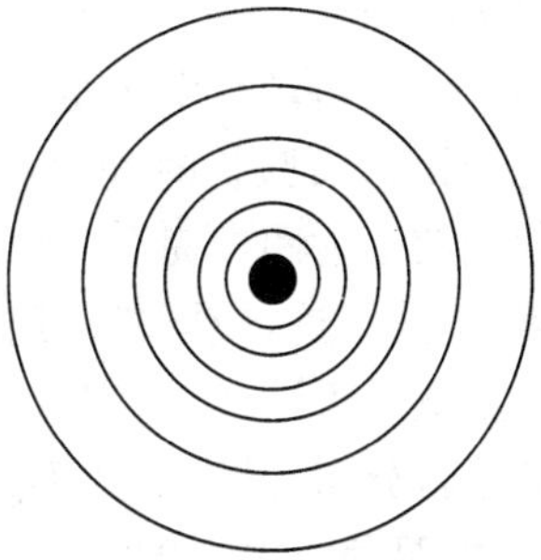

图 15－12　模拟电子衍射图样

在人们的概念里，波动是连续的，扩展于空间的，而粒子是离散的，集中于一点的，如何把这两种截然相反的属性赋予同一个实体？初看起来，这很难以想像. 下面我们用单电子干涉实验来回答这个问题.

杨氏双缝实验(图 15－13)是最典型的干涉实验. 这里用的不是光源，而是电子枪. 电子从电子枪 S 射出后经过双缝 S_1 和 S_2 打在照相底片上. 实验的结果是这样的：在低电子流密度时，在底片上只出现几颗亮点，随着电子流密度的增加，干涉条纹隐约可见，电子流密度很大时，可以观察到清晰的、亮暗交替的、相互平行的直线条纹. 这个实验表明，当少量电子通过仪器落在底片上时，其分布看起来毫无规律，并不形成干涉条纹，这显示了电子的“粒子性”. 实验还表明，若开一条缝(S_1 或 S_2)，打在底片上的电子按单缝衍射的强度因子分布，两缝同时开放，打在底片上的电子分布函数还要乘上双缝

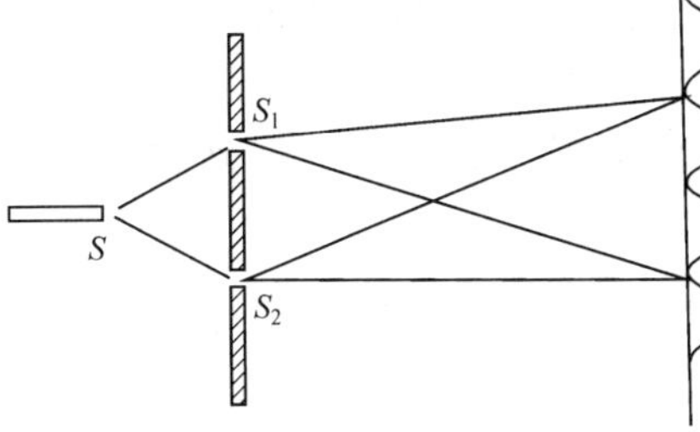

图 15－13　电子双缝实验

干涉因子.所以两缝同时打开时,底片上电子密度分布不同于两缝单独打开再相加时的分布.这从经典物理的观点来看是很难理解的,曾有人认为是否由于分别通过两缝的电子之间发生某种相互作用(如碰撞)致使打在底片上的电子密度发生了重新分布?1949 年毕柏曼等人曾作了单电子衍射又否定了这种看法.在他们的实验中就平均而言,相继发射两个电子的时间间隔比电子穿过仪器所需时间大 3×10^4 倍,几乎可以肯定,电子是一个一个地通过仪器的,故称之为单电子衍射实验.在单个电子衍射实验长时间以后获得的衍射图样,与比它强 10^7 倍的电子流在短时间内得到的衍射图样完全一样.这表明,衍射图样的产生绝非是大量电子相互作用的结果.上述结论,应同样适用于双缝干涉.

单电子干涉、衍射实验表明,波动性是每个电子本身固有属性,电子的干涉(密度的重新分布)是自身的干涉,而不是不同电子之间的干涉,或者说波动性和粒子性一样,是每个电子的属性,而不是大量电子在一起时才有的属性.电子的这些结果和物理图像对光子完全适用.

电子、光子等微观粒子的波动性和粒子性可以用统计的观点来建立联系.在实验中电子或光子的衍射表现为许多电子或光子在同一实验中的统计结果,因此,从统计的观点看,大量电子或光子被晶体衍射与它的一个一个被晶体衍射之间的差别,仅在于前者是对空间的统计平均,后者是对时间的统计平均.在前一种情况下,如果说电子或光子在某些地方从空间上看,出现得稠密些,那么在后一种情况下,就是在这些地方电子或光子从时间上看,出现得频繁些.因此,我们可以从统计观点把波粒二象性联系起来,从而得出:波在某一时刻,在空间某点的强度(振幅的平方)就是该时刻在该点粒子出现的概率.

最后还需要指出的是,我们说光子、电子等微观客体具有波粒二象性,这里所说的波动性和粒子性只不过是人们从其生活的宏观世界的直接经验中得到的对物质的一种抽象和近似,但必须注意的是,光子和电子等微观客体既不是经典的波动,也不是经典的粒子,只不过微观客体有时表现出粒子特点,有时表现出波动的特点,但它们究竟是什么,很难用经典物理学的概念来完全描述.

例题 3　波长为 200 nm 的光照到铝表面,对铝来说,移去一个外层电子所需的能量为 4.2 eV,试问:

(1) 出射的最快光电子的能量是多少?

(2) 出射的最慢光电子的能量是多少?

(3) 遏止电压为多少?

(4) 铝的截止波长为多少?

(5) 如果入射光强度为 2.0 $\mathrm{W\cdot m^{-2}}$,单位时间打到单位面积上的平均光子数为多少?

解　(1) 波长为 200 nm 的一个光子能量为

$$E=h\nu=h\frac{c}{\lambda}=\frac{6.626\times10^{-34}\times3.00\times10^{8}}{2.00\times10^{-7}}$$
$$=9.94\times10^{-19}(\mathrm{J})$$

根据题意，铝的逸出功 A 为

$$A=4.2\ \mathrm{eV}$$
$$=4.2\times1.6\times10^{-19}\ \mathrm{J}=6.72\times1.0^{-19}\ \mathrm{J}$$

由爱因斯坦公式 $E=\frac{1}{2}mv_0^2+A$，可得电子脱离铝表面后的最大动能为

$$\frac{1}{2}mv_0^2=E-A=(9.94-6.72)\times10^{-19}\ \mathrm{J}$$
$$=3.22\times10^{-19}\ \mathrm{J}\approx2.0\ \mathrm{eV}$$

(2) 由光电伏安特性曲线可知，当施加反向电压时，光电流不是陡然降至零，而是随着反向电压增大，缓慢地连续地降至零，这就说明了光电子从金属表面射出时的速度有一个分布，从零值至最大值 v_0，所以出射最慢的光电子是那些速度为零的电子，它们的能量为零. 射出的各光电子速度不同的原因是光不仅能从金属表面，而且也可以从金属一定深处激出电子，由于在金属内偶然的碰撞，从深处出来的电子在离开表面以前，就已经失去了它们所获得的一部分速度. 在物理上我们感兴趣的是由爱因斯坦公式所决定的最大速度，因为这个速度表征了光把电子激出时传给电子的能量.

(3) 遏止电位 V_0 可由式(15-11)求出

$$V_0=\frac{\frac{1}{2}mv_0^2}{e}=2\ \mathrm{V}$$

(4) 铝的截止波长 λ_0 可由 $h\frac{c}{\lambda_0}=A$ 求出

$$\lambda_0=\frac{hc}{A}=\frac{6.626\times10^{-34}\times3.00\times10^{8}}{6.72\times10^{-14}}=2.958\times10^{-7}(\mathrm{m})$$

(5) 单位时间、单位面积上平均光子数应为其上能量除以一个光子的能量，即

$$n=\frac{It}{h\nu}=\frac{2\times1}{9.94\times10^{-19}}=2.01\times10^{18}$$

例题 4　设中子的质量为 1.67×10^{-27} kg，试求为使动能为 20 keV 的中子通过圆孔衍射后其中心最大与第一级最小夹角为 2°时圆孔直径的大小.

解　由中子的动能 E_k 及质量 m 可求出中子的动量 $mv=\sqrt{2mE_k}$，再由式(15-22)求出中子的波长

$$\lambda=\frac{h}{mv}=\frac{h}{\sqrt{2mE_k}}=\frac{6.628\times10^{-34}}{\sqrt{2\times1.67\times10^{-27}\times1.6\times10^{-19}\times20\times10^3}}$$
$$=2.03\times10^{-13}(\mathrm{m})$$

再根据夫琅禾费圆孔衍射,第一级最小值位置 $\sin\theta_1=1.22\frac{\lambda}{D}$,其中 D 为圆孔直径,所以有

$$D=1.22\frac{\lambda}{\sin\theta_1}=1.22\times\frac{2.03\times10^{-13}}{\sin2^\circ}=7.10\times10^{-12}(\mathrm{m})$$

15.2　原子的量子理论

1897 年发现了电子,人们认识到电子是原子的组成部分. 1911 年卢瑟福的 α 粒子散射实验说明了原子的核式结构,即原子中的正电荷集中在半径小于 10^{-12} cm(约原子半径的万分之一)的核内,而核内占有原子质量的 99.9%以上. 原子光谱的实验事实表明了原子内电子运动状态的多样性,即原子内部结构复杂性. 为了探讨原子内部的结构,1913 年玻尔(N. Bohr)曾提出“行星式模型”,建立起氢原子的半经典的量子理论. 但是这种理论有极大局限性. 1926 年薛定谔(E. Schrödinger)在德布罗意的物质波概念基础上建立起波动力学;1925 年海森伯(W. K. Heisenberg)创建了矩阵力学. 后来证明这两个理论是完全等价的,是今天称为量子力学的两种不同的数学形式. 量子力学是目前研究微观物理学的基本理论,利用量子力学规律可以成功解释原子、分子光谱的实验事实和深入研究固体的各种性质(如导热、导电、超导等). 量子力学理论不仅在物理学领域里取得了巨大成就(包括在宏观粒子范围内可给出经典力学的结果),而且也可应用于化学、生物学等学科,推动了这些学科的发展,显示出它的强大生命力.

本节主要介绍量子力学和有关光谱的一些基本概念.

15.2.1　不确定关系

在经典力学中,质点的运动服从决定性的规律. 那就是说,若某时刻质点的位置、速度以及质点受力情况知道的话,那么根据牛顿运动方程就可唯一确定质点在任意时刻的位置和速度,即质点运动有确定的轨迹. 对于微观粒子,我们能否同时用确定的位置和速度(或动量)来描述它们的运动呢?

1927 年海森伯回答了上述的问题,他经过理论上的研究后指出,要同时测出微观粒子的位置和动量,其精度是有一定限制的. 若测量一个微观粒子的位置时,如果其不确定范围是 Δq,那么同时测得其动量也有一个不确定范围 Δp,Δp 和 Δq 的乘积总是大于一定的数值,即

$$\Delta p\Delta q \geqslant \frac{\hbar}{2} \tag{15-23}$$

式中$\hbar=h/2\pi$，h 为普朗克常量. 式(15－23)称为海森伯不确定关系，它表示出同时测定一个微观粒子的位置和动量的精度的极限. 若要把粒子的动量非常精密地测定，即 $\Delta p\to 0$，那么位置就非常不确定，即 $\Delta q\to\infty$；反之，要位置精确测定，动量就非常不确定.

海森伯不确定关系来源于微观粒子的波粒二象性. 我们以电子的单狭缝衍射为例来说明这个问题. 图 15－14 表示单狭缝实验装置，一束有确定动量值的电子射向宽度为 a 的单缝，在放有照相底片的屏幕上，可以观测到衍射图样. 我们知道，当一个电子通过狭缝时，很难确定它是缝上哪一点通过的，即不能准确地确定该电子通过狭缝的坐标，也就是说电子坐标的不确定范围是 $\Delta x=a$.

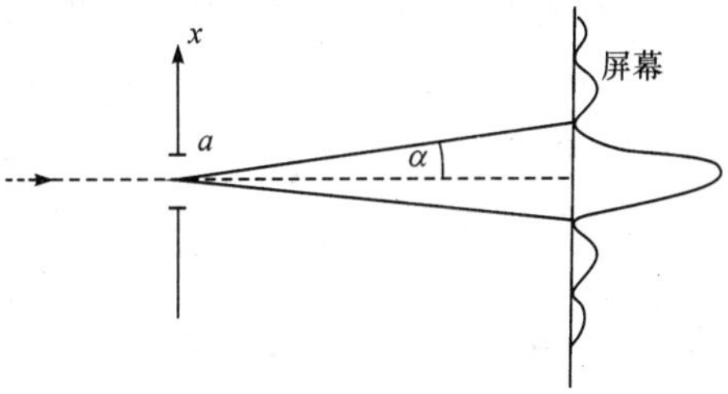

图 15－14　电子单缝衍射

同时，由于电子又具有波动性，通过狭缝发生衍射的缘故，电子动量的方向有了改变，即电子穿过狭缝后，偏离了原来的方向，图 15－14 屏幕上显示了电子分布图(衍射图样)，极大多数电子都落在了一级衍射图样内. 如果我们只考虑一级衍射图样，则认为电子被限制在一级最小的衍射角范围内，有 $\sin\alpha=\lambda/\Delta x$. 因此，在 x 轴方向上，电子动量的不确定范围为

$$\Delta p_x=p\sin\alpha=p\,\frac{\lambda}{\Delta x}$$

由德布罗意公式

$$\lambda=\frac{h}{p}$$

前式可写为

$$\Delta p_x=\frac{h}{\Delta x}$$

即

$$\Delta x\Delta p_x=h$$

上式是在只考虑一级衍射图样情况下，得出电子在 x 轴方向上坐标不确定范围 Δx 和动量不确定范围 Δp_x 之间的乘积等于普朗克常量 h. 如果考虑到衍射图样的次级，一般说来应有

$$\Delta x\Delta p_x\geqslant h$$

以上我们以电子单狭缝衍射实验来说明电子坐标和动量之间的不确定关系.

实际上不确定关系是微观体系普遍遵从的规律，它也存在于微观体系的能量和时间之间. 一个体系处于某一状态，如果时间有一段 Δt 不确定，那么它的能量也有一个范围 ΔE 不确定，两者的乘积有如下的关系：

$$\Delta E\Delta t \geqslant \frac{\hbar}{2} \tag{15-24}$$

我们可以这样来理解上式的物理意义：当原子处于激发态时，它是不稳定的，最终将跃迁到基态或能量低的激发态，原子在每一激发态停留时间有一不确定范围，以平均寿命 τ 表示，另外每一激发态能量的取值有一定的范围 ΔE，称之为能级宽度，根据式(15-24)，能级寿命 τ 和其宽度 ΔE 的乘积大于或等于 $\hbar/2$. 这就是说，平均寿命长的能级，它的宽度小，这样的能级我们说比较稳定；反之，平均寿命 τ 短的，能级宽度 ΔE 就大.

我们利用关系式 $E=\frac{p^2}{2m}$，$\Delta E=\frac{p\Delta p}{m}=v\Delta p$ 和 $\Delta t=\frac{\Delta x}{v}$，可以将式(15-24)和式(15-23)联系起来，即由一个式子可推得另一式子.

还有其他形式的不确定关系不在此一一列举. 最后我们要强调的是不确定关系是建立在波粒二象性基础上的一条普遍原理，它是物质本身固有的特性决定的，而不是由于仪器或测量方法的缺陷造成的. 不论测量仪器的精确度有多高，我们认识任何一个物理体系的精确度也要受到不确定关系的限制. 因此，不能把不确定关系理解为“不可知”、“不准确”等. 其实，和经典物理中连续的、无限准确的等概念比较起来，不确定关系更真实地揭示了微观体系的运动规律，应该说是更准确了.

例题 5 一电子以速率 $10^6\ \mathrm{m\cdot s^{-1}}$ 沿 x 方向运动，确定其位置可准确到 ± 0.001 cm. 求其速度的不确定范围.

解 由不确定关系式(15-23) $\Delta x\Delta p \geqslant \frac{h}{4\pi}$，而 $\Delta p=m\Delta v$，已知 $\Delta x=0.001$ cm，电子质量 $m=9.11\times10^{-31}$ kg，于是电子速度不确定范围为

$$\Delta v=\frac{h}{m\Delta x 4\pi}=\frac{6.63\times10^{-34}}{9.11\times10^{-31}\times10^{-5}\times4\pi}=5.80\ (\mathrm{m\cdot s^{-1}})$$

例题 6 在激发态能级上的钠原子发射出波长 589 nm 光子的平均寿命为 10^{-8} s，求能量和波长的不确定范围.

解 由不确定关系式(15-24)，$\Delta E\Delta t \geqslant \frac{h}{4\pi}$ 得能量不确定范围为

$$\Delta E=\frac{h}{\Delta t\cdot 4\pi}=\frac{6.63\times10^{-34}}{10^{-8}\times4\pi}$$
$$=5.3\times10^{-27}\,(\mathrm{J})$$

由 $E=h\nu$ 得 $\Delta E=h\Delta\nu=h\frac{c\Delta\lambda}{\lambda^2}$，于是波长不确定范围为

$$\Delta\lambda=\frac{\Delta E\lambda^2}{ch}=\frac{5.3\times10^{-27}\times(5.89\times10^{-7})^2}{3\times10^8\times6.63\times10^{-34}}=9.2\times10^{-15}(\mathrm{m})$$

15.2.2 波函数 薛定谔方程

1. 波函数

在 15.2.1 节已说明，在经典力学中，质点运动具有确定的轨迹，它的运动状态由质点的位置矢量 $\boldsymbol{r}(t)$来描述；对于微观粒子，由不确定关系知道，它们没有完全确定的运动轨迹，即不能确定微观粒子在什么时刻到达什么地方. 电子等微观粒子的衍射实验告诉我们，物质波在空间某处强度实质上反映了微观粒子出现在该处的概率，所以物质波又称概率波. 本小节主要讨论描述微观粒子运动状态的概率波的数学表达式以及它所遵从的变化规律；前者称为波函数，后者是薛定谔方程.

我们将波函数写成 $\Psi(x,y,z,t)$的形式. 模仿经典物理学中波的强度表示法，概率波的强度应与$|\Psi(x,y,z,t)|^2$ 成正比，因此$|\Psi(x,y,z,t)|^2\propto$在 t 时刻粒子出现在空间(x,y,z)点的概率，或者更确切一些，$|\Psi(x,y,z,t)|^2\propto$在 t 时刻粒子出现在空间(x,y,z)点的一个体积元 $\mathrm{d}x\mathrm{d}y\mathrm{d}z$ 内的概率. 而$|\Psi(x,y,z,t)|^2$ 则为概率密度.

值得指出的是，波函数 $\Psi(x,y,z,t)$和乘以任一常数 C 后的波函数 $C\Psi(x,y,z,t)$所描述的是同一个概率分布(或同一个概率波)，这是由于$|\Psi|^2$ 所代表的是粒子在空间不同地点出现的概率，所以重要的是$|\Psi|^2$ 在空间不同地点的比值，而$|C\Psi|^2$的比值和$|\Psi|^2$ 的比值是完全一样的. 概率波的这一性质和经典物理中波的性质是很不一样的.

由于粒子要么出现在空间这个区域，要么出现在另一区域，所以某时刻在整个空间内发现粒子的概率应为 1，即

$$\int_V|\Psi|^2\mathrm{d}x\mathrm{d}y\mathrm{d}z=\int_V\Psi\Psi^*\,\mathrm{d}x\mathrm{d}y\mathrm{d}z=1 \tag{15-25}$$

式(15-25)称为波函数归一化条件.

波函数究竟应有什么样的数学形式呢？这种数学形式应充分体现出微观粒子的波粒二象性. 对于一个沿 x 方向运动的、能量为 E、动量为 p 的自由电子，仅就表示它的波动性来说，可用下列平面波表达式之一：

$$\Psi(x,t)=A\cos2\pi\left(\nu t-\frac{x}{\lambda}\right)=A\cos\frac{2\pi}{h}(Et-px) \tag{15-26a}$$

$$\Psi(x,t)=A\sin2\pi\left(\nu t-\frac{x}{\lambda}\right)=A\sin\frac{2\pi}{h}(Et-px) \tag{15-26b}$$

或

$$\Psi(x,t)=A\mathrm{e}^{-\mathrm{i}2\pi\left(\nu t-\frac{x}{\lambda}\right)}=A\mathrm{e}^{-\mathrm{i}\frac{2\pi}{h}(Et-px)} \tag{15-27}$$

在写出上列三式过程中，已利用了 $E=h\nu$ 和 $\lambda=h/p$ 的关系式.

我们知道，在经典物理学中，上述三种波动表达式是完全等价的. 实际上式(15－26)是式(15－27)的实数部分或虚数部分，将波写成复数形式，只是为了运算上的方便，在运算的结果再取它的实部或虚部，便又回到了实数. 换言之，作为一种运算工具，虚数 i 在经典波中只占有可有可无的地位，并没有什么本质的意义. 但是，对于微观粒子来说，以下将说明，描述微观粒子运动状态的波函数，必须采用式(15－27)的形式，式(15－26a)或(15－26b)都是不可取的，那就是说，这儿的复数形式(或虚数 i)不再是可有可无的运算工具，它能反映微观粒子的波粒二象性特征.

2. 薛定谔方程

在经典力学中，描述质点运动状态的位置矢量 $\boldsymbol{r}(t)$ 遵从牛顿运动方程 $m\dfrac{\mathrm{d}^2\boldsymbol{r}}{\mathrm{d}t^2}=\boldsymbol{F}$. 那么描述微观粒子运动状态的波函数 $\Psi(x,t)$ 遵从怎样的方程呢？

不难证明，上述式(15－26a)、式(15－26b)和式(15－27)中三个平面波都满足下列波动方程

$$\frac{\partial^2\Psi}{\partial t^2}=\frac{E^2}{p^2}\frac{\partial^2\Psi}{\partial x^2}$$

但是，这个方程不符合要求，因为它仅适用于特定动量 p 和能量 E 的(平面)电子波，而不能用于一般的波. 合乎要求的方程应是不含这些参数的线性方程；要求方程线性是为了说明波的干涉和衍射.

另外，我们讨论的电子的运动速度远小于真空中的光速，自由运动电子的动量和能量依然有经典力学中的关系

$$E=\frac{p^2}{2m} \tag{15-28}$$

这个关系式说明了电子的粒子性.

在上述条件下，我们就可以确定表示一个沿 x 方向自由运动的电子应满足方程的形式. 首先，可以证明，由式(15－26a)或式(15－26b)不能得到同时满足符合线性和式(15－28)要求的方程，只有式(15－27)才能得到既能满足线性又能满足式(15－28)要求的方程，步骤如下：

$$\Psi(x,t)=A\mathrm{e}^{\frac{\mathrm{i}}{\hbar}(Px-Et)}$$

式中 $\hbar=h/2\pi$. 求微商

$$\frac{\partial\Psi}{\partial t}=\frac{-\mathrm{i}}{\hbar}E\Psi \quad 或 \quad E\Psi=\mathrm{i}\hbar\frac{\partial\Psi}{\partial t} \tag{15-29}$$

$$\frac{\partial\Psi}{\partial x}=\frac{\mathrm{i}}{\hbar}p\Psi \quad 或 \quad p\Psi=-\mathrm{i}\hbar\frac{\partial\Psi}{\partial x} \tag{15-30}$$

如果现在就利用式(15－28)的关系消去式(15－29)和式(15－30)两式中的 E 和 p，得到的将是一个含 $\left(\frac{\partial\Psi}{\partial x}\right)^2$ 的非线性方程. 因此，需要对式(15－30)再求一次微商

$$\frac{\partial^2\Psi}{\partial x^2}=\left(\frac{\mathrm{i}}{\hbar}\right)^2 p^2\Psi \quad 或 \quad p^2\Psi=(\mathrm{i}\hbar)^2\frac{\partial^2\Psi}{\partial x^2} \tag{15－31}$$

然后再利用式(15－28)，从式(15－29)和式(15－31)中消去 E 和 p，即得

$$\mathrm{i}\hbar\frac{\partial\Psi}{\partial t}=-\frac{\hbar^2}{2m}\frac{\partial^2\Psi}{\partial x^2} \tag{15－32}$$

这是一个不含特定动量 p 和能量 E 的线性偏微分方程，在式(15－28)的关系下，波函数 $\Psi(x,t)=A\mathrm{e}^{\frac{\mathrm{i}}{\hbar}(Px-Et)}$ 所表示的平面波(P 和 E 取值任意)是它的一个解，因而它是自由电子一维运动的非相对论性的普遍波动方程，称为薛定谔方程.

上述方程可推广至下列两种情况：

(1) 若电子为非自由的，它在一维势场中运动，势能函数为 $V(x,t)$，则粒子总能量为

$$E=\frac{P^2}{2m}+V(x,t)$$

将上式代入式(15－29)，得

$$\mathrm{i}\hbar\frac{\partial\Psi}{\partial t}=\frac{P^2}{2m}\Psi+V(x,t)\Psi$$

再以式(15－31)代入上式，得到

$$\mathrm{i}\hbar\frac{\partial\Psi}{\partial t}=-\frac{\hbar^2}{2m}\frac{\partial^2\Psi}{\partial x^2}+V(x,t)\Psi \tag{15－33}$$

这就是电子在一维空间势场中运动的薛定谔方程.

(2) 若电子在三维空间的势场中运动，则可将式(15－33)推广为

$$\mathrm{i}\hbar\frac{\partial\Psi(x,y,z,t)}{\partial t}=-\frac{\hbar^2}{2m}\left(\frac{\partial^2}{\partial x^2}+\frac{\partial^2}{\partial y^2}+\frac{\partial^2}{\partial z^2}\right)\Psi(x,y,z,t)+V(x,y,z,t)\Psi(x,y,z,t)$$

或

$$\mathrm{i}\hbar\frac{\partial\Psi}{\partial t}=-\frac{\hbar^2}{2m}\nabla^2\Psi+V(r,t)\Psi \tag{15－34}$$

式中 $\nabla^2=\frac{\partial^2}{\partial x^2}+\frac{\partial^2}{\partial y^2}+\frac{\partial^2}{\partial z^2}$，称为拉普拉斯算符. 式(15－34)是非相对论性的、含时间的薛定谔方程，它适合于一切微观粒子.

还要说明的是，本书讨论的问题均属于定态，即微观粒子的能量不随时间变化

的状态，式(15－34)中的势能函数 V 只是坐标的函数，与时间无关，那么式(15－34)的解可以表达为坐标函数和时间函数的乘积

$$\Psi(x,y,z,t)=\varphi(x,y,z)f(t) \tag{15-35}$$

将式(15－35)代入式(15－34)，经整理把坐标函数和时间函数分别写在等式的两侧，有

$$\frac{1}{\varphi}\left(-\frac{\hbar^2}{2m}\nabla^2\varphi+V\varphi\right)=\frac{\mathrm{i}\hbar}{f}\frac{\mathrm{d}f}{\mathrm{d}t} \tag{15-36}$$

式(15－36)等式左边是坐标函数，等式右边是时间函数，彼此无关，只有等式两边都等于常量，式(15－36)才能成立，把这常量称为 E，那么式(15－36)右边是

$$\frac{\mathrm{i}\hbar}{f}\frac{\mathrm{d}f}{\mathrm{d}t}=E \tag{15-37}$$

这方程的解为

$$f(t)=c\mathrm{e}^{-\frac{\mathrm{i}}{\hbar}Et} \tag{15-38}$$

由于指数只能是无单位的纯数，而$\hbar$的单位为 J · s，t 的单位为 s，可见 E 有能量的单位. 令式(15－36)左边等于 E，有

$$\frac{-\hbar^2}{2m}\nabla^2\varphi+V\varphi=E\varphi$$

或

$$\nabla^2\varphi+\frac{2m}{\hbar^2}(E-V)\varphi=0 \tag{15-39}$$

这就是定态薛定谔方程. 这方程的解 $\varphi(x,y,z)$ 与 $f(t)=\mathrm{e}^{-\frac{\mathrm{i}}{\hbar}Et}$ 的乘积

$$\Psi(x,y,z,t)=\varphi(x,y,z)\mathrm{e}^{-\frac{\mathrm{i}}{\hbar}Et} \tag{15-40}$$

就是粒子的波函数.

由以上建立薛定谔方程的过程可以看出，这方程并非由归纳实验的结果得到的，因此，方程正确与否要由它推论出来的结果是否符合客观实际来决定. 自从1926 年提出薛定谔方程以来，关于低能微观粒子的大量实验事实都表明，用薛定谔方程进行计算所得到的结论都与实验结果相符合. 因而以薛定谔方程为基本方程的量子力学，被认为是能够正确反映微观粒子体系客观实际的近代物理理论.

15.2.3 一维无限势阱

现在举一个简单的例子来说明薛定谔方程的应用. 设质量为 m 的粒子在一维势场中运动，势能曲线如图 15－15 所示，说明粒子势能函数为

$$\begin{cases}V(x)=0, & 0<x<a\\ V(x)=\infty, & x\leqslant 0 \text{ 或 } x\geqslant a\end{cases} \tag{15-41}$$

由上述势能函数可看出，它有如下两个特点：

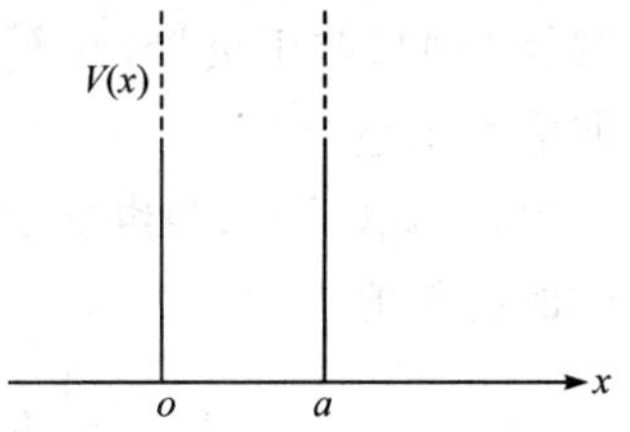

图 15 - 15　一维无限势阱

(1) 势能是不随时间变化的恒量.

(2) 势能形状似“阱”,粒子只能在 $0<x<a$ 范围内自由运动而不能越出 $x=0$ 和 $x=a$ 的边界. 金属中的价电子,在初级近似下有上述势能函数的特点,那就是忽略金属中规则排列的晶体点阵的周期场对价电子的作用以及价电子之间碰撞作用,而认为这些电子在金属内是完全自由的,只有到边界上才受到突然升高的“势能墙”的阻碍,不能越出金属外.

根据式(15 - 39),可写出上述一维势阱中粒子的定态薛定谔方程

$$\frac{-\hbar^2}{2m}\frac{\mathrm{d}^2\varphi(x)}{\mathrm{d}x^2}=E\varphi(x)$$

或

$$\frac{\mathrm{d}^2\varphi(x)}{\mathrm{d}x^2}+k^2\varphi(x)=0,\qquad 0<x<a \tag{15-42}$$

式中

$$k=\sqrt{2mE/\hbar^2} \tag{15-43}$$

并有边值条件

$$\varphi(0)=0,\qquad \varphi(a)=0 \tag{15-44}$$

方程(15 - 42)是一个二阶常系数线性微分方程,它的通解可以写成

$$\varphi(x)=A\sin kx+B\cos kx \tag{15-45}$$

式(15 - 45)中的常数 A、B 和 k(也即 E)可以用边值条件和归一化条件来确定.

将边值条件式(15 - 44)代入式(15 - 45),有

$$A\sin 0+B\cos 0=0 \tag{15-46a}$$

$$A\sin ka+B\cos ka=0 \tag{15-46b}$$

由式(15 - 46a),得 $B=0$,又由式(15 - 46b),得 $A\sin ka=0$,由于 $\varphi(x)$ 不可能为零解,故 A 不可能为零,因此有 $\sin ka=0$,即

$$ka=n\pi$$

或

$$k=\frac{n\pi}{a},\qquad n=1,2,3,\cdots \tag{15-47}$$

这样就得到

$$\varphi_n(x)=A\sin\frac{n\pi}{a}x,\qquad n=1,2,3,\cdots \tag{15-48}$$

不同的 n 值,对应不同的定态波函数,即对应不同的运动状态. 从数学上看,式(15 - 48)中 n 的取值可正可负,但由于符号相反、绝对值相等的 n 值所对应的两

个解 $\varphi_n(x)$ 只差正负号，并不意味着 $|\varphi|^2$ 的变化，因而代表的是同一状态. 因此，n 的取值为正整数.

另外，式(15－47)也确定了常数 E(即粒子的能量)，由式(15－43)，E 只能取下列的特殊值

$$E_n=\frac{1}{2m}\hbar^2 k_n{}^2=\frac{\pi^2\hbar^2}{2ma^2}n^2,\qquad n=1,2,3,\cdots \tag{15-49}$$

由上式可以看出：①由于势阱中的微观粒子被束缚的，故它的能量取值是不连续的，即量子化的. 量子化的概念在日常生活中也可遇到，例如货币是量子化的. 人民币最小值是 1 分，其他人民币值都限定是这一最小值的整数倍. 换言之，人民币的量子是 0.01 元，而所有更大人民币的值都是 n(0.01 元)，此外 n 是正整数. ②式(15－49)中的 $n=1$ 表示了势阱中微观粒子的最低能态(基态). 不能取 $n=0$ 是由于取 $n=0$ 将使 $\varphi_n^2(x)$ 对所有的 x 来说都等于零，而这意味着势阱中没有微观粒子. 总之，量子物理的一个重要的结论是，当微观粒子处于束缚状态中不可能有零能量的状态，它们总是具有一定的最小能量. 这个最小能量称为零点能.

式(15－48)中的常数 A 可根据波函数归一化条件求出，有

$$\int_{-\infty}^{\infty}|\varphi_n(x)|^2\mathrm{d}x=\int_0^a A^2\sin^2\left(\frac{n\pi}{a}x\right)\mathrm{d}x=1$$

上式积分得出

$$A=\sqrt{\frac{2}{a}}$$

最后得到在一维无限势阱中运动的粒子的定态波函数为

$$\varphi_n(x)=\sqrt{\frac{2}{a}}\sin\frac{n\pi}{a}x,\qquad n=1,2,3,\cdots \tag{15-50}$$

以下我们对式(15－49)和式(15－50)作些讨论：

(1) 为了使 $\varphi(x)$ 有解，粒子的能量才取一系列不连续的数值，即能量是量子化的，形成“能级”，而不是像经典理论中所设想的那样，质点的能量具有连续值. 但是，由式(15－49)也可看出，能级的间隔取决于式中的 m 和 a，m 是粒子的质量，a 是二势壁间的距离，式中$\hbar$是很小的常数，只有当 m 和 a 同$\hbar$有相仿的数量级时，能量的量子化才显示出来. 如果 m 是宏观物体的质量，a 如果也是宏观距离，那么能级间隔就非常小，能级间就好像是连续的. 还有，即使是微观粒子，当 n 非常大的时候，它的能量变得很大，能级间隔就很小，能级也好像是连续的. 由此可看出，上述两种情况(宏观质点和 n 很大的微观粒子)下，由量子理论过渡到经典理论.

由于能量的取值由 n 决定，故 n 称为能量量子数. $n=1$ 的态称为基态，其相应的能量最低，凡 $n\geqslant 2$ 的态称为激发态，图 15－16 给出了势阱中粒子的能级分布.

(2) 图 15－17 给出了 $\varphi_n(x)$ 和 $|\varphi_n(x)|^2$ 的分布情况. 由图可看出，定态波函数 $\varphi_n(x)$ 的分布是取驻波的形式，在波节处粒子的概率密度为零，波腹处的概率密度最大. 在势阱中各处有不同的粒子概率密度说明了粒子出现在各处的概率是不相同的，这结果与经典理论所得的均匀分布(经典质点在势阱内运动是不受限制的，粒子在各处出现的概率也应该是相同的)的结果迥然不同. 但是，当能量量子数 n 很大时，粒子在势阱中概率密度分布曲线变得十分平坦，说明粒子在各处有相同的概率密度，由量子理论过渡到经典理论.

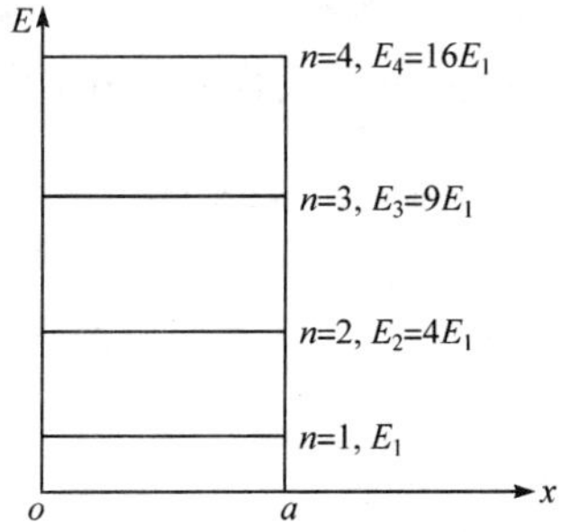

图 15－16　势阱中粒子的能级

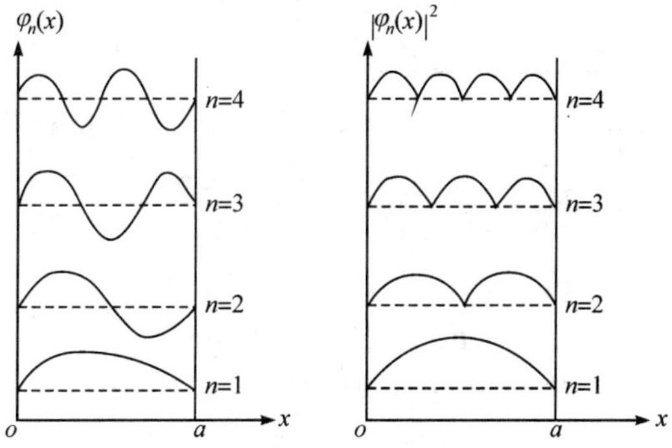

图 15－17　势阱中粒子波函数和概率密度

例题 7　一个粒子沿 x 方向运动，可以波函数 $\varphi(x)=c\dfrac{1}{1+\mathrm{i}x}$ 描述. 求(1)由归一化条件决定常数 c，(2)画出概率密度与 x 的函数关系，(3)何处出现的概率最大.

解　(1)归一化条件

$$\int_{-\infty}^{\infty}|\varphi(x)|^2\mathrm{d}x=\int_{-\infty}^{\infty}\varphi(x)\varphi^*(x)\mathrm{d}x=1$$

将 $\varphi(x)=c\dfrac{1}{1+\mathrm{i}x}$ 和 $\varphi^*(x)=c\dfrac{1}{1-\mathrm{i}x}$ 代入上式，有

$$\int_{-\infty}^{\infty}\frac{c}{1+\mathrm{i}x}\frac{c}{1-\mathrm{i}x}\mathrm{d}x=\int_{-\infty}^{\infty}\frac{c^2}{1+x_2}\mathrm{d}x=2\int_{0}^{\infty}\frac{c^2}{1+x^2}\mathrm{d}x=1$$

即 $2c^2\dfrac{\pi}{2}=1$，所以 $\pi c^2=1$，　$c=\dfrac{1}{\sqrt{\pi}}$.

(2)概率密度

$$|\varphi(x)|^2=\frac{c^2}{1+x^2}=\frac{1}{\pi(1+x^2)}$$

x	0	± 1	± 2	± 3	…	$\pm\infty$
$\lvert\varphi(x)\rvert^2$	0.318	0.159	0.064	0.031	…	0

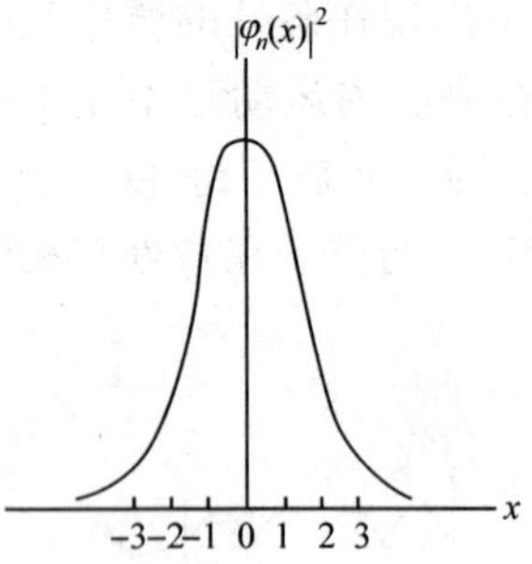

图 15－18

(3) 由图 15－18 可看出，在 $x=0$ 处粒子出现的概率最大.

例题 8　试计算宽度各为 0.1 nm 和 1 cm 的无限深势阱中，$n=1,10,100,101$ 各态电子的能量.

解　根据式(15－49)，势阱中电子的能量为

$$E_n=n^2\frac{\pi^2\hbar^2}{2ma^2}=n^2\frac{h^2}{8ma^2}$$

将 $a=0.1\ \text{nm}=1\times10^{-10}\ \text{m}$ 和 n 的值代入上式，得

$$E_1=\frac{1^2\times(6.63\times10^{-34})^2}{8\times9.11\times10^{-31}\times(1\times10^{-10})^2\times1.60\times10^{-19}}=37.7\ (\text{eV})$$

$$E_2=2^2E_1=4E_1=150.8\ \text{eV}$$

$$E_3=3^2E_1=9E_1=339.3\ \text{eV}$$

$$E_{10}=10^2E_1=100E_1=3.77\times10^3\ \text{eV}$$

$$E_{100}=100^2E_1=3.77\times10^5\ \text{eV}$$

$$E_{101}=101^2E_1=3.85\times10^5\ \text{eV}$$

如果宽度为 1 cm，则将 $a=1\times10^{-2}$ 代入能量公式，各个 E_n 值变为原来的 10^{-16} 倍，各能级可视为连续.

15.2.4　一维谐振子

谐振子是一种理想化的简单模型，将分子的振动和固体中原子的振动看成谐振动. 若粒子质量为 m，振动角频率为 w，则其势能为

$$V=\frac{1}{2}m\omega^2x^2 \tag{15-51}$$

一维谐振子的势能不显含时间，所以只需要解定态薛定谔方程，将式(15－51)代入式(15－39)，得

$$-\frac{\hbar^2}{2m}\frac{\mathrm{d}^2\varphi}{\mathrm{d}x^2}+\frac{1}{2}m\omega^2x^2\varphi=E\varphi \tag{15-52}$$

这是一个变系数常微分方程，求解较为复杂，需要特殊的解法. 以下给出一些求解的结果

(1) 由于谐振子的势能不显含时间，因此谐振子处于定态，定态的能量是量子化的

$$E=\left(n+\frac{1}{2}\right)\hbar\omega \tag{15-53}$$

式中 $n=0,1,2,3,\cdots$. 谐振子的能级是等间距的，相邻两能级的间距为$\hbar\omega$.

(2) 量子数 $n=0$ 时，谐振子能量最小(基态能量)，它为

$$E_0 = \frac{1}{2}\hbar\omega \tag{15-54}$$

E_0 称为谐振子的零点振动能，零点振动能表明，即使当温度趋于绝对零度时，粒子也不可能是静止的，仍具有一定的能量. 这是微观粒子波粒二象性的表现. 有关光被晶体散射的实验证实了零点能的存在.

(3) 图 15-19 给出波函数随 x 变化情况，从图中可以看出，在边界外面波函数并不为零，因此在该区域内找到粒子的概率不为零. 这是量子力学与经典力学的重要区别之一，正是由于这一区别，引起一种势垒贯穿的量子效应.

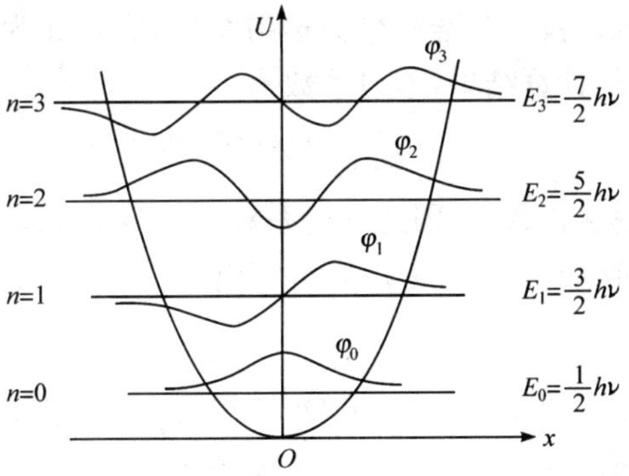

图 15-19　一维谐振子的能级和定态波函数

15.2.5　势垒贯穿(隧道效应)

假定质量为 m 的粒子的势能形式为

$$V=\begin{cases}V_0, & 0<x<a \\ 0, & x\leqslant 0 \text{ 或 } x\geqslant a\end{cases} \tag{15-55}$$

如图 15-20 所示，微观粒子的能量 $E<V_0$，由左边入射至 $x=0$ 的势垒壁处. 根据经典力学，粒子不可能穿过势垒到达 $x>a$ 的区域，而是受到势垒壁的作用力反弹回去；但是根据量子力学，考虑到粒子的波动性，与波遇到一层厚度为 a 的介质相似，粒子有一定的概率穿透势垒，另有一定的概率被反射回去.

根据式(15-55)粒子的势能形式，可分别写出 $x\leqslant 0$、$0<x<a$ 和 $x\geqslant a$ 三个区域的定态薛定谔方程，然后解出它们的各自通解，并由边界条件(波函数在边界上连续，且有连续的一阶导数)最后解出三个区域的波函数. 波函数随 x 变化的情况如图 15-21 所示，由图可以看出，能量 $E<V_0$ 的粒子从左边入射时，可以有一定的概率穿透势垒进入势垒的另一边去. 这就是微观粒子的势垒贯穿，也称为隧道效应. 它是微观粒子具有波动性的表现.

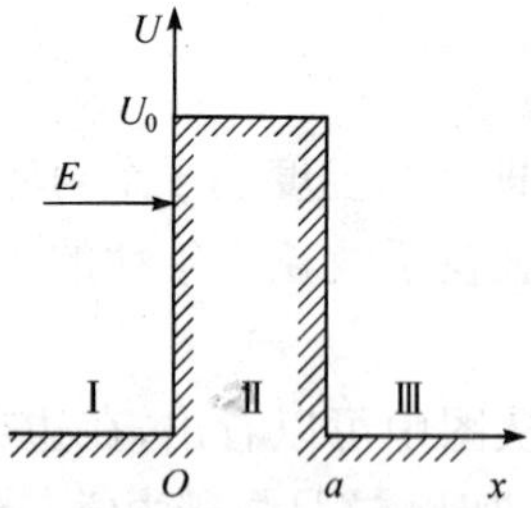

图 15-20　一维势垒

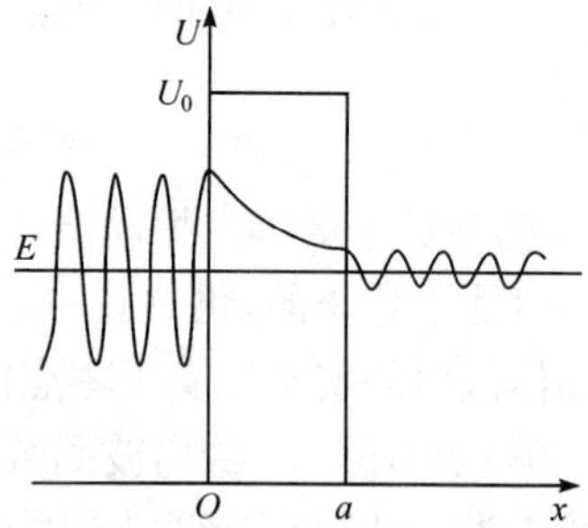

图 15-21　势垒穿透

我们可以计算入射粒子穿透势垒的透射系数,它定义为透射波概率密度与入射波概率密度之比,经计算结果,透射系数为

$$D \propto e^{-\frac{2}{\hbar}\sqrt{2m(V_0-E)a}} \tag{15-56}$$

由于势垒宽度 a 出现在指数上,因此透射系数 D 对 a 的依赖十分敏感. 对于电子,$m=9.1\times10^{-31}$ kg,取 $V_0-E=5$ eV,则可算出

$$D \sim e^{-2.3\times10^{10}a}$$

当 $a=10^{-10}$ m,$D\approx0.1$;当 $a=10^{-9}$ m,$D\approx10^{-10}$. 可见,当 a 只有原子大小0.1 nm 的微观尺度,透射系数有一定的值;而当 a 仅增加 10 倍,透射系数下降到十亿分之一;对于宏观的尺度,透射系数极小,可以说实际上不发生势垒贯穿,这样量子概念就过渡到了经典的概念.

物理学家曾利用隧道效应发明了隧道二极管. 1982 年宾尼(G. Bining)和罗雷尔(H. Rother)等利用隧道效应研制成功了扫描隧道显微镜(STM). 利用 STM 可以观察物质表面的原子分布情况,甚至可以搬动原子. STM 在表面科学、材料科学、化学和生命科学等领域有着广泛的应用前景.

15.3 氢　原　子

采用薛定谔方程求解结构最简单的原子——氢原子的运动的结论不仅可以解释氢原子的结构和光谱系,而且有许多结论也适用于说明更复杂的原子结构和光谱. 由于求解需要用到比较复杂的数学知识,我们在此介绍主要的计算结果,了解四个量子数.

15.3.1 氢原子的定态薛定谔方程

氢原子是最简单的原子,它由一个带正电的核(即质子)和一个带负电的电子构成. 由于原子核的质量远大于电子的质量,在一级近似下,可以认为核是静止不动的,而电子绕核运动. 由静电学知道,电子在核的电场中的势能为

$$V(r)=\frac{-e^2}{4\pi\varepsilon_0 r}$$

上式中的 e 是电子电量，r 是电子到原子核的距离. 因为势能 V 仅是 r 的函数，它不随时间变化，所以这是一个定态问题. 利用式(15－39)，可以写出氢原子的定态薛定谔方程

$$\nabla^2\varphi+\frac{2m}{\hbar^2}\left(E+\frac{e^2}{4\pi\varepsilon_0 r}\right)\varphi=0 \quad (15-57)$$

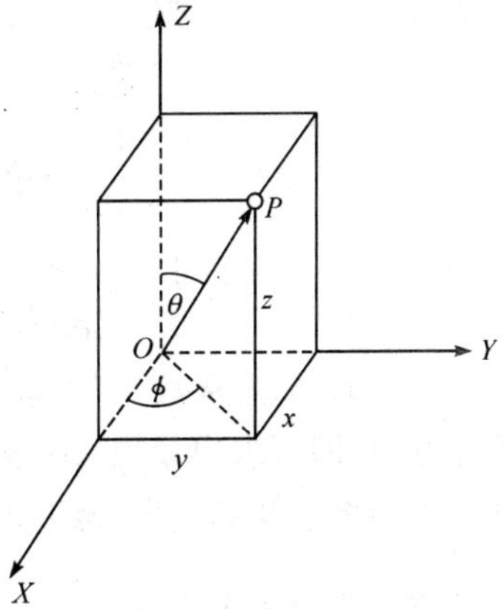

图 15－22　直角坐标和球坐标换算关系

由于势能 $V(r)$ 具有球对称性(它的大小只与距离 r 有关，而与方向无关)，采用球坐标(r,θ,ϕ)比之于直角坐标(x,y,z)要方便. 取原子核的位置为坐标原点，空间一点 P 的球坐标和直角坐标之间的换算关系，可由图 15－22 得出

$$\begin{cases} r=\sqrt{x^2+y^2+z^2} \\ \theta=\arccos\dfrac{z}{\sqrt{x^2+y^2+z^2}} \\ \phi=\arctan\left(\dfrac{y}{x}\right) \end{cases} \quad (15-58a)$$

或

$$\begin{cases} x=r\sin\theta\cos\phi \\ y=r\sin\theta\sin\phi \\ z=r\cos\theta \end{cases} \quad (15-58b)$$

应用上述换算关系，可求出拉普拉斯算符∇^2 在球坐标中的表达式

$$\nabla^2=\frac{1}{r^2}\frac{\partial}{\partial r}\left(r^2\frac{\partial}{\partial r}\right)+\frac{1}{r^2\sin\theta}\frac{\partial}{\partial\theta}\left(\sin\theta\frac{\partial}{\partial\theta}\right)+\frac{1}{r^2\sin^2\theta}\frac{\partial^2}{\partial\phi^2} \quad (15-59)$$

于是式(15－57)可化为

$$\frac{1}{r^2}\frac{\partial}{\partial r}\left(r^2\frac{\partial\varphi}{\partial r}\right)+\frac{1}{r^2\sin\theta}\frac{\partial}{\partial\theta}\left(\sin\theta\frac{\partial\varphi}{\partial\theta}\right)+\frac{1}{r^2\sin^2\theta}\frac{\partial^2\varphi}{\partial\phi^2}$$
$$+\frac{2m}{\hbar^2}\left(E+\frac{e^2}{4\pi\varepsilon_0 r}\right)\varphi=0 \quad (15-60)$$

式中 $\varphi=\varphi(r,\theta,\phi)$. 式(15－60)可通过分离变量的方法求解，设

$$\varphi(r,\theta,\phi)=R(r)\Theta(\theta)\Phi(\phi) \quad (15-61)$$

式中 $R(r)$ 只是 r 的函数，$\Theta(\theta)$ 只是 θ 的函数，而 $\Phi(\phi)$ 只是 ϕ 的函数. 把式(15－61)代入式(15－60)，并经过一系列的计算和整理，可得到下列分别只含$R(r)$、$\Theta(\theta)$和$\Phi(\phi)$的三个常微分方程

$$\frac{d^2\Phi}{d\phi^2}+m_l^2\Phi=0 \tag{15-62}$$

$$\frac{1}{\sin\theta}\frac{d}{d\theta}\sin\theta\left(\frac{d\Theta}{d\theta}\right)+\left[l(l+1)-\frac{m_l^2}{\sin^2\theta}\right]\Theta=0 \tag{15-63}$$

$$\frac{1}{r^2}\frac{d}{dr}\left(r^2\frac{dR}{dr}\right)+\frac{2m}{\hbar^2}\left[E+\frac{e^2}{4\pi\varepsilon_0 r}-\frac{\hbar^2}{2m}\frac{l(l+1)}{r^2}\right]R=0 \tag{15-64}$$

式中 m_l 和 l 都是常数，可各取不同的整数值. 解上面三个分别只含一个变量的常微分方程，即可求出 $\Phi(\phi)$、$\Theta(\theta)$ 和 $R(r)$，从而得到氢原子的定态波函数 $\varphi(r,\theta,\phi)$. 以下我们将主要的结果介绍如下.

15.3.2　能量量子化

氢原子的能量为

$$E_n=-\frac{me^4}{2(4\pi\varepsilon_0)^2\hbar^2}\frac{1}{n^2} \tag{15-65}$$

式中 n 称为主量子数，它只能取 1,2,3,…正整数，因而能量是量子化的，形成子氢原子的能级. $n=1$ 时，将电子质量 m 和电量值 e 以及真空介电常数 ε_0 和常量 $\hbar$ 值代入式(15-65)，得到氢原子的基态能量 $E_1=-13.6$ eV；各激发态的能量可由 $E_n=E_1/n^2$ 求得.

式(15-65)成功解释了在中学课本提及的氢原子光谱实验规律；当电子在高能态与低能态之间跃迁时就形成一条光谱线(发射光谱或吸收光谱)，它的波长由下列关系式决定

$$h\nu=E_{n_1}-E_{n_2} \qquad \text{或} \qquad \frac{1}{\lambda}=\frac{E_{n_1}-E_{n_2}}{hc}=T_{n_1}-T_{n_2}$$

式中 T_{n_1} 和 T_{n_2} 称为光谱项. 当 $n_1=2,3,4,5,\cdots$ 高能态跃迁到基态($n_2=1$)时，就形成氢原子光谱中的莱曼系(紫外)；当 $n_1=3,4,5,6,7,\cdots$ 高能态跃迁到 $n_2=2$ 的低能态就形成氢原子光谱中的巴耳末系(可见光)；当 $n_1=4,5,6,7,\cdots$ 高能态跃迁到 $n_2=3$ 的低能态就形成氢原子光谱中的帕邢系(近红外)；当 $n_1=5,6,7,8,\cdots$ 高能态跃迁到 $n_2=4$ 的低能态就形成布拉开系(中红外)；当 $n_1=6,7,8,9,\cdots$ 高能态跃迁到 $n_2=5$ 的低能态就形成普丰德系(远红外). 图 15-23 画出子氢原子的能级及其光谱中的不同线系.

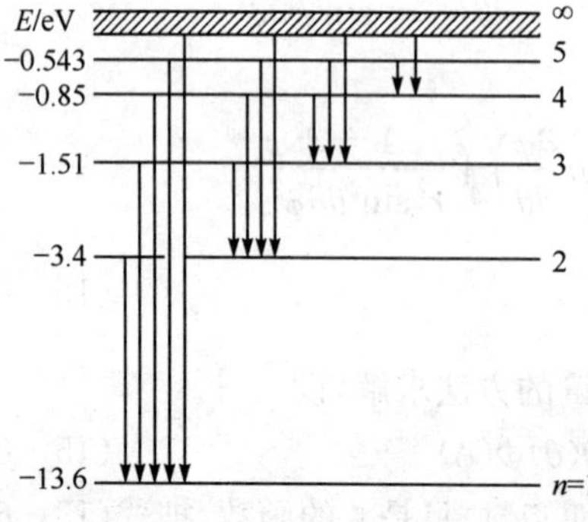

图 15-23　氢原子能级各谱线系

15.3.3　角动量量子化

根据经典力学，质点绕定点旋转，质点具有一定的角动量值，而且角动量的取值可以是连续的. 但现在的计算结果表明，若要使方程式(16－63)和式(16－64)有解，电子的角动量 L 必须取下列的分立值：

$$L=\sqrt{l(l+1)}\hbar,\qquad l=0,1,2,\cdots,n-1 \tag{15－66}$$

式(15－66)说明角动量也是量子化的，l 称为角量子数. 对于一个确定的主量子数 n 来说，l 可取 0 至 $n-1$ 的 n 个值.

在没有外电场或外磁场情况下，氢原子能级仅由量子数 n 决定，但对一般原子的能级要用两个量子数 n 和 l 表示，当两个状态的 n 相同而 l 不相同时，电子的能量是不同的. 在光谱学中，常用 s，p，d，f，g，h，…等字母分别表示 $l=0,1,2,3,4,5,\cdots$ 时电子的状况，即 $l=0$ 称 s 态，$l=1$ 称 p 态，$l=2$ 称 d 态等. 而主量子数为 n、角量子数为 0 的电子称 ns 电子，依此类推. 表 15－2 给出了量子数与电子态对应关系.

表 15－2　氢原子内电子的状态

	$l=0$ s	$l=1$ p	$l=2$ d	$l=3$ f	$l=4$ g	$l=5$ h
$n=1$	1s					
$n=2$	2s	2p				
$n=3$	3s	3p	3d			
$n=4$	4s	4p	4d	4f		
$n=5$	5s	5p	5d	5f	5g	
$n=6$	6s	6p	6d	6f	6g	6h

15.3.4　角动量空间取向量子化

由经典电磁理论可知，一个携带负电荷的质点绕定点作圆周运动，它不仅具有一定的角动量 $L(mvr)$，也由于作圆周运动形成一个圆形电流而具有一定的磁矩 $\mu(\mathrm{i}\pi r^2)$. 不难证明这个磁矩 μ 和角动量 L 之间有如下的关系：

$$\mu=\frac{e}{2m}L \tag{15－67}$$

若质点带负电荷，μ 和 $\boldsymbol{L}$ 的方向是相反的(见图 15－24). 磁矩 μ 在外磁场 $\boldsymbol{B}$ 中受到力矩的作用，而使质点的角动量 $\boldsymbol{L}$ 绕以 $\boldsymbol{B}$ 方向为轴线作进动(图 15－24)，在进动中 $\boldsymbol{L}$ 与 $\boldsymbol{B}$ 间夹角 θ 可保持不变，于是使磁矩在磁场中的能量 $-\mu B\cos\theta$ 保持不变. 经典理论告诉我们 θ 角的取值可以是连续的，即 $\boldsymbol{L}$ 在 $\boldsymbol{B}$ 方向上的分量 L_z 是可以连续取值的. 但是，现在根据方程式(15－62)和(15－63)的解的要求，若选定外磁场

方向为 z 轴的方向(图 15-24),氢原子的电子的角动量 L 在 Z 方向上的分量 L_z 只能取下列分立的值:

$$L_z = m_l \hbar, \qquad m_l = 0, \pm 1, \pm 2 \cdots \pm l$$

式中 m_l 称为磁量子数. 对于一定的 l,m_l 共有 $(2l+1)$ 个值. 图 15-25 表示在 $l=0$、$l=1$ 和 $l=2$ 时,有无外磁场情况下能级有无发生分裂的情况.

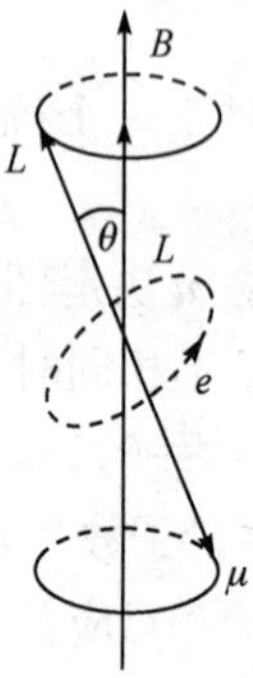

图 15-24 角动量绕外磁场方向运动

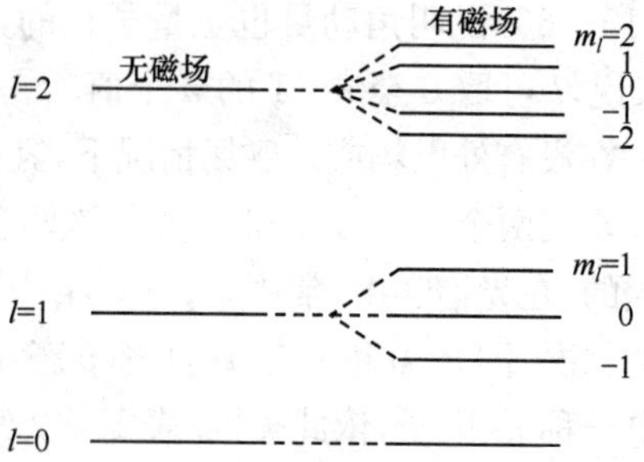

图 15-24 能级分裂示意图

上述结果很好解释了在实验中观测到的磁场中原子光谱线的分裂现象(这种现象称为塞曼效应). 例如,研究氢原子的发光,当它们从 $n=3$ 的能级跃迁到 $n=2$ 的能级时,在不存在磁场时,光的波长是 656.3 nm,它是巴耳末系的第一条谱线的波长. 然而,有磁场存在时,$n=3$ 和 $n=2$ 这两个能级实际上都分裂成几个间隔很近的次能能. 于是,当不同的氢原子从 $n=3$ 能级跃迁到 $n=2$ 能级时,发射出若干波长不等但都接近于 656.3 nm 的光 . 总之,对氢原子加上磁场时,巴耳末系的第一条谱线就分裂在几条接近于 656.3 nm 但又各自分立的谱线.

15.3.5 电子自旋

1925 年乌伦贝克(G. E. Uhlenbeck)和高斯密特(S. A. Goudsmit)提出了电子自旋假设. 他们认为电子除了绕原子核运动外,还有一种固有的自旋运动,使电子具有自旋角动量和自旋磁矩,电子自旋磁矩在外磁场下,只有两种可能的取向,或是与磁场平行,或是反平行. 电子自旋假设很好说明了 1921 年施特恩-格拉赫实验结果,这个实验的装置示意图如图 15-26 所示. 让一束 s 态($l=0$)的银原子射线通过非均匀磁场后,分为两束. 由于 s 态的原子中电子绕核运动的角动量和磁矩都为零,所以无法用电子轨道运动来解释施特恩-格拉赫实验,而电子具有自旋磁矩就很圆满解释了这个实验结果. 电子自旋假设也成功解释了氢原子光谱精细结构和碱金属的双线结构.

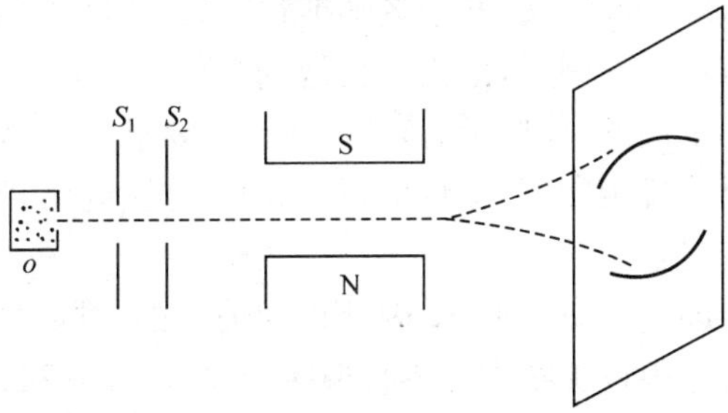

图 15-26 施特恩-格拉赫实验装置示意图

根据量子力学的计算，电子的自旋角动量为

$$S_s=\sqrt{S(S+1)}\hbar=\sqrt{\frac{1}{2}\left(\frac{1}{2}+1\right)}\hbar=\frac{\sqrt{3}}{2}\hbar \tag{15-68}$$

式中的 S 称为自旋量子数，它的取值是唯一的，即 $S=1/2$. 中子和质子的 S 也等于 $1/2$，凡 $S=1/2$ 的粒子称费米子. 在磁场(这个磁场也可以是电子轨道运动产生的)中，这自旋角动量的空间取向是量子化的，即 S 在磁场方向(取为 z 轴方向)上的投影 S_z 只能有如下两种取值：

$$S_z=m_s\hbar,\qquad m_s=\pm\frac{1}{2} \tag{15-69}$$

式中 m_s 称为自旋量子数.

值得指出的是，电子自旋只是我们借用经典力学的语言来形象描绘，但它本质上是量子的概念，电子自旋只表明电子具有固有角动量和固有磁矩. 这种属性是微观粒子的一个基本属性.

总之，氢原子内电子的状态可由 n、l、m_l 和 m_s 四个量子数来描述. 我们要强调的是，根据量子力学理论，对任何种类的原子，其核外电子的状态仍由这四个量子数来确定，而且在一个原子内的任何两个电子不能具有完全相同的运动状态. 当一个电子占有某一状态时，就排斥其他电子进入这个状态，即任何两个电子不可能有完全相同的一组量子数(n,l,m_l,m_s)，这就是泡利不相容原理. 例如，若氦原子中的两个电子都处于基态($n=1$)，那么一个电子的一组量子数为(1,0,0,1/2,)另一个电子的一组量子数为(1,0,0,−1/2).

值得一提的是，泡利也曾设想过电子有自旋，但他很快否定了自己的想法，认为自旋是一种经典概念，违背相对论(电子表面的速度超过光速). 几乎在同时，物理学家克罗尼克也想出了电子自旋模型，他征求泡利的意见，自然被泡利否定，克罗尼克在权威面前胆却了，不敢发表自己的理论，错过了做出重大发现的机会.

半年后，乌伦贝克和高斯密特提出了自旋的观点，得到他们的老师埃伦费斯脱的赞赏，于是他们写成一篇短文，并请老师推荐给英国“自然”杂志发表. 同时，他们又去向洛伦兹请教，过了一周后，洛伦兹持泡利类似的观点，认为电子自旋理论违背相对论，显然是不正确的. 他们听后，急忙找老师要求拿回稿子，但老师早就将稿子寄出，并获悉文章已排版印刷，即将出版. 他们十分懊恼. 老师安慰他们说：“你们还年轻，做点蠢事不要紧”.

文章发表后，立即得到海森伯、爱因斯坦和玻尔的赞同，并对他们的工作大加赞扬，电子自旋的概念很快被物理学界普遍接受. 乌伦贝克和高斯密特虽经历一阵忙乱和感情上的波动，但终于没有错过做出重大发现的机会而载入史册.

15.3.6　电子概率密度

对方程式(15－62)、式(15－63)和式(15－64)分别求解，并把它们相乘，就得到氢原子核外电子定态波函数

$$\varphi_{n,l,m_l}(r,\theta,\phi)=R_{n,l}(r)\Theta_{l,m_l}(\theta)\Phi_{m_l}(\phi)$$

它的绝对值平方$|\varphi_{n,l,m_l}(r,\theta,\phi)|^2$，给出了电子处于$(n,l,m_l)$状态下在空间$(r,\theta,\phi)$点出现的概率密度. 图 15－27 给出了氢原子处在三种状态下电子的径向概率分布曲线，横坐标中的$a_0=\varepsilon_0 h^2/\pi me^2=5.29\times10^{-11}$ m，称为玻尔半径. 由图可以看出，当氢原子处于基态($n=1$)时，电子出现在玻尔半径a_0处的概率最大，但也可出现在其他地方(除$r=0$和$r=\infty$处). 对图中$n=2,l=0$和$n=3$、$l=0$两个激发态可作类似的分析. 图 15－28 给出了氢原子处在几种状态下，电子的角向概率分布. 对于 s 态($l=0$)，概率分布是球形对称的，说明它与θ角和ϕ角是无关的，对于 p 态($l=1$)、d 态($l=2$)等态，角向概率分布与θ角有关，而与ϕ角无关，所以把图 15－28 的平面图绕Z轴旋转一周，就得概率分布函数随角向(θ,ϕ)的变化.

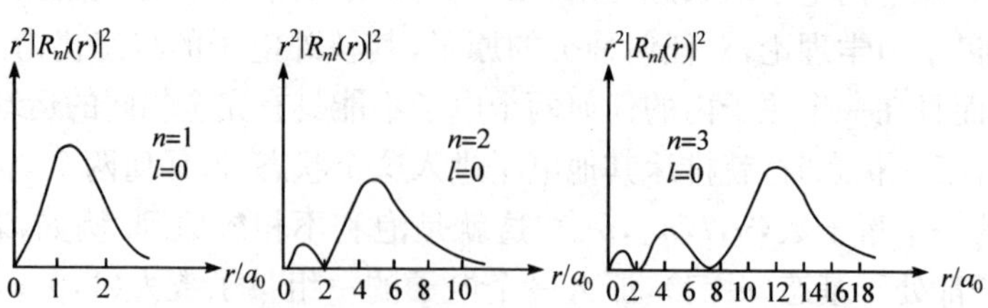

图 15－27　氢原子中电子概率密度径向分布

人们常常把上述电子概率分布形象地称为电子云. 把电子出现概率大的地方，电子云画得浓密些，把电子概率小的地方，电子云画得稀疏些. 要注意的是，这仅仅是形象化的比喻，并不表示一个电子就真的弥散成云雾状围绕着原子核.

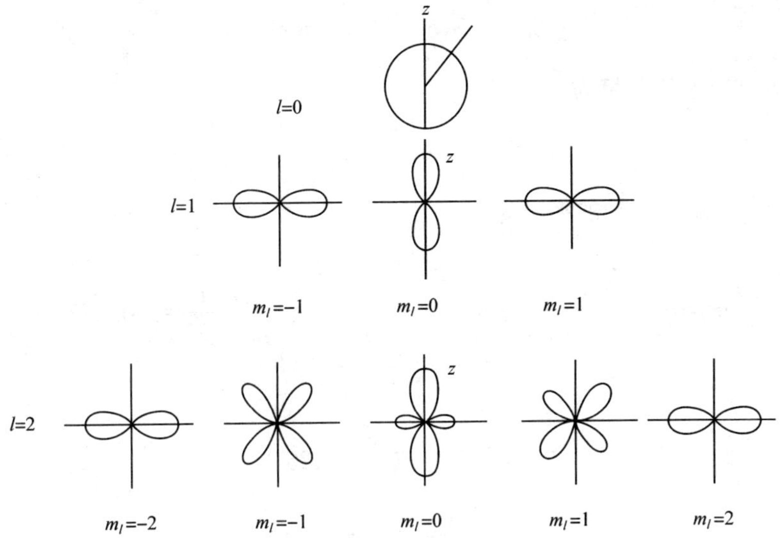

图 15－28 氢原子中电子概率密度角分布

例题 9 由氢原子能量公式,求氢原子光谱中巴耳末头三条谱线的波长.

解 根据式(15－65),氢原子能量为

$$E_n=-\frac{me^4}{(4\pi\varepsilon_0)^2(2\hbar^2)}\cdot\frac{1}{n^2}=\frac{E_1}{n^2}=\frac{-13.6}{n^2}\ \mathrm{eV}$$

巴耳末系为 $n=3,4,5,\cdots$各能态跃迁到 $n=2$ 能态形成的光谱线系,所以头三条谱线的波长可通过下列各式求出

$$h\nu=\Delta E,\quad \lambda\nu=c$$

$$\lambda=\frac{hc}{\Delta E}$$

于是第一条谱线波长为

$$\lambda_{3\to2}=\frac{hc}{\Delta E_{3\to2}}=\frac{6.63\times10^{-34}\times2.99\times10^8}{-13.6\times1.602\times10^{-19}\left(\frac{1}{3^2}-\frac{1}{2^2}\right)}$$

$$=6.551\times10^{-7}(\mathrm{m})=655.1\ (\mathrm{nm})$$

同理得第二条谱线波长为

$$\lambda_{4\to2}=4.853\times10^{-7}\ \mathrm{m}=485.3\ \mathrm{nm}$$

第三条谱线波长为

$$\lambda_{5\to2}=4.333\times10^{-7}\ \mathrm{m}=433.3\ \mathrm{nm}$$

例题 10 计算电子自旋角动量在磁场中可能取的角度.

解 取外磁场的方向为 z 轴方向. 根据式(15－68)电子自旋角动量为

$$S_s=\sqrt{S(S+1)}\hbar,\quad S=\frac{1}{2}$$

而 S 在 z 方向上的分量为

$$S_z=m_s\hbar,\quad m_s=\pm\frac{1}{2}$$

所以自旋角动量与 z 轴的夹角为

$$\cos\theta=\frac{S_z}{S_s}=\frac{m_S\hbar}{\sqrt{S(S+1)}\hbar}=\frac{\pm\frac{1}{2}}{\sqrt{\frac{1}{2}\left(\frac{1}{2}+1\right)}}=\pm\frac{1}{\sqrt{3}}=\pm 0.577$$

于是有

$$\theta=54°45'\quad 或\quad \theta=125°15'$$

习　题

15-1　设用某种光测高温计测得从一个炉子的小孔射出的辐射通量为 22.8 W·cm^{-2},计算炉子的内部温度.

15-2　热核爆炸中火球的瞬时温度达 10^7 K.求辐射最强的波长.这种波长的能量子 $h\nu$ 是多少?

15-3　地球表面每平方厘米每分钟由于辐射而损失的能量平均值为 0.13 cal,问如有一个黑体,则它在辐射相同能量时,温度为多少?

15-4　由交流电供电的灯丝温度是在变动着的,一电灯用交流电供电时,钨丝的平均温度(白炽时)为 2 300 K,其最高与最低温度之差为 80 K,问辐射的总功率的最大值和最小值之比为多少?钨丝的辐射可当作黑体辐射.

15-5　计算下列各种光子的能量,分别用焦耳和电子伏特为单位:无线电短波 $\lambda=10$ cm;红外光 $\lambda=1\times10^{-3}$ cm;可见光 $\lambda=500$ nm;紫外光 $\lambda=50$ nm;伦琴射线 $\lambda=0.1$ nm.

15-6　在理想条件下,正常人的眼睛接收到 550 nm 的可见光时,每秒光子数达 100 个时就有光的感觉,问与此相当的功率是多少?

15-7　太阳光以 1 340 W·m^{-2}的辐射率照到垂直于入射光线的地球表面上,假如入射光的平均波长为 550 nm,求每秒每平方米上的光子数.

15-8　从钠中取去一个电子所需的能量为 2.3 eV,钠是否会对 $\lambda=680$ nm 的橙黄色光表现光电效应?从钠表面光电发射的截止波长是多少?

15-9　波长为 300 nm 的光子打在一个逸出功为 2.0 eV 的金属表面上,试求射出的最大光电子速度.

16-10　波长为 400 nm 的单色光照射光电池,其阴极表面为铯,要使光电流完全停止,至少应加多少伏的遏止电压?已知铯的逸出功为 0.7 eV.

15-11　设有波长 $\lambda_0=0.10$ nm 的 X 射线的光子与自由电子作弹性碰撞,散射的 X 射线的

散射角为 $\theta=90°$，

(1) 求散射波长的改变量 $\Delta\lambda$；

(2) 求反冲电子的动能；

(3) 问碰撞中，光子的能量损失了多少？

15-12　一个 0.15 kg 的垒球以 25 $m \cdot s^{-1}$ 的速度运动，计算其波长，把这个波长同一个速度为10^3 $m \cdot s^{-1}$的氢原子($m=1.673\times10^{-27}$ kg)的波长比较.

15-13　彩色电视显像管内对电子束进行加速的电压为 2×10^4 V，试求电子的德布罗意波长.

15-14　岩盐晶体的空间格子常量 $d=0.28$ nm，问中子的速度应该多大才能与法线成 20°的方向有衍射第 1 级，中子的质量为 1.67×10^{-27} kg.

15-15　氢原子基态电子的速度大约是 10^8 $cm \cdot s^{-1}$，电子位置的不确定量可按原子大小来估计，即 $\Delta x\approx10^{-8}$ cm. 求电子速度的不确定量.

15-16　在阴极射线管中，电子的速度 $v_x=10^8$ $cm \cdot s^{-1}$，其测量精度为千分之一. 求电子位置的不确定度.

15-17　在宽度为 a 的一维深势阱中，当 $n=1,2,3$ 和∞时，求从阱壁起到 $a/3$ 以内粒子出现的概率有多大？

15-18　试证氢原子绕核作轨道运动的电子的角动量 L 与磁矩 μ 的关系为 $\mu=-\dfrac{e}{2m}L$，式中 e 为电子的电量，m 为电子的质量. 并证明 $\mu=-\sqrt{l(l+1)}\mu_B$，其中 $\mu_B=\dfrac{eh}{4\pi m}$为玻尔磁子.

15-19　试作原子中 $l=4$ 的电子角动量 L 在磁场中空间量子化的图，并写出在磁场方向上的分量值.

15-20　氢原子处在基态时，它的电子径向波函数为 $R(r)=\dfrac{2}{a_0^{3/2}}e^{-r/a_0}$，其中 $a_0=\dfrac{4\pi\varepsilon_0\hbar^2}{me^2}$为玻尔半径. 求电子出现概率最大值的位置.

15-21　氢分子的两个原子核间距离为 0.106 nm，试计算氢分子的转动惯量和能量最低的三个转动能级的能量. 若跃迁发生在相邻能级之间，求氢分子吸收谱线的波长. 氢原子质量为 1.67×10^{-27} kg.

15-22　H_2 分子作伸缩振动时，弹性常量为 570 $N \cdot m^{-1}$. 对这个分子容许的振动能量是多少？氢分子在室温下的热能约为 1/40 eV. 试求热能与两个相邻振动能级差之比.

15-23　从氢原子的能级 $E_n=-13.6/n^2$ eV 出发，求巴尔末系第三条谱线和莱曼系第四条谱线的波长.

第 16 章　激　　光

1951 年美国的汤斯(C. H. Townes)和 1952 年苏联的巴索夫(N. G. Basov)、布霍洛夫(A. M. Prokhorov)提出了微波激射器(Maser)的原理,即利用原子、分子做电磁波的振荡器,并根据爱因斯坦于 1917 年提出的受激辐射,就有可能获得强大的单色相干波. 1953 年 2 月,汤斯成功地制出了氨分子振荡器,产生波长为 1.25 cm的相干电磁辐射. 肖洛(A. L. Schawlow)和汤斯在 1958 年 12 月从理论上阐明获得 Laser(激光器)的可能性和实验方法. 此后,许多科学家纷纷致力于制造激光器,其中名不经传的梅曼(C. M. Maman)捷足先登,于 1960 年 5 月制成世界上第一台激光器. 这台激光器采用的工作介质是红宝石晶体(掺 Cr^{3+} 的 Al_2O_3 晶体),用氙灯做激励源(也称泵浦源). 此后不久,用其他固体材料以及用氖、氦混合气体和半导体(砷化镓)也相继获得了激光. 我国第一台激光器(红宝石激光器)于 1961 年 9 月问世,它是由中国科学院长春光学精密机械研究所克服重重困难制成的.

为了表彰汤斯,巴索夫和布洛霍夫在从事量子电子学方面的工作导致制成 Maser 和 Laser 的贡献,他们共享 1964 年度的诺贝尔物理学奖.

由于激光器这种新型光源的优良性能(高亮度、高方向性和高单色性),立即引起了人们的兴趣和重视. 激光的出现,不仅使光学这门古老的学科注入了新的血液,使它焕发出新的生命,带动了傅里叶光学、全息技术、激光光谱学、非线性光学和光化学等新学科发展,而且激光迅速在各种学科和生产技术领域里得到极为广泛的应用. 本章扼要介绍激光产生的原理及其特性和应用.

16.1　光的吸收和辐射

16.1.1　粒子数按能级分布

由第 15 章我们知道粒子(原子、离子或分子)都处在一定的能级. 在一个粒子系统中,个别粒子处在哪个能级上是带有偶然性的,但是达到热平衡后,各能级上的粒子数服从一定的统计规律. 设粒子系统的热平衡温度为 T,在能级 E_n 上的粒子数为 N,则

$$N_n \propto e^{-E_n/kT} \tag{16-1}$$

式中 k 为玻尔兹曼常量. 这个统计规律称为玻尔兹曼正则分布律,它表明,随着能量 E_n 的增高,粒子数 N_n 按指数衰减.

设 E_1 和 E_2 为任意两个能级($E_2 > E_1$)，按玻尔兹曼正则分布律，两能级上原子数之比为

$$\frac{N_2}{N_1} = e^{-(E_2 - E_1)/kT} < 1 \tag{16-2}$$

式(16－2)表明，在热平衡态中高能级 E_2 上的粒子数 N_2 总小于低能级 E_1 上的粒子数 N_1，两者之比由系统的温度决定. 在给定温度下，$E_2 - E_1$ 的差值越大，N_2/N_1 就相对地越小. 例如，氢原子的第一激发态 $E_2 = -3.40$ eV，基态 $E_1 = -13.6$ eV，$E_2 - E_1 = 10.2$ eV，在常温 $T = 300$K 下($kT \approx 0.026$ eV)，$N_2/N_1 = e^{-10.2/0.026} \approx e^{-400} \approx 10^{-170}$. 可见在常温的热平衡态下，系统中的粒子几乎都处在基态.

16.1.2 吸收和辐射

从第 15 章知道，当粒子的能量发生变化时，就从低能级跃迁到高能级，或者从高能级跃迁到低能级，前一过程称为吸收. 从高能级向低能级跃迁时，有两种情况. 一种是将多余的能量直接转变为粒子的热运动而不产生辐射，称为无辐射跃迁；另一种是以辐射电磁波的形式释放出多余的能量，称为辐射跃迁. 在物质发光和吸收光的现象中主要涉及自发辐射、受激辐射和吸收三种过程. 在实际的粒子系统中，这三种过程是同时存在并互相关联的.

1. 自发辐射

假设处在高能级 E_2 的粒子能够自发地向低能级 E_1 跃迁，同时辐射出一定频率的光波(图 16－1)，它的频率由下式决定：

$$\nu = \frac{E_2 - E_1}{h} \tag{16-3}$$

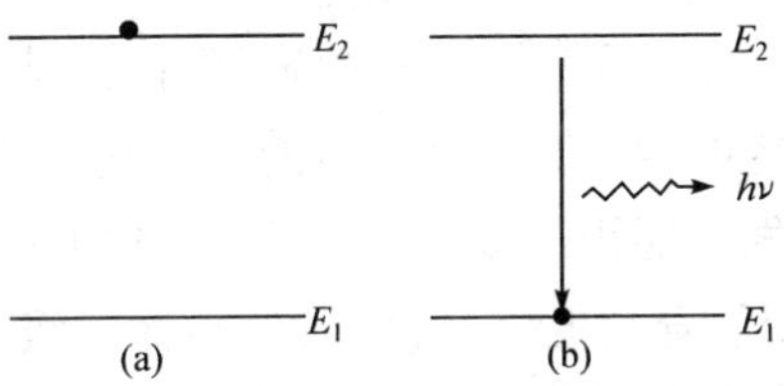

图 16－1 自发辐射

对于 E_2 和 E_1 能级间的自发辐射来说，各粒子辐射出的光波除频率相同外，它们的相位、偏振方向和传播方向都是不相同的，所以各光波是非相干的.

2. 受激吸收

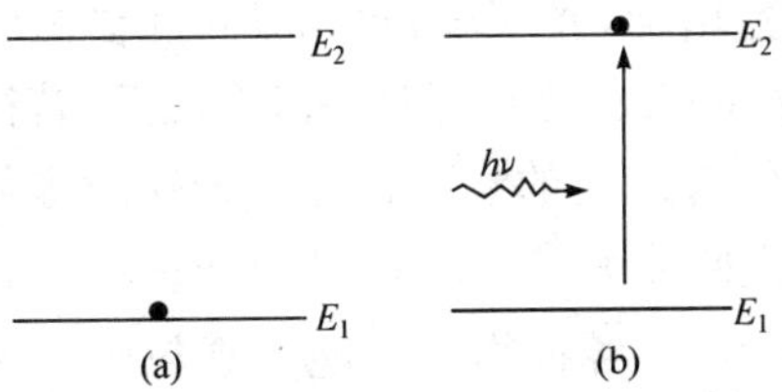

图 16－2 受激吸收

假定粒子能在两能级 E_1 和 E_2 间产生跃迁，则当处于低能级 E_1 的粒子受到由式(16－3)所确定的频率的外来光波照射时，就会吸收入射光子的能量从低能级 E_1 跃迁到高能级 E_2，这就是受激吸收(或称共振吸收)，如图 16－2 所示.

3. 受激辐射

受激辐射的概念是爱因斯坦于 1917 年提出来的. 所谓受激辐射是处于高能级 E_2 的粒子，在外来光子的影响下，引起从高能级 E_2 向低能级 E_1 的跃迁，并把两个能级之间的能量差以辐射光的形式发射出去(图 16－3). 当然，外来光子的能量 $h\nu_{21}$ 恰好满足 $h\nu_{21}=E_2-E_1$ 关系时，才能引起受激辐射. 受激辐射的特点是它辐射的光子，在频率、相位、偏振状态和传播方向都与外来的光子相同，于是受激辐射过程使原来的一个光子变成性质完全相同的两个光子. 从波的观点来看，受激辐射的结果产生了能量(或振幅)比入射波更强的光波，用电子学的术语讲，光被放大了.

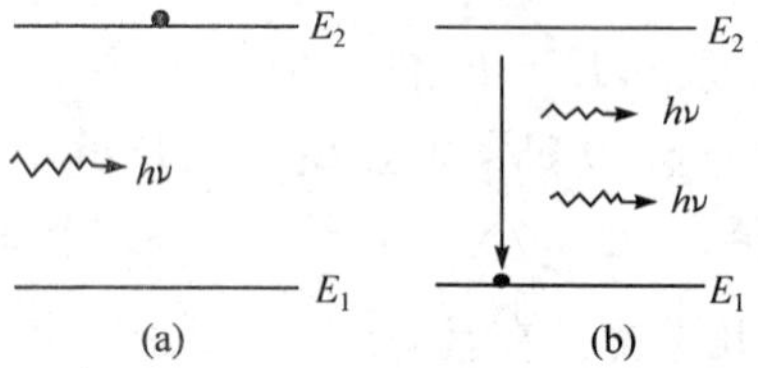

图 16－3　受激辐射

16.2　激光产生的条件

16.2.1　粒子数反转

粒子被激发到高能级后，会很快地自发跃迁到低能级. 它们停留在高能级的平均时间称为粒子在该能级的平均寿命，简称能级寿命，通常用符号“τ”表示.

由于原子、离子和分子等内部结构的特殊性，它们的各个能级的平均寿命是不一样的，有的长一些，有的短一些. 一般激发态能级的寿命数量级为 10^{-8} s，也有些激发态能级的寿命特别长，可达 10^{-3} s，甚至 1s. 例如，在红宝石晶体中铬离子的能级 E_3 寿命很短，只有 10^{-9} s，而能级 E_2 的寿命却很长，为几个毫秒. 我们将这种寿命特别长的激发态称为亚稳态. 在下面会看到，这些亚稳态能级的存在，是形成激光的重要条件.

当一束光通过介质时，光子有可能被粒子吸收，从而使粒子从低能级激发到高能级，这就是光的吸收，而同时入射光也可能引起处于高能级的粒子发生受激辐射. 前者使光子数减少，光束减弱；后者使光子数增加，光束增强. 光吸收和受激辐射这两个相互矛盾的过程在介质中总是同时存在的. 在光束经过一段介质后，若被吸收的光子数多于受激辐射的光子数，则宏观效果是光的衰减；反之，若受激辐射的光子数多于被吸收的光子数，则宏观效果是光的放大. $N_2>N_1$ 的分布被称为粒子数反转分布，以区别于 $N_2<N_1$ 的正则分布. 并非各种物质都能实现粒子数反转，在能实现粒子数反转的物质中，也不是在该物质的任意两个能级间都能实现粒子数反转. 我们将能造成粒子数反转分布的介质称为激活介质(也就是激光器的工

作介质)，以区别于粒子数呈正则分布的通常介质.

对于不同种类的激光器，实现反转分布的具体方式是不同的，但都可以用图 16－4所抽象概括的物理过程来表明. 在图 16－4(a)中，E_1 为基态，E_3 为一般激发态，能级寿命在 $10^{-11}\sim10^{-8}$ s，E_2 为亚稳态，能级寿命长达 10^{-3} s，甚至 1s. 在外界能源(电源或光源)的激励下，基态 E_1 上的粒子被抽运到激发态 E_3 上，因而 E_1 上的粒子数 N_1 减少. 由于 E_3 态的寿命很短，粒子将通过碰撞很快地以无辐射跃迁的方式转移到亚稳态 E_2 上. 由于 E_2 态寿命长，其上就积累了大量粒子，即 N_2 不断增加. 一方面是 N_1 减少，另一方面是 N_2 增加，如果 $N_2>N_1$，就可实现亚稳态 E_2 与基态 E_1 之间的反转分布.

红宝石激光器发射的 694.3 nm 谱线(红色)，就是红宝石晶体中 Cr^{3+} 的亚稳态与基态之间的反转分布所造成的受激辐射. 造成亚稳态与基态之间的反转分布要求很强的激励能源，这是因为热平衡时基态几乎集中了全部粒子，只有强激励进行快速抽运，才可能实现粒子数反转，这是三能级系统(图 16－4(a))的一个缺点. 是否有可能使反转分布下能级 E_1 不在基态而在激发态，从而较易实现粒子数反转呢? 这样的能级结构是存在的，例如，He-Ne、CO_2、钕玻璃、含钕的钇铝石榴石等激光器，它们当中出现反转分布的两个特定能级如图 16－4(b)所示，其中能级 E_1 不是基态而是激发态，其上的粒子占有数本来就很少，只要亚稳态能级 E_2 上稍有积累，就较容易地实现反转分布. 当 E_3 能级上的粒子向 E_2 能级转移得越快以及当 E_1 能级上的粒子向基态 E_0 能级过渡得越快，则工作效率就越高. 需要说明的是，这里所说的三能级或四能级系统，都是指在激光器工作过程中直接有关的能级而言，并不是说这种物质只具有这几个能级.

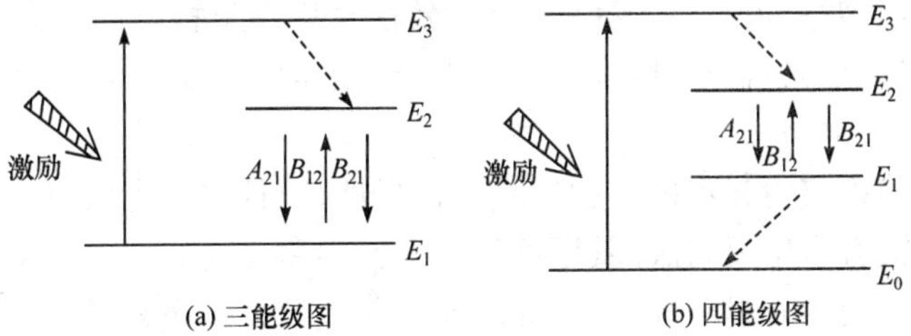

图 16－4　粒子数反转

由以上可看出，要实现粒子数反转，必须内有亚稳态能级，外有激励能源(也称泵浦)，粒子的整个输运过程必定是一个循环往复的非平衡过程，可以产生雪崩式的光放大作用，即具备一定特征的光子入射后，可得到大量特征相同的光子受激辐射. 如果采用适当的方法和装置就能使受激辐射以一定方式继续下去，形成一种光的受激辐射的振荡器，从这种装置中持续发射出大量特征相同的光子，这就是激光，而这种装置称为激光器.

还需指出的是，对于一种具体的激活介质来说，可能同时存在几对特定能级的反转分布，相应地发射几种波长的激光. 如 He-Ne 激光器就可以发射632.8nm、1.15μm 和 3.39μm 三种波长的激光.

16.2.2　光学谐振腔

在激光器里正是使用 E_2 能级与 E_1 能级的自发辐射作为“外来光子”来激励粒子，造成 E_2 能级与 E_1 能级间的受激辐射，也就是说激光的初始信号来源于自发辐射，而自发辐射的光在相位、偏振方向、传播方向各方面都是随机分布的. 于是所得到放大的受激辐射，从总体上来看仍是随机的(图 16－5). 为了在其中选取一定传播方向和频率的光信号，使其具有最优的放大作用，而把其他方向和频率的光信号抑制住，最后获得单色性和方向性好的激光，可在介质的两端放置两面平行的反射镜 M_1 和 M_2(图 16－6)，这对反射镜称为光学谐振腔. 为了从光学谐振腔的一端引出激光，一面反射镜(M_1)是全反射的，另一面(M_2)是部分透过的，激光就从 M_2 的一端输出. 由于安装了光学谐振腔，在激光器内只有传播方向与反射镜垂直方向的光在介质中来回反射，受激辐射强度越来越大，最后形成稳定的强光束，从部分反射镜 M_2 面输出. 凡传播方向偏离上述方向的光，最终从侧面逸出谐振腔，不可能形成稳定的光束. 总之，光学谐振腔对光束具有选择性，使受激辐射集中于特定的方向，激光束很高的方向性就来源此. 光学谐振腔除了一对平行的平面镜形式外，尚有凹球面反射或一平一凹反射面等形状.

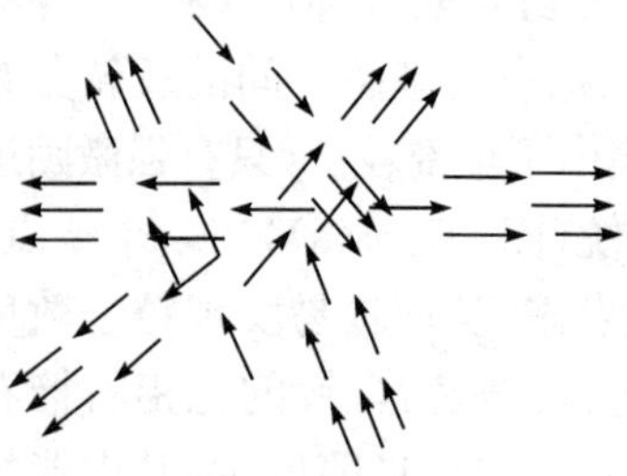

图 16－5　受激辐射仍是随机的

光学谐振腔不仅对光束的方向性具有选择性，而且它还可以起到选频的作用：①反射镜表面镀有多层反射膜，其厚度等于要输出激光在膜内波长的 1/4，形成所需波长的激光在反射时是干涉加强，而限制了其他波长的光的反射；②精心设计两反射镜面间的距离 L，使其等于所需激光半波长的整数倍，使激光在腔内形成稳定的驻波，在两个镜面处为驻波的波节(图 16－7). 这样，就只有所需波长的光才能在腔内形成稳定的振荡而不断得到加强，其他波长的光就得不到稳定的振荡，这些措施都有利于进一步提高激光束的单色性.

为了提高激光的线偏振性，可在激光器内安装布儒斯特窗，使输出的激光为线偏振光，图 16－8 所示的外腔式 He-Ne 激光器就安装了这种窗.

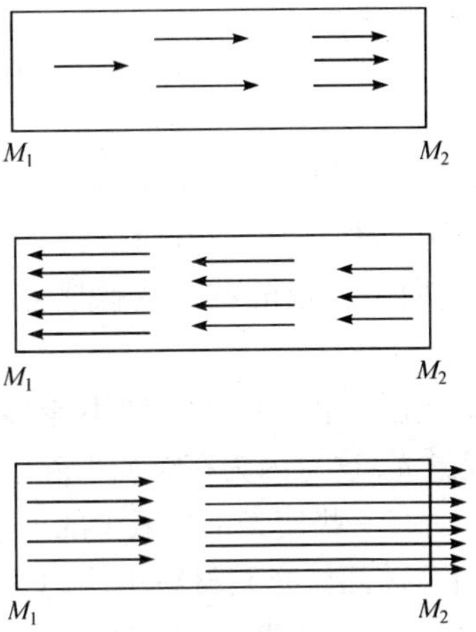

图 16－6　光学谐振腔

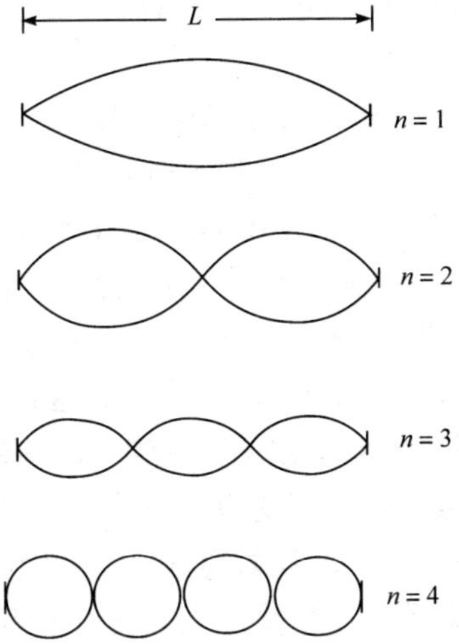

图 16－7　光学谐振腔叠频作用

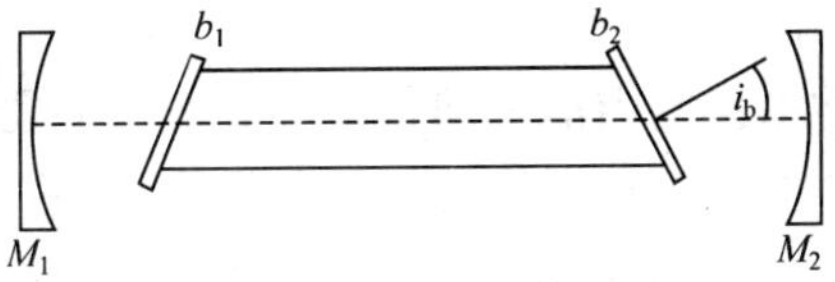

图 16－8　安装了布儒斯特窗的激光器

16.2.3　增益和阈值

由以上讨论可知，在实现了粒子数反转就可以进行光的放大，放大能力用增益 G 来描写. 由图 16－9 所示，当一束光射入激活介质后，设它在 x 处的光强为 I，经历一段距离到达 $x+\mathrm{d}x$ 处后，光强度为 $I+\mathrm{d}I$. 通过 $\mathrm{d}x$ 距离后光强改变量 $\mathrm{d}I$ 可写成

$$\mathrm{d}I = GI\mathrm{d}x \tag{16-4}$$

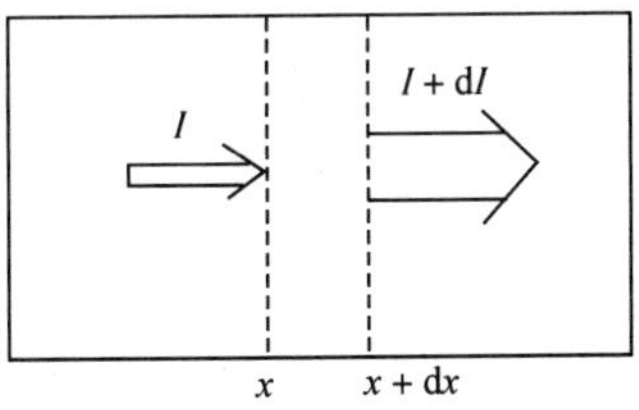

图 16－9　激活介质中光的增益

由式(16－4)可知，增益 G 可理解成光在单位距离内光强增加的百分比. 对上式进行积分可得到光在介质中传播一段距离(从 0 至 x)以后，出射光强 $I(x)$ 与入射光强 I_0 的关系式

$$\int_{I_0}^{I(x)} \frac{\mathrm{d}I}{I} = \int_0^x G\mathrm{d}x$$

或

$$I(x) = I_0 \mathrm{e}^{\int_0^x G\mathrm{d}x}$$

假如在 $0\sim x$ 这段距离内 G 的变化可忽略，则上式可写为

$$I(x)=I_0 e^{Gx} \tag{16-5}$$

即光强 $I(x)$ 随 x 按指数增强.

增益与频率 ν 和光强 I 的关系如图 16-10 所示，它随光强增加而下降，这一点可解释如下：增益 G 随粒子数反转程度 (N_2-N_1) 的增加而上升，在同样的抽运条件下，光强 I 越强，意味着单位时间从亚稳态上向下跃迁的粒子数就越多，从而导致反转程度减弱，因此增益 G 也随之下降.

以下来说明，粒子数单纯达到反转分布，再加上光学谐振腔依然不能形成激光，只有使粒子数反转达到一定的程度才能形成激光. 这是因为在介质中除了由于粒子数反转而使受激辐射的光子放大因素以外，还有一些使光子数减少的因素(称为损耗). 例如，反射镜的透射和吸收，光在端面上的衍射，介质材料不均匀性造成的散射等. 总之，要使光强在谐振腔内来回反射的过程中不断得到加强，必须使增益大于损耗，这就是说，要满足一定的条件才能产生激光振荡，这个条件称为阈值条件. 下面进行具体的计算.

考虑一束光在光学谐振腔内沿轴向往返一次传播时强度变化的情况. 设从镜面 M_1(图 16-6)出发的光强为 I_1，经过腔长为 L 的激活介质的放大，按照式(16-5)，到达镜面 M_2 时的光强为 $I_2=I_1 e^{GL}$，经 M_2 反射后，光强降为 $I_3=R_2 I_2=R_2 I_1 e^{GL}$($R_2$ 为 M_2 镜的反射率)，又返回到 M_1 镜时光强增为 $I_4=I_3 e^{GL}=R_2 I_1 e^{2GL}$，再经 M_1 镜反射(M_1 镜反射率为 R_1)，光强降为 $I_5=R_1 I_4=R_1 R_2 I_1 e^{2GL}$. 至此光束往返 1 周，若要得到激光振荡，则需 $I_5/I_1\geqslant 1$，即 $R_1 R_2 e^{2GL}\geqslant 1$，所以满足激光振荡的最起码条件为

$$R_1 R_2 e^{2GL}=1 \tag{16-6}$$

此时 $I_5=I_1$，光在光学谐振腔内振荡过程中强度维持稳定. 式(16-6)称为光学谐振腔的阈值条件，而根据它阈值增益为

$$G_m=\frac{-1}{2L}\ln(R_1 R_2) \tag{16-7}$$

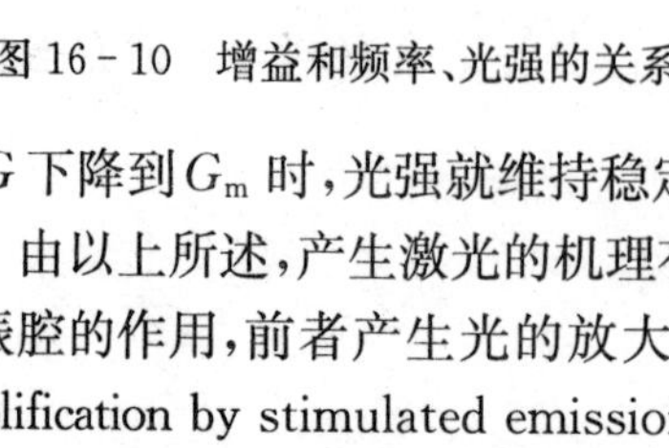

图 16-10　增益和频率、光强的关系

需要说明的是，当 $G>G_m$ 时，光强也不会无限制地增长下去，因为随着光强的增大，激活介质的实际增益 G 将下降(图 16-10)，与 G 下降到 G_m 时，光强就维持稳定了.

由以上所述，产生激光的机理有两方面的问题：光在激活介质内的传播和光学谐振腔的作用，前者产生光的放大，后者维持光的振荡. laser 实际上是英文“light amplification by stimulated emission of radiation”词组中各词第一字母的缩写，直译应为“辐射的受激发射的光放大”. 其实，作为激光器，其中必有谐振腔，所以实际

上是一个“受激辐射光振荡器”. 放大和振荡两方面结合起来，激光器就成为一个光源.

16.3　激光的特性及其应用

16.3.1　激光的特性

普通光源的亮度(单位面积、单位立体角内发出的光通量)比太阳光低，而激光的亮度可以达到比太阳光高 100 万亿倍. 激光有很高的亮度，主要源于以下特点.

1. 方向性好

16.2 节我们已说明只有在光学谐振腔轴方向往返的光才能被放大，所以能够得到沿轴方向传播的、发散角很小的光束(由于激光束口径有一定大小，衍射效应会使得光束稍为发散). 而普通光源是朝四面八方发光，或者说光辐射沿 4π 立体角分布，图 16－11 表示了日光灯和激光器的发光范围. 激光由于方向性好，例如，它的发散角为 1 毫弧，所以若与相同功率的普通光源相比，激光器的亮度就比它高 $4\pi/(10^{-3})^2=1.26\times10^7$ 倍. 也由于激光的方向性好，使得它能照亮很远的物体. 1962 年，人类第一次从地球上发出激光束照亮月球的表面，用普通光源则办不到，即使用最强的探照灯，射到月球上散开的光斑比月球还大，得到的照度(单位面积上的光通量)也只有 10^{-12} lx，而没有月亮的夜晚，天上的照度也有 10^{-4} lx. 一台普通红宝石激光器发射出的光束(694.3 nm)射到月球上，散开的光斑尺寸约为几百米，得到的照度有 10^{-2} lx，所以能见到月球上有一个红色光斑.

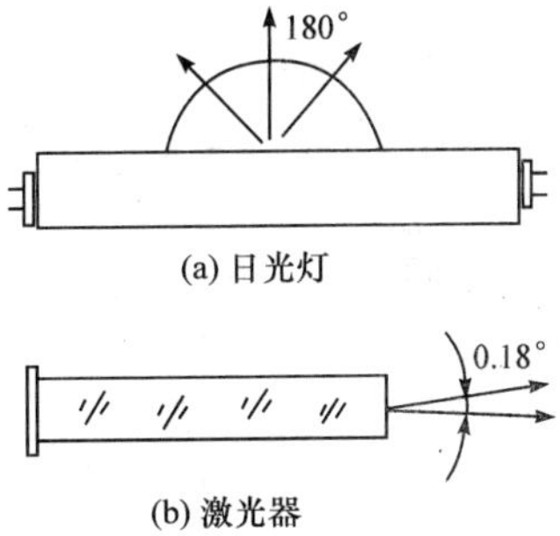

图 16－11　日光灯和激光器发光范围

2. 单色性好

衡量光的单色性性能是看光谱辐射能量集中的频谱区间(称谱线宽度)的宽窄. 谱线宽度越窄，它的单色性越好. 太阳光辐射能量分布在远红外至紫外的广阔光谱区域，所以谈不上单色性. 在普通光源中，单色性最好的是曾作为长度基准器的氪 86 光源发射波长为 605.7 nm 的红光，它的谱线宽度为 4.7×10^{-4} nm，而激光的单色性比它更好，特制发红光(632.8 nm)的 He-Ne 激光器，它的谱线宽度只有 2×10^{-9} nm.

3. 相干性好

一束光的相干性好坏，常用相干时间 $\Delta t=\lambda^2/c\Delta\lambda$ 或相干长度 $l=\lambda^2/\Delta\lambda$ 来衡量，这里的 λ 是光波波长，$\Delta\lambda$ 为谱线宽度，c 为光速. 一束光的相干时间越长或相干长度越长，则它的相干性就越好. 激光由于它的单色性好，所以它的相干长度很长. 特制的 He-Ne 激光器输出的光束(632.8 nm)相干长度达 200 km，而单色性最好的普通光源氪灯发射的红光(605.7 nm)，它的相干长度仅有 78 cm.

4. 光脉冲宽度可以很窄

光源的亮度正比于发光功率. 我们有办法使激光器发射的光能量在很短时间内发射出来. 使用 Q 开关的激光器，可以输出脉宽 10^{-9} s 左右的光脉冲，使用锁模技术的激光器可产生 10^{-14} s 的光脉冲.

16.3.2　激光的应用

激光由于上述四大特性，使得激光在各个领域里有着极为广泛的应用，而且至今还不断发展着，为了使对激光应用有一个概括的了解，将它在某些方面的应用列于表 16-1 中.

表 16-1　激光的广泛应用

	应用项目
工业加工	激光打孔、焊接、切割、划线、自动设计等
精密测量	激光测长和微定位、激光陀螺、激光流速计、激光电流计和电压计、检查平面质量、测量地震、测量纤维直径、测量产品与工件运行的速度
通信、电视、雷达	激光通信(电话、遥测、水下通信、有色信息显示、卫星间通信、卫星与地面间通信)、激光电视(大屏幕电视，图像面积可达 3×4 m^2，甚至更大)、激光雷达(大气污染测量、云层厚度测量、宇宙探测、测距、定位、跟踪等)
医疗	无血手术、切除肿瘤和癌组织、牙科钻孔、视网膜粘结、激光显微镜
电子计算机、光学	光学零件检查、高速照相、全息照相、激光干涉仪、电子计算机用的储存器、情报处理系统、光传送高速电子计算计、电子计算机之间的信息传输
科研	热核聚变研究、非线性光学、无线电和计算技术、光合作用、基因技术
农学、生物学	作物育种、家禽、畜牧和水产养殖、微生物菌种选育、基因工程、食品业

在结束本章前，我们还想指出两点：

(1) 在激光器诞生后不久，自 1962 年以来科学家们就提出了几种实现无粒子数反转激光的理论，如今在实验室研究中取得了很大的进展，实现了无粒子数反转的光放大. 如前所述，传统的激光器要求工作介质必须具有亚稳态能级，在光的可见区及红外区，工作介质比较容易找到，而对于短波长区域，这一条件就较难实现.到目前为止，短波长激光器甚少的一个重要原因就在于此. 如果在无粒子数反转条件下实现光的放大，乃至研制出无粒子数反转激光器，那么人们就可以按照这一原理制造出目前还没有的新激光器，从而大大拓宽激光的工作波段和工作介质的选择范围. 它对于光和物质相互作用的研究具有十分重要的意义，为激光科学的发展开辟一个更崭新的局面.

(2) 自世界上第一台激光器问世以来，科学家们一直在寻求能工作在 X 射线波段的激光器. 由于 X 射线激光的光子能量比普通激光的光子能量大几个数量级. 因此，产生 X 射线激光不能用中性原子或分子作为激活介质. 除非用内壳层电子，但普通内壳层电子不易被泵浦. 理论和实验均证明，要产生 X 射线的激光，一个重要的途径是激光介质用高剥离态的离子而不是原子. 一些国家(美、英、法、中、日等)的国家实验室相继进行了大量的电子碰撞类氖离子等离子态(或类镍等离子态)激发产生 X 射线激光的实验，观察到了波长 34.8～3.6 nm 的一系列激光辐射放大. X 射线激光的最终实现，将会对非线性光学、原子分子物理、等离子体物理、生命科学以及工业和医学等研究和应用产生重大而深远的影响.

由上述两点可以看出，人们对科学的探索是无止境的.

习　　题

16-1　激光器工作物质上下两能级分别为 E_2 和 E_1，当原子在这两能级间跃迁时，所发射的光子的频率和波长为多少？若在这两能级处粒子的数密度分别为 n_2 和 n_1，温度为 300 K，(1)当$\nu=300$ MHz；(2)当 $\lambda=1.00\mu$m；两能级处粒子数密度的比值各为多少？

16-2　在 He-Ne 激光器中，形成的激光波长为 632.8 nm. 若不计能量损失，问至少需要多大的抽运能量来激发 Ne 原子？(设 Ne 从基态到 3p 能级跃迁需要的能量为 18.8 eV)

16-3　设 Ar 离子激光器的输出波长为 488.0 nm，它的谱线宽度为 $\Delta\nu=4\ 000$ MHz. 试求其相干长度.

16-4　设 Ar 离子激光器的输出波长为 488.0 nm，输出功率为 2 W，光束的截面直径为 2 mm，求该光电场强度的振幅.

第 17 章　狭义相对论基础

19 世纪后期，人们根据经典时空观解释与光的传播等问题有关的一些实验或天文观察的事实时，导致一系列尖锐的矛盾. 为此爱因斯坦提出了一种新的时空观和高速(可与光速相比拟的)运动物体的运动规律，对以后物理学的发展起着重大作用. 1905 年，爱因斯坦完成了科学史上的不朽篇章《论动体的电动力学》，宣告了狭义相对论的诞生. 狭义相对论是近代物理学的理论基础之一，是关于物质运动与时间、空间关系的理论. 它指出了普适常量 c(光速)在自然规律中所起的作用，并且表明以时间为一方，空间坐标作为另一方，两者进入自然规律的形式之间存在着密切的联系.

相对论的创立第一次改变了传统的绝对的时空观念，确立了对称性在物理学中的地位. 著名物理学家杨振宁写道："狭义相对论强调对称性，事实上是建立在洛伦兹对称性和洛伦兹不变性的基础上的，而这种对称性是二十世纪物理学最重要的概念."

17.1　狭义相对论的基本假设

17.1.1　牛顿力学的时空观

力学的相对性原理(即伽利略相对性原理)指出，力学规律在所有的惯性系中都具有相同的结构形式，各个惯性系都是等价的，不存在特殊的惯性系. 同时，伽利略坐标变换保证了力学规律在不同惯性系中具有相同的形式，即力学规律对伽利略变换具有协变性.

伽利略坐标变换反映了牛顿力学的经典时空观念，概括起来，牛顿力学的时空观具有如下特点：①两个事件在不同的惯性系中的时间差是相等的，从而一个事件所经历的时间在不同的惯性系中也是相同的，不因坐标系的变换而变化. 这说明，在经典力学中，时间是绝对的. ②长度是绝对的，不因坐标变换而变换. ③时间是与物体的运动状况无关的，无论物体的运动状况如何，时间总是在均匀流逝，均匀流逝的时间是可以脱离物质的存在而存在的. ④经典力学的基本规律，如牛顿运动定律、动量守恒定律和机械能守恒定律等在不同的惯性系中具有相同的数学形式，都具有这种不变性，满足力学的相对性原理的要求.

17.1.2　牛顿时空观遇到的困难

“以太”的概念首先是笛卡儿于 1644 年在其《哲学原理》一书中首次引入的. 这种“以太”是一种特殊的、易动的物质，弥漫在整个空间中. 当科学发展到 19 世纪中叶，法拉第、麦克斯韦建立了电磁场理论，人们当时把“以太”看作是电磁波的传播介质. 为了解释多种多样的电磁现象，只好赋予“以太”以多种不同的性质，如惯性、弹性、透明性等等，这些性质又往往相互矛盾，如电磁波的传播快得难以想象，这样“以太”的密度也应大得难以想象，可是“以太”又被赋予了没有重量，透明的东西等等，给“以太”赋予的这么多相互矛盾的性质是无论如何也统一不起来的，因而形成了许多“以太之谜”. 为了澄清这些问题，科学家从事了多方面的研究. 最后研究的焦点就逐渐集中到“以太”与物体运动的关系上，集中到“以太”是否存在的问题上. 如果“以太”是绝对静止和弥漫在整个空间的，那么这正好对应着牛顿的绝对时空观，这样就更增加了人们研究“以太”的兴趣. 洛伦兹设想以太不随物体一块运动，那么物体运动时就要产生“以太风”，这种“以太风”，人们从十九世纪中后叶一直寻找到二十世纪初. 人们曾进行过许多次的实验，其中最有影响的是由迈克耳孙和莫雷设计的干涉实验.

根据他们的设想，调整迈克耳孙干涉仪的两个反射镜的位置使两个臂长相等，先令干涉仪的一支光臂沿地球绕太阳运动的方向，然后把整个仪器转动 90°使其另一支光臂沿地球绕太阳运动的方向. 如果“以太”存在，且它又不随地球一起运动，那么按照牛顿力学的时空观，由于两臂光束相对于地球的速度不相等，所以虽然它们行经相等的臂长，但所需时间是不一样的，将仪器旋转 90°后，必然引起干涉条纹的移动. 这个实验在不同地理位置、不同季节条件下反复进行，并不断对仪器进行改进使其精度越来越高，但出乎意料的是，始终没有观测到干涉条纹的移动. 原本为了证实“以太”参考系而进行的实验，最终却否定了“以太”参考系的存在.

在 1676 年丹麦天文学家罗默首次测量光速获得成功以前，人们一般认为光速是无限大的. 在这以后，菲索于 1849 年，傅科于 1862 年，迈克耳孙在 1925～1926 年相继对光速作了精确的测量，发现光速同光源的运动、光的频率、光的传播方向都没有任何关系，即光速是一个常量. 这一结果显然不满足经典力学的速度合成公式及伽利略变换. 另外，如果把电磁场理论运用于运动惯性系，则对于以不同速度运动的两个惯性系，按速度合成公式，电磁场方程中的 c（光速）就要有两个不同的数值，这样电磁场方程在两个不同的惯性系中就要有两种不同的形式，但我们知道，光速 c 在麦克斯韦电磁场理论中是以一个常量的形式出现的，不应该依赖于具体的惯性系，所以这一结果又与相对性原理相矛盾.

面对这些矛盾如何去解决呢？有几种可能的解决方案：①坚持伽利略变换、麦克斯韦理论(光速不变),否定力学的相对性原理;②坚持力学的相对性原理和光速不变的实验事实,进而否定麦克斯韦论遵从伽利略变换;③坚持相对性原理、麦克斯韦电磁场理论以及光速不变的事实,寻求一种新时空观下的数学变换,这种变换必须既能保证光速在任何参考系下保持不变,同时,在低速、宏观情形下又能回到伽利略变换中去.

爱因斯坦选择了第三种方案.

17.1.3　狭义相对论基本原理

爱因斯坦认为,自然界是对称的,一切物理现象包括电磁现象理应和力学现象一样,满足相对性原理,即在不同惯性系中所有的物理学定律及其数学表达式都应保持相同的形式. 因此,在一个惯性系内部,无论是力学实验还是电磁学实验或其他物理实验,都无法确定该惯性系做匀速直线运动的速度.

1905 年,26 岁的爱因斯坦不受经典力学绝对时空观的束缚,提出了狭义相对论的两个基本假设.

第一个假设为相对性原理:物理定律在所有惯性系中都是相同的,具有相同的数学表达形式,对于描述一切物理现象的规律而言,所有惯性系都是等价的. 这个原理是对伽利略相对性原理的推广,不仅力学规律对所有惯性具有协变性,其他物理规律在所有惯性系中也具有相同的结构和形式.

第二个假设为光速不变原理:在所有惯性系中,真空中光沿各个方向传播的速率都等于同一个恒量,与光源和观察者的运动状态无关.

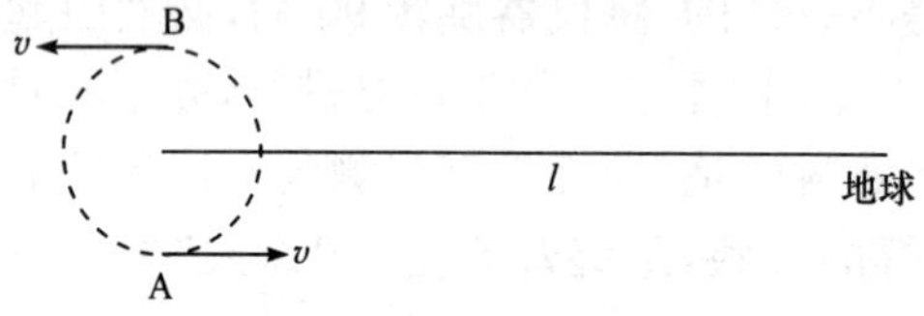

图 17-1　双星实验

光速不变原理被后来的双星观测实验所证实. 在天空中有众多的双星系统,两颗恒星的质量相差无几,并绕质心旋转. 在如图 17-1 所示位置,A 星向地球方向运动,而 B 星背离地球运动. 依据伽利略速度变换,A 发出的光,速率为 $c+v$,B 星发出的光,速率为 $c-v$,到达地球的时间为

$$t_1=\frac{l}{c-v}$$

经过半个周期($T/2$),A、B 星易位,B 星发出的光,速率为 $c+v$,到达地球的时间为

$$t_2=\frac{l}{c+v}+\frac{T}{2}$$

虽然 $c+v$ 与 $c-v$ 差数很小,但如果双星离地球足够远,那么 B 星发出的以 $c+v$ 传播的光将超过自身的以 $c-v$ 传播的光而先到达地球,即可能出现 $t_1>t_2$ 的情况,其结果是无法看清双星的像. 然而,在天文观测中双星的像十分清晰! 这说

明光速与光源的运动无关.

17.2　相对论运动学

17.2.1　洛伦兹变换

下面我们寻求满足相对性原理及光速不变原理的坐标变换.

设有两个惯性系 S 和 S′,坐标系 $Oxyz$ 和 $O'x'y'z'$ 分别固定在 S 和 S′上,它们的坐标轴互相平行,且 x 和 x' 轴重合,如图 17－2 所示. 设 S′系沿 x 轴方向以恒定速率 u 相对于 S 系运动,并且当它们的原点 O 与 O' 重合的时刻,$t=t'=0$.

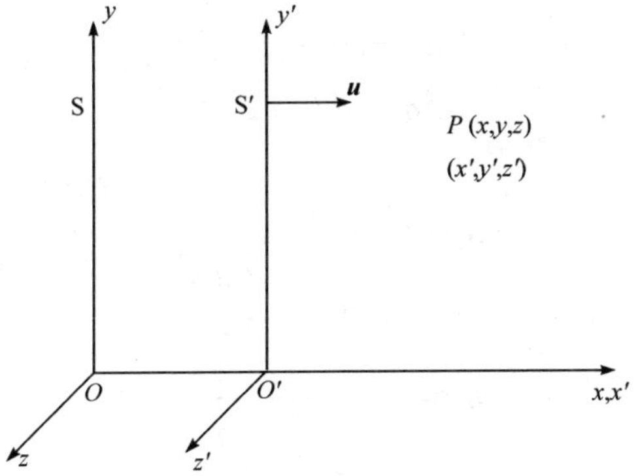

图 17－2　坐标变换

本章后面用到的 S,S′系及 $Oxyz$ 和 $O'x'y'z'$ 的定义与此相同.

在图 17－2 中,当两个坐标原点 O,O' 重合时(此时 $t=t'=0$),从原点发出一光脉冲,按照光速不变原理,在两个参考系中光沿各方向的速率均为 c,根据相对性原理,两个坐标系中观察到的光波波面的形状都应该是球面,故有

$$x^2+y^2+z^2-c^2t^2=0 \tag{17-1}$$

$$x'^2+y'^2+z'^2-c^2t'^2=0 \tag{17-2}$$

容易验证,伽利略变换无法同时满足式(17－1)及式(17－2).

设某个事件在 S 系中的坐标为(x,y,z,t),在 S′系的坐标为(x',y',z',t'),由于两个坐标系的坐标轴彼此平行,且在 y,z 两个方向上没有相对运动,显见

$$y'=y,\qquad z'=z$$

考虑到一个真实的物理事件在两个惯性系中的时空坐标是一一对应的,所以坐标变换关系应该是线性的. 不妨设

$$x'=a_1x+a_2t \tag{17-3}$$

$$t'=b_1x+b_2t \tag{17-4}$$

S′系的坐标原点 O' 在 S′系中的坐标为 $x'=0$,而 O' 在 S 系中的坐标为 $x=ut$,将它

们代入式(17－3)中可得 $a_2=-a_1u$，于是式(17－3)可改写为

$$x'=a_1(x-ut) \tag{17-5}$$

下面我们应用光速不变原理来确定系数 a_1，b_1 和 b_2. 将式(17－1)和式(17－2)相减，并考虑到 $y'=y$，$z'=z$，得

$$x^2-c^2t^2=x'^2-c^2t'^2$$

将式(17－4)，式(17－5)代入上式可得

$$x^2-c^2t^2=a_1^2(x-ut)^2-c^2(b_1x+b_2t)^2$$

注意上式中对任意的 x，t 都成立，因此等式两边对应项的系数必须分别相等，于是有

$$\begin{cases}a_1^2-c^2b_1^2-1=0\\ ua_1^2+c^2b_1b_2=0\\ u^2a_1^2-c^2b_2^2+c^2=0\end{cases}$$

从此方程组中可解得

$$a_1=b_2=\frac{1}{\sqrt{1-\left(\dfrac{u}{c}\right)^2}}$$

$$b_1=-\frac{u}{c^2\sqrt{1-\left(\dfrac{u}{c}\right)^2}}$$

令

$$\beta=\frac{u}{c} \tag{17-6}$$

$$\gamma=\frac{1}{\sqrt{1-\left(\dfrac{u}{c}\right)^2}}=\frac{1}{\sqrt{1-\beta^2}} \tag{17-7}$$

相对论的坐标变换公式可以表示为

$$\begin{cases}x'=\dfrac{x-ut}{\sqrt{1-\left(\dfrac{u}{c}\right)^2}}=\gamma(x-\beta ct)\\ y'=y\\ z'=z\\ t'=\dfrac{t-\dfrac{u}{c^2}x}{\sqrt{1-\left(\dfrac{u}{c}\right)^2}}=\gamma(t-\beta x/c)\end{cases} \tag{17-8}$$

上面的变换公式称为洛伦兹线性变换公式,简称洛伦兹变换式.事实上在相对论建立以前,洛伦兹研究电子论时就提出了这个公式,只不过当时洛伦兹并没有意识到它在时空观念上的变革性意义.

与洛伦兹变换公式的推导过程类似,可以导出其逆变换公式:

$$\begin{cases} x=\gamma(x'+\beta ct') \\ y=y' \\ z=z' \\ t=\gamma(t'+\beta x'/c) \end{cases} \tag{17-9}$$

可以验证,当 $u\ll c$,$\beta\to 0$ 时,洛伦兹变换与伽利略变换趋于一致,这表明伽利略变换是洛伦兹变换在惯性系间做低速相对运动条件下的近似.

17.2.2　狭义相对论的时空观

与相对论时空观有关的一些重要结论可以直接从洛伦兹变换公式得出.我们先由洛伦兹坐标变换公式导出事件的空间间隔与时间间隔的变换公式.设有任意两个事件 1 和 2,事件 1 在 S 系和 S′系的时空坐标为(x_1,y_1,z_1,t_1)和(x_1',y_1',z_1',t_1'),事件 2 在 S 系和 S′系的时空坐标为(x_2,y_2,z_2,t_2)和(x_2',y_2',z_2',t_2'),则这两个事件在 S 系和 S′系中的空间间隔和时间间隔的变换公式为

$$\begin{cases} \Delta x'=\gamma(\Delta x-\beta c\Delta t) \\ \Delta t'=\gamma(\Delta t-\beta\Delta x/c) \end{cases} \tag{17-10}$$

或

$$\begin{cases} \Delta x=\gamma(\Delta x'+\beta c\Delta t') \\ \Delta t=\gamma(\Delta t'+\beta\Delta x'/c) \end{cases} \tag{17-11}$$

式中 $\Delta x=x_2-x_1$,$\Delta t=t_2-t_1$,$\Delta x'=x_2'-x_1'$,$\Delta t'=t_1'-t_1'$.由式(17-10)和式(17-11)可以看出,事件的时间间隔和空间间隔都是相对的.下面对这两式进行讨论.

1. 同时的相对性

仍然假定惯性系 S′相对于惯性系 S 以速度 $\boldsymbol{u}$ 沿 x 轴正方向运动,在 S 系中观察到两个事件是同时发生的,那么这两个事件在 S′上的观察者而言,是否也是同时的呢?我们分两种情形进行讨论:

第一种情形,两个事件发生于同一地点,即 $\Delta x=0$,$\Delta t=0$,根据式(17-10)中第二式,有 $\Delta t'=0$.这说明同时同地发生的两个事件,在不同的惯性系中的观察者看来,仍是同时的.

第二种情形,两个事件发生在不同地点,即 $\Delta x\neq 0$,$\Delta t=0$,由式(17-10)第二式,$\Delta t'=-\gamma\beta\Delta x/c$.这说明 S′上的观察者看来,两个事件不是同时发生的,且发生

的先后顺序依赖于两个事件在 S 系中的坐标，若 $x_2-x_1>0$，则第二个事件先发生；若 $x_2-x_1<0$，则第一个事件先发生.

综合上述分析，一般而言，同时是相对的，只有同时同地发生的事件，同时性才是绝对的.

2. 长度收缩

设有一根直棒，相对于 S 系平行于 x 轴静止放置，而在 S′系的观察者看来，这棒以速度 $\boldsymbol{u}$ 沿 x 轴负方向运动. 同一根棒，在两个惯性系的观察者而言是不是同样长呢？在 S 系测量棒的长度很容易，只需记下棒左右两端的坐标 x_1，x_2 就能确定其长度为 $l=x_2-x_1=\Delta x$. S′系的观察者为了测量棒的长度，必须在同一时刻 ($\Delta t'=0$) 记下棒两端的坐标 x'_1，x'_2，然后确定其长度为 $l'=x'_2-x'_1=\Delta x'$. 由式(17－11)知，

$$l=\gamma l'$$

或

$$l'=\frac{l}{\gamma}<l$$

结果表明，在运动参考系中沿运动方向测得棒的长度，比在相对于棒静止的参考系中测得棒的长度短.

反过来，假设棒相对于 S′系静止，在 S 系中将观察到棒以速度 $\boldsymbol{u}$ 沿 x 轴正方向运动，若 S′系中测得棒长为 l'，则根据同样的道理，在 S 系中测量同一棒的长度 l 为

$$l=\frac{l'}{\gamma}<l'$$

结果仍然表明，在相对于棒运动着的参考系中沿运动方向测出的棒长，比在相对静止的惯性参考系中测出的短.

如果以 l_0 表示在相对静止的参考系中测得的长度(称为固有长度)，l 表示在相对运动的参考系中测得的长度，则总有

$$l=\frac{l_0}{\gamma}<l_0 \tag{17-12}$$

这一效应称为长度收缩.

3. 时间延缓

在 S 系中同一地点发生的两个事件的时间间隔，或同一事件用相对于该参考系静止的时钟度量所经历的时间间隔，用 τ 表示. 由式(17－10)并利用 $\Delta x=0$ 可得，在 S′系记录下的时间间隔为

$$\tau'=\gamma\tau>\tau$$

上式说明，在 S'系中，观测到这两个事件的时间间隔变长了. 应指出的是，在 S 系看来是同一地点发生的两个事件(时间间隔为 τ)，在 S'系看来，并不是发生于同一地点(时间间隔为 τ').

反过来，对于 S'系中固定点处发生的两个事件，S 系中记录的时间间隔同样大于相对于 S'系静止的观察者记录下的这两个事件的时间间隔. 由此可以得出结论：相对于观察者所在的惯性系运动着的惯性系中的时钟变慢了，或者说，事件所经历的过程变慢了. 这一现象叫做时间延缓效应. 根据时间延缓效应，S 系中的观测者会发现 S'系的时钟变慢了，相反，S'系的观测者也会发现 S 系的时钟变慢了，所以时间延缓也叫做运动时钟变慢.

必须指出，运动时钟变慢是相对运动的必然结果，而不是事物内部或钟内部结构发生了什么变化，只是时间量度具有相对性的客观反映.

时间延缓效应已经得到了实验的证实. 宇宙射线中的 μ 介子，质量约是电子质量的 207 倍. μ 介子极不稳定，会自发地衰变，它们在自己的静止坐标系中的平均寿命为 2.15×10^{-6} s. 宇宙射线在距地面约 10^4 m 的高空形成 μ 介子，如果没有时间延缓效应，即使 μ 介子以光速运动也只能行进 600m，在到达地面前就消失在大气层中了. 但是由于时间延缓效应，地面上测出的寿命要长得多. 当 μ 介子的速率为 $0.999\ 945c$ 时，按时间延缓理论，可以计算出它的寿命可达原来的 95 倍，衰变前可飞行约 6×10^4 m，完全可以到达地面. 在地面上测出了一定量的 μ 介子流，证实了时间延缓效应.

时间延缓效应常使人提及双生子佯谬. 一对孪生兄弟，弟弟留在地球上，哥哥乘飞船作星际旅行，对弟弟来说，哥哥在高速运动，生命进程变慢，当弟弟年老时，哥哥还年轻；但如果哥哥以飞船作参考系，地球在高速离去，自然是自己年老时地球上的弟弟还年轻. 重返相遇的比较，结果应该是唯一的，似乎狭义相对论遇到无法克服的难题. 这就是双生子佯谬. 导致这个矛盾的原因是，狭义相对论是惯性系之间的时空理论，地球可近似看成惯性系，弟弟推断哥哥年轻是正确的；而飞船是非惯性系，狭义相对论不适用，所以哥哥不能推断弟弟比自己年轻. 根据广义相对论，可以计算出哥哥返回地球与弟弟重逢时，哥哥比弟弟更年轻！ 1966 年有人用 μ 子做了一个类似于“双生子效应”的实验，让 μ 子沿一直径为 14 m 的圆环运动，再回到出发点，实验结果表明运动的 μ 子确实比静止的 μ 子寿命更长. 这一结论一劳永逸地结束了“双生子佯谬”的纯理论讨论.

例题 1　地球上的天文学家测定距地球 8×10^{11} m 的木卫一上的火山爆发与地球上的一个火山爆发同时发生，以 2.5×10^8 m/s 经过地球向木星运动的空间旅行者也观测到了这两个事件，对该空间旅行者来说，(1)哪个爆发先发生？(2)这两个事件的距离是多少？(3)地球与木卫一间的距离又是多少？

解　(1)已知 $u=2.5\times10^8$ m/s,地球上的天文学家观测的地球与木卫一间的距离为 $\Delta x=8\times10^{11}$ m,两个事件的时间间隔 $\Delta t=0$. 设坐标系的 x 轴由地球指向木卫一,则旅行者观测到木卫一上的火山爆发的时间滞后于地球上火山爆发的时间为

$$\Delta t'=\gamma(\Delta t-\beta\Delta x/c)=-\gamma\beta\Delta x/c=-4\times10^3\,\mathrm{s}$$

因此,对旅行者来说,木卫一上火山先爆发.

(2) 这两个事件的距离为

$$\Delta x'=\gamma(\Delta x-\beta c\Delta t)=\gamma\Delta x=1.44\times10^{12}\ \mathrm{m}$$

(3) 上面计算的距离并不是旅行者所测的地球与木卫一间的距离,对旅行者而言,必须在同一时刻记录下两处的坐标,然后取它们的差值才是地球与木卫一间的距离. 根据长度收缩效应,旅行者测出的地球与木卫一间的距离为

$$d=\frac{\Delta x}{\gamma}=4.42\times10^{11}\ \mathrm{m}$$

17.2.3　相对论速度变换

在 S 系和 S′系中速度分量表达式分别为

$$v_x=\frac{\mathrm{d}x}{\mathrm{d}t},\quad v_y=\frac{\mathrm{d}y}{\mathrm{d}t},\quad v_z=\frac{\mathrm{d}z}{\mathrm{d}t}$$

$$v_x'=\frac{\mathrm{d}x'}{\mathrm{d}t'},\quad v_y'=\frac{\mathrm{d}y'}{\mathrm{d}t'},\quad v_z'=\frac{\mathrm{d}z'}{\mathrm{d}t'}$$

对式(17-8)微分可得

$$\mathrm{d}x'=\gamma(\mathrm{d}x-\beta c\,\mathrm{d}t)$$

$$\mathrm{d}t'=\gamma(\mathrm{d}t-\beta\,\mathrm{d}x/c)$$

因此

$$v_x'=\frac{\mathrm{d}x'}{\mathrm{d}t'}=\frac{\mathrm{d}x-\beta c\,\mathrm{d}t}{\mathrm{d}t-\beta\,\mathrm{d}x/c}=\frac{v_x-u}{1-\dfrac{u}{c^2}v_x}\tag{17-13a}$$

同理,

$$v_y'=\frac{\mathrm{d}y'}{\mathrm{d}t'}=\frac{\mathrm{d}y}{\gamma(\mathrm{d}t-\beta\,\mathrm{d}x/c)}=\frac{v_y}{\gamma\left(1-\dfrac{u}{c^2}v_x\right)}\tag{17-13b}$$

$$v_z'=\frac{v_z}{\gamma\left(1-\dfrac{u}{c^2}v_x\right)}\tag{17-13c}$$

从上述速度变换出发,可以导出其逆变换公式为

$$\begin{cases} v_x = \dfrac{v'_x + u}{1 + \dfrac{u}{c^2} v'_x} \\ v_y = \dfrac{v'_y}{\gamma\left(1 + \dfrac{u}{c^2} v'_x\right)} \\ v_z = \dfrac{v'_z}{\gamma\left(1 + \dfrac{u}{c^2} v'_x\right)} \end{cases} \tag{17-14}$$

光速不变原理是相对论的基本假设之一，现在我们用速度变换公式验证一下. 设在 S 系的坐标原点向 x 轴方向发射一光信号，S 系中的观测者测得这一信号的速度为 $v_x = c$. 根据式(17－13a)，S′系的观测者测得的速度为

$$v'_x = \frac{c - u}{1 - cu/c^2} = c$$

可见，对于两个参考系中的观测者而言，速度都是 c.

另外，对于低速运动的情形，即 $u \ll c$，$v \ll c$ 时，对速度变换求 $v/c \to 0$，$u/c \to 0$ 时的极限，得

$$\begin{cases} v'_x = v_x - u \\ v'_y = v_y \\ v'_z = v_z \end{cases}$$

相对论的速度变换公式就过渡到了伽利略速度变换式 $\boldsymbol{v}' = \boldsymbol{v} - \boldsymbol{u}$. 这说明相对论的速度变换式不仅适用于高速运动同时也适用于低速运动的情形，伽利略速度变换只是相对论速度变换式在 $v/c \to 0$，$u/c \to 0$ 下的极限.

17.3　狭义相对论动力学基础

在经典力学中，描述质点动力学规律的基本方程是牛顿第二定律

$$\boldsymbol{F} = \frac{\mathrm{d}\boldsymbol{p}}{\mathrm{d}t} = m\frac{\mathrm{d}\boldsymbol{v}}{\mathrm{d}t}$$

其中质点的质量 m 为一个与速度无关的常量. 这个方程和牛顿力学中的其他方程一样，都具有伽利略变换不变性，在低速运动的情况($v/c \ll 1$)下得到了实验的广泛支持. 但是可以证明，这个方程不满足狭义相对论的相对性原理，不具备洛伦兹变换的不变性.

另外，牛顿第二定律认为质点的质量是不变的，如果以一个恒力作用于质点，则此质点将做匀加速运动，经过足够长的时间后，质点的速度就会超过光速，显然

与相对论的结论不符.

为此,必须对牛顿力学加以修正,使它满足以下两个要求:①满足狭义相对论的相对性原理及光速不变原理;②当质点速率 $v \ll c$ 时,过渡到牛顿力学的公式,即要求牛顿力学是当 $v \ll c$ 时相对论力学的一级近似.

17.3.1　相对论动量和质量

在相对论中,质点的动量仍然定义为质点的质量与其速度的乘积:

$$\boldsymbol{p}=m\boldsymbol{v} \tag{17-15}$$

如果这一定义是合理的,那么要保证动量守恒定律在洛伦兹变换下形式不变,则上式中的质量不再是一个与速度无关的常量了.可以证明,如果质点在相对于它静止的参考系中的质量为 m_0(称为静止质量),则它以速度 v 运动时的质量可以表示为

$$m=\frac{m_0}{\sqrt{1-\left(\frac{v}{c}\right)^2}} \tag{17-16}$$

此式表明,观察者测得运动质点的质量大于静止质量,也就是说,质量也是相对的.式(17-16)称为相对论的质速关系式.

图 17-3 显示了质量随速度的变化关系曲线.当质点的速率趋近于零时,质点的相对论质量趋近于静止质量.当质点的速率趋近于光速时,其质量将趋近于无穷大,这时它的加速度将趋近于零,质点的速率不能再增大,所以说任何质点的速率都以光速 c 为极限.这在高能粒子加速速器实验中得到了证实,用电场加速带电粒子到一定程度后,粒子的速率就不再增大了.

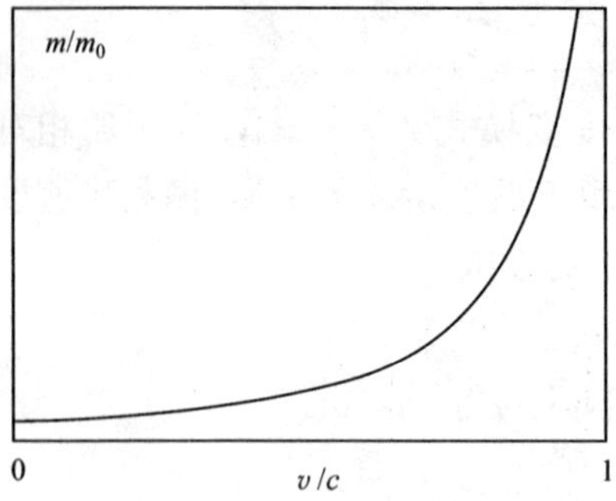

图 17-3　质速关系曲线

由式(17-15)定义的动量,在描述质点系的动量守恒时,具有洛伦兹变换的不变性或相对论的相对性原理.对洛伦兹变换保持形式不变的相对论的动力学基本方程为

$$\boldsymbol{F}=\frac{\mathrm{d}\boldsymbol{p}}{\mathrm{d}t}=\frac{\mathrm{d}}{\mathrm{d}t}\frac{m_0\boldsymbol{v}}{\sqrt{1-\left(\frac{v}{c}\right)^2}} \tag{17-17}$$

容易看出,当 $v \ll c$ 时,即当质点的速率远小于光速时,上述方程就是经典的牛顿第二定律,说明经典力学是相对论在低速极限下的近似.

17.3.2　相对论能量

由动能定理,质点速度为$\boldsymbol{v}$时的动能就是质点由静止开始速度增大到$\boldsymbol{v}$时合外力 $\boldsymbol{F}$ 所做的功. 即

$$E_k=\int \boldsymbol{F}\cdot d\boldsymbol{r}=\int \frac{d(m\boldsymbol{v})}{dt}\cdot \boldsymbol{v}\,dt=\int_0^v d(m\boldsymbol{v})\cdot \boldsymbol{v} \tag{17-18}$$

式中

$$d(m\boldsymbol{v})\cdot \boldsymbol{v}=v^2 dm+mvdv$$

从式(17－16)可得

$$m^2 v^2=m^2 c^2-m_0^2 c^2$$

上式两边微分,并化简可得

$$v^2 dm+mvdv=c^2 dm$$

将上式代入式(17－18),可把式(17－18)的积分化为对质量从 m_0 到 m 的定积分:

$$E_k=\int_{m_0}^{m} c^2 dm=mc^2-m_0c^2 \tag{17-19}$$

从形式上看,相对论的动能表达式与经典力学的动能表达式完全不一样,但在 $v\ll c$ 的情形下,有

$$E_k=\frac{m_0 c^2}{\sqrt{1-\left(\frac{v}{c}\right)^2}}-m_0c^2\approx m_0c^2\left[1+\frac{1}{2}\left(\frac{v}{c}\right)^2\right]-m_0c^2=\frac{1}{2}m_0v^2$$

这就是经典力学中的动能表达式.

爱因斯坦将式(17－19)写成如下形式

$$E_k=mc^2-m_0c^2=E-E_0$$

并且将式中的

$$E=mc^2 \tag{17-20}$$

解释为质点运动时的总能量,而把

$$E_0=m_0c^2 \tag{17-21}$$

解释为质点静止时具有的能量,称为静能. 这样,质点的动能等于它运动时具有的总能量减去它静止时具有的静能,相当于由于运动而增加的能量.

式(17－20)就是著名的质能关系式,它揭示了反映物质基本属性的质量与能量之间的内在联系. 相对论能量随 v/c 变化的曲线如图 17－4 所示. 质能关系式为人类利用原子核能奠定了理论基础,它是狭义相对论对人类的最重要的贡献之一. 实验发现,构成原子核的核子的静止质量之和大于原子核的静止质量,它们之间的差值叫做原子核的质量亏损. 这意味着,核子在形成原子核的过程中,与质量亏损相对应的静能会被释放出来,这就是某些核裂变和核聚变反应能够释放出巨大能

量的原因. 原子弹与当今的核电站等的能量都来自于原子核的裂变反应，氢弹与恒星的能量来源于核聚变反应.

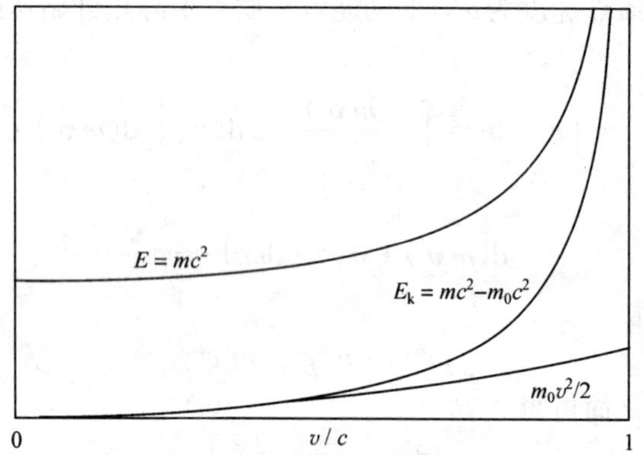

图 17-4　相对论的能量曲线

17.3.3　能量和动量的关系

由质速关系式(17-16)，有

$$m^2\left(1-\frac{v^2}{c^2}\right)=m_0^2$$

上式两边同乘以 c^4，可得

$$m^2c^4=m^2v^2c^2+m_0^2c^4$$

考虑到 $p=mv, E=mc^2$，上式可以写成

$$E^2=p^2c^2+m_0^2c^4 \tag{17-22}$$

这就是相对论的能量——动量关系式.

利用相对论的能量动量关系，可以简单导出光子的动量. 由于光子的静止质量为零，所以根据式(17-22)，光子的动量为

$$p=\frac{E}{c}=\frac{h\nu}{c}=\frac{h}{\lambda} \tag{17-23}$$

λ 为光子的波长，h 为普朗克常量.

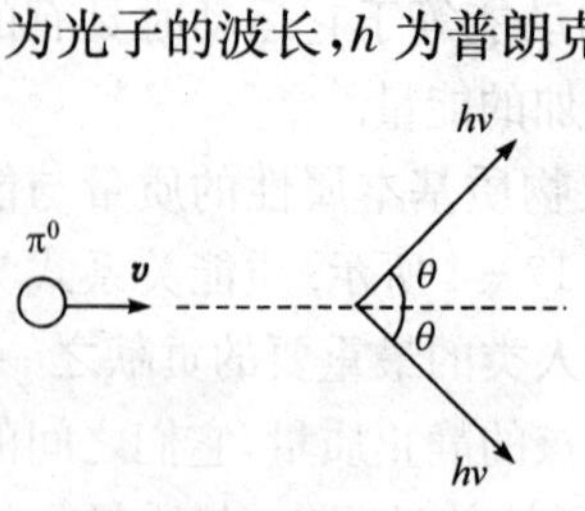

图 17-5　π^0 介子衰变

例题 2　一中性 π 介子(π^0)相对于观察者以速率 v 运动，然后衰变为两个光子. 如图 17-5 所示，若两个光子的运动方向与原来 π^0 介子的方向成相等的夹角 θ，试证明两个光子的能量相等，且求出角度 θ.

解　设 π^0 介子以速度 v 运动时的质量为 m. 衰变前其动量为 mv，能量为 mc^2. 衰变前后动量和总能量均保持不变.

水平方向动量守恒方程为

$$mv=\frac{h}{\lambda}\cos\theta+\frac{h}{\lambda'}\cos\theta \tag{1}$$

式中 λ 和 λ' 为衰变后两个光子的波长.

竖直方向的动量守恒方程为

$$0=\frac{h}{\lambda}\sin\theta-\frac{h}{\lambda'}\sin\theta \tag{2}$$

能量守恒方程为

$$mc^2=\frac{hc}{\lambda}+\frac{hc}{\lambda'} \tag{3}$$

由式(2)得 $\lambda=\lambda'$，所以两个光子的能量相等，均为 $\frac{hc}{\lambda}$.

由式(3)，并利用 $\lambda'=\lambda$，得

$$m=\frac{2h}{\lambda c}$$

代入式(1)，可得

$$\cos\theta=\frac{v}{c}$$

于是，$\theta=\arccos\frac{v}{c}$.

习　题

17-1　在 S 系中观察到两个事件同时发生在 x 轴上，其间距离是 1 m，在 S′系观察到这两个事件之间的空间距离是 2 m，求在 S′系中这两个事件的时间间隔.

17-2　地面上 A，B 两点相距 100 m，一短跑选手由 A 跑到 B 历时 10 s，试问在与运动员同方向飞行速度为 0.6 c 的飞船中观测，这选手由 A 到 B 跑了多长距离？经历了多长时间？速度的大小和方向如何？

17-3　一静止长度为 l_0 的火箭，以速率 u 对地飞行，现自其尾端发射一个光信号. 试根据洛伦兹变换计算，在地面系中观测，光信号自火箭尾端到前端所经历的位移、时间和速度.

17-4　一观察者沿运动方向测得一根米尺的长度为 0.8 m，试问此尺以多大速度接近观察者？

17-5　在地面上测得两个飞船分别以 $+0.9c$ 和 $-0.9c$ 的速率向相反方向飞行，求两飞船的相对速率.

17-6　如习题 17-6 图所示观察者 o 和 o′分别与两个惯性系 S 和 S′相对静止，由式(17-8)的变换相联系. o 观测到一光线在 xy 平面内与 x 轴成 θ 角传播，求观察者 o′观测到该光线的传

播方向与 x 轴所成的角度 θ'.

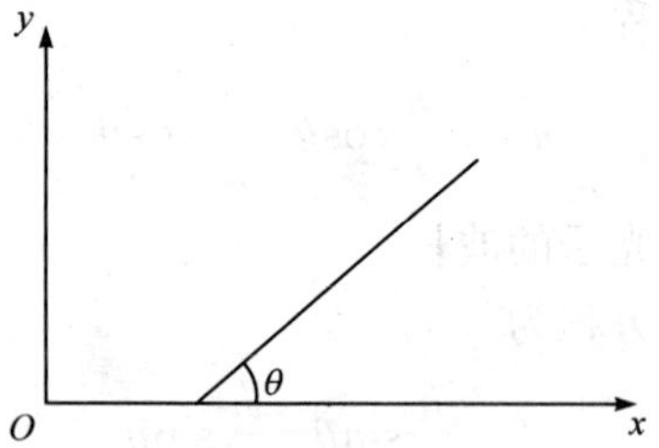

习题 17-6 图

17-7　将上题中的光线换成一根与 x 轴成 θ 角的刚性棒，重新计算 θ'.

17-8　一原子核以 $0.5c$ 的速度离开一观察者运动. 原子核在它运动方向上向前发射一电子，该电子相对于核有 $0.8c$ 的速度；此原子核又向后发射了一光子指向观察者. 对静止观察者来讲，(1)电子具有多大的速度；(2)光子具有多大的速度.

17-9　当一静止体积为 V_0，静止质量为 m_0 的立方体沿其一棱以速率 v 运动时，计算其体积、质量和密度.

17-10　粒子具有多大的速率才能使其动能等于静能？

17-11　电子的静止质量为 9.1×10^{-31} kg. 当电子以 $0.99c$ 的速率运动时，(1)电子的总能量是多少？(2)电子的经典力学动能与相对论动能之比是多大？

17-12　两个静止质量都是 m_0 的粒子，其中一个静止，另一个以 $0.8c$ 的速率运动，求它们完全非弹性正碰后形成的复合粒子的静止质量.

17-13　一被加速器加速的电子，其能量为 3.00×10^9 eV. 试问：

(1) 这个电子的质量是其静质量的多少倍？

(2) 这个电子的速率是多少？

17-14　有一 π^+ 介子，在静止下来后，衰变为 μ^+ 子和中微子 ν，三者的静止质量分别为 m_π，m_μ 和 0. 求 μ^+ 子和中微子的动能.

17-15　一束具有能量为 $h\nu_0$，动量为 $\dfrac{h\nu_0}{c}$ 的光子流，与一个静止的电子作弹性碰撞，散射光子的能量为 $h\nu$，动量为 $\dfrac{h\nu}{c}$. 试证光子的散射角 ϕ 满足下式：

$$\frac{c}{\nu}-\frac{c}{\nu_0}=\frac{h}{m_0c}(1-\cos\phi)$$

式中 m_0 为电子的静止质量，h 为普朗克常量.

附　　录

附录 1　基本物理常量 1998 年的推荐值

物理量	符号	数值
真空中光速	c	299 792 458 m·s^{-1}
真空磁导率	μ_0	12.566 370 614×10^{-7} N·A^{-2}
真空电容率	ε_0	8.854 187 817×10^{-12} F·m^{-1}
万有引力常量	G	6.673(10)×10^{-11} m^3·kg^{-1}·s^{-2}
普朗克常量	h	6.626 068 76(52)×10^{-34}J·s
元电荷	e	1.602 176 462(63)×10^{-19} C
磁通量子	Φ_0	2.067 833 636(81)×10^{-15} Wb
玻尔磁子	μ_B	9.274 008 99(37)×10^{-24} J·T^{-1}
核磁子	μ_N	5.050 783 17(20)×10^{-27} J·T^{-1}
里德伯常量	R_∞	10 973 731.568 549(83) m^{-1}
玻尔半径	a_0	0.529 177 208 3(19)×10^{-10} m
电子质量	m_e	9.109 381 88(72)×10^{-31} kg
电子磁矩	μ_e	−9.284 763 62(37)×10^{-24} J·T^{-1}
质子质量	m_p	1.672 621 58(13)×10^{-27} kg
质子磁矩	μ_p	1.410 606 633(58)×10^{-26} J·T^{-1}
中子质量	m_n	1.674 927 16(13)×10^{-27} kg
中子磁矩	μ_n	−0.966 236 40(23)×10^{-26} J·T^{-1}
阿伏伽德罗常量	N_A	6.022 141 99(47)05×10^{23} mol^{-1}
摩尔气体常量	R	8.314 472(15)J·mol^{-1}·K^{-1}
玻尔兹曼常量	k	1.380 650 3(24)×10^{-23} J·K^{-1}
斯特藩常量	σ	5.670 400(40)×10^{-8} W·m^{-2}·K^{-4}

附录 2　保留单位和标准值

物理量	符号	数值
电子伏特	eV	1.602 176 462(63)×10^{-19} J
原子质量单位	u	1.660 538 73(13)×10^{-27} kg
标准大气压	atm	101 325 Pa
标准重力加速度	g_n	9.806 65 m·s^{-2}

附录3 习题答案

第1章 运动和力

1-1 (1) $\boldsymbol{v}=-a\omega\sin\omega t\boldsymbol{i}+b\omega\cos\omega t\boldsymbol{j}$, $\boldsymbol{a}=-a\omega^2\cos\omega t\boldsymbol{i}-b\omega^2\sin\omega t\boldsymbol{j}=-\omega^2\boldsymbol{r}$;(2) $\dfrac{x^2}{a^2}+\dfrac{y^2}{b^2}=1$

1-2 $\dfrac{x^2}{A^2}+\dfrac{y^2}{B^2}=1$

1-3 后一种方法正确. 前一种方法的错误在于只考虑了径矢的量值随时间的变化,而未考虑由于径矢方向随时间的变化对速度的贡献,或速度方向随时间的变化对加速度的贡献

1-4 略

1-5 (1) $a_t=4.8\ \mathrm{m\cdot s^{-2}}$, $a_n=230.4\ \mathrm{m\cdot s^{-2}}$;(2) $\theta\approx3.15$ rad; (3) $t\approx0.55$ s

1-6 $v=356\ \mathrm{m\cdot s^{-1}}$, $a=2.59\times10^{-2}\ \mathrm{m\cdot s^{-2}}$

1-7 (1) $\tau=4.16\times10^3$ s$=69.4$ min; (2) $\omega=26\ \mathrm{rad\cdot s^{-1}}$, $\alpha=-3.31\times10^{-3}\ \mathrm{rad\cdot s^{-2}}$

1-8 $v_{AB}=917\ \mathrm{m\cdot s^{-1}}$,向西偏南 40°56′;$v_{BA}=917\ \mathrm{m\cdot s^{-1}}$,方向为东偏北 40°56′

1-9 13.2N

1-10 $k_1k_2/(k_1+k_2)$;k_1+k_2

1-11 $v=\dfrac{v_0R}{R+v_0\mu_kt}$, $s=\dfrac{R}{\mu_k}\ln\left(1+\dfrac{v_0\mu_kt}{R}\right)$

1-12 4.23×10^4 km

第2章 动量守恒 角动量守恒

2-1 $p_r=1.36\times10^{-22}\ \mathrm{kg\cdot m\cdot s^{-1}}$,原子核剩余部分的动量方向与电子径迹间的夹角为 151°56′

2-2 (1) 1.41 $\mathrm{kg\cdot m\cdot s^{-1}}$, 1.41 $\mathrm{kg\cdot m\cdot s^{-1}}$; (2)0,0

2-3 (1) 16.8 N·s, 27.9°; (2) 840 N

2-4 $mv/(m+M)$

2-5 0.71

2-6 $\left(5.0\boldsymbol{i}+\dfrac{25}{7}\boldsymbol{j}\right)\ \mathrm{m\cdot s^{-1}}$

2-7 $m_2R/(m_1+m_2)$

2-8 $2.17\times10^{11}\ \mathrm{m^2\cdot s^{-1}}$, $3.18\times10^{34}\ \mathrm{kg\cdot m^2\cdot s^{-1}}$

2-9 $Rmv_0/(I+mR^2)$

2-10 (1) 5.30×10^{12} m; (2) 76.4 年

2-11 (1) 1.59 $\mathrm{km\cdot s^{-1}}$; (2) 10.6 h

2-12 6.59×10^{15} Hz

2-13 $mR^2/4$

2-14 3.17 min

第3章 能量守恒

3-1 $\frac{m_1m_2}{2(m_1+m_2)}(v_1^2+v_2^2)$

3-2 $\frac{1}{2}m\omega^2(a^2-b^2)$

3-3 7.1×10^3 J

3-4 -32 J

3-5 $(12A/x^{13}-6B/x^7)\boldsymbol{i}$, $(2A/B)^{1/6}$

3-6 (1) 300 r/min; (2) $-2/3$

3-7 $\sqrt{2gh}(M+m)/m$

3-8 $1.12\times10^4\ \mathrm{m\cdot s^{-1}}$

3-9 2.95×10^3 m, $1.85\times10^{19}\ \mathrm{kg\cdot m^{-3}}$

3-10 $v_1=5.91\times10^4\ \mathrm{m\cdot s^{-1}}$, $v_2=3.88\times10^4\ \mathrm{m\cdot s^{-1}}$

第4章 流体力学

4-1 略

4-2 $p(r)=p_0+\rho\omega^2 r/2$

4-3 7.3×10^8 N

4-4 $H/2$

4-5 $v=\sqrt{2gh'}$, $p_A=p_0-\rho gh'$, $p_B=p_0-\rho g(h+h')$, $p_C=p_0$

4-6 $\sqrt{2ghS_1^2/(S_1^2-S_2^2)}$

4-7 $\sqrt{2gS_1^2(h_2+\rho_1h_1/\rho_2)/(S_1^2-S_2^2)}$

4-8 $2S(p-p_0)$

4-9 227 s

4-10 $0.77\ \mathrm{m\cdot s^{-1}}$, 8.5

4-11 $7.87\times10^{-2}\ \mathrm{m\cdot s^{-1}}$

第5章 气体动理论

5-1 $2.4\times10^{10}\ \mathrm{m^{-3}}$

5-2 2.0×10^{-21} J

5-3 (1) $2.45\times10^{25}\ \mathrm{m^{-3}}$; (2) $1.30\times10^{-3}\ \mathrm{kg\cdot m^{-3}}$; (3) 5.32×10^{-26} kg; (4) 3.44×10^{-9} m; (5) 6.21×10^{-21} J; (6) 比值为 2.51×10^{-5}

5-4 氢分子 $\bar{v}=2\,057\ \mathrm{m\cdot s^{-1}}$, $\sqrt{\overline{v^2}}=2\,233\ \mathrm{m\cdot s^{-1}}$, $v_p=1823\ \mathrm{m\cdot s^{-1}}$;

氧分子 $\bar{v}=514\ \mathrm{m\cdot s^{-1}}$, $\sqrt{\overline{v^2}}=558\ \mathrm{m\cdot s^{-1}}$, $v_p=456\ \mathrm{m\cdot s^{-1}}$.

5-5 1.66 %

5-6 453.5 K

5-7　$\sqrt{2m/(\pi kT)}$，比值 $4/\pi>1$

5-8　略

5-9　$kT/2$

5-10　(1) 略；(2) $A=3/v_F^3$；(3) $v_p=v_F$，$\bar{v}=3v_F/4$，$\sqrt{\overline{v^2}}=\sqrt{3/5}v_F$

5-11　$1.16\times10^3\ kg\cdot m^{-3}$

5-12　1.33×10^4 Pa

5-13　73.0 J

5-14　(1) 0；(2) 0；(3) $1.61\times10^{29}\ m^2\cdot s^{-2}$；(4) $2.87\times10^{26}\ m\cdot s^{-1}$

5-15　2 298 m

5-16　(1) 1.45；(2) 3.25×10^{-7} m

5-17　$1.27\times10^{-5}\ Pa\cdot s$

5-18　$4.34\times10^{-14}\ m^2\cdot s^{-1}$

第6章　热力学基础

6-1　56 J

6-2　$-A\ln\frac{p_2}{p_1}+\frac{1}{2}C(p_2^2-p_1^2)+\frac{2}{3}D(p_2^3-p_1^3)+\cdots$

6-3　265 K，$1.2\times10^{-2}\ m^3$，9.13×10^4 Pa

6-4　(1) $Q=3\ 280$ J，$A'=2\ 033$ J，$\Delta E=1\ 247$ J

　　(2) $Q=2\ 934$ J，$A'=1\ 688$ J，$\Delta E=1\ 247$ J

6-5　$p_0(e^{-aV_0}-e^{-2aV_0})/a$

6-6　2.4

6-7　(1) 1.33；(2) 2 519 J；(3) 831 J

6-8　(1) 略；(2) 1.25×10^4 J；(3) $\Delta E=0$；(4) 1.25×10^4 J；(5) $0.113\ m^3$

6-9　(1) p_0V_0；(2) $3T_0/2$；(3) $21T_0/4$；(4) $19p_0V_0/2$

6-10　13.4 %

6-11　$8.33\times10^{-2}\ J\cdot K^{-1}$

6-12　略

6-13　(1) 487.5 K，1.097×10^5 Pa；(2) $2.73\ J\cdot K^{-1}$

6-14　$6.06\ J\cdot K^{-1}$

6-15　1.79×10^3 J

第7章　液体的表面性质

7-1　$\rho=\rho_0 e^{2\alpha\beta/r}$

7-2　2.27 cm

7-3　9.93×10^{-3} m

7-4　$p=\rho g\ (h+\Delta h)$

7-5　5.96×10^{-2} m

第8章 静电场

8-1 (1) $\frac{1}{2\pi\varepsilon_0}\frac{qQx}{(x^2+l^2/4)^{3/2}}$;

(2) 略

8-2 $F=-\frac{2pQ}{4\pi\varepsilon_0 r^3},M=0$; $F=\frac{pQ}{4\pi\varepsilon_0 r^3},M=\frac{pQ}{4\pi\varepsilon_0 r^2}$

8-3 $\frac{q}{36\pi\varepsilon_0 R^2}$,0

8-4 $\pi a^2 E$

8-5 $4\varepsilon_0$

8-6 2.03×10^7 V·m

8-7 $\boldsymbol{E}=\begin{cases}0, & r<R_1\\ \frac{\sigma R_1}{\varepsilon_0 r^2}\boldsymbol{r}, & R_1<r<R_2\\ \frac{\sigma(R_1-R_2)}{\varepsilon_0 r^2}\boldsymbol{r}, & r>R_2\end{cases}$

8-8 $\boldsymbol{E}=\begin{cases}\frac{\rho x}{\varepsilon_0}\boldsymbol{i}, & |x|<d/2\\ \frac{\rho d}{2\varepsilon_0}\frac{x}{|x|}\boldsymbol{i}, & |x|\geqslant d/2\end{cases}$

8-9 $\frac{q_0}{4\pi\varepsilon_0 a_0^2}\left(2+\frac{2a_0}{r}+\frac{a_0^2}{r^2}\right)e^{-2r/a_0}$

8-10 $y=\frac{-eE}{2mv^2}x^2$

8-11 3.25×10^2 m·s^{-1}

8-12 3.0×10^{11} J,7.2×10^5 kg

8-13 (1) $\frac{\sqrt{5}-1}{\sqrt{5}}\frac{q}{4\pi\varepsilon_0 R}$;(2) $\frac{q}{6\pi\varepsilon_0}$

8-14 $\boldsymbol{E}=\begin{cases}\frac{q\boldsymbol{r}}{4\pi\varepsilon_0 R^3}, & r<R\\ \frac{q\boldsymbol{r}}{4\pi\varepsilon_0 r^3}, & r>R\end{cases}$;$2.4\times10^{21}$ V·m^{-1}

8-15 4.35×10^{-18} J=27.2 eV

8-16 $\frac{Q}{2S},\frac{Q}{2S},-\frac{Q}{2S},\frac{Q}{2S};\frac{Q}{2\varepsilon_0 S}$

8-17 $U=\frac{Q}{4\pi\varepsilon_0\sqrt{R^2+x^2}},E=\frac{Qx}{4\pi\varepsilon_0(R^2+x^2)^{3/2}}$

8-18 $\frac{p}{4\pi\varepsilon_0 r^3}\sqrt{1+3\cos^3\theta}$

8-19　$-\boldsymbol{p}\cdot\boldsymbol{E}$

8-20　$q_1=\dfrac{4\pi\varepsilon_0 R_1R_2}{R_2-R_1}(U_A-U_B),q_2=-\dfrac{4\pi\varepsilon_0 R_1R_2}{R_2-R_1}(U_A-U_B),q_3=4\pi\varepsilon_0 R_3U_B$

8-21　$D=\begin{cases}0, & r<R\\ \dfrac{q}{4\pi r^2}, & r>R\end{cases}$

$$E=\begin{cases}0, & r<R\\ \dfrac{q}{4\pi\varepsilon_0 r^2}, & R<r<a\\ \dfrac{q}{4\pi\varepsilon_0\varepsilon_r r^2}, & a<r<b\\ \dfrac{q}{4\pi\varepsilon_0 r^2}, & r>b\end{cases}$$

$$U=\begin{cases}\dfrac{q}{4\pi\varepsilon_0}\left[\left(\dfrac{1}{R}-\dfrac{1}{a}\right)+\dfrac{1}{\varepsilon_r}\left(\dfrac{1}{a}-\dfrac{1}{b}\right)+\dfrac{1}{b}\right], & r<R\\ \dfrac{q}{4\pi\varepsilon_0}\left[\left(\dfrac{1}{r}-\dfrac{1}{a}\right)+\dfrac{1}{\varepsilon_r}\left(\dfrac{1}{a}-\dfrac{1}{b}\right)+\dfrac{1}{b}\right], & R<r<a\\ \dfrac{q}{4\pi\varepsilon_0}\left[\dfrac{1}{\varepsilon_r}\left(\dfrac{1}{r}-\dfrac{1}{b}\right)+\dfrac{1}{b}\right], & a<r<b\\ \dfrac{q}{4\pi\varepsilon_0 r}, & r>b\end{cases}$$

8-22　(1) $C/C_0=2$；(2) $C/C_0=2\varepsilon_r/(1+\varepsilon_r)$

8-23　$\dfrac{\ln\dfrac{b}{a}}{\ln\dfrac{br_1}{ar_2}+\dfrac{1}{\varepsilon_r}\ln\dfrac{r_2}{r_1}}$

8-24　(1) $\dfrac{q^2d}{2\varepsilon_0 S}$；(2) $\dfrac{q^2d}{2\varepsilon_0 S}$

8-25　(1) $1.1\times10^{-2}\ \mathrm{J\cdot m^{-3}}$, $2.2\times10^{-2}\ \mathrm{J\cdot m^{-3}}$；(2) 1.1×10^{-7} J, 3.3×10^{-7} J；(3) 4.4×10^{-7} J

8-26　(1) $\dfrac{q^2}{8\pi^2\varepsilon L^2r^2},\dfrac{q^2\mathrm{d}r}{4\pi\varepsilon Lr}$；(2) $\dfrac{q^2}{4\pi\varepsilon L}\ln\dfrac{b}{a},\dfrac{2\pi\varepsilon L}{\ln b-\ln a}$

8-27　$\dfrac{2\pi(\varepsilon+\varepsilon_0)R_1R_2}{R_2-R_1}$

第9章　恒定磁场

9-1　(1) $\dfrac{I}{\sigma_1 S},\dfrac{I}{\sigma_2 S}$；(2) $\dfrac{Id_1}{\sigma_1 S},\dfrac{Id_2}{\sigma_2 S}$

9-2　$\dfrac{1}{2\pi\sigma L}\ln\dfrac{b}{a}$

9-3 (1) 0.1 A, 200 V; (2) 0.05 W

9-4 2.00 V, 0.02 Ω

9-5 略

9-6 10 V, 0 V

9-7 6.4 km

9-8 0, 1.0×10^{-4} T

9-9 0

9-10 (1) 8.0×10^{-5} T; (2) 3.24×10^{-5} T

9-11 12.5 T

9-12 (1) $B_0=\dfrac{\sqrt{2}\mu_0 I}{\pi a}$, $B=\dfrac{2\mu_0 Ia^2}{\pi(x^2+a^2)\sqrt{x^2+2a^2}}$; (2) 2.82×10^{-4} T, 3.92×10^{-7} T

9-13 3.18×10^{-5} T

9-14 $\dfrac{\mu_0\sigma\omega}{2}\left(\dfrac{2x+R^2}{\sqrt{x^2+R^2}}-2x\right)$

9-15 $B=\begin{cases}0, & (r<a)\\ \mu_0\dfrac{r^2-a^2}{b^2-a^2}\dfrac{I}{2\pi r}, & (a<r<b)\\ \dfrac{\mu_0 I}{2\pi r}, & (r>b)\end{cases}$

9-16 $IlB\sin\theta$

9-17 8.32×10^{-7} N

9-18 1.07×10^{-4} N

9-19 120 N

9-20 7.85×10^{-2} N·m

9-21 7.56×10^{6} m·s^{-1}

9-22 2.98×10^{-3} m

9-23 $T=3.57\times10^{-10}$ s, $h=4.73\times10^{-3}$ m, $R=1.31\times10^{-3}$ m

9-24 (1) 2.23×10^{-5} V; (2)无影响

9-25 $B=\begin{cases}\dfrac{\mu_1 Ir}{2\pi R_1^2}, & r<R_1\\ \dfrac{\mu_2 I}{2\pi r}, & R_1<r<R_2\\ \dfrac{\mu_0 I}{2\pi r}, & r>R_2\end{cases}$

9-26 (1) $H=300$ A·m^{-1}, $B=3.77\times10^{-4}$ T, $M=0$; (2) $H=300$ A·m^{-1}, $B=7.54\times10^{-2}$ T, $M=5.97\times10^{4}$ A·m^{-1}

9-27 $H=0$, $\boldsymbol{B}=\mu_0\boldsymbol{M}$

第 10 章　电磁感应

10-1　(1) 3.1×10^{-2} V; (2) 略

10-2　(1) $\frac{\mu_0 iL}{2\pi}\ln\frac{b}{a}$; (2) $-\frac{\mu_0 L}{2\pi}i_0\omega\cos\omega t\ln\frac{b}{a}$

10-3　7.0×10^{-3} V

10-4　3.84×10^{-5} V

10-5　$\pi\cos(100\pi t)$V

10-6　$5.0\times10^{-4}\ \mathrm{V\cdot m^{-1}}$, $1.25\times10^{-3}\ \mathrm{V\cdot m^{-1}}$, $2.5\times10^{-3}\ \mathrm{V\cdot m^{-1}}$, $1.25\times10^{-3}\ \mathrm{V\cdot m^{-1}}$

10-7　$\frac{1}{2}L\sqrt{R^2-L^2/4}\frac{\mathrm{d}B}{\mathrm{d}t}$

10-8　$\frac{\mu_0 l_1}{2\pi}\left(\ln\frac{b+l_2}{b}-\ln\frac{a+l_2}{a}\right)\frac{\mathrm{d}I}{\mathrm{d}t}$

10-9　4.74×10^{-3} V

10-10　1 209

10-11　(1) 6.28×10^{-6} H; (2) 3.14×10^{-4} V

10-12　$M_{12}=M_{21}=\mu_0 N_1 N_2 \pi R_2^2/l$

10-13　$\frac{\mu_0 N_1 N_2 \pi R^2 r^2}{2(R^2+l^2)^{3/2}}$

10-14　4.43×10^{-5} J, 398 J, 9.0×10^{6}

第 11 章　麦克斯韦方程组　电磁波

11-1　(1) 1.4 A; (2) $\frac{\mu_0\varepsilon_0 r}{2}\frac{\mathrm{d}E}{\mathrm{d}t}$, 5.6×10^{-6} T

11-2　$1.0\times10^{6}\ \mathrm{V\cdot s^{-1}}$

11-3　$1.01\times10^{3}\ \mathrm{V\cdot m^{-1}}$, $2.68\ \mathrm{A\cdot m^{-1}}$

11-4　$3.98\times10^{-7}\ \mathrm{W\cdot m^{-2}}$, $1.73\times10^{-2}\ \mathrm{V\cdot m^{-1}}$, $4.6\times10^{-5}\ \mathrm{A\cdot m^{-1}}$

11-5　1.67×10^{2} W

第 12 章　振动与波

12-1　(1) $8\pi\ \mathrm{rad\cdot s^{-1}}$, 0.25 s, 0.05 m, $\pi/3$, $1.26\ \mathrm{m\cdot s^{-1}}$, $31.6\ \mathrm{m\cdot s^{-2}}$; (2) $25\pi/3$, $49\pi/3$, $241\pi/3$; (3) $(n+1/6)/8$, $n=0,1,2,\cdots$

12-2　$\frac{1}{2}mAa_{\max}$, $\pm\sqrt{2/3}A$

12-3　$4.40\ \mathrm{m\cdot s^{-1}}$, 0.70 m

12-4　$\frac{1}{2\pi}\sqrt{\frac{k_1k_2}{(k_1+k_2)m}}$

12-5　$\frac{1}{2\pi}\sqrt{\frac{2g}{l}}$

12-6 (1) 0.25 m; (2) 0.2 J; (3) ±0.177 m

12-7 $0.061\cos(2t+0.082)$m

12-8 以 A 为原点：$y(t,x)=0.02\cos\left(2\pi t+\frac{\pi x}{5}+\varphi\right)$;

以 B 为原点：$y(t,x)=0.02\cos\left(2\pi t+\frac{\pi}{5}x-0.01\pi+\varphi\right)$

12-9 (1) $y(x,t)=0.4\cos\left(0.4\pi t-5\pi x+\frac{\pi}{2}\right)$m; (2) 略

12-10 (1) $5\cos(20-4y)$cm; (2) $5\cos(3t-11)$cm; (3) 0.75 $\mathrm{cm\cdot s^{-1}}$; (4) 0

12-11 (1) x 轴正向; (2) 2×10^{-3} m, 262 Hz, 0.3 m, 78.6 $\mathrm{m\cdot s^{-1}}$; (3) 7.18π, 2.07 m; (4) 1.79 $\mathrm{m\cdot s^{-1}}$

12-12 (1) $x_B=0.01\cos(200\pi t+\varphi)$m, $x_c=0.01\cos(200\pi t+\varphi+\pi)$m;

(2) $x_B(y,t)=0.01\cos\left[200\pi\left(t-\frac{y}{430}\right)+\varphi\right]$m, $x_C(y,t)=$

$0.01\cos\left[200\pi\left(t+\frac{y-30}{430}\right)+\varphi+\pi\right]$m;

(3) $y=15+2.15k, k=0,\pm1,\pm2,\cdots,\pm6$

12-13 1.12

12-14 77 dB

12-15 1.0 $\mathrm{W\cdot m^{-2}}$, 114 dB

12-16 4.55×10^{-6} J

12-17 15.7 $\mathrm{m\cdot s^{-1}}$

12-18 1.71 kHz

第13章 光 波

13-1 2.53 mm, 4×10^3

13-2 1.58

13-3 5

13-4 0, ±1

13-5 673 nm

13-6 反射 420 nm, 700 nm; 透射 525 nm

13-7 1.90×10^3 nm

13-8 凹, $a\lambda/(2b)$

13-9 0.999 m, 697 nm

13-10 (1) 432.1 nm; (2) 16

13-11 (1) 亮点; (2) 5.76 cm

13-12 510 nm

13-13 500 nm

13-14 $d=7a$

13-15 (1) 584 nm; (2) 4

13-16 (1) 11.5 rad·nm^{-1}; (2) 0.017 nm

13-17 (1) 0.003 nm; (2) 1.02 m

13-18 8.9×10^3 m

13-19 0.139 m

13-20 8.9 m

13-21 44.98°, 45.03°, 0.05°, 0.019′

13-22 600～760 nm

13-23 (1) 6 000 nm, 1 500 nm;
(2) 0, ±1, ±2, ±3, ±5, ±6, ±7, ±9

13-24 (1) 700 nm; (2) 3

13-25 12.5%

13-26 $I=\frac{1}{8}I_0\sin^2(2\theta)$

13-27 $9I_1/4$

13-28 $(I_1/2+I_2\cos^2\alpha)\cos^2\theta$

13-29 2∶1

13-30 10.125%

13-31 1.54

13-32 33.7°, 是

13-33 右旋圆偏振光

13-34 4.15 nm

13-35 0.05 g·cm^{-3}

13-36 4.4 g

第 14 章 光的吸收、散射和色散

14-1 10 m

14-2 6.9×10^{-5} cm

14-3 0.025 g/100 ml

14-4 9.24×10^{-2} m^{-1}, 49.8 m

14-5 0.728 m^{-1}, 2.03 m^{-1}

14-6 0.316

14-7 1.617 56, 1.431×10^{-4} nm^{-1}

第 15 章 量子物理基础

15-1 1 416 K

15-2 2.898×10^{-3} m, 6.86×10^{-16} J

15-3 200 K

15-4 1.149

15-5 无线电短波：$\varepsilon=1.99\times10^{-24}$ J$=1.24\times10^{-5}$ eV；
红外光：$\varepsilon=1.99\times10^{-20}$ J$=0.124$ eV；
可见光：$\varepsilon=3.98\times10^{-19}$ J$=2.49$ eV；
紫外光：$\varepsilon=3.98\times10^{-18}$ J$=24.9$ eV；
伦琴射线：$\varepsilon=1.99\times10^{-15}$ J$=1.24\times10^{4}$ eV

15-6 3.62×10^{-17} W

15-7 3.71×10^{21}

15-8 不足以产生光电效应；540 nm

15-9 8.67×10^{5} m·s^{-1}

15-10 2.41 V

15-11 (1) 0.002 43 nm；(2)4.72×10^{-17} J；(3)4.72×10^{-17} J

15-12 1.768×10^{-34} m，3.963×10^{-10} m

15-13 8.68×10^{-12} m

15-14 754 m·s^{-1}

15-15 5.76×10^{5} m·s^{-1}

15-16 5.76×10^{-8} m

15-17 0.195 5，0.402 2，1/3，1/3

15-18 略

15-19 $m\hbar$，$m=0,\pm1,\pm2,\pm3,\pm4$

15-20 $r=a_0$

15-21 $E_1=0$，$E_2=1.175\times10^{-21}$ J，$E_3=3.526\times10^{-21}$ J；1.68×10^{-4} m，8.38×10^{-5} m，5.59×10^{-5} m，…

15-22 $\left(v+\frac{1}{2}\right)0.542$ eV，$v=0,1,2,\cdots$；0.046 1

15-23 435 nm，95.2 nm

第16章 激 光

16-1 $\nu=\frac{E_2-E_1}{h}$，$\lambda=\frac{hc}{E_2-E_1}$，0.999 95，$1.36\times10^{-21}$

16-2 21.94 eV

16-3 0.075 m

16-4 2.19×10^{4} V·m^{-1}

第17章 狭义相对论基础

17-1 -5.77×10^{-9} s

17-2 -2.25×10^{9} m，12.5 s，$-0.6c$

17-3 $\gamma(1+\beta)l_0, \gamma(1+\beta)l_0/c, c$

17-4 $0.6c$

17-5 $0.994c$

17-6 $\arctan\left[\dfrac{\sin\theta}{\gamma(\cos\theta-\beta)}\right]$

17-7 $\arctan(\gamma\tan\theta)$

17-8 (1) $0.93c$; (2) c

17-9 $\sqrt{1-v^2/c^2}V_0, \dfrac{m_0}{\sqrt{1-v^2/c^2}}, \dfrac{m_0}{V_0(1-v^2/c^2)}$

17-10 $\dfrac{\sqrt{3}}{2}c$

17-11 (1) 5.8×10^{-13} J; (2) 0.08

17-12 $2.309m_0$

17-13 (1) 5.86×10^{3}; (2) $0.999\,999\,985c$

17-14 $\dfrac{(m_\pi-m_\mu)^2c^2}{2m_\pi}, \dfrac{(m_\pi^2-m_\mu^2)c^2}{2m_\pi}$

17-15 略